RPA开发

UiPath入门与实战

张丽蓝　余冰冰　陈德炼　钟燕　张雪英　著

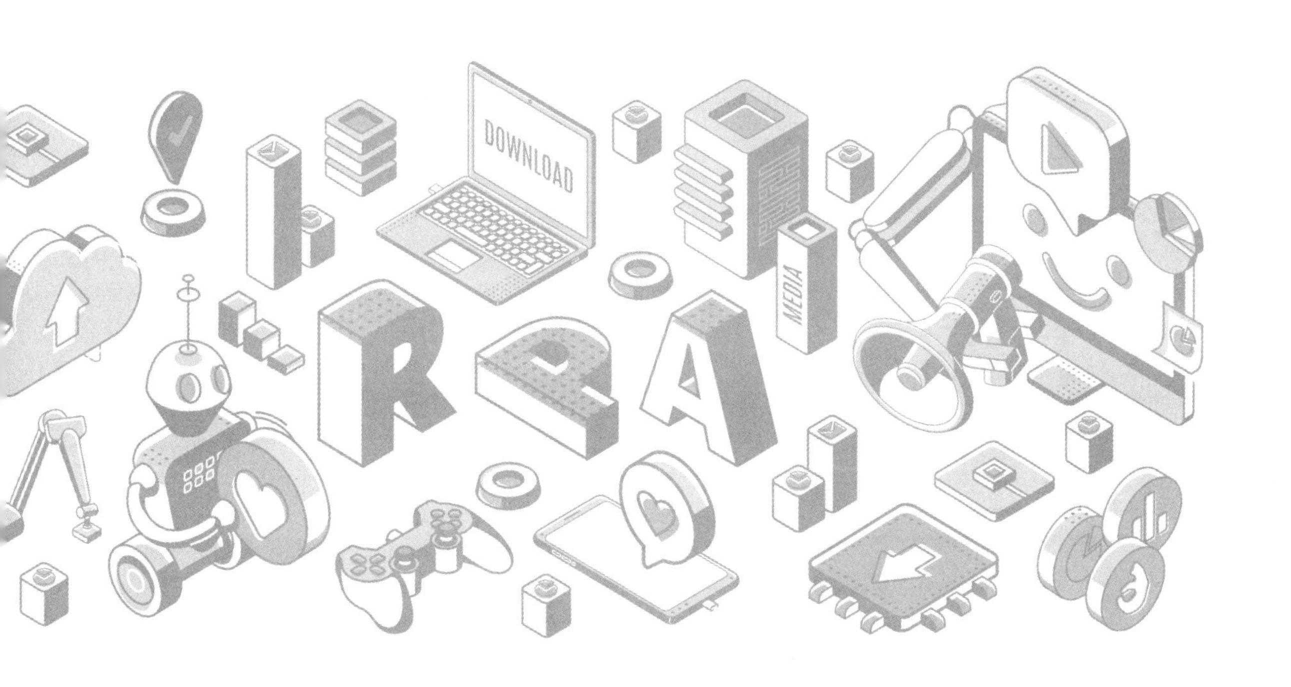

清華大学出版社
北京

内容简介

这是一本面向 RPA 开发初学者的实战宝典，囊括了 RPA 在金融、政务、制造、电商、医疗等十大行业的 RPA 开发实战案例，每个案例都有详细的步骤拆解，图文并茂，手把手教会大家完成自动化流程的开发。

本书中的案例均源自企业真实项目，每个案例都从项目需求开始，一步步引导读者完成需求分析、流程设计和流程实现，帮助读者深入理解并熟悉 UiPath 工具的同时也锻炼了自动化流程设计的思维模式。这些案例涵盖了 RPA 开发的大部分应用场景，包括 Excel/Word/PDF 自动化、录制和数据抓取、浏览器自动化、基于客户端应用（ERP 软件）的自动化、邮件自动化、文件压缩与解压、调用代码（Python/C#）、自定义库（Library）、包管理、数据库自动化、API 集成等，使读者在案例实战中实现 UiPath 的进阶。

本书面向所有对 RPA 有浓厚兴趣的读者。

图书在版编目（CIP）数据

RPA开发：UiPath入门与实战 / 张丽蓝等著. —北京：清华大学出版社，2023.10
ISBN 978-7-302-63858-2

Ⅰ. ①R… Ⅱ. ①张… Ⅲ. ①软件开发 Ⅳ. ①TP311.52

中国国家版本馆CIP数据核字（2023）第111319号

责任编辑：张　敏
封面设计：郭二鹏
责任校对：胡伟民
责任印制：沈　露

出版发行：清华大学出版社
网　　址：http://www.tup.com.cn，http://www.wqbook.com
地　　址：北京清华大学学研大厦A座　　邮　　编：100084
社 总 机：010-83470000　　邮　　购：010-62786544
投稿与读者服务：010-62776969，c-service@tup.tsinghua.edu.cn
质量反馈：010-62772015，zhiliang@tup.tsinghua.edu.cn
课件下载：http://www.tup.com.cn，010-83470236
印 装 者：北京嘉实印刷有限公司
经　　销：全国新华书店
开　　本：185mm×260mm　　印　　张：19.25　　字　　数：520千字
版　　次：2023年12月第1版　　印　　次：2023年12月第1次印刷
定　　价：99.00元

产品编号：098406-01

推荐语

本书从实际工作中的真实案例出发，贴合日常工作场景，每个案例都有详细的步骤拆解，图文并茂，手把手教会大家解决实际问题。案例后还附有配套练习，引导大家学会思考，学以致用，把 RPA 应用到自己的实际工作中。

全国财政职业教育教学指导委员会委员、广东省高职财经教育教学指导委员会委员、广东财贸职业学院财务会计学院院长
钟秉盛博士、副教授

本书精选十大行业配套案例，以浓缩的方式将案例学习与课后练习相结合，将 UiPath 入门与实战的知识点和应用全面融合进实际操作中，案例循序渐进、由浅入深，每一个行业案例之后还有配套的练习，便于读者巩固知识。全书通俗易懂，结合文字描述和图片展示，对读者学习 UiPath 具有重要作用。相信这本书会受到正在入门学习 RPA 开发的读者欢迎。

法思诺教育（咨询）总裁 / 首席创新顾问
姜台林博士

本书囊括了 RPA 在十大行业的经典应用案例，每个案例都是笔者根据大量行业项目经验总结而来，有详细的操作步骤，每个步骤配有截图和说明，更有丰富的 30+ 案例练习，帮助大家从 RPA 小白成长为实战专家。

产教融合内部控制委员会委员、广东财贸职业学院财务会计学院
张丹丹博士，副教授

为什么要写这本书

RPA是Robotic Process Automation的简称，中文译为机器人流程自动化。RPA开发是指借助RPA软件来实现流程的自动化，使其模仿用户在计算机上的操作，来替代人工完成大量重复、规则明确的工作，从而实现机器替代人工操作以达到提高企业生产力的目标。

RPA软件作为一种图形化低代码的开发工具，入门并不困难，只需了解最基本的顺序、分支、循环等编程思想，无须掌握某种语言的开发技巧，甚至不写一行代码即可完成整个流程的开发。但入门不难并不代表就容易做好，要真正精通还是要付出努力的。

目前市面上RPA产品虽然众多，但基础功能都类似，几乎所有的RPA服务商都提供了免费的社区版软件产品和培训系统，如果您想入门了解，可以挑选一款RPA软件，到其主页下载社区版，并在其社区寻找相关的视频课程进行学习。不过官方教程通常都偏重软件产品单个组件的功能和概念介绍，仅有的几个应用案例也难免让人感到没有代入感，特别对于那些没有任何软件项目开发经验的用户来说，要真正独立完成自动化流程的开发还是存在不少困难，对此我在日常的项目实施管理和给各企业学员进行RPA开发培训的过程中深有体会。

因此，在RPA之家出品《UiPath RPA开发入门、实战与进阶》后，RPA之家创始人陈德炼老师找到我，希望我们能负责编写一本基于案例实战的RPA开发类工具书时，我们觉得非常有意义。真正的RPA开发者的蜕变还是要在实际项目中去磨炼，希望通过本书案例的学习与实践，读者能够快速建立起RPA开发的思维模式和知识体系，积累到宝贵的项目经验，应对日常工作中的问题和需求。有了这些实战经验，不管读者用什么RPA软件进行开发，都是通用的，不知不觉中您就会发现不同行业高重复的RPA应用场景却比比皆是，希望您能举一反三，将这些经验复制扩大到自己的行业应用中。

读者对象

本书面向所有对RPA有浓厚兴趣的读者，不局限于特定的行业、专业和业务。对于开发零基础的读者，本书每个案例都有详细的操作步骤，每个操作步骤都配有截图和说明，只要您按照书中的步骤进行操作便能轻松实现 RPA 项目的落地。对于想要了解各行业 RPA 应用的读者，本书中的案例有助于您借鉴各行经验，开拓思路，并结合真实工作场景，更好地规划、设计您所在企业、部门或个人的自动化流程。

本书特色

本书共有 10 章，分别对应了十大行业的经典自动化案例的实现。

每个行业案例都先从需求分析开始，介绍自动化项目产生的背景和应用需求，接着从流程设计角度对自动化流程的功能模块进行划分，并对自动化流程开发的环境、文件等依赖项进行详细说明，然后才对流程开发的具体实现过程进行阐述，从创建项目开始，图文并茂地详细说明如何通过 UiPath 对每个功能模块进行实现，并展现流程的运行结果。

本书中的案例都源自企业真实的 RPA 项目，通过本书案例的学习与实践，读者不仅可认识和掌握 UiPath 各组件应用的方法，提高自动化流程的开发技能，更重要的是能够积累各行业宝贵的项目经验，培养需求分析、流程设计、沟通等方面的综合能力。

同时，本书也为浙江省高等教育学会高等教育研究课题“基于 OBE 理念的《RPA 财务机器人应用与开发》课程教学改革探索与实践”与浙江高等教育学会实验室工作分会“应用型本科基于 OBE 理念的 RPA 实验课程体系研究”的阶段性研究成果。

如何阅读本书

本书各章内容较为独立。每个案例的第一小节中都会概述该案例中重点使用的 UiPath 组件、预备知识导图和自动化流程界面预览，可帮助读者迅速捕捉案例所涉及的技术点，快速了解案例所实现的自动化流程的功能。

对于有 RPA 项目开发经验的读者，可以先快速浏览各章第一小节的内容，然后对希望深入学习的组件和技术点进行实践。对于没有 RPA 项目开发经验的读者，希望您能跟着作者思路从案例的需求开始，理解项目需求，了解自动化流程的设计思想，并跟着流程实现步骤动手，从头至尾完成一个案例的开发与调试。每章还附带了三个拓展案例，希望读者能够自行练习，力求灵活掌握开发技巧，并融会贯通。读者也可以直接从自己感兴趣的行业入手，了解该行业的 RPA 实践。

勘误和支持

由于本书编写时间仓促，随着 UiPath 产品不断迭代，难免会出现一些操作界面、属性配置、实现设计等与最新产品设计不一致的地方，恳请读者理解。

张丽蓝
2023 年 2 月 14 日

目录

contents

第1章　RPA在金融行业的应用 1
1.1　大额交易客户筛选机器人 1
1.1.1　需求分析 2
1.1.2　流程详细设计 2
1.1.3　系统开发必备 3
1.1.4　流程实现 5
1.1.5　案例总结 16
1.2　案例拓展 16
1.2.1　失信被执行人查询机器人 16
1.2.2　银行流水异常警告机器人 18
1.2.3　客户划款指令识别机器人 20
第2章　RPA在政务领域的应用 22
2.1　新冠采样信息录入机器人 22
2.1.1　需求分析 23
2.1.2　流程详细设计 25
2.1.3　系统开发必备 26
2.1.4　流程实现 27
2.1.5　案例总结 41
2.2　案例拓展 41
2.2.1　12345诉求智能派件 41
2.2.2　自动获取老年人体检数据 42
2.2.3　企业合规查询机器人 43
第3章　RPA在制造行业的应用 44
3.1　ERP系统的物料维护自动化 44
3.1.1　需求分析 45
3.1.2　流程详细设计 45
3.1.3　系统开发必备 45
3.1.4　物料维护自动化的实现 47
3.1.5　案例总结 72
3.2　案例拓展 72
3.2.1　新增资产维护 72
3.2.2　BOM数据维护 73
3.2.3　客户数据维护 75
第4章　RPA在财务领域的应用 77
4.1　财务报告分析 77
4.1.1　需求分析 78
4.1.2　流程详细设计 79
4.1.3　系统开发必备 80
4.1.4　财务报告分析机器人的实现 81
4.1.5　案例总结 100
4.2　案例拓展 100
4.2.1　销售合同信息提取 100
4.2.2　电子发票信息提取 101
4.2.3　差旅费自动申报 102
第5章　RPA在人力资源行业的应用 104
5.1　工资条发放 104
5.1.1　需求分析 105
5.1.2　系统设计 105
5.1.3　系统开发必备 106
5.1.4　流程实现 108

5.1.5 案例总结 121
5.2 案例拓展 121
5.2.1 员工数据自动化管理 121
5.2.2 招聘信息抓取分析 122
5.2.3 批量分发简历 123
第 6 章 RPA 在保险行业的应用 124
6.1 投保单自动生成 124
6.1.1 需求分析 125
6.1.2 系统设计 125
6.1.3 系统开发必备 126
6.1.4 流程实现 129
6.1.5 案例总结 157
6.2 案例拓展 157
6.2.1 自动理赔机器人 157
6.2.2 保单到期提醒（邮件通知续保） 158
6.2.3 保险产品信息下载 158
第 7 章 RPA 在物流行业的应用 160
7.1 物流状态更新 160
7.1.1 需求分析 160
7.1.2 系统设计 161
7.1.3 系统开发必备 161
7.1.4 自动化流程开发 162
7.1.5 案例总结 198
7.2 案例拓展 198
7.2.1 判断是否存在元素的应用 198
7.2.2 动态选取器的应用 198
7.2.3 机动车违章查询 199
第 8 章 RPA 在电商行业的应用 200
8.1 竞品对比分析 200
8.1.1 需求分析 200
8.1.2 流程详细设计 201
8.1.3 流程开发必备 201
8.1.4 机器人实现 204
8.1.5 案例总结 233
8.2 案例拓展 234
8.2.1 苏宁易购滑块拼图验证 234
8.2.2 孔夫子书籍信息抓取 234
8.2.3 商品数据分析 234
第 9 章 RPA 在教育行业的应用 235
9.1 自动阅卷评分 235
9.1.1 需求分析 235
9.1.2 系统设计 235
9.1.3 系统开发必备 236
9.1.4 自动化流程开发 238
9.1.5 案例总结 255
9.2 案例拓展 255
9.2.1 自动收取学生作业 255
9.2.2 学生出勤管理 255
9.2.3 文献自动下载 255
第 10 章 RPA 在医疗行业的应用 256
10.1 出库单发票核验 256
10.1.1 需求分析 256
10.1.2 流程详细设计 257
10.1.3 系统开发必备 260
10.1.4 企业 AI 库的实现 264
10.1.5 发票核验机器人的实现 272
10.1.6 案例总结 297
10.2 案例拓展 297
10.2.1 医疗器械注册证自动识别的实现 297
10.2.2 经销商备案时间到期自动提醒的实现 298
10.2.3 医院门诊日志自动存档与核查的实现 298

第 1 章 RPA 在金融行业的应用

1.1 大额交易客户筛选机器人

RPA 在行业领域应用中，金融行业占比最大，主要是因为金融行业对数据的及时性、精准性要求非常高。RPA 技术在近几年疫情的背景下受到特别重视，尤其是其稳定、易于使用的优点引起了金融业的关注。由于金融业有大量的重复数据处理业务，复杂的中后期流程和难以互操作的系统导致大量系统与系统、数据与数据不得不手动调整，而高流量、高重复性是 RPA 应用程序的首选。

RPA 的价值在未来几年还将更加显现，金融机构投入力度也将逐年增加。金融行业整体信息化水平高，业务流程化中重复操作多，人力成本消耗大，RPA 技术的应用可以降低业务执行过程中的重复操作，减少手工错误率及非法操作，有助于业务流程自动化水平和效率的提升。RPA 的价值表现在解放人力、获取实时数据、提升员工工作体验、运营灵活性、降低风险与成本和实现业务连续性的要求等。

RPA 还可以简化流程，降低风险。人为操作业务流程时会存在大量风险，如盗取数据、篡改数据、输入错误数据等，但是 RPA 作为数字员工可以基于一定规则自动执行大量重复、枯燥的业务，可以保证处理的准确度。得益于人工智能的快速发展，RPA+AI 技术可以应对那些烦琐、复杂的非结构化数据，来完成复杂应用场景的流程替代。

通过本章案例，您将学到：

- 浏览器组件的使用。
- 下载文件。
- 筛选数据表的使用。
- 对于数据中的每一行的使用。
- Excel 组件的使用。
- 构建数据表的使用。
- 遍历循环的使用。
- 日志消息。

1.1.1 需求分析

A 金融机构下若干分支机构每日会发生多笔多渠道、多途径的买卖交易，需要识别出其中的大额交易，对其实施额外的风险管理制度。该业务当前是通过人工的方式将各分支机构的交易数据下载下来，提交总部汇总，再通过人为筛选的方式将大额数据提取出来发送给客户经理，提醒其对这些客户进行追踪分析。整个流程的处理过程由于涉及的分支机构多，汇总难度大，且难保证时效性。现引入 RPA 技术，通过实施大额交易客户筛选机器人来自动实现以上场景，将人员从低价值活动中解放出来，提高流程效率及效果。具体业务流程需求分析如下。

1. 数据存储位置分析

该金融机构各分支机构的数据表由各分支机构在规定时间内上传至指定网站，机器人通过打开浏览器输入指定网址后，依次下载这些数据表至本地。该过程可以通过 RPA 中的 Web 自动化、等待下载活动等组件来实现。

2. 数据样式分析

交易数据表是 Excel 格式，有交易机构号、机构名称、客户名称、交易日期、买入金额、卖出金额等字段，需要先汇总所有交易表的数据，再提取客户名称、买入金额和卖出金额这三个字段。该过程可以采用 RPA 中的 Excel 自动化来处理表格的打开、读取、筛选及输入。

3. 数据筛选规则分析

数据的筛选规则是筛选出“买入金额 >=1000 万元”或“卖出金额 >=1000 万元”的交易，将这些交易客户判定为大额交易客户。

1.1.2 流程详细设计

根据需求分析，大额交易客户筛选机器人的功能可设计为 4 个模块，分别为数据准备、数据汇总与清洗、数据筛选和结果数据显示。详细的功能结构如表 1-1 所示。

表 1-1 大额交易客户筛选机器人的功能模块设计

序　号	功 能 模 块	步　骤
1	数据准备	①初始化环境和变量； ②打开浏览器，下载交易数据表到指定目录
2	数据汇总与清洗	①读取目录下的所有数据表，并进行合并； ②清洗后输出到 result.xlsx 的 Sheet1 工作表中
3	数据筛选	①按规则筛选出大额交易客户； ②将筛选结果输出到 result.xlsx 的 Sheet2 工作表中
4	结果数据显示	日志输出大额交易的客户名称

根据本项目的需求分析以及功能模块设计，该自动化业务的流程设计图如图 1-1 所示。

各功能模块的详细设计如下。

1. 数据准备

本模块的主要功能是将各分支机构的数据下载至本地，在此我们借用 RPA 之家的云实验室资源来进行交易数据表的下载，网址是 https://cloudlab.rpazj.com/#/parent/bankreport。在下载交易数据表之前，我们可先创建一个变量 str_Folder 来存储交易数据表的下载路径，每次业务流程运行前先将该目录下的数据都清空，以保证环境的干净。

2. 数据汇总与清洗

本模块的主要功能是遍历下载目录下的所有交易数据表文件，将交易数据进行汇总后输出到 result.xlsx 的 Sheet1 工作表中。在遍历过程中读取每个 Excel 文件的数据，赋值给变量 Dt_values，并对数据表变量 Dt_values 进行循环，读取表格中的客户名称、买入金额、卖出金额三个字段的内容，构建一条行记录后将其添加到数据表变量 Dt_results 中，从而实现交易数据的汇总。

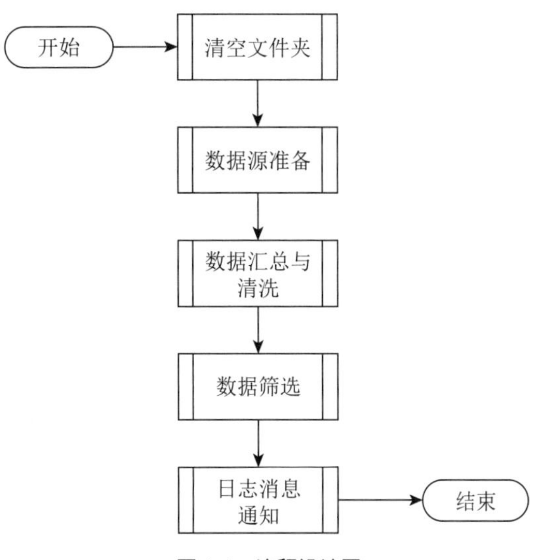

图 1-1　流程设计图

3. 数据筛选

本模块的主要功能是对汇总后的数据表按“买入金额”或“卖出金额”大于或等于 1000 万元的规则进行筛选，将满足条件的记录筛选出来后保存在变量 dt_FilterResults 中，并将结果输出到 result.xlsx 的 Sheet2 工作表中。

4. 结果数据显示

本模块的主要功能是将大额客户的名称通过日志消息的形式打印出来。

1.1.3　系统开发必备

1. 开发环境及工具

本项目的开发及运行环境如下。

- 操作系统：Windows 7、Windows 10。
- 开发工具：UiPath 2022.4.1。
- Office 版本：Microsoft Office Professional Plus 2019。
- 浏览器：Chrome 浏览器。

2. 项目文件结构

大额交易客户筛选机器人的项目文件结构如图 1-2 所示。

（1）Main.xaml：主流程文件，项目创建时自动创建的文件，本案例中暂未使用。

（2）序列.xaml：流程设计文件，本案例的流程开发主要在该文件中进行。

（3）results.xlsx：流程运行完成后输出的结果文件。

图 1-2　项目文件结构

该流程的整体设计如图 1-3 所示，变量面板如图 1-4 所示。

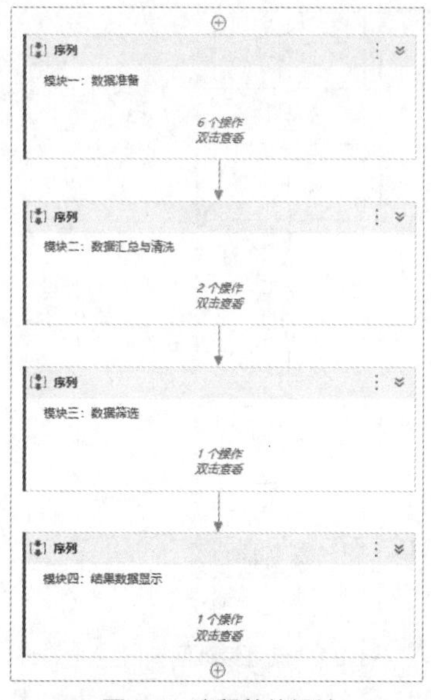

图 1-3　流程整体设计

名称	变量类型	范围	默认值
Dt_results	DataTable	序列	输入 VB 表达式
Dt_values	DataTable	序列	输入 VB 表达式
Arr_Files	String[]	序列	输入 VB 表达式
str_Folder	String	序列	输入 VB 表达式
str_DownloadFolder	String	序列	输入 VB 表达式
Output_results	DataTable	序列	输入 VB 表达式
卖出金额	String	序列	输入 VB 表达式
买入金额	String	序列	输入 VB 表达式
客户名称	String	序列	输入 VB 表达式
创建变量			

变量　参数　导入　100%

图 1-4　变量面板

3. 开发前准备

1）创建下载“交易数据表”的存储文件夹

本案例的“交易数据表”计划存储在“D:\UiPath 入门与实战 \01. 下载文件”目录下，因此需提前创建好该文件夹目录，如图 1-5 所示。

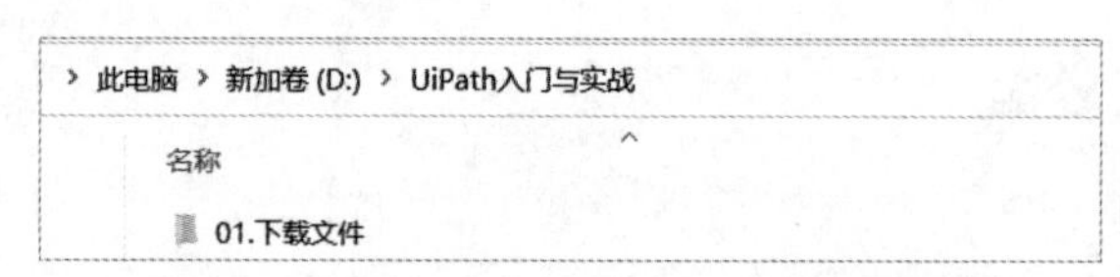

图 1-5　提前创建“交易数据表”的存储文件夹

2）修改浏览器默认下载地址为下载“交易数据表”的存储文件夹

本案例使用谷歌浏览器进行“交易数据表”的下载，故按如下方式提前修改谷歌浏览器的默认下载地址。

打开谷歌浏览器，单击其右上角图标 ⋮，在下拉菜单中单击“设置”选项，如图 1-6 所示。选择“下载内容”选项，如图 1-7 所示。

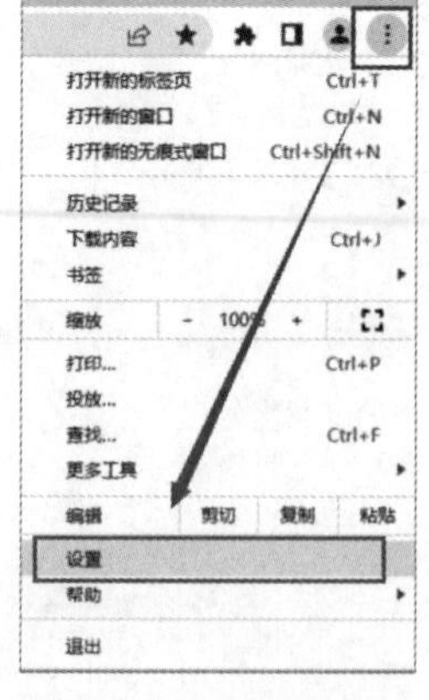

图 1-6　选择“设置”选项

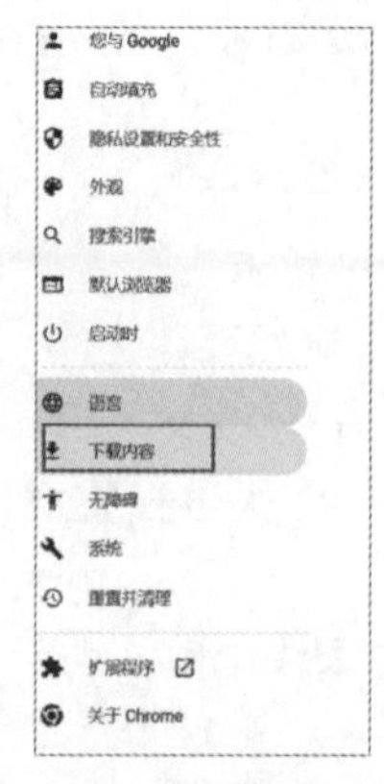

图 1-7　选择“下载内容”选项

在位置处单击“更改”，修改地址为“D:\UiPath 入门与实战 \01. 下载文件”，如图 1-8 所示。

图 1-8　更改“下载内容”的位置

1.1.4　流程实现

1. 创建项目

打开 UiPath Studio，单击“新建项目”，选择“流程”模块，弹出“新建空白流程”对话框中，在“名称”输入框中输入“金融行业机器人案例”，在“位置”输入框中输入“D:UiPath 入门与实战”，单击“创建”按钮，如图 1-9 所示。

图 1-9　“新建空白流程”对话框

在“设计”工具栏中单击“新建”，选择“序列”选项，如图 1-10 所示。在弹出的“新建序列”对话框的“名称”输入框中输入“序列”，“位置”输入框中输入“D:\UiPath 入门与实战 \ 金融业机器人”，单击“创建”按钮，如图 1-11 所示。

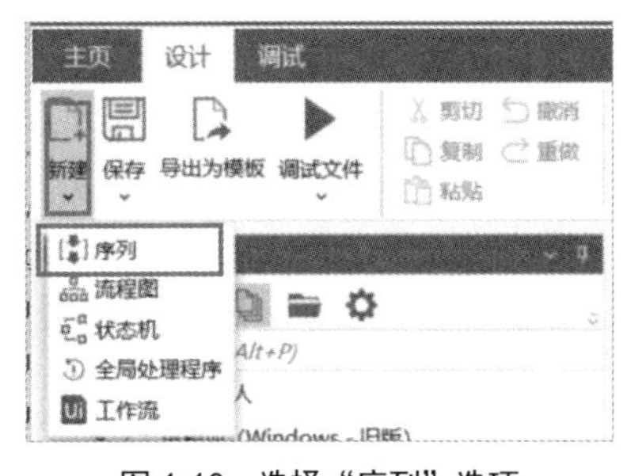

图 1-10　选择“序列”选项

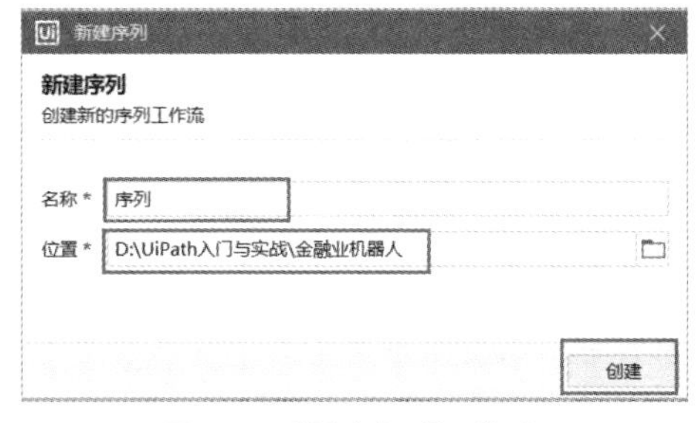

图 1-11　“新建序列”对话框

下面在“序列 .xaml”中进行流程的实现。

2.“数据准备”模块的实现

“数据准备”模块的功能是在流程运行前对环境和变量进行初始化，并打开浏览器将“交易数据表”下载到本地，完成汇总前的数据准备工作，其流程设计如图 1-12 所示。

添加一个“分配【Assign】”活动，在其左侧输入框中创建一个 string 类型的变量“str_Folder”，用于存储“交易数据表”的下载路径，在右侧输入框中输入文件夹地址“"D:\UiPath 入门与实战 \01. 下载文件 "”，该“分配”活动的设计及属性面板如图 1-13 所示。

在“活动”面板中搜索“调用代码”，如图 1-14 所示，将其添加到“分配”活动下方。

单击“编辑代码”，在“代码编辑器”中输入“Array.ForEach(Directory.GetFiles(str_Folder),Sub(x) File.Delete(x))”，该表达式的作用是清空参数 str_Folder 所指代的文件夹下的所有文件，如图 1-15 所示。

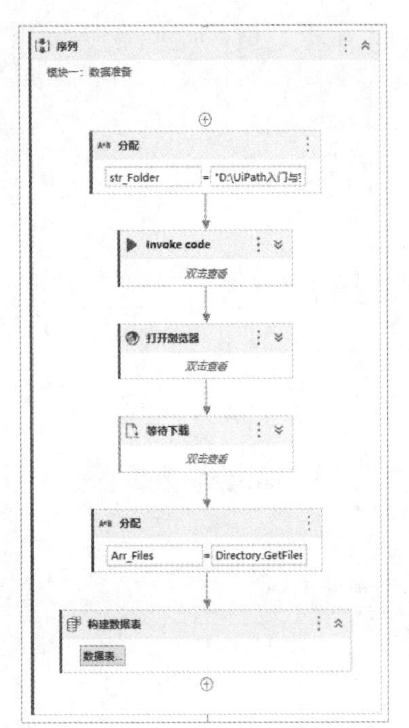

图 1-12 “数据准备”模块的流程设计

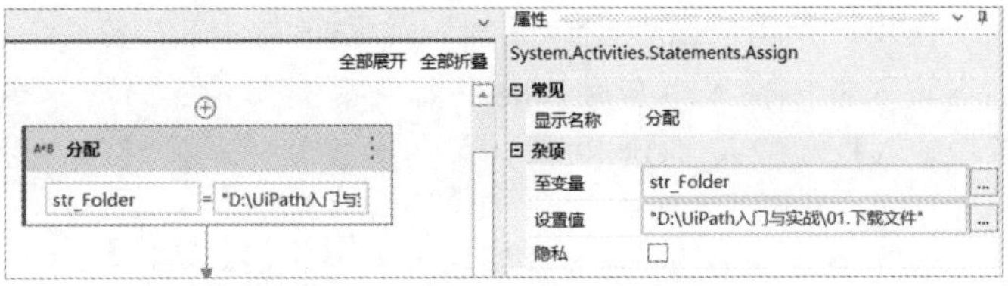

图 1-13 “分配”活动的设计及属性面板

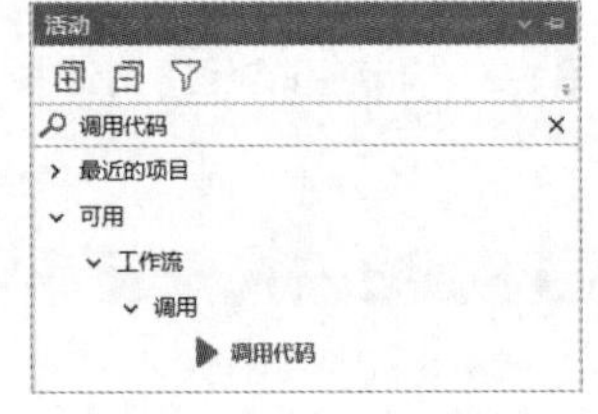

图 1-14 添加“调用代码”活动

图 1-15 “调用代码”活动的代码编辑器

单击“编辑参数”，在“调用的代码参数”对话框的“名称”列输入“str_Folder”，“方向”为“输入”，“类型”为“String”，“值”为变量“str_Folder”，表示将变量 str_Folder 的值赋值给参数 str_Folder，如图 1-16 所示。

接着，添加一个“打开浏览器【Open browser】”活动，在 URL 输入框中输入交易数据表的下载网址 https://cloudlab.rpazj.com/#/parent/bankreport，如图 1-17 所示。

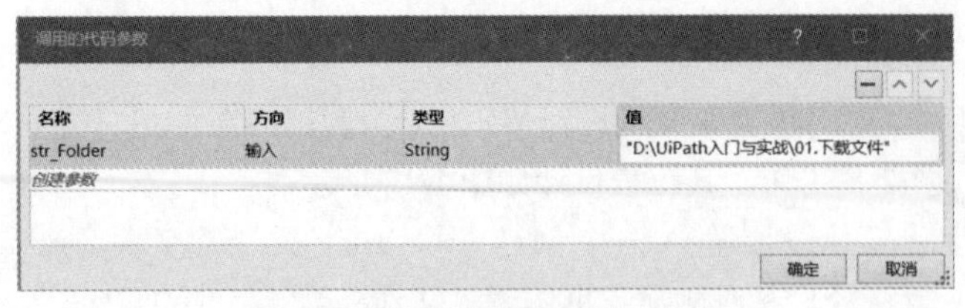

图 1-16 “调用的代码参数”对话框

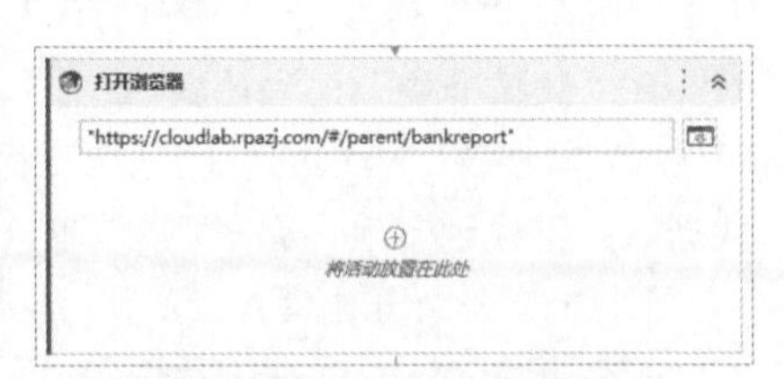

图 1-17 “打开浏览器”活动

在属性面板中，设置“浏览器类型”为“BrowserType.Chrome”，如图 1-18 所示。

在“打开浏览器”活动下方添加一个“等待下载【GetLastDownloadedFile】”活动，在“监控的文件夹”中输入变量“str_Folder”。提前使用谷歌浏览器打开下载页面，然后在“等待下载”活动的执行中添加 2 个“单击【Click】”活动，依次单击“指明在屏幕上”后，选择页面上需下载的数据表，如图 1-19 和图 1-20 所示。

图 1-18　“打开浏览器”活动的属性面板

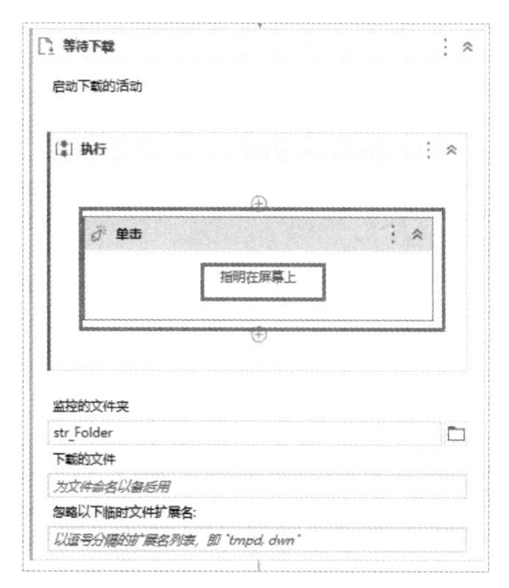

图 1-19　单击“指明在屏幕上”

完成后的“等待下载”活动如图 1-21 所示。

图 1-20　在页面上单击下载“数据表”

图 1-21　“等待下载”活动完成示意图

在“等待下载”活动下方添加一个“分配【Assign】”活动，在左侧“变量”输入框中创建一个类型为 String[] 的变量 Arr_Files，在右侧“设置值”输入框中输入表达式“Directory.GetFiles(str_Folder,"*xls*")”，表示获取变量 str_Folder 指代的目录下的所有 Excel 文件，将其赋值给字符串数组变量 Arr_Files，如图 1-22 所示。

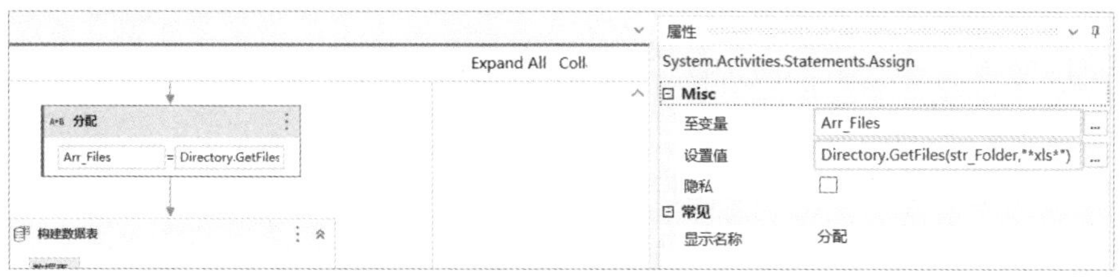

图 1-22　分配文件夹下文件名示意图

在“活动”面板中搜索“构建数据表”，如图 1-23 所示，将其添加到“分配”活动的下方。

接着单击“数据表”按钮，如图 1-24 所示。在“构建数据表”对话框中依次设置列名称“客户名称”“买入金额（万元）”“卖出金额（万元）”，数据类型均为 String 类型，如图 1-25 所示，单击“确定”按钮。

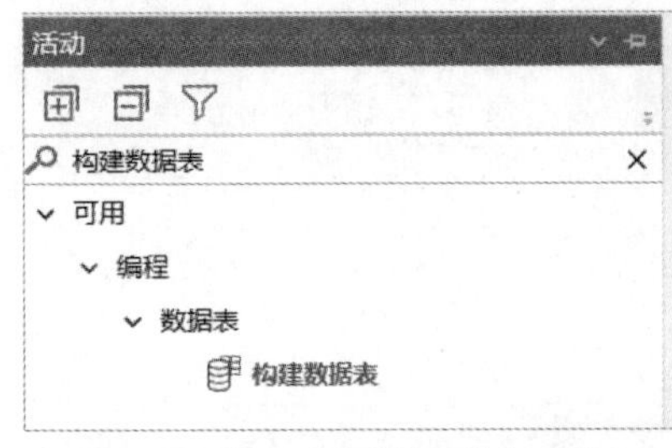

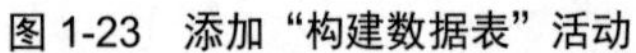

图 1-23　添加“构建数据表”活动

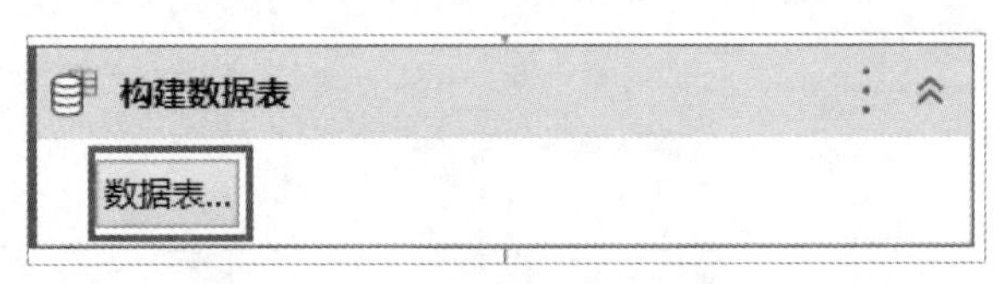

图 1-24　单击“数据表”按钮

在“构建数据表”活动的属性面板的“输出→数据表”输入框中创建变量“Dt_results”，用于存储构建的这张空表，其属性面板如图 1-26 所示。

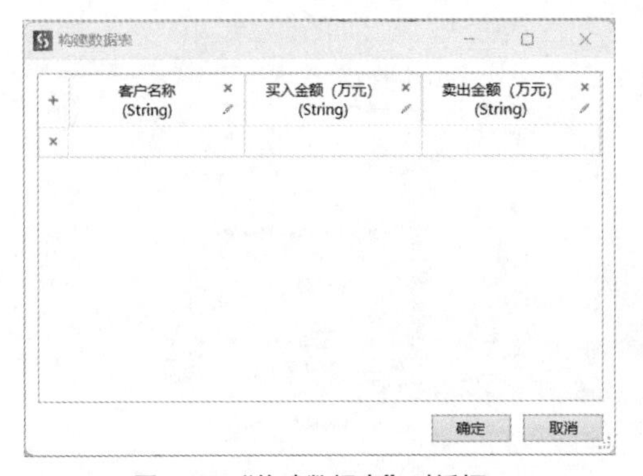

图 1-25　“构建数据表”对话框

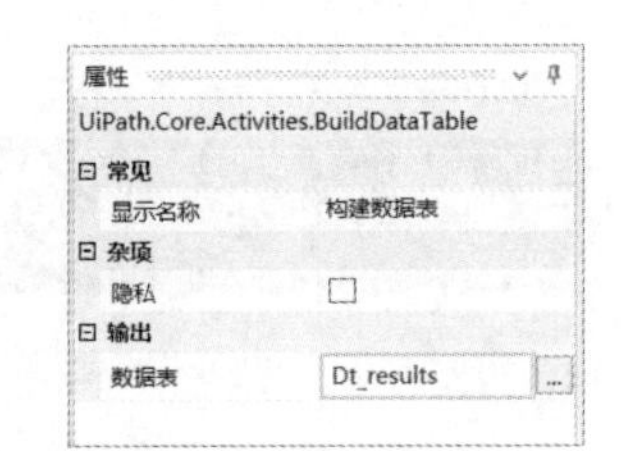

图 1-26　“构建数据表”活动的属性面板

至此，我们便完成了第一个模块“数据准备”的开发。单击“设计”工具栏中的“调试文件”运行流程，查看流程的允许情况。该模块自动打开浏览器，输入网站后单击目标文件进行下载，待文件都下载完成后流程结束。

打开下载文件的目录，查看“交易数据表”均成功下载在指定目录下，如图 1-27 所示。此外，我们在该模块中还初始化了 Arr_Files 和 Dt_results，为后面模块的调用做了准备。

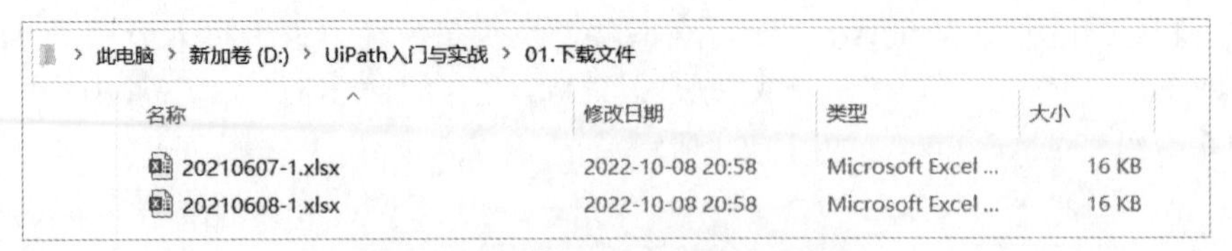

图 1-27　下载得到的“交易数据表”

3.“数据汇总与清洗”模块的实现

“数据汇总与清洗”模块的功能是将下载得到的所有文件的数据进行合并，查找有用的字段，并将最后结果保存到 result.xlsx 的 Sheet1 工作表中，流程设计如图 1-28 所示。

添加“遍历循环【For Each】”活动，在“输入”输入框中输入变量“Arr_Files”，表示遍历变量 Arr_Files 中的所有文件，变量 item 为表示遍历过程中的单个遍历对象，其属性面板如图 1-29 所示。

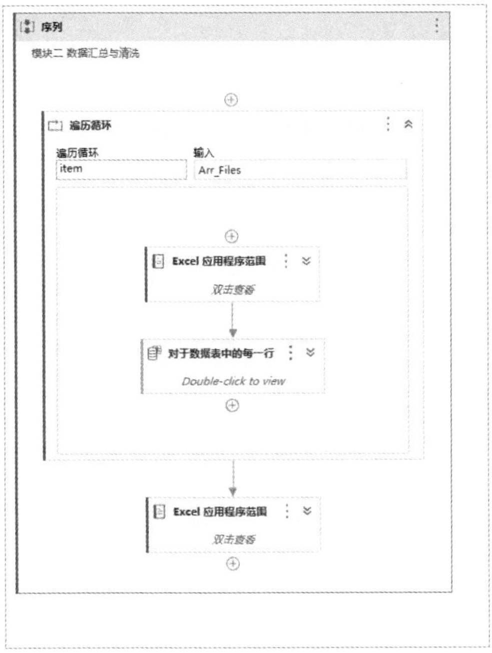

图 1-28 “数据汇总与清洗”模块的流程设计

图 1-29 “遍历循环”的属性面板

在“遍历循环”活动的“正文”中添加“Excel 应用程序范围”活动，“工作簿路径”输入变量“item”，其属性面板如图 1-30 所示。

在“Excel 应用程序范围”活动的“执行”序列内添加“读取范围【Read Range】”活动，在“工作表名称”输入框中输入“Sheet1”，在其属性面板的“输出→数据表”输入框中创建 DataTable 类型的变量“Dt_values”，勾选“选项→添加标头”复选框，表示读取变量 item 指代的 Excel 文件的 Sheet1 工作表的数据，将其保存在变量 Dt_values 中。“读取范围”活动的属性面板如图 1-31 所示。

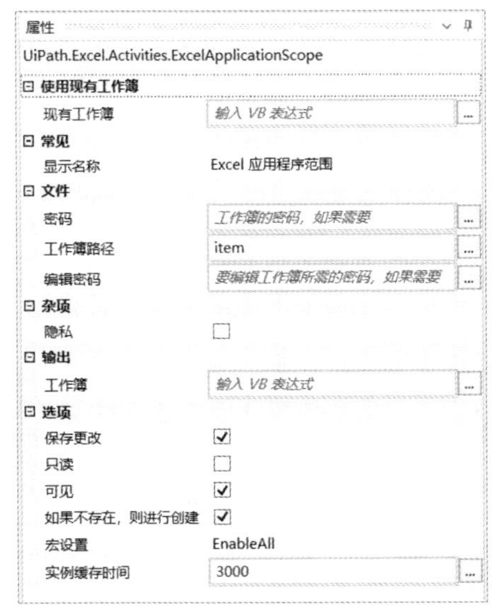

图 1-30 “Excel 应用程序范围”活动的属性面板

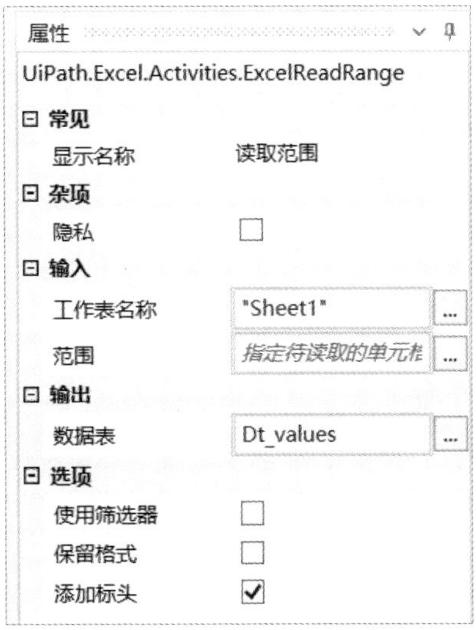

图 1-31 “读取范围”活动的属性面板

“遍历循环”活动中的“Excel 应用程序范围”的完整设计如图 1-32 所示。

接下来，清洗出交易数据表中的客户名称、买入金额和卖出金额。

（1）在“Excel 应用程序范围”下方添加一个“对于数据表中的每一行”活动，在其“输入”输入框中输入变量“Dt_values”，变量“CurrentRow”为循环体的行变量。“对于数据表中的每一行”活动的属性面板如图 1-33 所示。

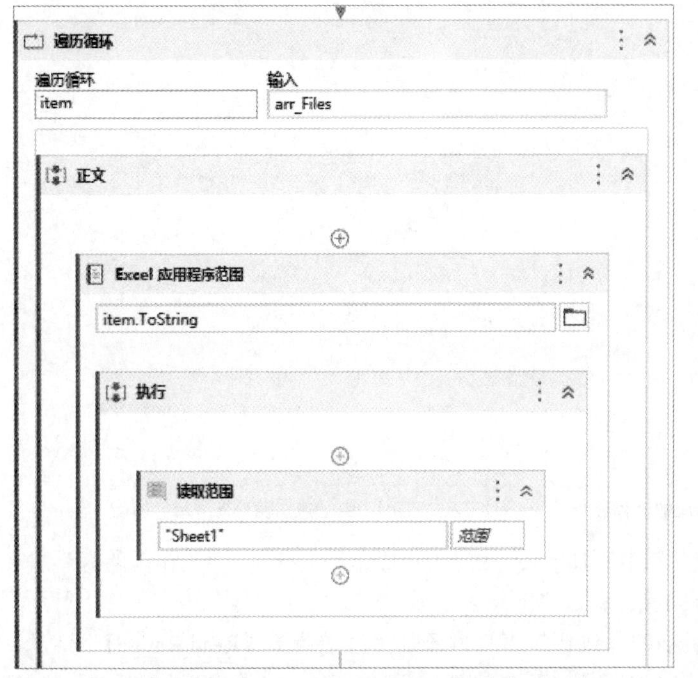

图 1-32 “遍历循环”活动中的“Excel 应用程序范围”的完整设计

图 1-33 “对于数据表中的每一行”活动的属性面板

（2）在“对于数据表中的每一行”活动的“正文”序列内添加“多重分配【Multiple Assign】”活动。交易数据表中的“客户名称、买入金额（万）、卖出金额（万）”对应的是 Excel 数据表中的第 5 列、第 13 列和第 15 列数据，如图 1-34 所示。因此，在左侧“目标”输入框中依次创建 3 个 String 类型的变量“客户名称”“买入金额”“卖出金额”，在右侧“值”输入框中输入对应字段的值，如图 1-35 所示。例如，表达式 CurrentRow(12).ToString 表示获取当前行变量 CurrentRow 的第 13 列数据的值。

A	B	C	D	E	F	G	H	I	J	K	L	M	N	O	P	Q
序号	交易机构号	机构名称	业务编号	客户名称	客户号	客户类别	结售类型	交易日期	交易状态	交割日期	买入币种	买入金额（万）	买入价（万）	卖出金额（万）	卖出价（万）	平盘买入价（万）
0	1	2	3	4	5	6	7	8	9	10	11	12	13	14	15	16

图 1-34 交易数据表中的字段

（3）获取到该行所需的数据后，在下方添加一个“添加数据行【Add Datarow】”活动，在“数组行”中输入“{ 客户名称 , 买入金额 , 卖出金额 }”以构建一个数据集合，在“数据表”中输入变量“Dt_results”，表示将这行记录添加到数据表 Dt_results 中。“添加数据行”活动的设计如图 1-36 所示。

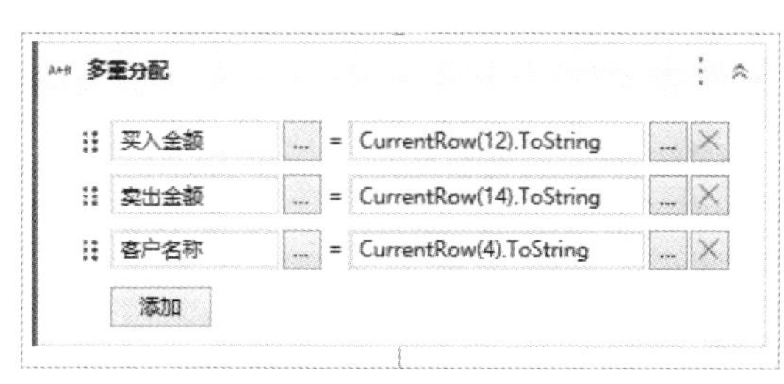

图 1-35 “多重分配”活动

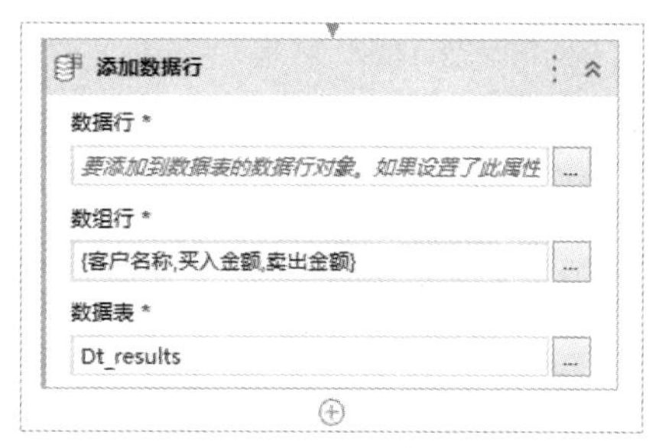

图 1-36 “添加数据行”活动

最终的“对于数据表中的每一行”的完整实现如图 1-37 所示。

在“遍历循环”的下方添加一个“Excel 应用程序范围”活动，在“工作簿路径”输入框中输入“"results.xlsx"”，其属性面板如图 1-38 所示。

在“执行”序列中添加“写入范围”活动，在“工作表名称”输入框中输入“"Sheet1"”，“起始单元格”输入“"A1"”，在“输入→数据表”输入框中输入“Dt_results”，表示将变量 Dt_results 的数据写入 Sheet1 工作表中，如图 1-39 所示。

至此，该模块开发完成，运行流程后，在“项目”面板单击“刷新”图标，查看 results.xlsx 是否正确生成，如图 1-40 所示。

图 1-37 “对于数据表中的每一行”活动的完整实现

图 1-38 “Excel 应用程序范围”活动的属性面板

图 1-39 “写入范围”活动

打开 results.xlsx，查看 Sheet1 下的数据是否正确，如图 1-41 所示。

图 1-40　项目面板 - 查看 results.xlsx

	A	B	C
1	客户名称	买入金额（万）	卖出金额（万）
2	深圳华胜科技有限公司	1818	700
3	武汉测试科技有限公司	596	1709
4	上海远丰信息科技（集团）	1902	1729
5	众焉科技（深圳）有限公司	526	1912
6	青岛文达通科技股份有限公	1205	1230
7	深圳恩诚科技有限公司	1150	1910
8	武汉奇峰科技有限公司	1449	1517
9	杭州非白科技有限公司	1528	287
10	天津华阳科技有限公司	1260	289
11	北京多歌科技有限公司	562	1136
12	苏州睿腾科技有限公司	224	451
13	重庆先临科技有限公司	201	783
14	河北联体科技有限公司	248	1831
15	杭州联力科技有限公司	252	223

图 1-41　result.xlsx 的 Sheet1 工作表

4.“数据筛选”模块的实现

本模块的功能是将数据按照一定的规则筛选出大额客户，完整的流程设计如图 1-42 所示。

添加“Excel 应用程序范围”活动，在“工作簿路径”的输入框中输入需要操作的 Excel 文件“"results.xlsx"”，如图 1-43 所示。

在“执行”序列中添加“读取范围【Read Range】”活动。接着，在“工作表名称”中输入将读取的工作表“"Sheet1"”，在第二个输入框中输入读取范围“A1”，表示从 A1 单元格开始读取该工作表的所有数据，如图 1-44 所示。

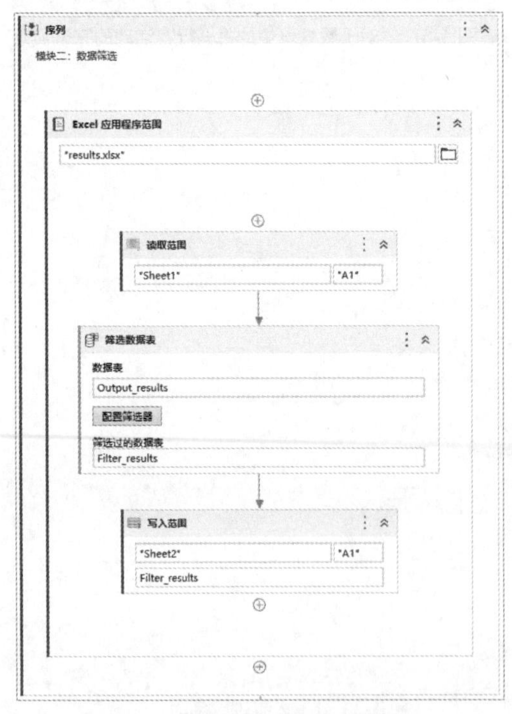

图 1-42　“数据筛选”模块的流程设计

图 1-43　“Excel 应用程序范围”活动

然后，在其属性面板的“输出→数据表”中创建一个 DataTable 类型的变量“Output_results”，用于存储读取到的数据，并勾选“添加标头”复选框，如图 1-45 所示。

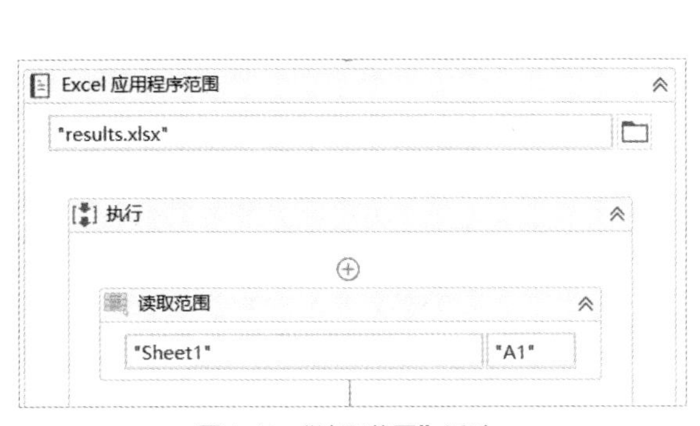

图 1-44　“读取范围”活动

图 1-45　“读取范围”活动属性面板

在“读取范围”活动的下方，添加“筛选数据【FilterDataTable】”活动。在“数据表”输入框中输入变量“Output_Results”，作为被筛选的对象，在“筛选过的数据表”输入框中创建一个 DataTable 变量“Filter_results”，用于存储筛选后的数据，如图 1-46 所示。

单击“配置筛选器”按钮，在“筛选器向导”对话框中，可先确认“输入数据表”和“筛选过的数据表”是否正确。然后，在“筛选行”选项卡下设置数据行的筛选条件，即“"买入金额（万元）">=1000 Or "卖出金额（万元）">=1000”，如图 1-47 所示。

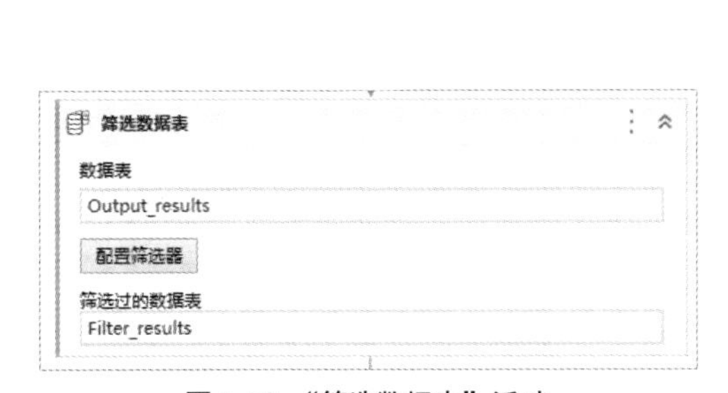

图 1-46　“筛选数据表”活动

图 1-47　“筛选行”设置

单击“输出列”切换至“输出列”选项卡，在“列”下依次添加“"客户名称"、"买入金额（万元）"、"卖出金额（万元）"”，表示输出的数据表 Filter_results 的列项为这三列，如图 1-48 所示。

“筛选数据表”活动的属性面板如图 1-49 所示。

在“筛选数据表”活动下方添加“写入范围”活动，在“目标→工作表名称”输入框中输入“"Sheet2"”，在“起始单元格”输入框中输入“"A1"”，在下方的“输入→数据表”输入框中输入变量“Filter_results”，表示将筛选后的数据 Filter_results 写入 Sheet2 工作表内，从 A1 单元格开始写入，该活动如图 1-50 所示，其属性面板如图 1-51 所示。

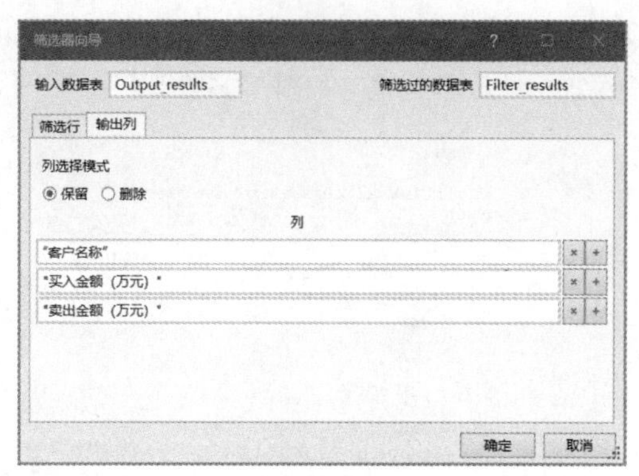

图 1-48 “输出列”设置

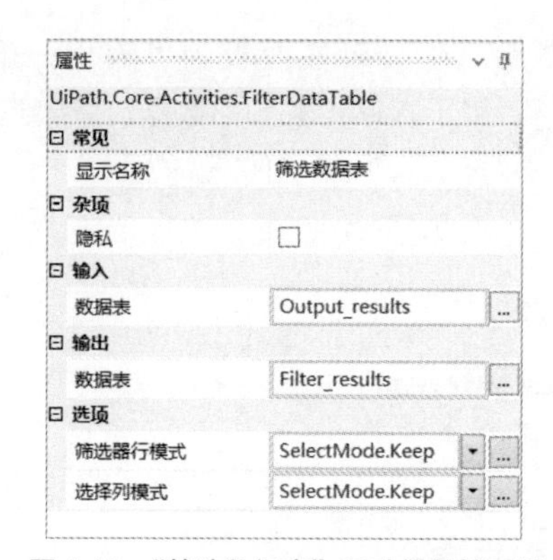

图 1-49 “筛选数据表”活动的属性面板

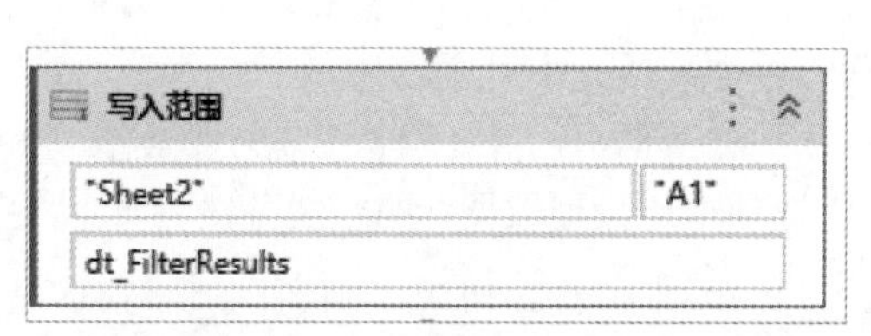

图 1-50 “写入范围”活动

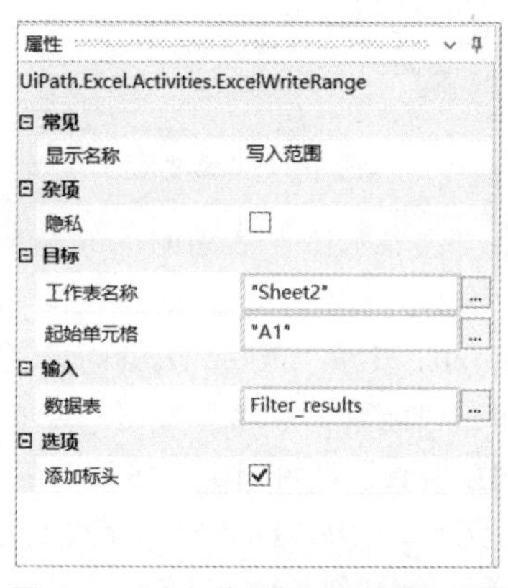

图 1-51 “写入范围”活动的属性面板

至此，该模块开发完成，运行流程查看流程运行有无异常。流程执行完毕后，打开 results.xlsx 查看 Sheet2 中的数据是否都正确，“买入金额（万元）”或“卖出金额（万元）”的客户名称及交易是否都被正确筛选出，如图 1-52 所示。

客户名称	买入金额	卖出金额（万元）
武汉测试科技有限公司	539	1589
上海远丰信息科技（集团）有	1146	408
众焉科技（深圳）有限公司	318	1539
青岛文达通科技股份有限公司	1789	597
深圳恩诚科技有限公司	662	1402
杭州非白科技有限公司	1319	138
天津华阳科技有限公司	1100	647
北京多歌科技有限公司	510	1653
苏州睿腾科技有限公司	1243	779
河北联体科技有限公司	1871	665
上海多加科技有限公司	1669	369
湖北美盛科技有限公司	776	1991
广东双视科技有限公司	1307	181
河南威卡科技有限公司	1826	1288
杭州布朗科技有限公司	1519	372
上海龙灿科技有限公司	1233	1592
武汉顾家科技有限公司	1659	984
湖南逗哈科技有限公司	1161	1146
安徽非耀科技有限公司	1058	804
长沙宜依科技有限公司	348	1222
杭州泽宇科技有限公司	982	1958
上海云能科技有限公司	1269	1284
广东微客科技有限公司	1296	1563
福建建坤科技有限公司	1115	1521
广州玖远科技有限公司	1436	1751
河北糖猫科技有限公司	1541	467
上海汇鲜科技有限公司	1588	635
上海航验科技有限公司	1615	1590

Sheet2 sheet1

图 1-52 大额交易客户筛选结果示意图

5.“结果数据显示”模块的实现

本模块的功能是通过日志消息将大额交易的“客户名称”输出在日志中，该模块的流程设计如图 1-53 所示。

添加“Excel 应用程序范围”活动，在“工作簿路径”输入框中输入“"results.xlsx"”，如图 1-54 所示。

在“Excel 应用程序范围”的“执行”序列中添加“读取列”活动，在“工作表”输入框中输入“"Sheet2"”，在“起始单元格”输入框中输入“"A1"”，表示读取 Sheet2 工作表的 A1 列数据，如图 1-55 所示。

在其属性面板的“输出→结果”输入框中创建变量“Dt_Clientname”，其属性面板如图 1-56 所示，表示将读取到的 A1 列存储在变量 Dt_Clientname 中。

在“读取列”活动下方添加“遍历循环”活动，

在“输入”输入框中输入变量“Dt_Clientname”，然后在其正文中添加“日志消息”活动，“日志级别”选择“Info”，在“消息”输入框中输入“item”，将客户名称遍历后依次输出，如图 1-57 所示。

最后运行流程，在“输出”面板中查看大额交易的客户名称被正确输出，如图 1-58 所示。

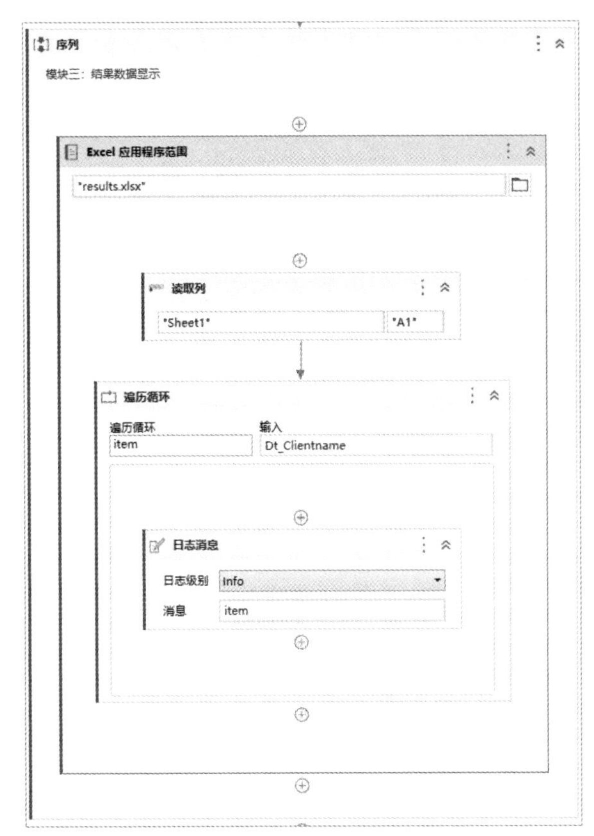

图 1-53 “结果数据显示”模块的流程设计

图 1-54 “Excel 应用程序范围”活动

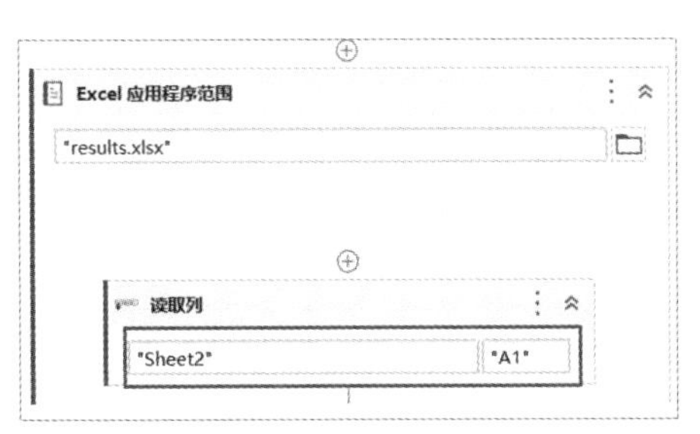

图 1-55 “读取列”活动

图 1-56 “读取列”活动的属性面板

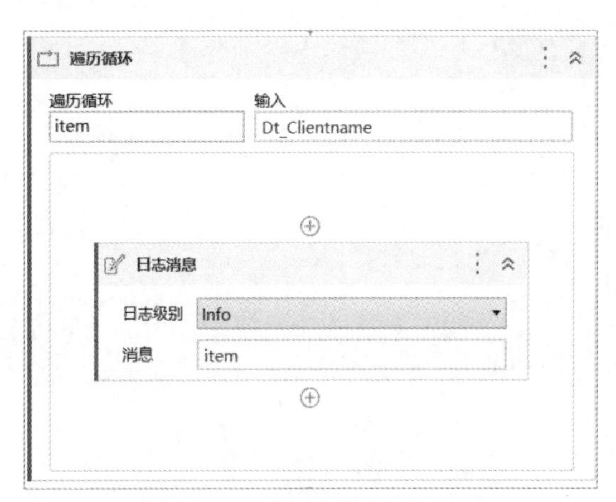

图 1-57 “遍历循环”活动

图 1-58 大额交易的客户名称

1.1.5 案例总结

通过本章的大额交易客户筛选机器人的流程设计，我们学习了清空文件夹的代码编写，练习了通过等待下载活动自动从网页下载表格数据，通过筛选数据表活动将表格数据按照一定条件筛选，最后将筛选后的数据以日志方式显示。本案例由于篇幅受限，教学案例演示只挑选了 2 家分支机构的数据，在实际 RPA 应用过程中，适用于大量分支机构的数据汇总及筛选分析，给企业带来了非常大的效益，后续可通过将这些识别到的大额交易客户以邮件方式通知到对应的客户经理，从而实现自动预警。

1.2 案例拓展

1.2.1 失信被执行人查询机器人

金融机构在风险合规环节最重要的一项工作是对失信人或组织进行信息查询，具体流程是进入中国执行信息公开网，输入被查询人员的姓名 / 名称、身份证号码 / 组织机构代码、执行法院范围后，单击“查询”按钮，获取到查询结果后将页面结果录入表格中，供其他环节使用。现将该流程进行自动化。

流程详细需求如下。

（1）被查询人 / 机构信息表如图 1-59 所示，“被执行人姓名 / 名称、身份证号码 / 组织机构代码、执行法院范围”字段是页面查询时需输入的查询条件，需提前准备好相关数据。“结果”字段用于记录页面查询结果。

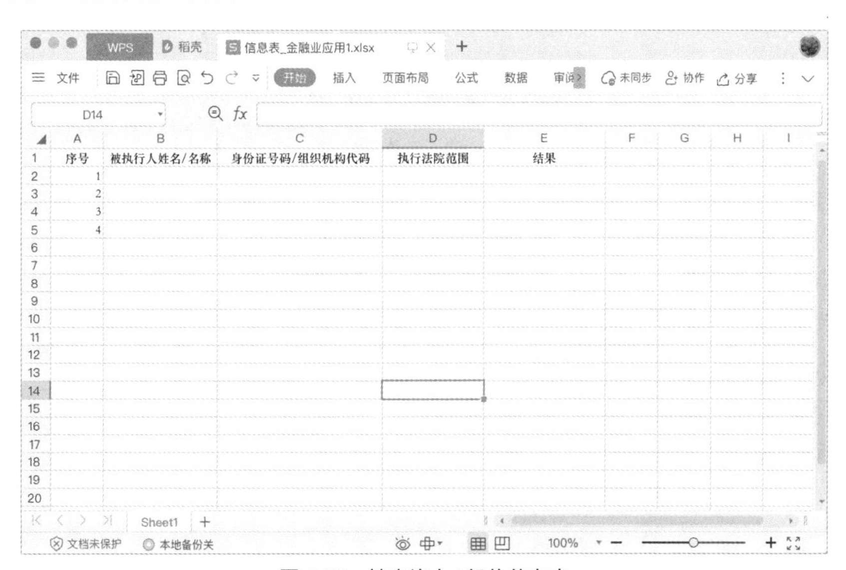

图 1-59　被查询人 / 机构信息表

（2）打开中国执行信息公开网 http://zxgk.court.gov.cn/，如图 1-60 所示，单击“综合查询被执行人”进入查询页面。

图 1-60　中国执行信息公开网页面

（3）在“综合查询被执行人”页面，输入“被执行人姓名 / 名称、身份证号码 / 组织机构代码、执行法院范围、验证码”后，单击“查询”按钮执行查询操作，如图 1-61 所示。其中，如果被查询人 / 机构信息表中的“执行法院范围”没有值，则默认为“全国法院”。

综合查询被执行人

被执行人姓名/名称:　可以仅填写前部分，至少两个汉字

身份证号码/组织机构代码:　需完整填写

执行法院范围:　全国法院（包含地方各级法院）

验证码:　bdQv　查询

图 1-61　“综合查询被执行人”页面

（4）查询结果如图 1-62 所示。将查询结果抓取后写入被查询人 / 机构信息表的“结果”列。

图 1-62　查询结果

本案例可参考以下活动来实现：

- 用 Excel 自动化组件中的读取范围 / 写入范围来处理表格信息；
- 用 Web 自动化打开浏览器来打开中国执行信息公开网；
- 用单击、输入信息活动、获取属性来进行录入、查询和查询结果的获取；
- 用 AI 组件 OCR 来识别验证码。

本案例的流程设计图如图 1-63 所示。

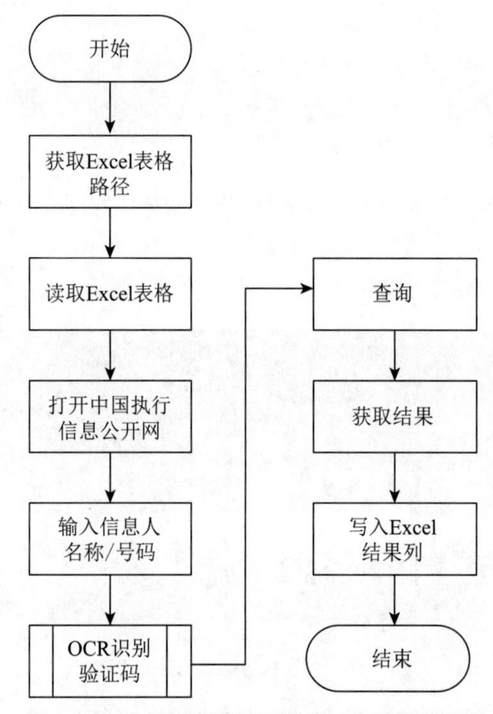

图 1-63　“失信被执行人查询机器人”流程设计图

1.2.2　银行流水异常警告机器人

在个人贷款审核环节，需根据贷款申请人的银行流水，通过对交易数量、交易金额、交易时间等要素进行分析，识别其中的异常现象，从而评估其偿债能力。现开发银行流水异常警告机器人，来完成银行流水异常交易的识别，并发送通知给相关人员。

流程详细需求如下。

（1）银行交易流水信息表如图 1-64 所示，包括交易日期、摘要、借方金额、贷方金额、交易方式、经办员 / 工号等字段。

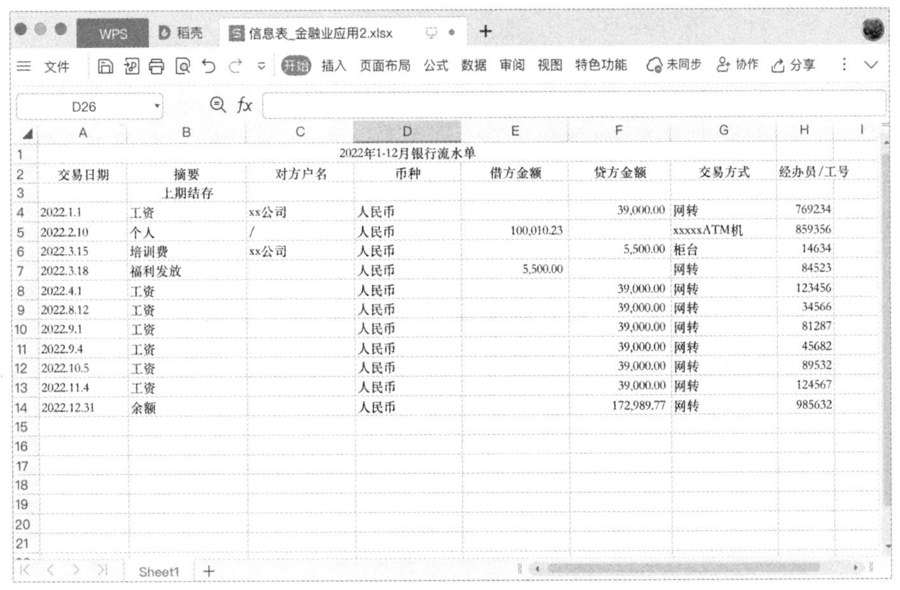

2022年1-12月银行流水单							
交易日期	摘要	对方户名	币种	借方金额	贷方金额	交易方式	经办员/工号
	上期结存						
2022.1.1	工资	xx公司	人民币		39,000.00	网转	769234
2022.2.10	个人	/	人民币	100,010.23		xxxxxATM机	859356
2022.3.15	培训费	xx公司	人民币		5,500.00	柜台	14634
2022.3.18	福利发放		人民币	5,500.00		网转	84523
2022.4.1	工资		人民币		39,000.00	网转	123456
2022.8.12	工资		人民币		39,000.00	网转	34566
2022.9.1	工资		人民币		39,000.00	网转	81287
2022.9.4	工资		人民币		39,000.00	网转	45682
2022.10.5	工资		人民币		39,000.00	网转	89532
2022.11.4	工资		人民币		39,000.00	网转	124567
2022.12.31	余额		人民币		172,989.77	网转	985632

图 1-64　银行交易流水信息表

（2）经办员邮箱 .xlsx 如图 1-65 所示，记录了经办员 / 工号及其邮箱地址。

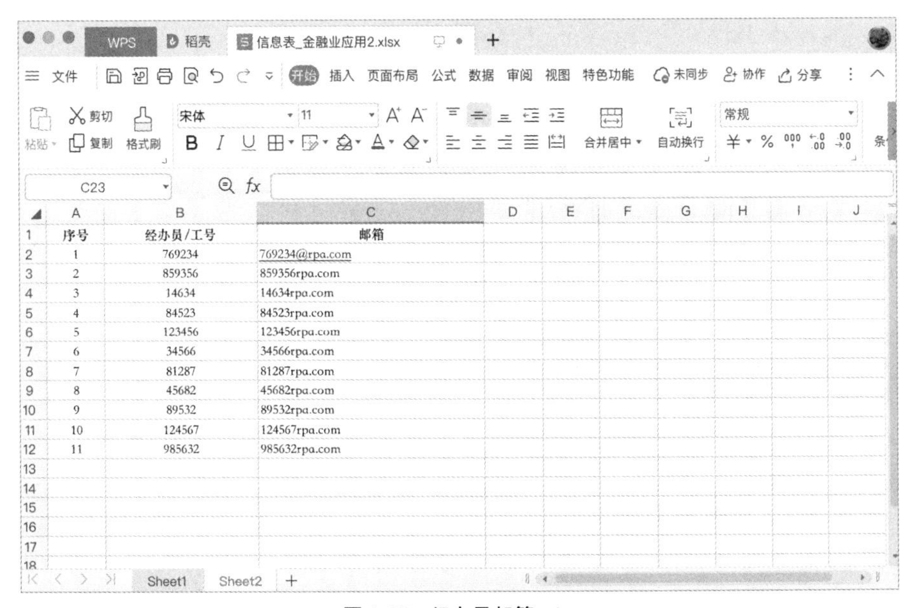

序号	经办员/工号	邮箱
1	769234	769234@rpa.com
2	859356	859356rpa.com
3	14634	14634rpa.com
4	84523	84523rpa.com
5	123456	123456rpa.com
6	34566	34566rpa.com
7	81287	81287rpa.com
8	45682	45682rpa.com
9	89532	89532rpa.com
10	124567	124567rpa.com
11	985632	985632rpa.com

图 1-65　经办员邮箱 .xlsx

（3）读取银行交易流水信息表的数据后，按下列逻辑来识别异常交易。

1）当摘要为工资时，判断交易日期是否为节假日，如果是节假日则将该交易识别为异常交易。

2）当交易方式为 ATM 机时，判断借方金额和贷方金额是否为整数，如果不是整数，则将该交易识别为异常交易。

3）判断借方金额和贷方金额的值是否整千以上，将整千以上的识别为异常交易。

将识别为异常交易的记录，发送给对应的经办员邮箱。

本案例可参考以下活动来实现：

- IF 条件判断；
- Excel 自动化的读取范围；
- 系统自动化的日期数据类型转换；
- SMTP 邮箱发送。

本案例的流程设计图如图 1-66 所示。

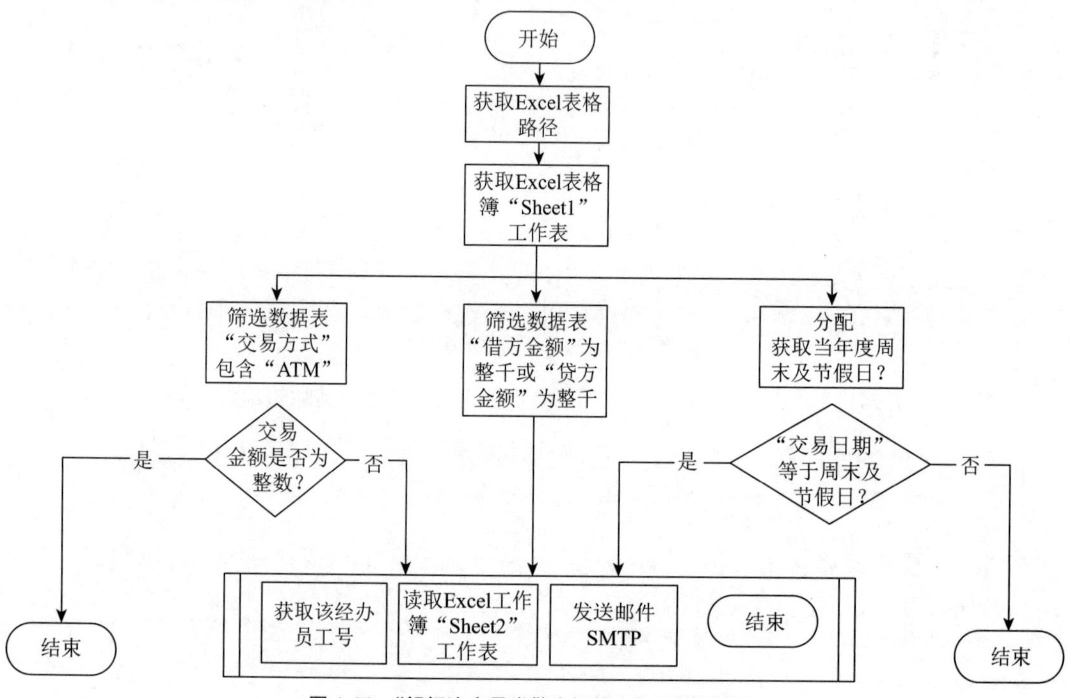

图 1-66 “银行流水异常警告机器人”流程设计图

1.2.3 客户划款指令识别机器人

托管清算业务中需对客户的每一笔划款指令进行识别。

划款指令文件如图 1-67 所示，现需开发划款指令识别机器人，将划款指令文件上的付款方名称、付款方账号、金额大写、金额小写、收款方名称、收款方账号和开户银行这些要素进行识别，将识别结果记录在 Excel 表格中。

本案例可参考以下活动来实现：

- AI 组件 OCR 识别；
- 字符串分割处理；
- Excel 自动化、新建工作簿、写入范围。

本案例的流程设计图如图 1-68 所示。

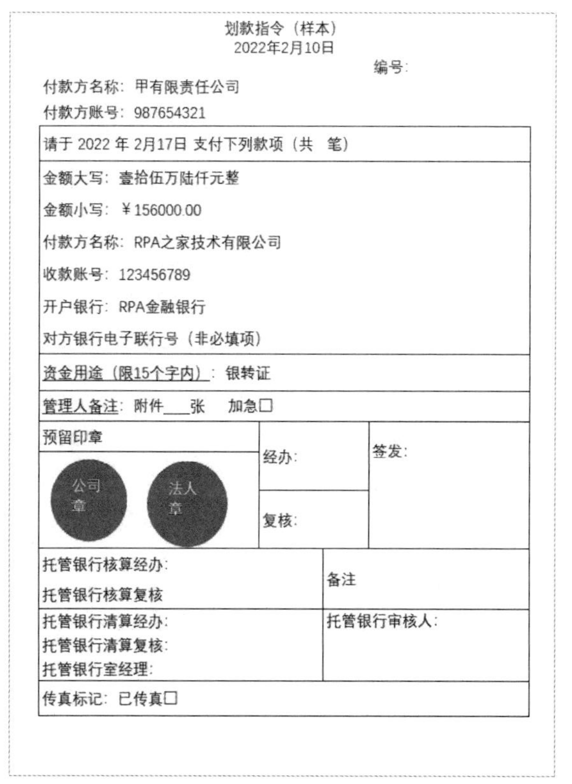

划款指令（样本）

2022年2月10日

编号:

付款方名称：甲有限责任公司

付款方账号：987654321

请于 2022 年 2月17日 支付下列款项（共　笔）

金额大写：壹拾伍万陆仟元整

金额小写：￥156000.00

付款方名称：RPA之家技术有限公司

收款账号：123456789

开户银行：RPA金融银行

对方银行电子联行号（非必填项）

资金用途（限15个字内）：银转证

管理人备注：附件___张　加急☐

预留印章　　经办:　　签发:

公司章　法人章　　复核:

托管银行核算经办:

托管银行核算复核:

备注

托管银行清算经办:

托管银行清算复核:

托管银行室经理:

托管银行审核人:

传真标记：已传真☐

图 1-67　划款指令文件

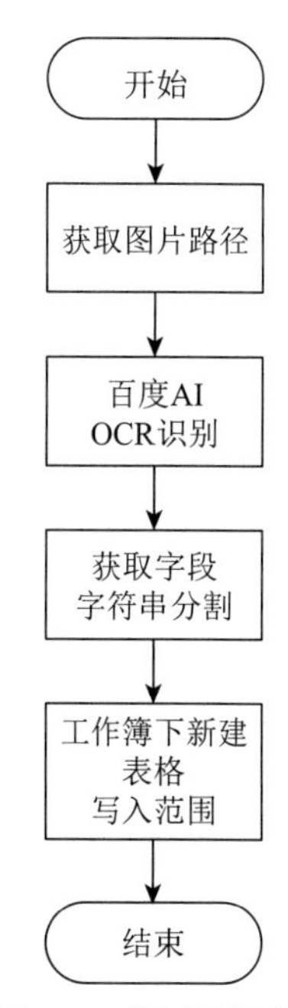

图 1-68　“客户划款指令识别机器人”流程设计图

第 2 章

RPA 在政务领域的应用

2.1 新冠采样信息录入机器人

近年来，我国人工智能信息技术手段不断提升，越来越多的政府机关单位都开始使用政务机器人，提升政府办公效率，同时也能更高效地为人民提供服务。

本章通过具体的实例介绍如何通过 RPA 实现新冠疫情采样数据批量录入，实现自动下载并解压新冠采样信息系统，提取 Excel 数据并录入系统，最后将数据导出后完成校验。

通过本案例，您将学到：

- 等待下载。
- 用户界面自动化。
- 遍历循环。
- 调用方法。
- 提取 / 解压缩文件。
- Excel 应用程序集成。
- Clear Folder 组件。
- “对于数据表中的每一行”组件。

2.1.1 需求分析

新冠疫情下，核酸检测呈常态化，有的时候要求 5 小时内将结果发送至测试者手中，但是由于采集人数多且时间紧急，对数据录入的要求非常高。

本案例借用 RPA 之家网站的实验室资源，模拟该业务场景，实现下载、解压、打开新冠采样信息系统，下载新冠采样信息表，打开并读取表格数据，将表格数据依次录入保存至新冠采样信息系统内。最后，将本次录入的表格数据导出，以核对是否存在空值，并将结果记录在日志文件中。

1. “新冠采样信息录入”系统的获取

该系统安装包存放在 RPA 之家，需要先下载压缩包文件至本地，如图 2-1 所示。接着将压缩包文件解压后进入执行程序所在的文件夹，如图 2-2 所示，双击图 2-3 中的 .exe 文件，打开系统录入界面，如图 2-4 所示。

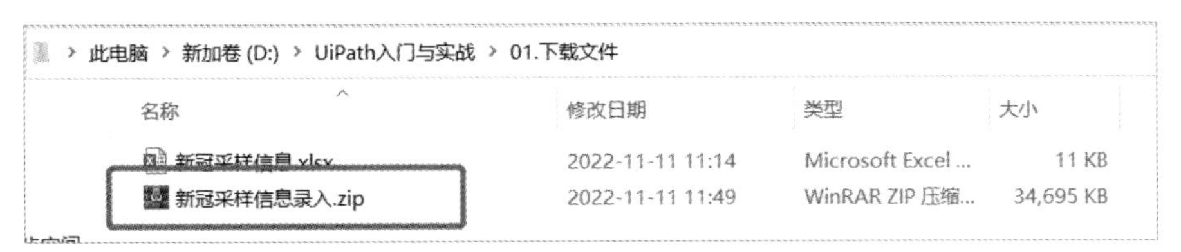

图 2-1　下载“新冠采样信息录入”系统压缩包

图 2-2　打开“新冠采样信息录入”文件夹

此电脑 > 新加卷 (D:) > UiPath入门与实战 > 02.运行环境 > 新冠采样信息录入 > 新冠采样信息录入 > 2019-nCoV_record

名称	修改日期	类型	大小
template	2022-11-11 11:14	文件夹	
ui	2022-11-11 11:14	文件夹	
2019-nCoV_record.exe	2022-11-11 11:14	应用程序	33,899 KB
data.db	2022-11-11 11:17	Data Base File	1,247 KB
ID_Fpr.dll	2022-11-11 11:14	应用程序扩展	175 KB
ID_FprCap.dll	2022-11-11 11:14	应用程序扩展	115 KB
license.dat	2022-11-11 11:14	DAT 文件	2 KB
sdtapi.dll	2022-11-11 11:14	应用程序扩展	76 KB
SynIDCardAPI.dll	2022-11-11 11:14	应用程序扩展	238 KB
SynIDCardAPI.lib	2022-11-11 11:14	LIB 文件	12 KB
SynPublic.h	2022-11-11 11:14	H 文件	9 KB
Ubuntu.qss	2022-11-11 11:14	QSS 文件	17 KB
USBRead.dll	2022-11-11 11:14	应用程序扩展	208 KB
WltRS.dll	2022-11-11 11:14	应用程序扩展	92 KB

图 2-3　双击 .exe 文件

2. “新冠采样信息表”的下载

在 RPA 之家，单击“新冠采样信息表下载”链接，进行新冠采样信息表的下载，如图 2-5 所示，并将文件保存在指定路径下。

3. 新冠采样信息的录入

在“新冠病毒采样录入”界面，将“新冠采样信息表”Excel 文件中的所有信息依次在界面对应的字段进行输入或选择，并单击“保存”按钮进行保存操作，如图 2-6 所示。

新冠病毒采样录入
姓 名：
性 别：男
年 龄：
身份证号：
证件类别：居民身份证
国 家：中国
样 品 号：
手 机 号：
保存
取消
人员来源：集中留观
人员身份：出入境通关人员
境外人员：是
参保类型：本市
标本类型：鼻咽拭子
检测项目：核酸检测
结算类型：自费
居 住 地：
已登记
姓 名：

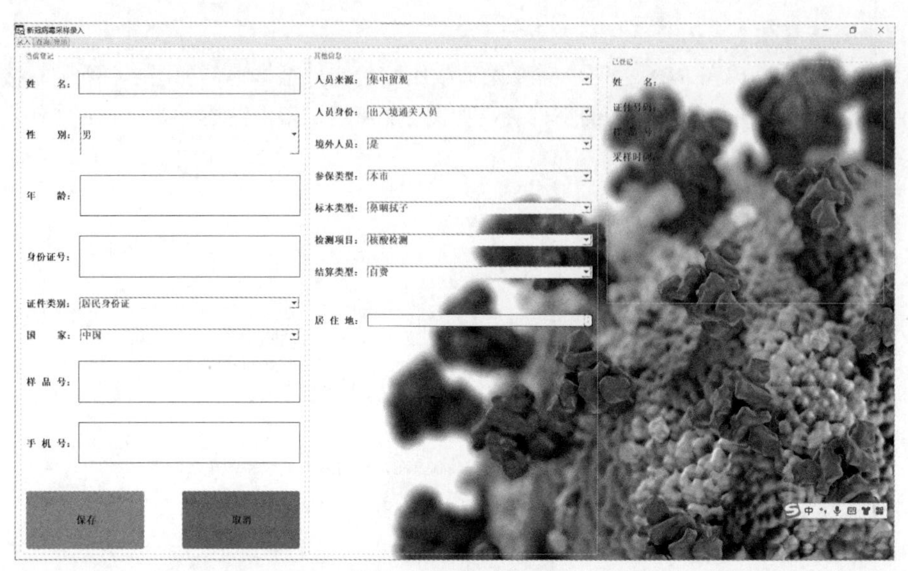

图 2-4　系统录入界面

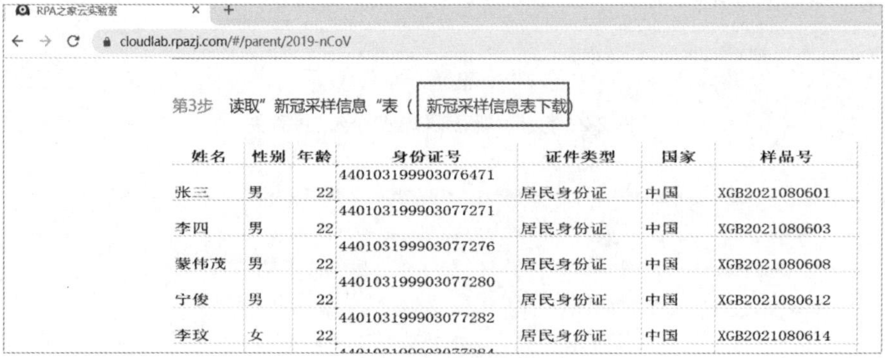

RPA之家云实验室
cloudlab.rpazj.com/#/parent/2019-nCoV
第3步 读取"新冠采样信息"表（新冠采样信息表下载）
姓名 | 性别 | 年龄 | 身份证号 | 证件类型 | 国家 | 样品号
张三 | 男 | 22 | 440103199903076471 | 居民身份证 | 中国 | XGB2021080601
李四 | 男 | 22 | 440103199903077271 | 居民身份证 | 中国 | XGB2021080603
蒙伟茂 | 男 | 22 | 440103199903077276 | 居民身份证 | 中国 | XGB2021080608
宁俊 | 男 | 22 | 440103199903077280 | 居民身份证 | 中国 | XGB2021080612
李玫 | 女 | 22 | 440103199903077282 | 居民身份证 | 中国 | XGB2021080614

图 2-5　下载"新冠采样信息表"

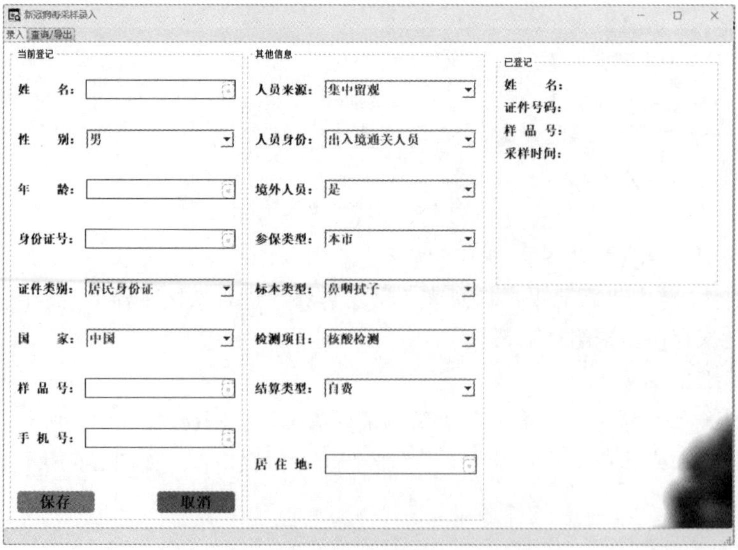

新冠病毒采样录入
录入
查询/导出
当前登记
姓 名：
性 别：男
年 龄：
身份证号：
证件类别：居民身份证
国 家：中国
样 品 号：
手 机 号：
保存
取消
其他信息
人员来源：集中留观
人员身份：出入境通关人员
境外人员：是
参保类型：本市
标本类型：鼻咽拭子
检测项目：核酸检测
结算类型：自费
居 住 地：
已登记
姓 名：
证件号码：
样 品 号：
采样时间：

图 2-6　新冠病毒采样录入界面

4. 新冠采样信息的导出

在新冠采样录入系统的“查询 / 导出”页，单击“导出”按钮完成导出操作，如图 2-7 所示。

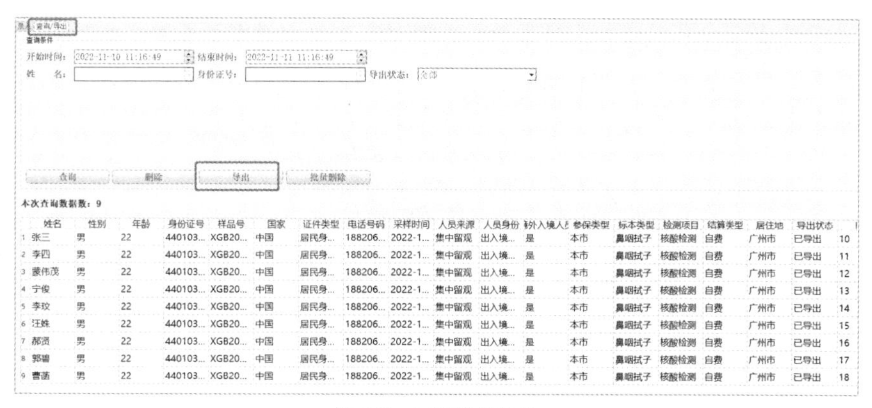

	姓名	性别	年龄	身份证号	样品号	国家	证件类型	电话号码	采样时间	人员来源	人员身份	外入境人员	参保类型	标本类型	检测项目	结算类型	居住地	导出状态	
1	张三	男	22	440103...	XGB20...	中国	居民身...	188206...	2022-1...	集中留观	出入境...	是	本市	鼻咽拭子	核酸检测	自费	广州市	已导出	10
2	李四	男	22	440103...	XGB20...	中国	居民身...	188206...	2022-1...	集中留观	出入境...	是	本市	鼻咽拭子	核酸检测	自费	广州市	已导出	11
3	蒙伟茂	男	22	440103...	XGB20...	中国	居民身...	188206...	2022-1...	集中留观	出入境...	是	本市	鼻咽拭子	核酸检测	自费	广州市	已导出	12
4	宁俊	男	22	440103...	XGB20...	中国	居民身...	188206...	2022-1...	集中留观	出入境...	是	本市	鼻咽拭子	核酸检测	自费	广州市	已导出	13
5	李玟	男	22	440103...	XGB20...	中国	居民身...	188206...	2022-1...	集中留观	出入境...	是	本市	鼻咽拭子	核酸检测	自费	广州市	已导出	14
6	汪姝	男	22	440103...	XGB20...	中国	居民身...	188206...	2022-1...	集中留观	出入境...	是	本市	鼻咽拭子	核酸检测	自费	广州市	已导出	15
7	郝贤	男	22	440103...	XGB20...	中国	居民身...	188206...	2022-1...	集中留观	出入境...	是	本市	鼻咽拭子	核酸检测	自费	广州市	已导出	16
8	郭碧	男	22	440103...	XGB20...	中国	居民身...	188206...	2022-1...	集中留观	出入境...	是	本市	鼻咽拭子	核酸检测	自费	广州市	已导出	17
9	曹菡	男	22	440103...	XGB20...	中国	居民身...	188206...	2022-1...	集中留观	出入境...	是	本市	鼻咽拭子	核酸检测	自费	广州市	已导出	18

图 2-7　系统数据导出

5. 进行数据校验

导出的 Excel 文件的内容格式如图 2-8 所示，对该记录进行非空校验。

	A	B	C	D	E	F	G	H	I	
1	姓名（必填）	年龄（岁）（选填）（整数输入）	电话号码（必填，手机或固话）	性别（必填）	国家/地区（必填）	户籍地（选填）（精确到省一级）	居住地（选填）（文本输入）	证件类型（必填）（有中华人民共和国居民身份证的填“居民身份证”、港澳人员填“港澳居民来往内地通行证（俗称回乡证）”、台湾人员填“台湾居民来往内地通行证（俗称台胞证）”、外国人填护照、小孩无身份证填出生医学证明）	证件号码（必填）（居民身份证：正确填写证件上的18位，最后一位为X，请大写；回乡证：规则为H（M）+8位或10位阿拉伯数字；台胞证：规则为8位阿拉伯数字。	人员来源（必填 2) 1.集中留观、2 、4.社区排查、（急）诊、7.住 人员、9.农贸市 样点
2	张三	22	18820663210	男	中国		广州市	居民身份证	440103199903076471	1
3	李四	22	18820663212	男	中国		广州市	居民身份证	440103199903077271	1
4	蒙伟茂	22	18820663217	男	中国		广州市	居民身份证	440103199903077276	1
5	宁俊	22	18820663221	男	中国		广州市	居民身份证	440103199903077280	3
6	李玟	22	18820663223	女	中国		广州市	居民身份证	440103199903077282	3
7	汪姝	22	18820663225	女	中国		广州市	居民身份证	440103199903077284	3
8	郝贤	22	18820663228	女	中国		广州市	居民身份证	440103199903077287	3
9	郭碧	22	18820663231	女	中国		广州市	居民身份证	440103199903077290	5
10	曹菡	22	18820663233	女	中国		广州市	居民身份证	440103199903077292	5

图 2-8　数据校验

2.1.2　流程详细设计

根据需求分析，新冠采样信息录入自动化流程的功能模块可设计为 4 个模块，分别是环境准备、表格准备、数据录入与导出以及数据校验。详细的功能结构如表 2-1 所示。

表 2-1　新冠采样信息录入机器人的功能模块设计

序　号	功 能 模 块	步　骤
1	环境准备	①下载系统压缩包，保存至本地； ②解压系统文件； ③打开系统文件
2	表格准备	下载信息表，保存至本地；
3	数据录入与导出	①读取信息表数据； ②在系统中输入新冠采样信息，并保存； ③从新冠采样信息系统导出数据表
4	数据校验	对导出的数据表内容进行非空校验

根据本项目的需求分析以及功能模块设计，该自动化业务的流程设计图如图 2-9 所示。

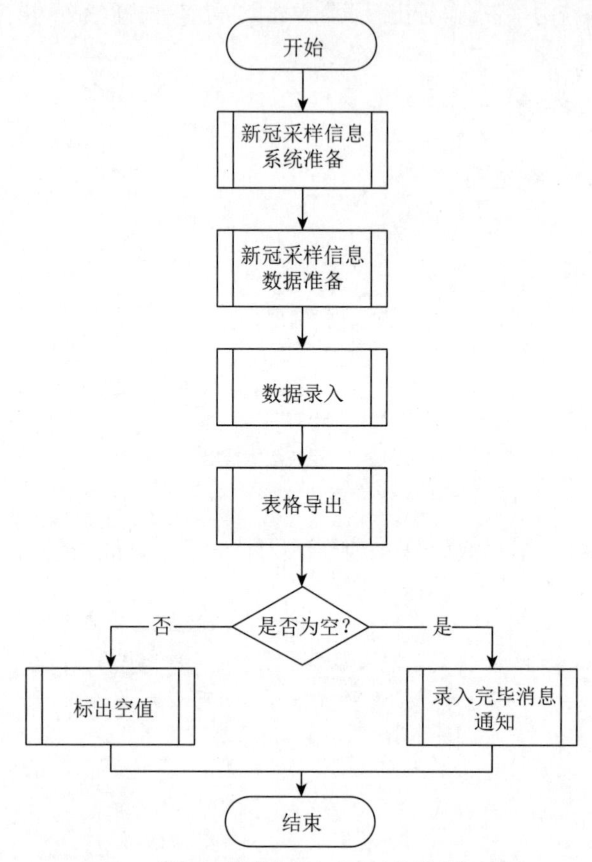

图 2-9 “新冠采样信息录入机器人”流程设计图

图 2-10 新冠采样信息录入机器人的项目文件结构

2.1.3 系统开发必备

1. 开发环境及工具

本项目的开发及运行环境如下。

- 操作系统：Windows 7、Windows 10。
- 开发工具：UiPath 2022.4.1。
- Office 版本：Microsoft Office Professional Plus 2019。
- 浏览器：Chrome 浏览器。
- 压缩软件：zip。

2. 项目文件结构

新冠采样信息录入机器人的项目文件结构如图 2-10 所示。

（1）Main.xaml：主流程文件，项目创建时自动创建的文件，本案例中暂未使用。

（2）序列 .xaml：流程设计文件，本案例的流程开发主要在该文件中进行。

3. 开发前准备

1）创建存放“新冠采样信息系统”的源文件和解压文件的文件夹

下载的源文件将存储于“D:\UiPath 入门与实战 \01. 下载文件”文件夹下，压缩包解压至“D:\UiPath 入门与实战 \02. 运行环境”文件夹下，提前创建好这 2 个文件夹，如图 2-11 所示。

2）修改浏览器默认下载地址为“新冠采样信息系统”的源文件目录

本案例使用谷歌浏览器进行“交易数据表”的下载，故按如下方式提前修改谷歌浏览器的默认下载地址。

（1）打开谷歌浏览器，单击其右上角图标 ⋮，在下拉菜单中选择“设置”选项，如图 2-12 所示。

（2）选择“下载内容”选项，如图 2-13 所示。

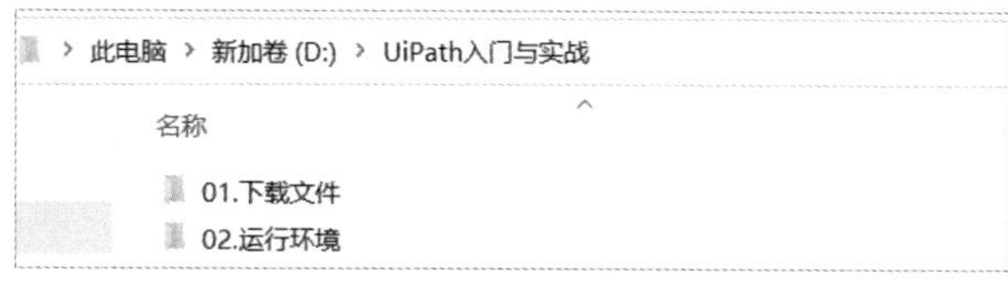

图 2-11　提前创建文件夹

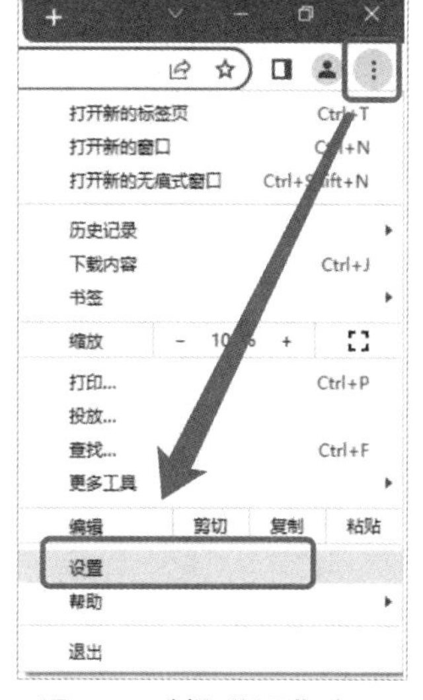

图 2-12　选择“设置”选项

图 2-13　选择“下载内容”选项

（3）在位置处单击“更改”，修改地址为“D:\UiPath 入门与实战 \01. 下载文件”，如图 2-14 所示。

图 2-14　更改“下载内容”的位置

2.1.4　流程实现

1. 创建项目

打开 UiPath Studio，单击“新建项目”，选择“流程”模块，弹出“新建空白流程”对话框。在“名称”输入框中输入“新冠疫情采样信息录入机器人”，在“位置”输入框中输入

图 2-15 “新建空白流程”对话框

“D:\Uipath 入门与实战”，单击“创建”按钮，如图 2-15 所示。

由于本案例流程各节点的决策点较少，故采用序列（Sequence）作为主要布局，使表达上更为简洁直观。新建一个“序列 .xaml”文件，双击编辑流程文件，具体实现步骤如下文所述。

2.“环境准备”模块的实现

“环境准备”模块的功能是打开浏览器，将新冠采样信息系统下载至本地，并解压至“D:\UiPath 入门与实战 \02. 运行环境”文件夹下，该模块的流程设计如图 2-16 所示。

（1）添加一个“分配”活动，在左侧输入框中创建一个 String 类型的变量“strDownloadFolder”，在右侧输入框中输入“"D:\UiPath 入门与实战 \01. 下载文件 "”，将存储“新冠采样信息系统”下载包的文件夹路径赋值给 strDownloadFolder，其属性面板如图 2-17 所示。

（2）在下方继续添加一个“分配”活动，在左侧输入框中创建一个 String 类型的变量“strOperateFolder”，在右侧输入框中输入“"D:\UiPath 入门与实战 \02. 运行环境 "”，将解压“新冠采样信息系统”下载包的文件夹路径赋值给 strOperateFolder，其属性面板如图 2-18 所示。

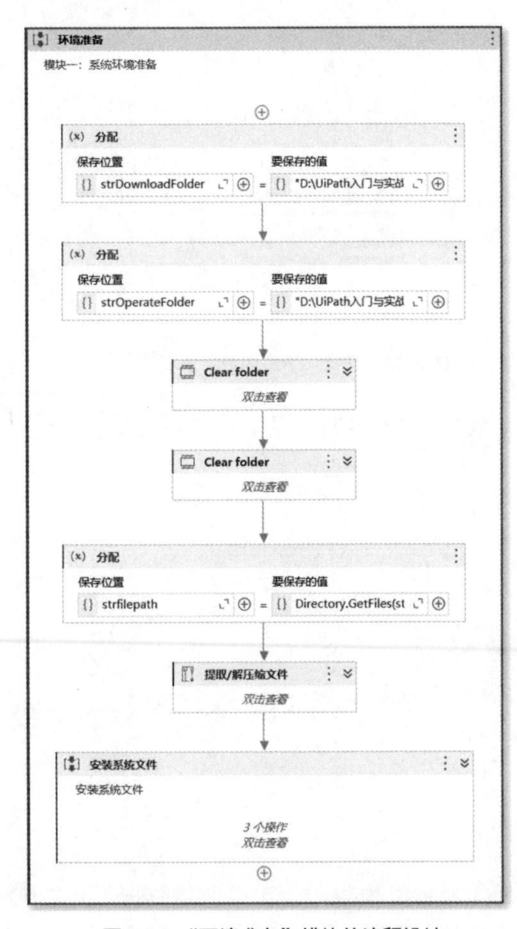

图 2-16 “环境准备”模块的流程设计

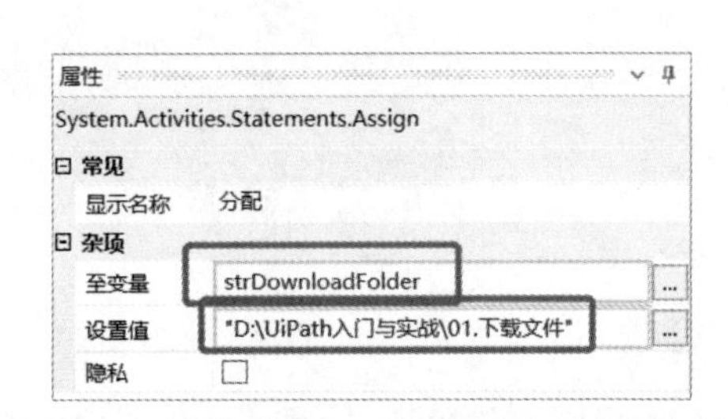

图 2-17 “分配”活动 -strDownloadFolder 属性面板

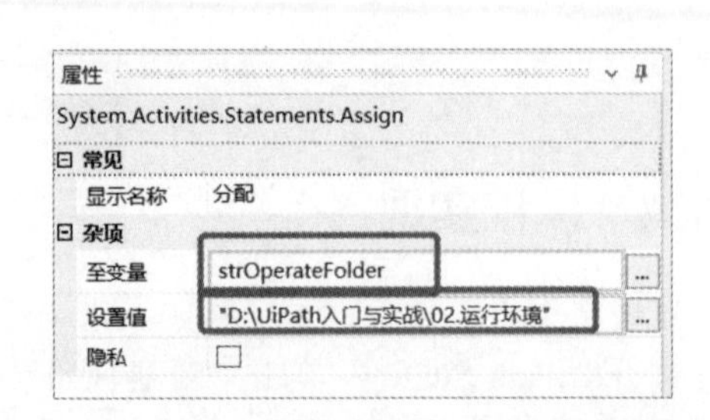

图 2-18 “分配”活动 -strOperateFolder 属性面板

（3）分别添加两个“Clear folder”活动，在“NoFolderExists”输入框中输入“False”，在“Path”输入框中分别输入变量“strDownloadFolder”和变量“strOperateFolder”，用于流程正式运行前先清空这两个文件夹下的文件。这两个 Clear folder 活动如图 2-19 所示。

（4）实现从网站下载“新冠采样信息系统”压缩包文件。

①添加“打开浏览器”活动，在“URL”输入框中输入网站地址“"https://cloudlab.rpazj.com/#/parent/2019-nCoV"”，将“浏览器类型”设置为“BrowserType.Chrome”，其属性面板配置如图 2-20 所示。

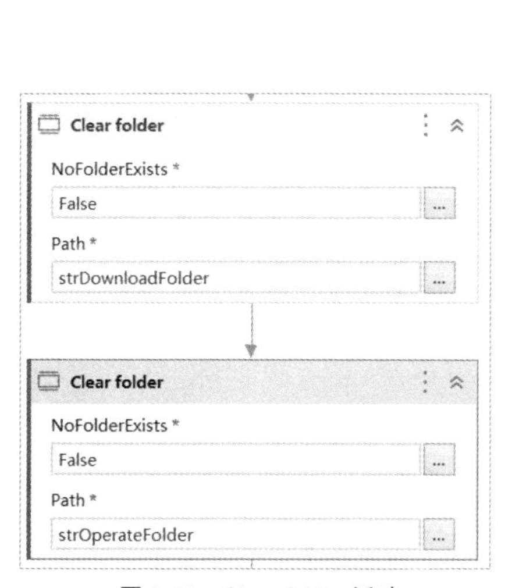

图 2-19　Clear folder 活动

图 2-20　“打开浏览器”活动的属性面板

②在“打开浏览器”活动的执行中添加一个“等待下载【GetLastDownloadedFile】”活动。在“监控的文件夹”中设置变量 strDownloadFolder，如图 2-21 所示。

③在“等待下载”的执行序列中添加“单击【Click】”控件。手动打开浏览器网页后，单击“指明在屏幕上”，然后用鼠标单击网页上的“新冠采样录入系统下载”，如图 2-22 所示。

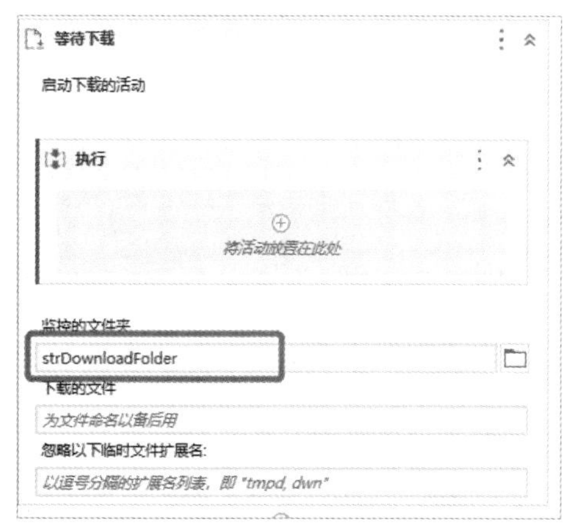

图 2-21　“等待下载”活动

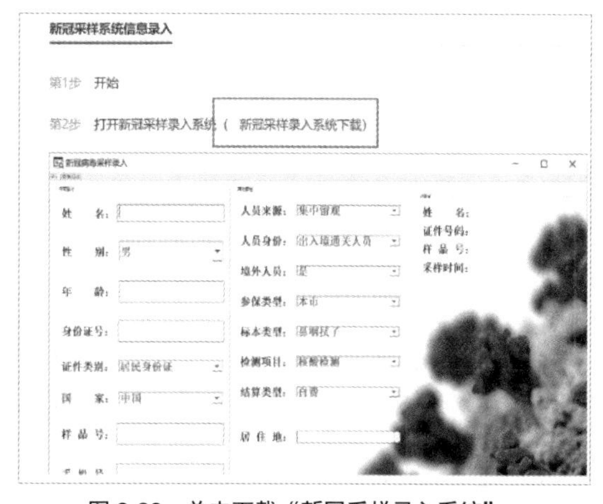

图 2-22　单击下载“新冠采样录入系统”

“等待下载”活动的实现如图 2-23 所示。

④“打开浏览器”活动的完整实现如图 2-24 所示。

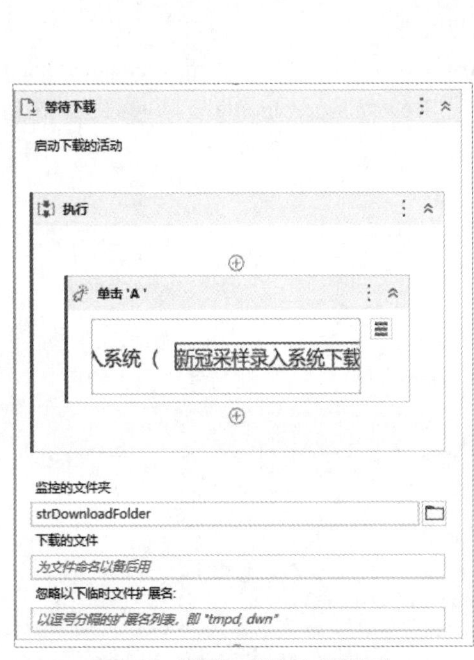

图 2-23 “等待下载”活动的实现

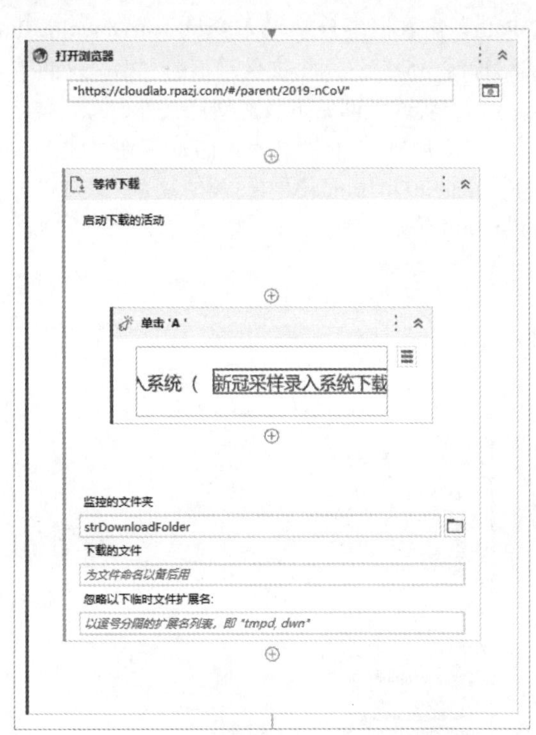

图 2-24 “打开浏览器”活动的完整实现

⑤开发至此，可以保存文件并启动流程，查看流程运行是否有异常。流程应自动打开浏览器，输入下载地址后，自动单击页面上的“新冠采样录入系统下载”链接，待文件下载完成后流程运行结束。确认“新冠采样信息录入 .zip”已被成功下载，如图 2-25 所示。

（5）在“添加浏览器”活动下方添加一个“分配”活动，在左侧输入框中创建一个 String[] 类型的变量“strFilepath”，在右侧输入框中输入表达式“Directory.GetFiles(strDownloadFolder)”，用于读取文件夹里的文件，其属性面板配置如图 2-26 所示。

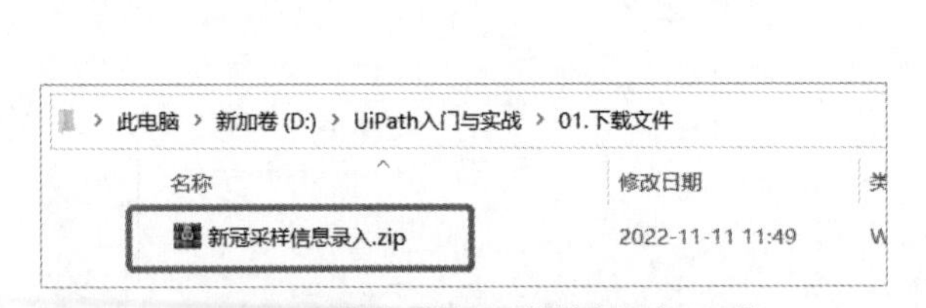

图 2-25 下载的“新冠采样信息录入 .zip”

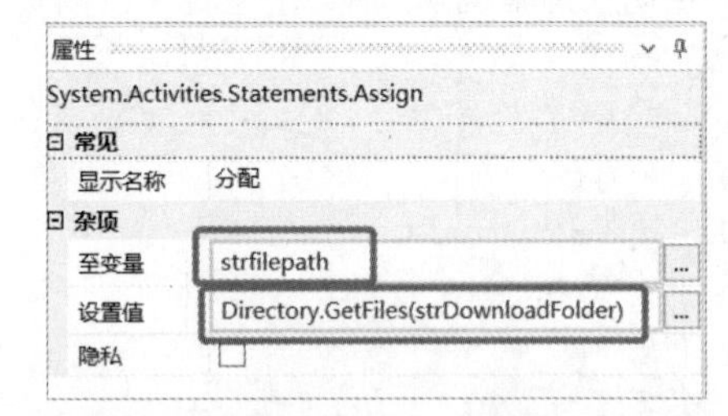

图 2-26 “分配”活动的 strFilepath 属性面板

（6）在下方添加一个“提取 / 解压缩文件【ExtractFiles】”活动，在“要提取的文件”输入框中输入“strFilepath(0)”，在“目标文件夹”输入框中输入变量“strOperateFolder”，表示将“新冠采样信息录入 .zip”解压到 strOperateFolder 所指代的文件夹“RPA 开发 UiPath 入门与实战 \02. 运行环境”下，如图 2-27 所示。

运行流程后，查看文件夹“RPA 开发 UiPath 入门与实战 \02. 运行环境”下是否生成了解压文件，如图 2-28 所示。

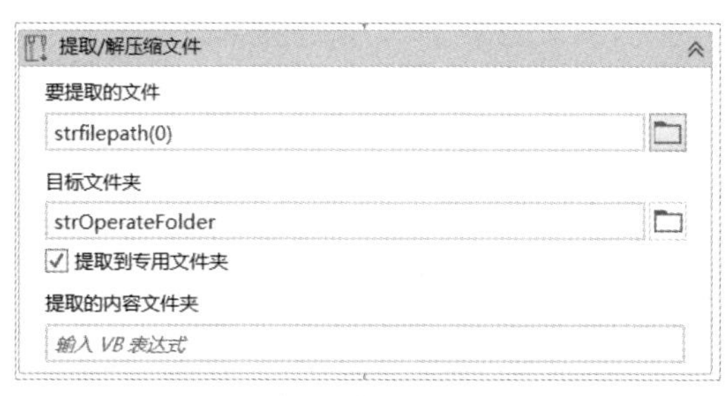

图 2-27　“提取 / 解压缩文件”活动

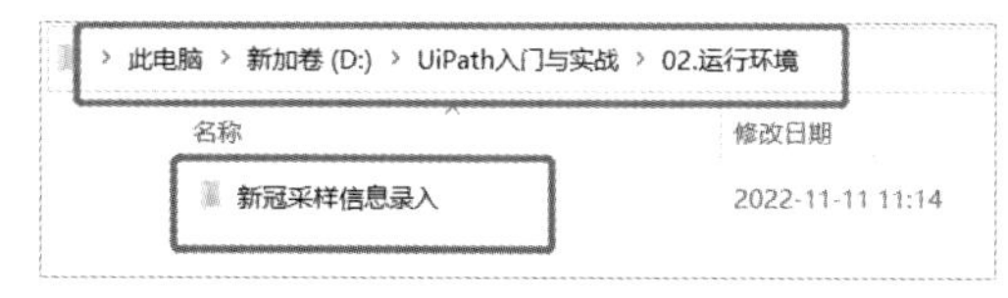

图 2-28　生成解压文件

（7）添加一个空序列，在配置面板中将“显示名称”更新为“安装系统文件”。在此我们通过录制的方法来查找可执行程序“2019-nCoV_record.exe”，并双击运行该程序。

①在“设计”面板单击“录制”，选择“基本”选项，如图 2-29 所示。

②在弹出的“基本录制”窗口选择“单击”，在下拉选项中选择“单击”，如图 2-30 所示。然后单击计算机的“主文件夹”图标，如图 2-31 所示。

图 2-29　选择“基本”选项　　图 2-30　“基本录制”窗口 1

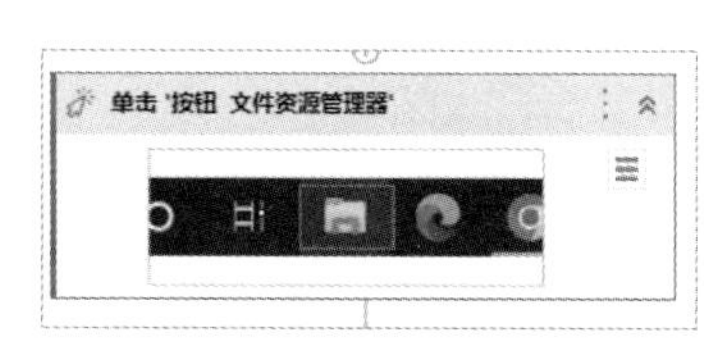

图 2-31　单击“主文件夹”图标

③单击“基本录制”窗口的“输入”，在下拉项中选择“类型”，如图 2-32 所示。单击“指明在屏幕上”，然后回到“主文件夹”窗口，单击“快速访问”区域，如图 2-33 所示。

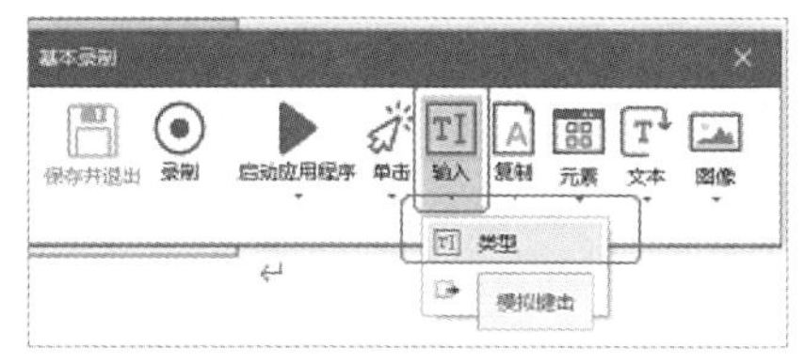

图 2-32　“基本录制”窗口 2

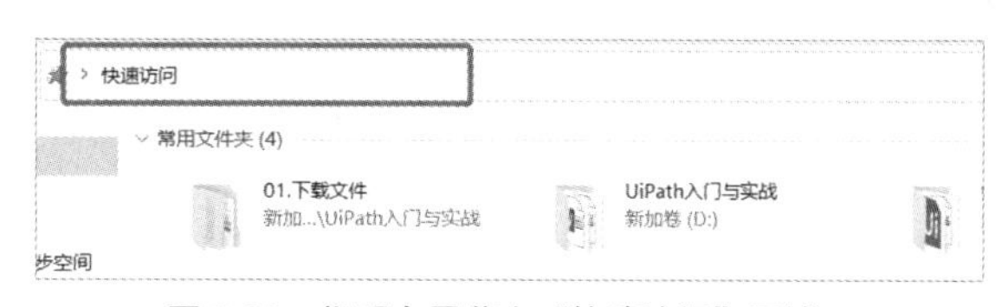

图 2-33　指明在屏幕上“快速访问”区域

然后，在输入框中输入“"D:\UiPath 入门与实战 \02. 运行环境 \ 新冠采样信息录入 \ 新冠采样信息录入 \2019-nCoV_record[k(enter)]" ”，输入内容中的“[k(enter)]”表示添加 Enter 热键，如图 2-34 所示。

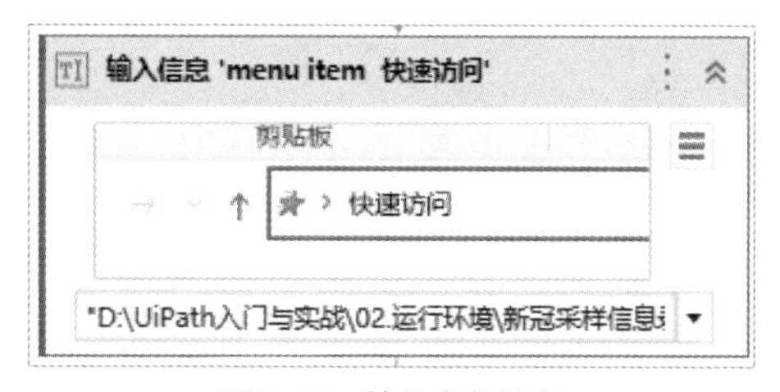

图 2-34　输入文件路径

④继续单击“基本录制”窗口的“单击”，在下拉选项中选择“单击”，然后用鼠标选中“2019-nCoV_record.exe”，如图 2-35 所示。

在“单击 'editable text 名称 '”活动的属性面板中将“输入→单击类型”修改为“ClickType.CLICK_DOUBLE”，以实现双击打开 2019-nCoV_record.exe 应用程序，如图 2-36 所示。

图 2-35　选择“2019-nCoV_record.exe”

图 2-36　“单击 'editable text 名称 '”的属性面板

⑤“安装系统文件”序列的完整流程设计如图 2-37 所示。

至此，“环境准备”模块设计完成，流程运行结束后自动打开了 2019-nCoV_record.exe 应用程序，显示“新冠病毒采样录入”的系统界面，如图 2-38 所示。

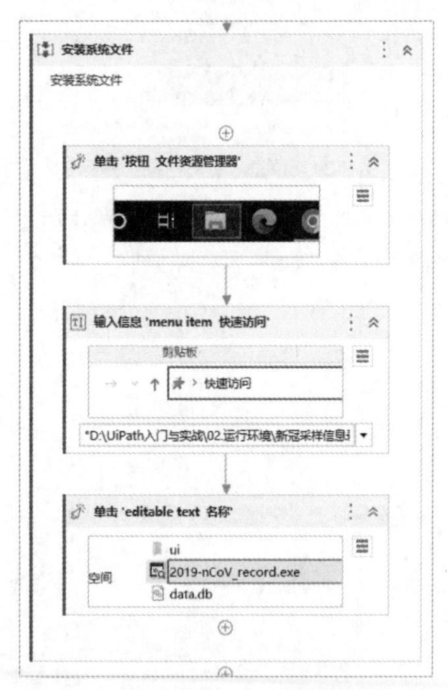

图 2-37　“安装系统文件”的完整流程设计

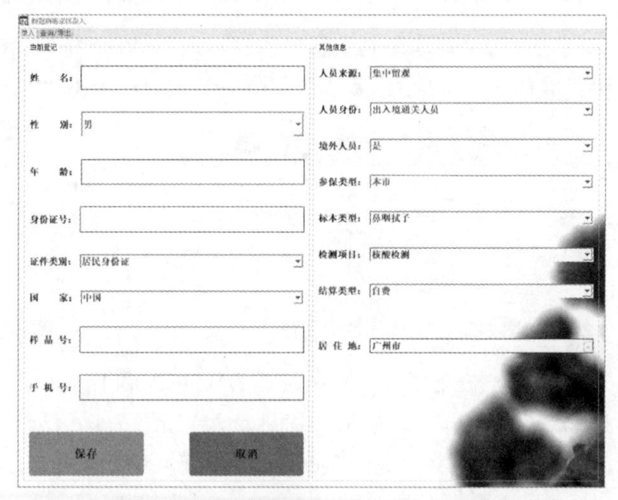

图 2-38　“新冠病毒采样录入”的系统界面

3.“表格准备”模块的实现

“表格准备”模块的主要功能是下载新冠采样信息表格，总体设计如图 2-39 所示。

（1）添加“Clear folder”控件，在“NoFolderExists”输入框中输入“False”，在“Path”输入框中输入变量“strDownloadFolder”，以清空 strDownloadFolder 指代的文件夹下的文件，如图 2-40 所示。

（2）添加“等待下载【GetLastDownloadedFile】”活动。在“监控的文件夹”输入框中输入变量“strDownloadFolder”，如图 2-41 所示。

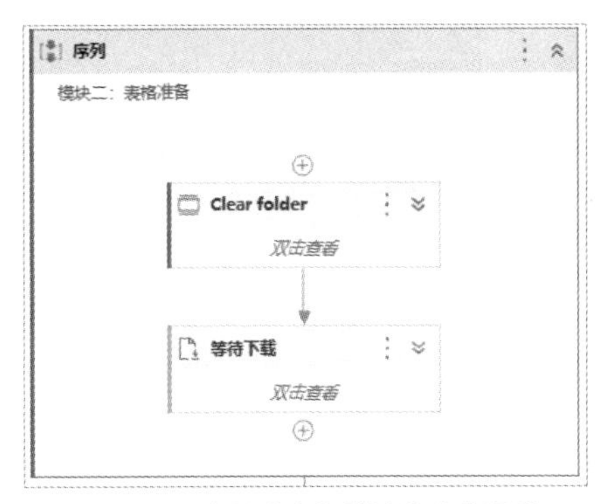

图 2-39　“表格准备”模块的总体设计

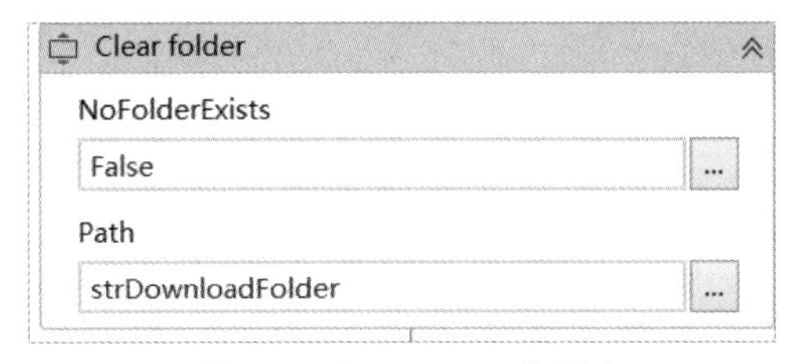

图 2-40　“Clear folder”活动

（3）在“等待下载”活动的执行序列中添加“单击【Click】”，然后单击“指明在屏幕上”，再用鼠标单击页面上的“新冠采样信息表下载”，如图 2-42 所示。

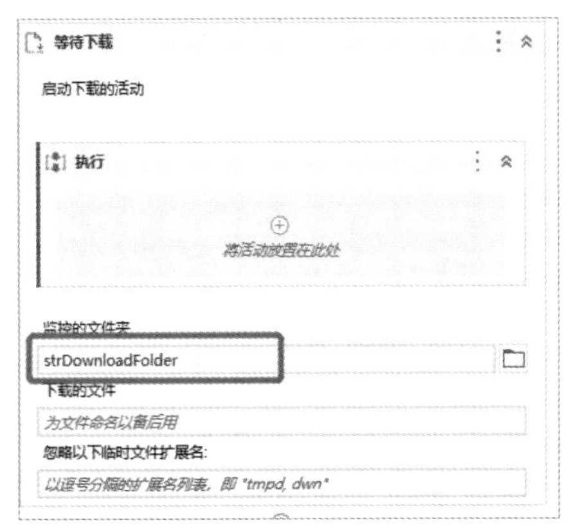

图 2-41　“等待下载”活动

第3步　读取”新冠采样信息“表（　新冠采样信息表下载）

姓名	性别	年龄	身份证号	证件类型	国家	样品号
张三	男	22	440103199903076471	居民身份证	中国	XGB2021080601
李四	男	22	440103199903077271	居民身份证	中国	XGB2021080603
蒙伟茂	男	22	440103199903077276	居民身份证	中国	XGB2021080608
宁俊	男	22	440103199903077280	居民身份证	中国	XGB2021080612
[illegible]	[illegible]	[illegible]	440103199903077282	居民身份证	中国	[illegible]

图 2-42　单击“新冠采样信息表下载”

（4）“等待下载”活动的完整设计如图 2-43 所示。

（5）运行流程，查看流程运行结果。鼠标自动单击页面上的“新冠采样信息表下载”后，流程结束。打开“D:\UiPath 入门与实战 \01. 下载文件”文件夹，看到“新冠采样信息 .xlsx”被下载在该文件夹下，如图 2-44 所示。

图 2-43　“等待下载”活动的完整设计

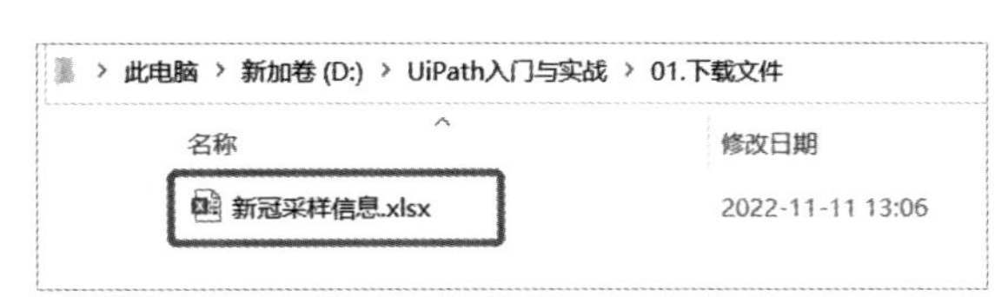

图 2-44　“表格准备”模块运行结果

4.“数据录入与导出”模块的实现

“数据录入与导出”模块主要分为数据录入和表格导出两部分，其整体设计如图 2-45 所示。数据录入的主要功能是将“表格准备”模块下载得到的“新冠采样信息 .xlsx”中的信息录入“新冠病毒采样录入”系统中，表格导出的主要功能是单击“导出”按钮，将系统中的所有数据进行导出操作。

1）数据录入

“数据录入”序列的完整设计如图 2-46 所示，具体实现步骤如下。

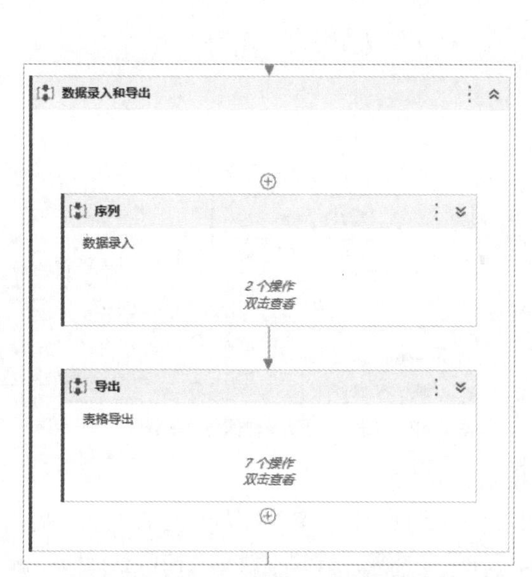

图 2-45 “数据录入与导出”模块的整体设计

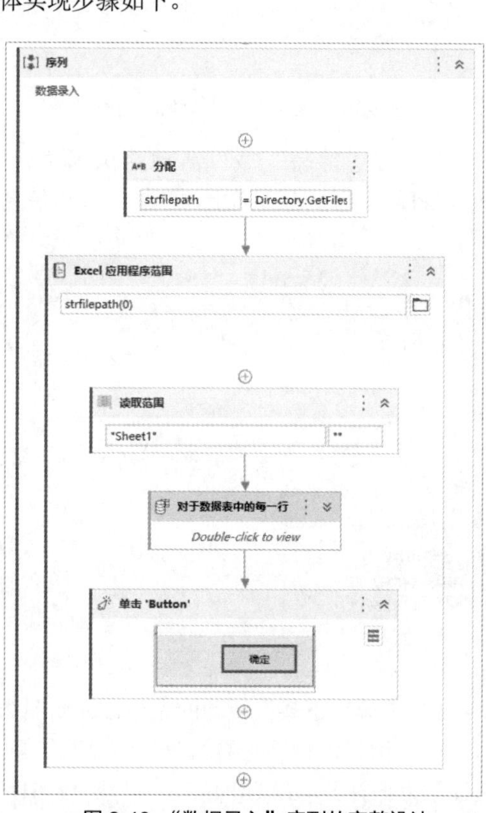

图 2-46 “数据录入”序列的完整设计

（1）添加一个“分配【Assign】”活动，在左侧输入框中输入变量“strfilepath”，在右侧输入框中输入表达式“Directory.GetFiles(strDownloadFolder)”，用于获取 strDownloadFolder 指代的文件夹下的 Excel 文件路径，赋值给 strfilepath，其属性面板如图 2-47 所示。

（2）添加“Excel 应用程序范围”控件，在“工作簿路径”输入框中输入“strfilepath(0) ”，如图 2-48 所示。

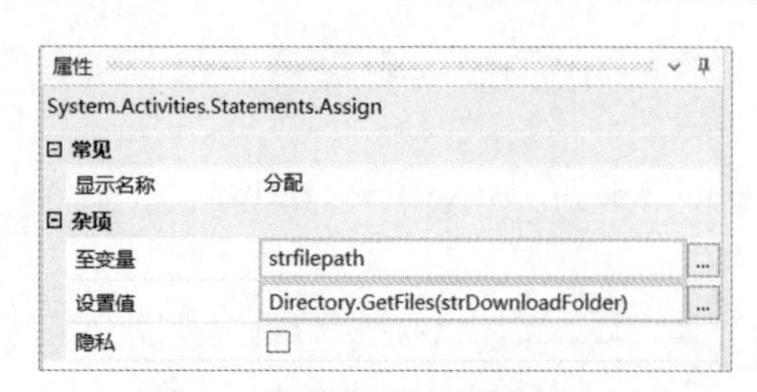

图 2-47 “分配”活动的属性面板

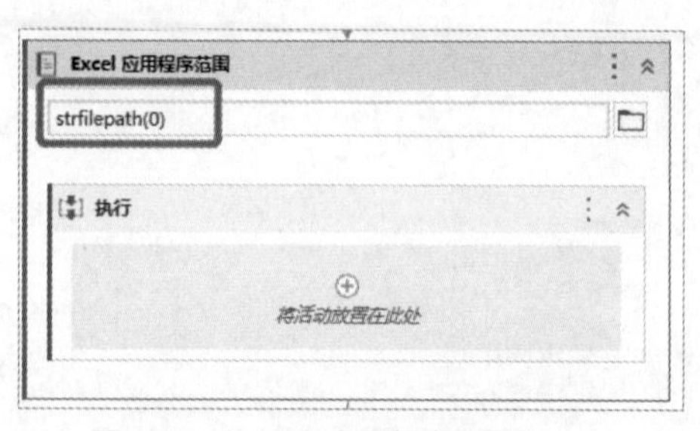

图 2-48 “Excel 应用程序范围”活动

（3）在“Excel 应用程序范围”的执行序列中添加“读取范围【Read Range】”控件，在其属性面板中，设置“输入→工作表名称”为“"Sheet1"”，“输入→范围”为“""”，在“输出→数据表”输入框中创建一个 DataTable 类型的变量 dt_Personal，表示读取 Sheel 工作表的所有数据，将其赋值给变量 dt_Personal，勾选“添加标头”复选框，如图 2-49 所示。

图 2-49 “读取范围”活动的属性面板

（4）在“读取范围”活动的下方，添加“对于数据表中的每一行【For Each Row】活动”。在“输入”输入框中输入变量“dt_Personal”，表示遍历数据表 dt_Personal 的数据，该活动如图 2-50 所示，其属性面板如图 2-51 所示。

图 2-50 “对于数据表中每一行”活动

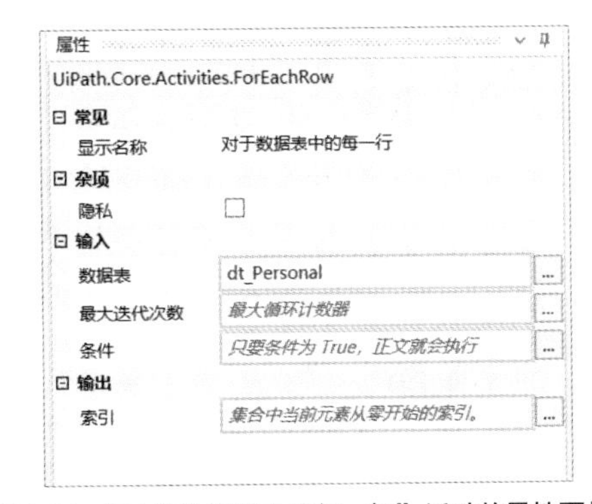

图 2-51 “对于数据表中的每一行”活动的属性面板

（5）在“对于数据表中的每一行”活动的正文序列中添加“单击【Click】”活动，鼠标单击“指明屏幕处”后，鼠标指针移到“新冠病毒采样录入”系统的“录入”选项卡并单击，确保当前系统界面为“录入”界面，如图 2-52 所示。

至此，“Excel 应用程序范围”的实现如图 2-53 所示。

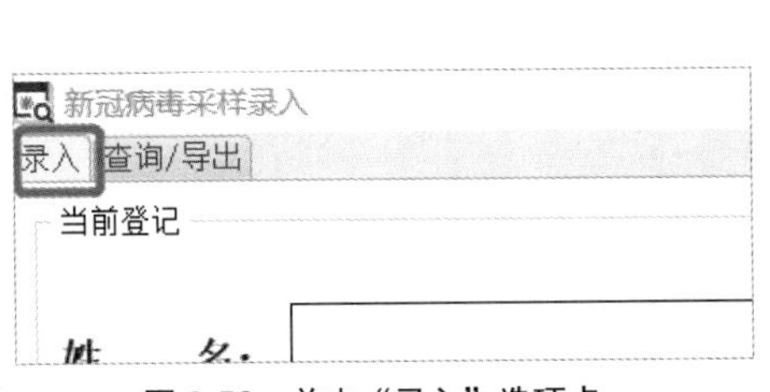

图 2-52 单击“录入”选项卡

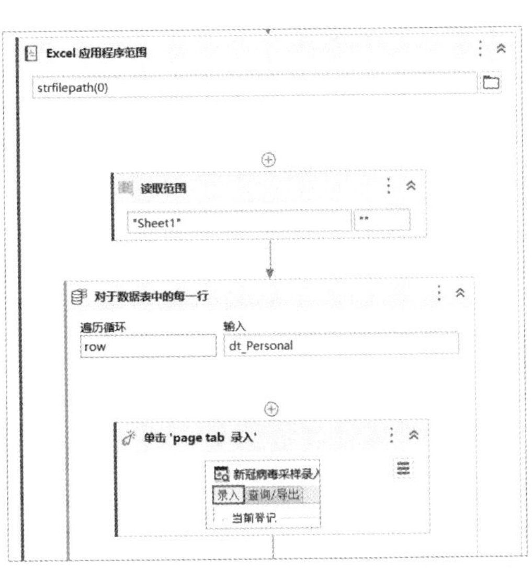

图 2-53 “Excel 应用程序范围”的实现

（6）在“对于数据表中的每一行”中实现信息的自动录入。我们需要录入的数据各字段如图 2-54 所示，需要将每行数据录入“新冠病毒采样录入”系统对应的各字段中。

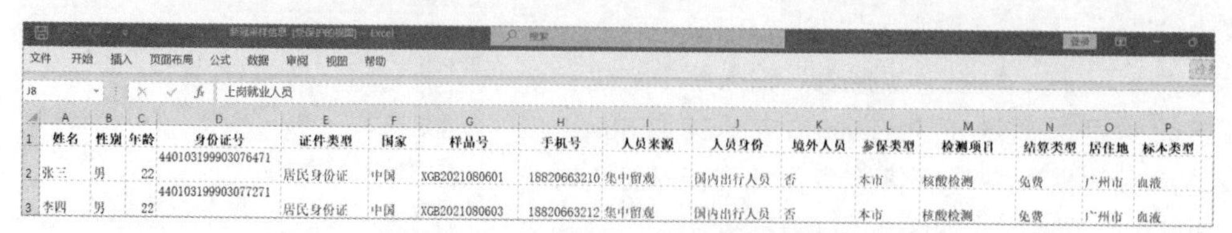

姓名	性别	年龄	身份证号	证件类型	国家	样品号	手机号	人员来源	人员身份	境外人员	参保类型	检测项目	结算类型	居住地	标本类型
张三	男	22	440103199903076471	居民身份证	中国	XGB2021080601	18820663210	集中留观	国内出行人员	否	本市	核酸检测	免费	广州市	血液
李四	男	22	440103199903077271	居民身份证	中国	XGB2021080603	18820663212	集中留观	国内出行人员	否	本市	核酸检测	免费	广州市	血液

图 2-54 “新冠采样信息 .xlsx”中的数据

“新冠病毒采样录入”系统中的数据录入形式主要有 2 类，分别为文本输入类型和下拉选择类型。对于文本输入类型，我们使用“输入信息”活动来实现；对于下拉选择类型，我们使用“选择项目”活动来实现。下面对这两类录入的实现方式进行详细描述。

①文本输入类型的字段有姓名、年龄、身份证号、样品号、手机号、居住地这 6 个字段，以“姓名”为例，实现方式如下，其他字段输入的实现与之一致。

（a）在“单击 page tab 录入”活动的下方，添加一个“输入信息【Type Into】”活动，单击“指明在屏幕上”，如图 2-55 所示。

（b）鼠标指针移动到“新冠病毒采样录入”系统录入界面的“姓名”输入框，单击鼠标左键进行选中操作。然后，在输入框中输入表达式“row(" 姓名 ").tostring”，表示将行变量 row 的姓名列的值输入“姓名”输入框中，如图 2-56 所示。

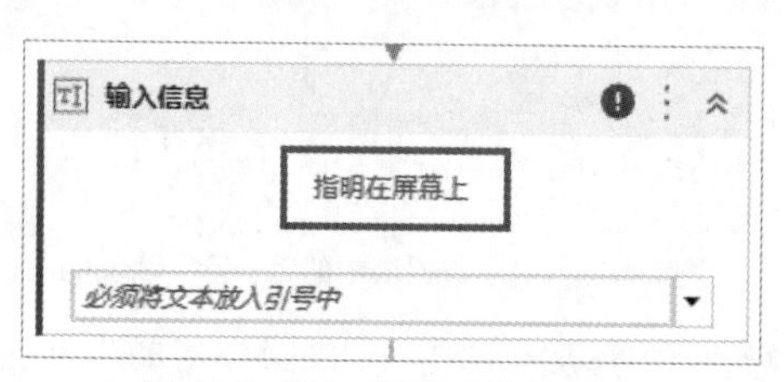

图 2-55 添加“输入信息”活动

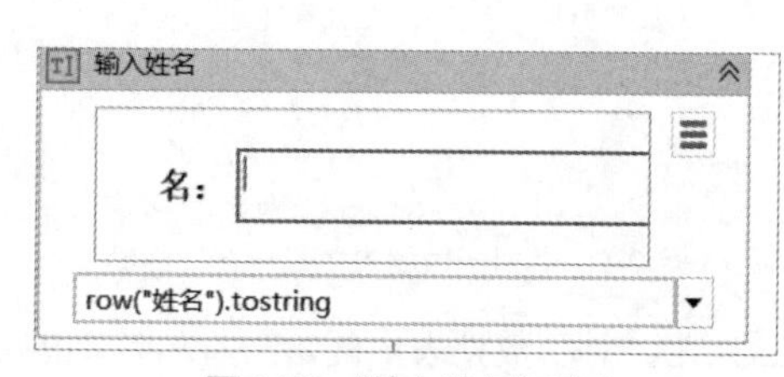

图 2-56 “输入姓名”活动

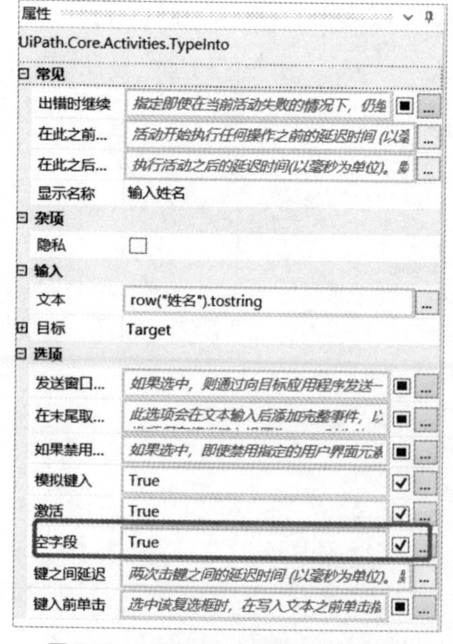

图 2-57 “输入姓名”活动的属性面板

（c）在属性面板中，将活动的“显示名称”更新为“输入姓名”，并设置“模拟键入”和“空字段”为 True，如图 2-57 所示。

②下拉选择类型的字段有性别、证件类型、国家、人员来源、人员身份、境外人员、参保类型、标本类型、检测项目、结算类型共 10 个字段，以“性别”为例，实现方式如下，其他字段输入的实现与之一致。

（a）添加“选择项目【Select Item】”活动，单击“指明在屏幕上”，如图 2-58 所示。

（b）鼠标指针移至“新冠病毒采样录入”系统录入界面的“性别”下拉框，单击鼠标左键进行选中操作。然后，在输入框中输入表达式“row(" 性别 ").tostring”，表示在下拉列表中选择与行变量 row 的性别列的值一致的值，如图 2-59 所示。

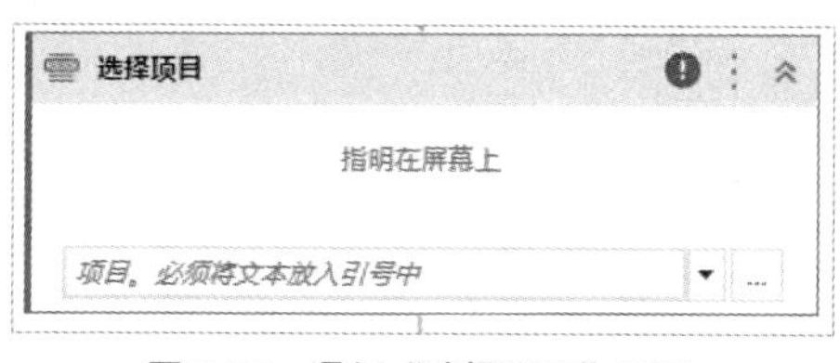

图 2-58 添加“选择项目”活动

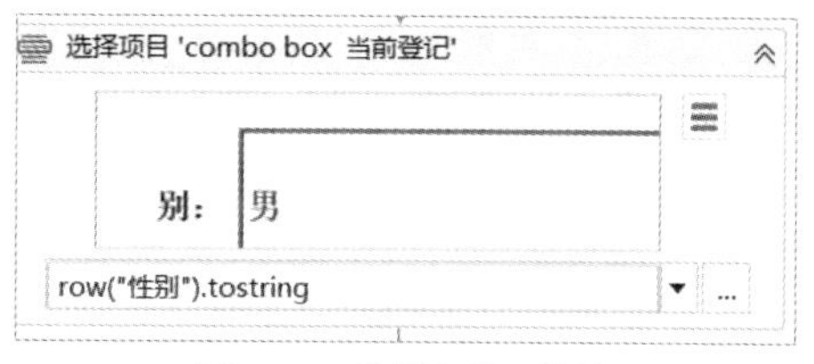

图 2-59 选择项目 - 性别

（7）将所有字段的抓取和录入实现之后，需要单击“录入”界面中的“保存”按钮，对这条记录进行保存操作，具体实现方式如下。

①选择“单击【Click】”活动，指明在“保存”位置，保存当前数据，如图 2-60 所示。

②选择“单击【Click】”活动，指明在“确定”位置，确保所有数据已录入，如图 2-61 所示。

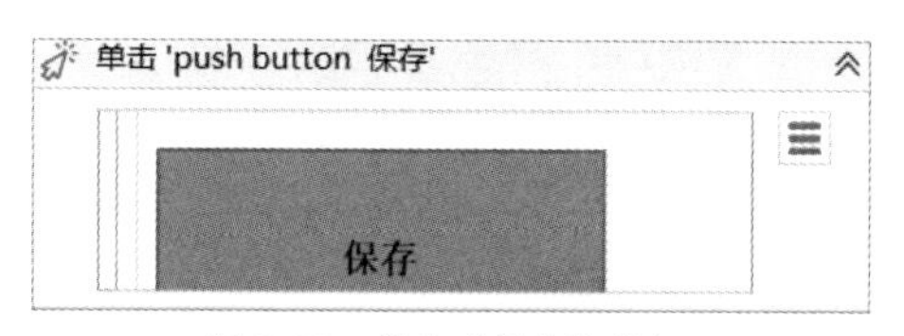

图 2-60 单击“保存”按钮

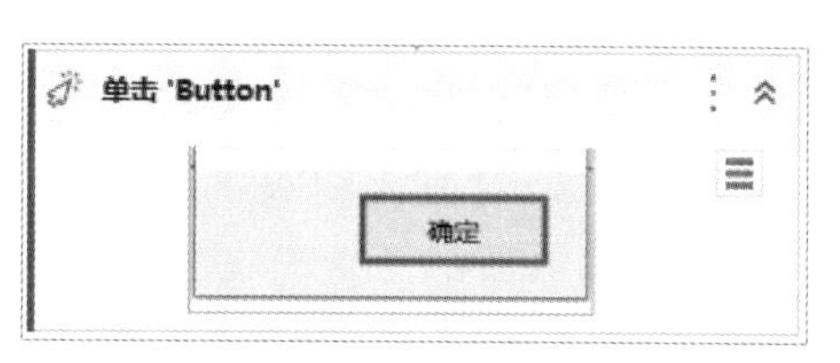

图 2-61 单击“确定”按钮

2）表格导出

“表格导出”主要是将录入的新冠信息表格导出至本地，该模块的流程设计如图 2-62 所示，具体实现步骤如下。

（1）在“数据录入”序列的下方，添加一个“序列”活动，将其“显示名称”更新为“导出”。

（2）在活动面板搜索“单击【Click】”活动，将其拖曳至“导出”序列中，单击“指明在屏幕上”后将鼠标指针移至“新冠采样系统信息录入”界面的“查询 / 导出”按钮，单击后进行元素选择，如图 2-63 所示。

（3）添加“单击【Click】”活动，单击“指明在屏幕上”后将鼠标指针移至“查询”按钮，单击后进行元素选择，如图 2-64 所示。

（4）添加“单击【Click】”活动，单击“指明在屏幕上”后将鼠标指针移至“导出”按钮，单击后进行元素选择，如图 2-65 所示。

（5）添加“单击【Click】”活动，单击“指明在屏幕上”后将鼠标指针移至“数据导出”窗口的文件夹选择下拉框位置，单击后选中该元素，如图 2-66 所示。

（6）添加“输入信息【Type Into】”活动，单击“指明在屏幕上”后将鼠标指针移至文件路径输入框区域，单击后选中该元素，然后在该活动的输入

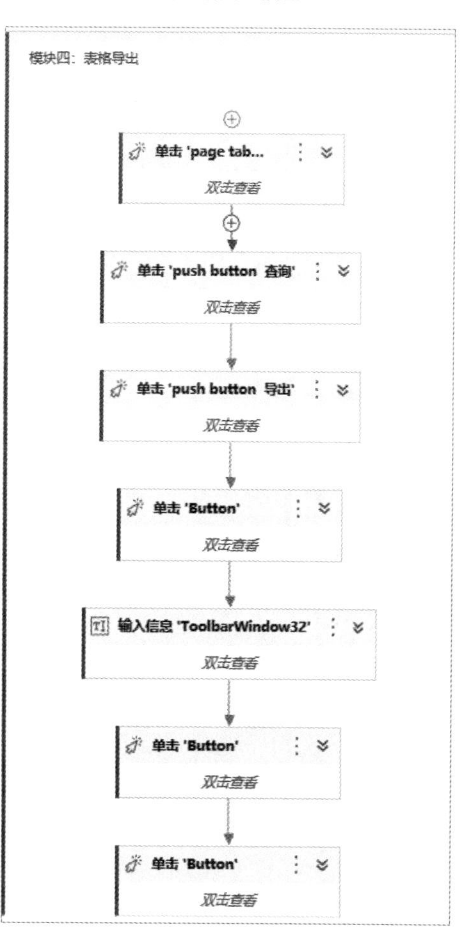

图 2-62 “表格导出”流程设计图

框中输入“strOperateFolder+ "[k(enter)]"”，表示输入 strOperateFolder 指代的文件路径后按 Enter 键进行提交，如图 2-67 所示。

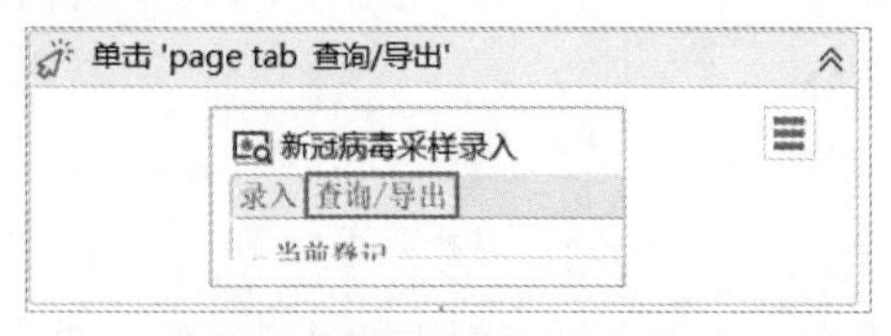

图 2-63　单击“查询 / 导出”按钮

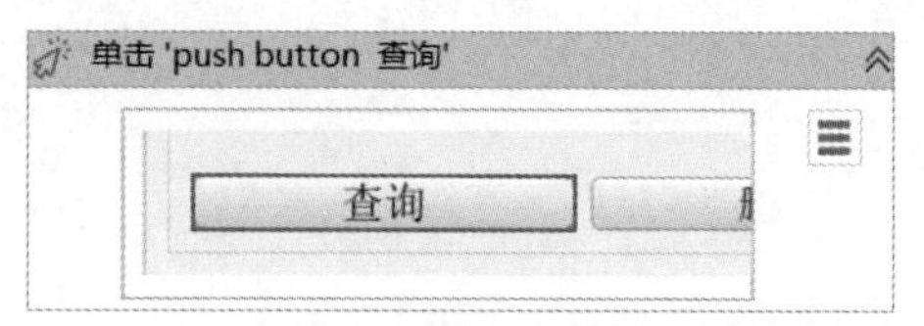

图 2-64　单击“查询”按钮

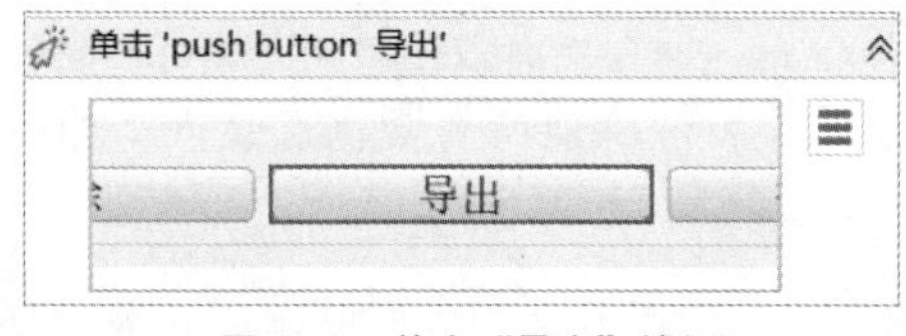

图 2-65　单击“导出”按钮

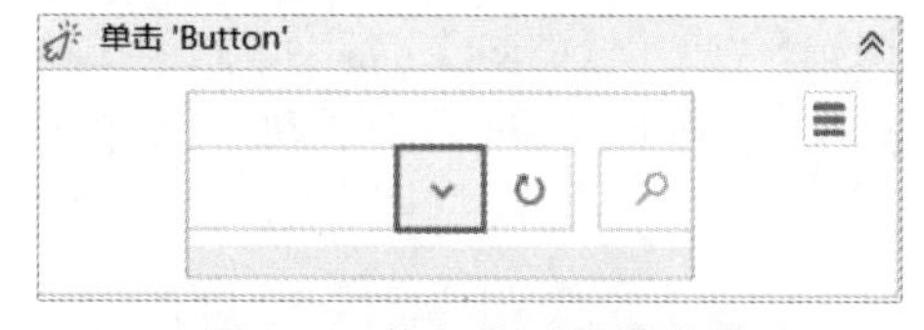

图 2-66　单击“下拉框”位置

（7）添加“单击【Click】”活动，单击“指明在屏幕上”后将鼠标指针移至刷新区域，单击后选中该元素，如图 2-68 所示。

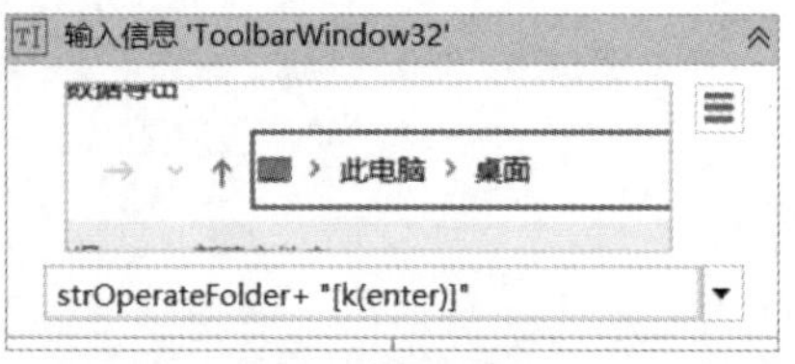

图 2-67　输入信息

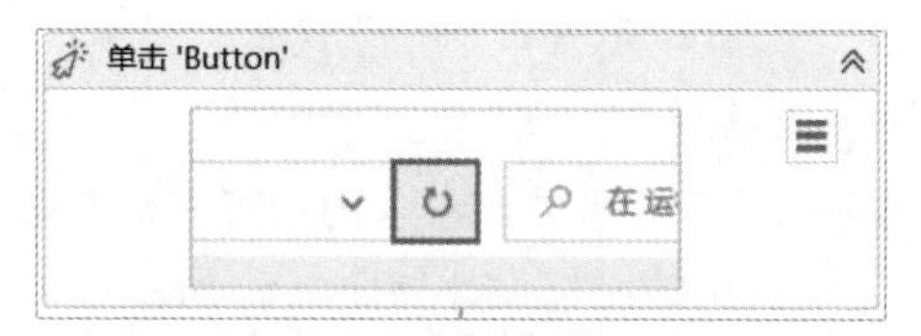

图 2-68　单击“刷新”

（8）添加“单击【Click】”活动，单击“指明在屏幕上”后将鼠标指针移至“保存”按钮，单击后选中该元素，如图 2-69 所示。

至此，表格导出模块开发完成。运行该模块后，新冠采样数据被导出保存在“D:\UiPath 入门与实战 \02. 运行环境”下，如图 2-70 所示。

图 2-69　单击“保存”按钮

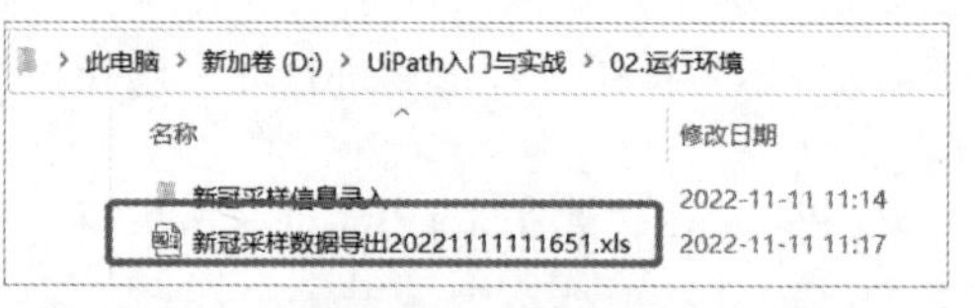

图 2-70　导出数据

双击该 Excel 文件查看表格数据，如图 2-71 所示。

A	B	C	D	E	F	G	H	I	J
姓名（必填）	年龄（岁）（选填）（整数输入）	电话号码（必填，手机或固话）	性别（必填）	国家/地区（必填）	户籍地（选填）（精确到省一级）	居住地（选填）（文本输入）	证件类型（必填）（有中华人民共和国居民身份证的填“居民身份证”、港澳人员填“港澳居民来往内地通行证（俗称回乡证）”、台湾人员填“台湾居民来往内地通行证（俗称台胞证）”、外国人填护照、小孩无身份证填出生医学证明）	证件号码（必填）（居民身份证：正确填写证件上的18位，最后一位为X，请大写；回乡证：规则为H（M）+8位或10位阿拉伯数字；台胞证：规则为8位阿拉伯数字。	人员来源（必填）（单选，如：2）1.集中留观、2.密切接触者、4.社区排查、5.发热门诊（急）诊、7.住院患者、8.人员、9.农贸市场专项排查样点
张三	22	18820663210	男	中国		广州市	居民身份证	440103199903076471	1
李四	22	18820663212	男	中国		广州市	居民身份证	440103199903077271	1
蒙伟茂	22	18820663217	男	中国		广州市	居民身份证	440103199903077276	1
宁俊	22	18820663221	男	中国		广州市	居民身份证	440103199903077280	1
李玫	22	18820663223	男	中国		广州市	居民身份证	440103199903077282	1
汪姝	22	18820663225	男	中国		广州市	居民身份证	440103199903077284	1
郝贤	22	18820663228	男	中国		广州市	居民身份证	440103199903077287	1
郭蕾	22	18820663231	男	中国		广州市	居民身份证	440103199903077290	1
曹菡	22	18820663233	男	中国		广州市	居民身份证	440103199903077292	1

图 2-71　查看表格数据

5.“数据校验”模块的实现

“数据校验”模块主要是针对已导出的数据进行非空值的校验，流程设计如图 2-72 所示，具体实现步骤如下。

（1）在“数据导入与导出”序列的下方添加一个“序列”活动，将其“显示名称”更新为“数据校验”。

（2）在“数据校验”序列中添加一个“分配【Assign】”活动，在“值”输入框中输入表达式“directory.GetFiles(strOperateFolder,"*xls")”，在“受让人”输入框中创建 String[] 类型的变量 arrexcelFile，其属性面板如图 2-73 所示。

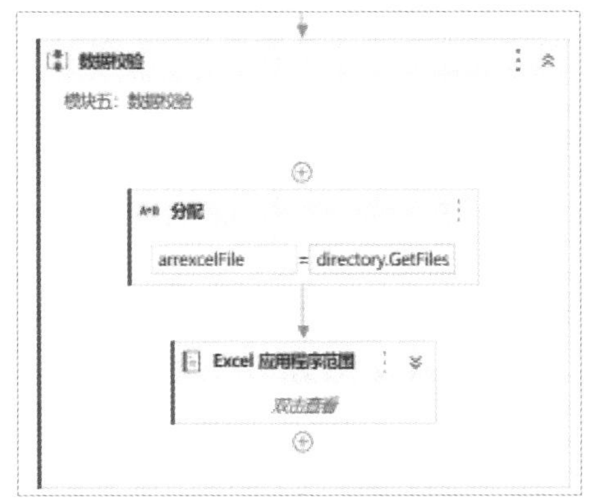

图 2-72　“数据校验”模块的流程设计图

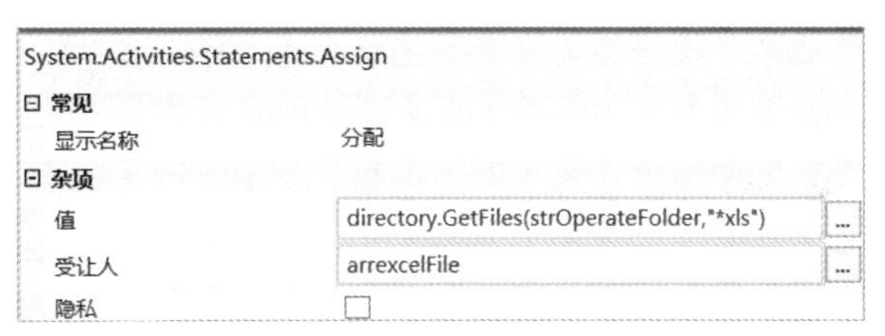

图 2-73　“分配”活动的属性面板

该活动获取了 strOperateFolder 所指代的路径下的所有 Excel 文件的路径，赋值给变量 arrexcelFile，此处 arrexcelFile 的类型字符串集合在变量面板中 arrexcelFile，如图 2-74 所示。

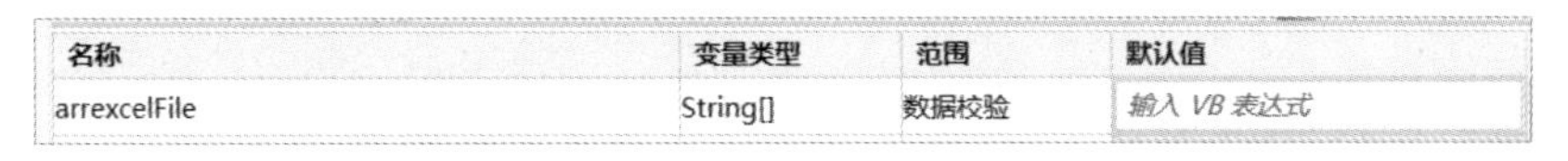

名称	变量类型	范围	默认值
arrexcelFile	String[]	数据校验	输入 VB 表达式

图 2-74　变量面板 arrexcelFile

（3）在“分配”活动的下方添加“Excel 应用程序范围”活动，在“工作簿路径”输入框中输入“arrexcelFile(0)”，其属性面板如图 2-75 所示。

（4）在“Excel 应用程序范围”中添加“读取范围”活动，在“工作表名称”的输入框中输入“"Sheet1"”，在“范围”输入框中输入“""”，在“输出→数据表”输入框中创建 DataTable 类型的变量 dbexportdata，勾选“添加标头”复选框，表示读取 Sheet1 工作表的所有数据后赋值给变量 dbexportdata。该活动如图 2-76 所示，其属性面板如图 2-77 所示。

（5）在“读取范围”活动的下方添加“对于数据表中的每一行【For Each Row】”活动，在“输入”输入框中输入变量 dbexportdata，其属性面板如图 2-78 所示。

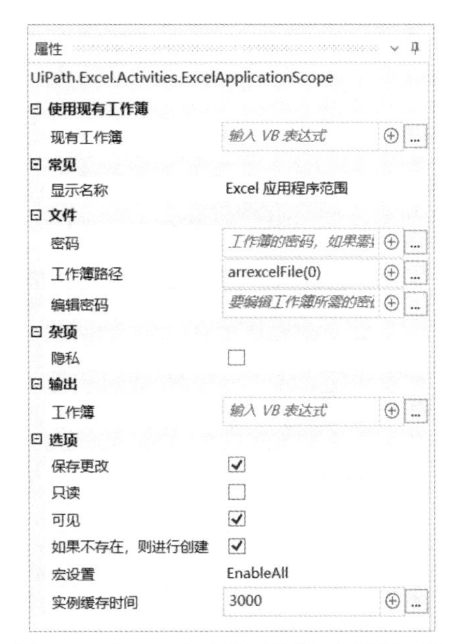

图 2-75　“Excel 应用程序范围”活动属性面板

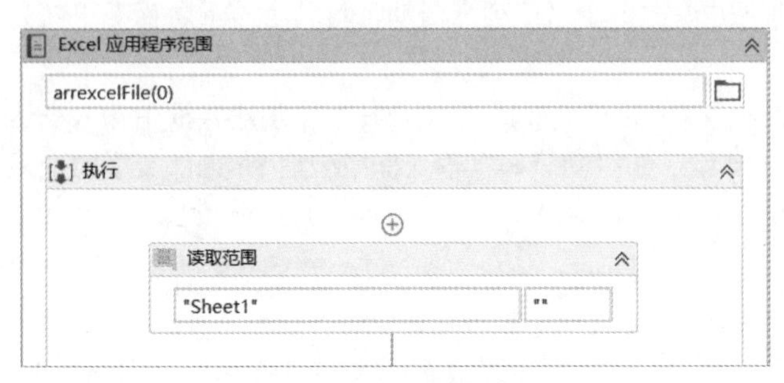

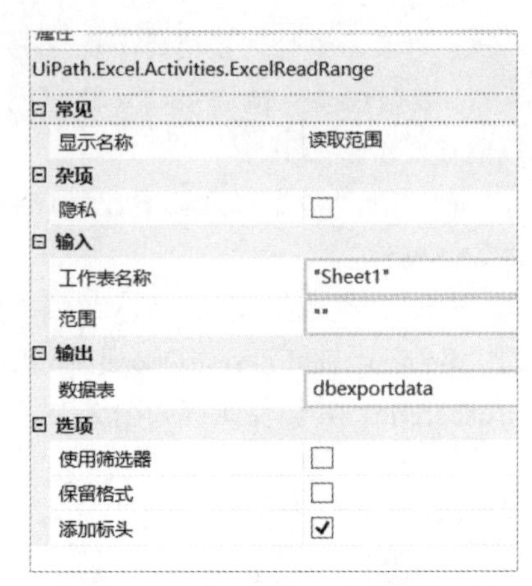

图 2-76 “读取范围”活动　　　　图 2-77 “读取范围”活动的属性面板

（6）在“对于数据表中的每一行”执行中添加“调用方法【Invoke Method】”活动，通过该活动，我们构建一个名为 listdata 的集合，调用字符串集合的 Add 方法将 dbexportdata 的每一行记录作为一个字符串添加到 listdata 集合中。在“MethodName”输入框中输入“Add”，在“TargetObject”输入框中创建一个 List<String> 类型的变量“listdata”，该活动如图 2-79 所示。

图 2-78 “对于数据表中的每一行”活动的属性面板　　　　图 2-79 “调用方法”活动

在其属性面板中单击“参数”的“…”按钮，显示“参数”配置窗口。设置该参数的方向为“输入”，类型为“String”，值为“currentrow.tostring”，如图 2-80 所示。

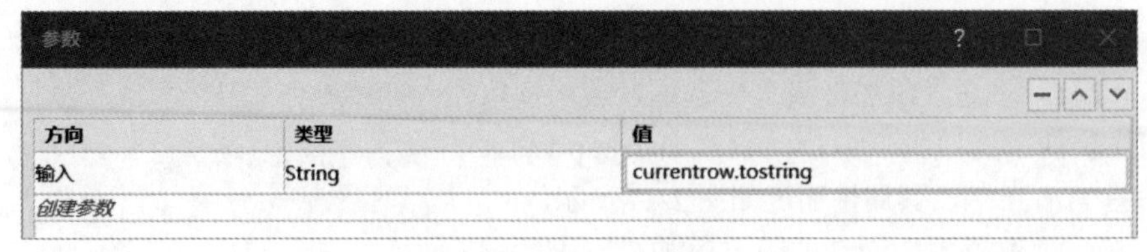

图 2-80 “参数”配置窗口

该活动的属性面板如图 2-81 所示。

（7）通过遍历变量 listdata 中是否有空值，来完成数据的校验。

①在“对于数据表中的每一行”活动下方，添加“遍历循环【For Each】”活动，在“输入”输入框中输入变量“listdata”，如图 2-82 所示。

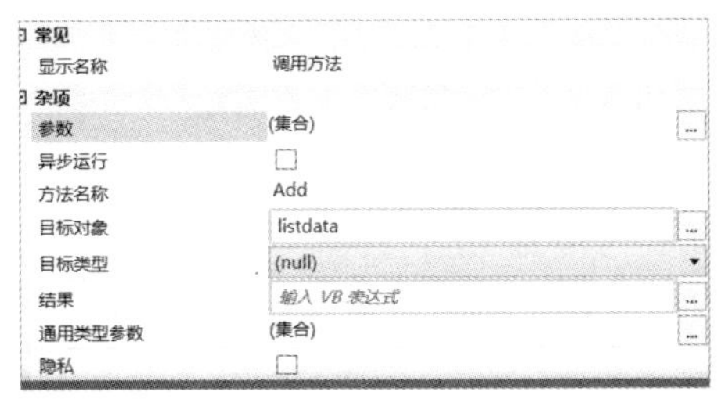

图 2-81　“调用方法”活动的属性面板

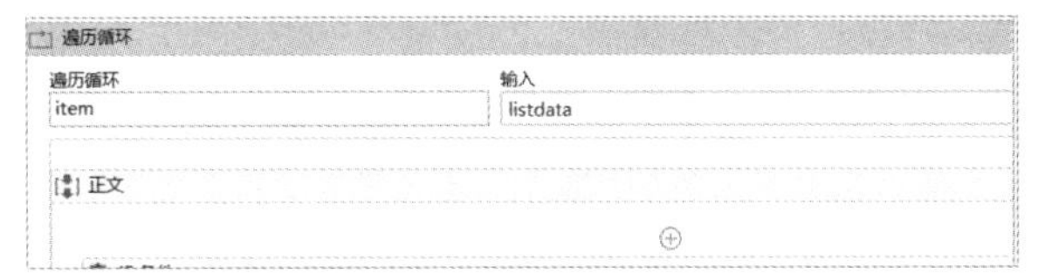

图 2-82　“遍历循环”活动

②在循环体内添加“IF 条件”活动，在“条件”输入框中输入表达式“item.ToString.IsNullOrEmpty”来进行是否为空值的判断。

③在 Then 中添加“写入行”活动，在 Text 输入框中输入“该行有空值，请检查”，并添加“附加行”活动，在“文本”输入框中输入“该行有空值，请检查”，在“写入文件名”输入框中输入“Result.txt”，表示当存在空值时，输出日志信息，并且在 Result.txt 中记录该日志信息。

④在 Else 中添加“消息框”活动，在“文本”输入框中输入“校验无误”，表示当不存在空值时，弹框显示“校验无误”。

这部分的具体流程实现如图 2-83 所示。

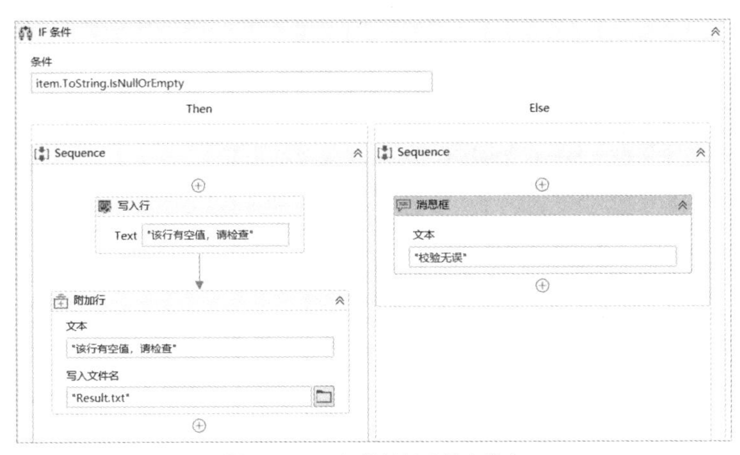

图 2-83　IF 条件判断及日志输出

2.1.5　案例总结

本 RPA 流程通过 RPA 自动下载新冠采样信息系统和信息表，并解压压缩包文件，读取 Excel 数据，实现系统数据的自动录入及下拉框选择、文件导出及数据校验。

2.2　案例拓展

2.2.1　12345 诉求智能派件

非紧急求助热线 12345 平台每日会收到大量的市民诉求，市级平均每日诉求件多达

6000 ～ 7000 件。经办人员通常会根据诉求件发生地和描述内容，结合自己的经验将该诉求件批转至下个相关行政机构负责处理。每个诉求件的批转操作步骤多，转运轮次多，有时还需输入重复的批转意见，操作人员的工作价值不高，且易产生批转操作的错误，影响绩效考核。现通过开发诉求智能派件自动化流程，来解决诉求件初期的自动批转。

将某一时间段内收到的诉求件汇总在诉求件 .xlsx 中，如图 2-84 所示。自动化流程读取该 Excel 文件后，先按“诉求地”进行筛选后为每个诉求地生成一个新的 Excel 表，然后将每个诉求地的诉求件按“诉求类型”由前往后依次为咨询、投诉和建议的顺序排序显示，最后，将该诉求件发送给每个地区的负责人。

本案例可参考以下活动来实现：

- 使用 Excel 应用程序自动化相关活动来处理表格的筛选、新建及排序；
- 使用 Email 应用程序自动化活动实现邮件的批量发送。

本案例的流程设计图如图 2-85 所示。

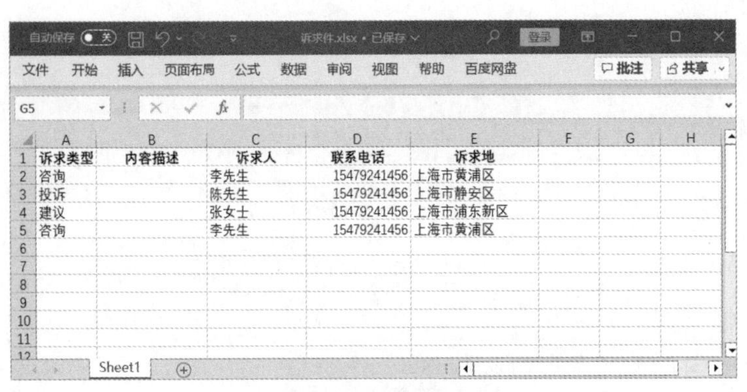

诉求类型	内容描述	诉求人	联系电话	诉求地
咨询		李先生	15479241456	上海市黄浦区
投诉		陈先生	15479241456	上海市静安区
建议		张女士	15479241456	上海市浦东新区
咨询		李先生	15479241456	上海市黄浦区

图 2-84　诉求件

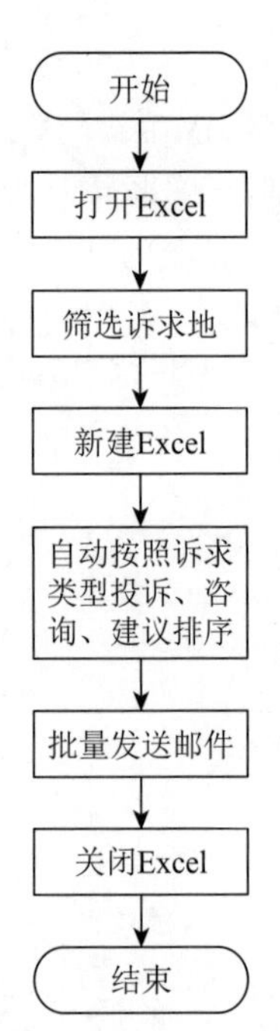

图 2-85　“12345 诉求智能派件”的流程设计图

2.2.2　自动获取老年人体检数据

我国医疗相关政策规定，国家将为农村 65 岁以上老人建立健康电子档案，年满 65 周岁的老年人可持身份证或户口簿到相应的社区卫生服务机构进行免费健康体检。体检的地方通常根据老人居住所在地来决定，一般是在乡镇卫生院、村卫生室、社区服务中心，但也有下乡为老年人进行大批量的面诊。乡下面诊由于没有网络，都是边面诊、边手工填写数据，完成体检工作后再由医护人员回卫生所将体检信息录入电子档案。现开发一个自动化流程来自动读取手写的体检数据，再后期由人工进行纠偏，可大幅度减少医护工作人员的工作量。

本案例可参考以下活动来实现：

- OCR 读取图片文件；
- Excel 应用程序自动化相关活动处理体检表。

本案例的流程设计图如图 2-86 所示。

2.2.3　企业合规查询机器人

在诸多政务办事窗口中，需要针对来访企业进行合规性排查。

先开发一个企业合规查询机器人，自动登录企查查、联合国安全理事会、公安部、中国裁判文书网等多个网站查询目标企业的相关合规信息，将查询结果截屏后汇总保存至 Word 文档。

本案例可参考以下活动来实现：

- 使用 Web 自动化相关活动实现企查查、联合国安全理事会、公安部、中国裁判文书网等网站的自动登录和查询项的输入；
- 使用 Word 自动化实现文档的新增和保存；
- 使用发送热键活动实现截屏和粘贴至文档。

本案例的流程设计图如图 2-87 所示。

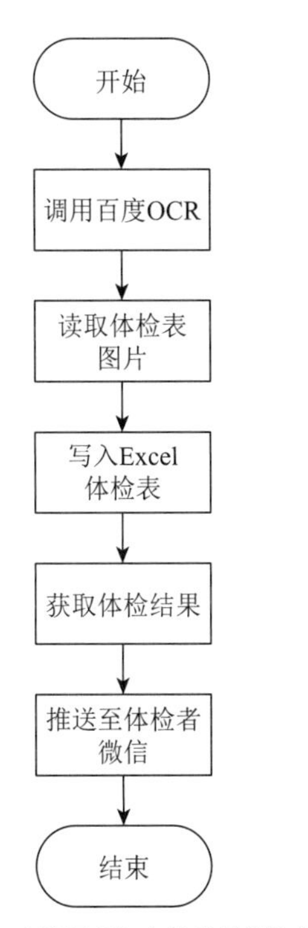

图 2-86 “自动获取老年人体检数据”流程设计图

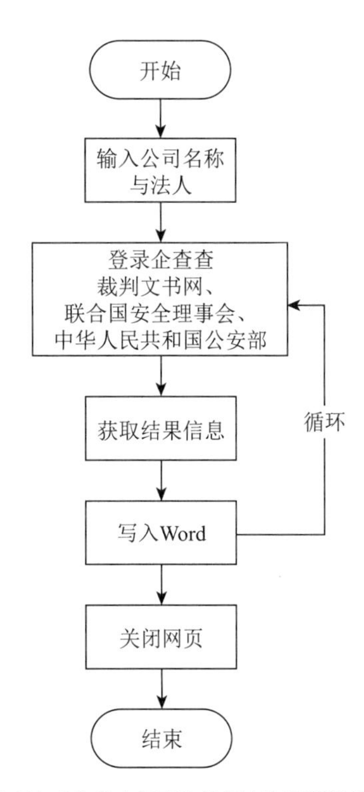

图 2-87 “企业合规查询机器人”流程设计图

第 3 章 RPA 在制造行业的应用

3.1 ERP 系统的物料维护自动化

作为制造业内数字化转型的关键推动因素，RPA 技术可以有效简化和优化复杂的后台运营流程，帮助企业降本提效，制造商可以在几周内实现切实的投资回报率。

在制造业中，RPA 使过程高效、无错误和低风险。RPA 算法节省了手动过程，并使过程在最小的人为干扰下运行。这使人类能够承担更高层次的任务，包括客户沟通、战略、增长和其他发展机会。RPA 优化了时间密集但重复的操作过程，从而减少了人为错误的机会，降低了企业的运营成本。

在制造业中实施 RPA 还可以提高生产力，将员工从简单重复的过程中解放出来，从事更复杂的任务，发挥更高层次的思维技能，提高员工满意度，并大大提高工作效率。此外，在疫情期间，许多员工可以远程工作并在家通过电子邮件或电话进行通信，RPA 可以确保工作只需要最少的人力就顺利地进行，成为疫情办公时期的最佳帮手。

通过本章内容，您将学到：

- 启动应用程序。
- 单击图像。
- 发送热键。
- 附加范围。
- 插入 / 删除行。
- 等待图像消失。
- 设置为剪贴板。
- 读取范围。
- 筛选数据表。
- 调用工作流文件。

3.1.1 需求分析

某制造企业将所有业务数据，以及采购、生产、质检、仓储、销售等环节都使用 ERP 软件来管理。为提高基础数据的维护效率，现将物料维护功能引入 RPA，来实现 ERP 软件上物料数据的自动导出和导入操作。

3.1.2 流程详细设计

ERP 软件包括的功能模块众多，物料维护只是其中的一个小模块。我们将物料维护自动化流程的功能结构划分为四部分，分别是打开并登录 ERP、导出物料数据、导入物料数据和退出并关闭 ERP。详细的功能结构如表 3-1 所示。

表 3-1 物料维护自动化流程的功能设计

序　号	功能模块	步　骤
1	打开并登录 ERP	①启动 ERP 系统； ②登录 ERP 系统
2	导出物料数据	①进入“导入（或修改）物料数据”界面； ②查询并加载已有的物料数据； ③导出物料数据，保存至“导出”文件夹
3	导入物料数据	①合并物料数据； ②将“物料信息表.xls”导入 ERP 系统中
4	退出并关闭 ERP	退出“导入（或修改）物料数据”界面； 关闭 ERP 系统

根据本项目的需求分析以及功能结构，设计出自动化业务流程图，如图 3-1 所示。

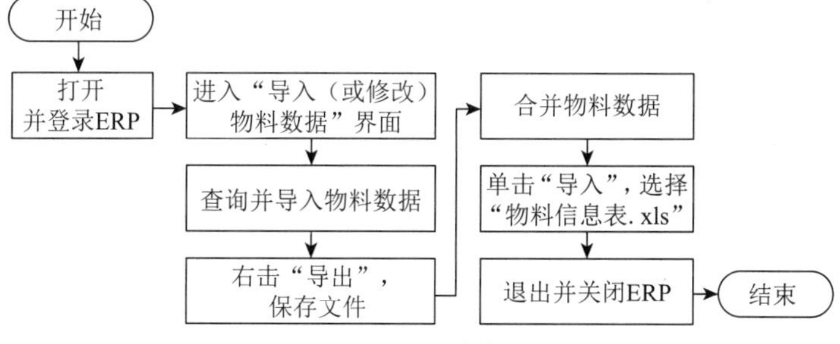

图 3-1 业务流程图

3.1.3 系统开发必备

1. 开发环境及工具

本项目的开发及运行环境如下：

- 操作系统：Windows 7、Windows 10。
- 开发工具：UiPath 2022.4.1。
- Office 版本：Microsoft Office Professional Plus 2019。
- ERP 软件：E 树企业管理系统。

2. 项目文件结构

项目文件结构如图 3-2 所示。

（1）“导入”文件夹：用于存放需要导入的“物料信息表 .xls”。

（2）“导出”文件夹：用于存放从 ERP 系统中导出的物料数据文件。

（3）Main.xaml：主流程文件，是本项目启动的入口。

（4）导入物料数据 .xaml：实现导入物料数据功能的工作流文件。

（5）导出物料数据 .xaml：实现导出物料数据功能的工作流文件。

（6）打开并登录 ERP.xaml：实现启动 ERP 系统并完成登录的工作流文件。

（7）退出并关闭 ERP.xaml：实现退出并关闭 ERP 系统的工作流文件。

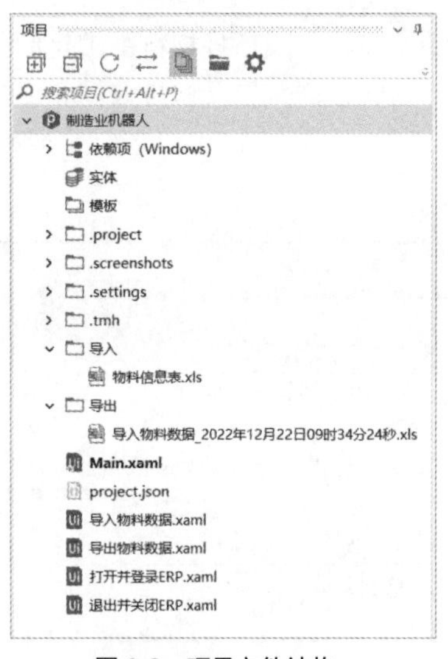

图 3-2　项目文件结构

图 3-3　ERP 软件的快捷方式

3. 开发前准备

（1）本案例使用的 ERP 软件是 E 树企业管理系统，需提前完成本地客户端软件的安装。读者可从本书配套的资源包中获取安装文件并完成安装，在此声明借用 E 树企业管理系统仅用于自动化流程开发在 ERP 客户端软件上的应用学习。

安装完成后，双击图 3-3 所示的 ERP 软件的快捷方式启动 ERP 系统。

ERP 软件启动后会先显示登录界面，用户名默认显示“ADMIN”，直接单击“登录”按钮，确认可正确登录系统。成功登录系统后的界面如图 3-4 所示。

右击快捷方式图标，在弹出的菜单中单击“属性”，在“快捷方式”下获取该 ERP 的启动路径，如图 3-5 所示，本案例 ERP 软件的启动路径为 D:\kERPFree\Client\kClient_CAS.exe，提前记录下该路径，在后续启动应用程序中会用到。

图 3-4　成功登录 ERP 系统后的界面

图 3-5　ERP 软件的启动路径

（2）提前准备好待导入的“物料信息表 .xls”，如图 3-6 所示，其工作表名称为“新增”，字段名及显示顺序与 ERP 软件中导出物料数据的 Excel 文件中的字段一致，读者可从本书配套资源包中获取本文件的模板。此处因为要作为新增的物料数据导入 ERP 系统中，因此需注意“物料编号”字段的值应在当前 ERP 系统中不存在。

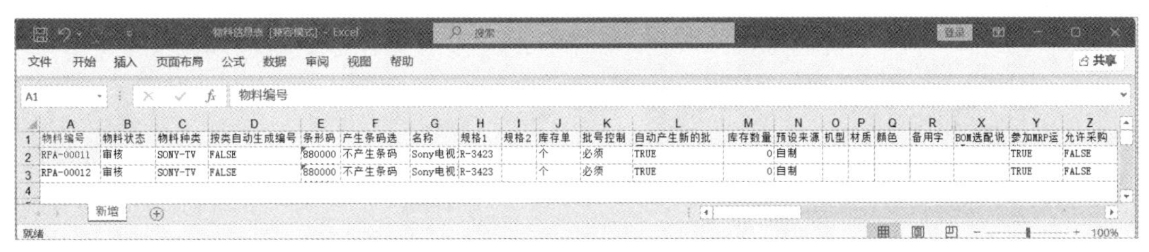

物料编号	物料状态	物料种类	按类自动生成编号	条形码	产生条码选	名称	规格1	规格2	库存单	批号控制	自动产生新的批	库存数量	预设来源	机型	材质	颜色	备用字	BOM选配说	参加MRP运	允许采购
RPA-00011	审核	SONY-TV	FALSE	880000	不产生条码	Sony电视	R-3423		个	必须	TRUE	0	自制						TRUE	FALSE
RPA-00012	审核	SONY-TV	FALSE	880000	不产生条码	Sony电视	R-3423		个	必须	TRUE	0	自制						TRUE	FALSE

图 3-6 “物料信息表 .xls”模板

3.1.4 物料维护自动化的实现

物料维护自动化流程的整体实现分四个模块，如图 3-7 所示，下文将详细介绍每个模块的具体实现。

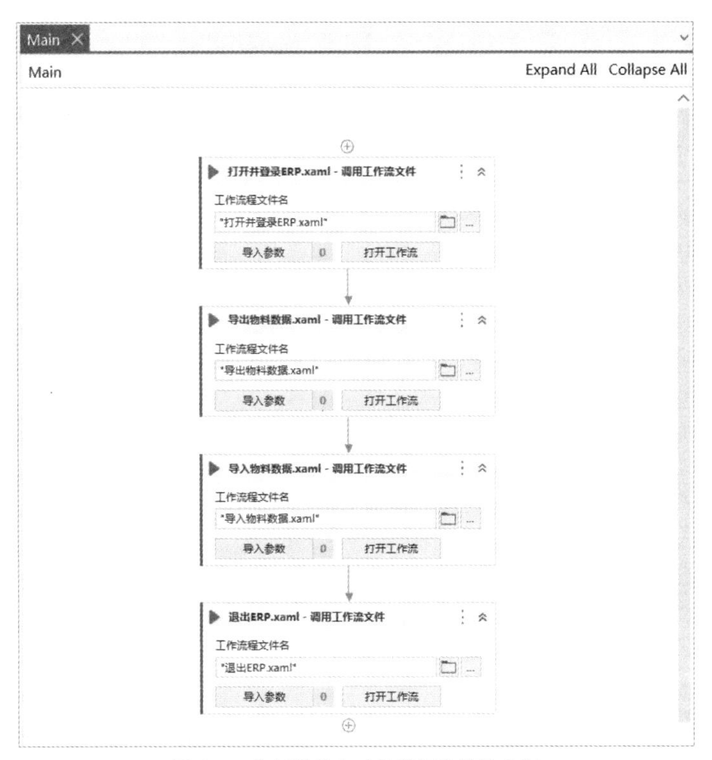

图 3-7 物料维护自动化流程的整体实现

1. 创建项目

打开 UiPath Studio，新建一个流程项目，在“名称”输入框中输入“制造业机器人”，在“位置”输入框中输入“D:\Uipath 入门与实战”，单击“创建”按钮，如图 3-8 所示。

在项目面板中，右击项目名称，在弹出的菜单中选择“添加→文件夹”命令，如图 3-9 所示，依次添加两个文件夹“导入”和“导出”。

将“物料信息表 .xls”文件放入“导入”文件夹中，如图 3-10 所示。

2. “打开并登录 ERP”模块的实现

“打开并登录 ERP”模块的功能是启动 ERP 软件，并单击“登录”按钮实现登录，流程设计如图 3-11 所示。该模块的实现具体步骤如下。

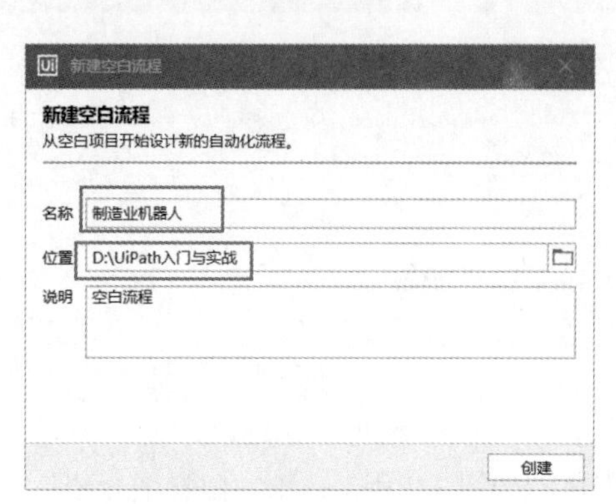

图 3-8　新建空白流程

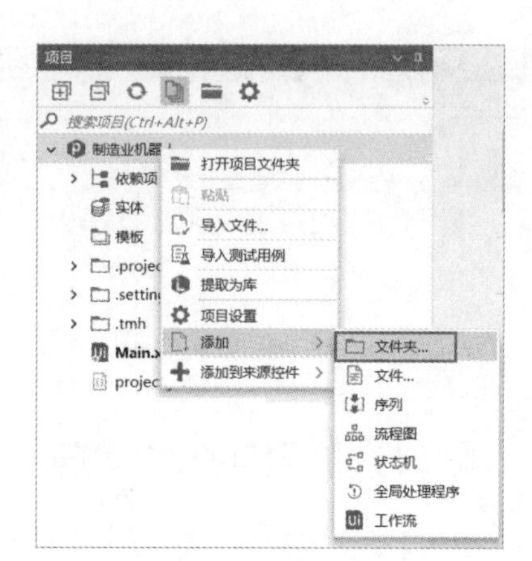

图 3-9　添加文件夹

图 3-10　添加“物料信息表 .xls”

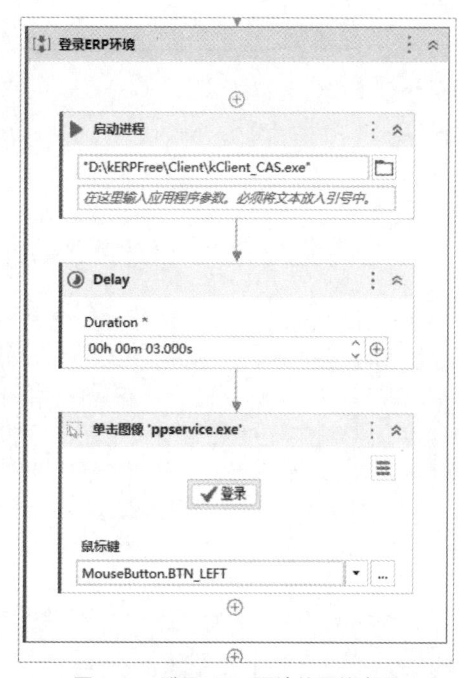

图 3-11　登录 ERP 环境的具体实现

1）在项目面板中，右击项目名称“制造业机器人”，在弹出的菜单中选择“添加→序列”命令，添加一个“序列”工作流文件，如图 3-12 所示。

2）在弹出的“新建序列”对话框中，设置名称为“打开并登录 ERP”，单击“创建”按钮，如图 3-13 所示。

3）双击新建的“打开并登录 ERP.xaml”，进入该文件的设计界面。

4）在活动面板中搜索“启动进程”，将其拖曳至设计面板中，如图 3-14 所示。

5）在“启动进程”活动的“文件名”输入框中输入 ERP 软件的启动路径“"D:\kERPFree\Client\kClient_CAS.exe"”，该活动及其属性面板如图 3-15 所示。

6）单击“登录”按钮实现登录操作。

本案例中我们默认使用 ADMIN 账号，直接单击“登录”按钮即可成功登录 ERP 系统，在实际应用中，流程会要求输入正确的用户名和密码。

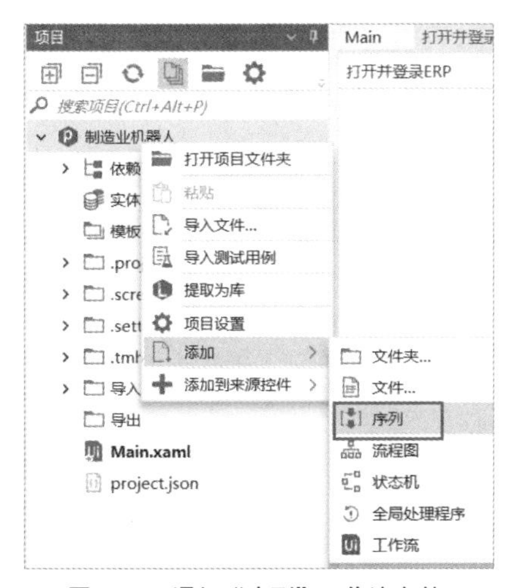

图 3-12　添加“序列”工作流文件

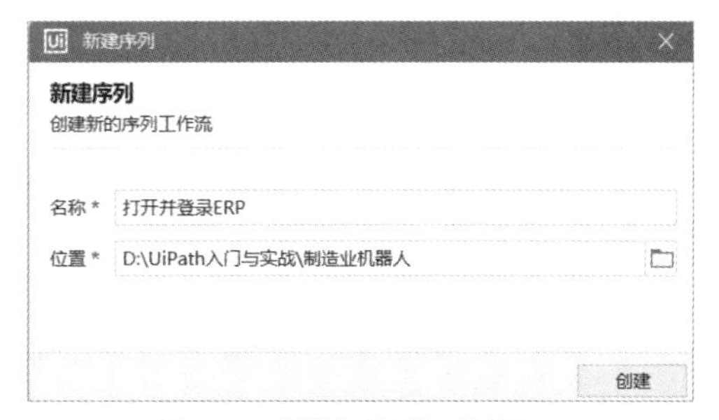

图 3-13　“新建序列”对话框

图 3-14　添加“启动进程”活动

图 3-15　“启动进程”活动的属性面板

读者可先尝试添加一个“单击”活动，单击“指明到屏幕上”后尝试去选中“登录”按钮。您会发现出现了无法单纯选中“登录”按钮的情况。该现象在基于浏览器应用的 B/S 系统上较少出现，但在基于 C/S 架构的 ERP 软件中比较常见，碰到这种情况我们就要使用其他方法来实现目标的选中与单击。在此我们选择使用“单击图像”活动的方式，来实现“登录”按钮的单击。

（1）在活动面板中搜索“单击图像”，将其拖曳至设计面板中，如图 3-16 所示。

（2）在“单击图像”活动中，单击“指出屏幕上的图像”，如图 3-17 所示。

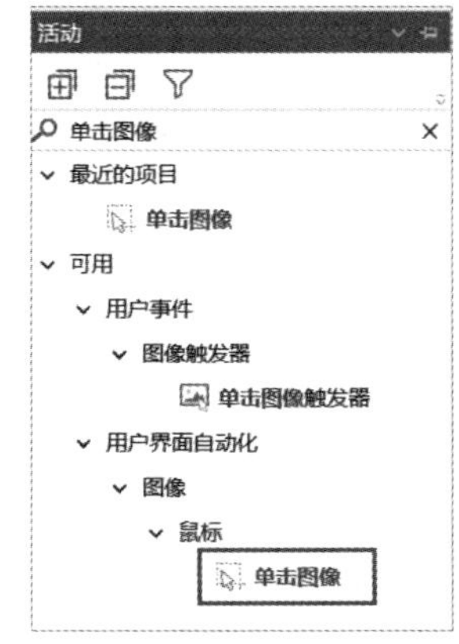

图 3-16　添加“单击图像”活动

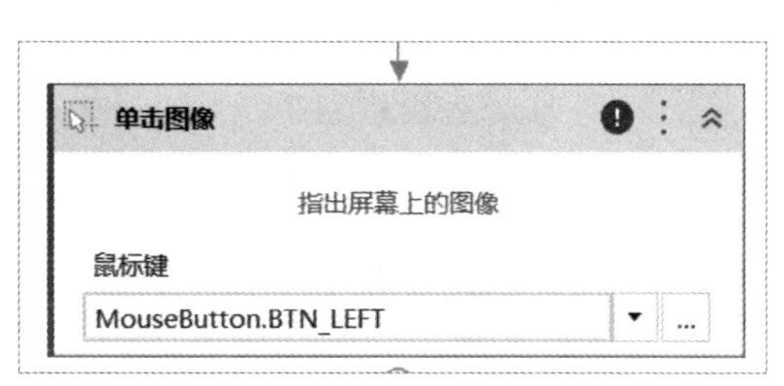

图 3-17　单击“指明屏幕上的图像”

（3）在 ERP 软件的登录窗口上，按住鼠标左键画一个矩形框将“登录”按钮选中。回到“单击图像”活动界面，选择的“登录”按钮会显示在设计区域，如图 3-18 所示，鼠标键默认设置为“MouseButton.BTN_LEFT”，表示左键单击。

7）为保障流程的稳定性，我们在“启动进程”和“单击图像”两个活动之间加入一个 Delay 活动，在“Duration”输入框中输入“00h 00m 03.000s”，使打开 ERP 软件延迟 3 秒后，再进行“登录”按钮的单击操作。Delay 活动如图 3-19 所示。

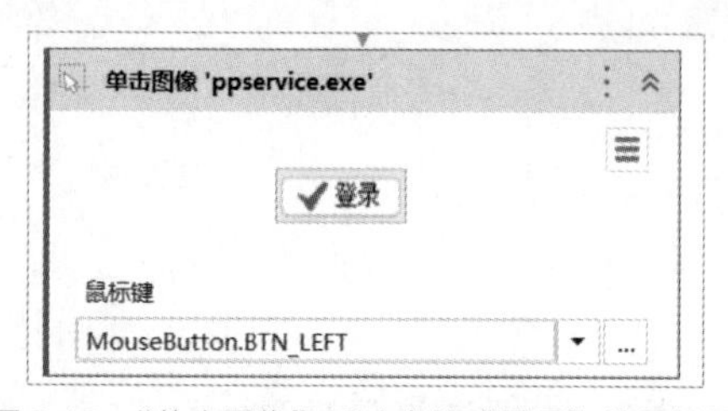

图 3-18 “单击图像”活动中的“登录”按钮设置

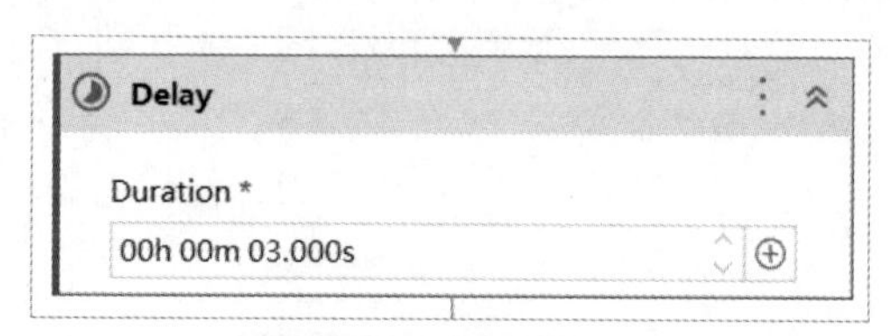

图 3-19 Delay 活动

至此，“打开并登录 ERP”模块便开发完成了，如图 3-20 所示。

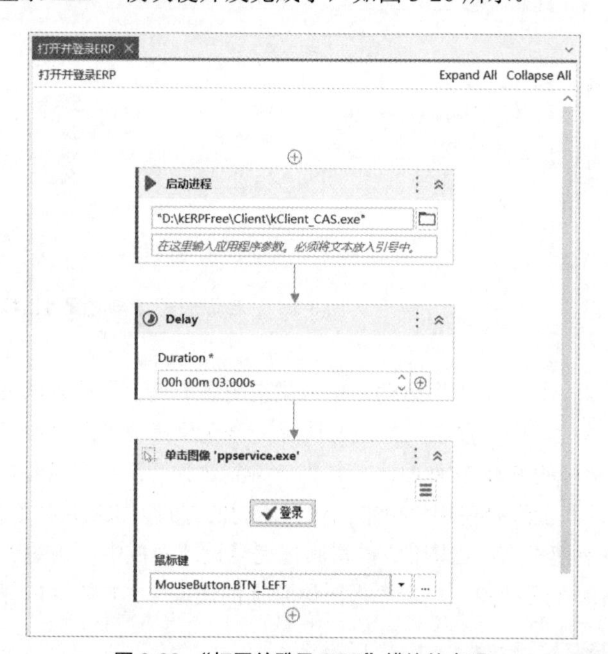

图 3-20 “打开并登录 ERP”模块的实现

保存“打开并登录 ERP.xaml”文件后，单击“设计”工具栏中的“调试文件→运行文件”，如图 3-21 所示。该模块启动运行后，自动启动了 ERP 软件，在登录界面自动单击“登录”按钮实现了登录操作，如图 3-22 所示。

图 3-21 运行“打开并登录 ERP.xaml”

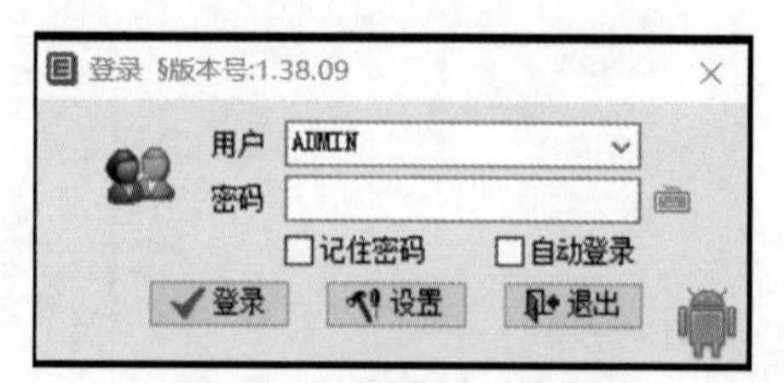

图 3-22 自动启动 ERP 软件

登录成功后的界面如图 3-23 所示。

图 3-23　ERP 软件登录成功后的界面

3.“导出物料数据”模块的实现

“导出物料数据”模块的功能是，首先进入 ERP 系统的“导入（或修改）物料数据”界面，接着单击“批量引入已有的物料”按钮打开“查询物料数据”界面，通过该界面查询并选中所有物料数据后，将数据加载到“导入（或修改）物料数据”界面，然后单击“导出”按钮，将文件保存到“D:\UiPath 入门与实战\制造业机器人\导出”文件夹下。该模块的流程设计如图 3-24 所示，具体实现步骤如下。

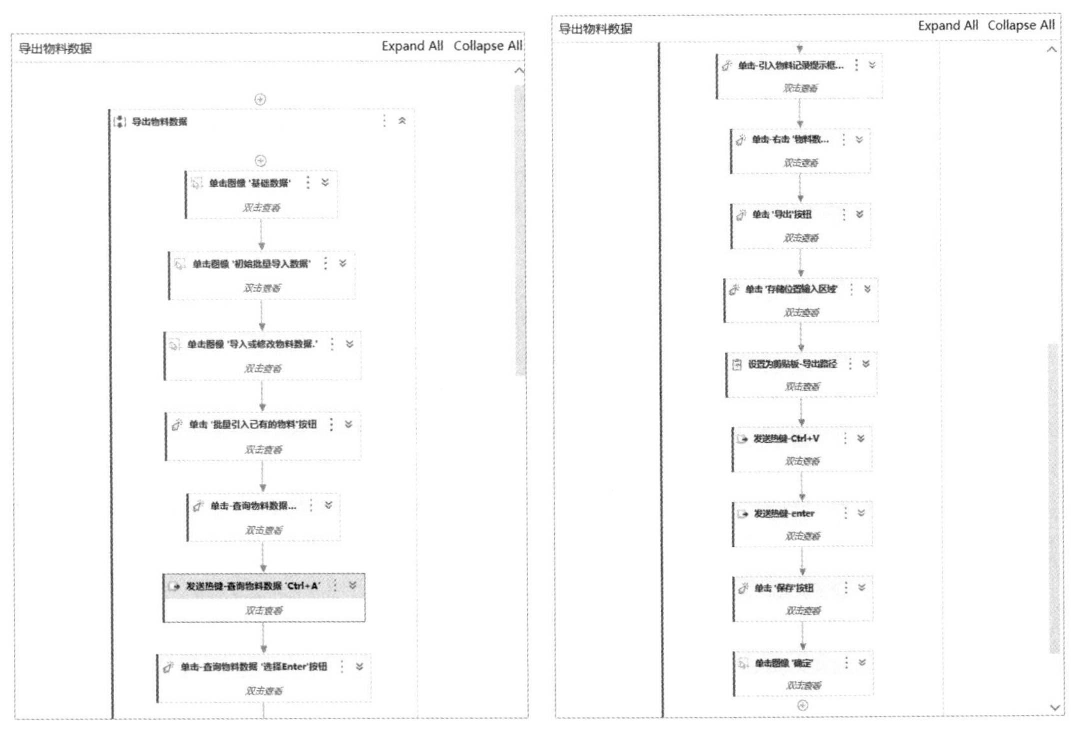

图 3-24　“导出物料数据”模块的流程设计

1）在项目面板中，右击项目名称“制造业机器人”，在弹出的菜单中选择“添加→序列”命令，添加一个序列工作流文件“导出物料数据 .xaml”。双击该文件后进入设计页面。

2）在活动面板中搜索“序列”，如图 3-25 所示，将其拖曳至设计面板。在属性面板中，将其“显示名称”更新为“导出物料数据”。

3）我们先通过三个“单击图像”活动来依次单击 ERP 系统上的菜单按钮，从而进入“导入（或修改）物料数据”界面。“导入（或修改）物料数据”界面的菜单入口如图 3-26 所示。

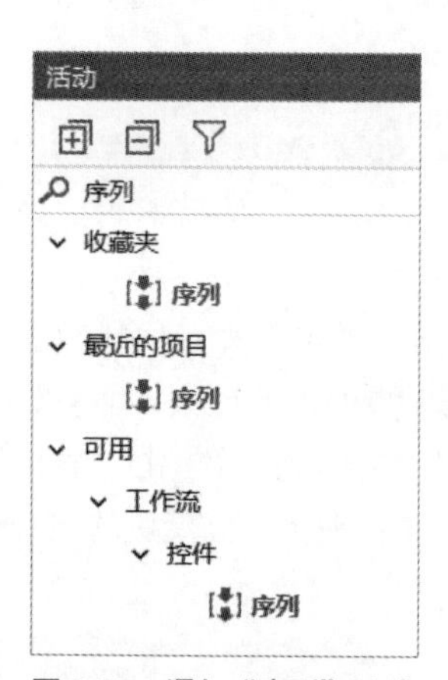

图 3-25 添加“序列”活动

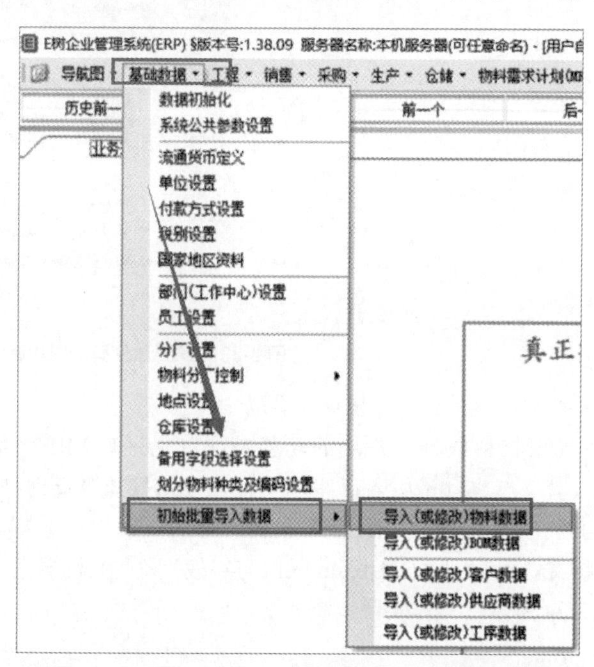

图 3-26 “导入（或修改）物料数据”界面的菜单入口

（1）在活动面板中搜索“单击图像”，将其拖曳至“导出物料数据”序列中，如图 3-27 所示。

（2）单击“指出屏幕上的图像”，然后用鼠标在 ERP 首页菜单的“基础数据”位置拖曳一个矩形选择框，如图 3-28 所示。完成后回到设计页面，“单击图像”活动的界面如图 3-29 所示。

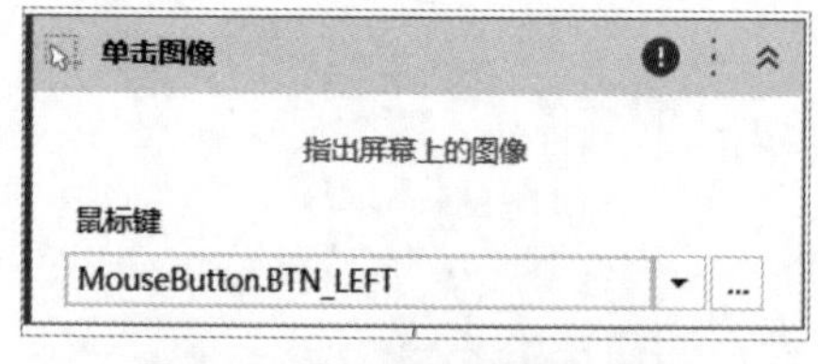

图 3-27 添加“单击图像”活动

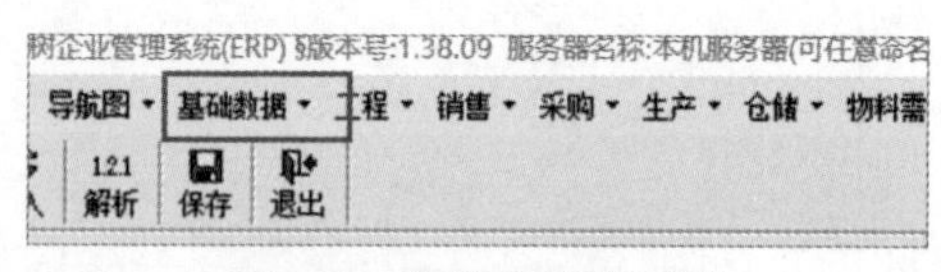

图 3-28 选择“基础数据”

（3）为便于设计的可读性，在属性面板中将该活动的“显示名称”更新为“单击图像 '基础数据 '”。

（4）用同样的方法，再添加 2 个“单击图像”活动，分别捕捉 ERP 菜单按钮“初始批量导入数据”和“导入（或修改）物料数据”按钮，并在属性面板中修改它们的活动名称。

（5）完成后的设计如图 3-30 所示。

4）“导入（或修改）物料数据”界面如图 3-31 所示，下面需要单击“批量引入已有的物料”按钮打开“查询物料数据”界面。

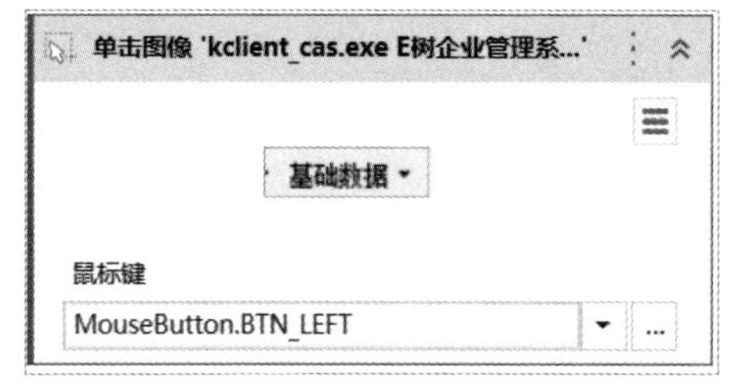

图 3-29 “单击图像”活动 - 选择“基础数据”

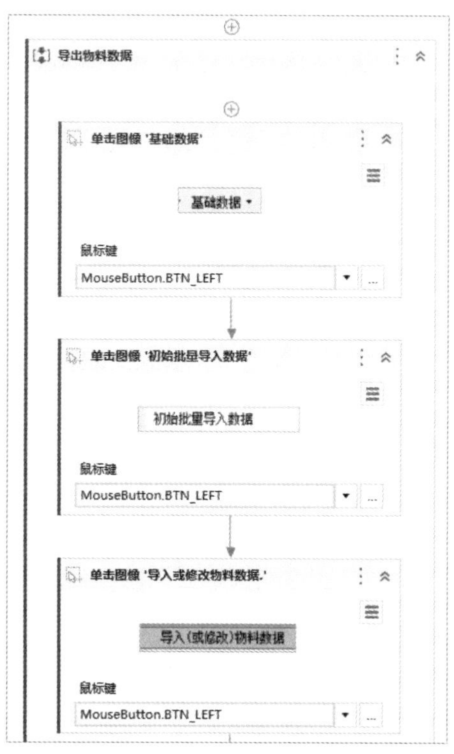

图 3-30 进入“导入（或修改）物料数据”界面

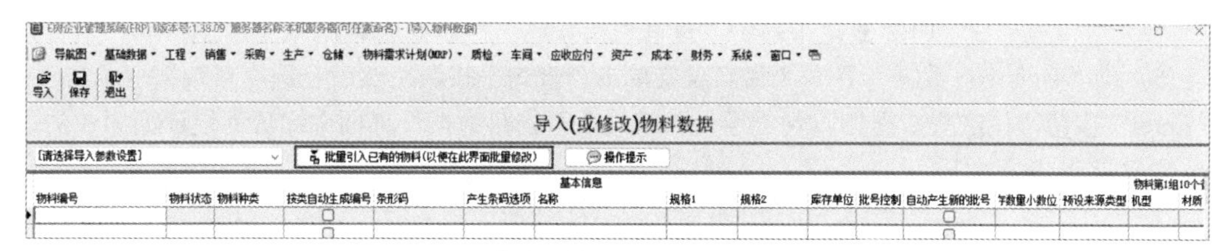

图 3-31 单击“批量引入已有的物料”按钮

（1）在活动面板中搜索“单击”，将其拖曳至设计面板，如图 3-32 所示。

（2）单击“指明在屏幕上”，如图 3-33 所示。

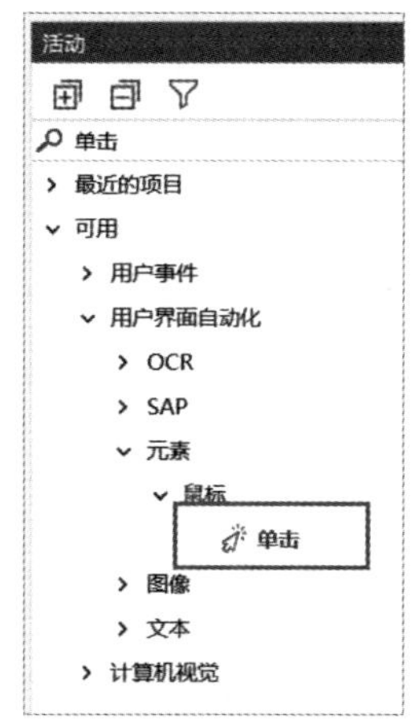

图 3-32 添加“单击”活动

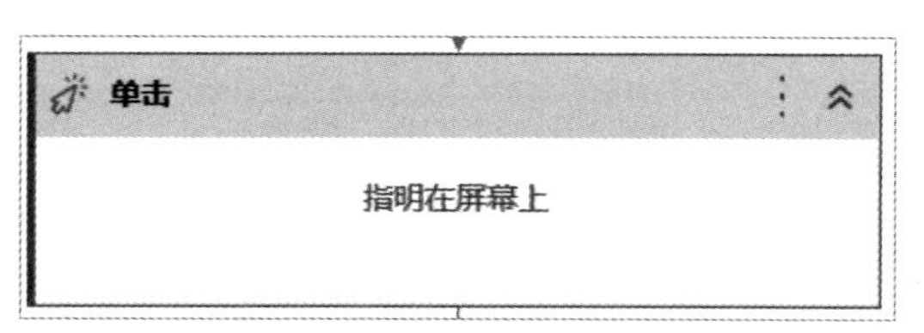

图 3-33 单击“指明在屏幕上”

（3）在“导入（或修改）物料数据”界面上选择“批量引入已有的物料（以便在此界面批量修改）”按钮，回到设计页面，该单击活动如图 3-34 所示。

（4）在属性面板中，修改其“显示名称”为“单击‘批量引入已有的物料’按钮”，其属性面板如图 3-35 所示。

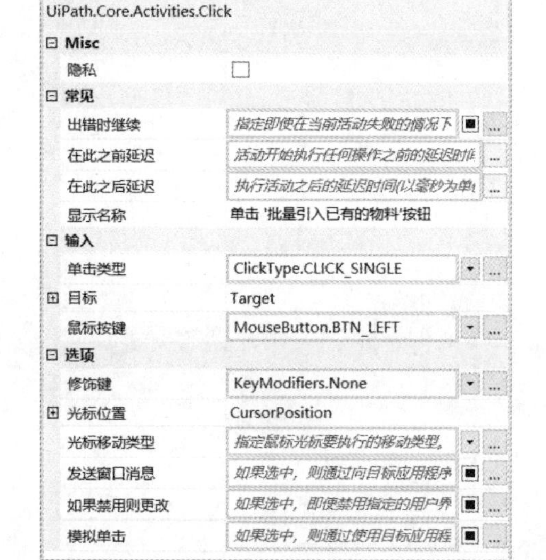

图 3-34 “单击 ' 批量引入已有的物料 '” 活动

图 3-35 “单击 ' 批量引入已有的物料 '” 活动的属性面板

（5）单击完成后，ERP 系统中显示“查询物料数据”对话框，如图 3-36 所示。

5）在“查询物料数据”界面，我们需要单击“查询”按钮，然后全选物料数据后单击“选择 Enter”按钮，使这些数据加载到“导入（或修改）物料数据”界面中，流程设计如图 3-37 所示，具体实现步骤如下。

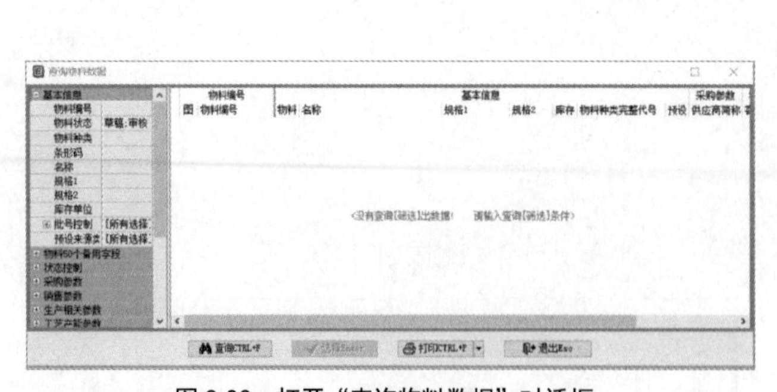

图 3-36 打开“查询物料数据”对话框

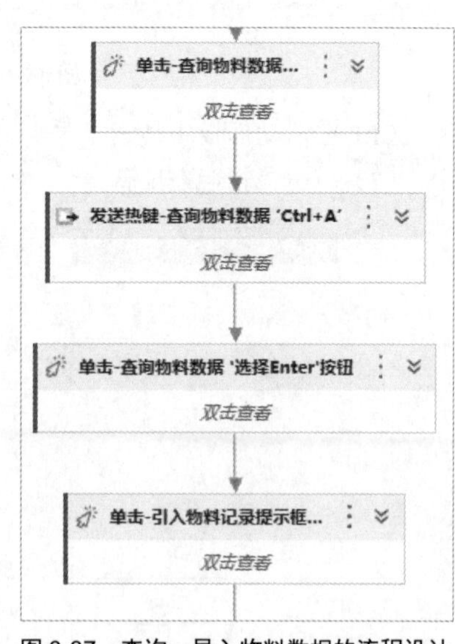

图 3-37 查询、导入物料数据的流程设计

（1）在活动面板中搜索“单击”，拖曳至设计面板中。单击“指明在屏幕上”，选择“查询物料数据”界面的“查询”按钮，如图 3-38 所示。

（2）回到设计界面，该“单击”活动如图 3-39 所示。

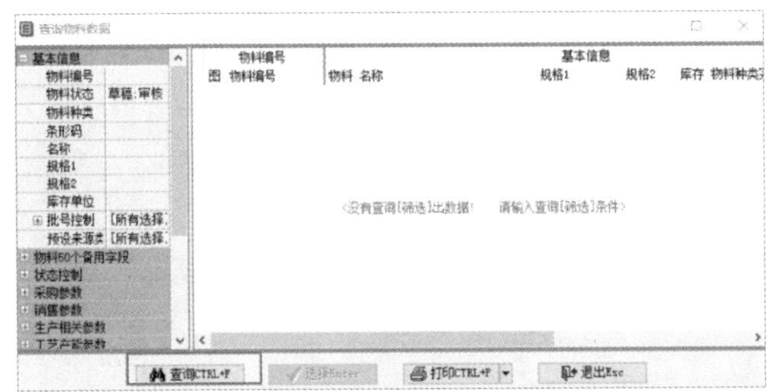

图 3-38　单击“查询”按钮

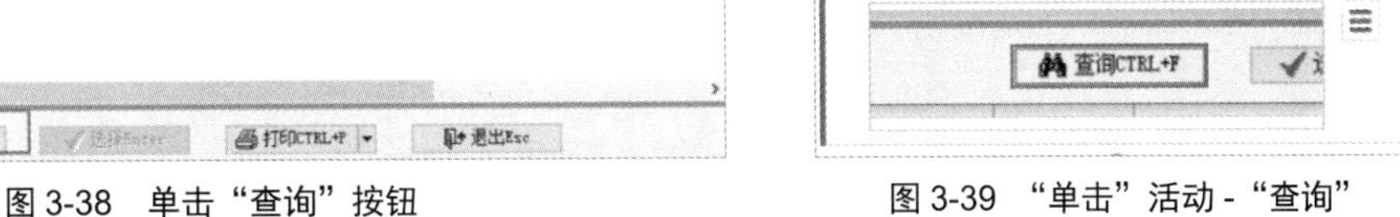

图 3-39　“单击”活动 -“查询”

（3）在属性面板中，修改其“显示名称”为“单击 - 查询物料数据 ' 查询 '”。

（4）单击“查询”按钮后的界面如图 3-40 所示，查询得到的物料数据被加载在了界面中。

图 3-40　加载查询结果

（5）通过“发送热键”活动来模拟键盘输入 Ctrl+A 键将这些数据全部选中。在活动面板搜索“发送热键”，如图 3-41 所示，将其拖曳至设计面板。

（6）在“发送热键”活动上单击“指明在屏幕上”，选择“查询物料数据”界面，返回设计界面后，勾选“Ctrl”复选框，并在“键值”下拉框中选择“a”，如图 3-42 所示。

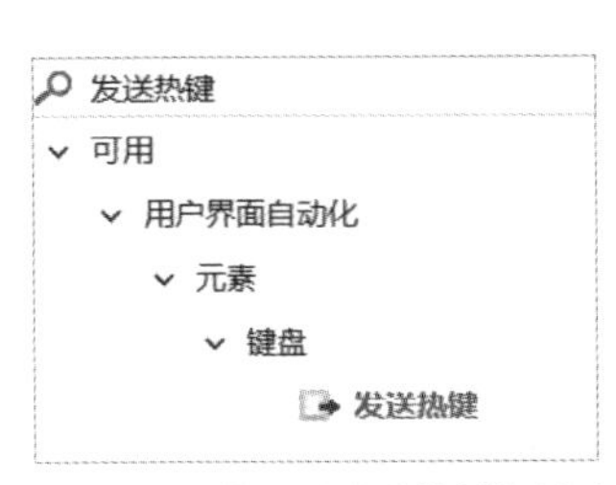

图 3-41　添加“发送热键”活动

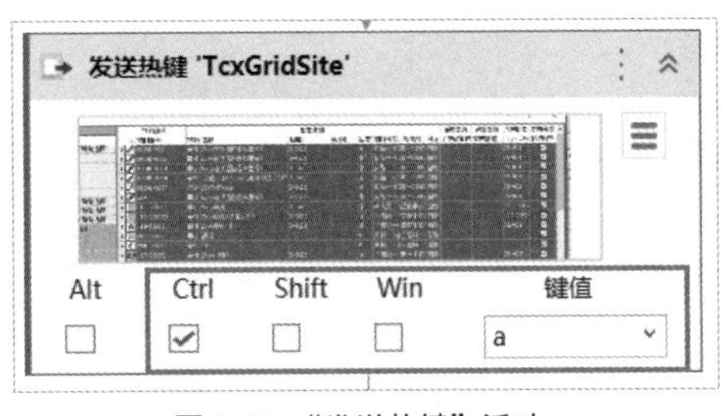

图 3-42　“发送热键”活动

（7）在“发送热键”的属性面板中，修改其“显示名称”为“发送热键 - 查询物料数据 'Ctrl+A'”，其属性面板如图 3-43 所示。

（8）在活动面板搜索“单击”，将其拖曳至设计面板，然后单击“指明在屏幕上”，选择界面上的“选择 Enter”按钮，如图 3-44 所示。

图 3-43 “发送热键”活动的属性面板

图 3-44 单击“选择 Enter”

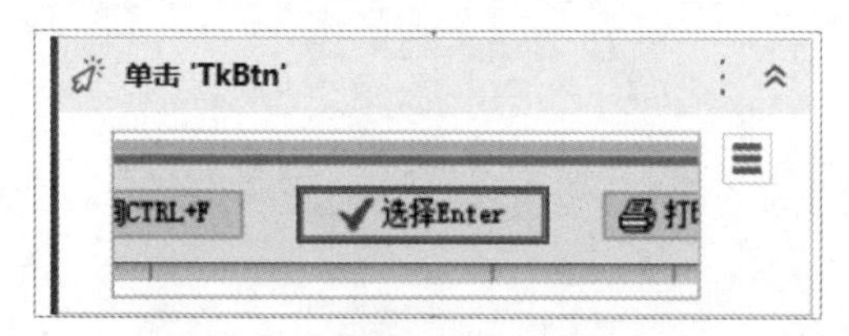

图 3-45 “单击”活动 - 选择 Enter

（9）回到设计界面，“单击”活动如图 3-45 所示。在属性面板中，修改其“显示名称”为“单击 - 查询物料数据 '选择 Enter' 按钮”。

（10）单击“选择 Enter”按钮后，“查询物料数据”对话框被关闭，数据被加载到了“导入（或修改）物料数据”界面，并显示引入物料记录提示框。最后，我们需要单击“确定”按钮来关闭该提示框，如图 3-46 所示。

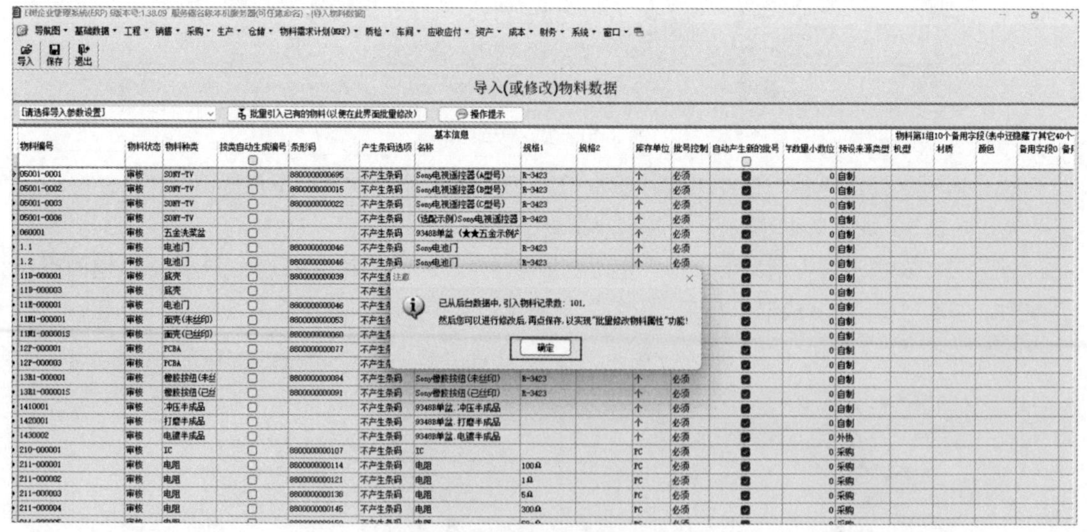

图 3-46 引入物料记录提示框

（11）在活动面板搜索“单击”，将其拖曳至设计面板。单击“指明在屏幕上”，选择弹窗的“确定”按钮，回到设计面板，该单击活动如图 3-47 所示。在属性面板中，修改其“显示名称”为“单击 - 引入物料记录提示框 '确定 '”。

6）在“导入（或修改）物料数据”界面右击，在弹出的菜单中单击“导出”设计如图 3-48 所示，具体实现步骤如下。

图 3-47 “单击”活动 - 确定

图 3-48 单击“导出”按钮的实现

（1）在活动面板搜索“单击”，将其拖曳至设计面板，单击“指明在屏幕上”，选择“导入（或修改）物料数据”界面表格的任意区域。回到设计面板，该活动如图 3-49 所示。

（2）在“单击”活动的属性面板中，将“输入→鼠标按键”设置为“MouseButton.BTN_RIGHT”，表示右击操作，并且更新“显示名称”为“单击 - 右击 '物料数据界面 '”，如图 3-50 所示。

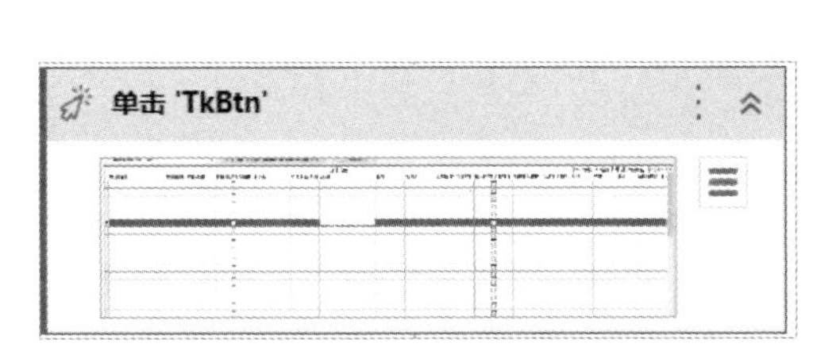

图 3-49 “单击”活动 - 单击表格任意区域

图 3-50 “单击 - 右击 '物料数据界面 '”活动的属性面板

（3）右击后显示的菜单如图 3-51 所示。

（4）在活动面板搜索“单击”，将其拖曳至设计面板。单击“指明在屏幕上”，选择 ERP 软件上的“导出”按钮，然后返回设计页面，“单击”活动如图 3-52 所示。

（5）在属性面板中，修改其“显示名称”为“单击 '导出 ' 按钮”。

7）单击“导出”按钮后，会显示“另存为”对话框，让用户选择导出文件的存储位置，如图 3-53 所示。

图 3-51 右击后显示的菜单

图 3-52 “单击”活动 - 导出

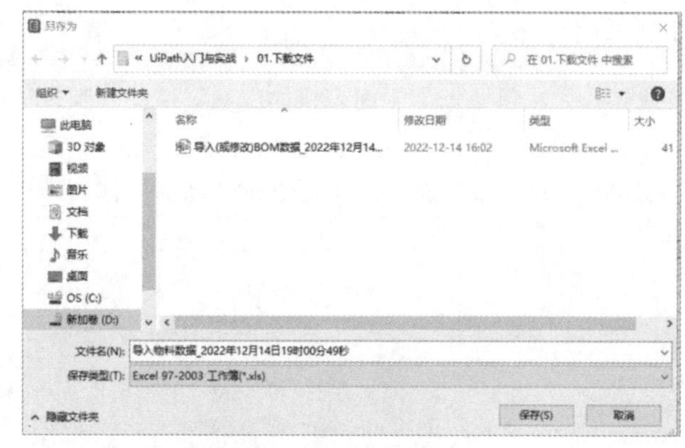

图 3-53 “另存为”对话框

图 3-54 保存导出文件的流程设计

我们需要更新存储路径，将导出文件保存在“D:\UiPath 入门与实战\制造业机器人\导出”文件夹中，流程设计如图 3-54 所示，具体实现步骤如下。

（1）在活动面板搜索“单击”，将其拖曳至设计面板。单击“指明在屏幕上”，尝试单击图 3-55 所示的文件存储位置输入区域，发现无法选中。但可以选中右侧的“上一个位置”按钮。

（2）选中“上一个位置”按钮后，回到设计面板，在该活动的属性面板中，在“光标位置→偏移 X”输入框中输入“-50”，表示单击时向左偏移 50px，这样我们就能单击到“上一个位置”左侧的文件存储位置输入区域。同时将该活动的“显示名称”更新为“单击 '存储位置输入区域 '”，如图 3-56 所示。

同样，由于无法定位到存储位置输入区域，不能使用“输入信息”活动来进行路径的输入。在此，我们选择先将导出文件的存储路径复制到剪贴板，然后通过模拟键盘键入 Ctrl+V 的方式粘贴到存储位置输入区域。

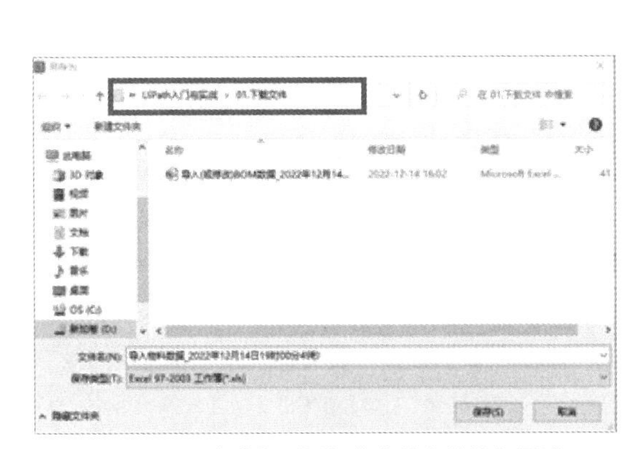

图 3-55　“另存为”对话框的文件存储输入区域

图 3-56　“单击 '存储位置输入区域'”活动的属性面板

（3）在活动面板中搜索“设置为剪贴板”，将其拖曳至设计面板，如图 3-57 所示。

（4）在该活动的输入框中输入“"D:\UiPath 入门与实战 \ 制造业机器人 \ 导出 "”，在属性面板中修改其显示名称为“设置为剪贴板 - 导出路径”，如图 3-58 所示。

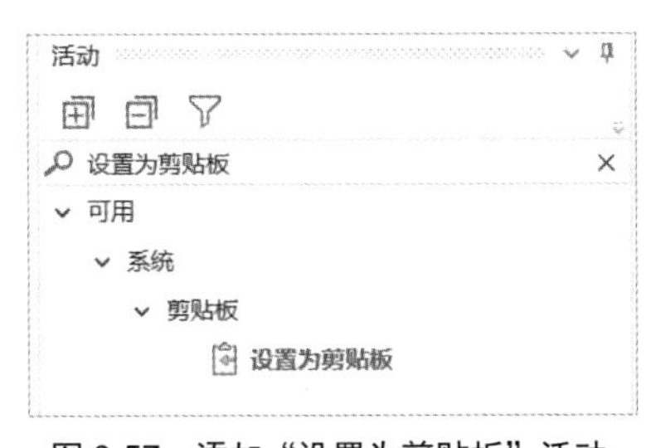

图 3-57　添加“设置为剪贴板”活动

图 3-58　“设置为剪贴板 - 导出路径”活动

（5）在活动面板中搜索“发送热键”，将其拖曳至设计面板中，勾选“Ctrl”复选框，在键值下拉框中选择“v”，修改其“显示名称”为“发送热键 -Ctrl+V”，如图 3-59 所示。

（6）继续添加“发送热键”活动，在键值下拉框中选择“enter”，修改其“显示名称”为“发送热键 -enter”，以确认提交存储位置输入区域的输入，如图 3-60 所示。

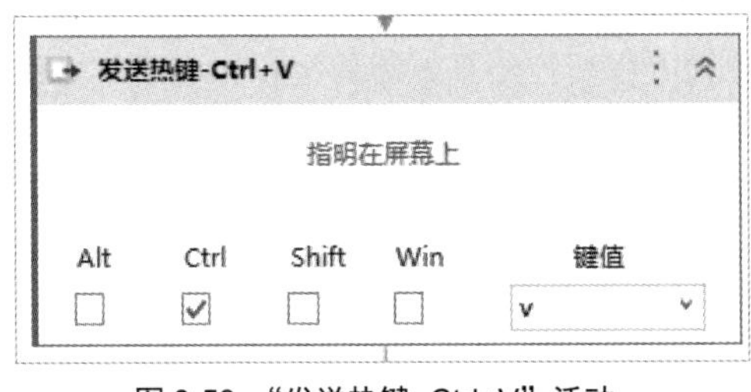

图 3-59　“发送热键 -Ctrl+V”活动

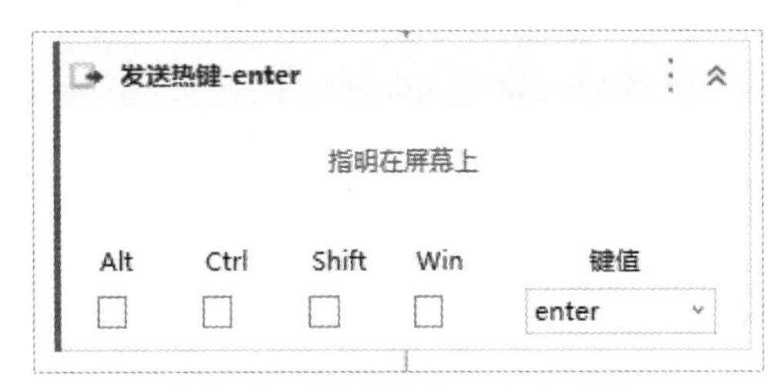

图 3-60　“发送热键 -enter”活动

（7）然后添加“单击”活动，单击“指明在屏幕上”后选择“另存为”对话框中的“保存”按钮，该活动如图 3-61 所示。

（8）单击“保存”按钮后，“另存为”对话框关闭，界面显示“保存文件成功！”的提示框，如图 3-62 所示。

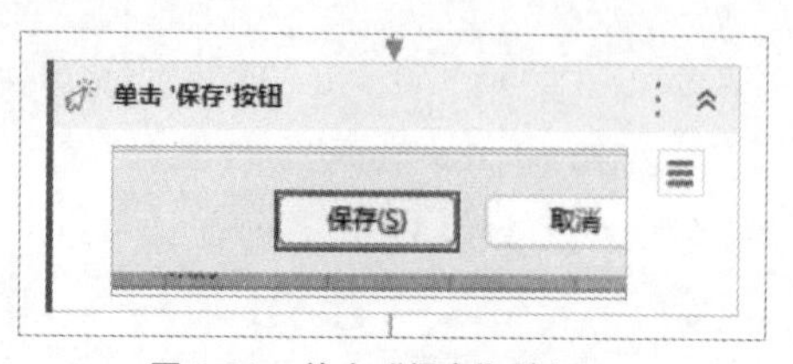

图 3-61　单击“保存”按钮

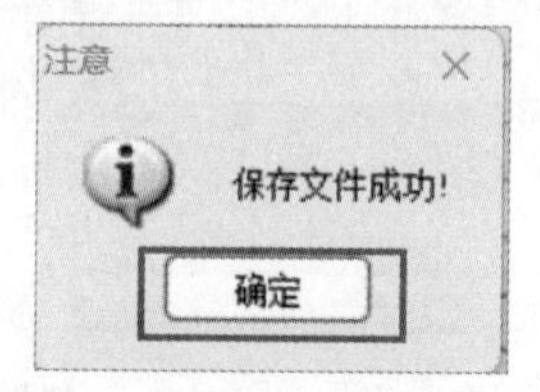

图 3-62　“保存文件成功”的提示框

（9）添加“单击图像”活动，单击“从屏幕上捕捉”后捕捉“确定”区域，回到设计页面，修改该活动的显示名称为“单击图像 '确定 '”，该活动如图 3-63 所示。

保存导出文件的流程设计如图 3-64 所示。

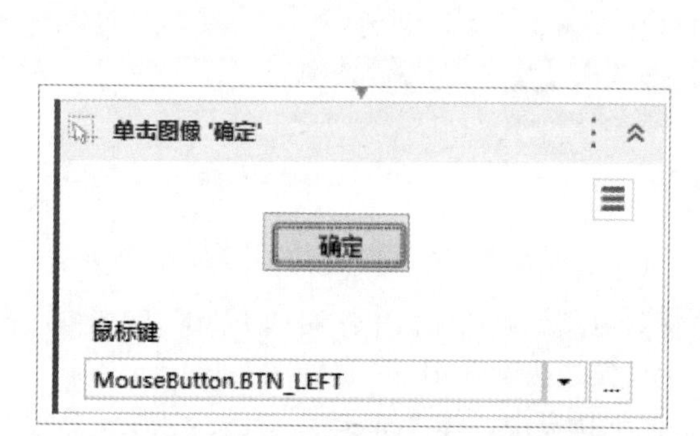

图 3-63　“单击图像 '确定 '”活动

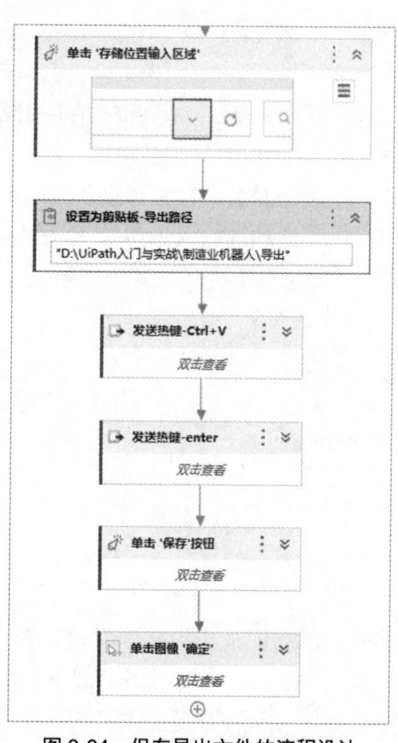

图 3-64　保存导出文件的流程设计

至此，“导出物料数据”模块开发完成。我们先手动启动 ERP 软件，使其显示登录成功后的界面，然后运行“导出物料数据 .xaml”文件，查询流程执行结果。流程执行完成后，文件被正确导出到了“D:\UiPath 入门与实战 \ 制造业机器人 \ 导出”下，如图 3-65 所示。

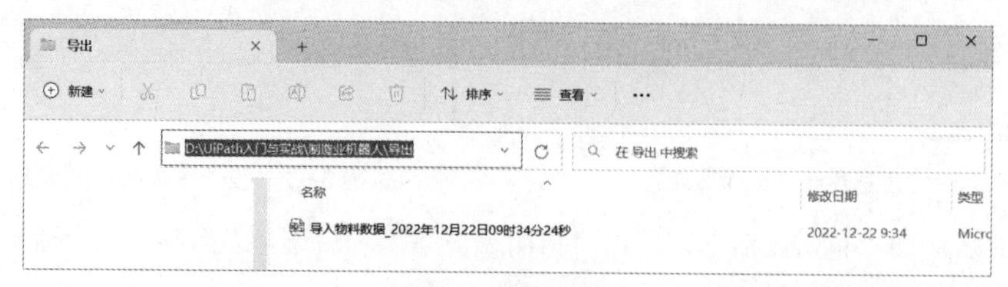

图 3-65　导出文件

导出的 Excel 文件以“导入数量数据 _ 当前时间”的形式命名，双击打开导出的文件，查看内容，如图 3-66 所示。

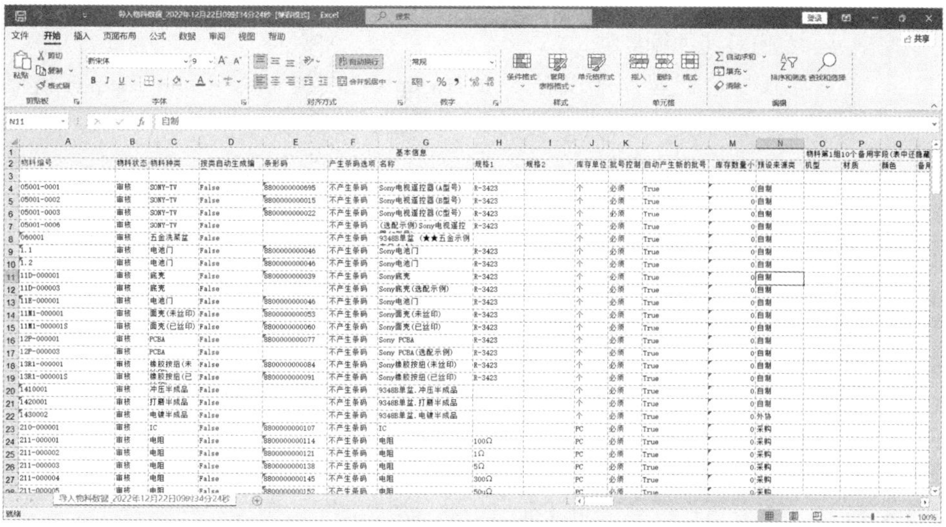

图 3-66　导出的 Excel 文件

4.“导入物料数据”模块的实现

“导入物料数据”模块的功能主要分为两部分。第一部分是对物料数据进行整理，将“导出物料数据”流程中导出的 Excel 数据合并到位于 D:\UiPath 入门与实战 \ 制造业机器人 \ 导入文件夹下的“物料信息表 .xls”的“新增”工作表中。第二部分是在 ERP 系统的“导入（或修改）物料数据”界面右击，在弹出的菜单中选择“导入”命令后将“物料信息表 .xls”文件导入系统。该流程的总体设计如图 3-67 所示。

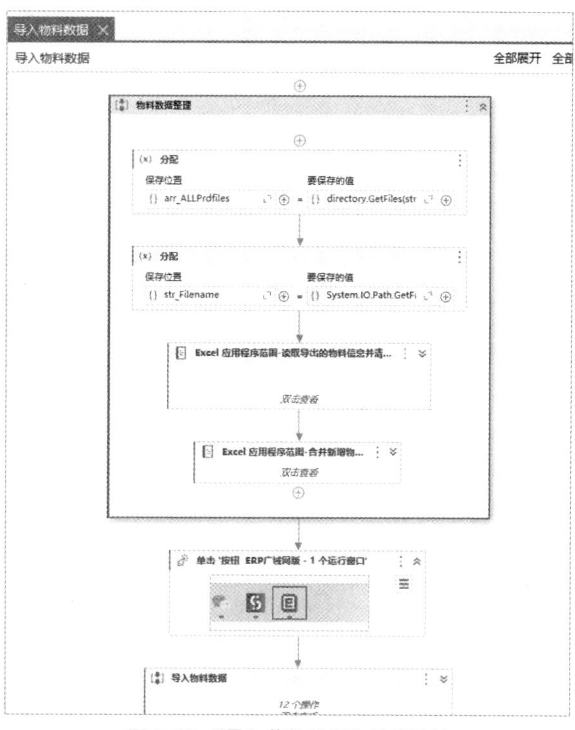

图 3-67　“导入物料数据”总体设计

1）在项目面板中，右击项目名称“制造业机器人”，在弹出的菜单中选择“添加→序列”命令，添加一个序列工作流文件“导入物料数据 .xaml”。双击该文件后进入设计页面。

2）在活动面板中搜索“序列”，将其拖曳至设计面板。在属性面板中，将其“显示名称”更新为“物料数据整理”。

3）在“物料数据整理”中，首先要读取导出的 Excel 数据。流程设计前，我们先观察导出的文件，发现下列 3 点：

- 该导出文件每次导出的文件名都不同，工作表的名称与文件名相同，要读取导出文件中的数据，我们首先需要动态获取到导出文件的文件名。

- 与待合并的“物料信息表 .xls”比较，第二行的字段信息两个文件一致，但导出文件中的第一行字段多余会影响到两个数据表的合并，因此我们需要将导出文件的第一行移除。
- 导出文件中存在空行，我们需要根据“物料编号”是否为空，将空记录过滤掉。

分析完毕后，我们对其进行实现。

（1）在变量面板中，创建一个变量“str_Dwldpath”，类型为 String，Default 值设置为“"D:\UiPath 入门与实战 \ 制造业机器人 \ 导出 "”，如图 3-68 所示。

Name	Variable type	Scope	Default
str_Dwldpath	String	物料数据整理	"D:\UiPath入门与实战\制造业机器人\导出"

图 3-68　创建并初始化变量 str_Dwldpath

（2）添加一个“分配”活动，在“至变量”输入框中创建一个 String[] 类型的变量 arr_ALLPrdfiles，在“设置值”输入框中输入表达式“directory.GetFiles(str_Dwldpath,"*.xls*")”，用变量 arr_ALLPrdfiles 来存储“导出”文件夹下获取到的所有 .xls 文件，其属性面板如图 3-69 所示。

（3）添加一个“分配”活动，在“至变量”输入框中创建一个 String 类型的变量 str_Filename，在“设置值”输入框中输入表达式“System.IO.Path.GetFileNameWithoutExtension(arr_ALLPrdfiles(0))”，获取导出文件的文件名并赋值给变量 str_Filename，其属性面板如图 3-70 所示。

图 3-69　分配 arr_ALLPrdfiles

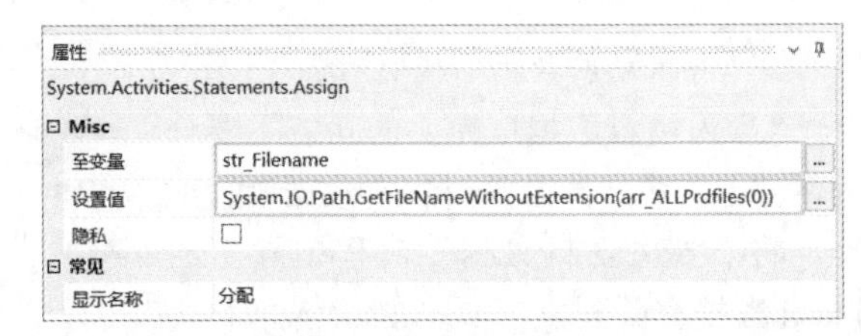

图 3-70　分配 str_Filename

（4）在活动面板搜索“Excel 应用程序范围”，如图 3-71 所示，将其拖曳至设计面板中。

（5）在“工作簿路径”中输入“arr_ALLPrdfiles(0)”，更新显示名称为“Excel 应用程序范围 - 读取导出的物料信息并清洗”，其属性面板如图 3-72 所示。

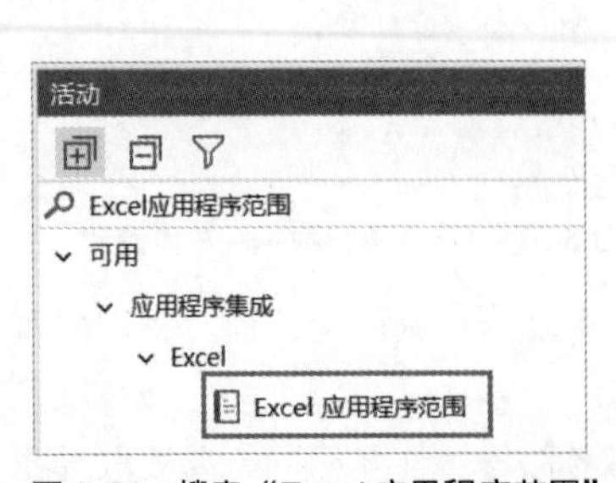

图 3-71　搜索“Excel 应用程序范围”

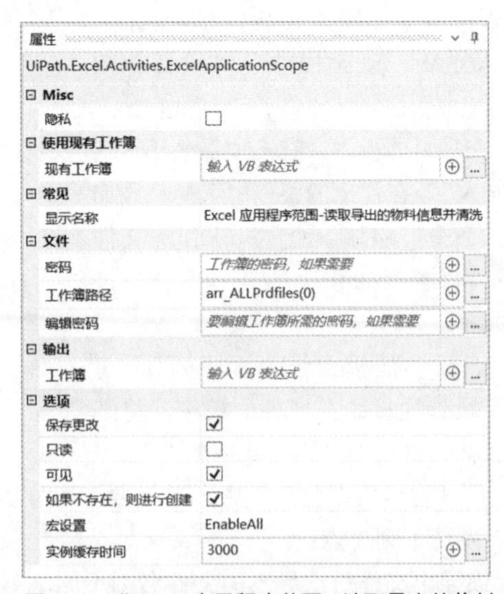

图 3-72　“Excel 应用程序范围 - 读取导出的物料信息并清洗”活动的属性面板

（6）在活动面板中搜索“插入 / 删除行”，如图 3-73 所示，将其拖曳至“Excel 应用程序范围”活动中。

（7）在“位置”输入框中输入“1”，表示从第一行开始进行操作。在“工作表名称”输入框中输入“str_Filename”，表示对名称为 str_Filename 的工作表进行操作。在“无行”输入框中输入“1”，表示要插入 / 删除的行数为 1 行。属性面板中的“更改模式”为“Remove”，如图 3-74 所示。

图 3-73 搜索“插入 / 删除行”

图 3-74 “插入 / 删除行”活动

（8）在活动面板中搜索“读取范围”，将其添加到“插入 / 删除行”活动下方，如图 3-75 所示。

（9）“读取范围”活动中，在“输入→工作表名称”中输入变量“str_Filename”，在“输出→数据表”中创建 DataTable 类型的变量 dt_ALLPrdvalues，表示将名称为 str_Filename 的工作表读取后赋值到变量 dt_ALLPrdvalues，其属性面板如图 3-76 所示。

图 3-75 添加“读取范围”活动

图 3-76 “读取范围”活动的属性面板

（10）在活动面板中搜索“筛选数据表”，如图 3-77 所示，将其添加到“读取范围”活动下方，如图 3-78 所示。

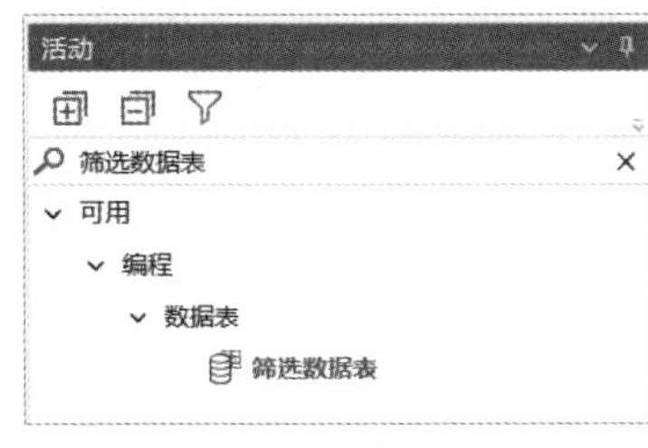

图 3-77 搜索“筛选数据表”

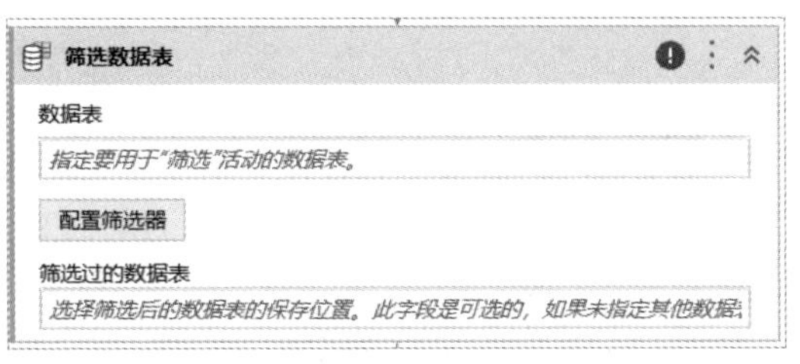

图 3-78 添加“筛选数据表”活动

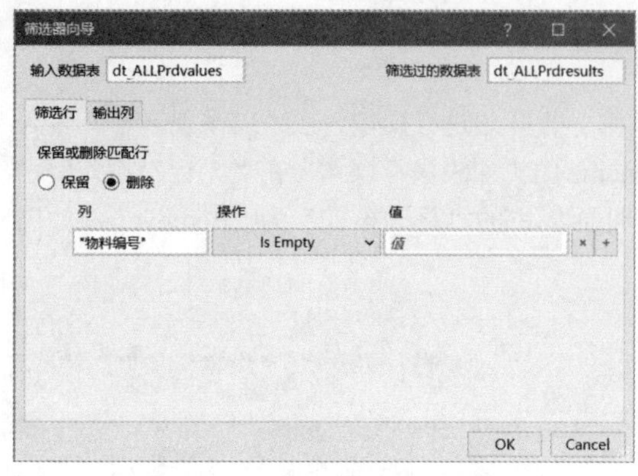

图 3-79 “筛选器向导”设置

（11）单击“配置筛选器”，显示“筛选器向导”对话框。在对话框的“输入数据表”输入框中输入变量“dt_ALLPrdvalues”，在“筛选过的数据表”输入框中创建一个 DataTable 类型的变量 dt_ALLPrdresults。在下方的“筛选行”选项卡中，选中“删除”单选按钮，添加条件“" 物料编号 " Is Empty”，表示将 dt_ALLPrdvalues 中物料编号为空的记录行删除后赋值给变量 dt_ALLPrdresults。如图 3-79 所示。

（12）单击“OK”按钮后关闭“筛选器向导”对话框，“筛选数据表”活动及其属性面板如图 3-80 所示。

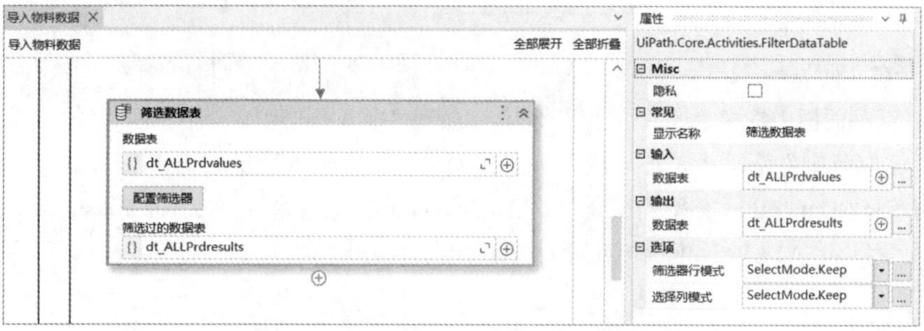

图 3-80 “筛选数据表”活动及其属性面板

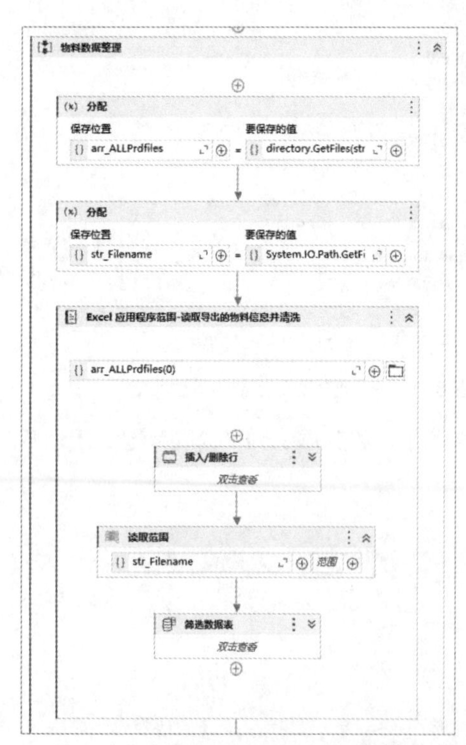

图 3-81 读取并清理导出文件的完整实现

至此，导出文件的读取和清洗便完成了，结果存储在变量 dt_ALLPrdresults 中，这部分功能的完整实现如图 3-81 所示。

4）实现物料数据的合并。

（1）在“Excel 应用程序范围 - 读取导出的物料信息并清洗”活动下方添加一个“Excel 应用程序范围”活动，修改其显示名称为“Excel 应用程序范围 - 合并新增物料”。

（2）在变量面板中，创建一个 String 类型的变量“str_Prdfile”，默认赋值为“"D:\UiPath 入门与实战\制造业机器人\导入\物料信息表 .xls"”。

（3）在“Excel 应用程序范围 - 合并新增物料”活动的“文件→工作簿路径”输入框中输入变量“str_Prdfile”，表示对“物料信息表 .xls”进行操作，其属性面板如图 3-82 所示。

（4）在活动面板中搜索“附加范围”，将其拖曳至“Excel 应用程序范围 - 合并新增物料”活动中，如图 3-83 所示。

图 3-82　“Excel 应用程序范围 - 合并新增物料”活动的属性面板

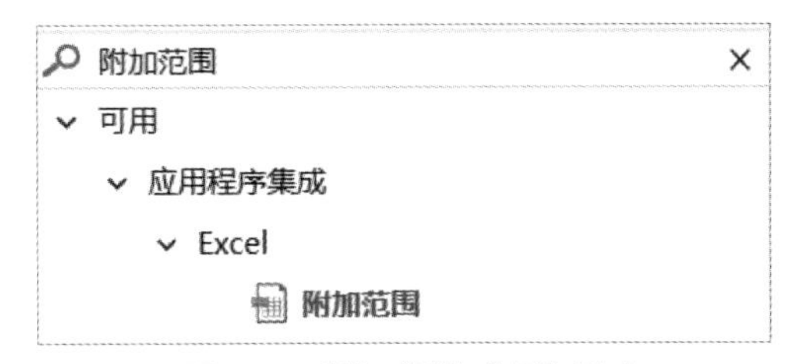

图 3-83　添加“附加范围”活动

（5）在“附加范围”活动的“工作表”输入框中输入“物料信息表 .xls”的工作表名称“新增”，在“数据表”输入框中输入变量“dt_ALLPrdresults”，表示将 dt_ALLPrdresults 的数据添加到“物料信息表 .xls”的“新增”工作表中，其属性面板如图 3-84 所示。

（6）为避免将表头也作为物料数据导入，因此我们在将“物料信息表 .xls”导入 ERP 系统中时，需要先将其第一行标题去掉。在“附加范围”活动下方添加“插入 / 删除行”活动，其属性面板配置如图 3-85 所示。

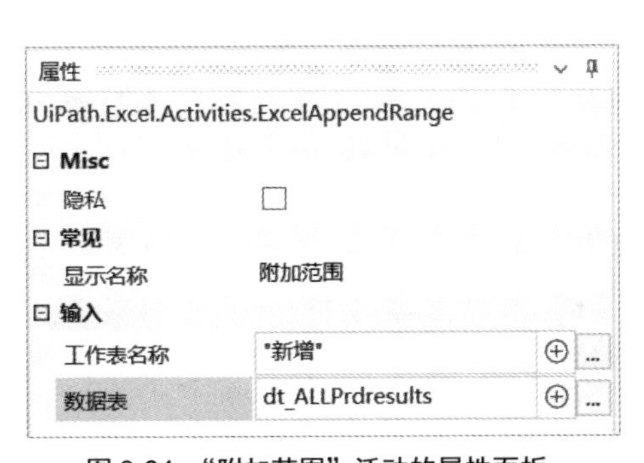

图 3-84　“附加范围”活动的属性面板

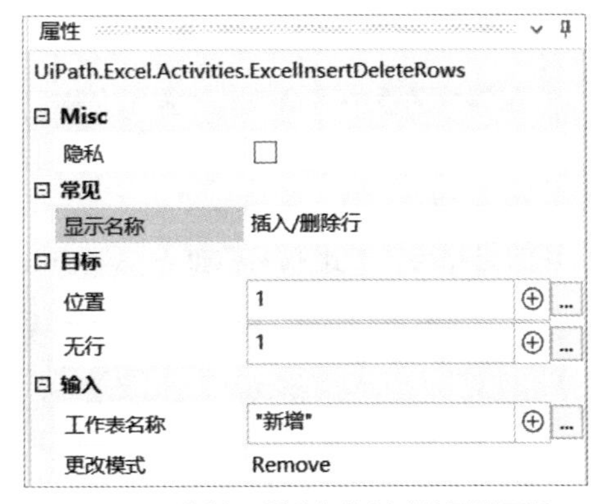

图 3-85　“插入 / 删除行”活动的属性面板

最终“Excel 应用程序范围 - 合并新增物料”的完整实现如图 3-86 所示。

5）在“物料数据整理”活动下方添加一个“单击”活动，单击“指明在屏幕上”后选择任务栏的“ERP 软件图标”，使 ERP 软件窗口显示在屏幕上，如图 3-87 所示。

6）在“单击”活动下方添加一个“序列”活动，将其显示名称更新为“导入物料数据”。接下来，我们在该活动中进行“导入”操作的实现。

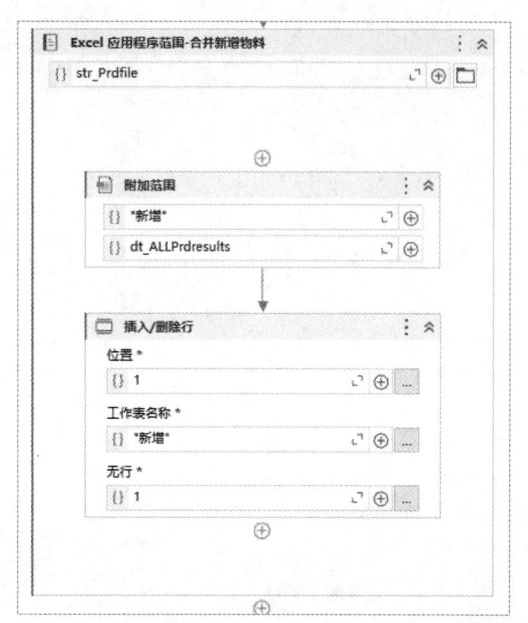

图 3-86 “Excel 应用程序范围 - 合并新增物料”的完整实现

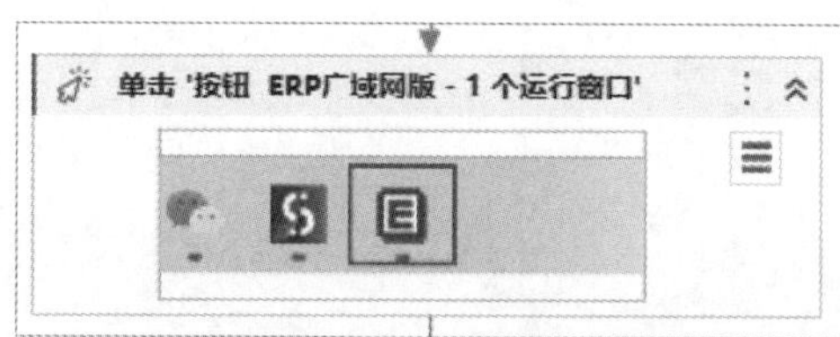

图 3-87 单击“ERP 软件图标”

（1）添加“单击”活动，单击“指明在屏幕上”，选中“导入（或修改）物料数据”页面的“导入”按钮，如图 3-88 所示。

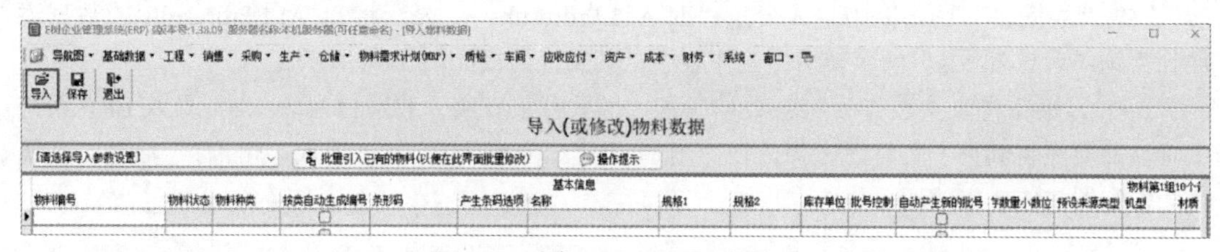

图 3-88 选中 ERP 的“导入”按钮

（2）在属性面板中，修改其“显示名称”为“单击‘导入’按钮”，如图 3-89 所示。

（3）单击“导入”按钮后，显示如图 3-90 所示的“打开”对话框。我们需要输入“D:\UiPath 入门与实战 \ 制造业机器人 \ 导入”，找到“物料信息表 .xls”后，单击“打开”按钮，实现的思路与“导出物料数据”模块中的“另存为”对话框相同，具体步骤如下。

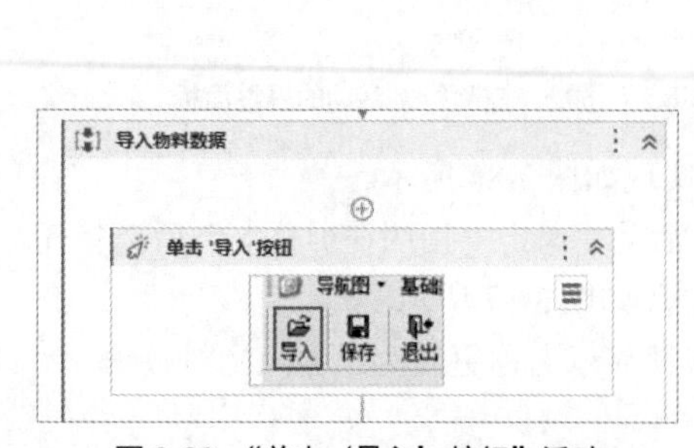

图 3-89 “单击‘导入’按钮”活动

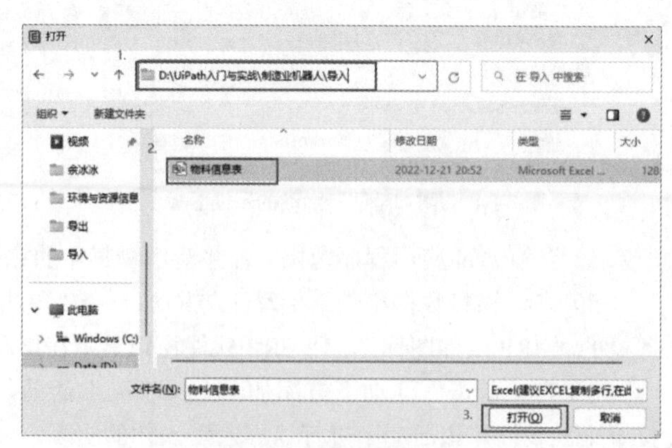

图 3-90 “打开”对话框

①添加“单击”活动，单击“指明在屏幕上”后单击“打开”对话框中的“上一个位置”，在属性面板中，更新“光标位置→偏移 X”的值为“-50”，如图 3-91 所示。

②添加“设置为剪贴板”活动，在文本输入框中输入“"D:\UiPath 入门与实战 \ 制造业机器人 \ 导入 "”。

③添加“发送热键”活动，勾选“Ctrl”复选框，在键值下拉框中选择“v”。

④添加“发送热键”活动，键值下拉框中选择“enter”。

⑤添加“单击图像”活动，单击“从屏幕上捕捉”后选择“物料信息表”。

⑥添加“单击”活动，单击“指明在屏幕上”后选择“打开”按钮。

这部分功能的流程设计如图 3-92 所示。

图 3-91　“单击 '上一个位置'”活动的属性面板

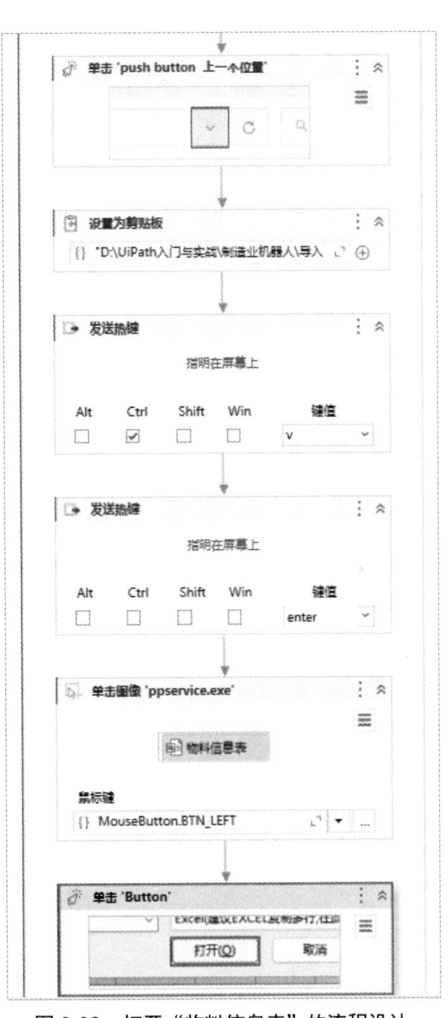

图 3-92　打开“物料信息表”的流程设计

（4）完成导入文件的选择后，“打开”对话框会关闭，在“导入（或修改）物料数据”界面显示正在导入 Excel 数据的提示，如图 3-93 所示。在此我们使用“等待图像消失”活动来等待导入的完成，然后单击图 3-94 所示的“确定”按钮。

①在活动面板搜索“等待图像消失”，拖曳至设计面板中。单击“从屏幕上捕捉”后框选“正在导入 Excel”，其属性面板如图 3-95 所示。

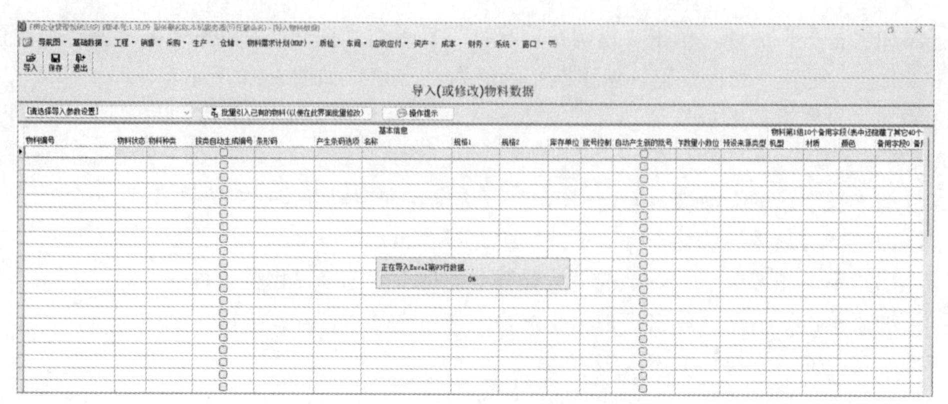

图 3-93　正在导入 Excel 数据的提示

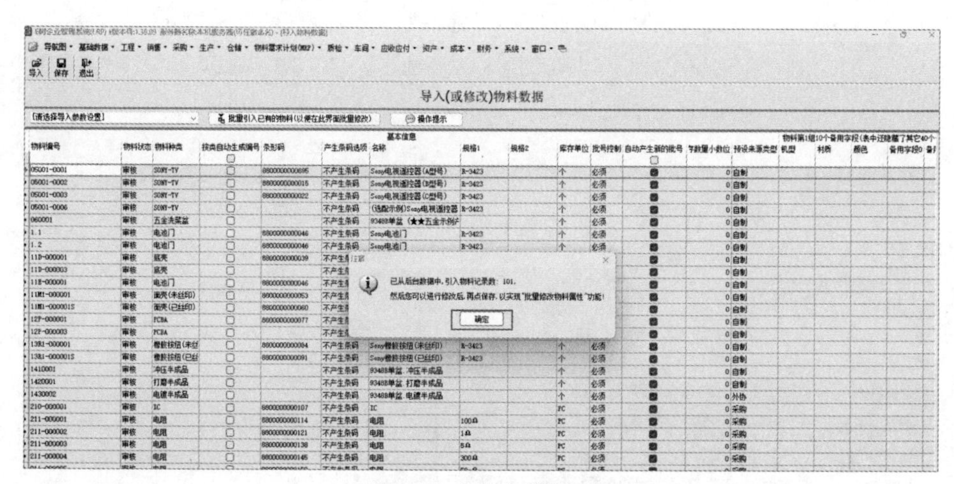

图 3-94　已导入的提示

②在活动面板搜索“单击图像”，拖曳至设计面板中。单击“从屏幕上捕捉”后框选“确定”按钮。

这两个步骤的实现如图 3-96 所示。

图 3-95　“等待图像消失”活动的属性面板

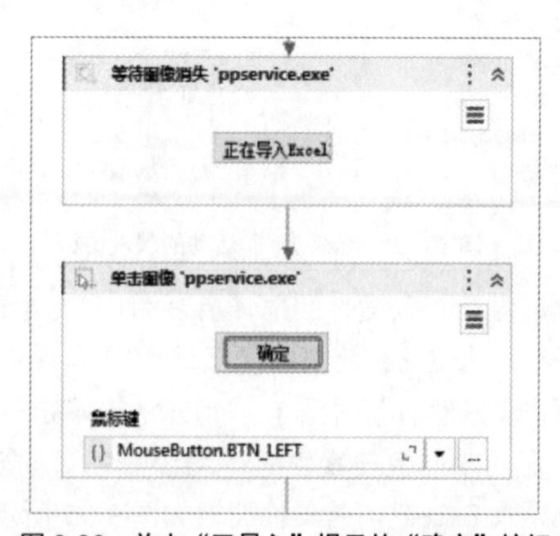

图 3-96　单击“已导入”提示的“确定”按钮

（5）单击图 3-97 所示的“保存”按钮，将导入的物料数据提交到数据库。

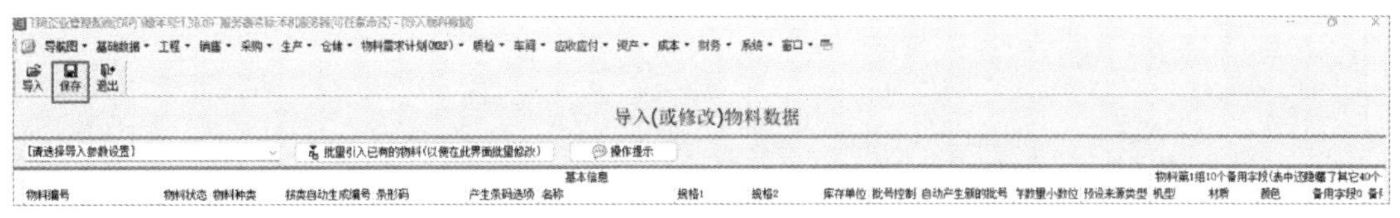

图 3-97　单击“保存”按钮

添加“单击”活动，单击“指明在屏幕上”后选择“保存”按钮，在属性面板中修改“显示名称”为“单击 '保存 '”，如图 3-98 所示。

（6）单击“保存”按钮后，会显示如图 3-99 所示的确信将导入的数据正式保存到数据库的提示框，单击“确定”按钮。

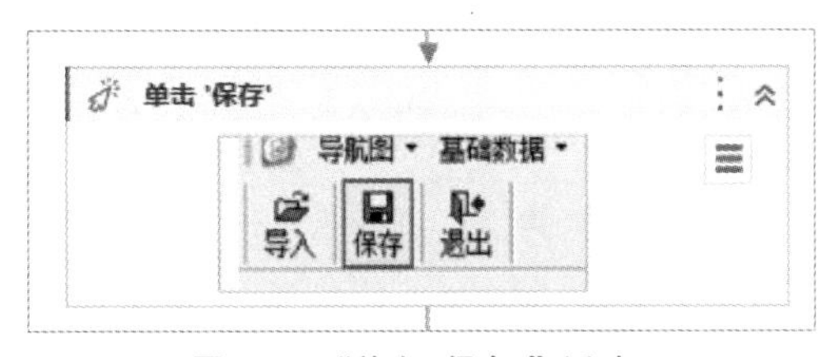

图 3-98　“单击 ' 保存 '”活动

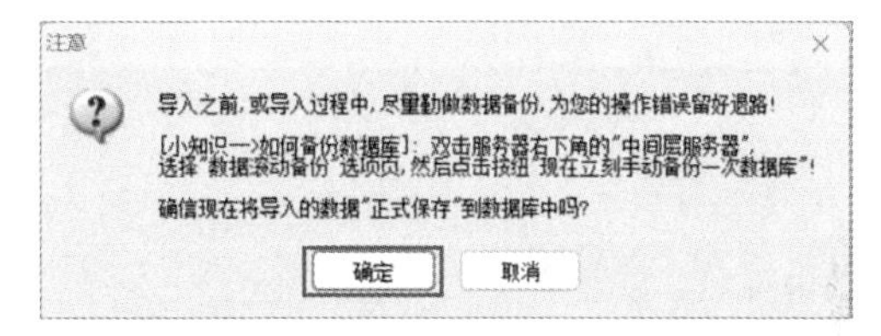

图 3-99　确信将导入的数据正式保存到数据库的提示

添加“单击图像”，单击“从屏幕上捕捉”后框选“确定”按钮，在属性面板中修改“显示名称”为“单击图像 ' 确定提交到数据库保存 '”，如图 3-100 所示。

（7）保存成功后，会显示如图 3-101 所示的成功导入提示框，单击“确定”按钮。

图 3-100　“单击图像 ' 确定提交到数据库保存 '”活动

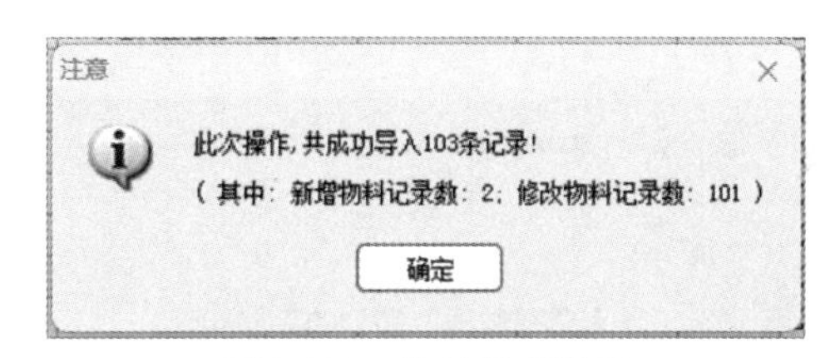

图 3-101　成功导入提示框

添加“单击图像”，单击“从屏幕上捕捉”后框选“确定”按钮，在属性面板中修改“显示名称”为“单击图像 ' 确定提交成功 '”，如图 3-102 所示。

（8）“导入物料数据”序列的完整实现如图 3-103 所示。

5.“退出并关闭 ERP”的实现

“退出并关闭 ERP”的功能是单击“退出”按钮退出“导入（或修改）物料数据”界面，然后单击右上角的“关闭”图标退出 ERP 系统，其完整实现如图 3-104 所示。

（1）在项目面板中，右击项目名称“制造业机器人”，在弹出的菜单中选择“添加→序列”命令，添加一个序列工作流文件“退出并关闭 ERP.xaml”。双击该文件后进入设计页面。

图 3-102　“单击图像 ' 确定提交成功 '”活动

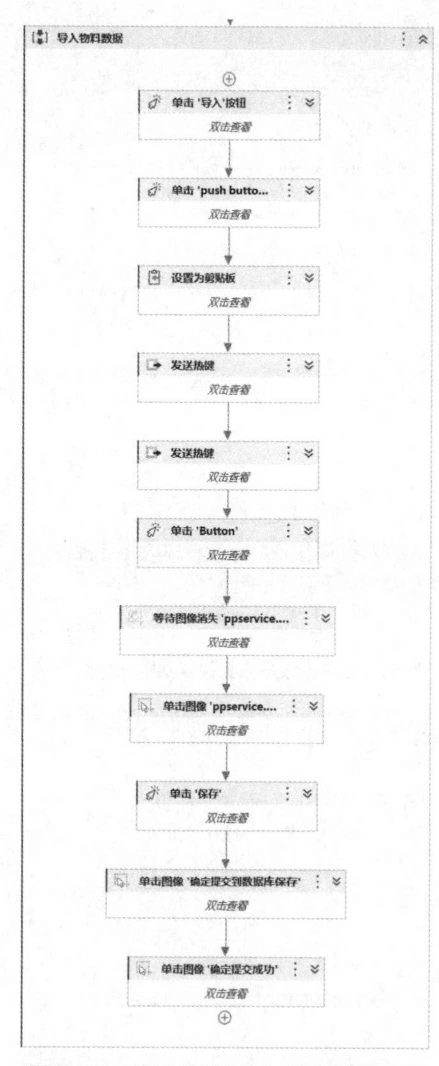

图 3-103 “导入物料数据”序列的完整实现

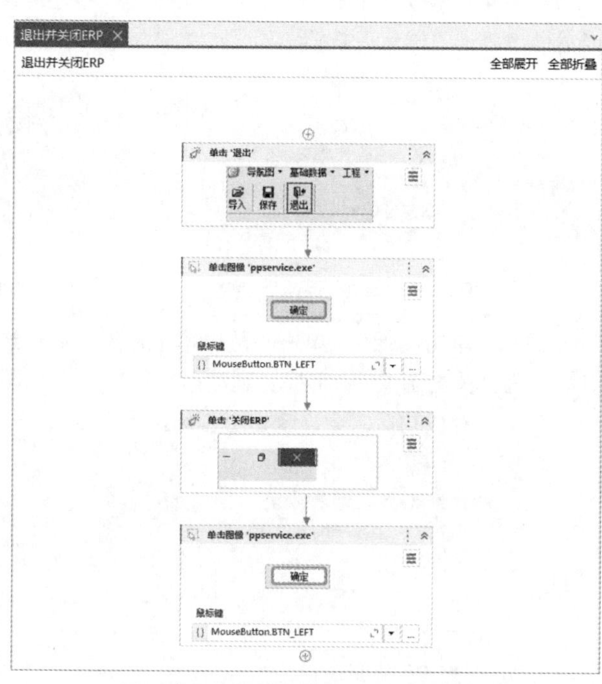

图 3-104 “退出并关闭 ERP”的完整实现

（2）添加“单击”活动，单击“指明在屏幕上”后选择图 3-105 所示的“退出”按钮，在属性面板中更新“显示名称”为“单击‘退出’”。

（3）添加“单击图像”活动，单击“从屏幕上捕捉”后，框选图 3-106 所示的“确定”按钮。

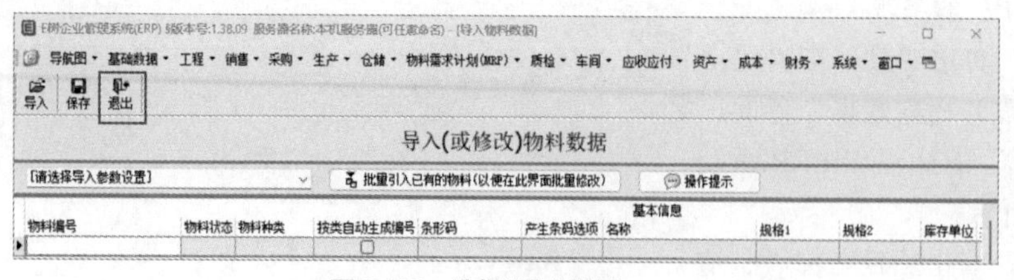

图 3-105 选择“退出”按钮

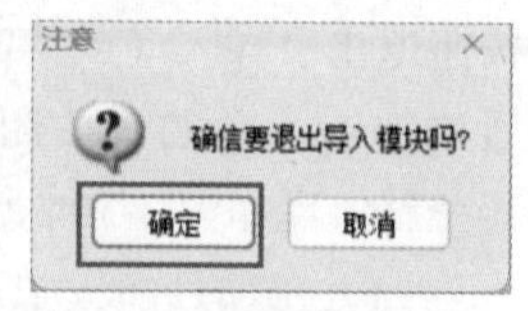

图 3-106 框选“确定”按钮-确认要退出导入模块

（4）添加“单击”活动，单击“指明在屏幕上”后选择图 3-107 所示的“关闭”按钮，在属性面板中更新“显示名称”为“单击‘关闭 ERP’”。

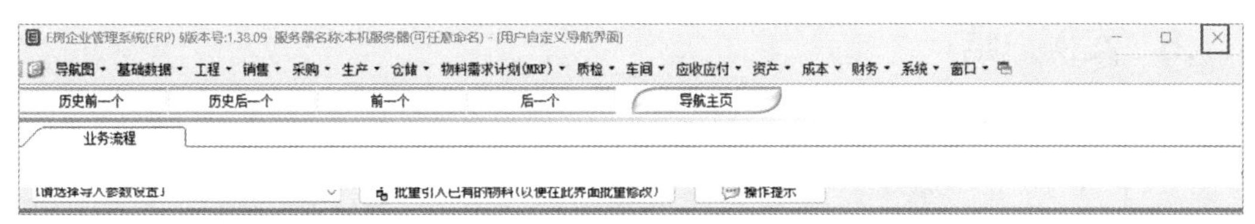

图 3-107　选择“关闭”按钮

（5）添加“单击图像”活动，单击“从屏幕上捕捉”后，框选图 3-108 所示的“确定”按钮。

6.“Main.xaml”的实现

双击 Main.xaml，打开其设计面板，依次将项目面板中的“打开并登录 ERP.xaml”“导出物料数据 .xaml”“导入物料数据 .xaml”和“退出并关闭 ERP.xaml”选中后，直接拖曳至设计面板中，实现工作流文件的调用。

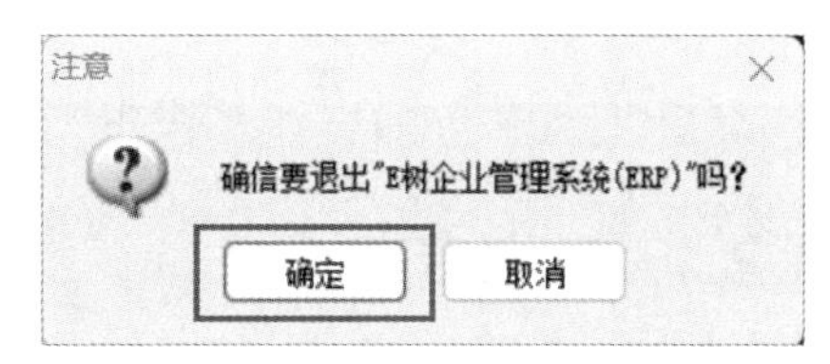

图 3-108　框选“确定”按钮 - 确认要退出 ERP

Main.xaml 的总体实现如图 3-109 所示。

图 3-109　Main.xaml 的总体实现

最后，我们运行 Main.xaml，查看流程执行是否正确。

3.1.5 案例总结

在物料维护自动化流程设计中，我们学习了客户端 ERP 软件的自动化交互，使用了单击图像、发送热键等用户界面自动化活动，以及 Excel 自动化中数据的筛选、删除、合并数据表等活动。ERP 系统中的 BOM 数据、客户、供应商等基础数据均可以采用此种方法来实现自动化，给企业的资源管理带来非常大的效益。

3.2 案例拓展

本节的案例拓展基于 E 树企业管理系统进行设计。

3.2.1 新增资产维护

企业需要将新增的固定资产，及时维护到 ERP 系统的资产管理模块中。现将该流程自动化，具体需求如下。

（1）新增的资产信息保存在“新增资产卡片 .xlsx”文件中，具体如图 3-110 所示，自动化流程需先读取“新增资产卡片 .xlsx”。

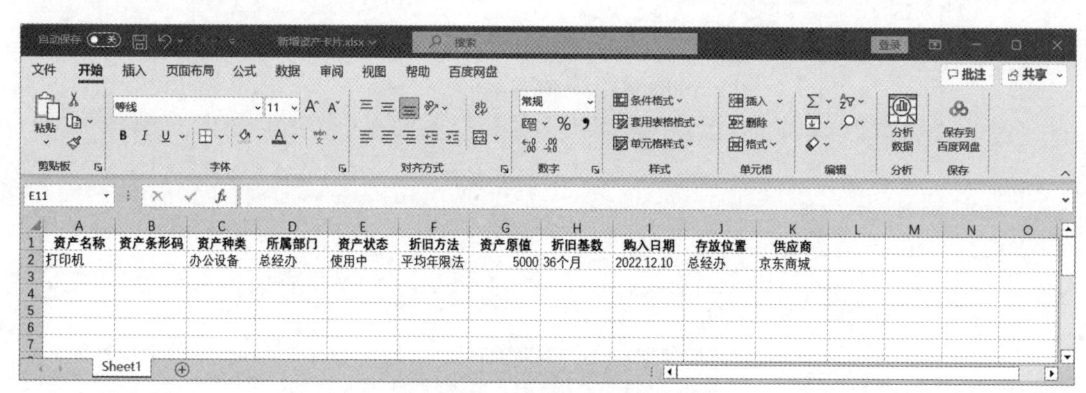

资产名称	资产条形码	资产种类	所属部门	资产状态	折旧方法	资产原值	折旧基数	购入日期	存放位置	供应商
打印机		办公设备	总经办	使用中	平均年限法	5000	36个月	2022.12.10	总经办	京东商城

图 3-110 新增资产卡片 .xlsx

（2）打开 ERP 系统并登录，接着单击菜单栏中的“资产”，在下拉菜单中选择“资产维护”，进入资产维护页面，如图 3-111 所示。

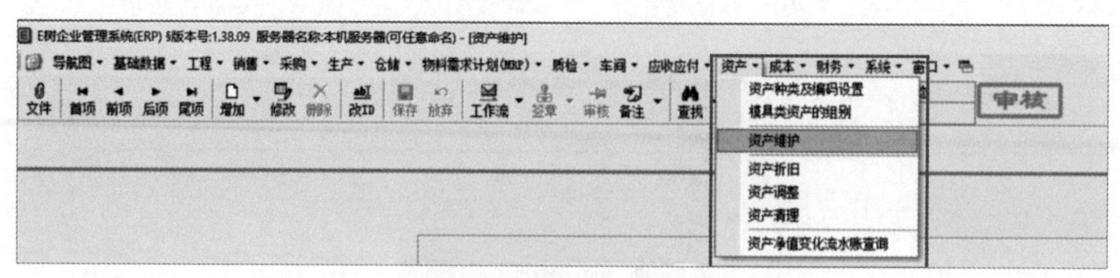

图 3-111 选择“资产维护”

（3）单击“增加”按钮，打开新增资产页面，如图 3-112 所示。

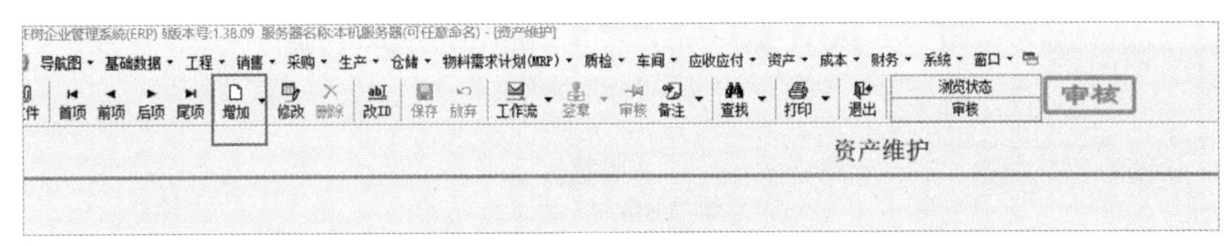

图 3-112　单击“增加”按钮

（4）在新增资产页面，完成资产的信息录入，如图 3-113 所示。

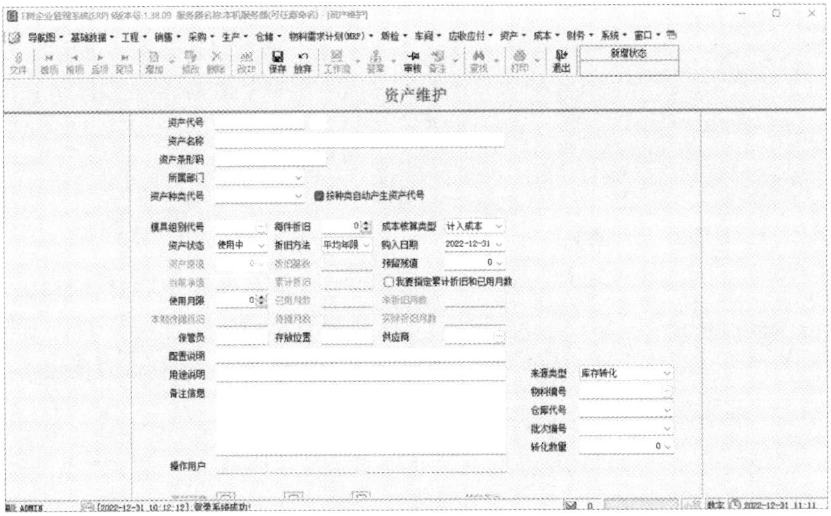

图 3-113　录入资产信息

（5）录入完毕后，单击“保存”按钮，并退出系统。

本案例可参考以下活动来实现：

- 利用 Excel 应用程序相关活动实现固定资产数据的读取；
- 利用用户界面自动化相关活动完成固定资产信息的录入和保存。

本案例的流程设计图如图 3-114 所示。

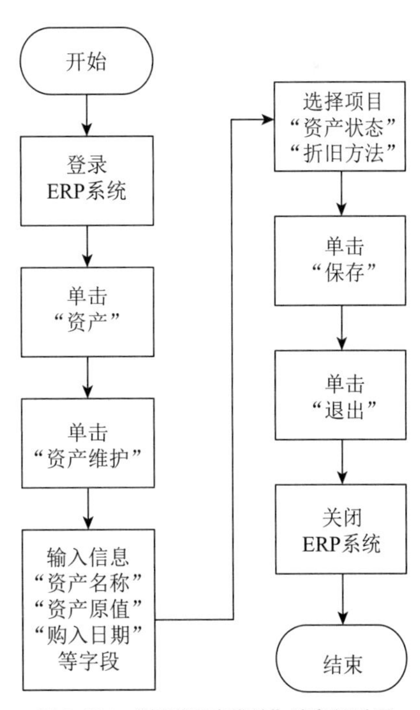

图 3-114　“新增资产维护”流程设计图

3.2.2　BOM 数据维护

当系统内物料层级繁多，同一个物料既具备产品属性也具备物料属性时，BOM 清单维护将耗费大量的人力工作，且容易出错。现开发一个 BOM 数据维护自动化流程，具体需求如下。

（1）登录 ERP 系统后，单击菜单栏中的“基础数据”，在下拉列表中选择“初始批量导入数据→导入（修改）BOM 数”，进入“导入（或修改）BOM 数据”界面，如图 3-115 所示。

（2）在“导入（或修改）BOM 数据”界面右击，在弹出的菜单中选择“导入”，如图 3-116 所示。

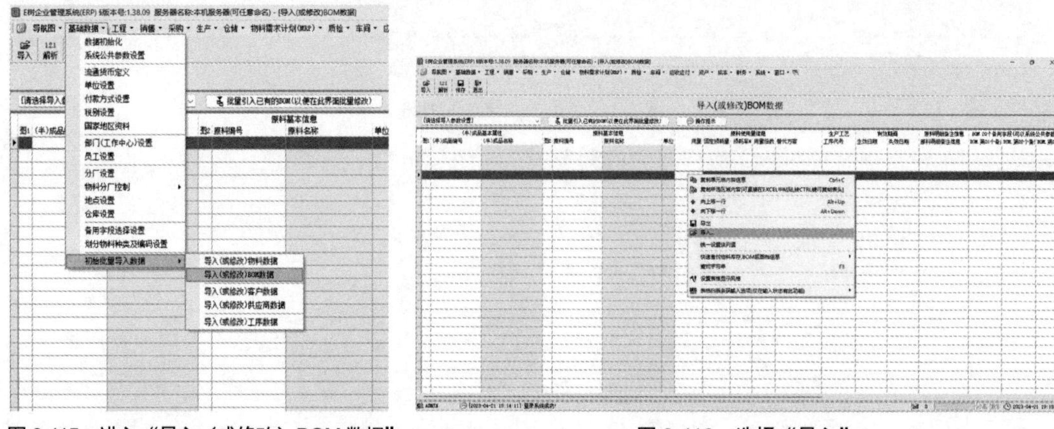

图 3-115　进入“导入（或修改）BOM 数据”

图 3-116　选择“导入”

（3）在“打开”对话框中，选择需导入的 BOM 维护 .xlsx 文件，如图 3-117 所示。BOM 维护 .xlsx 中的具体字段信息如图 3-118 所示。

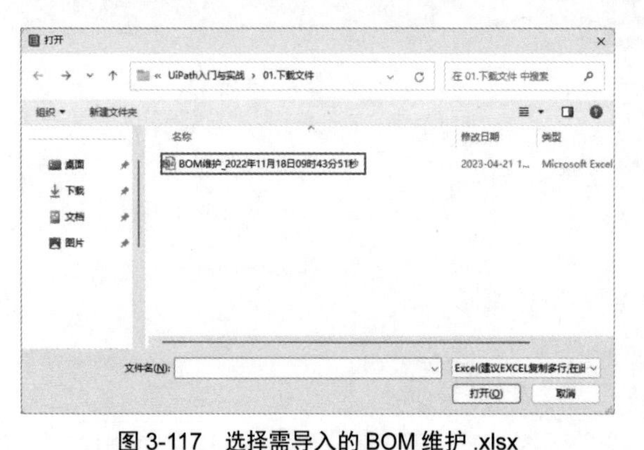

图 3-117　选择需导入的 BOM 维护 .xlsx

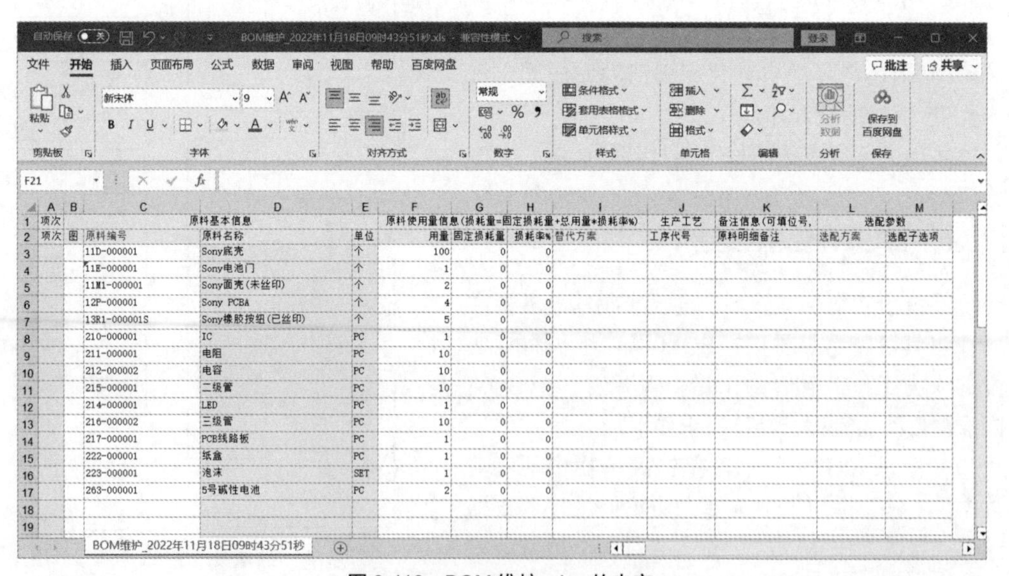

A	B	C	D	E	F	G	H	I	J	K	L	M
项次	原料基本信息				原料使用量信息(损耗量=固定损耗量+总用量*损耗率%)				生产工艺	备注信息(可填位号,	选配参数	
项次	图	原料编号	原料名称	单位	用量	固定损耗量	损耗率%	替代方案	工序代号	原料明细备注	选配方案	选配子选项
		11D-000001	Sony底壳	个	100	0	0					
		11E-000001	Sony电池门	个	1	0	0					
		11M1-000001	Sony面壳(未丝印)	个	2	0	0					
		12P-000001	Sony PCBA	个	4	0	0					
		13R1-000001S	Sony橡胶按纽(已丝印)	个	5	0	0					
		210-000001	IC	PC	1	0	0					
		211-000001	电阻	PC	10	0	0					
		212-000002	电容	PC	10	0	0					
		215-000001	二级管	PC	10	0	0					
		214-000001	LED	PC	1	0	0					
		216-000002	三级管	PC	10	0	0					
		217-000001	PCB线路板	PC	1	0	0					
		222-000001	纸盒	PC	1	0	0					
		223-000001	泡沫	SET	1	0	0					
		263-000001	5号碱性电池	PC	2	0	0					

图 3-118　BOM 维护 .xlsx 的内容

（4）确认导入成功后，退出系统。

本案例可参考以下活动来实现：

- 使用单击图像活动来实现界面元素的选中；
- 使用发送热键来实现相关提交操作。

本案例的流程设计图如图 3-119 所示。

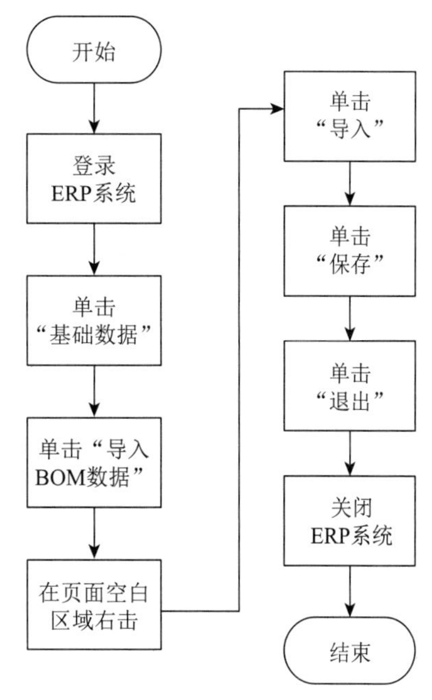

图 3-119　“BOM 数据维护”流程设计图

3.2.3　客户数据维护

在数据初始化过程中，数据量多，人工录入极容易造成数据的遗漏或重复，RPA 擅长处理大量重复且规则性强的工作，ERP 系统中客户数据初始化就是个典型的场景。现将客户数据初始化进行流程自动化，从而可一次性录入上万个客户数据，具体需求如下。

（1）需初始化批量录入的客户信息保存在“客户数据表 .xlsx”文件中，具体如图 3-120 所示，自动化流程需先读取“客户数据表 .xlsx”。

图 3-120　客户数据表

（2）打开 ERP 系统并登录，接着单击菜单栏中的“销售”，在下拉菜单中选择“客户资料维护”，进入客户维护页面，如图 3-121 所示。

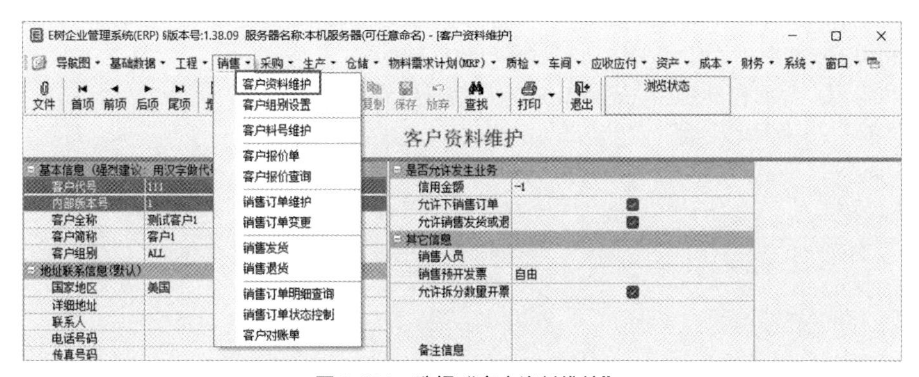

图 3-121　选择“客户资料维护”

（3）单击“增加”按钮，进入新增页面，如图 3-122 所示。

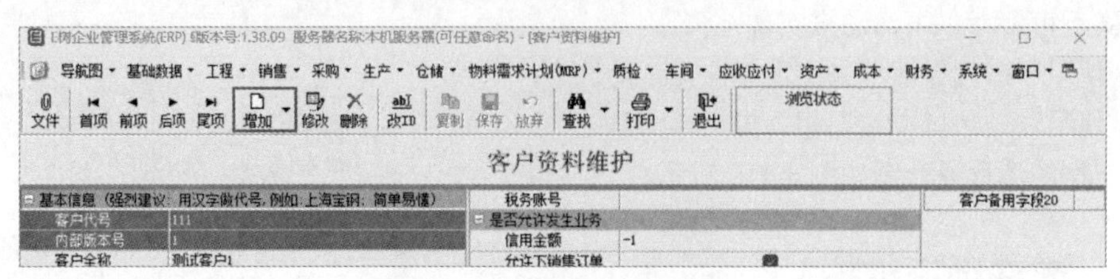

图 3-122　单击“增加”按钮

（4）在客户资料维护界面，完成客户信息的录入和保存，如图 3-123 所示。

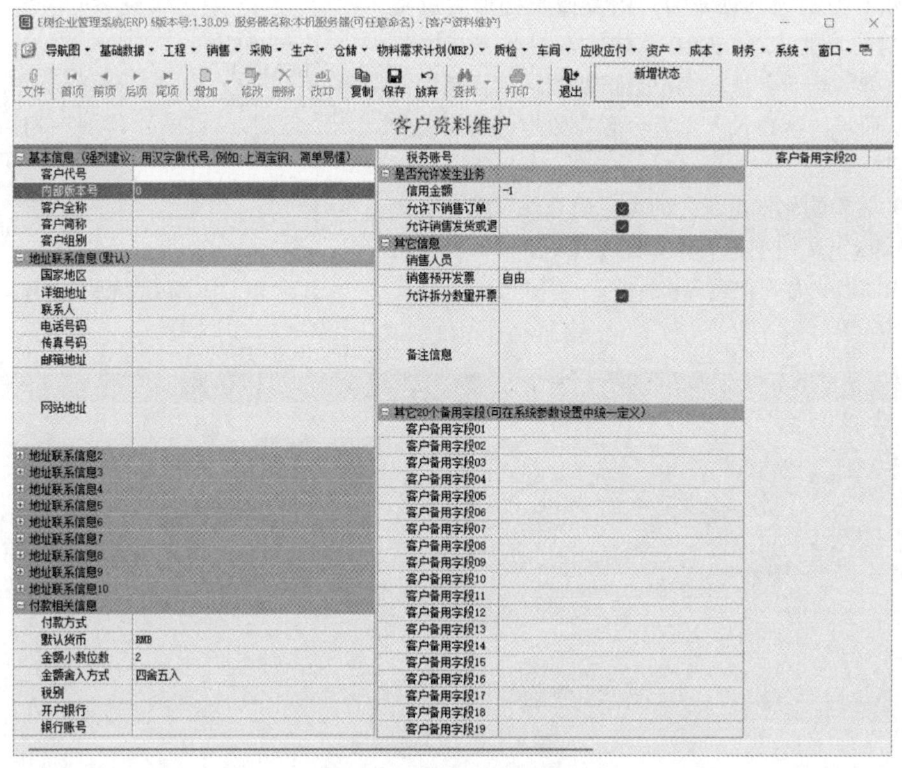

图 3-123　客户资料维护界面

（5）全部录入完成后，单击“退出”按钮退出系统。

本案例可参考以下活动来实现：

- 利用 Excel 应用程序相关活动实现客户数据的读取；
- 利用用户界面自动化相关活动完成客户信息的录入和保存。

第 4 章

RPA 在财务领域的应用

4.1 财务报告分析

在企业经营过程中，上市公司会对公司的财务报告进行公布，股东、债权人、政府和其他相关部门都可以查看。财务报告是反映企业财务状况和经营成果的书面文件，包括资产负债表、利润表、现金流量表、所有者权益变动表及附注等。财务人员及使用财务报告的人员需要对财务报告进行分析，通过分析判断企业财务状况是否良好，企业的经营管理是否健全，企业业务前景是否光明。同时，还可以通过分析，找出企业经营管理的症结，提出解决问题的办法。

财务报告分析是对企业财务报告所提供的数据进行加工、分析、比较、评价和解释。传统的财务报告分析，通过人工在财务报告庞大的数据量中查找相应的财务指标并手动填到财务报告分析计算表格中，效率低下且容易发生错误。而通过机器人对财务报告进行分析，可按照预先设定的规则在财务报告中自动查找对应的财务指标，不仅处理速度快且能保证零失误，能在很大程度上帮助企业减少财务报告分析的工作量，降低失误率，并有助于实现企业的数字化转型。

本章通过具体的实例介绍如何将 PDF 财务报告转化为文本，对财务报告进行取值并填列到财务报告分析计算表格中，最终对财务报告分析计算表格进行判断分析，将分析结果填至财务报告分析表格中。通过本章案例您将学到：

- 遍历循环的使用。
- PDF 组件的使用。
- IF 条件判断分支。
- 程序包的安装。
- Excel 组件的使用。
- 日志消息的使用。

4.1.1 需求分析

三一重工（集团）（股票代码：600031）的主业是装备制造业，主导产品为混凝土机械、挖掘机械、起重机械、筑路机械、桩工机械等全系列产品。由于企业为上市公司，股东、公司管理者和相关人员均需对公司的财务报告内的各项数据进行分析。除此之外，企业还需要对自己所投资的公司以及合作单位的财务报告进行了解和分析。但传统的人工分析，由于数据量大，易出错，导致分析结果不准确或不及时。

针对以上问题，管理部门以及财务人员提出需求——财务报告分析机器人，来协助财务人员完成财务报告分析计算的相关工作。对于各年度的 PDF 财务报告，进行数据的提取和加工，将自动抓取的数据填列至财务报告分析表格中，并对填列的财务报告分析数据结果进行再次的分析判断，将分析结果用文字方式显现在财务报告分析表内，便于股东、领导层和其他人员查看。具体需求如下。

将 PDF 的财务报告（图 4-1）转换为 TXT 格式文本（图 4-2），对文本中的财务数据进行提取。需要提取的财务数据具体有营业收入、净利润、总负债、股东权益和总资产，并将提取出来的财务数据分别填至 Excel 版本的财务报告分析表中。具体请参见图 4-3。

二、财务报表

合并资产负债表

2021 年 12 月 31 日

编制单位：三一重工股份有限公司

单位:千元　币种:人民币

项目	附注	2021 年 12 月 31 日	2020 年 12 月 31 日
流动资产：			
货币资金	七、1	14, 811, 867	12, 823, 943
结算备付金			
拆出资金	七、2	251, 613	22, 078
交易性金融资产	七、3	14, 773, 433	14, 213, 617
衍生金融资产	七、4	550, 165	1, 970, 434
应收票据	七、5	513, 475	252, 626
应收账款	七、6	19, 655, 404	21, 512, 081
应收款项融资	七、7	737, 778	1, 997, 410
预付款项	七、8	748, 026	1, 155, 812
应收保费			
应收分保账款			
应收分保合同准备金			
其他应收款	七、9	2, 173, 069	1, 868, 522
其中：应收利息			
应收股利			
买入返售金融资产			
存货	七、10	18, 462, 609	19, 197, 907
合同资产	七、11	78, 717	
持有待售资产			88, 693

图 4-1　PDF 格式财务报告

二、财务报表
合并资产负债表
2021 年 12 月 31 日
编制单位: 三一重工股份有限公司
单位:千元 币种:人民币
项目 附注 2021 年 12 月 31 日 2020 年 12 月 31 日
流动资产:
货币资金 七、1 14,811,867 12,823,943
结算备付金
拆出资金 七、2 251,613 22,078
交易性金融资产 七、3 14,773,433 14,213,617
衍生金融资产 七、4 550,165 1,970,434
应收票据 七、5 513,475 252,626
应收账款 七、6 19,655,404 21,512,081
应收款项融资 七、7 737,778 1,997,410
预付款项 七、8 748,026 1,155,812
应收保费
应收分保账款
应收分保合同准备金
其他应收款 七、9 2,173,069 1,868,522
其中: 应收利息

图 4-2　TXT 格式财务报告

三一重工（集团）财务报告分析　　单位：元

项目	2017	2018	2019	2020	2021
营业收入	38,335,087.00	55,821,504.00	75,665,760.00	100,054,283.00	106,873,394.00
净利润	2,227,085.00	6,303,487.00	11,494,448.00	15,860,689.00	12,325,681.00
总负债	31,864,509.00	41,272,610.00	45,014,553.00	68,066,796.00	73,461,411.00
股东权益	26,373,181.00	32,502,113.00	45,526,745.00	58,187,752	29,481,515
总资产	58,237,690.00	73,774,723.00	90,541,298.00	126,254,548.00	138,556,543.00
营业收入增长率		31.00%	26.00%	24.00%	6.00%
营业净利率	5.81%	11.29%	15.19%	15.85%	11.53%
总资产周转次数	0.66	0.76	0.84	0.79	0.77
权益乘数	220.82%	226.98%	198.87%	216.98%	469.98%
权益净利率	8.00%	19.00%	25.00%	27.00%	42.00%

图 4-3　财务报告分析表

对填入财务报告分析表中的数据进行判断和分析，将分析的结果通过文字方式显示在发展能力分析表（图 4-4）中。

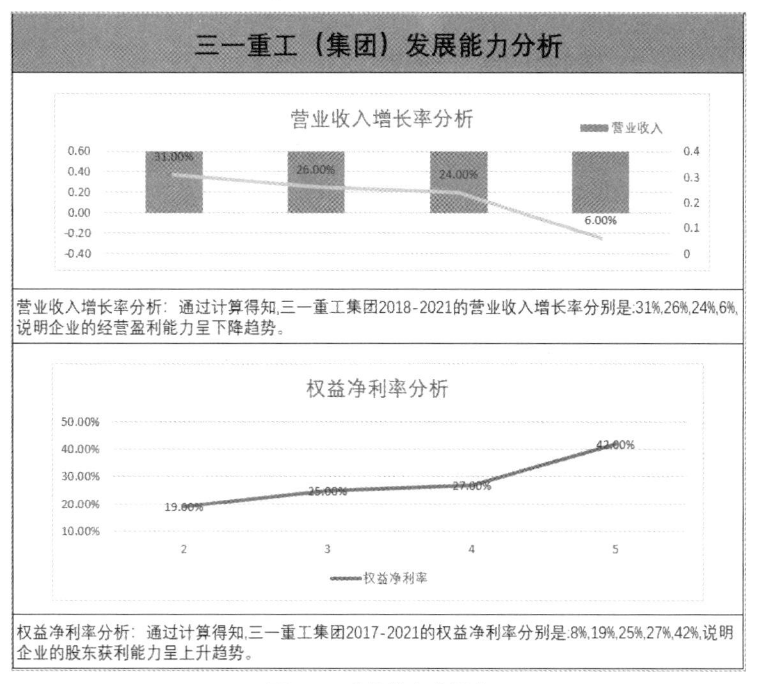

图 4-4 发展能力分析表

4.1.2 流程详细设计

根据需求分析，财务报告分析机器人的流程设计如图 4-5 所示。

财务报告分析机器人各功能模块的详细设计如下。

1）获取文件路径：获取财务报告文件路径，赋值给数组变量“arr_PDFfilename”。

2）循环读取 PDF 文件：遍历变量“arr_PDFfilename”中的文件，对 PDF 文件进行读取，读取完成后存储至变量“str_content”中，并将其写入文本文件中，便于后续步骤中财务指标的获取和分析。

（1）获取报告年份：便于在输出的结果中显示对应报告的年份。

（2）定位财务报表：将财务报表定位出来，保障获取财务指标数据的正确性。

（3）获取各项财务指标：将各项财务指标存储在对应的变量中，如表 4-1 所示。

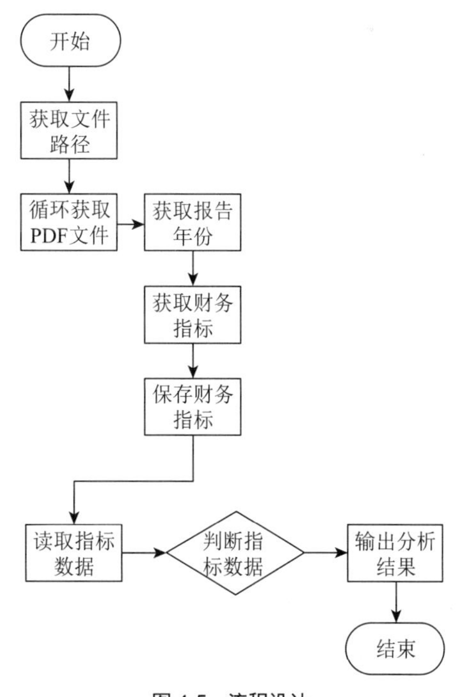

图 4-5 流程设计

表 4-1　财务指标变量表

序　号	财务指标项目	变 量 名 称
1	营业收入指标	str_income
2	净利润指标	str_liability
3	总负债指标	str_profit
4	股东权益指标	str_rights
5	总资产指标	str_asset

（4）保存指标数据：将上面的步骤提取出来的财务指标写入财务报告分析 Excel 文件中相应的单元格中。

3）读取指标数据。读取财务报告分析 Excel 表格中自动生成的增长率数据并存储在对应的变量中，如表 4-2 所示。

表 4-2　增长率指标变量表

序　号	财务指标项目	变 量 名 称
1	2018 年增长率	C8
2	2019 年增长率	D8
3	2020 年增长率	E8
4	2021 年增长率	F8

4）判断增长率指标数据。对读取的财务指标进行判断，当判断之后年份的财务数据比之前年份的财务数据高时，趋势为上升趋势；如果之后年份的财务数据比之前年份的财务数据低时，趋势为下降趋势。

5）获取并输出分析结果。根据对增长率指标数据的判断进行分析，将分析结果写入财务报告分析 Excel 表格的发展能力分析板块中。将读取的权益净利率数据存储在对应的变量中，如表 4-3 所示。

表 4-3　权益净利率指标变量表

序　号	财务指标项目	变 量 名 称
1	2017 年权益净利率	B12
2	2018 年权益净利率	C12
3	2019 年权益净利率	D12
4	2020 年权益净利率	E12
5	2021 年权益净利率	F12

以上是财务报告分析流程的详细设计，后续的流程开发将按照本节思想进行实现。

4.1.3　系统开发必备

1. 开发环境及工具

本项目的开发及运行环境如下：

- 操作系统：Windows 7、Windows 10、Windows 11。
- 开发工具：UiPath 2022.4.4。
- Office 软件：Microsoft Office 2016/2019/2021。

2. 项目文件结构

财务报告分析机器人的项目文件结构如图 4-6 所示。

（1）“三一重工财务报告”文件夹：用于存放流程执行需要的 2017、2018、2019、2020 和 2021 年财务报告 PDF 文件。

（2）Main.xaml：主流程文件，是流程启动的入口。

（3）PDF 文本文件 .txt：用于存放循环读取 PDF 文件时输出的财务报告文本文件。

（4）三一重工（集团）财务报告分析 .xlsx：用于将财务指标写入该 Excel 文件中，并根据写入的指标自动更新各项增长率指标及图表。

3. 开发前准备

（1）下载“三一重工财务报告”文件夹。

（2）下载财务报告分析 Excel 文件，清空表格中 B3 单元格至 F7 单元格中的数据，如图 4-7 所示。

图 4-6　项目文件结构

三一重工（集团）财务报告分析					单位：元
项目	2017	2018	2019	2020	2021
营业收入					
净利润					
总负债					
股东权益					
总资产					

图 4-7　清空财务报告分析表格中的部分数据

完成上述准备工作后，接下来便开始“财务报告分析机器人”的流程开发工作。

4.1.4　财务报告分析机器人的实现

1. 创建项目

（1）单击“开始”，在“新建项目”中单击“流程”，如图 4-8 所示。

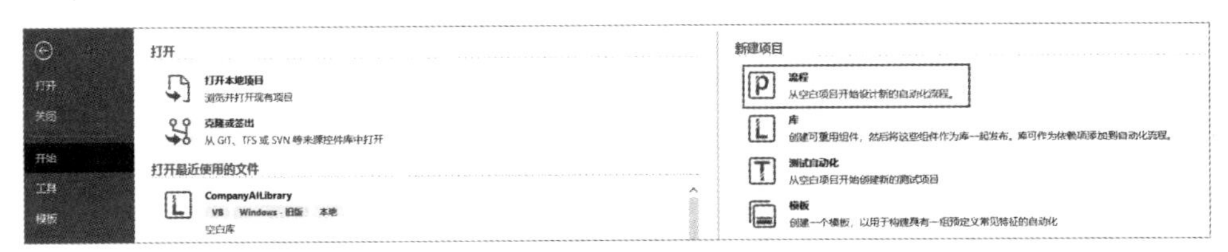

图 4-8　新建流程

（2）在弹出的“新建空白流程”对话框中输入名称、位置，如图 4-9 所示，单击“创建”按钮。

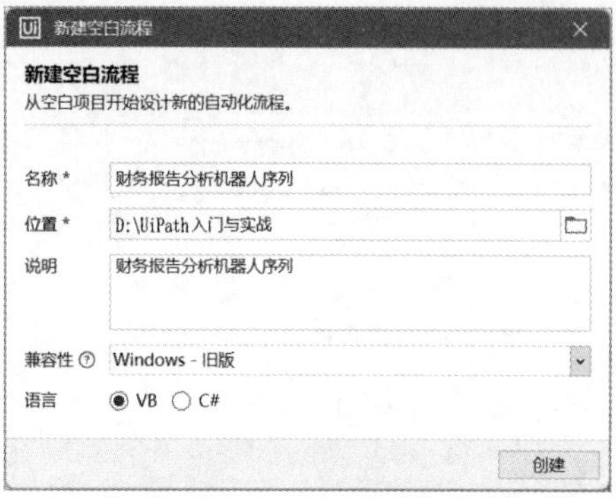

图 4-9　流程命名

名称：财务报告分析机器人序列。

位置：D:\UiPath 入门与实战。

2. PDF 程序包安装

本案例中，我们需要通过对 PDF 文件的读取来获取财务指标，再写入 Excel 文件中。由于 UipathStudio 默认的项目依赖项里没有 PDF 文件相关的程序包，无法完成对 PDF 文件的读取工作，所以需要手动添加依赖项 UiPath.PDF.Activities。

（1）单击工具栏的“管理程序包”，如图 4-10 所示。

图 4-10　管理程序包

（2）在“管理包”对话框中，单击“正式”选项卡，在查询栏中输入“UiPath.PDF.Activities”，查询获得该组件后用鼠标左键选中该组件，在右侧面板中单击“安装”按钮，最后单击“保存”按钮，如图 4-11 所示。

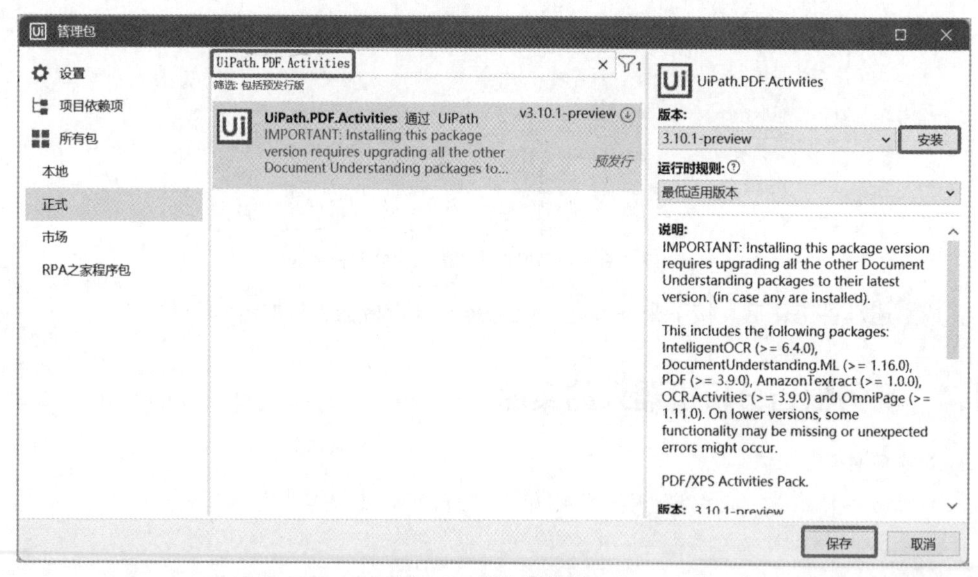

图 4-11　添加依赖项

（3）安装完成后对话框自动关闭，在“项目→依赖项”中可看到 UiPath.PDF.Activities 已被添加进项目，如图 4-12 所示。

3. 设置根目录文件

将提前准备的“三一重工财务报告”文件夹存放至项目的根目录文件中，将提前准备的财务报告分析 Excel 文件存放至项目的根目录文件中，如图 4-13 所示。

至此，流程需要的所有文件已经准备完成了，下面便开始进行流程的设计。财务报告分析机器人的流程设计如图 4-14 所示，实现步骤如下。

图 4-12 依赖项已被添加

图 4-13 设置根目录文件

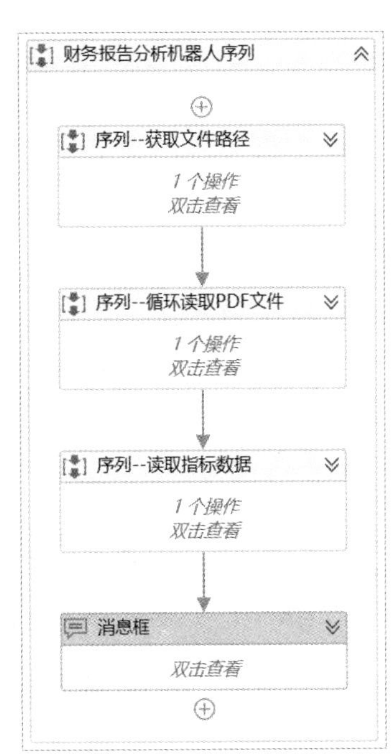

图 4-14 流程设计图

4. 获取文件路径

（1）单击“打开主工作流”，打开 Main.xaml，如图 4-15 所示。

（2）在设计区域，添加“序列”活动，在属性面板设置显示名称为：序列 -- 获取文件路径，如图 4-16 所示。

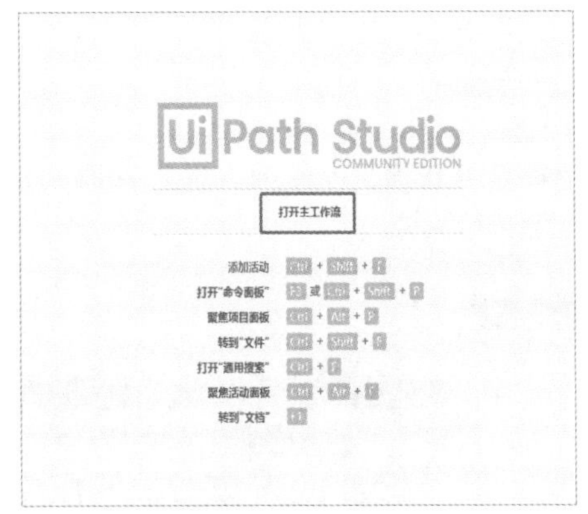

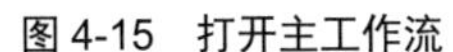

图 4-15 打开主工作流

图 4-16 “序列 -- 获取文件路径”活动及其属性面板

（3）在序列中添加一个“分配”活动，在属性面板设置显示名称为：分配 -- 获取文件路径，如图 4-17 所示。

如图 4-18 所示，在左侧输入框中直接右击在弹出的菜单中选择“创建变量”，来创建一个变量“arr_PDFfilename”，在右侧输入框中输入表达式：Directory.getfiles(" 三一重工财务报告 ")，其中，" 三一重工财务报告 " 是存放财务报告的路径。

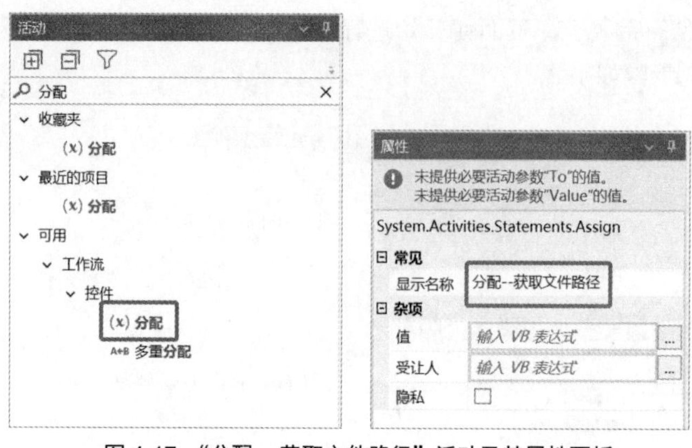

图 4-17 “分配 -- 获取文件路径”活动及其属性面板

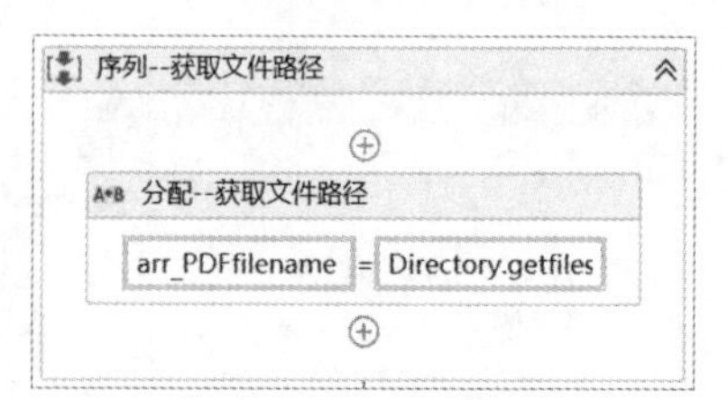

图 4-18 输入值

属性面板中的配置如表 4-4 所示。

表 4-4 属性面板配置

活动显示名称	受 让 人	值
分配 -- 获取文件路径	arr_PDFfilename	Directory.getfiles(" 三一重工财务报告 ")

设置变量“arr_PDFfilename”的类型为 Array of <String>（图 4-19），变量面板中的配置如图 4-20 所示。

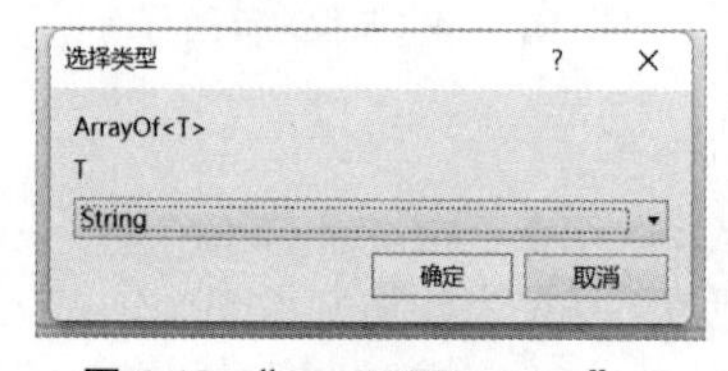

图 4-19 “arr_PDFfilename”变量类型

图 4-20 设置变量“arr_PDFfilename”

5. 循环读取 PDF 文件

循环读取 PDF 文件流程如图 4-21 所示，实现步骤如下。

（1）在设计区域添加“序列”活动，在属性面板设置显示名称为：序列 -- 循环读取 PDF 文件，如图 4-22 所示。

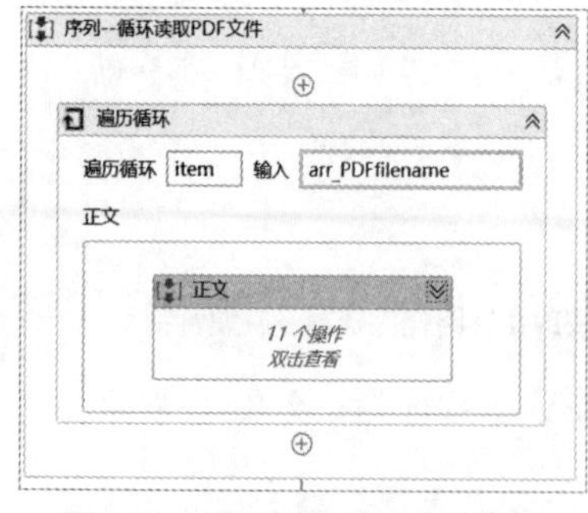

图 4-21 循环读取 PDF 文件流程

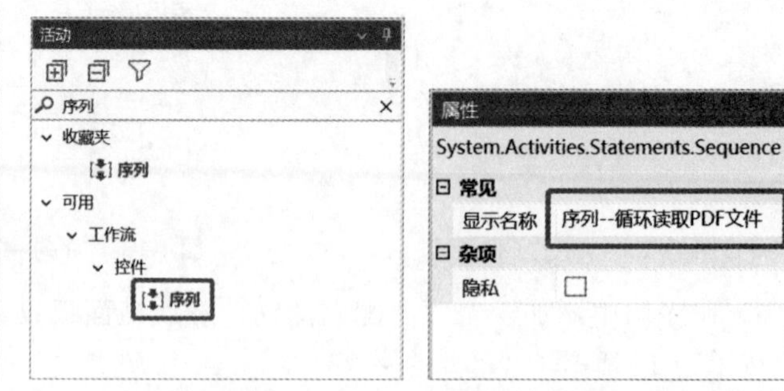

图 4-22 “序列 -- 循环读取 PDF 文件”活动及其属性面板

（2）查找“遍历循环”活动，将其拖入设计面板的“序列 -- 循环读取 PDF 文件”中，在属性面板中，将“杂项→ TypeArgument”设置为“String”，“杂项→值”设置为变量“arr_PDFfilename”，如图 4-23 所示。

图 4-23 “遍历循环”活动及其属性面板

（3）在“遍历循环”的正文中添加“读取 PDF 文本”活动，在属性面板设置显示名称为：读取 PDF 文本 --PDF 文件转换 TXT 文件。在属性面板中，将“文件→文件名”设置为“Item”，在“输出→文本”处创建一个变量“str_content”，如图 4-24 所示。

（4）查找“写入文本文件”活动，将其拖入“遍历循环”的正文中。在属性面板中，将“文件→文件名”设置为“"PDF 文本文件 .txt"”，将“输入→文本”“设置为变量“str_content”，如图 4-25 所示。

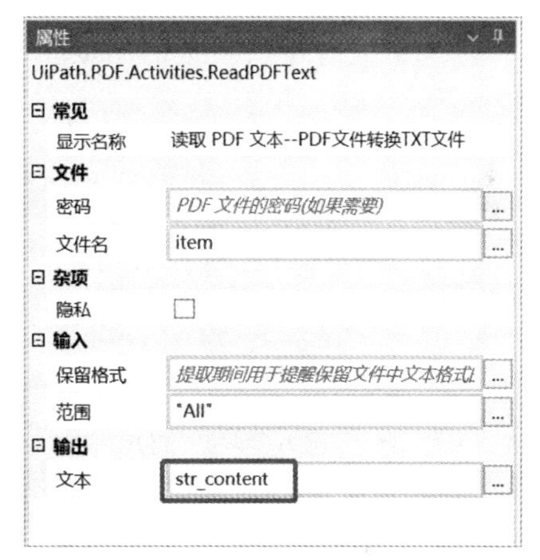

图 4-24 “读取 PDF 文本 --PDF 文件转换 TXT 文件”的属性面板

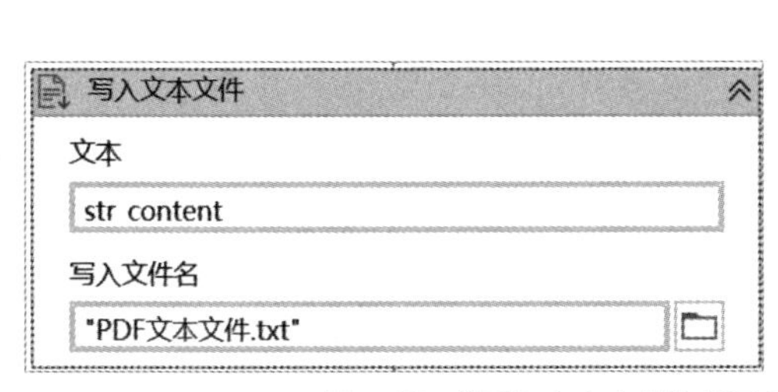

图 4-25 “写入文本文件”活动及其属性面板

6. 获取报告年份

（1）在“遍历循环”的正文中添加“序列”活动，在属性面板设置显示名称为：序列 - 获取报告年份。在序列中拖入两个“分配”活动，在左侧输入框中，分别创建变量“str_year”和“int_year”。在右侧输入框中分别输入表达式：item.Substring(13,4) 和 int32.Parse(str_year)，如图 4-26 所示。

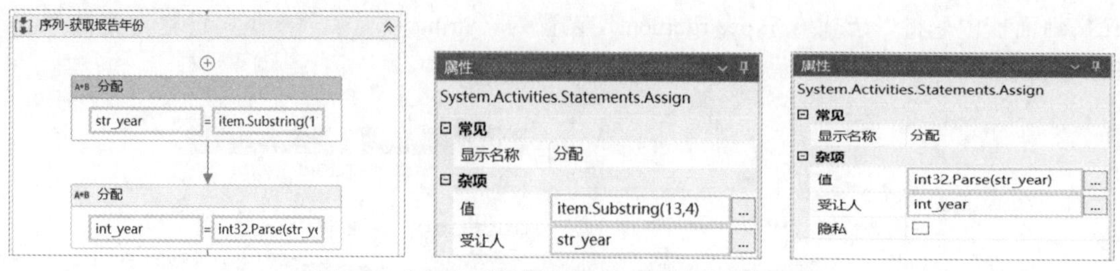

图 4-26 “序列 - 获取报告年份”活动及其属性面板

（2）在两个“分配”活动的下方拖入一个“日志消息”活动，消息的值输入："开始输出"+int_year.ToString+"年财务指标"，如图 4-27 所示。

7. 获取财务指标

（1）在“遍历循环”的正文中添加“序列”活动，在属性面板设置显示名称为：序列 -- 定位财务报表。在序列中拖入“分配”活动，在左侧输入框中，创建变量“str_repord”，在右侧输入框中输入表达式：Split(str_content，"二、财务报表")(1)，如图 4-28 所示。

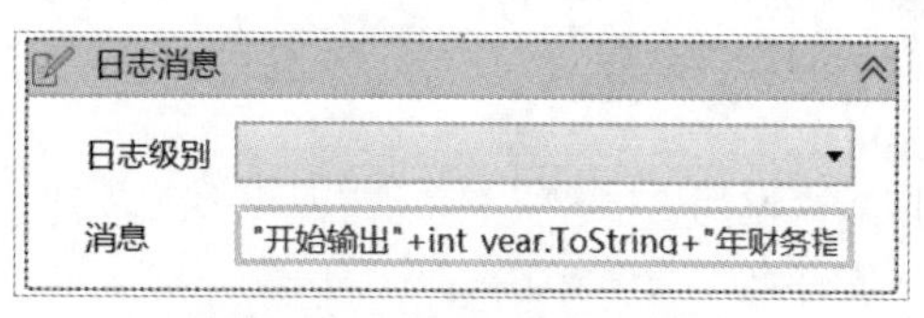

图 4-27 “日志消息”活动

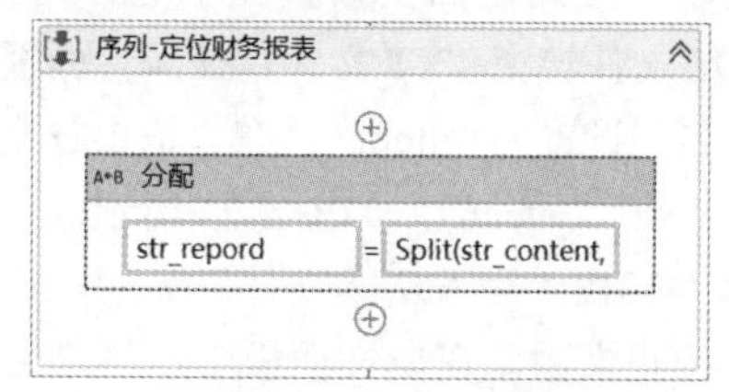

图 4-28 “序列 -- 定位财务报表”活动

（2）在“遍历循环”的正文中添加“序列”活动，在属性面板设置显示名称为：序列 -- 获取营业收入指标。在序列中拖入“分配”活动，在左侧输入框中，创建变量“str_income”，在右侧输入框中输入表达式：Split(Split(str_repord,"合并利润表")(1) ,"营业总收入")(1)，如图 4-29 所示。

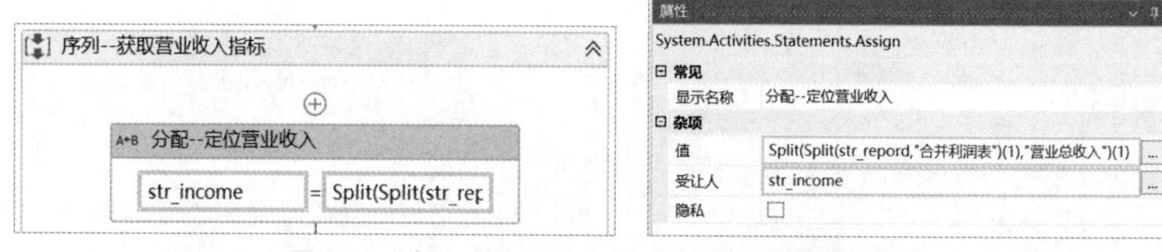

图 4-29 “序列 -- 获取营业收入指标”活动及其属性面板

再拖入一个“分配”活动，在左侧输入框中设置变量“str_income”，在右侧输入框中输入表达式：Split(str_income.trim," ")(0)，如图 4-30 所示。

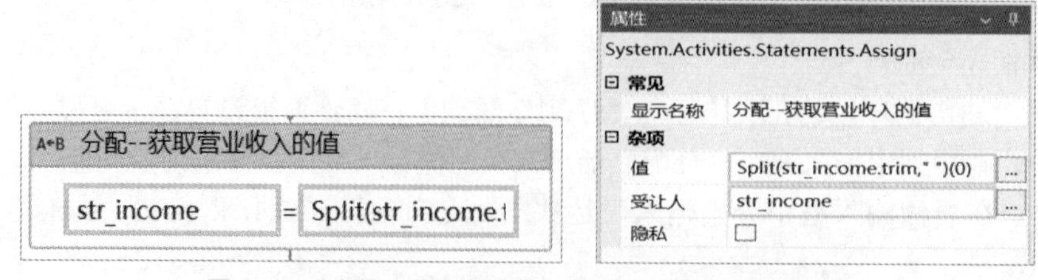

图 4-30 “分配 -- 获取营业收入的值”活动及其属性面板

在两个“分配”活动的下方拖入一个“日志消息”活动，消息的值输入：" 营业收入 "+str_income。

序列整体效果如图 4-31 所示。

（3）在“遍历循环”的正文中添加“序列”活动，在属性面板设置显示名称为：序列 -- 获取净利润指标。在序列中拖入“分配”活动，在左侧输入框中，创建一个变量“str_liability”，在右侧输入框中输入表达式：Split(Split(str_repord," 合并利润表 ")(1)," 净利润 ")(1)，如图 4-32 所示。

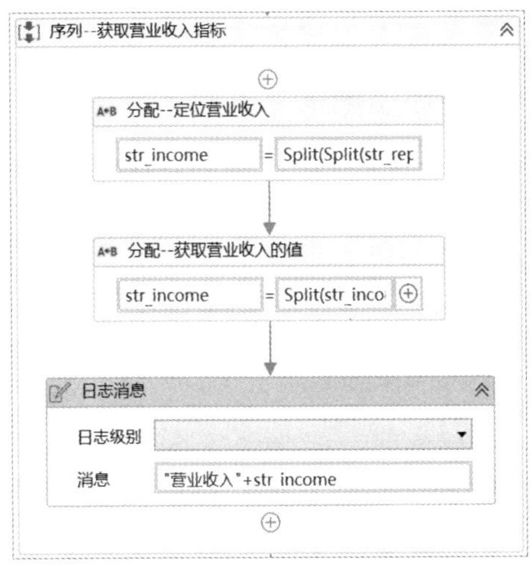

图 4-31　“序列 -- 获取营业收入指标”整体效果

图 4-32　“序列 -- 获取净利润指标”活动及其属性面板

再拖入一个“分配”活动，在左侧输入框中设置变量“str_liability”，在右侧输入框中输入表达式：Split(split(str_liability," 号填列)")(1).Trim," ")(0)，如图 4-33 所示。

在两个“分配”活动的下方拖入一个“日志消息”活动，消息的值输入：" 净利润 "+str_liability。

序列整体效果如图 4-34 所示。

图 4-33　“分配 -- 获取净利润的值”活动及其属性面板

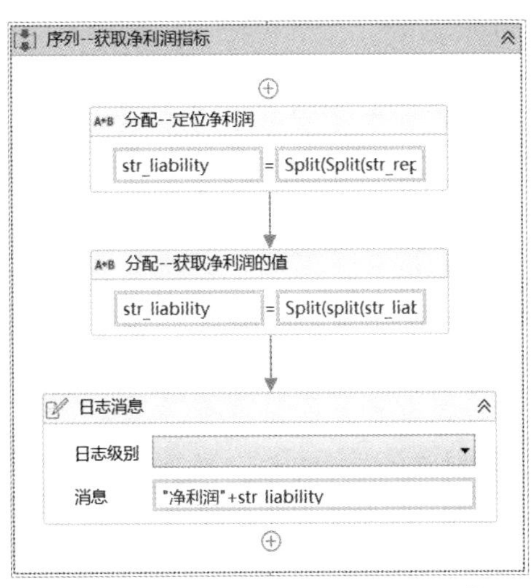

图 4-34　“序列 -- 获取净利润指标”整体效果

（4）在“遍历循环”的正文中添加“序列”活动，在属性面板设置显示名称为：序列 -- 获取总负债指标。在序列中拖入“分配”活动，在左侧输入框中创建一个变量“str_profit”，在右侧输入框中输入表达式：Split（Split(str_repord," 合并资产负债表 ")(1)," 非流动负债合计 ")(1)，如图 4-35 所示。

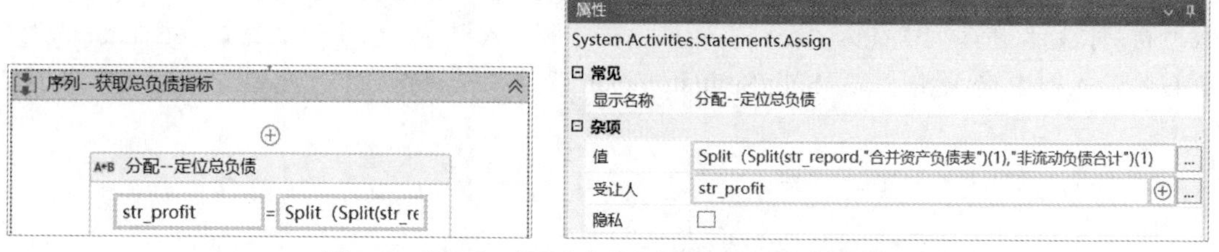

图 4-35 “序列 -- 获取总负债指标”活动及其属性面板

再拖入一个“分配”活动，在左侧输入框中设置变量“str_profit”，在右侧输入框中输入表达式：Split(Split(str_profit," 负债合计 ")(1).Trim,"")(0)，如图 4-36 所示。

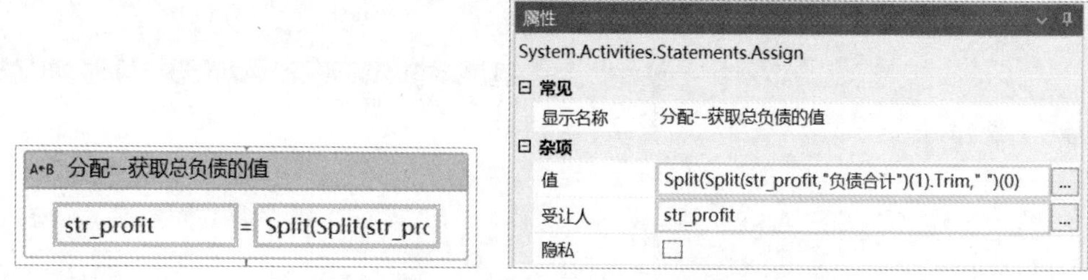

图 4-36 “分配 -- 获取总负债的值”活动及其属性面板

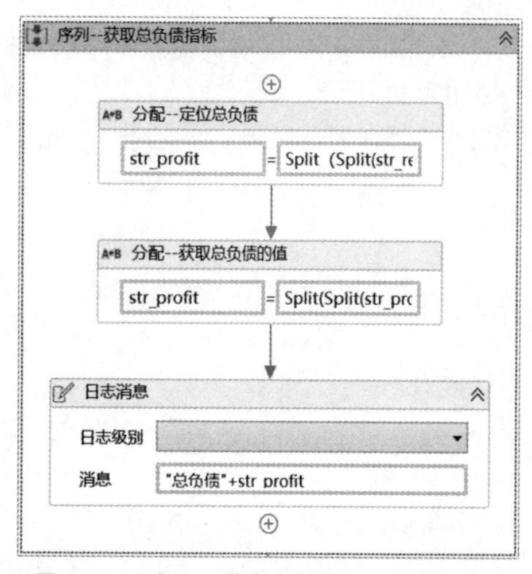

图 4-37 “序列 -- 获取总负债指标”整体效果

在两个“分配”活动的下方拖入一个“日志消息”活动，消息的值输入：" 总负债 "+str_profit。

序列整体效果如图 4-37 所示。

（5）在“遍历循环”的正文中添加“序列”活动，在属性面板设置显示名称为：序列 -- 获取股东权益指标。在序列中拖入“分配”活动，在左侧输入框中，创建一个变量“str_Rights”，在右侧输入框中输入表达式：Split(Split(str_repord," 合并资产负债表 ")(1)," 少数股东权益 ")(1)，如图 4-38 所示。

再拖入一个“分配”活动，在左侧输入框中设置变量“str_Rights”，在右侧输入框中输入表达式：split（Split(str_Rights," 合计 ")(1).Trim," "）(0)，如图 4-39 所示。

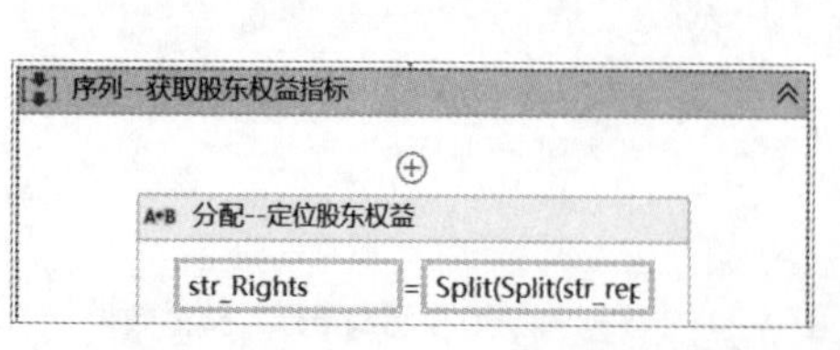

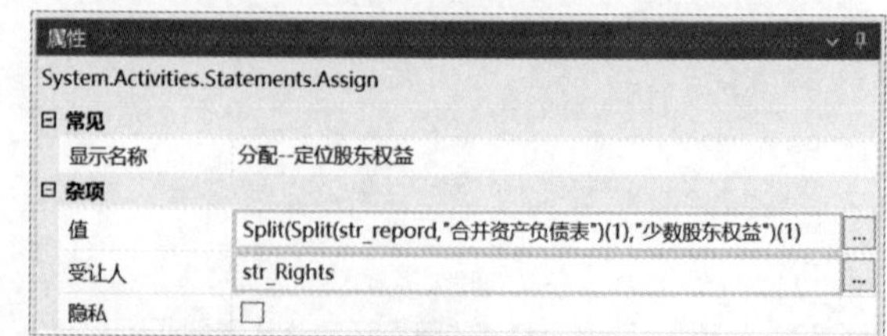

图 4-38 “分配 -- 定位股东权益”活动及其属性面板

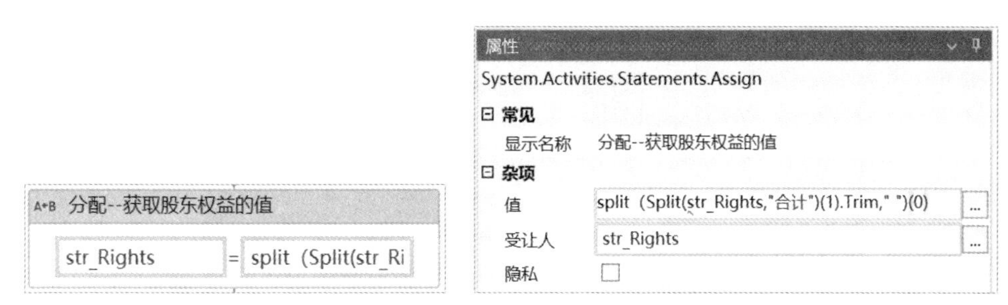

图 4-39　“分配 -- 获取股东权益的值”活动及其属性面板

在两个“分配”活动的下方拖入一个“日志消息”活动，消息的值输入："股东权益"+str_Rights。

序列整体效果如图 4-40 所示。

（6）在“遍历循环”的正文中添加“序列”活动，在属性面板设置显示名称为：序列 -- 获取总资产指标。在序列中拖入“分配”活动，在左侧输入框中，创建一个变量“str_asset”，在右侧输入框中输入表达式：Split(Split(str_repord,"合并资产负债表")(1),"资产总计")(1)，如图 4-41 所示。

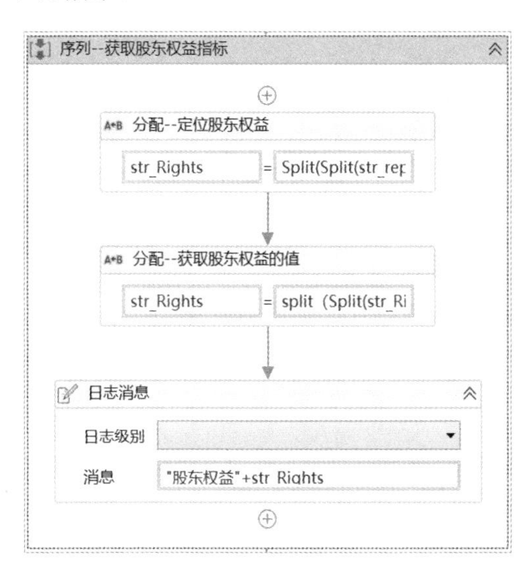

图 4-40　“序列 -- 获取股东权益”指标整体效果

图 4-41　“分配 -- 定位总资产”活动及其属性面板

再拖入一个“分配”活动，在左侧输入框中设置变量“str_asset”，在右侧输入框中输入表达式：split(str_asset.trim," ")(0)，如图 4-42 所示。

在两个“分配”活动的下方拖入一个“日志消息”活动，消息的值输入："总资产"+str_asset。

序列整体效果如图 4-43 所示。

8. 保存财务指标

（1）在“遍历循环”的正文中添加“Excel 应用程序范围”活动，在属性面板设置显示名称为：Excel 应用程序范围 -- 保存指标数据，将“文件→工作簿路径”设置为“"三一重工（集团）财务报告分析 .xlsx"”，如图 4-44 所示。

（2）在变量面板创建变量“int_index”，设置变量类型为“Int32”，“范围”选择“财务报告分析机器人序列”“默认值”设置为 66。

图 4-42 “分配 -- 获取总资产的值”活动及其属性面板

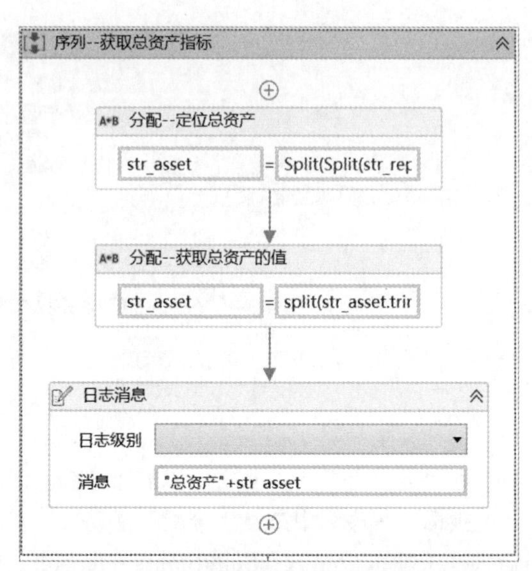

图 4-43 “序列 -- 获取总资产指标”整体效果

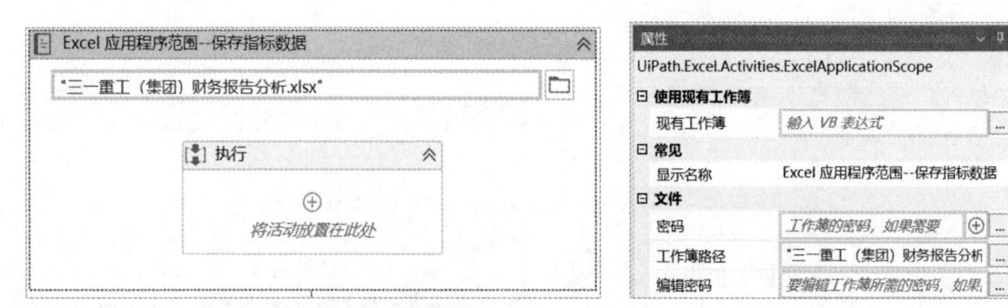

图 4-44 “Excel 应用程序范围 -- 保存指标数据”活动及其属性面板

名称	变量类型	范围	默认值
int_index	Int32	财务报告分析机器人序列	66

图 4-45 设置变量“int_index”

（3）在活动面板搜索“写入单元格”活动，将“应用程序集成→ Excel →写入单元格”拖曳至“Excel 应用程序范围”活动的执行中，在属性面板设置“显示名称”为“写入单元格 -- 写入营业收入”，将“目标→工作表名称”设置为“"Sheet1"”，在“目标→范围”输入表达式：chr(int_index)+"3"，“将输入→值”设置变量“str_income”，如图 4-46 所示。chr 函数的作用是返回与指定的 ANSI 字符代码相对应的字符，int_index 默认值为 66，chr(int_index) 表示 chr(66) 返回结果为字母“B”。

（4）再拖曳一个“写入单元格”活动至执行中，在属性面板设置显示名称为“写入单元格 -- 写入净利润”，将“目标→工作表名称”设置为“Sheet1”，在“目标→范围”中输入表达式：chr(int_index)+"4"，在“输入→值”处设置变量“str_liability”，如图 4-47 所示。

（5）再拖曳一个“写入单元格”活动至执行中，在属性面板设置显示名称为“写入单元格 -- 写入总负债”，将“目标→工作表名称”设置为“"Sheet1"”，在“目标→范围”处输入表达式：chr(int_index)+"5"，在“输入→值”设置变量“str_profit”，如图 4-48 所示。

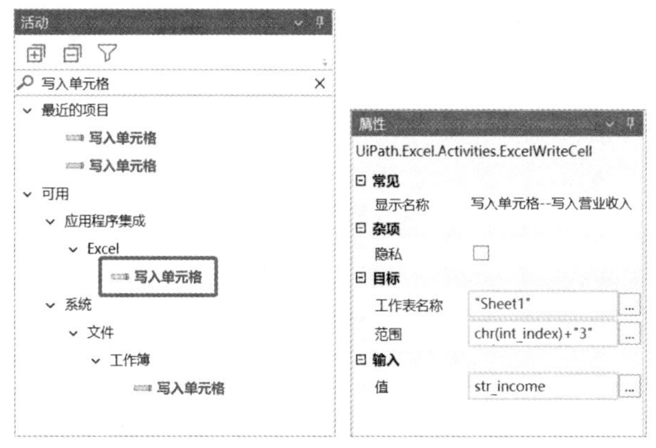

图 4-46 “写入单元格 -- 写入营业收入”活动及其属性面板

图 4-47 “写入单元格 -- 写入净利润”活动及其属性面板

图 4-48 “写入单元格 -- 写入总负债”活动及其属性面板

（6）再拖曳一个“写入单元格”活动至执行中，在属性面板设置显示名称为“写入单元格 -- 写入股东权益”，将“目标→工作表名称”设置为“"Sheet1"”，在“目标→范围”处输入表达式：chr(int_index)+"6"，在“输入→值”设置变量“str_Rights”，如图 4-49 所示。

（7）继续拖曳一个“写入单元格”活动至执行中，在属性面板设置显示名称为“写入单元格 -- 写入总资产”，将“目标→工作表名称”设置为“"Sheet1"”，在“目标→范围”处输入表达式：chr(int_index)+"7"，在“输入→值”处设置变量“str_asset”，如图 4-50 所示。

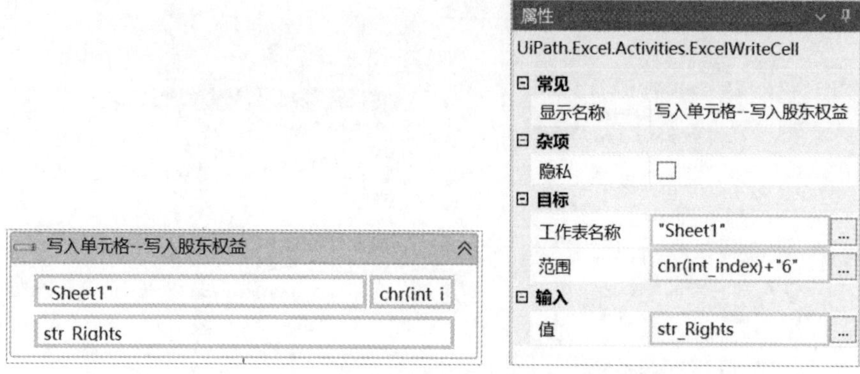

图 4-49 “写入单元格 -- 写入股东权益”活动及其属性面板

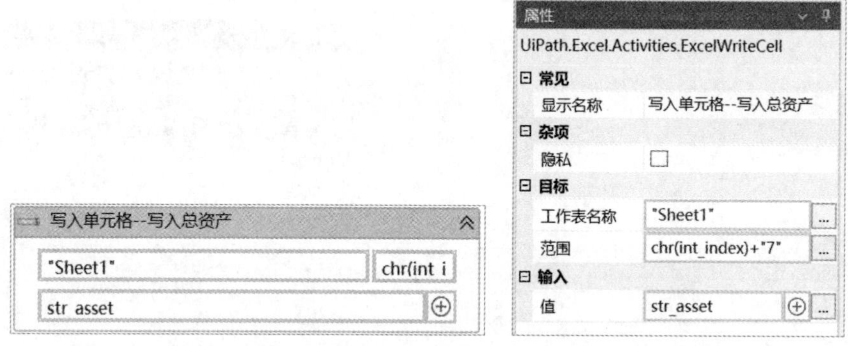

图 4-50 “写入单元格 -- 写入总资产”活动及其属性面板

（8）单击“Excel 应用程序范围”活动右上角的折叠标识将活动进行折叠，在活动下方添加“分配”活动，在属性面板设置显示名称为“分配 -- 填入列递增”，将“杂项→受让人”设置为“int_index”变量，在“杂项→值”处输入表达式：int_index+1，如图 4-51 所示。

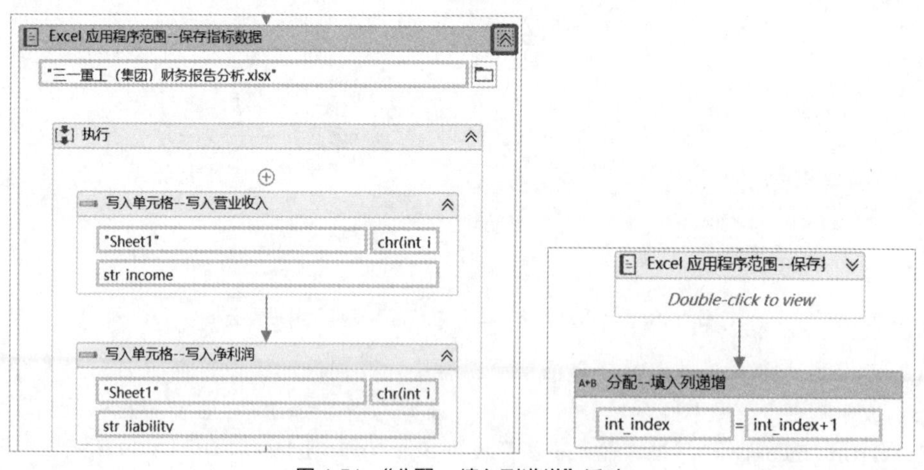

图 4-51 “分配 -- 填入列递增”活动

9. 读取指标数据

（1）在活动面板搜索“序列”活动，并将其拖曳至“序列 -- 循环读取 PDF 文件”的下方，在属性面板设置显示名称为：序列 -- 读取指标数据，如图 4-52 所示。

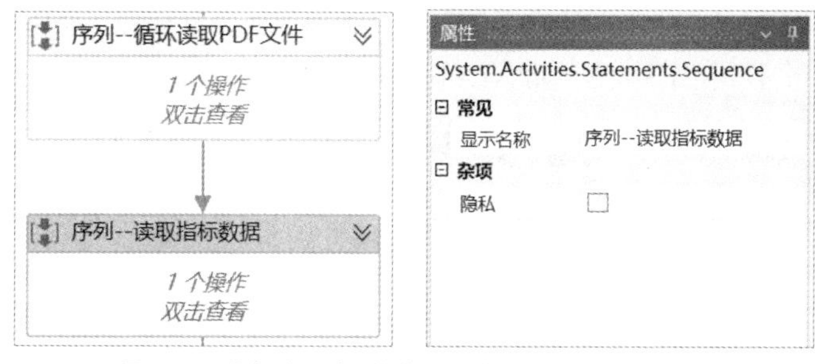

图 4-52　“序列 -- 读取指标数据”活动及其属性面板

（2）在活动面板搜索“Excel 应用程序范围”活动并拖曳至“序列 -- 读取指标数据”中，在属性面板设置显示名称为：Excel 应用程序范围 -- 读取数据指标，将“文件→工作簿路径”设置为“" 三一重工（集团）财务报告分析 .xlsx"”，如图 4-53 所示。

图 4-53　“Excel 应用程序范围 -- 读取数据指标”活动及其属性面板

（3）在活动面板搜索“读取单元格”活动，拖曳 4 个“应用程序集成→ Excel →读取单元格”活动至执行面板中，将“输入→工作表名称”均设置为“"Sheet1"”，在“输入→单元格”中分别输入："C8"、"D8"、"E8" 和 "F8"，如图 4-54 所示。

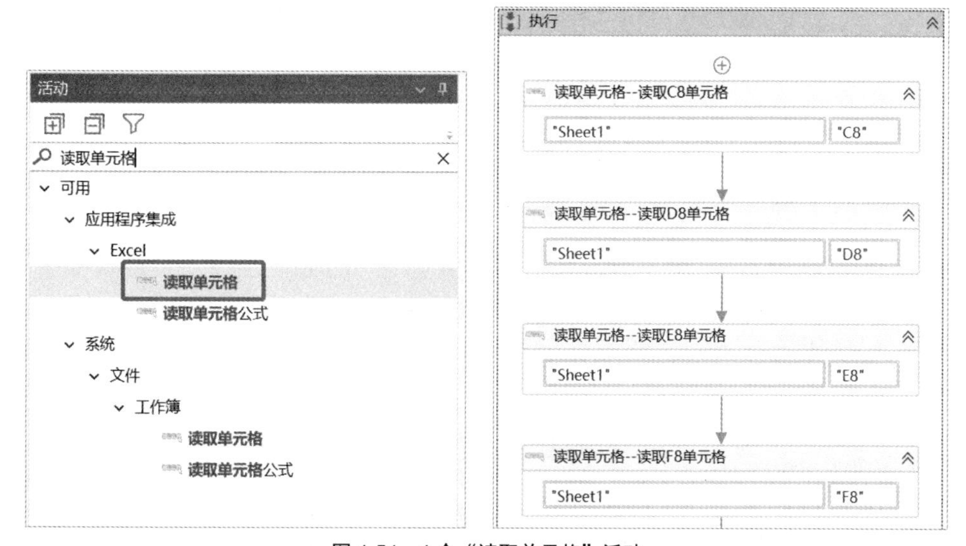

图 4-54　4 个“读取单元格”活动

在“读取单元格”活动的属性面板的“输出→结果”处按下 Ctrl+K 快捷键创建 4 个变量，变量名分别为“C8”“D8”“E8”和“F8”，如图 4-55 和图 4-56 所示。

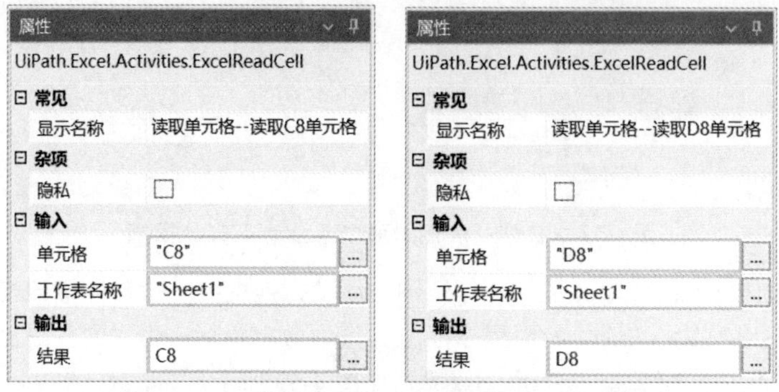

图 4-55 “读取单元格”活动的属性面板——C8、D8

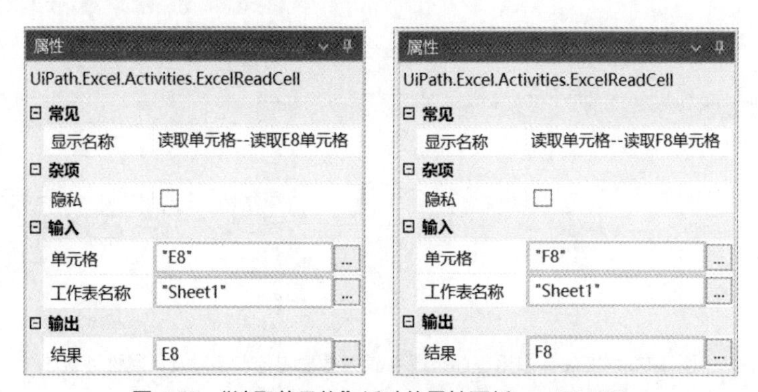

图 4-56 “读取单元格”活动的属性面板——E8、F8

在变量面板将“C8”“D8”“E8”和“F8”的变量类型设置为 GenericValue，在“范围”下拉列表中选择：财务报告分析机器人序列，如图 4-57 所示。

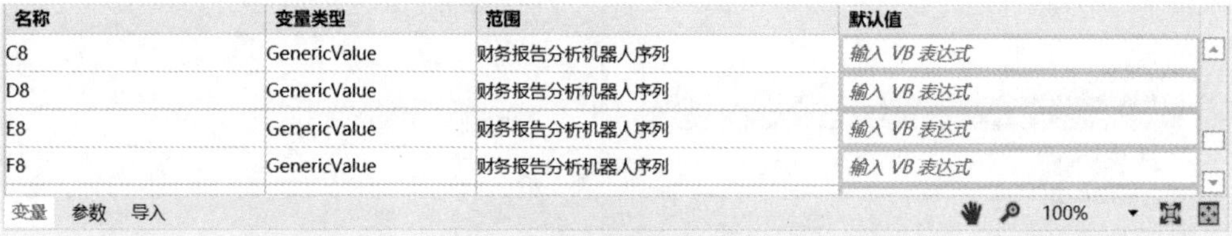

名称	变量类型	范围	默认值
C8	GenericValue	财务报告分析机器人序列	输入 VB 表达式
D8	GenericValue	财务报告分析机器人序列	输入 VB 表达式
E8	GenericValue	财务报告分析机器人序列	输入 VB 表达式
F8	GenericValue	财务报告分析机器人序列	输入 VB 表达式

变量 参数 导入 100%

图 4-57 变量类型设置

（4）在“读取单元格”活动的下方拖曳一个“IF 条件”活动，设置条件为：F8>C8。

在 Then 分支添加一个“分配”活动，在左侧输入框中创建一个变量“str_trend”，在右侧输入框中输入："上升"，如图 4-58 所示。Then 分支设置完成后单击显示“Else”按键，接下来开始设置 Else 分支。

在 Else 分支添加一个“分配”活动，在左侧输入框中设置变量“str_trend”，在右侧输入框中输入："下降"，如图 4-59 所示。

（5）在“IF 条件”活动下方添加“分配”活动，在属性面板设置显示名称为“分配 -- 输出总结”。在左侧输入框中创建一个变量“str_summary”，在右侧输入框中输入表达式："营业收入增长率分析：通过计算得知，三一重工集团"+(int_year-3).tostring+"-"+int_year.ToString+"的营业收入增长率分别是："+（C8*100）.ToString+"%,"+（D8*100）.ToString+"%,"+（E8*100）.ToString+"%,"+（F8*100）.ToString+"%, 说明企业的经营盈利能力呈 "+str_trend+" 趋势。"，如图 4-60 和图 4-61 所示。

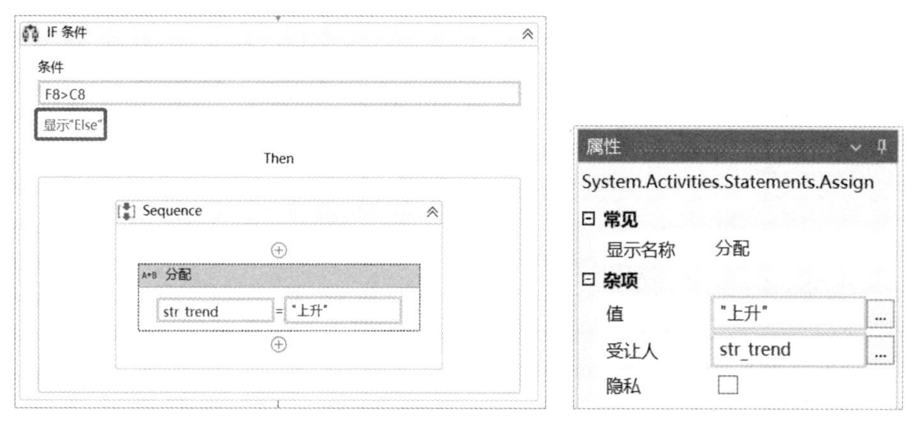

图 4-58　IF 条件 Then 分支

图 4-59　IF 条件 Else 分支

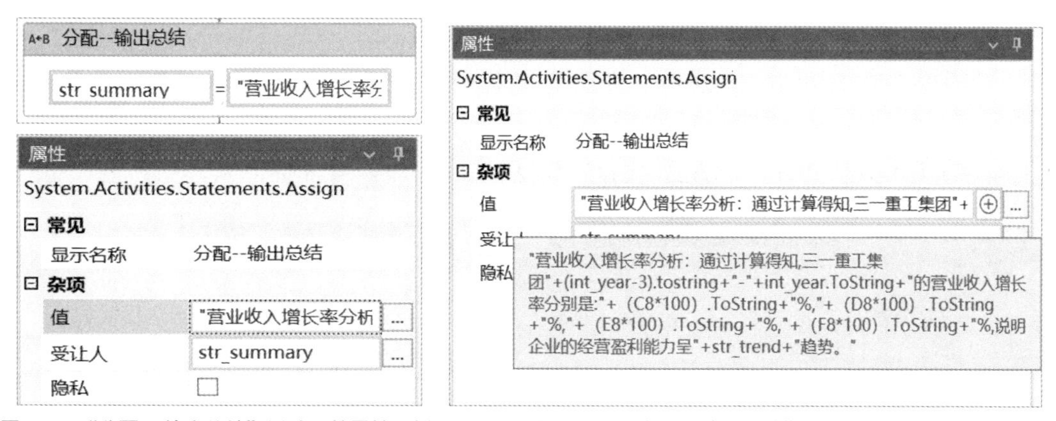

图 4-60　“分配 -- 输出总结”活动及其属性面板　　　　图 4-61　“分配 -- 输出总结”活动的“值”属性

（6）在“分配”活动下方添加“应用程序集成→ Excel →写入单元格”活动，在属性面板设置显示名称为“写入单元格 -- 保存总结内容”，将“目标→工作表名称”设置为“"Sheet1"”，在“目标→范围”中输入："G6"，在“输入→值”处选择“str_summary”变量，如图 4-62 所示。

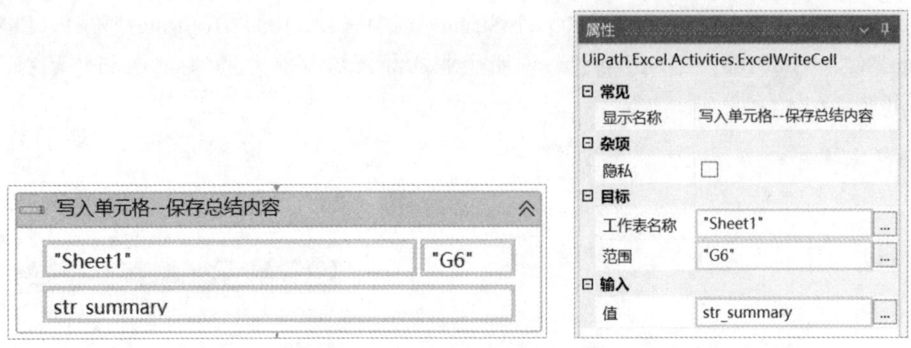

图 4-62 “写入单元格 -- 保存总结内容”活动及其属性面板

（7）在活动面板搜索“读取单元格”活动，拖曳 5 个“应用程序集成→ Excel →读取单元格”活动至执行面板中，将属性面板的“输入→工作表名称”处均设置为“"Sheet1"”，在“输入→单元格”处分别输入："B12"、"C12"、"D12"、"E12" 和 "F12"，如图 4-63 所示。

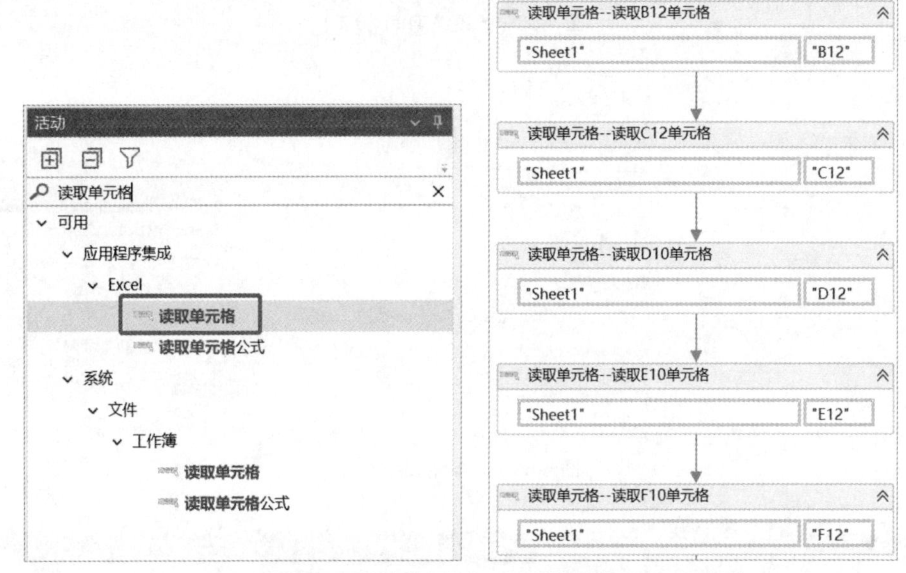

图 4-63 “读取单元格”活动及其属性面板

在“读取单元格”活动的属性面板的“输出→结果”处按下 Ctrl+K 快捷键创建五个变量，变量名分别为“B12”“C12”“D12”“E12”“F12”，如图 4-64~ 图 4-66 所示。

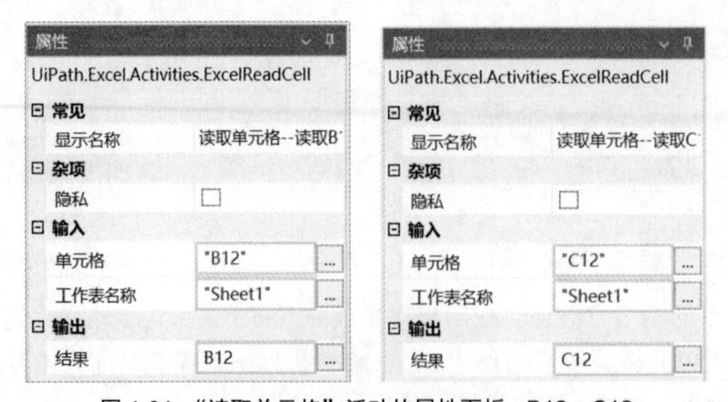

图 4-64 “读取单元格”活动的属性面板 --B12、C12

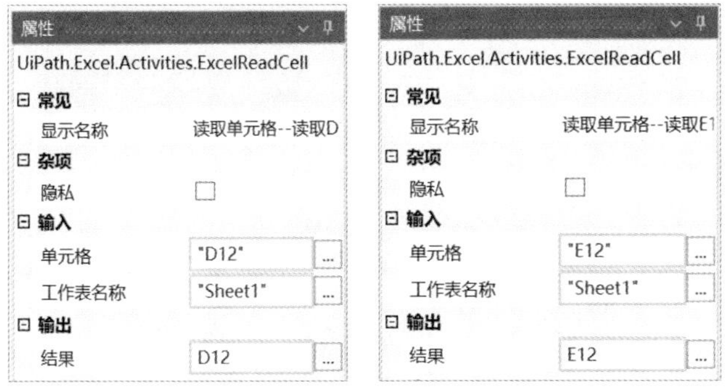

图 4-65　“读取单元格”活动的属性面板 --D12、E12

图 4-66　“读取单元格”活动的属性面板 --F12

在变量面板将“B12”“C12”“D12”“E12”和“F12”变量的变量类型设置为 GenericValue，“范围”在下拉列表中选择“执行”，如图 4-67 所示。

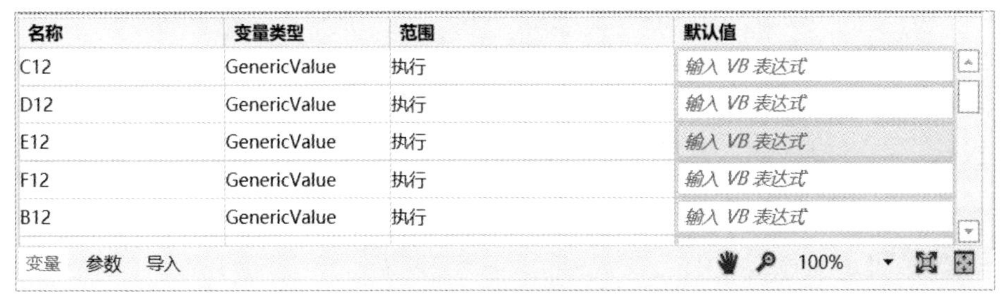

名称	变量类型	范围	默认值
C12	GenericValue	执行	输入 VB 表达式
D12	GenericValue	执行	输入 VB 表达式
E12	GenericValue	执行	输入 VB 表达式
F12	GenericValue	执行	输入 VB 表达式
B12	GenericValue	执行	输入 VB 表达式

变量　参数　导入　100%

图 4-67　变量类型设置

（8）在“读取单元格”活动的下方拖曳一个“IF 条件”活动，设置条件为：F12>C12。

在 Then 分支添加一个“分配”活动，在左侧输入框中设置变量“str_trend”，在右侧输入框中输入："上升"，如图 4-68 所示。Then 分支设置完成后单击显示“Else”按键，接下来开始设置 Else 分支。

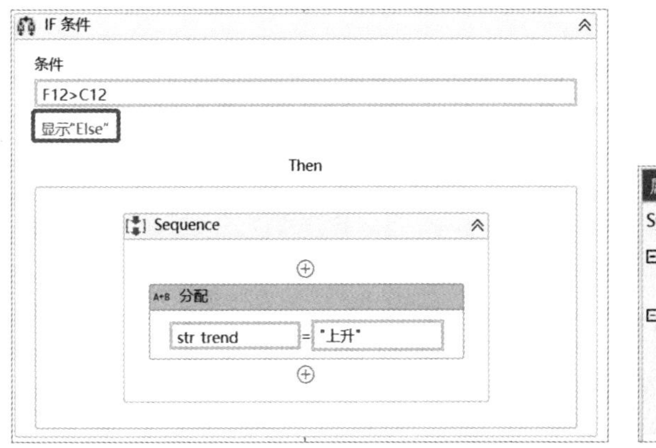

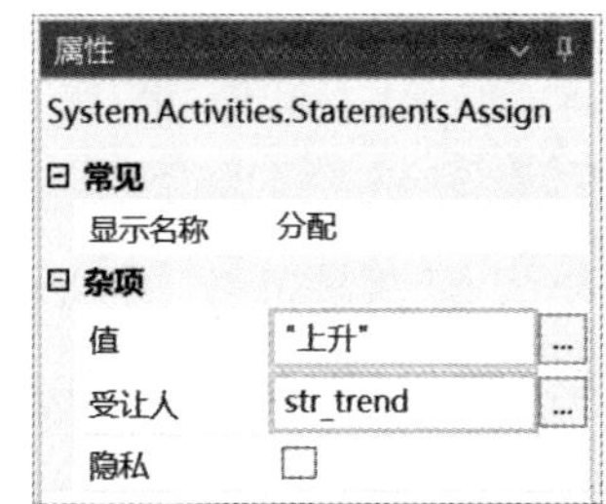

图 4-68　IF 条件 Then 分支

在 Else 分支添加一个“分配”活动，左侧输入框中设置变量“str_trend”，在右侧输入框中输入："下降"，如图 4-69 所示。

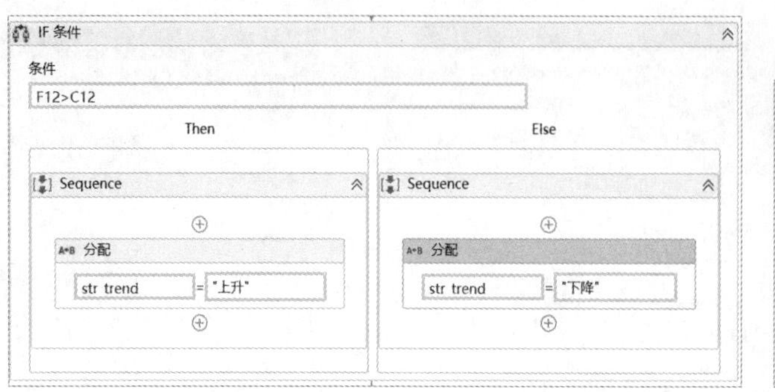

图 4-69　IF 条件 Else 分支

（9）在“IF 件”活动下方添加“分配”活动，在属性面板设置显示名称为“分配 -- 输出总结”。在左侧输入框中创建一个变量“str_summary”，在右侧输入框中输入表达式："权益净利率分析：通过计算得知，三一重工集团"+(int_year-4).tostring+"-"+int_year.ToString+"的权益净利率分别是："+(B12*100).ToString+"%,"+(C12*100).ToString+"%,"+(D12*100).ToString+"%,"+(E12*100).ToString+"%,"+(F12*100).ToString+"%, 说明企业的股东获利能力呈"+str_trend+"趋势。"，如图 4-70 和图 4-71 所示。

图 4-70　“分配 -- 输出总结”活动及其属性面板

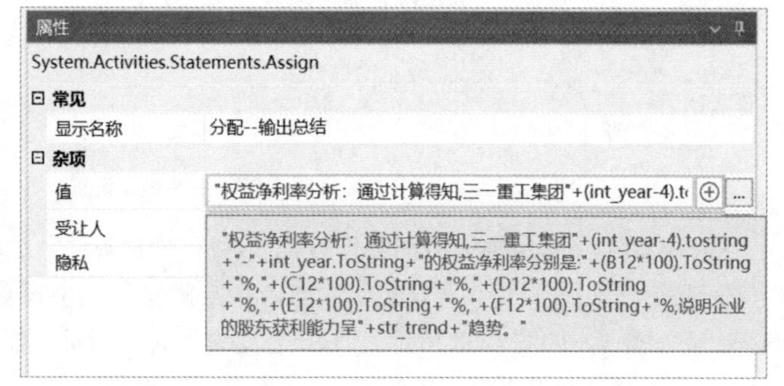

图 4-71　“分配 -- 输出总结”活动的“值”属性

（10）在“分配”活动下方添加“应用程序集成→ Excel →写入单元格”活动，在属性面板设置显示名称为“写入单元格 -- 保存总结内容”，将“目标→工作表名称”设置为“"Sheet1"”，在“目标→范围”处输入："G12"，“输入→值”选择“str_summary”变量，如图 4-72 所示。

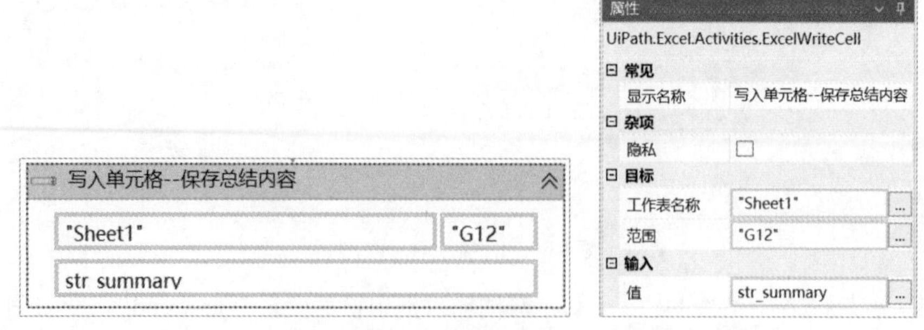

图 4-72　“写入单元格 -- 保存总结内容”活动及其属性面板

10. 输出结果消息框

在流程的最后，添加一个“消息框”活动，在“输入→文本”处输入："已完成，请查阅"，如图 4-73 所示。

至此，便完成了“财务报告分析机器人”流程的设计工作。

11. 调试运行结果

我们回到主流程文件 Main.xaml，运行整个流程并查看流程执行结果。待流程执行完成后，弹出消息框提示：已完成，请查阅，如图 4-74 所示。

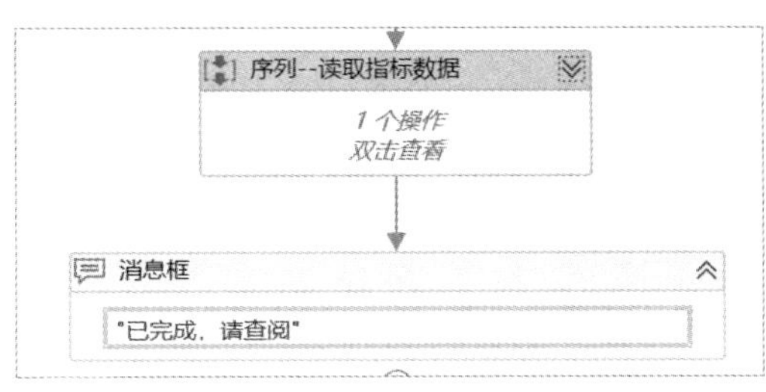

图 4-73　“消息框”活动

图 4-74　调试运行结果

在输出列表中查看流程执行日志，如图 4-75 和图 4-76 所示。

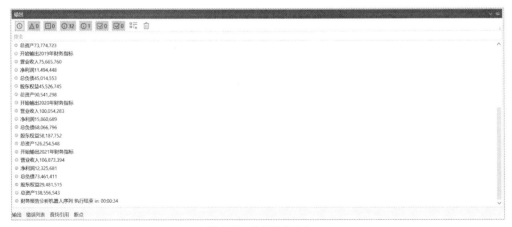

图 4-75　执行日志开始

图 4-76　执行日志结束

查看“三一重工（集团）财务报告分析 .xlsx”，打开后可查看 B3 至 F7 单元格已填入从财务报告 PDF 文件中识别得到的数据，B8 至 F12 单元格已自动生成计算结果，三一重工（集团）

发展能力分析板块的图表和分析结果也已生成，如图 4-77 所示。

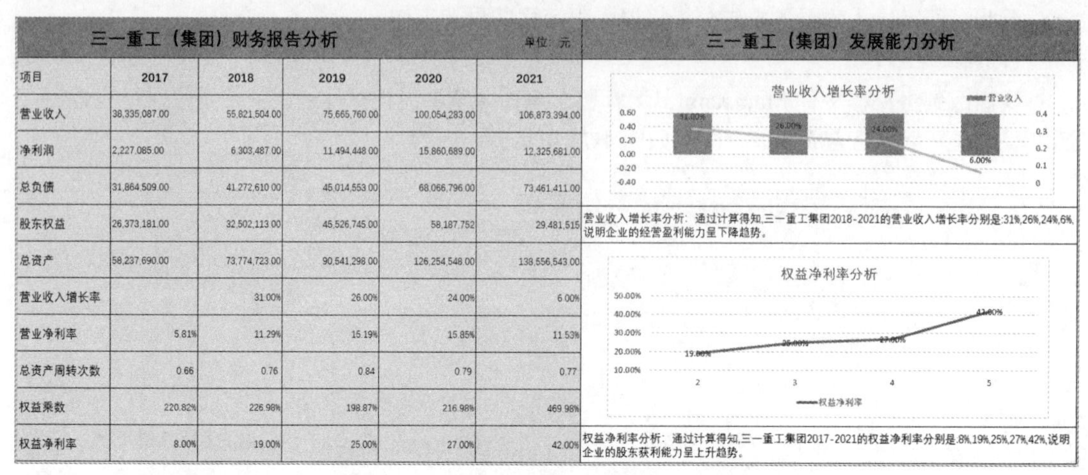

三一重工（集团）财务报告分析					单位：元
项目	2017	2018	2019	2020	2021
营业收入	38,335,087.00	55,821,504.00	75,665,760.00	100,054,283.00	106,873,394.00
净利润	2,227,085.00	6,303,487.00	11,494,448.00	15,860,689.00	12,325,681.00
总负债	31,864,509.00	41,272,610.00	45,014,553.00	68,066,796.00	73,461,411.00
股东权益	26,373,181.00	32,502,113.00	45,526,745.00	58,187,752	29,481,515
总资产	58,237,690.00	73,774,723.00	90,541,298.00	126,254,548.00	138,556,543.00
营业收入增长率		31.00%	26.00%	24.00%	6.00%
营业净利率	5.81%	11.29%	15.19%	15.85%	11.53%
总资产周转次数	0.66	0.76	0.84	0.79	0.77
权益乘数	220.82%	226.98%	198.87%	216.98%	469.98%
权益净利率	8.00%	19.00%	25.00%	27.00%	42.00%

图 4-77　三一重工（集团）财务报告分析 .xlsx

4.1.5　案例总结

本 RPA 流程通过循环读取 PDF 文件转换为文本，在文本中定位和抓取财务数据，然后将数据循环填入 Excel 表格中，最后对数据进行判断和分析，将分析结果写入 Excel 表格中展示出来。

4.2　案例拓展

4.2.1　销售合同信息提取

在工作中经常需要将销售合同信息中的关键信息提取出来保存至销售合同明细表，用于汇总和统计销售情况，以满足管理需要。

销售合同如图 4-78 所示，销售合同明细表的字段信息如图 4-79 所示。

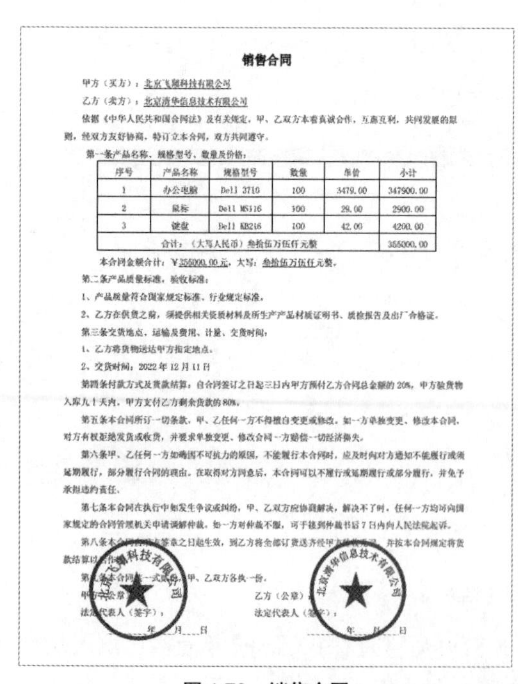

销售合同

甲方（买方）：北京飞翔科技有限公司

乙方（卖方）：北京清华信息技术有限公司

依据《中华人民共和国合同法》及有关规定，甲、乙双方本着真诚合作，互惠互利，共同发展的原则，经双方友好协商，特订立本合同，双方共同遵守。

第一条产品名称、规格型号、数量及价格：

序号	产品名称	规格型号	数量	单价	小计
1	办公电脑	Dell 3710	100	3479.00	347900.00
2	鼠标	Dell MS116	100	29.00	2900.00
3	键盘	Dell KB216	100	42.00	4200.00
合计：（大写人民币）叁拾伍万伍仟元整					355000.00

本合同金额合计：￥355000.00元，大写：叁拾伍万伍仟元整。

第二条产品质量标准，验收标准：

1、产品质量符合国家规定标准、行业规定标准。

2、乙方在供货之前，须提供相关资质材料及所生产产品材质证明书、质检报告及出厂合格证。

第三条交货地点，运输及费用、计量、交货时间：

1、乙方将货物送达甲方指定地点。

2、交货时间：2022 年 12 月 11 日

第四条付款方式及货款结算：自合同签订之日起三日内甲方预付乙方合同总金额的 20%，甲方验货物入库九十天内，甲方支付乙方剩余货款的 80%。

第五条本合同所订一切条款，甲、乙任何一方不得擅自变更或修改。如一方单独变更、修改本合同，对方有权拒绝发货或收货，并要求单独变更、修改合同一方赔偿一切经济损失。

第六条甲、乙任何一方如确因不可抗力的原因，不能履行本合同时，应及时向对方通知不能履行或须延期履行，部分履行合同的理由。在取得对方同意后，本合同可以不履行或延期履行或部分履行，并免予承担违约责任。

第七条本合同在执行中如发生争议或纠纷，甲、乙双方应协商解决，解决不了时，任何一方均可向国家规定的合同管理机关申请调解仲裁。如一方对仲裁不服，可于接到仲裁书后 7 日内向人民法院起诉。

第八条本合同[illegible]签章之日起生效，到乙方将全部订货送齐经甲[illegible]，并按本合同规定将货款结算[illegible]。

第[illegible]条本合同[illegible]一式[illegible]，甲、乙双方各执一份。

甲方（公章）：　　乙方（公章）：

法定代表人（签字）：　　法定代表人（签字）：

____年__月__日　　____年__月__日

图 4-78　销售合同

序号	甲方（买方）	乙方（卖方）	合同金额	交货时间	付款方式

图 4-79　销售合同明细表

销售合同信息提取的流程设计图如图 4-80 所示。根据本章学习的知识，结合图 4-78 和图 4-79，完成销售合同信息提取的自动化流程设计。

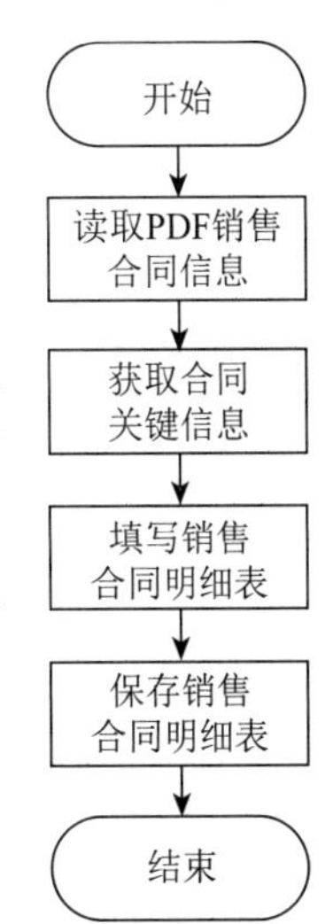

图 4-80　“销售合同信息提取”流程设计图

4.2.2　电子发票信息提取

为了节约社会资源，国家对发票管理体制进行了变革，国家税务总局推行电子增值税发票。随着电子发票使用的常态化，公司报销过程中经常会有员工提交电子发票进行报销。但是由于电子发票可重复打印，财务上很难区分员工提交的电子发票是否在之前报销过。为了避免财务上发生电子发票重复报销现象，常常需要将电子发票信息进行提取和登记。

电子发票如图 4-81 所示，电子发票报销登记表的字段信息如图 4-82 所示。

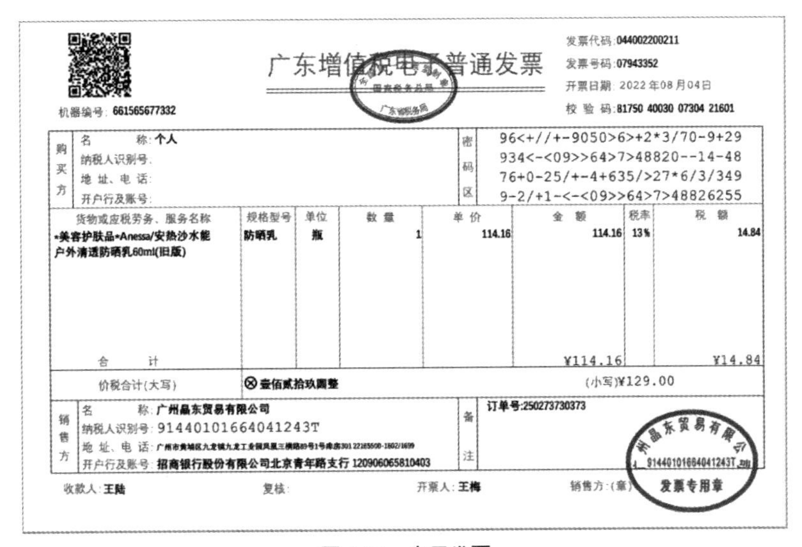

广东增值税电子普通发票

机器编号：661565677332

发票代码：044002200211
发票号码：07943352
开票日期：2022 年 08 月 04 日
校验码：81750 40030 07304 21601

购买方　名称：个人
纳税人识别号：
地址、电话：
开户行及账号：

密码区：
96<+//+-9050>6>+2*3/70-9+29
934<-<09>>64>7>48820--14-48
76+0-25/+-4+635/>27*6/3/349
9-2/+1-<-<09>>64>7>48826255

货物或应税劳务、服务名称	规格型号	单位	数量	单价	金额	税率	税额
*美容护肤品*Anessa/安热沙水能户外清透防晒乳60ml(旧版)	防晒乳	瓶	1	114.16	114.16	13%	14.84
合计					¥114.16		¥14.84

价税合计（大写）：⊗壹佰贰拾玖圆整　（小写）¥129.00

销售方　名称：广州晶东贸易有限公司
纳税人识别号：91440101664041243T
地址、电话：广州市黄埔区九龙镇九龙工业园凤凰三横路89号1号楼房301 22165500-1802/1609
开户行及账号：招商银行股份有限公司北京青年路支行 120906065810403

备注：订单号:250273730373

收款人：王陆　复核：　开票人：王梅　销售方：（章）

图 4-81　电子发票

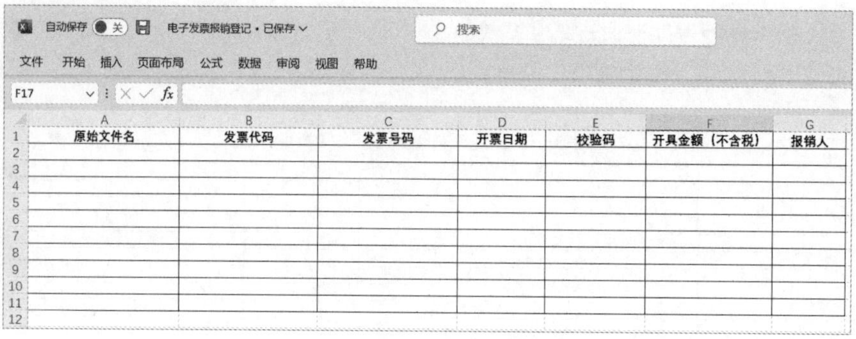

原始文件名	发票代码	发票号码	开票日期	校验码	开具金额（不含税）	报销人

图 4-82　电子发票报销登记表

电子发票信息提取的流程设计图如图 4-83 所示。根据本章学习的知识，结合图 4-82 完成电子发票信息的自动提取。

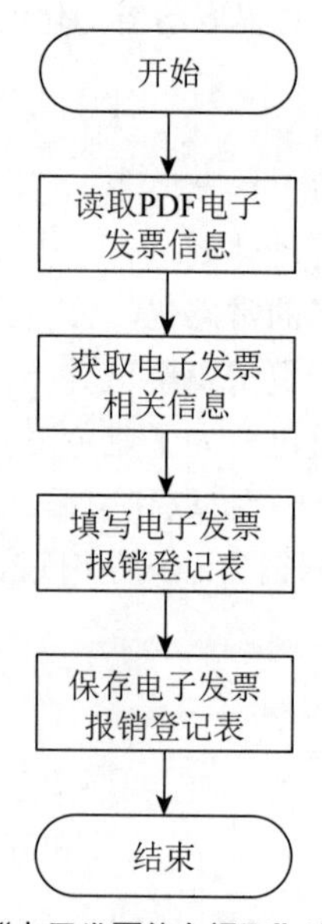

图 4-83　“电子发票信息提取”流程设计图

4.2.3　差旅费自动申报

差旅费自动申报的详细需求如下。

（1）登录 RPA 之家云实验室仿真系统 https://www.jiandaoyun.com/signin。

（2）输入测试账号（手机号：18820191780，密码：Rpazj1234），单击登录。

（3）单击“我的应用→ RPA 之家云实验室仿真环境→差旅费报销单”。

（4）读取“差旅费报销单 .xlsx”中的数据，具体字段信息如图 4-84 所示。

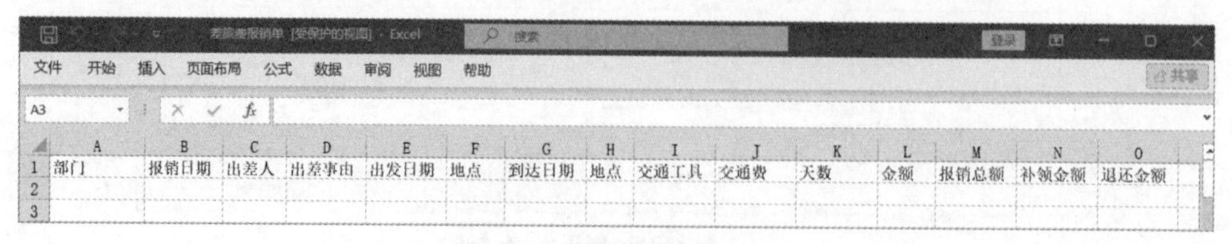

部门	报销日期	出差人	出差事由	出发日期	地点	到达日期	地点	交通工具	交通费	天数	金额	报销总额	补领金额	退还金额

图 4-84　差旅费报销单 .xlsx

（5）单击差旅费报销单页面上的“添加”按钮，如图 4-85 所示。

图 4-85 单击“添加”按钮

（6）在“差旅费报销单”录入页面逐条输入各项明细数据，如图 4-86 所示。

（7）单击“提交”按钮。

差旅费自动申报的流程设计图如图 4-87 所示。根据本章学习的知识，按上述需求完成差旅费自动申报的流程设计。

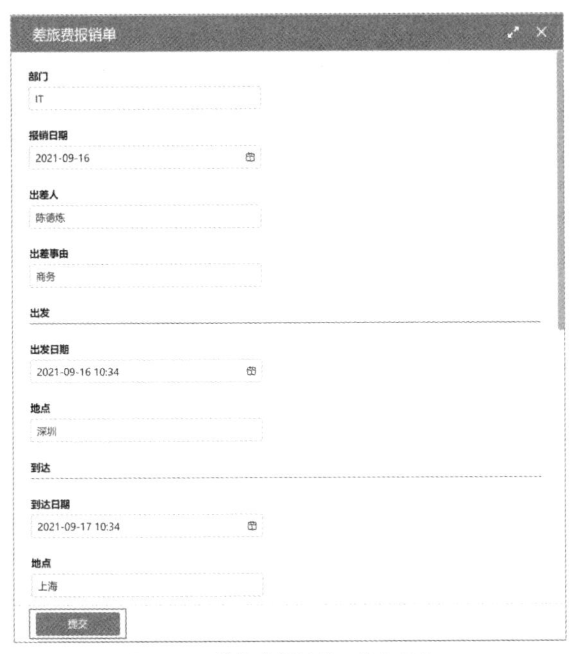

图 4-86 差旅费报销单 - 信息录入

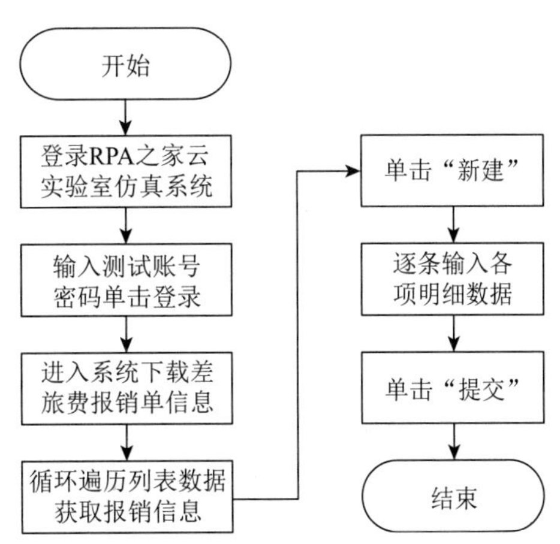

图 4-87 “差旅费自动申报”流程设计图

第 5 章

RPA 在人力资源行业的应用

5.1 工资条发放

在人力资源领域，HR 每月有一项重要工作便是给员工发放工资条作为工资发放的凭证。工资条一般包括员工信息、基本工资、奖金和各项扣除费用等信息。在整个工资核算的过程中，所依赖的输入数据和期望输出的数据都基于固定规则，但由于数据体量大且重复度高，并且工作量会随着员工数量的增加呈线性增长，因此整体流程十分耗时。此外，许多公司采用截图的形式将工资条通过邮箱、QQ、微信或钉钉等在线工具发送给员工，这一方式不仅依赖 HR 大量的人工操作，也容易出现漏发或错发等失误。

本章通过具体的实例介绍如何通过 RPA 构建工资条发放机器人，实现将 Excel 工资表自动解析生成 PDF 格式的当月工资条，并在指定的时间内通过邮件分发到对应员工的邮箱中，从而有效缩短工作时间并降低失误率。通过本章案例您将学到：

- Excel 组件的使用。
- 邮件组件的使用。
- 程序包的安装。
- Word 组件的使用。
- 文件组件的使用。
- 数据表循环的使用。

5.1.1 需求分析

为了将工资表中的员工信息进行相互独立的工资条生成和发送，本自动化流程应具备以下功能：

（1）从工资表 .xlsx 文件中读取 sheet1 数据，作为工资条内容的数据源。

（2）从工资表 .xlsx 文件中读取 sheet2 数据，作为工资条邮件正文内容的模板。

（3）复制 Word 模板，为每个员工生成当月工资条，并以“员工姓名 + 工资条”命名的 PDF 格式输出，存放在个人工资表文件夹内。

（4）对照工资表中的员工姓名和邮件地址，提取出各自的邮箱地址并根据提前设置好的模板给每位员工分别发送工资条邮件。

5.1.2　系统设计

1. 系统功能设计

工资条发放机器人的功能结构主要包括四个部分，分别是读取工资表信息、初始化字典、生成个人工资条和循环发送工资条邮件，详细的功能设计如表 5-1 所示。

表 5-1　工资条发放 - 功能结构

序号	功 能 模 块	步　　骤	备　注
1	读取工资表信息	通过获取 Excel 内容完成如下目标： ①工资表信息读取； ②邮件正文模板读取	
2	初始化字典	对字典进行初始化设置，目标功能包括： ①在变量面板创建字典变量； ②通过分配对字典进行初始化设置	
3	生成个人工资条	通过获取的员工名称及工资详细信息创建工资条 Word 和 PDF 文件，目标功能包括： ①循环读取 Excel 工资表数据的每一行； ②通过对字典变量进行赋值将员工的姓名和邮箱进行对应储存； ③设置当前员工的工资表信息变量； ④将 Word 模板复制到特定员工的工资表文件并重命名； ⑤将员工的工资信息分配给对应的变量； ⑥创建工资条 PDF 文档	
4	循环发送工资条邮件	遍历工资表中的员工信息，循环发送工资条，目标功能包括： ①根据员工姓名设置对应的收件方邮箱； ②对正文模板的占位符进行赋值； ③添加员工的工资条 PDF 文档附件并发送邮件	

2. 自动化业务流程设计

根据本项目的需求分析以及功能结构，设计出自动化业务流程图，如图 5-1 所示。

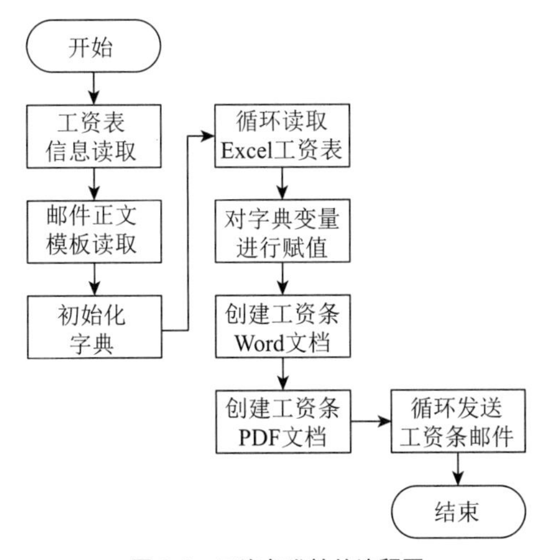

图 5-1　工资条发放的流程图

5.1.3 系统开发必备

1. 开发环境及工具

本项目的开发及运行环境如下：

- 操作系统：Windows 7、Windows 10、Windows 11。
- 开发工具：UiPath 2022.4.4。
- Office 软件：Microsoft Office 2016/2019/2021。

图 5-2 工资条发放的项目文件结构

2. 项目文件结构

工资条发放的项目文件结构如图 5-2 所示。

（1）文件夹“个人工资条”：用于存储流程执行过程中生成的员工工资条 Word 文档和 PDF 文档。

（2）Main.xaml：主流程的工作流文件。

（3）工资条模板 .docx：用于存储 Word 版工资条的模板文件。

（4）工资表 .xlsx：待流程自动读取的工资表文件。

3. 开发前准备

1）工资条模板文件

提前创建 Word 模板“工资条模板 .docx”，存放于根目录下。文件中用“{ 变量名称 } ”标记为占位符，用于之后字符串替换的功能，在实际开发过程中，可以根据项目实际需要来自定义变量名称，或增删占位符。“工资条模板 .docx”的具体内容如图 5-3 所示。

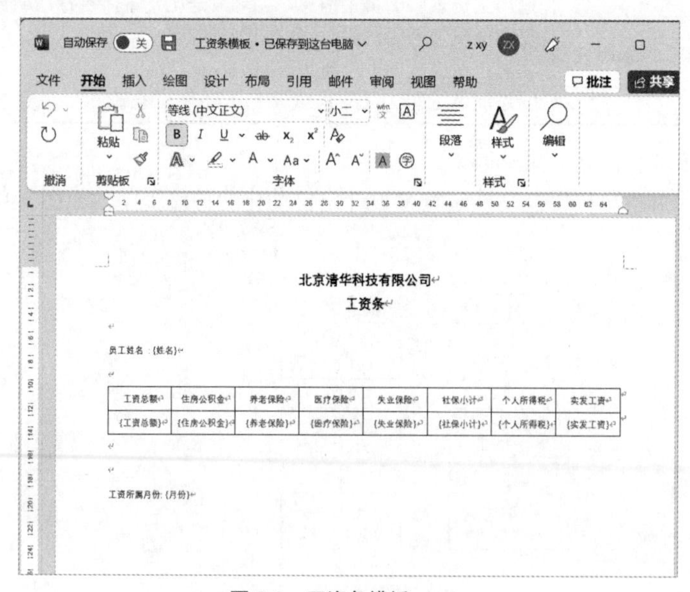

图 5-3 工资条模板 .docx

2）工资表文件

提前创建 Excel 文件“工资表 .xlsx”，用于记录员工的个人信息与工资信息。其中 Sheet1 工作表主要记录员工的个人信息、工资信息、工资所属月份以及邮箱地址等。在实际案例练习中，请读者根据实际情况更新该工作表中邮箱列的邮箱地址，以便验证邮件的接收情况。具体模板如图 5-4 所示。

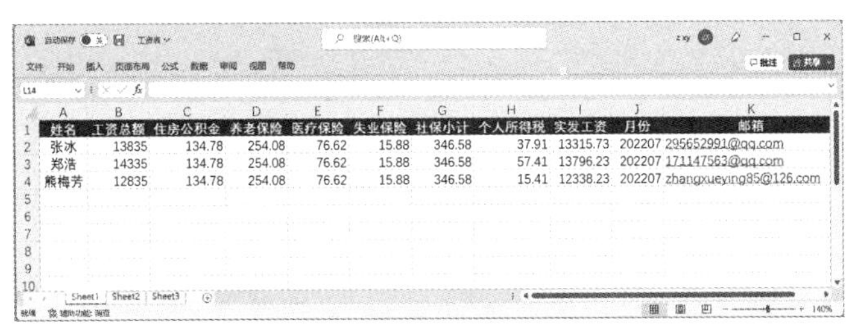

姓名	工资总额	住房公积金	养老保险	医疗保险	失业保险	社保小计	个人所得税	实发工资	月份	邮箱
张冰	13835	134.78	254.08	76.62	15.88	346.58	37.91	13315.73	202207	295652991@qq.com
郑浩	14335	134.78	254.08	76.62	15.88	346.58	57.41	13796.23	202207	171147563@qq.com
熊梅芳	12835	134.78	254.08	76.62	15.88	346.58	15.41	12338.23	202207	zhangxueying85@126.com

图 5-4　工资表 .xlsx 的 Sheet1

3）邮件 HTML 模板文件

在“工资表 .xlsx”文件的 Sheet2 工作表 A1 单元格内设置邮件 HTML 模板，用于存储发送邮件的文本模板，模板中用“{0}”这样的标记为占位符，用于之后使用 String.Format 方法往这个占位符里面插入指定的内容，用户也可依据相同规则进行内容的自定义。具体模板如图 5-5 所示。

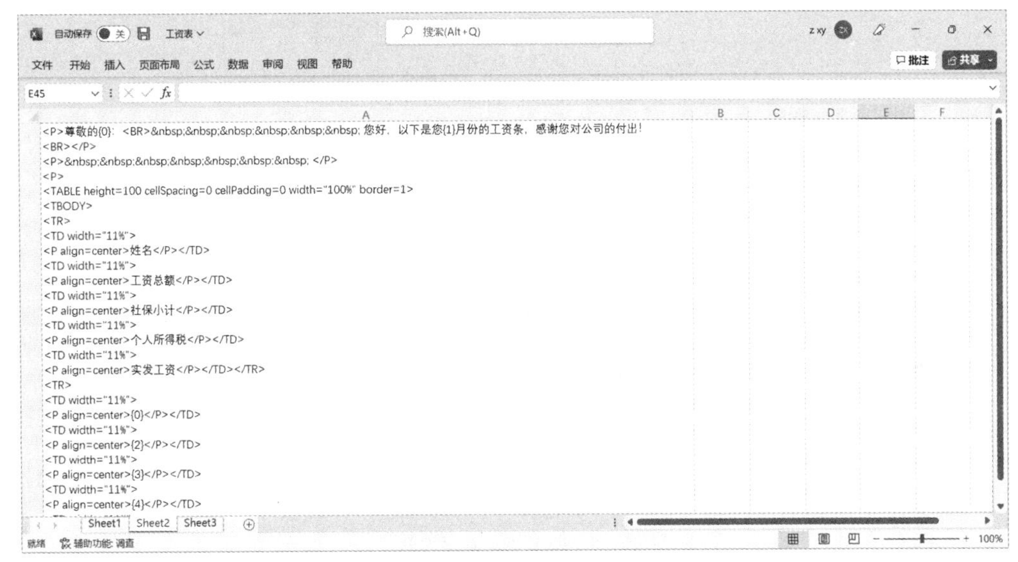

```
<P>尊敬的{0}: <BR>       您好，以下是您{1}月份的工资条，感谢您对公司的付出!
<BR></P>
<P>        </P>
<P>
<TABLE height=100 cellSpacing=0 cellPadding=0 width="100%" border=1>
<TBODY>
<TR>
<TD width="11%">
<P align=center>姓名</P></TD>
<TD width="11%">
<P align=center>工资总额</P></TD>
<TD width="11%">
<P align=center>社保小计</P></TD>
<TD width="11%">
<P align=center>个人所得税</P></TD>
<TD width="11%">
<P align=center>实发工资</P></TD></TR>
<TR>
<TD width="11%">
<P align=center>{0}</P></TD>
<TD width="11%">
<P align=center>{2}</P></TD>
<TD width="11%">
<P align=center>{3}</P></TD>
<TD width="11%">
<P align=center>{4}</P></TD>
```

图 5-5　工资表 .xlsx 的 Sheet2

4）开启 SMTP 邮件服务

本案例使用 QQ 邮箱的 SMTP 服务来发送工资条，因此需要提前为发送邮件的账户开启 SMTP 服务。具体方法如下。

（1）打开网页 https://mail.qq.com/，登录 QQ 邮箱。

（2）单击“设置”，如图 5-6 所示，进入邮箱设置页面。

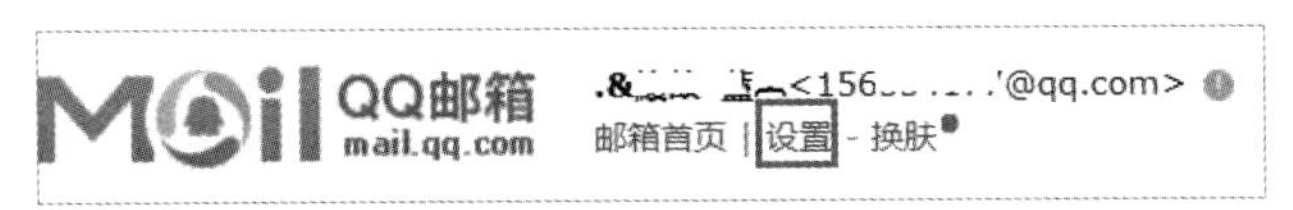

图 5-6　邮箱设置

（3）单击“账户”，在“POP3/IMAP/SMTP/Exchange/CardDAV/CalDAV 服务”的“开启服务”中，单击“POP3/SMTP 服务”行的“开启”，如图 5-7 所示。

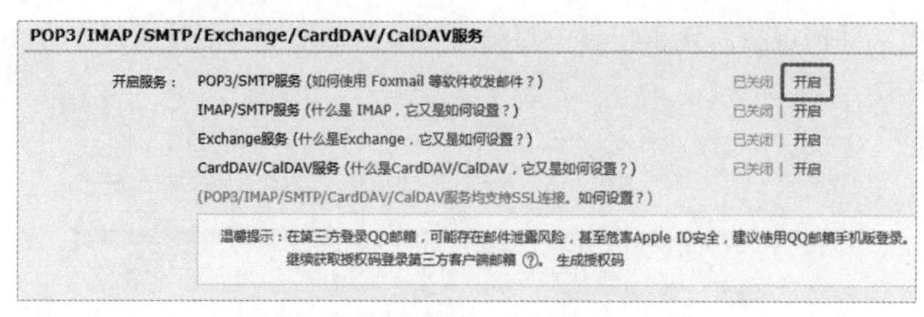

图 5-7　开启 SMTP 服务

（4）按照“验证”的要求，使用密保手机发短信“配置邮件客户端”到指定的号码，如图 5-8 所示。

（5）短信发送完成后单击“我已发送”按钮，显示成功“开启 POP3/SMTP”的对话框，如图 5-9 所示。每次授权操作，授权码都会不同，请提前记录并保存好该“授权码”，在流程开发后期发送邮件时配置需要用到。

图 5-8　配置邮件客户端

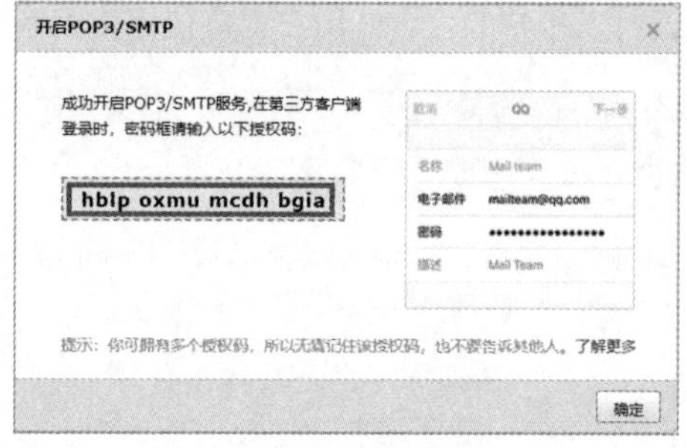

图 5-9　保存授权码

（6）关闭弹框，页面显示“POP3/SMTP 服务”的状态为“已开启”，如图 5-10 所示。

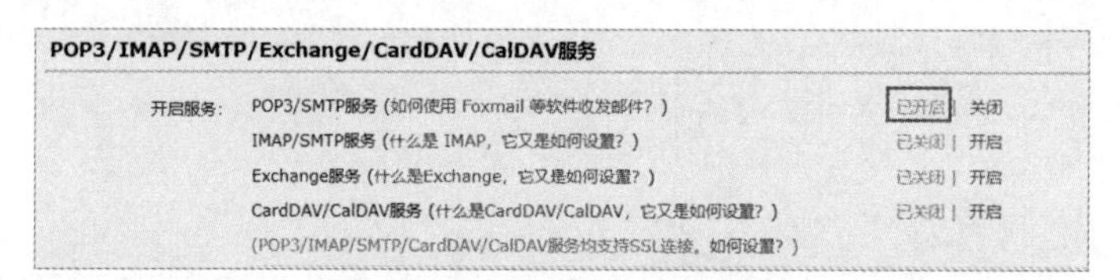

图 5-10　显示 SMTP 服务状态

5.1.4　流程实现

1. 创建项目

（1）单击“开始”，在新建项目中单击“流程”，如图 5-11 所示。

图 5-11　新建流程

（2）在弹出的“新建空白流程”对话框中输入项目名称、位置，单击“创建”按钮，如图 5-12 所示。

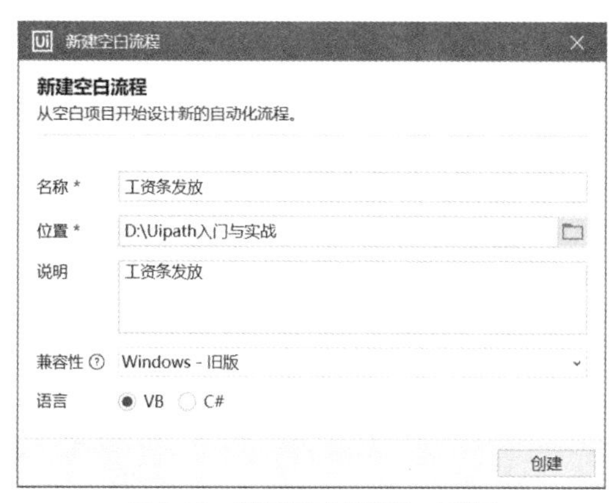

图 5-12　“新建空白流程”对话框

2. 程序包下载与管理

本案例中，我们需要通过对 Word 文件的打开与写入来实现个人工资条的制作，再另存为 PDF 文件。由于 UiPathStudio 默认的项目依赖项里没有 Word 文件处理相关的程序包，将无法完成对 Word 文件的读写工作，所以需要手动添加依赖项 UiPath.Word.Activities。

（1）单击工具栏中的“管理程序包”，如图 5-13 所示。

图 5-13　单击“管理程序包”

（2）在“管理包”对话框中，单击“正式”选项卡，在查询栏中输入“UiPath.Word.Activities”，查询获得该组件后选中该组件，在右侧面板中单击“安装”按钮，最后单击“保存”按钮，如图 5-14 所示。

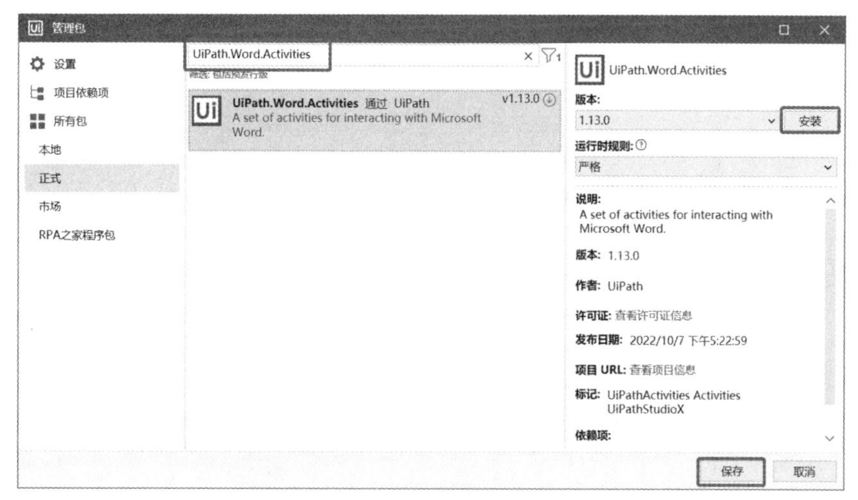

图 5-14　“管理包”对话框

（3）安装完成后该对话框自动关闭，在“项目→依赖项”中可看到 UiPath.Word.Activities 已被添加进项目，如图 5-15 所示。

3. 设置根目录文件

（1）在根目录文件中新建文件夹，命名为“个人工资条”，如图 5-16 所示。

（2）将提前准备的“工资条模板 .docx”“工资表 .xlsx”文件存放至项目的根目录文件中，如图 5-16 所示。

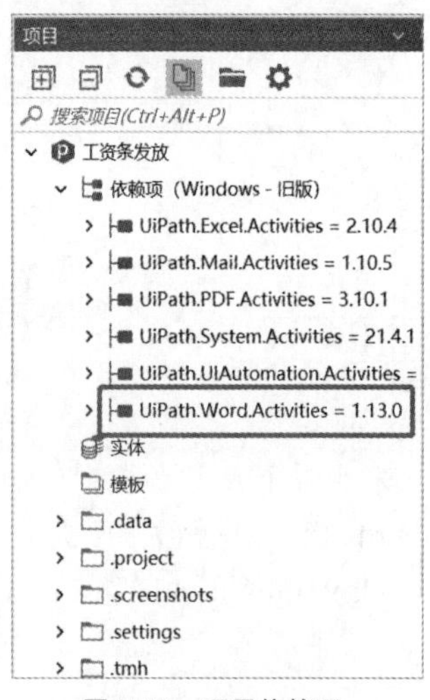

图 5-15　项目依赖项

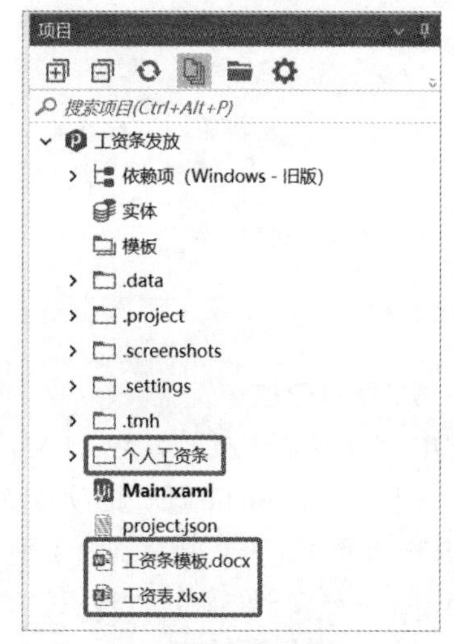

图 5-16　根目录设置

至此，流程需要的所有文件已经准备完成了。接下来，便开始进行流程的设计。

4. 读取工资表信息

工资条发放流程的整体设计如图 5-17 所示，具体实现步骤如下。

（1）单击“打开主工作流”，打开 Main.xaml，如图 5-18 所示。

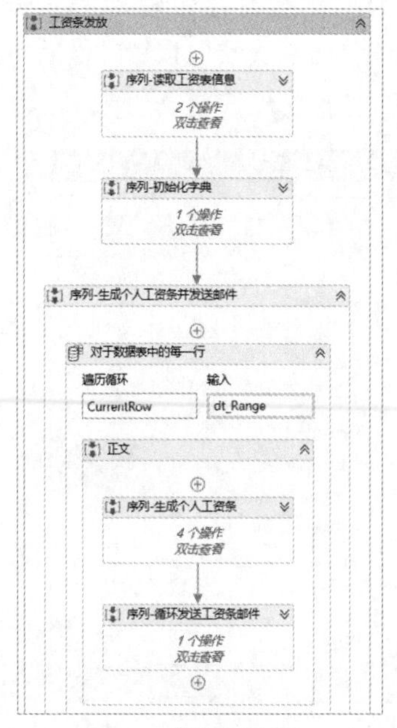

图 5-17　流程设计图

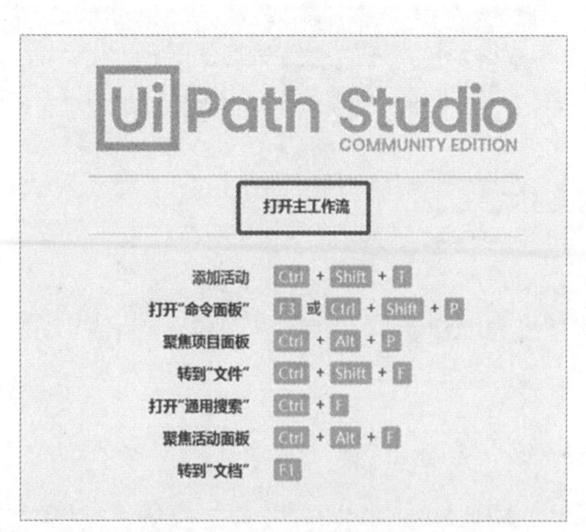

图 5-18　单击“打开主工作流”

（2）在设计区域，添加“序列”活动，在属性面板设置显示名称为：序列 - 读取工资表信息，如图 5-19 所示。

图 5-19　“序列 - 读取工资表信息”活动及其属性面板

（3）在活动面板搜索“读取范围”活动，拖曳至“序列 - 读取工资表信息”中，在属性面板设置显示名称为：读取范围 - 读取工资表，如图 5-20 所示。

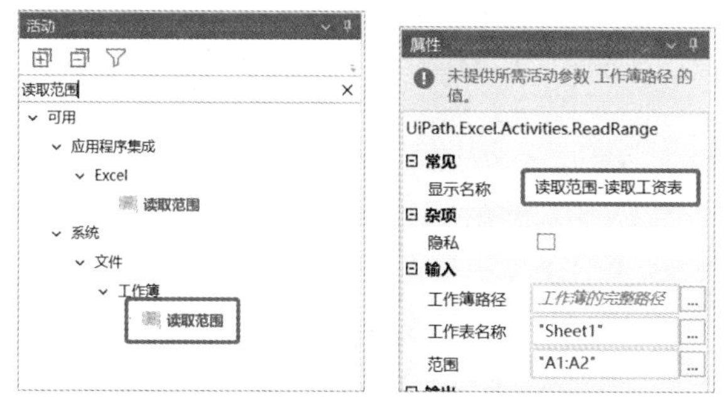

图 5-20　“读取范围 - 读取工资表”活动及其属性面板

如图 5-21 所示，将属性面板的“输入→工作簿路径”设置为“" 工资表 .xlsx"”，“输入→工作表名称”设置为“"Sheet1"”，在“输入→范围”输入框中输入“"A1"”，表示读取“工资表 .xlsx”的 Sheet1 工作表的整张表，也可输入“""”，或直接空白，也可表示读取整张表。在“输出→数据表”处，创建一个变量“dt_Range”。在活动的属性面板中创建变量，会自动生成与活动匹配的变量类型，如果自动生成的变量类型不是我们想要的，也可以对该变量的数据类型进行更改。

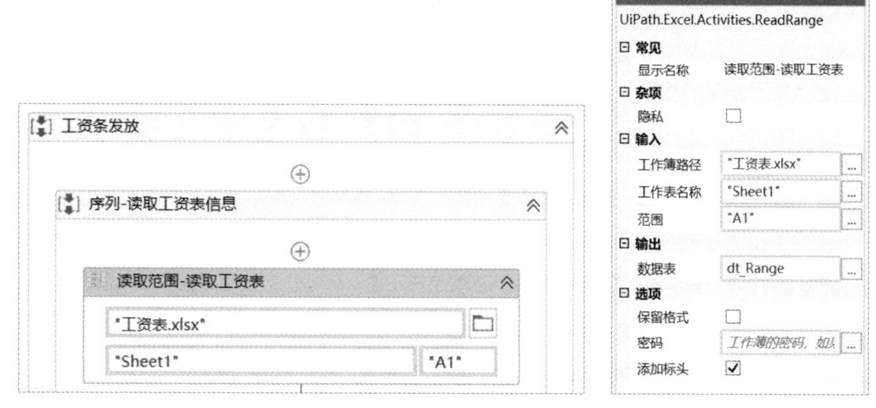

图 5-21　“读取范围 - 读取工资表”活动的属性面板

单击变量面板，查看变量 dt_Range 的变量类型为 DataTable。在“范围”下拉列表中选择“工资条发放”，将该变量的作用范围放大到整个流程，如图 5-22 所示。通常，设置变量面板中的范围时，单击下拉列表后显示在最下面的一个就是变量可选的最大范围。

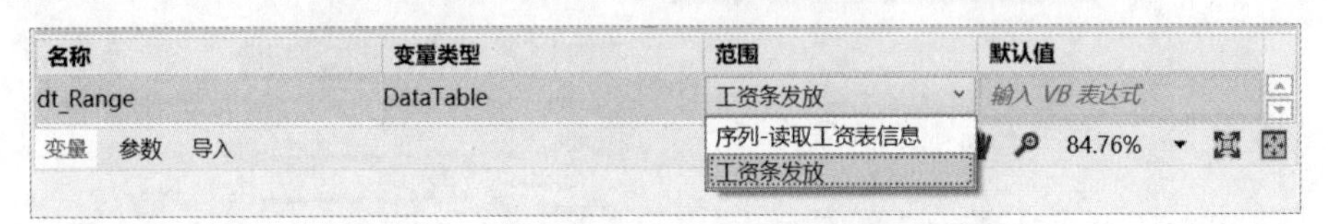

图 5-22 “读取范围 - 读取工资表”活动的变量面板

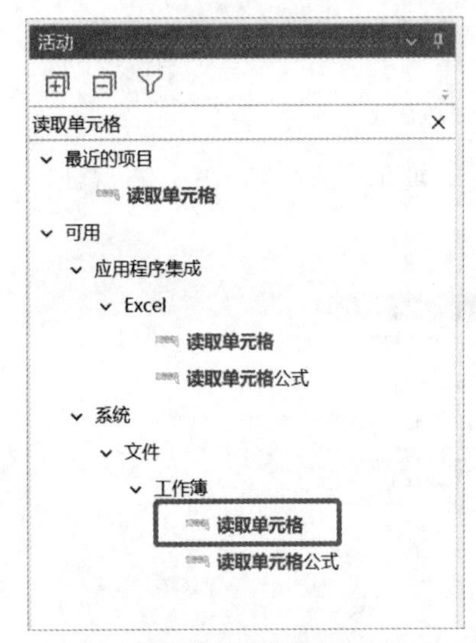

图 5-23 搜索“读取单元格”活动

（4）在活动面板搜索“读取单元格”活动，拖曳“系统→文件→工作簿→读取单元格”活动至“序列 - 读取工资表”信息中，在属性面板设置显示名称为：读取单元格 - 读取工资正文，如图 5-23 所示。

在属性面板的“输入→单元格”处输入“"A1"”，将“输入→工作簿路径”设置为“" 工资表 .xlsx"”，将“输入→工作表名称”处设置为“"Sheet2"”。在“输出→结果”处，创建一个变量“str_MailBody”，如图 5-24 所示。

第一个模块“读取工资表信息”便开发完成。接下去开始第二个模块的开发。

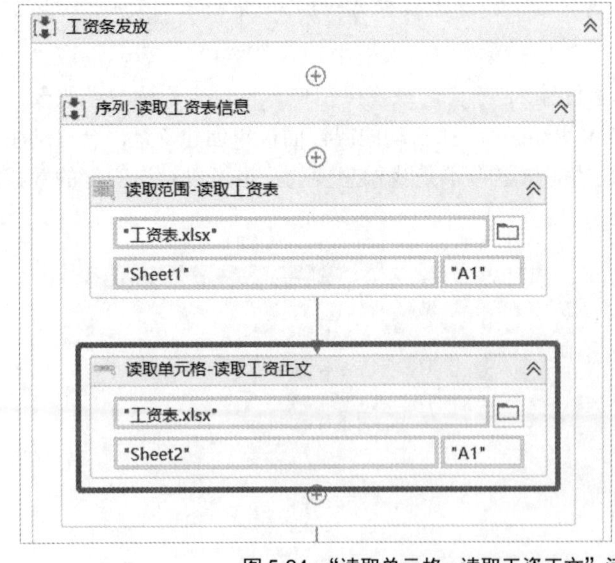

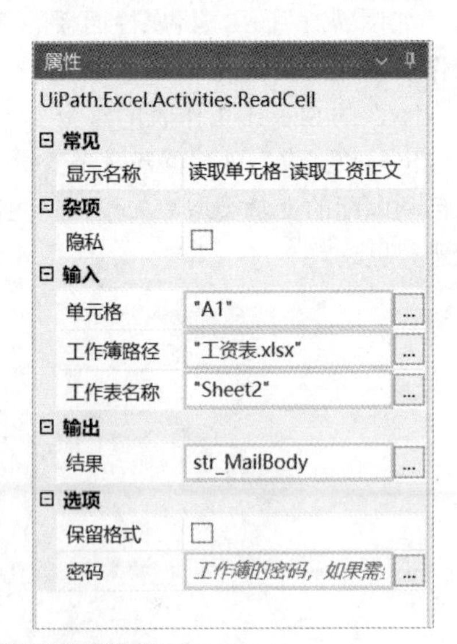

图 5-24 “读取单元格 - 读取工资正文”活动及其属性面板

5. 初始化字典

（1）在设计区域添加“序列”活动，在属性面板设置显示名称为：序列 - 初始化字典，如图 5-25 所示。

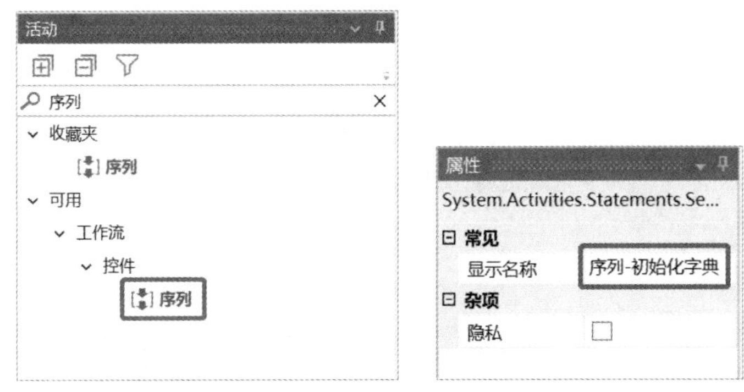

图 5-25　“序列 - 初始代字典”活动及其属性面板

（2）在“序列 - 初始化字典”中添加一个“分配”活动，在属性面板设置显示名称为：分配 - 初始化字典，如图 5-26 所示。

图 5-26　“分配 - 初始化字典”活动及其属性面板

在左侧输入框中，创建一个变量“dic_MailAddress”；在右侧输入框中，输入表达式：New Dictionary(of string,string)，如图 5-27 所示。

属性面板中的配置如表 5-2 所示。

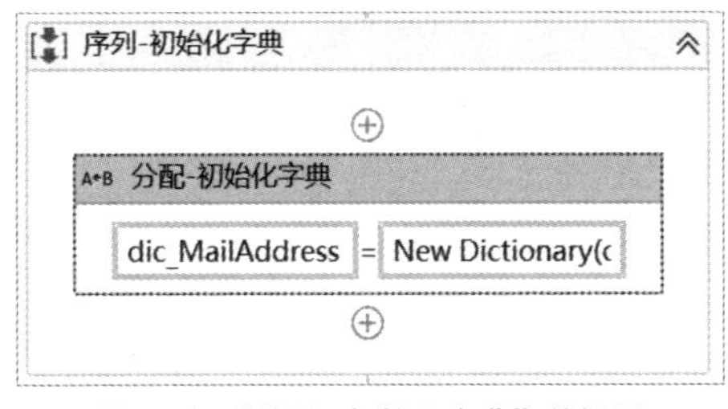

图 5-27　“分配 - 初始化字典”的设置

表 5-2　属性面板配置

配　置　项	值
活动显示名称	分配 -- 获取文件路径
受让人	dic_MailAddress
值	New Dictionary(of string,string)

变量“dic_MailAddress”的类型为 Dictionary<string,string>，变量面板中的配置如图 5-28 所示。

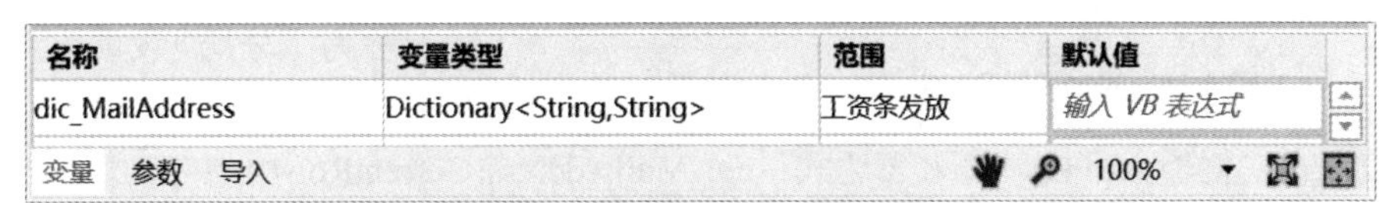

图 5-28　设置变量“dic_MailAddress”

6. 生成个人工资条

（1）在设计区域，添加“序列”活动，在属性面板设置显示名称为：序列 - 生成个人工资条并发送邮件，如图 5-29 所示。

图 5-29 “序列 - 生成个人工资条并发送邮件”活动及其属性面板

（2）在“序列 - 生成个人工资条并发送邮件”中添加“对于数据表中的每一行”活动，在属性面板设置“输入→数据表”为：dt_Range。遍历循环处的 Current 变量为活动自动生成的变量，表示将数据表的每一行分别循环存入此变量中，在正文中的活动中进行操作，如图 5-30 所示。

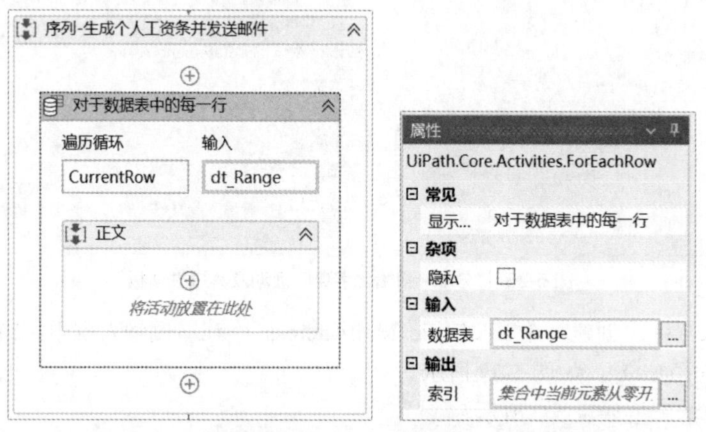

图 5-30 “对于数据表中的每一行活动”活动及其属性面板

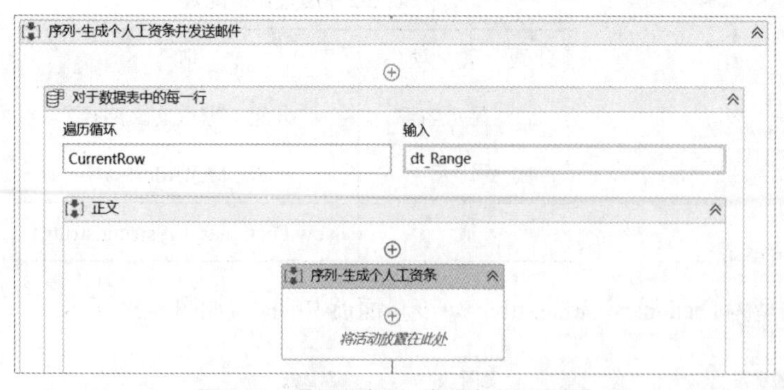

图 5-31 添加“序列 - 生成个人工资条”

（3）在“对于数据表中的每一行”活动的“正文”中添加一个“序列”，在属性面板设置显示名称为：序列 - 生成个人工资条，如图 5-31 所示。

（4）在“序列 - 生成个人工资条”中添加一个“分配”活动，在属性面板设置显示名称为：分配 - 设置字典内容。通过“分配”活动对字典变量进行赋值，在左侧输入框中，输入表达式：dic_MailAddress(CurrentRow(" 姓名 ").ToString)，将员工的姓名存储为 dic_MailAddress 的键（Key）；在右侧输入框中，输入表达式：CurrentRow("

邮箱 ").ToString，将该员工的邮箱存储为 dic_MailAddress 的值（Value），如图 5-32 所示。

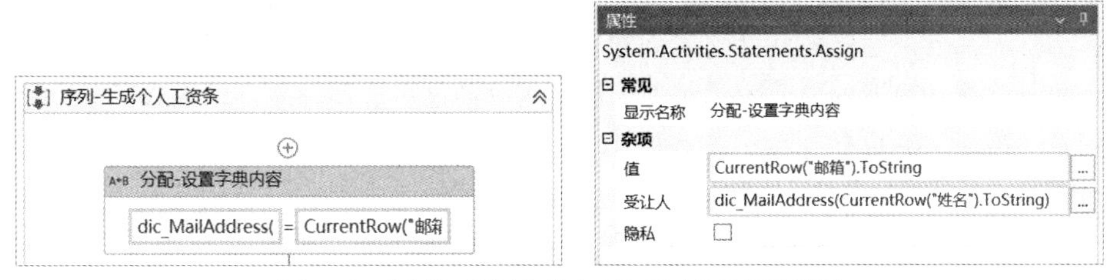

图 5-32　“分配 - 设置字典内容”活动及其属性面板

（5）在“序列 - 生成个人工资条”中添加一个“多重分配”活动，在属性面板设置显示名称为：多重分配 - 分配工资表字段，如图 5-33 所示。

依次单击添加按钮，分别添加多行分配输入框，设置当前员工的工资表信息变量，如图 5-34 所示。

图 5-33　“多重分配 - 分配工资表字段”活动及其属性面板

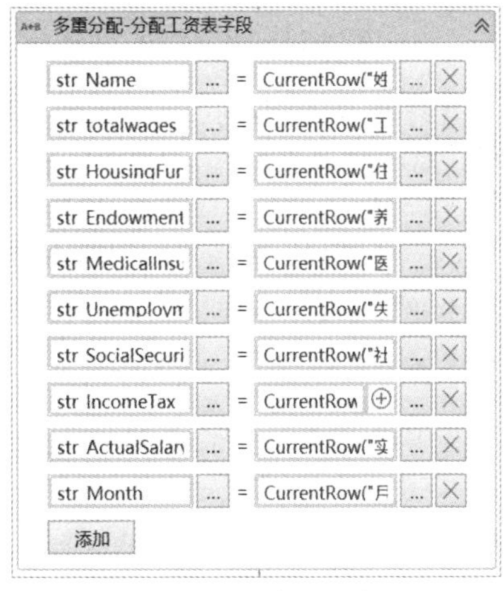

图 5-34　添加多行分配输入框

详细的员工工资表信息变量设置如表 5-3 所示。

表 5-3　设置工资表信息变量

序　号	目　　标	值
1	str_Name	CurrentRow(" 姓名 ").ToString
2	str_totalwages	CurrentRow(" 工资总额 ").ToString
3	str_HousingFund	CurrentRow(" 住房公积金 ").ToString
4	str_EndowmentInsurance	CurrentRow(" 养老保险 ").ToString
5	str_MedicalInsurance	CurrentRow(" 医疗保险 ").ToString
6	str_UnemploymentInsurance	CurrentRow(" 失业保险 ").ToString
7	str_SocialSecurity	CurrentRow(" 社保小计 ").ToString
8	str_IncomeTax	CurrentRow(" 个人所得税 ").ToString
9	str_ActualSalary	CurrentRow(" 实发工资 ").ToString
10	str_Month	CurrentRow(" 月份 ").ToString

（6）在“序列 - 生成个人工资条”中添加一个“复制文件”活动，将“来源文件夹”设置为："工资条模板 .docx"，“目标文件夹”设置为："个人工资条 \"+str_Name+" 工资条模板 .docx"，表示在个人工资条文件夹下创建命名为“员工姓名变量 + 工资条模板”的 Word 文档。由于每一次循环获取的姓名变量都不一样，所以经过多次循环就分别生成了多个员工的工资条。勾选“覆盖”复选框，表示如果要复制的文件与目标文件夹中的文件同名，将会覆盖目标文件夹下的同名文件，如图 5-35 所示。

（7）在“序列 - 生成个人工资条”中添加一个“Word 应用程序范围”活动，如图 5-36 所示。

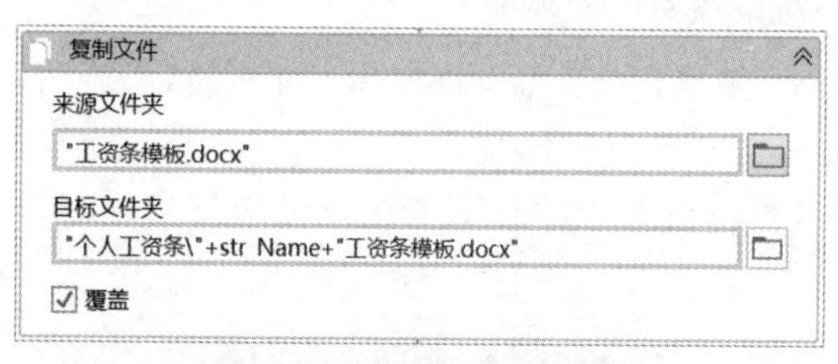

图 5-35 “复制文件”活动

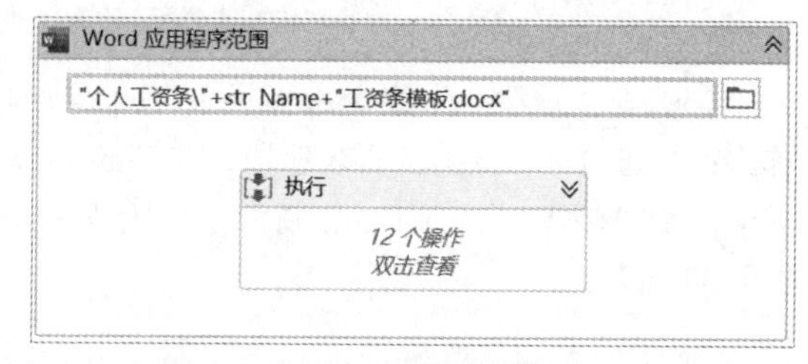

图 5-36 “Word 应用程序范围”活动

在属性面板中设置“文件→文件路径”为："个人工资条 \"+str_Name+" 工资条模板 .docx"，勾选“选项→自动保存”复选框，这样才会将每次生成的员工个人工资条 Word 文档进行保存，如图 5-37 所示。

（8）在“Word 应用程序范围”活动的“执行”中，添加 2 个“替换文档中的文本”活动，如图 5-38 所示。

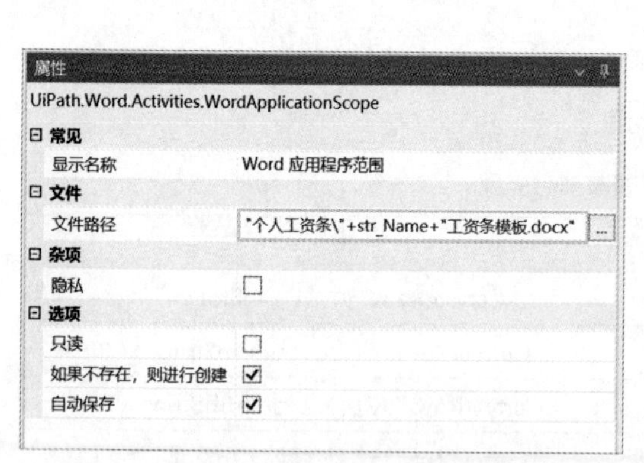

图 5-37 “Word 应用程序范围”活动的属性面板

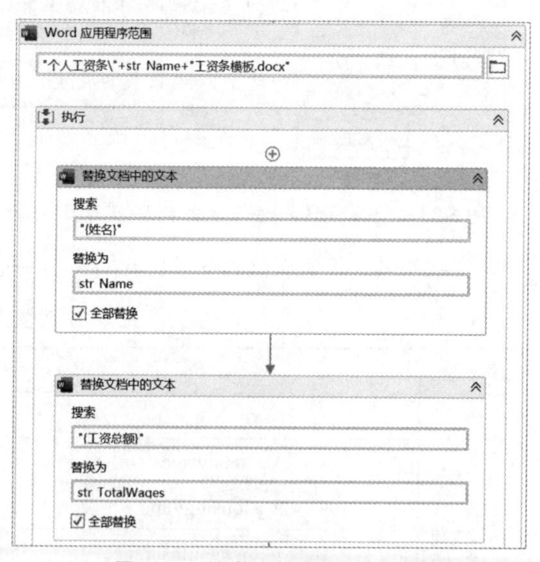

图 5-38 “替换文档中的文本”活动

在属性面板中，将“输入→搜索”分别设置为："{ 姓名 }" 和 "{ 工资总额 }"，在“输入→替换”处分别设置为：str_Name 和 str_TotalWages 变量，类型为 String，勾选“选项→全部替换”复选框，表示文档中如多次出现搜索值将全部替换，如图 5-39 所示。

（9）参照上一步的内容，在“Word 应用程序范围”活动的“执行”中，再添加 8 个“替换文档中的文本”活动，同样勾选“选项→全部替换”复选框，参数设置如表 5-4 所示。

图 5-39 “替换文档中的文本”活动的属性面板

表 5-4 替换文档中的文本属性

序　号	搜 索 值	替 换 值
1	"{ 住房公积金 }"	str_HousingFund
2	"{ 养老保险 }"	str_EndowmentInsurance
3	"{ 医疗保险 }"	str_MedicalInsurance
4	"{ 失业保险 }"	str_UnemploymentInsurance
5	"{ 社保小计 }"	str_SocialSecurity
6	"{ 个人所得税 }"	str_IncomeTax
7	"{ 实发工资 }"	str_ActualSalary
8	"{ 月份 }"	str_Month

（10）创建工资条 PDF 文档，在“Word 应用程序范围”活动的“执行”中，添加一个“将文档另存为 PDF”活动，将“要另存的文件路径”处设置为："个人工资条\"+str_Name+"工资条.pdf"，勾选“替换现有文件”复选框，如图 5-40 所示，表示如指定路径已有同名的现有文件，则使用本次活动生成的内容进行替换。

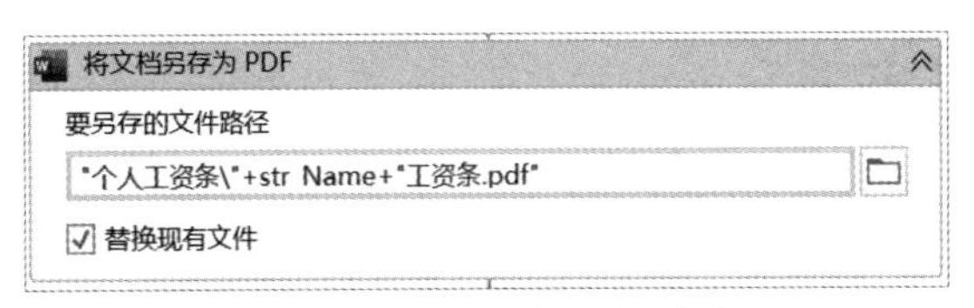

图 5-40 工资条发放 - 将文档另存为 PDF

7. 循环发送工资条邮件

（1）在设计区域，添加“序列”活动，在属性面板设置显示名称为：序列 - 循环发送工资条邮件，如图 5-41 所示。

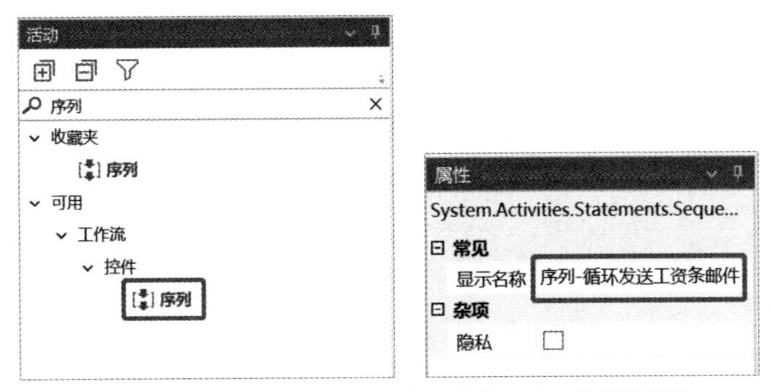

图 5-41 “序列 - 循环发送工资条邮件”活动及其属性面板

单击“序列 - 生成个人工资条”右上角的折叠标志对序列进行折叠，如图 5-42 所示。将“序列 - 循环发送工资条邮件”放置在“序列 - 生成个人工资条”的下方，如图 5-43 所示。

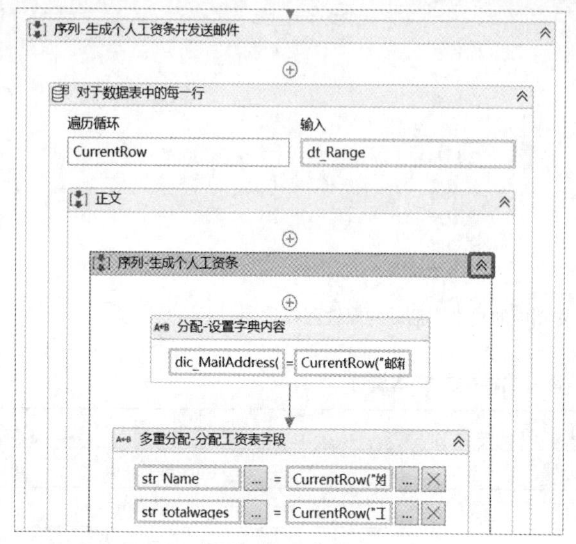

图 5-42　折叠序列

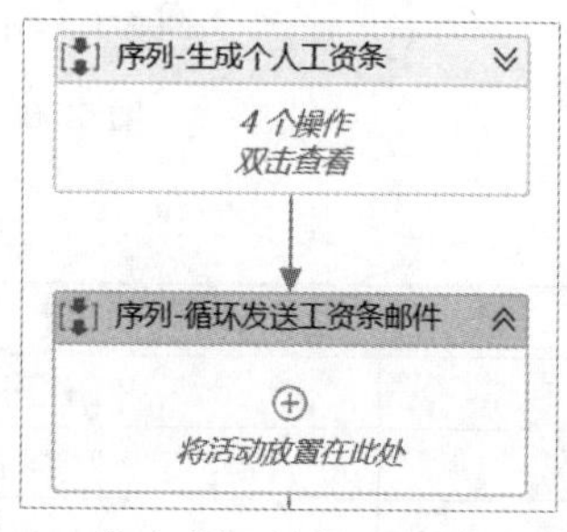

图 5-43　移动“序列 - 循环发送工资条邮件”

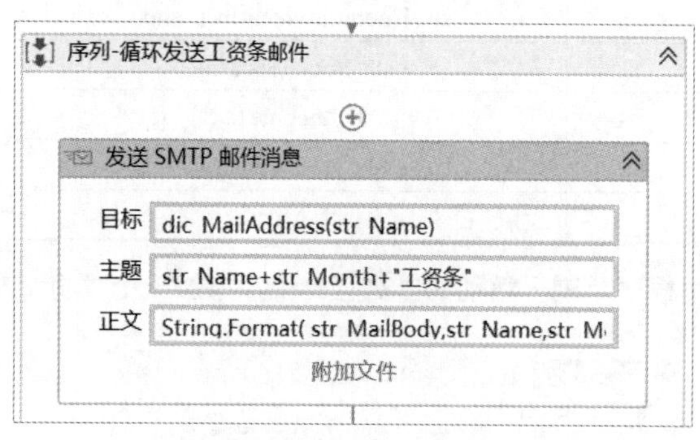

图 5-44　“发送 SMTP 邮件消息”活动

（2）在“序列 - 循环发送工资条邮件”中添加一个“发送 SMTP 邮件消息”活动，如图 5-44 所示。

在属性面板中，设置主机（服务器和端口）、收件人信息、电子邮件信息和登录信息等，如图 5-45 所示。具体的参数内容可参考表 5-5。

图 5-45　“发送 SMTP 邮件消息”活动的属性面板

表 5-5　发送 SMTP 邮件消息属性设置

序　号	参数名称	参数内容
1	服务器	"smtp.qq.com"
2	端口	465
3	收件人 - 目标	dic_MailAddress(str_Name)
4	电子邮件 - 主题	str_Name+str_Month+" 工资条 "
5	电子邮件 - 正文	String.Format(str_MailBody,str_Name,str_Month, str_TotalWages,str_SocialSecurity,str_IncomeTax, str_ActualSalary,today.ToString("yyyy-MM-dd"))
6	登录 - 密码	设置邮箱的 SMTP 授权码，注意不是邮箱密码
7	登录 - 电子邮件	设置邮箱账号
8	附件（集合）	" 个人工资条 \"+str_Name+" 工资条 .pdf"

在属性面板中，单击“附件（集合）”处的更多按钮，如图 5-46 所示，会弹出“附件”对话框。单击“创建参数”，如图 5-47 所示，在值处设置：" 个人工资条 \"+str_Name+" 工资条 .pdf"，如图 5-48 所示。

图 5-46　添加附件

图 5-47　单击“创建参数”

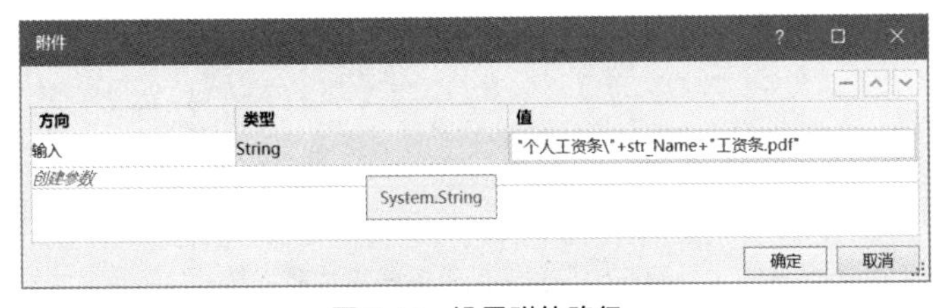

图 5-48　设置附件路径

至此，便完成了“工资条发放”流程的设计。

8. 调试运行结果

回到主流程文件 Main.xaml，运行整个流程并查看流程执行结果。待流程执行完成后，在输出列表中查看流程执行日志，如图 5-49 所示。

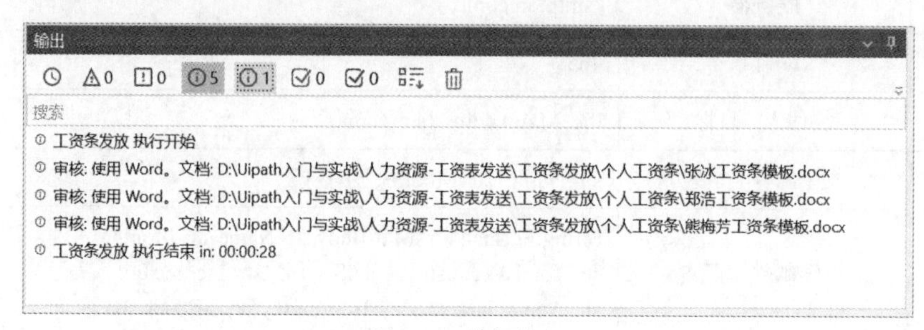

图 5-49　执行日志

进入“个人工资条”文件夹目录，查看自动生成的员工工资表 Word 文档和 PDF 文档，如图 5-50 所示。

› 此电脑 › 新加卷 (D:) › Uipath入门与实战 › 人力资源-工资表发送 › 工资条发放 › 个人工资条

名称	修改日期	类型	大小
熊梅芳工资条	2022/11/14 0:07	Microsoft Edge PD...	49 KB
熊梅芳工资条模板	2022/11/14 0:07	Microsoft Word 文档	20 KB
张冰工资条	2022/11/14 0:07	Microsoft Edge PD...	49 KB
张冰工资条模板	2022/11/14 0:07	Microsoft Word 文档	20 KB
郑浩工资条	2022/11/14 0:07	Microsoft Edge PD...	49 KB
郑浩工资条模板	2022/11/14 0:07	Microsoft Word 文档	20 KB

图 5-50　“个人工资条”文件夹目录的文件

双击其中一份员工工资条 PDF 文档查看结果，如图 5-51 所示。

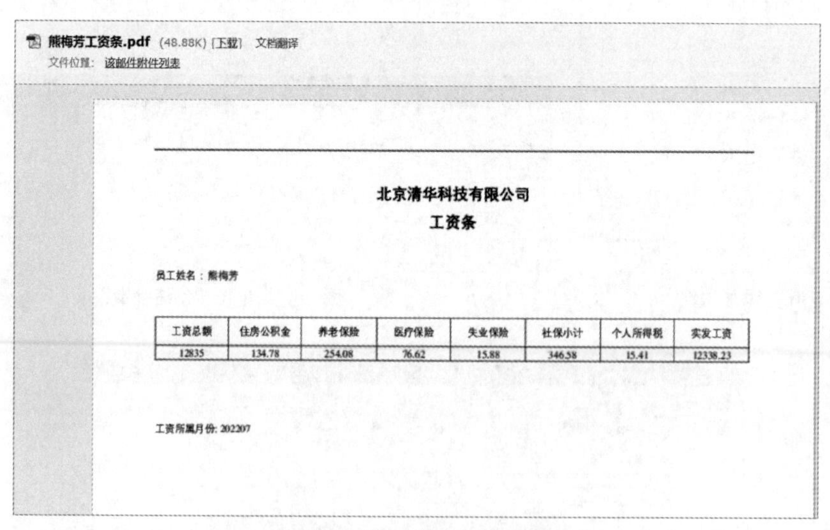
熊梅芳工资条.pdf (48.88K) [下载] 文档翻译
文件位置：该邮件附件列表

北京清华科技有限公司

工资条

员工姓名：熊梅芳

工资总额	住房公积金	养老保险	医疗保险	失业保险	社保小计	个人所得税	实发工资
12835	134.78	254.08	76.62	15.88	346.58	15.41	12338.23

工资所属月份: 202207

图 5-51　员工工资条 PDF 文档

进入收件人邮箱，查看收到的邮件信息，如图 5-42 所示。

图 5-52 邮件信息

5.1.5 案例总结

本 RPA 流程通过解析 Excel 工资表的内容对员工每月的工资信息进行自动采集，并按照模板文件批量生成相应的工资表 Word 文档和 PDF 文档，再通过邮件方式分别发送到员工的邮箱。

5.2 案例拓展

5.2.1 员工数据自动化管理

员工数据管理占用了人力资源部门大部分时间，每当有员工入职、离职、请假等情况发生时，人力资源都需要做出相应的数据记录与更改。

第 1 步，RPA 机器人读取员工的入职、离职、请假邮件信息；

第 2 步，当员工发生入职、离职、请假情况时，提取并记录这些数据；

第 3 步，将提取到的员工数据进行分类，分别将入职、离职、请假等数据放在不同的文件中；

第 4 步，将每天的员工的入职、离职、请假等数据生成数据报表，然后发送给管理员查看；

第 5 步，需求结束。

参照图 5-53 所示流程图，完成以上要求。

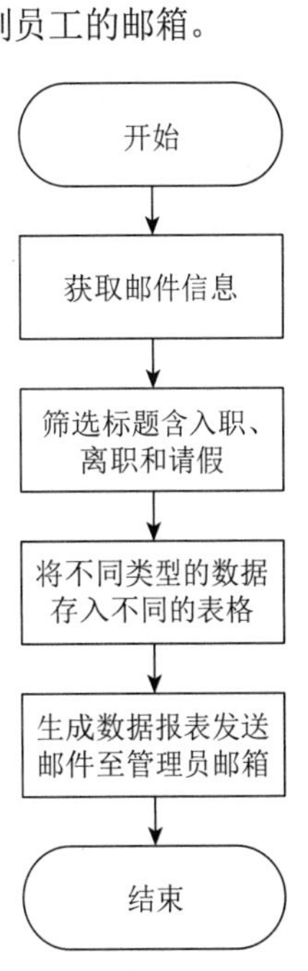

图 5-53 员工数据自动化管理流程图

5.2.2 招聘信息抓取分析

人力资源招聘过程中为了体现公司招聘上的优势，突出与同行其他企业的招聘上的优势，就需要了解网上相关职位的招聘信息，了解同行信息，分析优缺点，完善改进自身招聘信息发布情况以及合理进行薪资结构筹划。

第 1 步，打开拉勾网站（拉勾网）；

第 2 步，在搜索框输入“RPA”，单击“搜索”；

第 3 步，遍历列表数据，将数据逐条填入模板文件中，如图 5-54 所示；

第 4 步，分析薪资在 5 千元以内、6 千元 ~10 千元以内、11 千元 ~15 千元以内、16 千元以上的职位情况，如图 5-55 所示；

第 5 步，需求结束。

	B	C	D	E	F	G
1	公司名称	薪资	公司规模	福利待遇	最低薪资	最高薪资
2	智胜慧安	4k-8k	IT技术服务 | 咨询,人工智能服务,信息	"五险一金 带薪培训 接收应届毕业生"	4	8
3	鑫涌算力信息科技（上海）有限公司	10k-15k	科技金融 / B轮 / 50-150人	"金融科技"	10	15
4	泛微	15k-30k	软件服务 | 咨询 / 上市公司 / 2000人以	"发展前景好"	15	30
5	泛微	15k-30k	软件服务 | 咨询 / 上市公司 / 2000人以	"发展前景好"	15	30
6	京北方	17k-22k	IT技术服务 | 咨询 / 上市公司 / 2000人	"自研产品 大型项目经验 福利好"	17	22
7	用友	25k-45k	软件服务 | 咨询 / 上市公司 / 2000人以	"核心重点业务，老板钦点"	25	45
8	科迪新汇	6k-9k	移动互联网 / 未融资 / 50-150人	"国企化项目，信息化项目"	6	9
9	发业信息	8k-13k	专业服务 | 咨询 / 未融资 / 50-150人	"RPA开发"	8	13
10	上海望繁信科技有限公司	15k-25k	人工智能服务,IT技术服务 | 咨询,软件	"新兴领域、技术大牛"	15	25
11	杭州网创	10k-15k	新零售 / 上市公司 / 500-2000人	"数字化"	10	15
12	杭州网创	9k-14k	新零售 / 上市公司 / 500-2000人	"上市公司、双休、发展空间大"	9	14
13	浙江保融	10k-18k	科技金融 / 不需要融资 / 500-2000人	"五险一金、年终奖金、晋升通道、平	10	18
14	浙江保融	15k-25k	科技金融 / 不需要融资 / 500-2000人	"五险一金、平台规模、晋升通道、年	15	25
15	杭州雅拓	15k-30k	数据服务 | 咨询 / 不需要融资 / 150-5	"五险一金"	15	30
16	杭州雅拓	15k-30k	数据服务 | 咨询 / 不需要融资 / 150-5	"团队氛围好 金融科技"	15	30
17	智胜慧安	4k-8k	IT技术服务 | 咨询,人工智能服务,信息	"五险一金 带薪培训 接收应届毕业生"	4	8
18	鑫涌算力信息科技（上海）有限公司	10k-15k	科技金融 / B轮 / 50-150人	"金融科技"	10	15
19	泛微	15k-30k	软件服务 | 咨询 / 上市公司 / 2000人以	"发展前景好"	15	30
20	泛微	15k-30k	软件服务 | 咨询 / 上市公司 / 2000人以	"发展前景好"	15	30
21	京北方	17k-22k	IT技术服务 | 咨询 / 上市公司 / 2000人	"自研产品 大型项目经验 福利好"	17	22

图 5-54 拉勾网信息获取

参照图 5-56 所示流程图，完成以上要求。

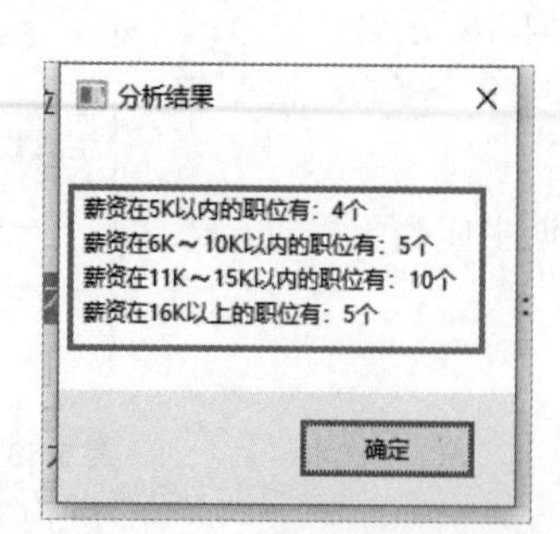

图 5-55 拉勾网招聘信息分析结果

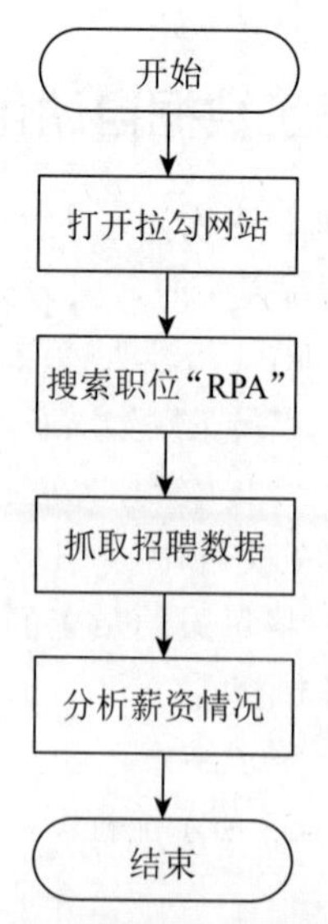

图 5-56 拉勾网招聘信息抓取分析流程图

5.2.3 批量分发简历

人力资源部门收到投递的简历后，需要将不同岗位的简历分发给不同部门的负责人查看，然后参考部门负责人的意见通知面试。

参照图 5-57 所示流程图，完成批量分发简历流程。

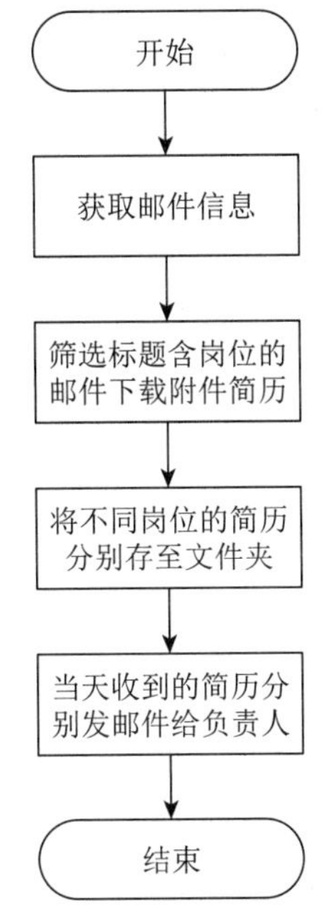

图 5-57 批量分发简历流程图

第 6 章 RPA 在保险行业的应用

6.1 投保单自动生成

投保单是投保人向保险人申请办理保险的文字依据，也是保险人签发保险单的重要依据，同时还是保险合同的一个组成部分。因此，投保单上的各项内容要逐项填写清楚，明确、完整地记载有关投保人的信息、保险标的、险种的明细、保险金额和保险费等。

汽车作为一种出行工具，已经越来越多地应用于人们的生活和日常交往中。随着汽车行业的不断发展，车险的类型也越来越多，除了最重要的交强险之外，车主还可以购买第三者责任险、车损险、盗抢险等各类险种。买车险是一件丰俭由人的事情，不同的人有不同的需求，就需要根据不同的购买需求设计不同的投保方案，最终生成投保单。

以往人工生成投保单的方式，生成过程较为复杂，每一单的投保单流程都需要人工参与，每个岗位节点都需要人工录入大量的数据，且大部分需要录入的保单数据是重复性的，如投保人的姓名、证件号、投保标的等信息，因此会影响投保单的效率和准确性。

有鉴于此，本章通过机器人将不同的投保需求录入车险计算器网站中，再根据不同的投保需求生成的保费金额进行分析计算，最终生成一份完整的投保单将其发送给投保人。主要目的在于解决目前投保单过程需要人工录入大量的保单数据，影响投保单的效率，且容易出错、浪费人力资源的问题。

通过本章案例您将学到:

- Excel 组件的使用。
- 邮件组件的使用。
- 程序包的安装。
- Word 组件的使用。
- 网页自动化的使用。
- 数据表循环的使用。

6.1.1　需求分析

为了将投保需求信息表中的投保信息输入车险计算器网站中进行计算，并获取网站的计算结果，将计算的保费结果填入以投保人姓名命名的文档中，再通过邮件发送至投保人，本自动化流程应具备以下功能：

（1）从“投保需求信息表 .xlsx”文件中读取 Sheet1 数据，作为投保需求信息的数据源。

（2）从“投保需求信息表 .xlsx”文件中读取 Sheet2 表中 A2 单元格数据，保存网址。

（3）登录计算网站，将对应的投保需求输入网站并分别获取网站自动生成的保费。

（4）复制 Word 模板，分别为每个投保人生成投保单，并以“汽车保险投保单 + 投保人”命名的 PDF 文件形式输出，存放在“投保单”文件夹。

（5）将自动生成的投保单分别发送至各投保人邮箱。

6.1.2　系统设计

1. 系统功能设计

投保单自动生成的功能结构主要包括四个部分，分别是获取投保需求信息、自动输入投保基础信息、自动生成投保单和自动发送投保单邮件，详细的功能设计如表 6-1 所示。

表 6-1　投保单自动生成的功能结构

序 号	功 能 模 块	步　　骤
1	获取投保需求信息	通过获取 Excel 内容完成如下目标： ①投保需求信息读取； ②网址读取
2	自动输入投保基础信息	自动登录网站循环输入投保基础信息，目标功能包括： ①循环读取 Excel 投保需求信息的每一行； ②登录网站； ③通过多重分配存储数据表信息； ④在网页中通过输入信息和选中项目等方式填写投保基础信息
3	自动生成投保单	通过在网站输入投保信息并获取网站生成的保费生成投保单 Word 和 PDF 文件，目标功能包括： ①将 Word 模板复制到投保人各自的投保单并重命名； ②在网站分别选择不同的险种生成保费信息并获取； ③分别将 Word 模板中的预设内容替换为数据表或网站获取的投保单信息； ④创建投保单 PDF 文档
4	自动发送投保单邮件	循环过程中分别给各投保人发送投保单邮件，目标功能包括： ①根据投保人邮箱分别发送投保单； ②关闭浏览器

2. 自动化业务流程设计

根据本项目的需求分析以及功能结构，设计出业务流程图，如图 6-1 所示。

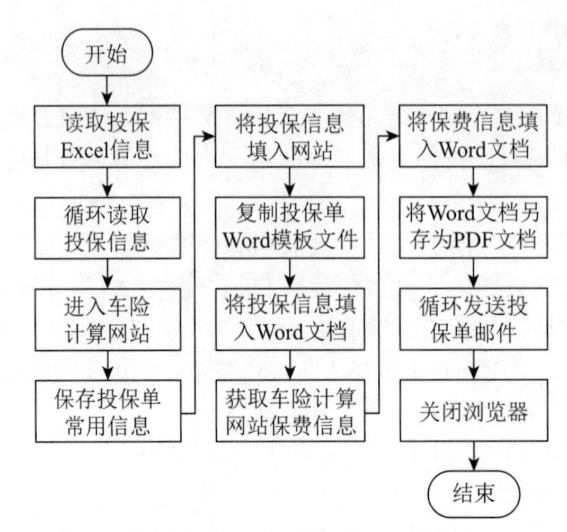

图 6-1　投保单自动生成的业务流程图

6.1.3　系统开发必备

1. 开发环境及工具

本项目的开发及运行环境如下：

- 操作系统：Windows 7、Windows 10、Windows 11。
- 开发工具：UiPath 2022.4.4。
- Office 软件：Microsoft Office 2016/2019/2021。

2. 项目文件结构

投保单自动生成的项目文件结构如图 6-2 所示。

（1）“投保单”文件夹：用于存储流程执行过程中生成的投保单 Word 文档和 PDF 文档。

（2）Main.xaml：工作流的主流程文件。

（3）投保需求信息表 .xlsx：待流程自动读取的投保信息表文件。

（4）汽车保险投保单 .docx：用于存储 Word 版投保单的模板文件。

3. 开发前准备

1）“汽车保险投保单”模板文件

提前创建 Word 模板“汽车保险投保单 .docx”，存放于根目录下。文件中用大括号“{ 变量名称 } ”标记为占位符，用于之后字符串替换的功能，在实际开发过程中，可以根据项目实际需要来自定义变量名称，或增删占位符。“汽车保险投保单 .docx”的具体内容如图 6-3 所示。

2）“投保需求信息表”文件

提前创建 Excel 文件“投保需求信息表 .xlsx”，用于记录投保人信息和车辆投保需求信息。其中 Sheet1 工作表主要记录投保人的个人信息、车辆信息、投保需求信息以及邮箱地址等，如图 6-4 所示。在实际案例练习中，请读者根据实际情况更新该工作表中的“邮箱地址”列的邮箱地址，以便验证邮件的接收情况。

3）车险参考文件

在“投保需求信息表 .xlsx”文件的 Sheet2 工作表内设置车险参考文件，用于存储车险计算网址信息和保险费用计算规则，如图 6-5 所示。

图 6-2　投保单自动生成的项目文件结构

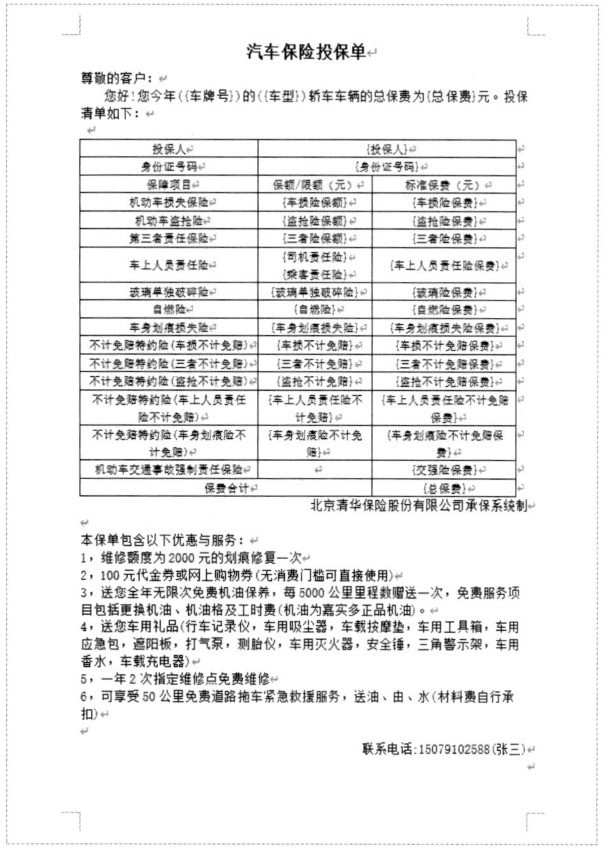

汽车保险投保单

尊敬的客户：

您好！您今年{{车牌号}}的{{车型}}轿车车辆的总保费为{总保费}元。投保清单如下：

投保人	{投保人}	
身份证号码	{身份证号码}	
保障项目	保额/限额（元）	标准保费（元）
机动车损失保险	{车损险保额}	{车损险保费}
机动车盗抢险	{盗抢险保额}	{盗抢险保费}
第三者责任保险	{三者险保额}	{三者险保费}
车上人员责任险	{司机责任险} {乘客责任险}	{车上人员责任险保费}
玻璃单独破碎险	{玻璃单独破碎险}	{玻璃险保费}
自燃险	{自燃险}	{自燃险保费}
车身划痕损失险	{车身划痕损失险}	{车身划痕损失险保费}
不计免赔特约险(车损不计免赔)	{车损不计免赔}	{车损不计免赔保费}
不计免赔特约险(三者不计免赔)	{三者不计免赔}	{三者不计免赔保费}
不计免赔特约险(盗抢不计免赔)	{盗抢不计免赔}	{盗抢不计免赔保费}
不计免赔特约险(车上人员责任险不计免赔)	{车上人员责任险不计免赔}	{车上人员责任险不计免赔保费}
不计免赔特约险(车身划痕险不计免赔)	{车身划痕险不计免赔}	{车身划痕险不计免赔保费}
机动车交通事故强制责任保险		{交强险保费}
保费合计		{总保费}

北京青华保险股份有限公司承保系统制

本保单包含以下优惠与服务：
1，维修额度为 2000 元的划痕修复一次
2，100 元代金券或网上购物券(无消费门槛可直接使用)
3，送您全年无限次免费机油保养，每 5000 公里里程数赠送一次，免费服务项目包括更换机油、机油格及工时费(机油为嘉实多正品机油)。
4，送您车用礼品(行车记录仪，车用吸尘器，车载按摩垫，车用工具箱，车用应急包，遮阳板，打气泵，测胎仪，车用灭火器，安全锤，三角警示架，车用香水，车载充电器)
5，一年 2 次指定维修点免费维修
6，可享受 50 公里免费道路拖车紧急救援服务，送油、电、水(材料费自行承担)

联系电话:15079102588(张三)

图 6-3　“汽车保险投保单 .docx”模板

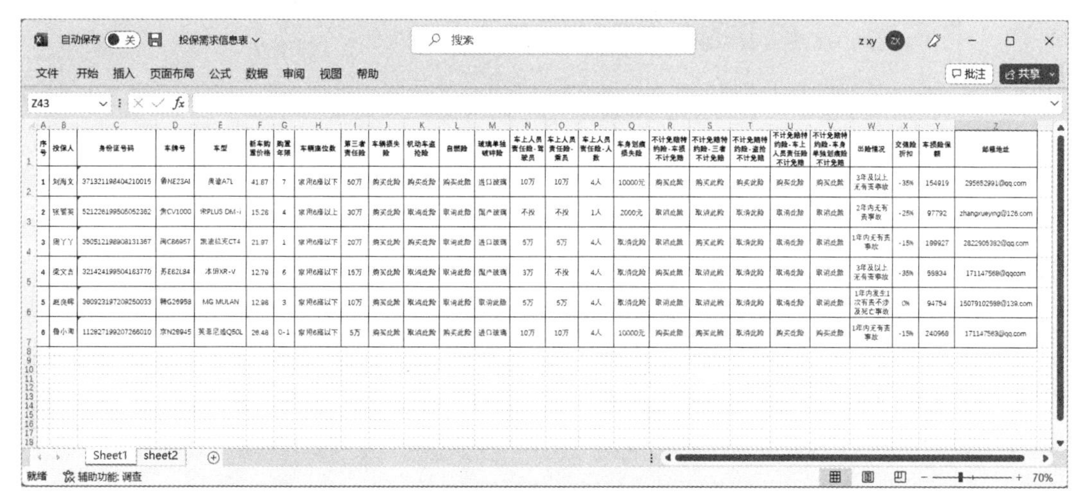

序号	投保人	身份证号码	车牌号	车型	新车购置价格	购置年限	车辆座位数	第三者责任险	车辆损失险	机动车盗抢险	自燃险	玻璃单独破碎险
1	刘海文	371321198404210015	鲁NE23AI	奥迪A7L	41.87	7	家用6座以下	50万	购买此险	购买此险	购买此险	进口玻璃
2	张警英	521226199505052362	贵CV1000	宋PLUS DM-i	15.26	4	家用6座以上	30万	购买此险	取消此险	取消此险	国产玻璃
3	周丫丫	350512198908131367	闽C86957	凯迪拉克CT4	21.97	1	家用6座以下	20万	购买此险	购买此险	取消此险	进口玻璃
4	梁文吉	321424199504163770	苏E62L84	本田XR-V	12.79	6	家用6座以下	15万	购买此险	取消此险	取消此险	国产玻璃
5	赵良晖	360923197209250033	赣G26958	MG MULAN	12.98	3	家用6座以下	10万	购买此险	取消此险	取消此险	取消此险
6	鲁小周	112827199207266010	京N28945	英菲尼迪Q50L	26.48	0-1	家用6座以下	5万	购买此险	取消此险	购买此险	进口玻璃

序号	车上人员责任险-驾驶员	车上人员责任险-乘员	车上人员责任险-人数	车身划痕损失险	不计免赔特约险-车损不计免赔	不计免赔特约险-三者不计免赔	不计免赔特约险-盗抢不计免赔	不计免赔特约险-车上人员责任险不计免赔	不计免赔特约险-车身单独划痕险不计免赔	出险情况	交强险折扣	车损险保额	邮箱地址
1	10万	10万	4人	10000元	购买此险	购买此险	购买此险	购买此险	购买此险	3年及以上无有责事故	-35%	154919	295652991@qq.com
2	不投	不投	1人	2000元	取消此险	取消此险	取消此险	取消此险	取消此险	2年内无有责事故	-25%	97792	zhangrueying@126.com
3	5万	5万	4人	取消此险	取消此险	购买此险	取消此险	取消此险	取消此险	1年内无有责事故	-15%	199927	2822905382@qq.com
4	3万	不投	4人	取消此险	购买此险	取消此险	取消此险	取消此险	取消此险	3年及以上无有责事故	-35%	59834	171147568@qqcom
5	5万	5万	4人	取消此险	取消此险	取消此险	取消此险	取消此险	取消此险	1年内发生1次有责不涉及死亡事故	0%	94754	15079102588@139.com
6	10万	10万	4人	10000元	购买此险	购买此险	取消此险	购买此险	购买此险	1年内无有责事故	-15%	240968	171147563@qq.com

图 6-4　“投保需求信息表 .xlsx”的 Sheet1 工作表

4）开启 SMTP 邮件服务

本案例使用 QQ 邮箱的 SMTP 服务来发送投保单，因此需要提前为发送邮件的账户开启 SMTP 服务。具体方法如下：

（1）打开网页 https://mail.qq.com/，登录 QQ 邮箱。

（2）单击“设置”，进入邮箱设置页面，如图 6-6 所示。

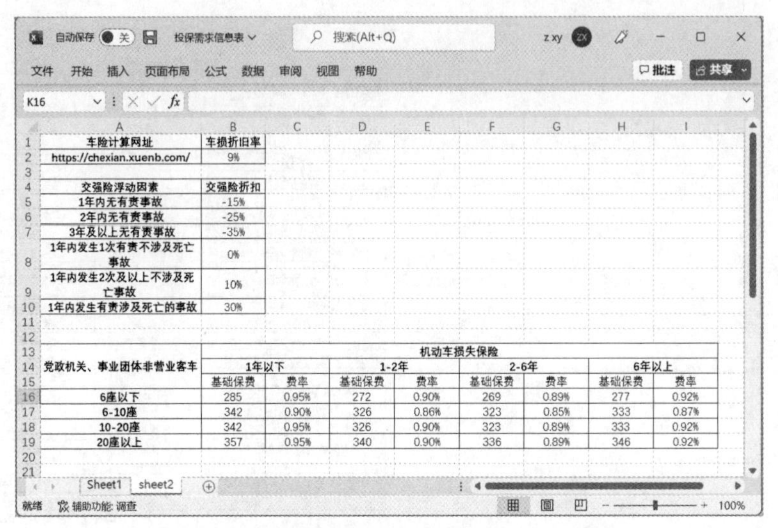

车险计算网址	车损折旧率
https://chexian.xuenb.com/	9%

交强险浮动因素	交强险折扣
1年内无有责事故	-15%
2年内无有责事故	-25%
3年及以上无有责事故	-35%
1年内发生1次有责不涉及死亡事故	0%
1年内发生2次及以上不涉及死亡事故	10%
1年内发生有责涉及死亡的事故	30%

党政机关、事业团体非营业客车	机动车损失保险							
	1年以下		1-2年		2-6年		6年以上	
	基础保费	费率	基础保费	费率	基础保费	费率	基础保费	费率
6座以下	285	0.95%	272	0.90%	269	0.89%	277	0.92%
6-10座	342	0.90%	326	0.86%	323	0.85%	333	0.87%
10-20座	342	0.95%	326	0.90%	323	0.89%	333	0.92%
20座以上	357	0.95%	340	0.90%	336	0.89%	346	0.92%

图 6-5 “投保需求信息表 .xlsx”的 Sheet2 工作表

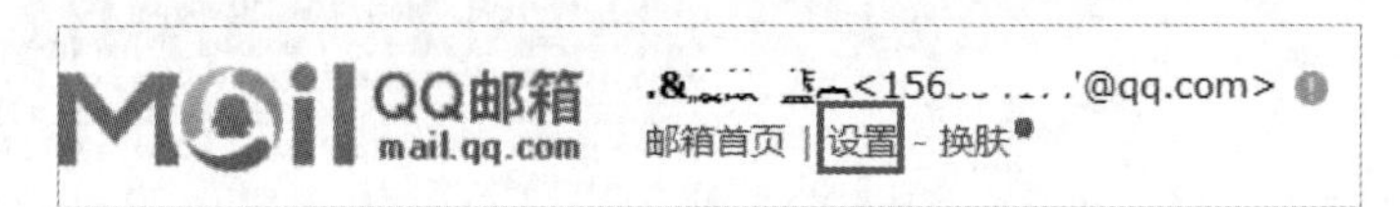

图 6-6 邮箱设置

（3）单击“账户”，在“POP3/IMAP/SMTP/Exchange/CardDAV/CalDAV 服务”的“开启服务”中，单击“POP3/SMTP 服务”行的“开启”，如图 6-7 所示。

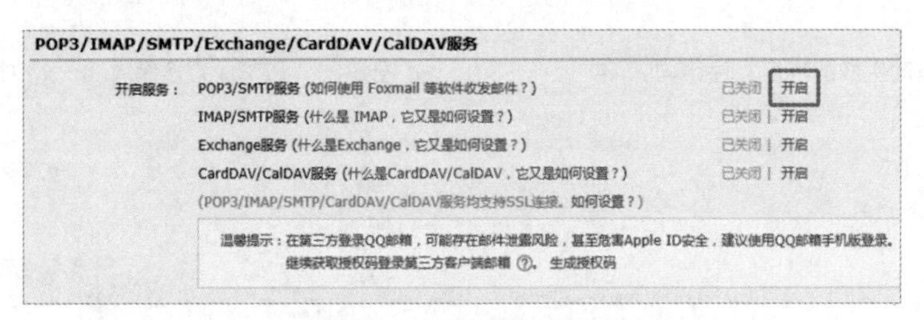

图 6-7 开启 SMTP 服务

（4）按照“验证密保”的要求，使用密保手机发短信“配置邮件客户端”到指定的号码，如图 6-8 所示。

（5）短信发送完成后单击“我已发送”按钮，显示成功“开启 POP3/SMTP”的对话框。每次授权操作，授权码都会不同，请提前记录并保存好该“授权码”，如图 6-9 所示，在流程开发后期发送邮件时配置需要用到。

图 6-8 配置邮件客户端

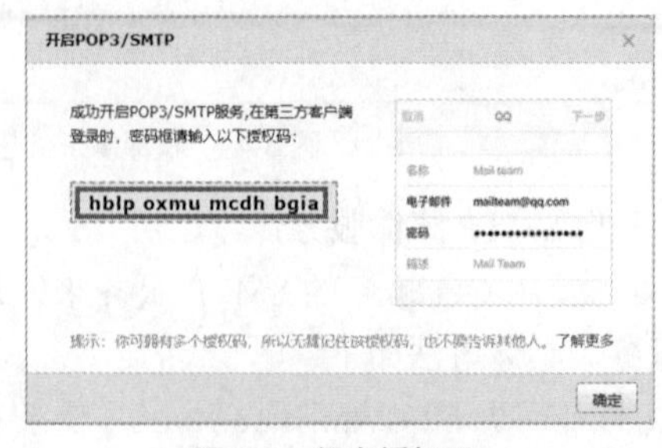

图 6-9 保存授权码

（6）关闭对话框，页面显示“POP3/SMTP 服务”的状态为“已开启”，如图 6-10 所示。

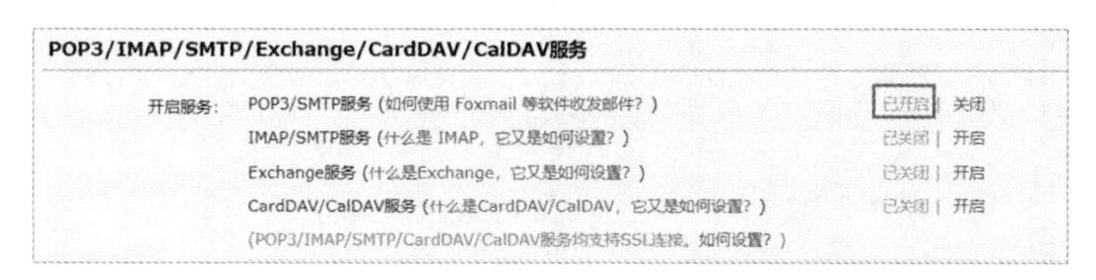

图 6-10　显示 SMTP 服务状态

6.1.4　流程实现

1. 创建项目

（1）单击“开始”，在“新建项目”中单击“流程”，如图 6-11 所示。

图 6-11　新建流程

（2）在弹出的“新建空白流程”对话框中输入项目名称、位置，如图 6-2 所示，单击“创建”按钮。

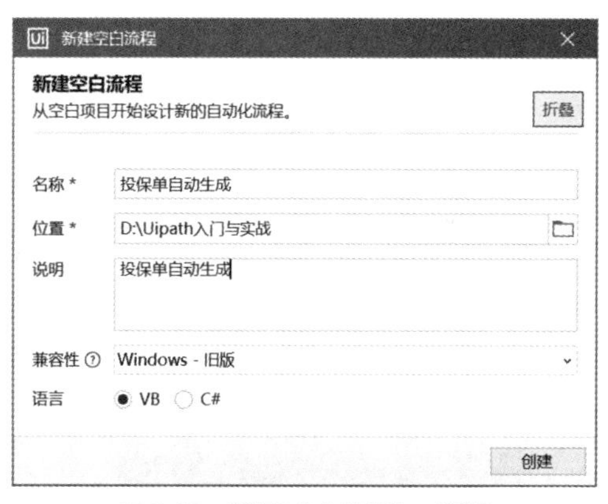

图 6-12　“新建空白流程”对话框

2. 程序包下载与管理

本案例中，我们需要对 Word 文件进行打开与写入来实现投保单的制作，并将其另存为 PDF 文件，由于 UiPath Studio 默认的项目依赖项里没有 Word 文件处理相关的程序包，将无法完成对 Word 文件的读写工作，所以首先需要手动添加依赖项 UiPath.Word.Activities，具体添加方法如下。

（1）单击工具栏中的“管理程序包”，如图 6-13 所示。

图 6-13　单击“管理程序包”

（2）在“管理包”对话框中，单击“正式”选项卡，在查询栏中输入“UiPath.Word.Activities”，查询获得该组件后选中该组件，在右侧面板中单击“安装”按钮，最后单击“保存”按钮，如图 6-14 所示。

（3）安装完成后对话框自动关闭，在“项目→依赖项”中可看到 UiPath.Word.Activities 已被添加进项目，如图 6-15 所示。

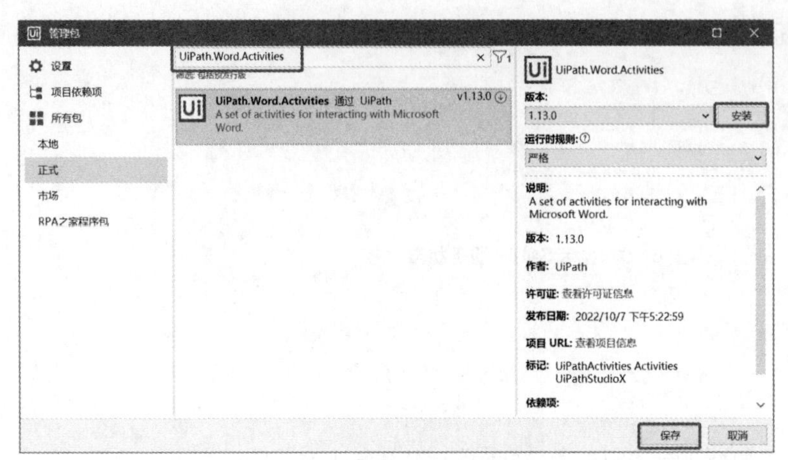

图 6-14　程序包安装

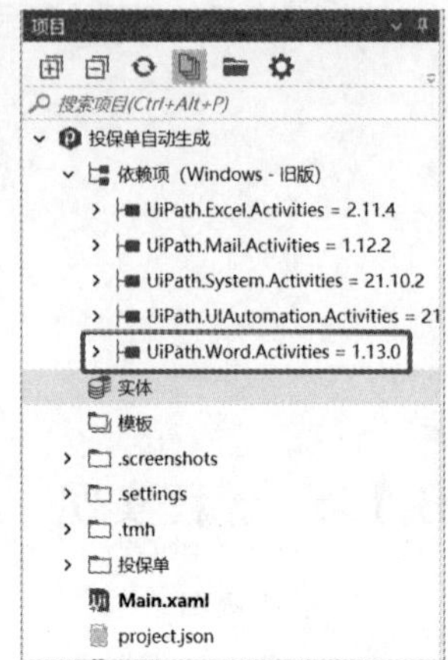

图 6-15　项目依赖项添加成功

3. 设置根目录文件

（1）在根目录文件中新建文件夹，命名为“投保单”。

（2）将提前准备的“投保需求信息表 .xlsx”文件存放至项目的根目录文件中。

（3）将提前准备的“汽车保险投保单 .docx”文件存放至项目的根目录文件中。

至此，流程需要的所有文件已经准备完成了，如图 6-16 所示。接下来，便开始进行流程的设计。投保单自动生成的流程设计如图 6-17 所示，具体实现步骤如下。

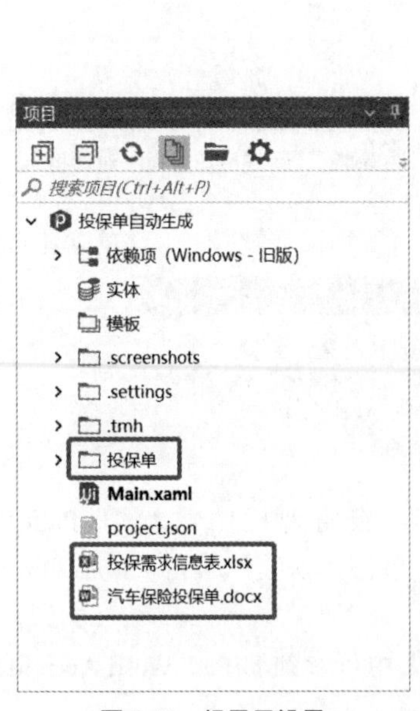

图 6-16　根目录设置

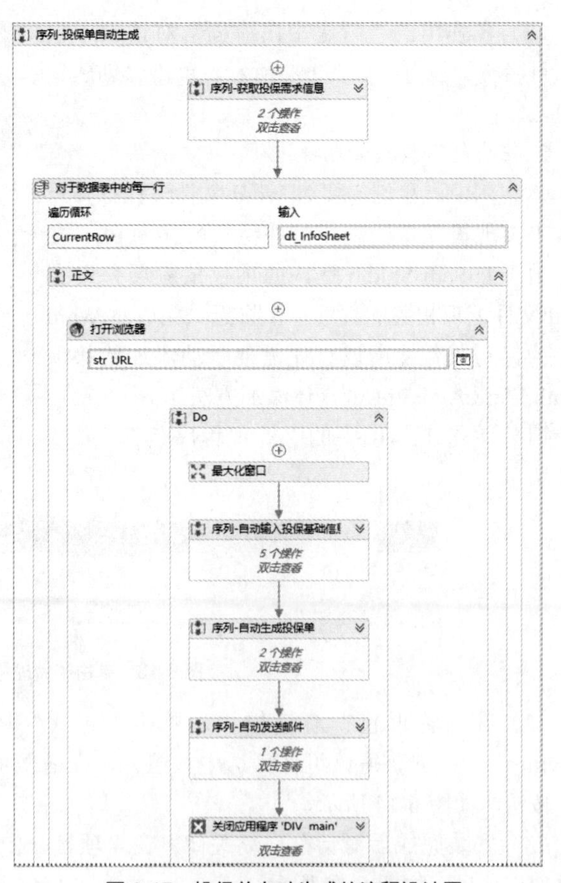

图 6-17　投保单自动生成的流程设计图

4.“获取投保需求信息”模块的实现

“获取投保需求信息”模块的主要功能是读取"投保需求信息表.xlsx"中 Sheet1 整个工作表的内容和 Sheet2 中的网址信息，具体实现步骤如下。

（1）单击“打开主工作流”，打开 Main.xaml，如图 6-18 所示。

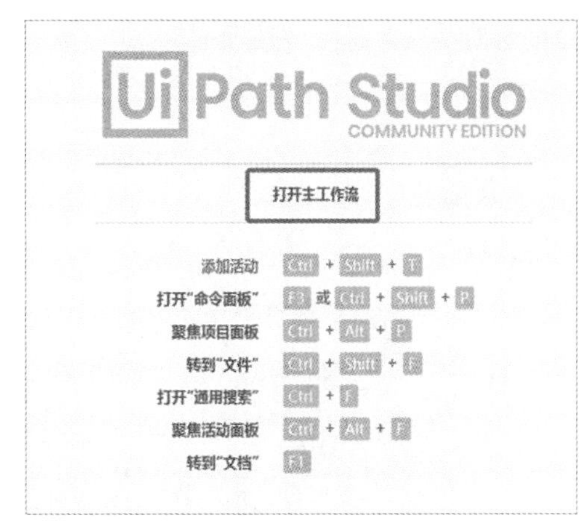

图 6-18　单击“打开主工作流”

（2）在设计区域添加“序列”活动，在属性面板设置显示名称为“序列 - 投保单自动生成”。再添加一个“序列”活动至“序列 - 投保单自动生成”内，命名为“序列 - 获取投保需求信息”，如图 6-19 所示。

（3）在活动面板搜索“读取范围”活动，拖曳至“序列 - 获取投保需求信息”中，在属性面板，设置显示名称为“读取范围 - 读取需求信息表”，如图 6-20 所示。

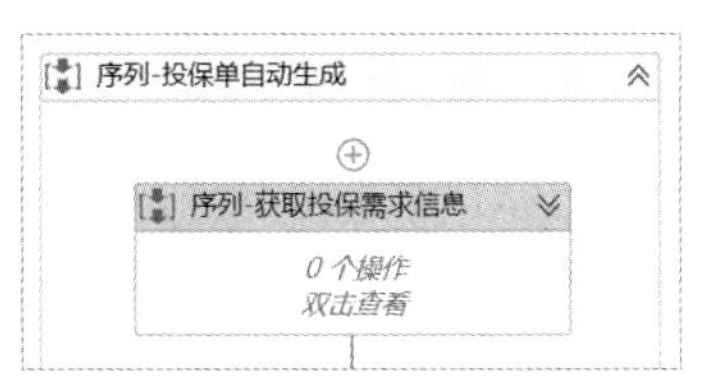

图 6-19　“序列 - 获取投保需求信息”活动

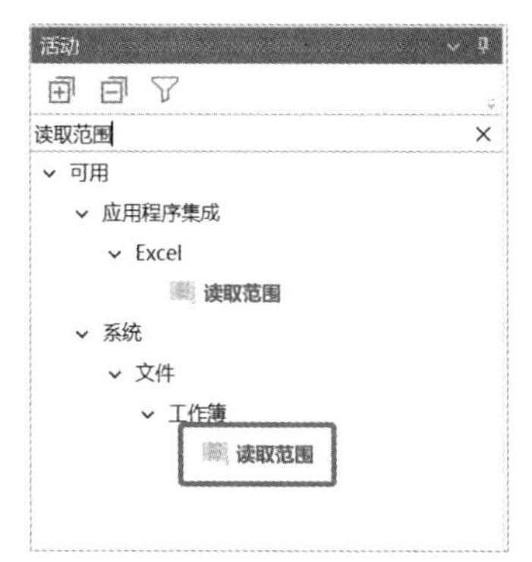

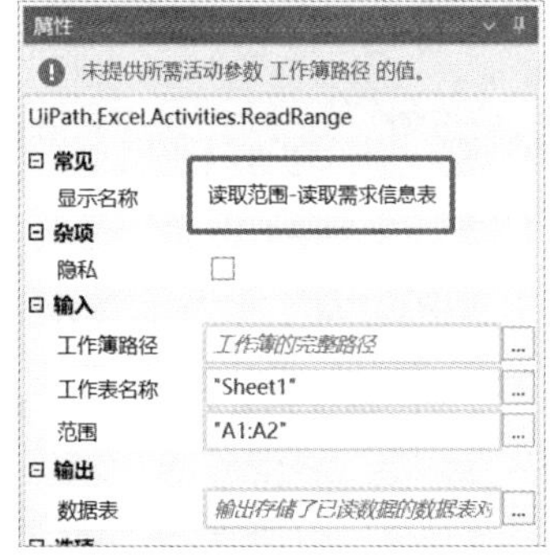

图 6-20　“读取范围 - 读取需求信息表”活动

如图 6-21 所示，将属性面板的“输入→工作簿路径”设置为“"投保需求信息表.xlsx"”，也可在活动主体中浏览文件选取；“输入→工作表名称”设置为“"Sheet1"”，“输入→范围”输入框中输入“""”，表示读取“投保需求信息表.xlsx”的 Sheet1 工作表的整张表。在“输出→数据表”处，创建一个数据表变量“dt_InfoSheet”。在活动的属性面板中创建变量，会自动生成与活动匹配的变量类型，如果自动生成的变量类型不是我们想要的，也可以对该变量的数据类型进行更改。

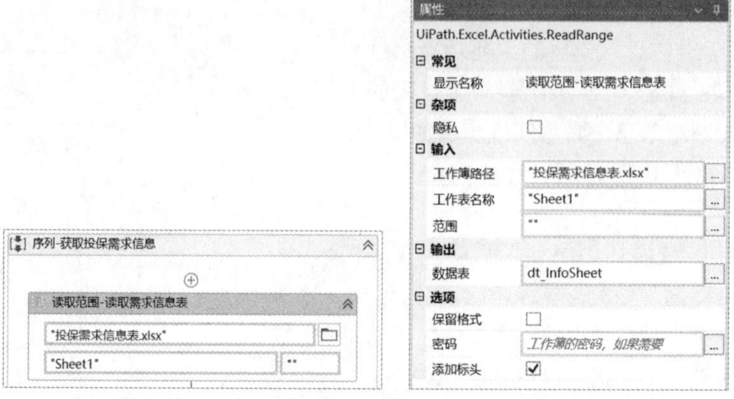

图 6-21 “读取范围 - 读取需求信息表”活动的属性面板

单击变量面板，查看变量 dt_InfoSheet 的变量类型为 DataTable。在“范围”下拉列表中选择“序列 - 投保单自动生成”，将该变量的作用范围放大到整个流程，如图 6-22 所示。通常，设置变量面板中的范围时，单击下拉列表后显示在最下面一个就是变量可选的最大范围。

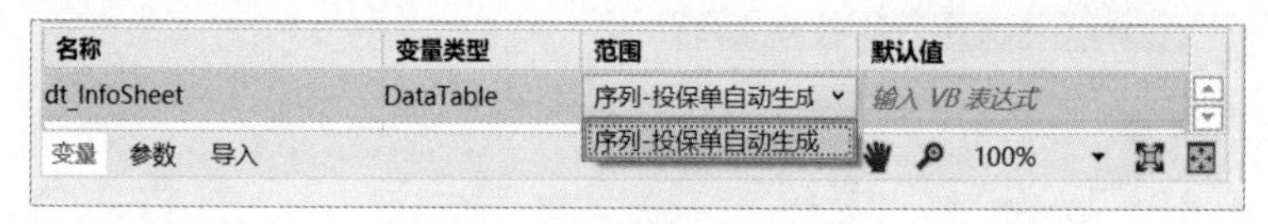

图 6-22 设置变量 dt_Infosheet

（4）在活动面板搜索“读取单元格”活动，拖曳“系统→文件→工作簿→读取单元格”活动至“序列 - 获取投保需求信息”中，在属性面板中设置显示名称为“读取单元格 - 读取网址”，如图 6-23 所示。

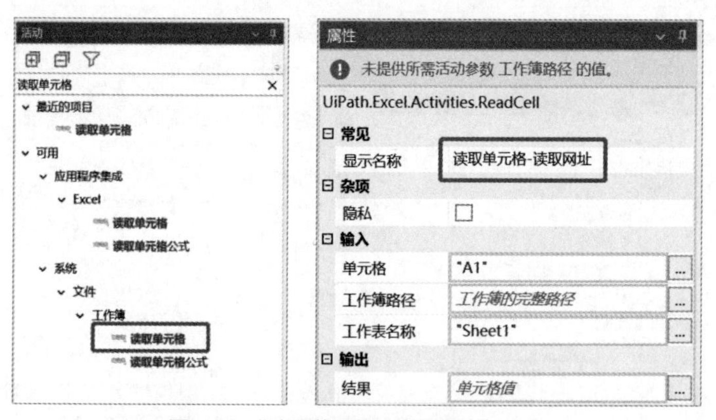

图 6-23 “读取单元格 - 读取网址”活动

在属性面板的“输入→单元格”处输入“"A2"”，将“输入→工作簿路径”设置为“" 投保需求信息表 .xlsx"”，“输入→工作表名称”处设置为“"Sheet2"”。在“输出→结果”处，创建一个字符串类型的变量“str_URL”，如图 6-24 所示。

第一个模块“获取投保需求信息”模块便开发完成。

5. “自动输入投保基础信息”模块的实现

（1）在“序列 - 获取投保需求信息”活动的下方，添加“对于数据表中的每一行”活动，在“输入→数据表”输入框中输入变量“dt_InfoSheet”，如图 6-25 所示。遍历循环处的 Current

变量为活动自动生成的变量，表示将数据表的每一行分别循环存入此变量中，在正文的活动中进行操作。

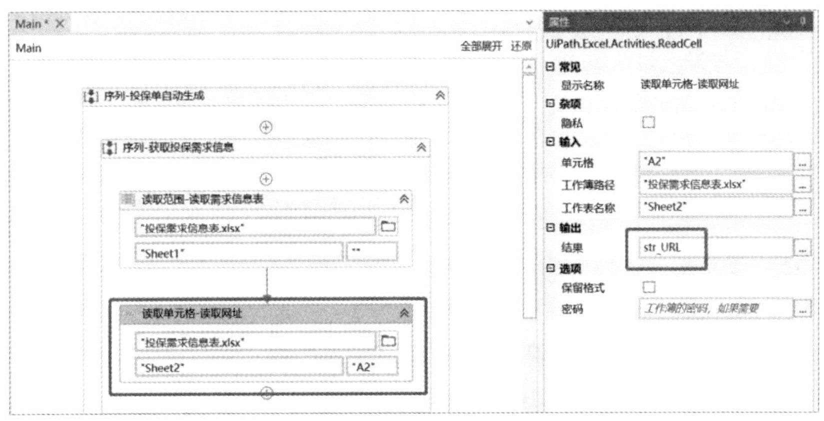

图 6-24 “读取单元格 - 读取网址”活动的属性面板

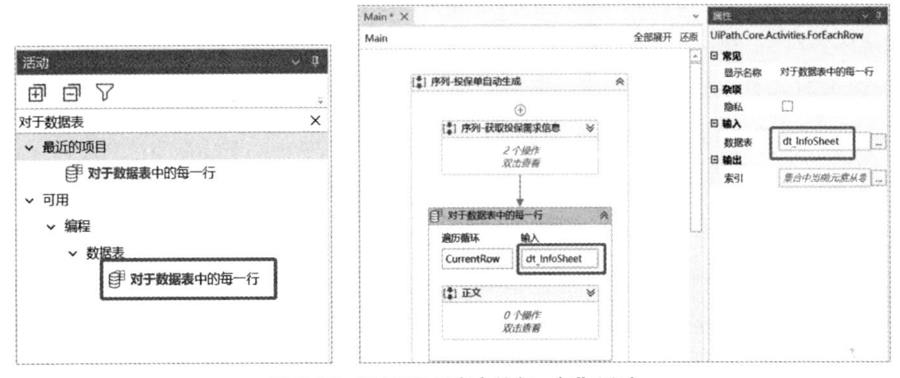

图 6-25 “对于数据表中的每一行”活动

（2）在“对于数据表中的每一行”活动的正文中添加一个“打开浏览器”活动。在属性面板中，“输入→ URL”处设置为变量“str_URL”，“输入→浏览器类型”设置为谷歌浏览器“Chrome”，如图 6-26 所示。

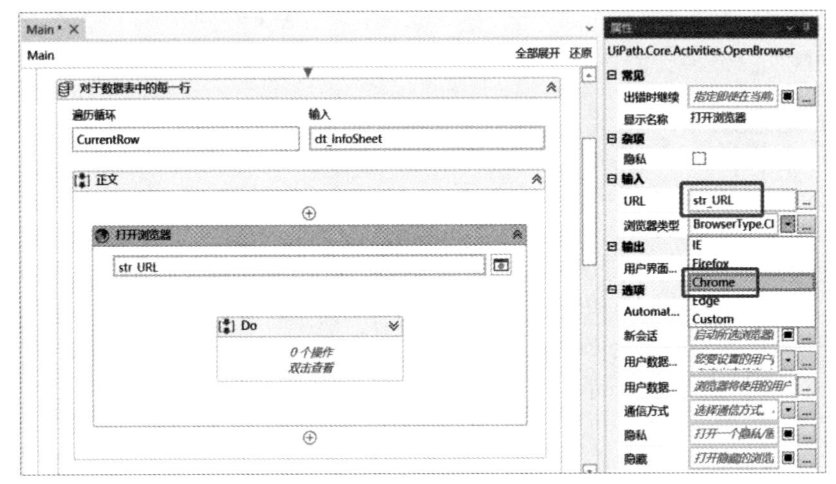

图 6-26 “打开浏览器”活动

（3）在“打开浏览器”活动的 Do 中，添加一个“最大化窗口”活动，如图 6-27 所示。“最大化窗口”活动能将打开的网页保持窗口最大化的状态，方便我们后续的操作。

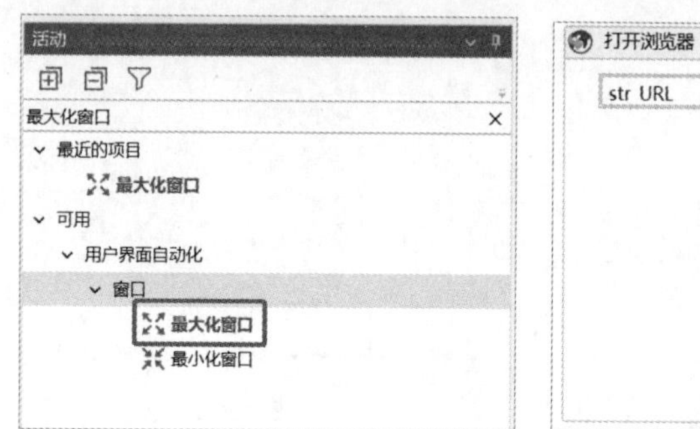

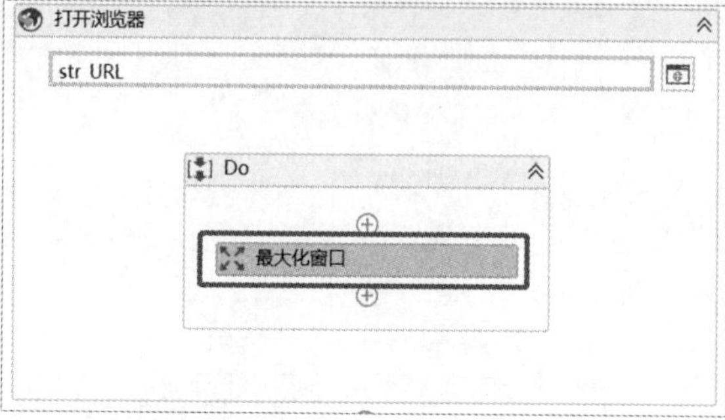

图 6-27 “最大化窗口”活动

（4）在“最大化窗口”活动的下方添加一个“序列”，将“序列”更名为“序列 - 自动输入投保基础信息”。在“序列 - 自动输入投保基础信息”中添加一个“多重分配”活动。在“多重分配”活动等号的左侧，即目标处单击鼠标右键依次创建字符串类型的变量，在右侧“值”处为变量进行赋值，输入对应的赋值表达式，如图 6-28 所示。

图 6-28 “多重分配”活动

通过多重分配活动将循环的当前行中对应列的内容分别赋值给各变量，CurrentRow(0) 表示第一列即 A 列，CurrentRow(1) 表示 B 列，依此类推。由于数据表中读取出来的 CurrentRow(1) 为 Object 型变量，需要设置为 CurrentRow(1).ToString 转换为 String 型才可存储在字符串变量中。多重分配的配置如表 6-2 所示。

表 6-2　“多重分配“的配置

内　容	目　标	值
投保人	str_policyholders	CurrentRow(1).tostring
购置年限	str_Years	CurrentRow(6).tostring
车辆座位数	str_Seats	CurrentRow(7).tostring
第三者责任险	str_ThirdParty	CurrentRow(8).tostring
玻璃单独破碎险	str_GlassInsurance	CurrentRow(12).tostring
车上人员责任险 - 驾驶员	str_Driver	CurrentRow(13).tostring
车上人员责任险 - 乘员	str_Passengers	CurrentRow(14).tostring
车上人员责任险 - 人数	str_Number	CurrentRow(15).tostring
车身划痕损失险	str_ScratchInsurance	CurrentRow(16).tostring
交强险折扣	str_discount	CurrentRow(23).tostring
车损险保额	str_AmountInsurance	CurrentRow(24).tostring

（5）在浏览器中输入投保基础信息。首先填入第一项车辆基础信息“新车购置价格”。在活动面板中搜索“输入信息”活动，将其添加至工作区，如图 6-29 所示。“输入信息”活动可以将文本输入至网页指定的输入框中。

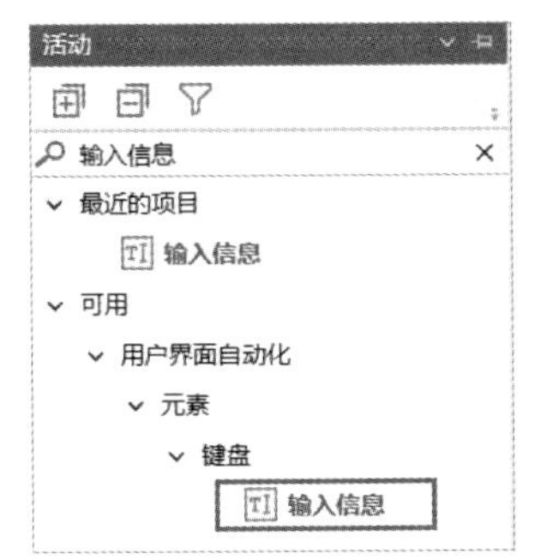

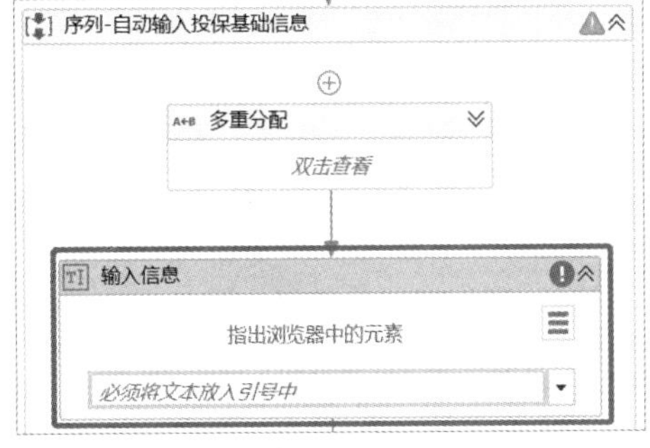

图 6-29　“输入信息”活动

手动打开谷歌浏览器，输入网址“https://chexian.xuenb.com/”进入车险计算器网站，并保持网页置顶状态。回到 UiPath Studio 设计界面，单击“输入信息”活动中的“指出浏览器中的元素”，电脑会自动转到网页中，鼠标左键单击网页上新车购置价格的输入框中，如图 6-30 所示。

浏览器中的元素选取好之后，“输入信息”活动的指出浏览器中的元素处会显示为指出的元素的截图信息，在截图信息下方的文本框内输入“CurrentRow(5).tostring”，如图 6-31 所示。

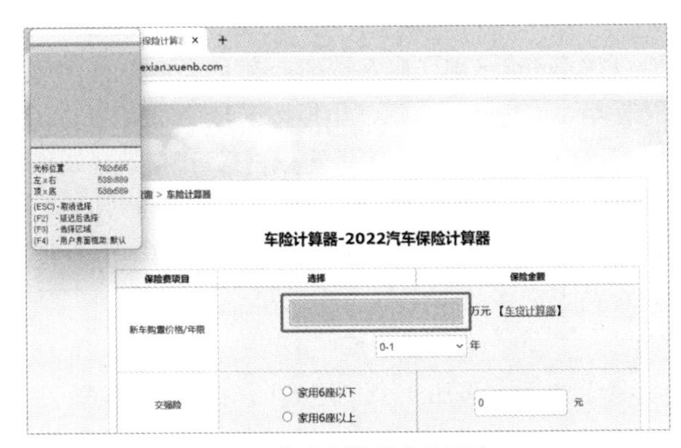

图 6-30　指出浏览器中的元素

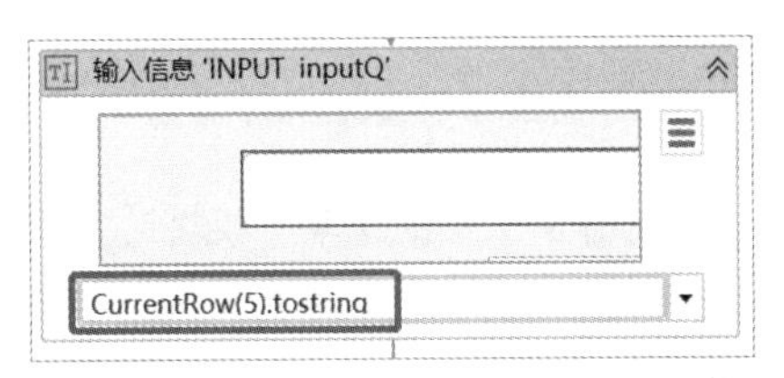

图 6-31　输入“CurrentRow(5).tostring”

序号	投保人	身份证号码	车牌号	车型	新车购置价格
1	刘海文	371321198404210015	鲁NE23AI	奥迪A7L	41.87

图 6-32　F2 单元格内容

CurrentRow(5).tostring 表示在数据表中 F 列对应的内容，即 F2 单元格内容：41.87，如图 6-32 所示。

（6）在浏览器中填入第二项车辆基础信息“新车购置年限”。在活动面板中搜索“选择项目”活动，将其添加至工作区。选择项目活动可以在网页的选项框中选择指定的内容。单击“选择项目”活动中“指出浏览器中的元素”按钮，在网页的年限处单击选取元素，如图 6-33 和图 6-34 所示。

浏览器中的元素选取好之后，“选择项目”活动的指出浏览器中的元素处会显示为指出的元素的截图信息，在截图信息下方的文本框内输入变量“str_Years”，如图 6-35 所示。

（7）由于 Uipath 自动选择的项目不会同步更改后面的车辆损失险处的年限，需要再单击一下按钮才会更改，因此我们拖曳一个“单击”活动至工作区，设置单击的元素为网页中年限的位置，如图 6-36 所示。

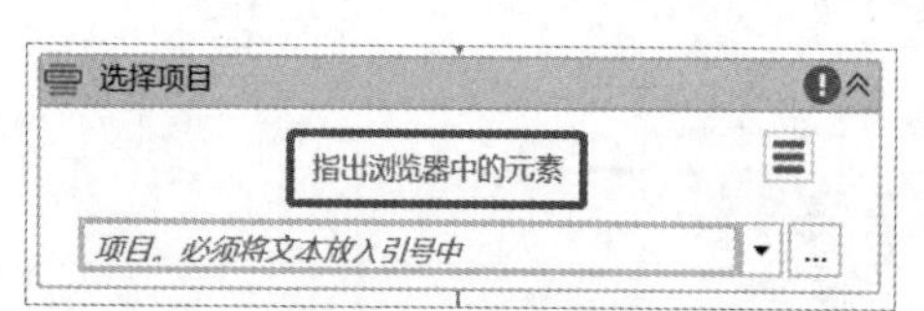

图 6-33　单击“指出浏览器中的元素”

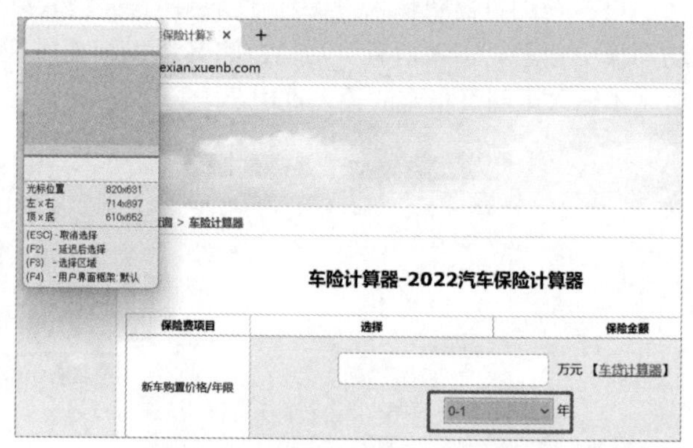

图 6-34　选取网页中的新车购置年限

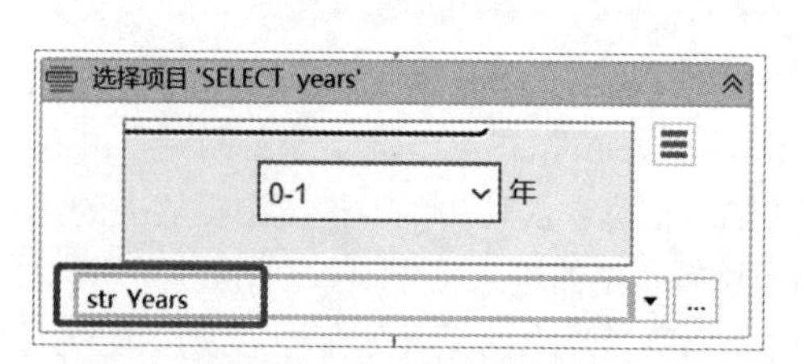

图 6-35　输入“str_Years”

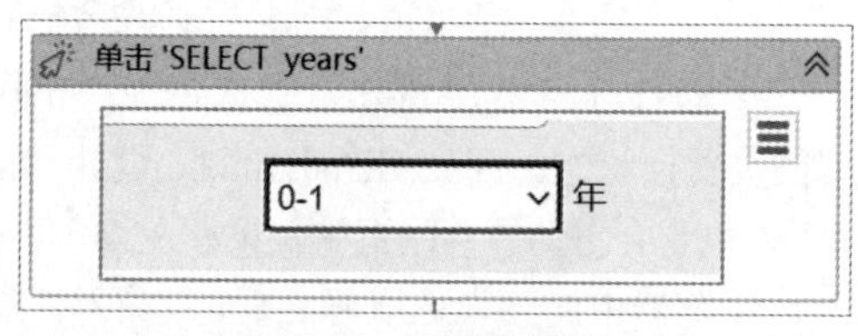

图 6-36　“单击”活动

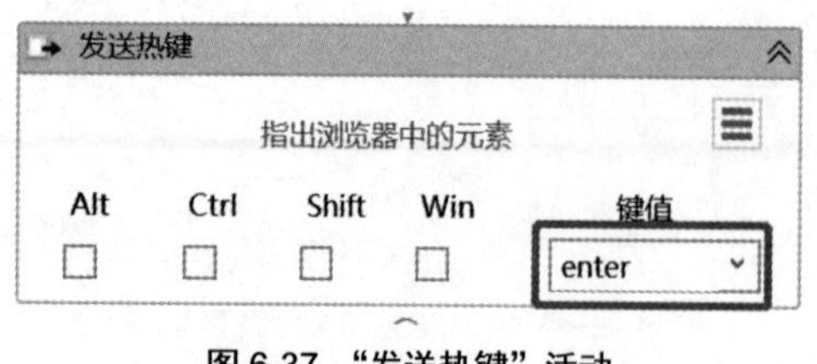

图 6-37　“发送热键”活动

（8）单击年限按钮后，根据我们平常的习惯可以按下 Enter 键，确定选择。在 UiPath 软件中可以使用“发送热键”活动模拟按下 Enter 键的操作。拖曳一个“发送热键”活动至工作区，键值选择 enter，即可完成按下 Enter 键的设置，如图 6-37 所示。

第二个模块“自动输入投保基础信息”便开发完成。

6.“自动生成投保单”模块的实现

（1）在序列“序列 - 自动输入投保基础信息”的下方添加一个“序列”，命名为“序列 - 自动生成投保单”。

（2）在“序列 - 自动添加投保单”中添加一个“复制文件”活动，如图 6-38 所示，将“来源文件夹”设置为投保单模板文件“" 汽车保险投保单 .docx"”，“目标文件夹”设置为“" 投保单 \ 汽车保险投保单 -"+str_policyholders+".docx"”，表示在投保单文件夹下创建命名为“汽车保险投保单 + 投保人”的 Word 文档。由于每一次循环获取的投保人变量 str_policyholders 不同，所以经过多次循环就分别生成了每个投保人的投保单。勾选“覆盖”复选框，表示如果要复制的文件与目标文件夹中的文件同名，将会覆盖目标文件夹下的同名文件。

（3）在“复制文件”活动的下方添加一个“Word 应用程序范围”活动，如图 6-39 所示。

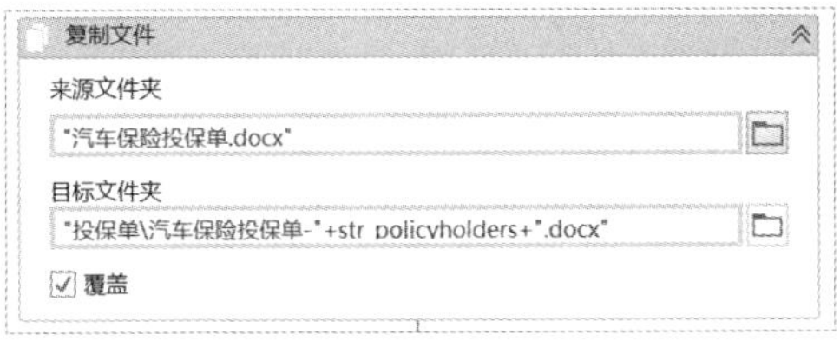

图 6-38　“复制文件”活动

图 6-39　“Word 应用程序范围”活动

在属性面板中，设置“文件→文件路径”为“" 投保单 \ 汽车保险投保单 -"+str_policyholders+".docx"”，勾选“选项→自动保存”复选框，这样才会将每次生成的“汽车保险投保单”Word 文档进行保存，如图 6-40 所示。

（4）在“Word 应用程序范围”活动的“执行”中，放置一个“序列”活动，命名为“序列 - 保单常规信息”，在“序列 - 保单常规信息”中添加 4 个“替换文档中的文本”活动，如图 6-41 所示。

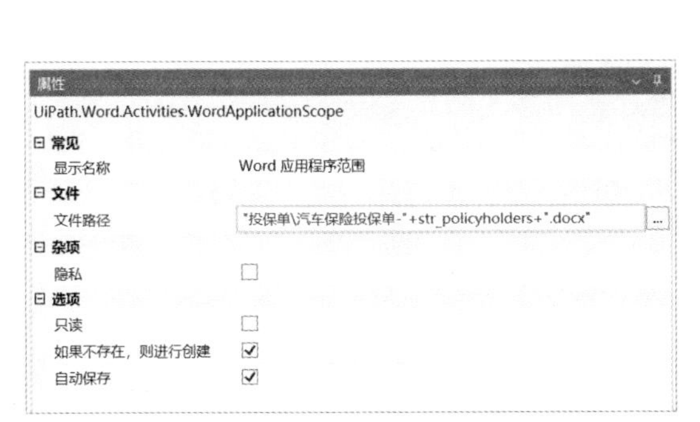

图 6-40　“Word 应用程序范围”活动的属性面板

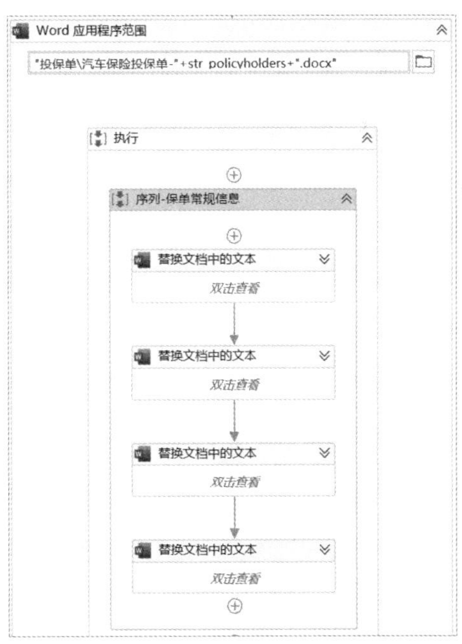

图 6-41　添加 4 个“替换文档中的文本”活动

为第 1 个“替换文档中的文本”设置内容，在“搜索”输入框中输入“"{ 车牌号 }"”，在“替换为”输入框中输入表达式“CurrentRow(3).tostring”，勾选“全部替换”复选框，表示文档中如多次出现 { 车牌号 } 的地方全部替换为 CurrentRow(3).tostring，如图 6-42 所示。

为第 2 个“替换文档中的文本”设置内容，将文本中的“"{ 车型 }"”替换为“CurrentRow(4).tostring”，勾选“全部替换”复选框，如图 6-43 所示。

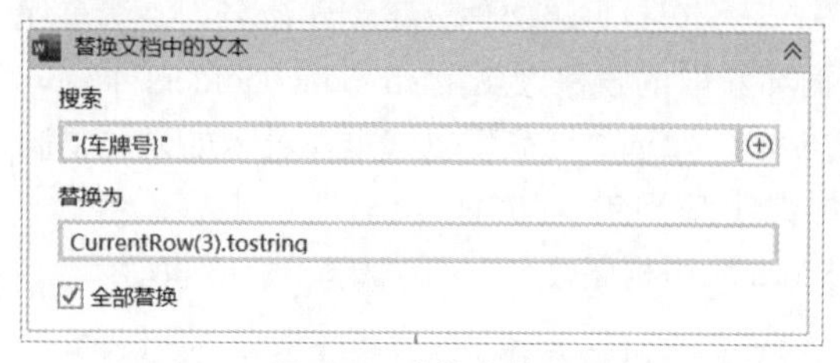

图 6-42　替换车牌号

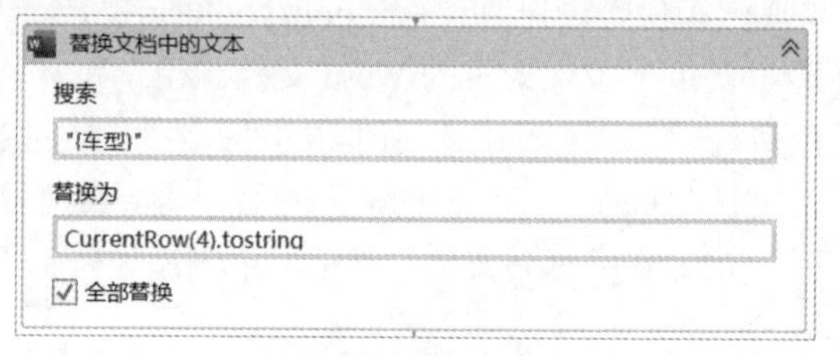

图 6-43　替换车型

为第 3 个“替换文档中的文本”设置内容，将文本中的“"{ 投保人 }"”替换为变量“str_policyholders”，勾选“全部替换”复选框，如图 6-44 所示。

为第 4 个“替换文档中的文本”设置内容，将文本中的“"{ 身份证号码 }"”替换为“CurrentRow(2).tostring”，勾选“全部替换”复选框，如图 6-45 所示。

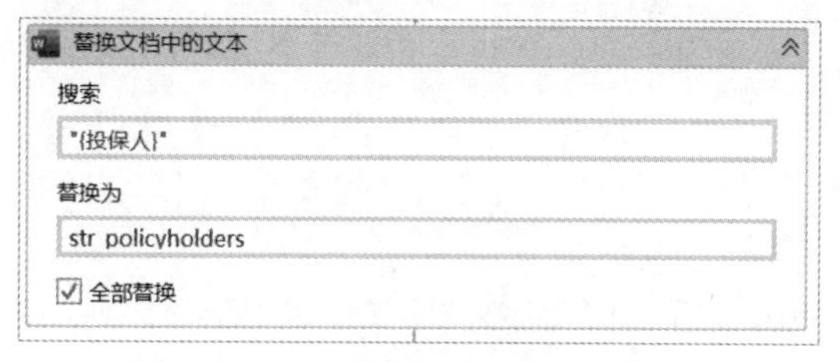

图 6-44　替换投保人

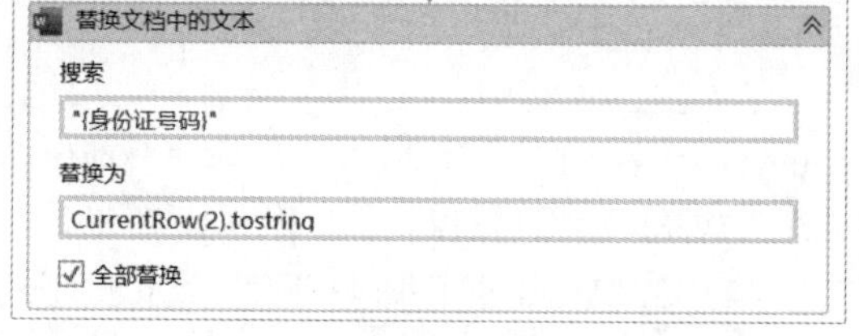

图 6-45　替换身份证号码

（5）在“序列 - 保单常规信息”下方添加一个“序列”活动，命名为：序列 - 交强险。在“序列 - 交强险”中添加一个“选中”活动，如图 6-46 所示。

单击“选中”活动中的“指出浏览器中的元素”，会自动跳转到网页中，单击交强险中第二列任意一个选项，如图 6-47 所示。

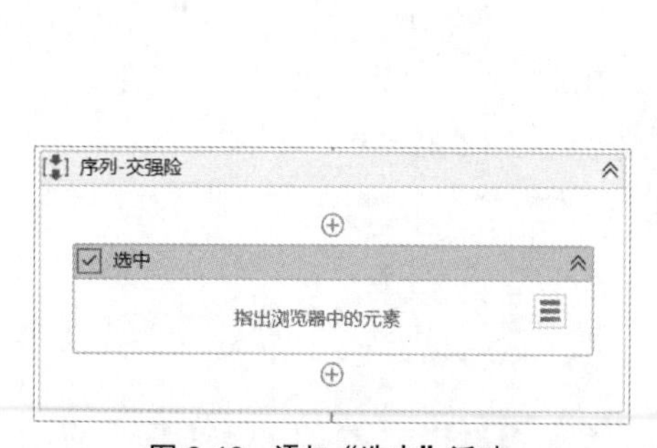

图 6-46　添加“选中”活动

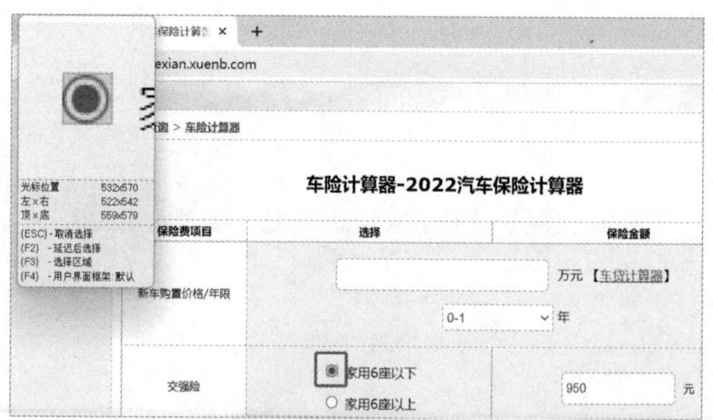

图 6-47　选中交强险

由于交强险有两个选项，分别为“家用 6 座以下”和“家用 6 座以上”，需根据需求信息表中相应的信息进行选择。我们可以使用 IF 条件针对两种不同的选项分别进行设置，也可以使用编辑选取器的方式进行设置。在这里我们使用编辑选取器的方式进行设置，单击“选中”活动右边的更多按钮会显示选项菜单，单击“编辑选取器”，如图 6-48 所示。

默认的选取器编辑器中没有显示我们选取的具体内容，需要单击“在用户界面探测器中打开”按钮，如图 6-49 所示。单击后会弹出“用户界面探测器”对话框，在其中找到我们选取的

“家用 6 座以下”选项所在的属性，然后关闭“用户界面探测器”对话框，在弹出的窗口选择保存选取器，如图 6-50 和图 6-51 所示。

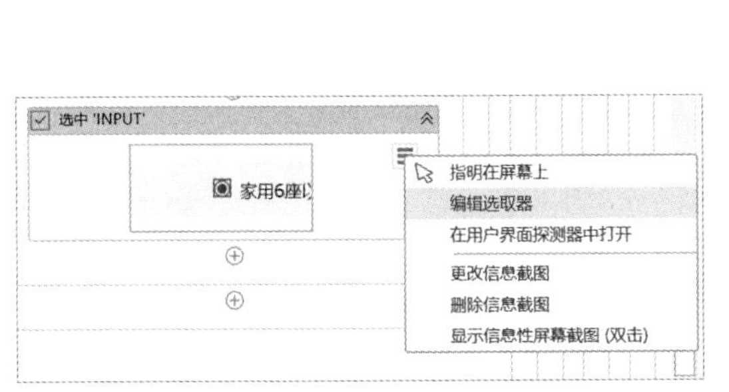

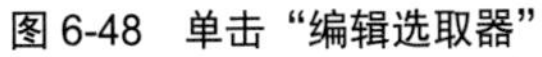
图 6-48　单击“编辑选取器”

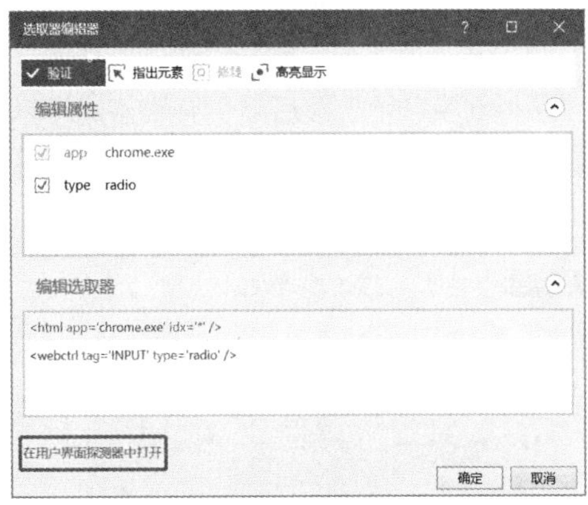

图 6-49　“选取器编辑器”对话框

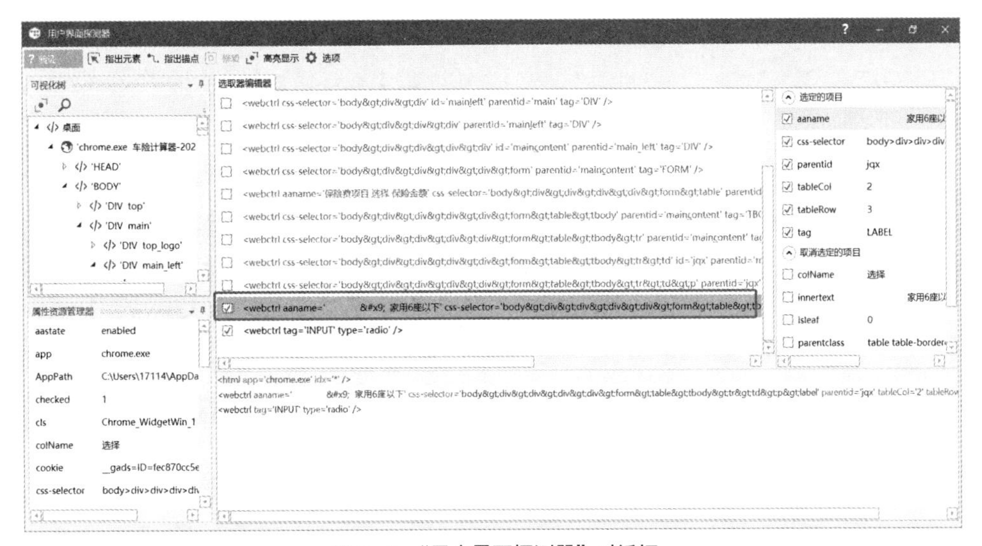

图 6-50　“用户界面探测器”对话框

设置完成后“选取器编辑器”中会增加 aaname 属性，内容为“家用 6 座以下”，如图 6-52 所示。

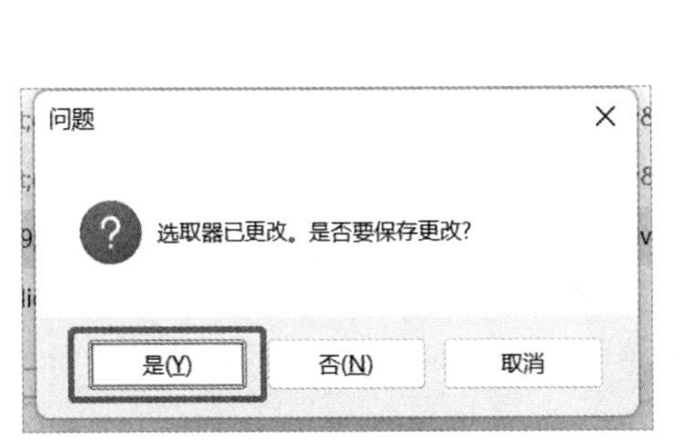

图 6-51　保存选取器

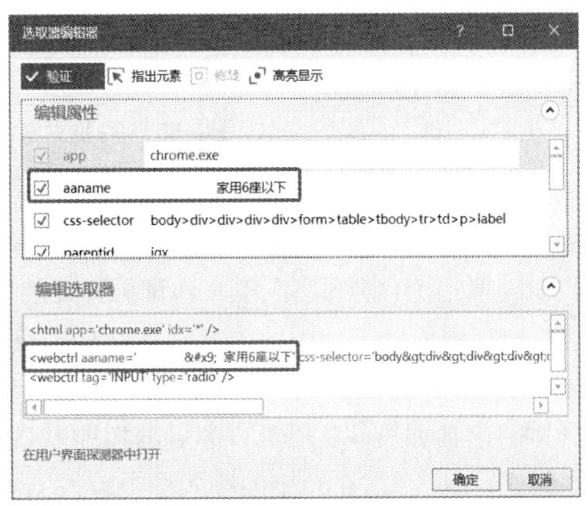

图 6-52　“选取器编辑器”中增加 aaname 属性

我们将“家用 6 座以下”更改为座位数的变量，这样就能根据需求信息表中的座位数内容来选中对应的选项了。在 aaname 属性的内容“家用 6 座以下”处单击鼠标右键，显示“使用变量”按钮，如图 6-53 所示。

单击弹出的“使用变量”按钮，选择变量“str_Seats”，以替换“家用 6 座以下”内容。由于“家用 6 座以下”前后显示有空格，可以使用通配符 * 代替前后的空格，用来保证活动的稳定性。全部设置完成后单击“确定”按钮，如图 6-54 所示。

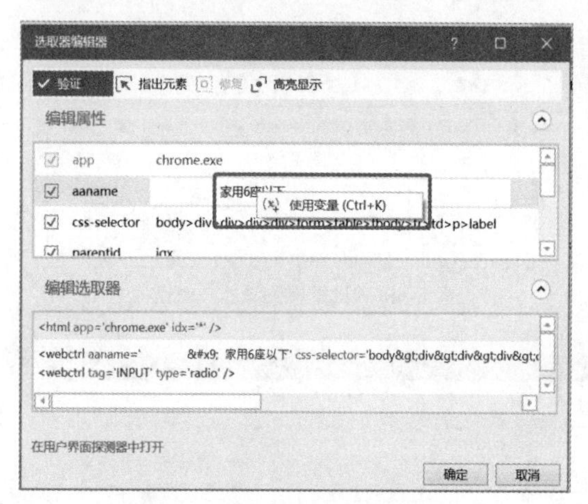

图 6-53　显示“使用变量”按钮

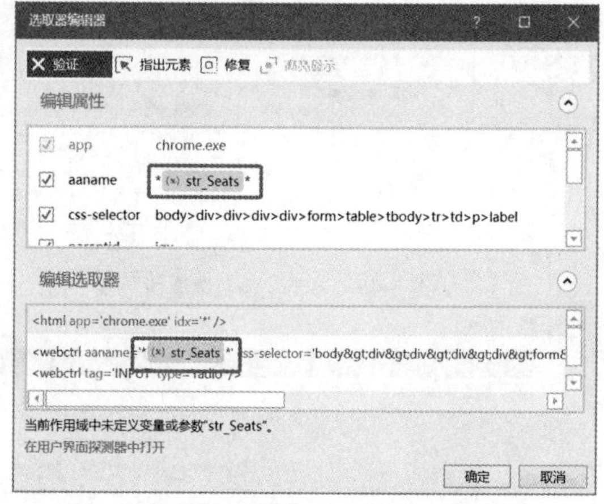

图 6-54　选择“str_Seats”变量

在“选中”活动下方添加一个“获取文本”活动，单击“指出浏览器中的元素”处，在网页中获取的元素为交强险第三列“保费的文本框”，在“输出→值”处使用快捷键 Ctrl+K 创建字符串变量“str_Premium”，将从网页上获取的文本存储至 str_Premium 变量中，如图 6-55 所示。网页获取的元素如图 6-56 所示。

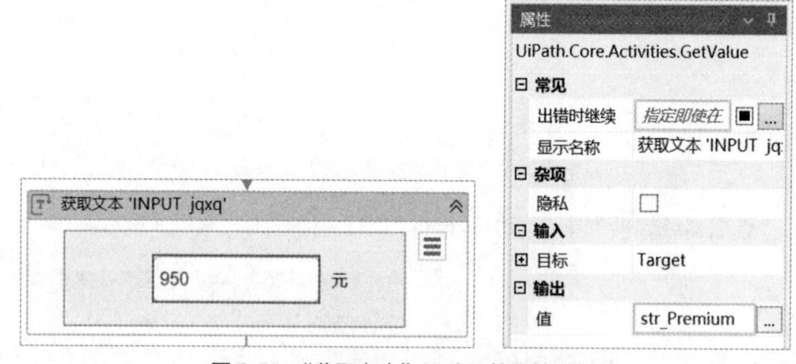

图 6-55　“获取文本”活动及其属性面板

从“投保需求分析表”中可知交强险保费根据车辆的出险情况不同有相应的折扣，获取到的交强险保费需要先进行折扣的计算，再填入 Word 文档中，如图 6-57 所示。

我们设置三个“分配”，用来计算折扣后的交强险保费金额。由于字符串类型的变量无法进行数学的加减乘除运算，因此需要将从网页中获取的文本变量 str_Premium 和从需求信息表中获取的文本变量 str_discount 转换为 Double 类型，然后再进行计算，如图 6-58 所示。

具体的参数如表 6-3 所示。变量面板的默认类型中没有 Double 类型，无法直接选择，需要单击“浏览类型...”，在弹出的输入框中输入 system.double 后进行查找选择，如图 6-59 所示。

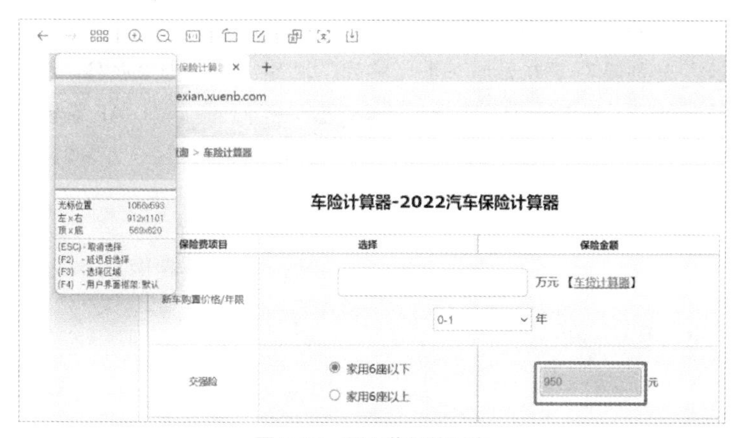

图 6-56　网页获取的元素

序号	投保人	身份证号码	车牌号	车型	出险情况	交强险折扣	车损险保额	邮箱地址
1	刘海文	371321198404210015	鲁NE23AI	奥迪A7L	3年及以上无有责事故	-35%	154919	295652991@qq.com
2	张雪英	521226199505052362	贵CV1000	宋PLUS DM-i	2年内无有责事故	-25%	97792	zhangxueying@126.com
3	周丫丫	350512198908131367	闽CB6957	凯迪拉克CT4	1年内无有责事故	-15%	199927	2822905382@qq.com
4	梁文言	321424199504183770	苏E82L84	本田XR-V	3年及以上无有责事故	-35%	58834	171147568@qqcom
5	赵良晖	360923197209250033	赣G26958	MG MULAN	1年内发生1次有责不涉及死亡事故	0%	94754	15079102588@139.com
6	鲁小洵	112827199207266010	京N2B945	英菲尼迪Q50L	1年内无有责事故	-15%	240968	171147563@qq.com

图 6-57　“投保需求分析表”中的“交强险折扣”

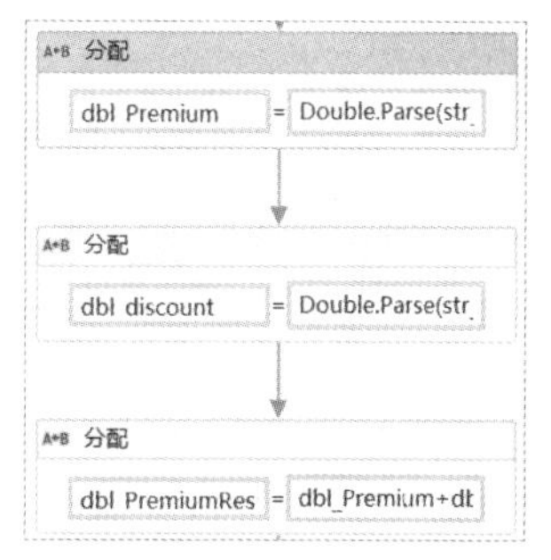

图 6-58　三个“分配”

表 6-3　交强险分配参数

序号	受　让　人	变量类型	值
1	dbl_Premium	Double	Double.Parse(str_Premium)
2	dbl_discount	Double	Double.Parse(str_discount)
3	dbl_PremiumResult	Double	dbl_Premium+dbl_Premium*dbl_discount

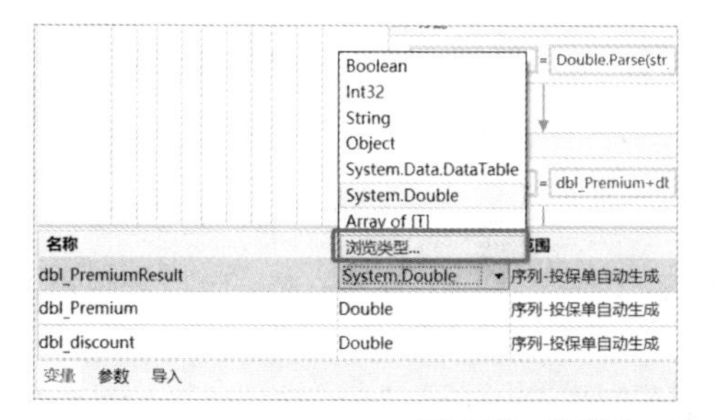

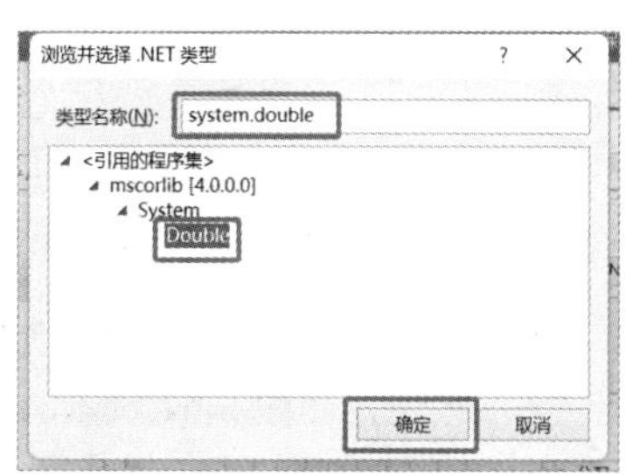

图 6-59　设置 Double 变量类型

在“分配”活动的下方添加一个“替换文档中的文本”活动，将 "{ 交强险保费 }" 替换为

dbl_PremiumResult.ToString，并勾选“全部替换”复选框如图 6-60 所示。

（6）在“序列 - 交强险”下方添加一个“序列”活动，命名为“序列 - 第三者责任险”。在“序列 - 第三者责任险”中添加一个“IF 条件”活动，并将其命名为“IF 条件 - 判断是否取消第三者责任险”。在“条件”中输入表达式“str_ThirdParty=" 取消此险 "”，如图 6-61 所示。

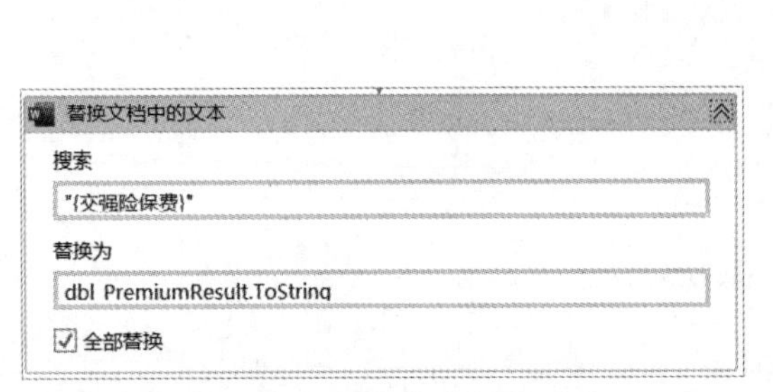

图 6-60 “替换文档中的文本”活动

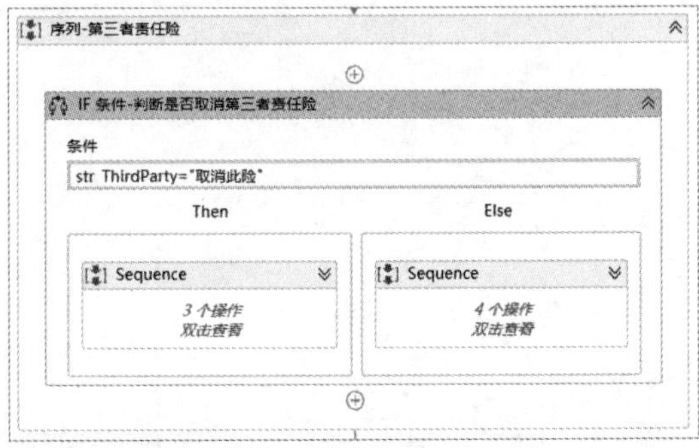

图 6-61 “IF 条件 - 判断是否取消第三者责任险”活动

在“IF 条件”活动的 Then 分支中添加“选中”活动，选中的元素为网页第三者责任险第三列中“取消此险”按钮，如图 6-62 所示。

在“选中”活动的下方放置两个“替换文档中的文本”活动，分别将“"{ 三者险保额 }"”和“"{ 三者险保费 }"”替换为“" 未购买此险种 "”和“"0"”，勾选“全部替换”复选框，如图 6-63 所示。

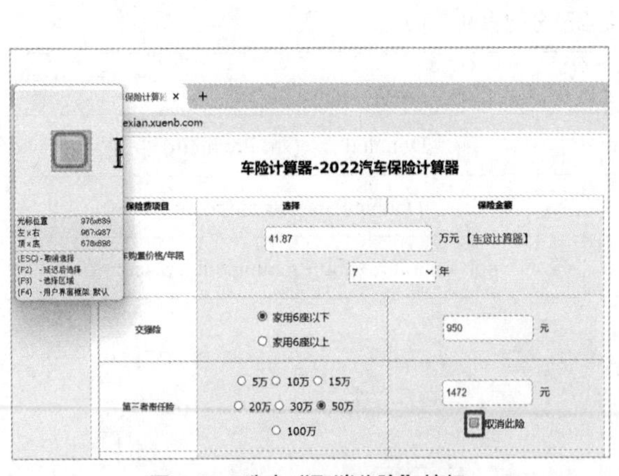

图 6-62 选中“取消此险”按钮

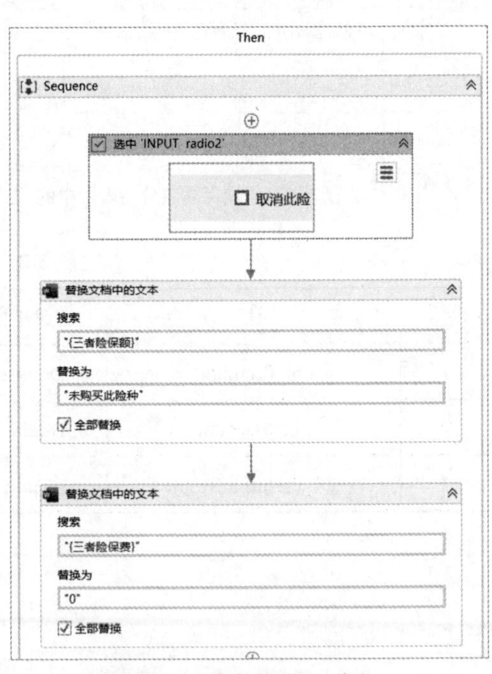

图 6-63 IF 条件的 Then 分支

在“IF 条件”活动的 Else 分支中添加“选中”活动，选中的元素为网页第三者责任险第二列中任意一个选项按钮，如图 6-64 所示。

参照交强险中“选中”活动选中座位数的设置对此处的“选取器编辑器”进行设置，将第三者责任险的保额替换为变量 str_ThirdParty，并在变量前后加上通配符 *，以保证流程的稳定性。同时，由于我们选择不同的选项，“编辑选取器”的第三行 “id”属性内“radio”后面的数字会变化，也用通配符 * 代替，如图 6-65 所示。

图 6-64　选中元素

图 6-65　“选取器编辑器”对话框

在“选中”活动下方添加“获取文本”活动，参照之前“获取文本”活动的操作获取网页中第三者责任险的保费，存储至变量“str_Premium”中。在“获取文本”活动下方添加两个“替换文档中的文本”活动，分别将“"{三者险保额}"”和“"{三者险保费}"”替换为“str_ThirdParty”和“str_Premium”，勾选“全部替换”复选框，如图 6-66 所示。

（7）在“序列 - 三者险”下方添加一个“序列”活动，命名为“序列 - 车辆损失险”。在“序列 - 车辆损失险”中添加一个“IF 条件”活动，命名为“IF 条件 - 判断是否取消车辆损失险”，在条件中输入表达式“CurrentRow(9).tostring=" 取消此险 "”。

在“IF 条件”活动的 Then 分支添加“选中”活动，选中的元素为网页车辆损失险第三列中“取消此险”按钮。然后在“选中”活动的下方放置两个“替换文档中的文本”活动，分别将“"{车损险保额}"”和“"{车损险保费}"”替换为“" 未购买此险种 "”和“"0"”，勾选“全部替换”复选框，如图 6-67 所示。

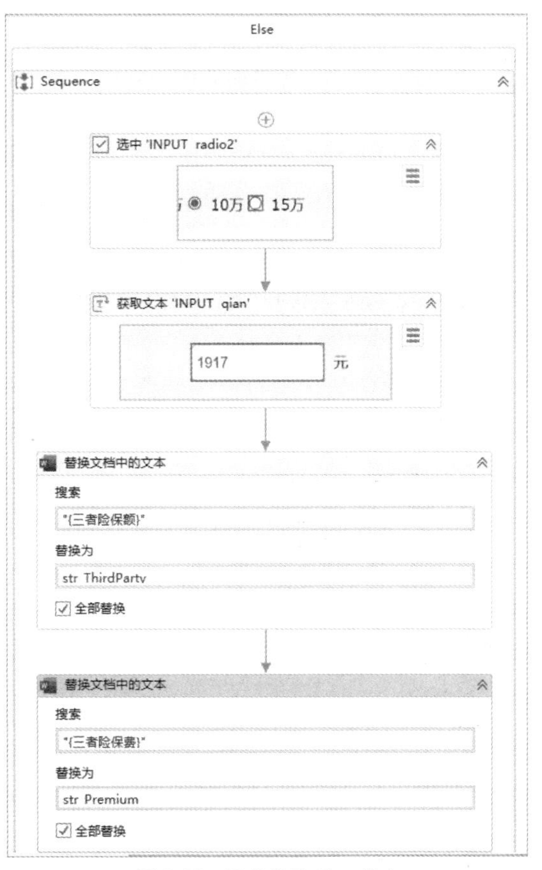

图 6-66　IF 条件的 Else 分支

在“IF 条件”活动的 Else 分支中添加“获取文本”活动，参照之前“获取文本”活动的操作获取网页中车辆损失险的保费，存储至变量“str_Premium”中。在“获取文本”活动下方添加两个“替换文档中的文本”活动，分别将“"{车损险保额}"”和“"{车损险保费}"”替换为“str_AmountInsurance”和“str_Premium”，勾选“全部替换”复选框，如图 6-68 所示。

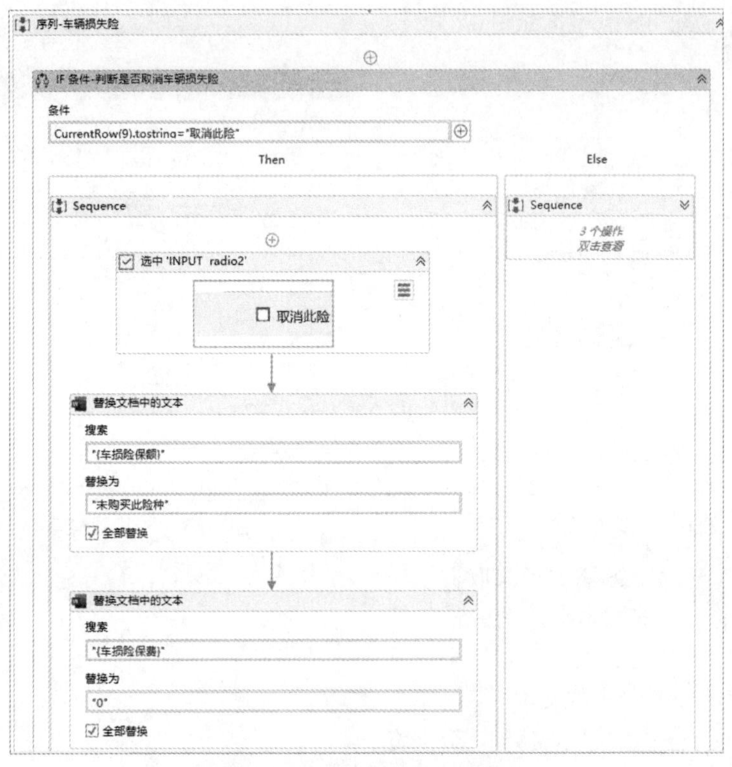

图 6-67　车辆损失险的 Then 分支

（8）在“序列 - 车辆损失险”下方添加一个“序列”活动，命名为“序列 - 机动车盗抢险”。在“序列 - 机动车盗抢险”中添加一个“IF 条件”活动，命名为“IF 条件 - 判断是否取消机动车盗抢险”。在条件中输入表达式“CurrentRow(10).tostring=" 取消此险 "”。

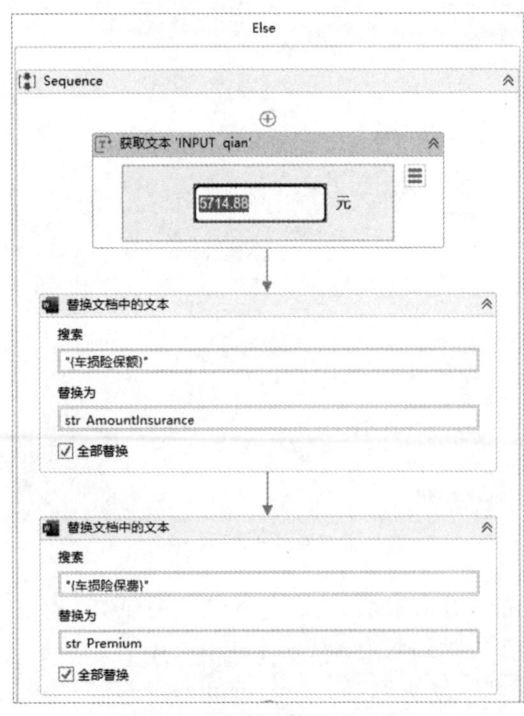

图 6-68　车辆损失险的 Else 分支

在“IF 条件”活动 Then 分支中添加“选中”活动，选中的元素为网页机动车盗抢险第三列中“取消此险”按钮。然后在“选中”活动的下方放置两个“替换文档中的文本”活动，分别将“"{ 盗抢险保额 }"”和“"{ 盗抢险保费 }"”替换为“"str_AmountInsurance"”和“"0"”，勾选“全部替换”复选框，如图 6-69 所示。

在“IF 条件”活动 Else 分支中添加“获取文本”活动，参照之前“获取文本”活动的操作获取网页中机动车盗抢险的保费，存储至变量“str_Premium”中。在“获取文本”活动下方添加两个“替换文档中的文本”活动，分别将“"{ 盗抢险保额 }"”和“"{ 盗抢险保费 }"”替换为变量“str_AmountInsurance”和“str_Premium”，并勾选“全部替换”复选框，如图 6-70 所示。

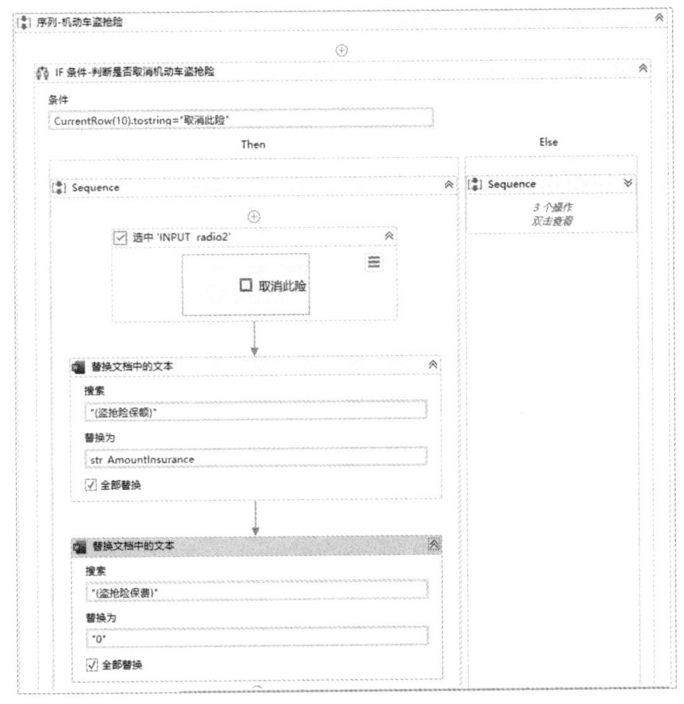

图 6-69　机动车盗抢险的 Then 分支

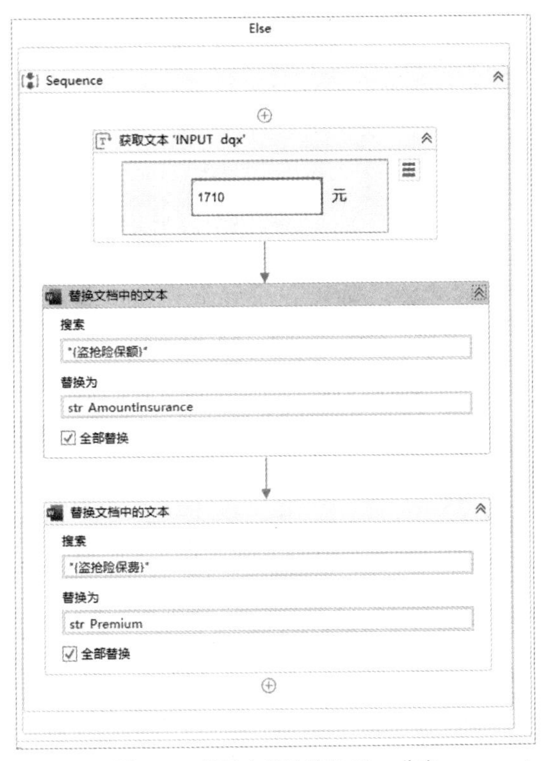

图 6-70　机动车盗抢险的 Else 分支

（9）参照“序列 - 机动车盗抢险”的步骤设计“序列 - 自燃险”。在“IF 条件”活动中设置条件为“CurrentRow(11).tostring=" 取消此险 "”。在 Then 分支中的“替换文档中的文本”活动中，将“"{ 自燃险 }"”和“"{ 自燃险保费 }"”分别替换为“" 未购买此险种 "”和“"0"”。在 Else 分支中添加“获取文本”活动，参照之前“获取文本”活动的操作获取网页中自燃险的保费，存储至变量“str_Premium”中。在 Else 分支的“替换文档中的文本”活动中，将“"{ 自燃险 }"”和“"{ 自燃险保费 }"”分别替换为“""”和“str_Premium”，并勾选“全部替换”复选框，其中 "" 表示空值，如图 6-71 所示。

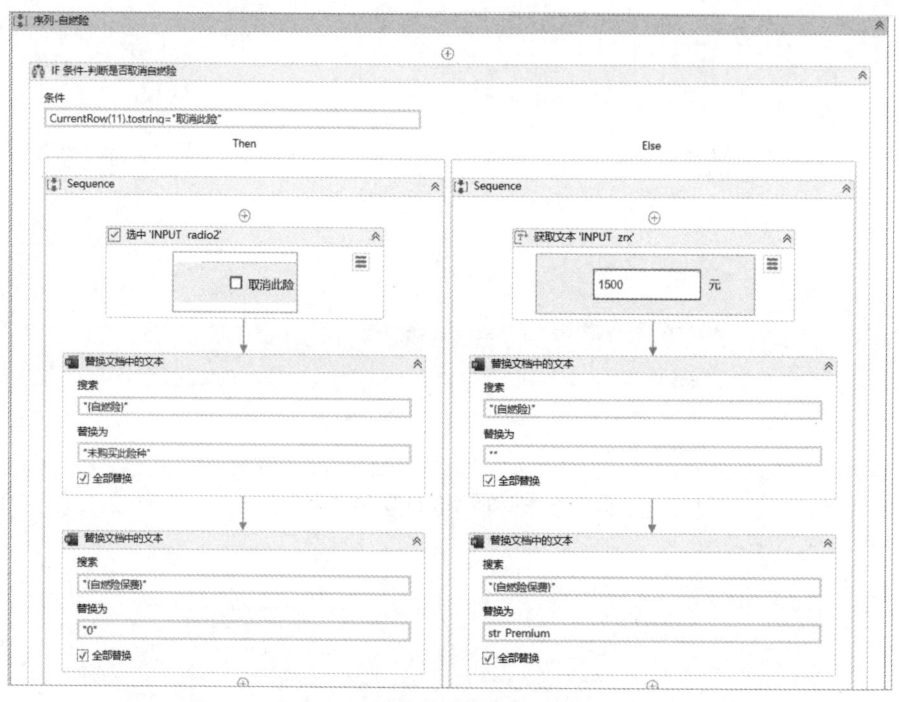

图 6-71　自燃险

（10）参照“序列 - 第三者责任险”的步骤设计“序列 - 玻璃单独破碎险”。在 “IF 条件”活动中设置条件为“str_GlassInsurance=" 取消此险 "”。在 Then 分支中的“替换文档中的文本”活动中，将“"{ 玻璃单独破碎险 }"”和“"{ 玻璃单独破碎险保费 }"”分别替换为“" 未购买此险种 "”和“"0"”；在 Else 分支中添加“获取文本”活动，参照之前“获取文本”活动的操作获取网页中玻璃单独破碎险的保费，存储至变量“str_Premium”中。在 Else 分支的“替换文档中的文本”活动中，将“"{ 玻璃单独破碎险 }"”和“"{ 玻璃单独破碎险保费 }"”分别替换为“str_GlassInsurance”和“str_Premium”，并勾选“全部替换”复选框，如图 6-72 和图 6-73 所示。

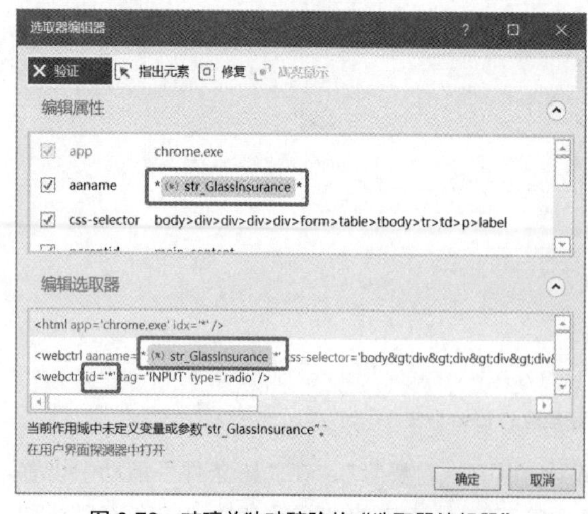

图 6-72　玻璃单独破碎险的“选取器编辑器”

（11）在“序列 - 玻璃单独破碎险”的下方添加一个序列“序列 - 车上人员责任险”。在“序列 - 车上人员责任险”内添加一个“IF 条件”活动，命名为“IF 条件 - 判断是否取消车上人员责任险”。当驾驶员和乘员都未购买车上人员责任险时，可以视为取消购买车上人员责任险。因此我们在 IF 条件的条件属性中设置表达式“str_Driver=" 不投 " And str_Passengers=" 不投 "”，表示驾驶员和乘员均未投保，如图 6-74 所示。

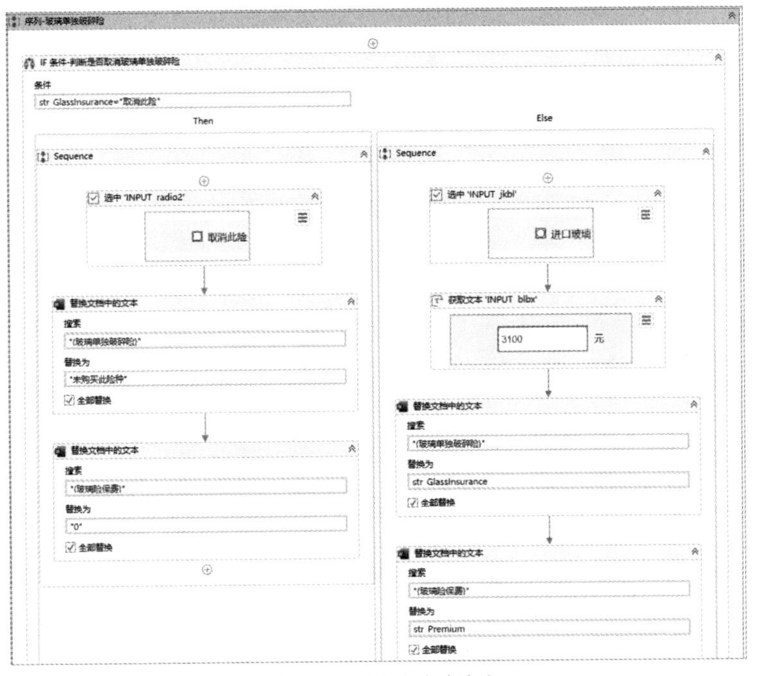

图 6-73　玻璃单独破碎险

车上人员责任险的 Then 分支参照之前的设计，在“替换文档中的文本”活动中将“"{ 司机责任险 }"”和“"{ 乘客责任险 }"”替换为“" 未购买此险种 "”，将“"{ 车上人员责任险保费 }"”替换为“"0"”，并勾选“全部替换”复选框，如图 6-75 所示。

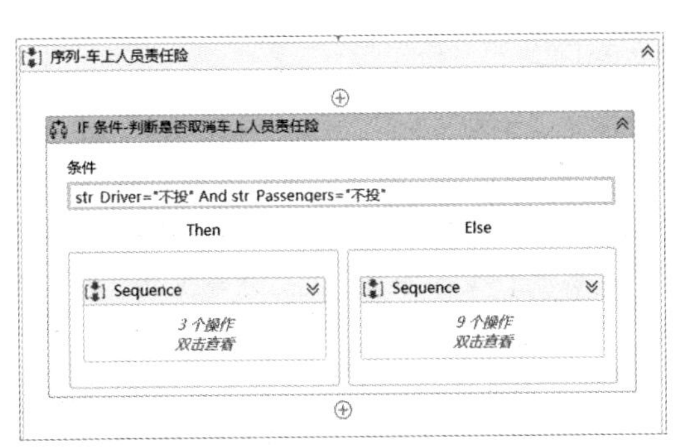

图 6-74　车上人员责任险 -IF 条件

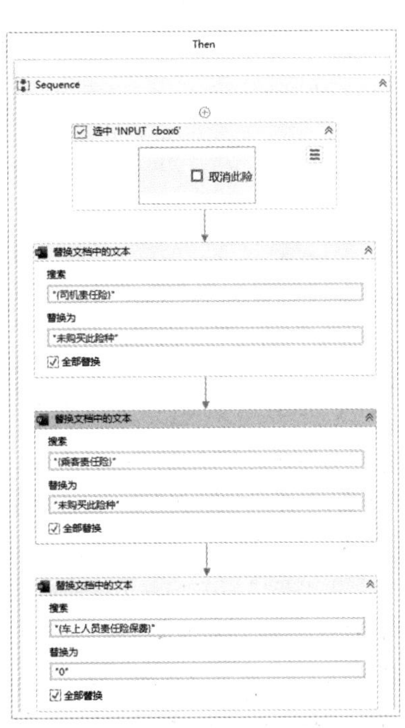

图 6-75　车上人员责任险 -Then 分支

在车上人员责任险的 Else 分支中，添加 3 个“选择项目”活动，分别在网页驾驶员、乘员和人数的选项处输入“str_Driver.tostring”“str_Passengers.tostring”“str_Number.tostring”，接着在人数选项处单击并发送 Enter 键。

接下来参照之前“获取文本”活动的操作获取网页中车上人员责任险的保费，存储至变量“str_Premium”中。在“获取文本”活动下方添加三个“替换文档中的文本”活动，分别将“"{ 司机责任险 }"”“"{ 乘客责任险 }"”和“"{ 车上人员责任险保费 }"”替换为“" 司机 "+str_Driver.Replace(" 万 "," ") +"0000*1 人 "”“" 乘客 "+str_Passengers.Replace(" 万 "," ") +"0000*"+str_Number”“str_Premium”，并勾选“全部替换”复选框如图 6-76 所示。

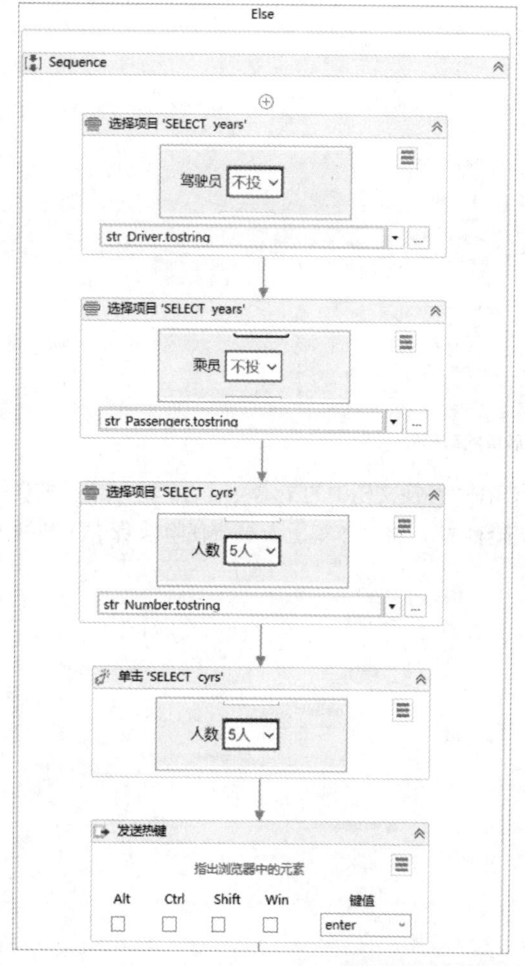

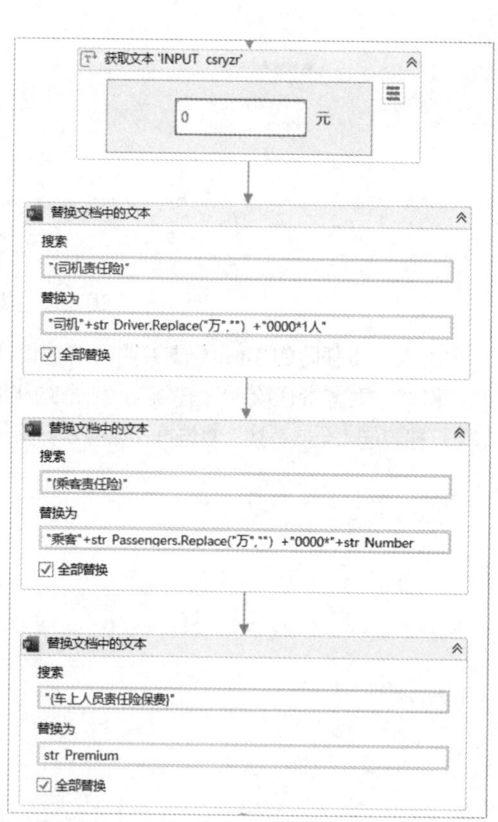

图 6-76　车上人员责任险的 Else 分支

（12）参照“序列 - 第三者责任险”的步骤设计“序列 - 车身划痕损失险”。在“IF 条件”活动中设置条件为“str_ScratchInsurance=" 取消此险 "”。在 Then 分支中的“替换文档中的文本”活动中，将“"{ 车身划痕损失险 }"”和“"{ 车身划痕损失险保费 }"”分别替换为“" 未购买此险种 "”和“"0"”；在 Else 分支中添加“获取文本”活动，参照之前“获取文本”活动的操作获取网页中第三者责任险的保费，存储至变量“str_Premium”中。在 Else 分支的“替换文档中的文本”活动中，将“"{ 车身划痕损失险 }"”和“"{ 车身划痕损失险保费 }"”分别替换为“str_ScratchInsurance”和“str_Premium”，并勾选“全部替换”复选框如图 6-77 和图 6-78 所示。

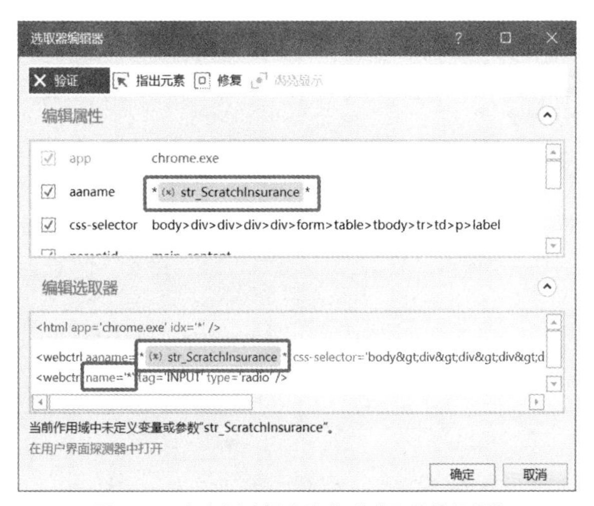

图 6-77　车身划痕损失险的“选取器编辑器”

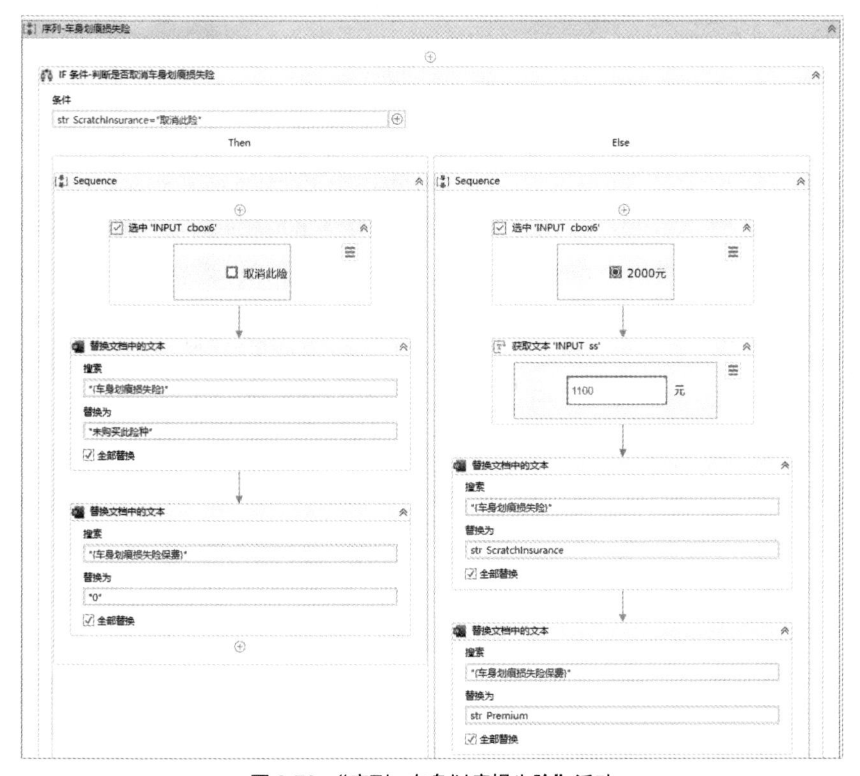

图 6-78　“序列 - 车身划痕损失险”活动

（13）在“序列 - 车身划痕损失险”的下方添加序列，命名为“序列 - 车损不计免赔”。在“IF 条件”活动中设置条件为“CurrentRow(17).tostring=" 取消此险 "”。在 Then 分支中的“替换文档中的文本”活动中，将“"{ 车损不计免赔 }"”和“"{ 车损不计免赔保费 }"”分别替换为“" 未购买此险种 "”和“"0"”；在 Else 分支中添加“获取文本”活动，参照之前“获取文本”活动的操作获取网页中车损不计免赔的保费，存储至变量“str_Premium”中。在 Else 分支的“替换文档中的文本”活动中，将“"{ 车损不计免赔 }"”和“"{ 车损不计免赔保费 }"”分别替换为“""""”和“str_Premium”，并勾选“全部替换”复选框如图 6-79 所示。

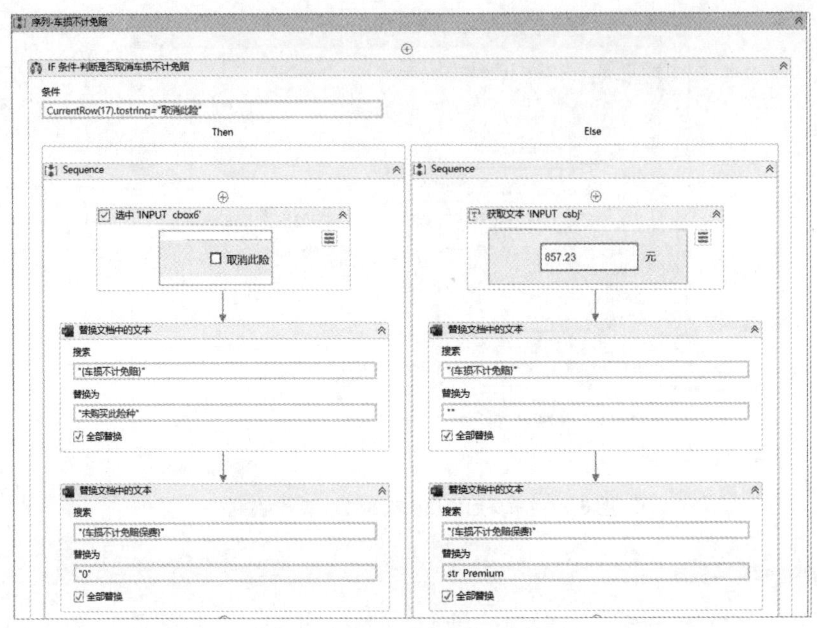

图 6-79 “序列 - 车损不计免赔”活动

（14）在“序列 - 车损不计免赔”的下方添加序列，命名为“序列 - 三者不计免赔”。在“IF 条件”活动中设置条件“CurrentRow(" 不计免赔特约险 - 三者不计免赔 ").ToString=" 取消此险 "”。在 Then 分支中添加“替换文档中的文本”活动，将“"{ 三者不计免赔 }"”和“" { 三者不计免赔保费 }"”分别替换为“" 未购买此险种 "”和“"0"”；Else 分支中添加“获取文本”活动，参照之前“获取文本”活动的操作获取网页中三者不计免赔的保费，存储至变量“str_Premium”中。在 Else 分支中添加“替换文档中的文本”活动，将“"{ 三者不计免赔 }"”和“" { 三者不计免赔保费 }"”分别替换为“""”和“str_Premium”，并勾选“全部替换”复选框，如图 6-80 所示。

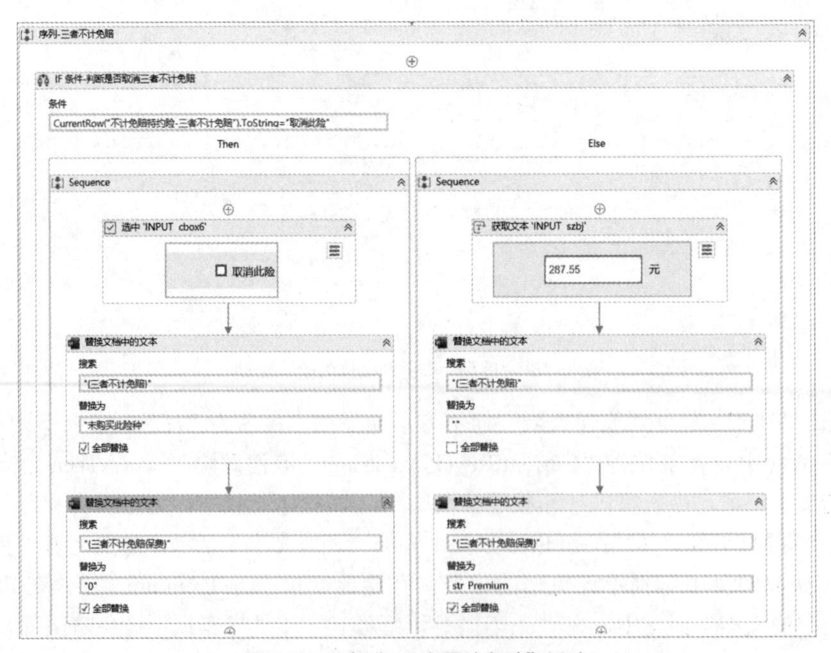

图 6-80 “序列 - 三者不计免赔”活动

（15）在“序列 - 三者不计免赔”的下方添加序列，命名为“序列 - 盗抢不计免赔”。在“IF 条件”活动中设置条件“CurrentRow(" 不计免赔特约险 - 盗抢不计免赔 ").ToString=" 取消此险 ""。在 Then 分支中添加“替换文档中的文本”活动，将“"{ 盗抢不计免赔 }"”和“"{ 盗抢不计免赔保费 }"”分别替换为“" 未购买此险种 "”和“"0"”；在 Else 分支中添加“获取文本”活动，参照之前“获取文本”活动的操作获取网页中盗抢不计免赔的保费，存储至变量“str_Premium”中。在 Else 分支中添加“替换文档中的文本”活动，将“"{ 盗抢不计免赔 }"”和“"{ 盗抢不计免赔保费 }"”分别替换为“""”和“str_Premium”，并勾选“全部替换”复选框，如图 6-81 所示。

图 6-81 “序列 - 盗抢不计免赔”活动

（16）在“序列 - 盗抢不计免赔”的下方添加序列，命名为“序列 - 车上人员责任险不计免赔”。在“IF 条件”活动中设置条件“CurrentRow(" 不计免赔特约险 - 车上人员责任险不计免赔 ").ToString=" 取消此险 ""。在 Then 分支中添加“替换文档中的文本”活动，将“"{ 车上人员责任险不计免赔 }"”和“"{ 车上人员责任险不计免赔保费 }"”分别替换为“" 未购买此险种 "”和“"0"”；Else 分支中添加“获取文本”活动，参照之前“获取文本”活动的操作获取网页中车上人员责任险不计免赔的保费，存储至变量“str_Premium”中。在 Else 分支中添加“替换文档中的文本”活动，将“"{ 车上人员责任险不计免赔 }"”和“"{ 车上人员责任险不计免赔保费 }"”分别替换为“""”和“str_Premium”，并勾选“全部替换”复选框，如图 6-82 所示。

（17）在“序列 - 车上人员责任险不计免赔”的下方添加序列，命名为“序列 - 车身单独划痕险不计免赔”。在 “IF 条件”活动中设置条件“CurrentRow(" 不计免赔特约险 - 车身单独划痕险不计免赔 ").ToString=" 取消此险 ""。在 Then 分支中添加“替换文档中的文本”活动，将“"{ 车身单独划痕险不计免赔 }"”和“"{ 车身单独划痕险不计免赔保费 }"”分别替换为“" 未购买此险种 "”和“"0"”；在 Else 分支中添加“获取文本”活动，参照之前“获取文本”活动的操作获取网页中车身单独划痕险不计免赔的保费，存储至变量“str_Premium”中。在 Else 分支的“替换文档中的文本”活动中，将“"{ 车身单独划痕险不计免赔 }"”和“"{ 车身单独划痕险不计免赔保费 }"”分别替换为“""”和“str_Premium”，并勾选“全部替换”复选框，如图 6-83 所示。

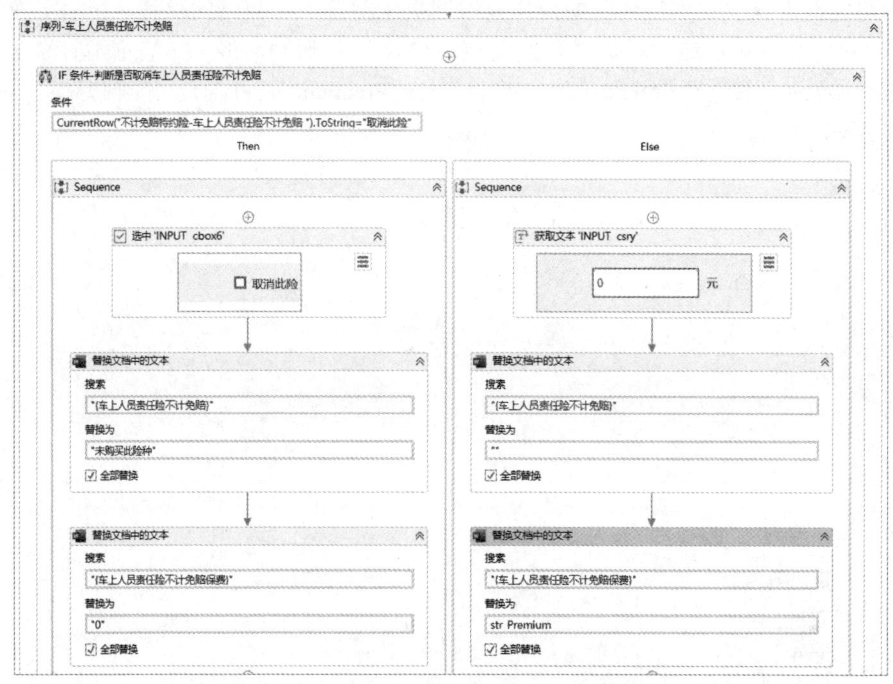

图 6-82 “序列 - 车上人员责任险不计免赔”活动

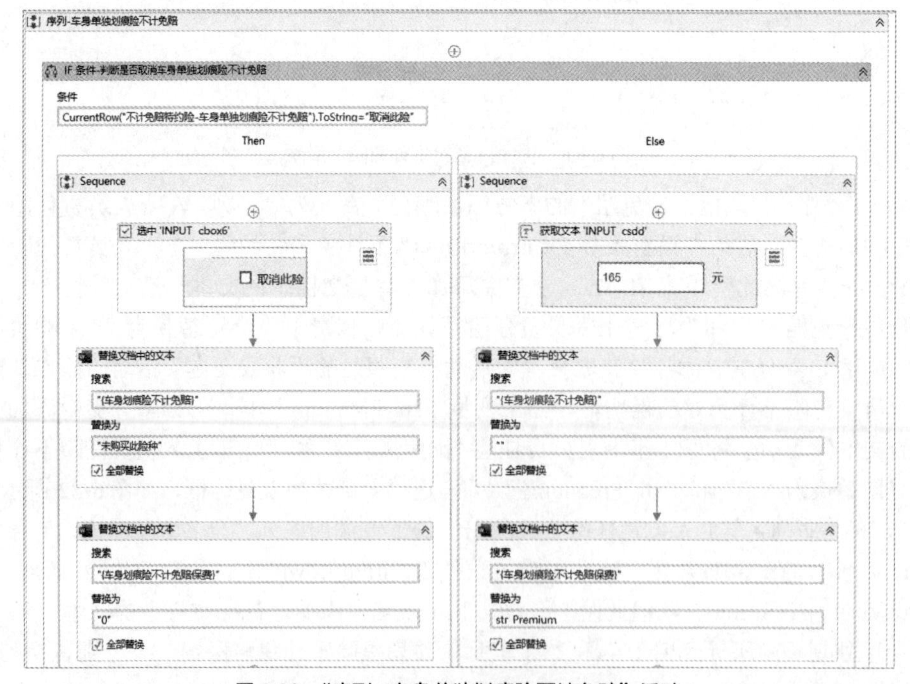

图 6-83 “序列 - 车身单独划痕险不计免赔”活动

（18）在“序列 - 车身单独划痕险不计免赔”下方添加一个序列，命名为“序列 - 获取总保费”。在序列中添加一个“单击”活动，单击网页中的“开始计算”按钮；再添加一个“获取文本”活动，参照之前“获取文本”活动的操作获取网页中最下方的总保费，存储至变量“str_TotalPremium”中。

接下来添加两个“分配”活动，创建 Double 型变量 dbl_TotalPremium 和 dbl_DiscountedPremium，为两个变量赋值，注意这两个变量的变量范围需要调整为可选的最大范围，即：序列 - 投保单自动生成，便于后面其他序列可以使用。总保费变量分配参数如表 6-4 所示。

表 6-4　总保费变量分配参数

序号	受　让　人	变量类型	值
1	dbl_TotalPremium	Double	Double.Parse(str_TotalPremium.Replace(" 元 ",""))
2	dbl_DiscountedPremium	Double	dbl_TotalPremium+(dbl_Premium*dbl_discount)

其中，“Double.Parse(str_TotalPremium.Replace(" 元 ",""))”表示将字符串型变量 TotalPremium 内容中的“元”替换为空值，即将文本内的“元”字去除。“dbl_TotalPremium+(dbl_Premium*dbl_discount) ”是将总保费与交强险折扣金额进行计算得出折扣后实际的总保费金额。

在“分配”活动下方，添加一个“替换文档中的文本”活动，将“"{ 总保费 }"”替换为“dbl_DiscountedPremium.ToString”，勾选“全部替换”复选框，如图 6-84 所示。

（19）在“序列 - 获取总保费”下方添加“将文档另存为 PDF”活动。在“要另存的文件路径”输入框中输入“" 投保单 \ 汽车保险投保单 -"+str_policyholders+".PDF"”，勾选“替换现有文件”复选框，将文档另存为 PDF 文件，如图 6-85 所示。

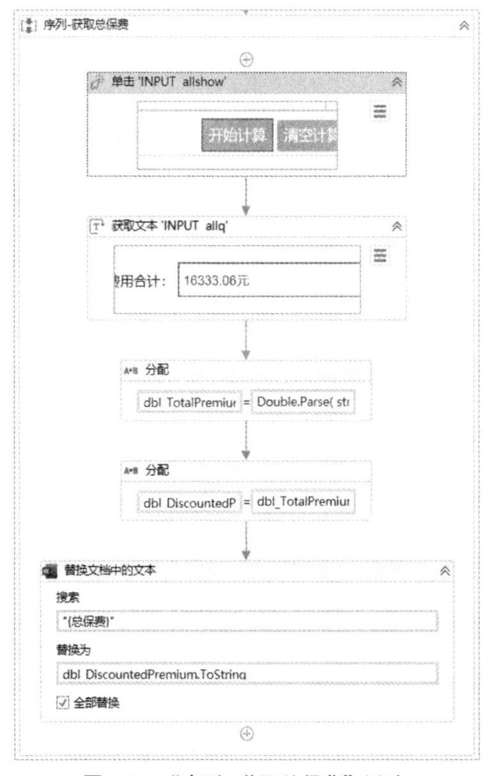

图 6-84　“序列 - 获取总保费”活动

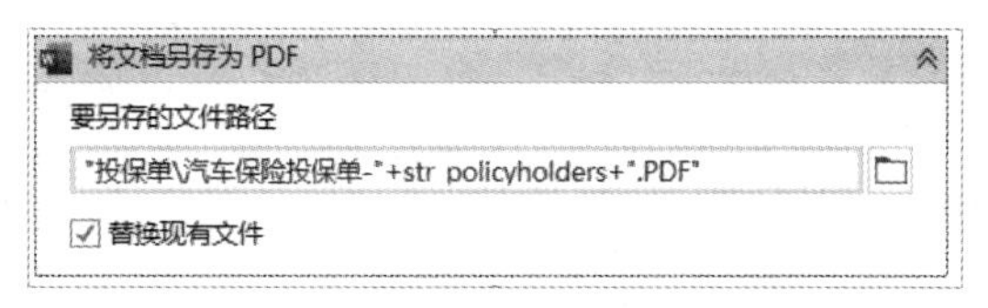

图 6-85　“将文档另存为 PDF”活动

7.“自动发送投保单邮件”模块的实现

（1）在设计区域“序列 - 自动生成投保单”活动的下方，添加一个“序列”活动，在属性面板设置显示名称为“序列 - 自动发送邮件”，如图 6-86 所示。

（2）在“序列 - 自动发送邮件”中添加一个“发送 SMTP 邮件消息”活动，如图 6-87 所示。

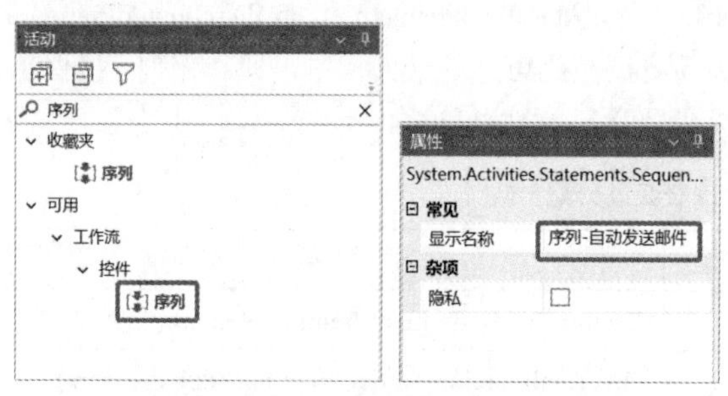

图 6-86 “序列 - 自动发送邮件”活动

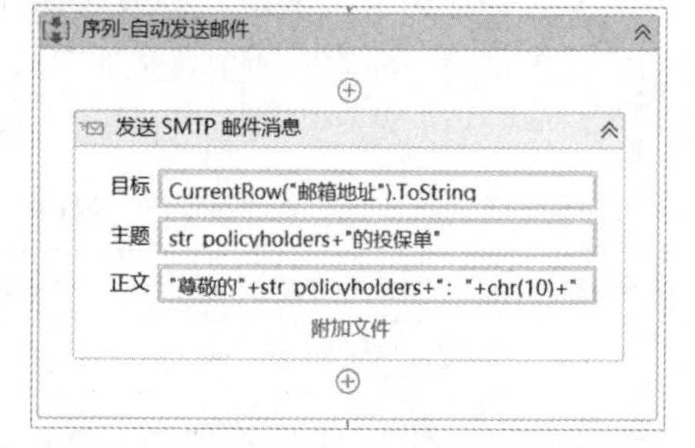

图 6-87 “序列 - 发送 SMTP 邮件消息”活动

在属性面板中，设置主机（服务器和端口）、收件人信息、电子邮件信息和登录信息等，如图 6-88 所示。具体的参数内容可参考表 6-5。其中电子邮件正文处的“Chr(10) ”表示换行。

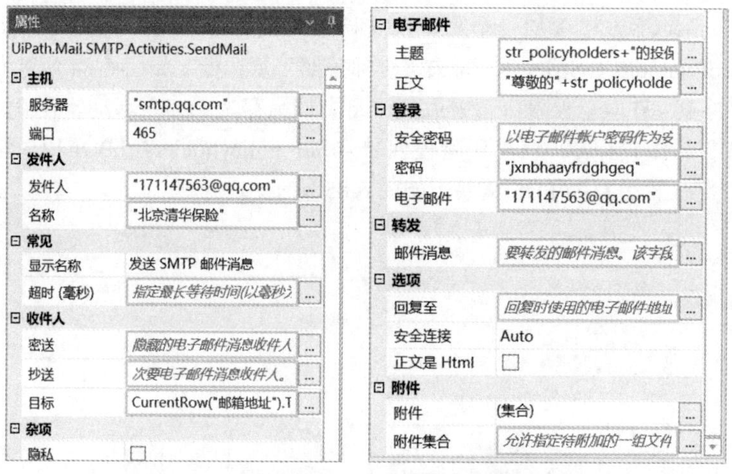

图 6-88 “发送 SMTP 邮件消息”活动的属性面板

表 6-5 发送 SMTP 邮件消息属性

序号	参 数 名 称	参 数 内 容
1	服务器	"smtp.qq.com"
2	端口	465
3	收件人 - 目标	CurrentRow(" 邮箱地址 ").ToString
4	电子邮件 - 主题	str_policyholders+" 的投保单 "
5	电子邮件 - 正文	" 尊敬的 "+str_policyholders+"：" +chr(10)+"　　您好！您今年 "+CurrentRow(" 车牌号 ").ToString+" 的 "+CurrentRow(" 车型 ").ToString+" 轿车车辆的总保费为 "+ dbl_DiscountedPremium.ToString+"。"+chr(10)+"　　详情请查看附件！ "
6	登录 - 密码	设置邮箱的 SMTP 授权码，注意不是邮箱密码
7	登录 - 电子邮件	设置邮箱账号
8	附件 (集合)	" 投保单 \ 汽车保险投保单 -"+str_policyholders+".PDF"

在属性面板中，单击“附件（集合）”处的更多按钮，如图 6-89 所示，会弹出“附件”对话框。单击“创建参数”，如图 6-90 所示，在“值”处设置“"投保单\汽车保险投保单-"+str_policyholders+".PDF"”，如图 6-91 所示。

图 6-89　添加附件

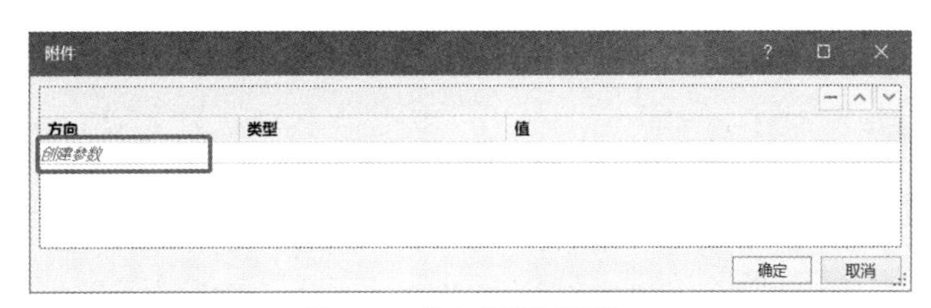

图 6-90　单击“创建参数”

（3）在“序列 - 自动发送邮件”下方添加一个“关闭应用程序”活动，单击“指出浏览器中的元素”，然后单击车险计算器网页的任意位置选择元素如图 6-92 所示。

图 6-91　设置附件路径

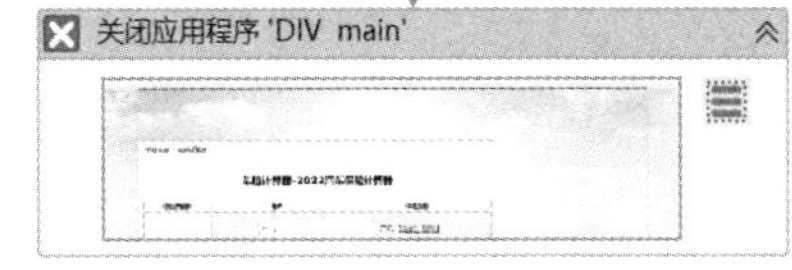

图 6-92　关闭应用程序

至此，便完成了“投保单自动生成”流程的设计。

8. 调试运行结果

回到主流程文件 Main.xaml，运行整个流程并查看流程执行结果。待流程执行完成后，在输出列表中查看流程执行日志，如图 6-93 所示。

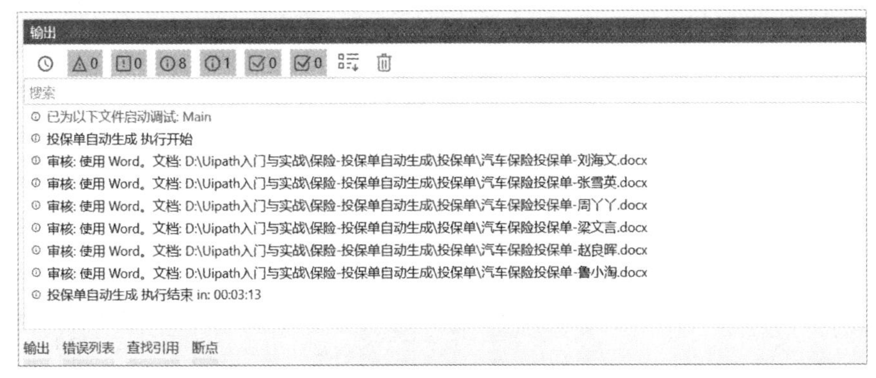

图 6-93　执行日志

进入“投保单”文件夹目录，查看自动生成的投保单 Word 文档和 PDF 文档，如图 6-94 所示。

› 此电脑 › 新加卷 (D:) › Uipath入门与实战 › 保险-投保单自动生成 › 投保单

名称	修改日期	类型	大小
汽车保险投保单-梁文言	2022/12/14 20:20	Microsoft Word 文档	23 KB
汽车保险投保单-梁文言	2022/12/14 20:20	Microsoft Edge PD...	120 KB
汽车保险投保单-刘海文	2022/12/14 20:19	Microsoft Word 文档	23 KB
汽车保险投保单-刘海文	2022/12/14 20:19	Microsoft Edge PD...	119 KB
汽车保险投保单-鲁小洵	2022/12/14 20:21	Microsoft Word 文档	23 KB
汽车保险投保单-鲁小洵	2022/12/14 20:21	Microsoft Edge PD...	120 KB
汽车保险投保单-张雪英	2022/12/14 20:19	Microsoft Word 文档	23 KB
汽车保险投保单-张雪英	2022/12/14 20:19	Microsoft Edge PD...	120 KB
汽车保险投保单-赵良晖	2022/12/14 20:21	Microsoft Word 文档	23 KB
汽车保险投保单-赵良晖	2022/12/14 20:21	Microsoft Edge PD...	119 KB
汽车保险投保单-周丫丫	2022/12/14 20:20	Microsoft Word 文档	23 KB
汽车保险投保单-周丫丫	2022/12/14 20:20	Microsoft Edge PD...	119 KB

图 6-94　投保单目录下的结果文件

双击其中一份投保单 PDF 文档查看结果，如图 6-95 所示。

汽车保险投保单

尊敬的客户：

您好！您今年(鲁 NE23AI)的(奥迪 A7L)轿车车辆的总保费为 15488.81 元。投保清单如下：

投保人	刘海文	
身份证号码	371321198404210015	
保障项目	保额/限额（元）	标准保费（元）
机动车损失保险	154919	5714.88
机动车盗抢险	154919	785.73
第三者责任保险	50 万	1472
车上人员责任险	司机 100000*1 人 乘客 100000*4 人	1450
玻璃单独破碎险	进口玻璃	1297.97
自燃险		628.05
车身划痕损失险	10000 元	1800
不计免赔特约险(车损不计免赔)		857.23
不计免赔特约险(三者不计免赔)		220.8
不计免赔特约险(盗抢不计免赔)		157.15
不计免赔特约险(车上人员责任险不计免赔)		217.5
不计免赔特约险(车身划痕险不计免赔)		270
机动车交通事故强制责任保险		617.5
保费合计		15488.81

北京清华保险股份有限公司承保系统制

本保单包含以下优惠与服务：
1，维修额度为 2000 元的划痕修复一次
2，100 元代金券或网上购物券(无消费门槛可直接使用)
3，送您全年无限次免费机油保养，每 5000 公里里程数赠送一次，免费服务项目包括更换机油、机油格及工时费(机油为嘉实多正品机油)。
4，送您车用礼品(行车记录仪，车用吸尘器，车载按摩垫，车用工具箱，车用应急包，遮阳板，打气泵，测胎仪，车用灭火器，安全锤，三角警示架，车用香水，车载充电器)
5，一年 2 次指定维修点免费维修
6，可享受 50 公里免费道路拖车紧急救援服务，送油、电、水(材料费自行承担)

联系电话：15079102588(张三)

图 6-95　投保单 PDF 文档

进入收件人邮箱，查看收到的邮件信息，如图 6-96 所示。

图 6-96 邮件信息

6.1.5 案例总结

本 RPA 流程通过解析 Excel 投保需求信息表的内容，将投保人的个人信息、投保车辆信息以及投保需求分别填入车险计算器网站和投保单模板文件，再将车险计算器输出的保费进行提取分析，并填入投保单模板文件中，批量生成相应的投保单 Word 文档和 PDF 文档，最后通过邮件方式分别发送到投保人的邮箱。

6.2 案例拓展

6.2.1 自动理赔机器人

保险业务流程复杂、数据繁多，人工手动操作通常使理赔处理变得费时费力。近年来，随着人力成本的上涨、数字技术的发展，理赔工作量越来越大，而且传统的人工理赔方式浪费人力成本，且容易出错。应用自动理赔机器人可以避免理赔信息录入错误，并且针对小额理赔进行自动理赔，减少人力成本。

参照图 6-97 所示流程图，完成自动理赔机器人流程。

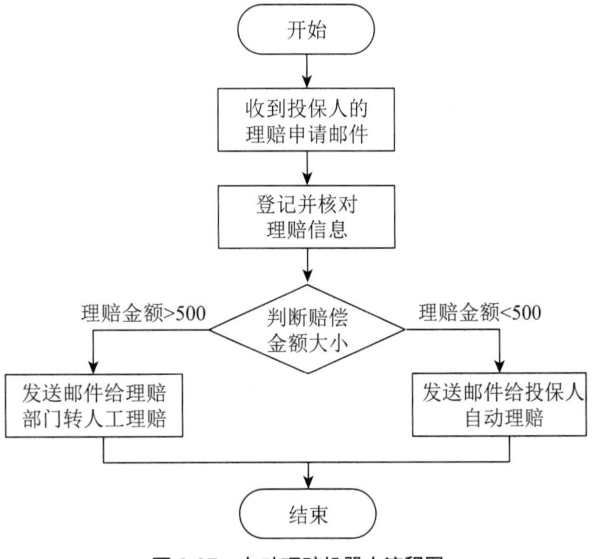

图 6-97 自动理赔机器人流程图

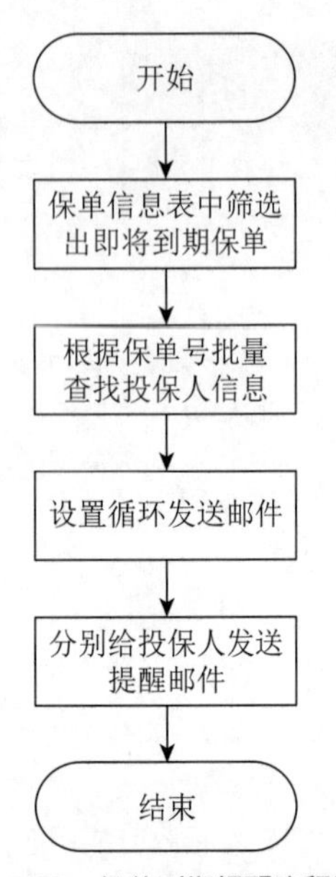

图 6-98　保单到期提醒流程图

6.2.2　保单到期提醒（邮件通知续保）

随着人民生活水平的提高，越来越多的人选择购买保险。如果没有按时缴纳保费，保单就会过期，导致没有保险的保障，即使发生了意外，保险公司也不会进行赔偿。所以，购买了保险需要按时缴纳保费，否则一旦出现意外事故，被保险人得不到赔偿，以前缴纳的保费也会打了水漂。保险公司为了避免出现这种情况，会在保单到期前通知投保人进行续保缴费。

参照图 6-98 所示流程图，完成保单到期提醒流程。

6.2.3　保险产品信息下载

保险产品信息承载着保险的各类条款及相关责任、免赔等信息，保险经纪公司在向投保人介绍保险产品时，往往需要从市场上各家保险公司的各类保险产品中挑选出最适合投保人需求的产品，因此需要调研市场上的保险单的相关条款进行分析了解。数量庞大的保险产品可以从中国保险行业协会网站中进行下载。

第 1 步，打开中国保险行业协会网站（http://www.iachina.cn/）。

第 2 步，悬停“保险产品”，单击“人身险产品信息库”。

第 3 步，单击“人身险产品信息库”的“消费者查询入口”。

第 4 步，在“产品名称”中输入“平安福”，“产品类别”选择“人寿保险→终身寿险”。

第 5 步，单击“查询”按钮，如图 6-99 所示。

第 6 步，在弹出的信息中设置循环依次单击“详细信息”，如图 6-100 所示。

图 6-99　查询保险产品

序号	公司名称	产品名称	操作
1	中国平安人寿保险股份有限公司	平安平安福终身寿险	详细信息
2	中国平安人寿保险股份有限公司	平安福满财盈终身寿险（万能型）	详细信息
3	中国平安人寿保险股份有限公司	平安少儿平安福终身寿险	详细信息
4	中国平安人寿保险股份有限公司	平安平安福终身寿险（2016）	详细信息
5	中国平安人寿保险股份有限公司	平安少儿平安福终身寿险（至尊版）	详细信息
6	中国平安人寿保险股份有限公司	平安平安福终身寿险（2016，至尊版）	详细信息
7	中国平安人寿保险股份有限公司	平安少儿平安福终身寿险（2017）	详细信息
8	中国平安人寿保险股份有限公司	平安少儿平安福终身寿险（至尊版，2017）	详细信息
9	中国平安人寿保险股份有限公司	平安平安福终身寿险（2017）	详细信息
10	中国平安人寿保险股份有限公司	平安平安福（2018）终身寿险	详细信息

第 1 页 / 共 3 页 / 每页显示 10 条　跳转到第　页

图 6-100　保险产品查询结果

第 7 步，在弹出的页面中单击“下载”，将保险产品的条款进行下载，保存至指定的文件夹，如图 6-101 所示。

第 8 步，需求结束。

参照图 6-102 所示流程图，完成保险产品信息下载流程。

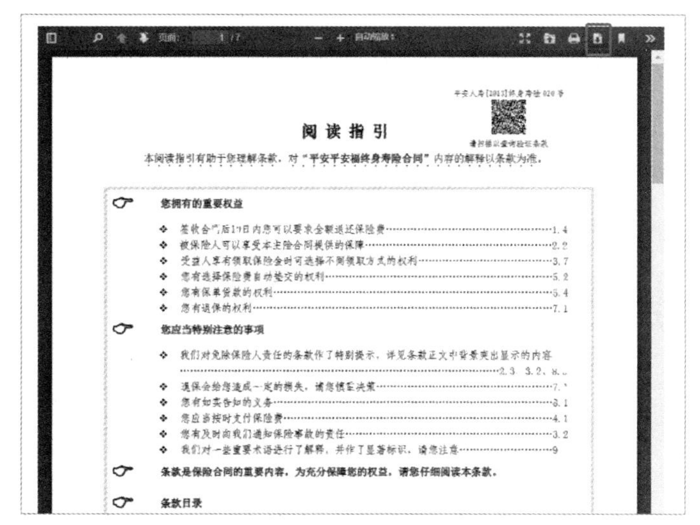

平安人寿[2013]终身寿险 020 号

请扫描以查询验证条款

阅 读 指 引

本阅读指引有助于您理解条款，对“平安平安福终身寿险合同”内容的解释以条款为准。

您拥有的重要权益

- 签收合同后15日内您可以要求全额退还保险费……1.4
- 被保险人可以享受本主险合同提供的保障……2.2
- 受益人享有领取保险金时可选择不同领取方式的权利……3.7
- 您有选择保险费自动垫交的权利……5.2
- 您有保单贷款的权利……5.4
- 您有退保的权利……7.1

您应当特别注意的事项

- 我们对免除保险人责任的条款作了特别提示，详见条款正文中背景突出显示的内容……2.3、3.2、8.
- 退保会给您造成一定的损失，请您慎重决策……7.
- 您有如实告知的义务……3.1
- 您应当按时支付保险费……4.1
- 您有及时向我们通知保险事故的责任……3.2
- 我们对一些重要术语进行了解释，并作了显著标识，请您注意……9

条款是保险合同的重要内容，为充分保障您的权益，请您仔细阅读本条款。

条款目录

图 6-101　下载保险条款

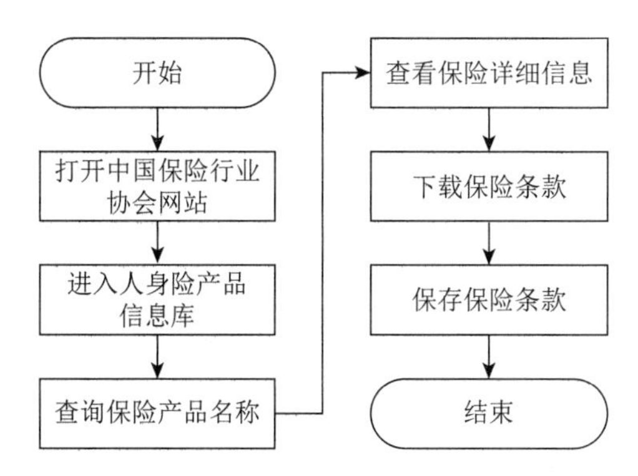

图 6-102　保险产品信息下载流程图

第 7 章 RPA 在物流行业的应用

7.1 物流状态更新

自动化是制造业和物流业的重点，是工业 4.0 和供应链 4.0 倡议的一部分，以实现持续增长和可持续发展。伴随着物联网、大数据、云计算、自动化以及人工智能等新兴信息技术的快速发展，现代物流正加速朝向智慧物流的进程迈进。

物流企业在货物发运后，需要登录物流供应商的对外系统或网站，根据物流订单号查询物流状态信息，然后手动更新到自己的物流平台中，工作量大且操作非常烦琐。

RPA 机器人会定期根据物流订单的号码自动到物流供应商对外网站或系统中查询物流状态更新，并复制最新信息到指定系统中，大幅降低了工作量并且能够及时主动地进行数据更新，提升了客户体验。

本章将为大家介绍物流状态更新机器人的实现。通过本章案例您将学到：

- 遍历循环的使用
- 查找数据表的使用
- IF 条件判断分支
- 用户界面自动化的使用
- Excel 组件的使用
- 调用工作流文件

7.1.1 需求分析

A 企业是一家物流企业，货物发运后，需要及时抓取物流状态并更新到物流平台中。相关人员需打开快递网，人工查询每一笔订单的物流详情，有记录的以订单号码为名称存储在指定文件夹，再登录物流平台，逐笔更新物流信息。人工操作耗时效率低，经常容易出错。为解决这一痛点，现开发一个物流状态更新机器人，来协助相关人员完成日常的物流状态更新工作。

7.1.2　系统设计

根据需求分析，物流状态更新机器人的流程设计包括四部分，分别是初始化、查询物流状态、登录物流平台和更新物流信息。详细的功能模块设计如表 7-1 所示。

表 7-1　物流状态更新机器人的功能模块设计

序号	功能模块	步　骤	备注
1	初始化	读取 Config 文件，并将配置信息存到字典中	
2	查询物流状态	读取订单号码，并在快递网中查询物流轨迹，获取物流轨迹后写入 Excel 文档	
3	登录物流平台	登录 RPA 之家云实验室，进入快递列表	
4	更新物流信息	将补齐之后的物流信息及订单信息，录入快递管理功能模块中	

7.1.3　系统开发必备

1. 开发环境及工具

本项目的开发及运行环境如下。

- 操作系统：Windows 7、Windows 10。
- 开发工具：UiPath 2022.4.3。
- Office 版本： Office 2019。

2. 项目文件结构

物流状态更新机器人的项目文件结构如图 7-1 所示。

（1）Data 文件夹：存放项目运行依赖的配置文件、快递单数据和流程运行过程中保存的查询结果文件。

（2）Main.xaml：主流程文件。

（3）初始化 .xaml：读取配置文件 config.xlsx。

（4）更新物流信息 .xaml：在物流平台上录入订单信息及物流详情。

（5）查询物流状态 .xaml：在快递网上查询订单状态，抓取查询结果并以 Excel 文件形式保存在“物流详情”文件夹下。

（6）登录物流平台 .xaml：自动登录物流平台。

图 7-1　项目文件结构

3. 开发前准备

1）config 文件

提前准备 config.xlsx 文件，存储在项目的 Data 文件夹下，用于存储物流状态更新所需的基本信息，具体内容如图 7-2 所示。

2）货物发运列表文件

提前准备“货物发运列表 .xlsx”文件，存储在项目的 Data 文件夹下。货物发运列表用于记录需要查询物流信息的订单号码等，具体内容如图 7-3 所示。

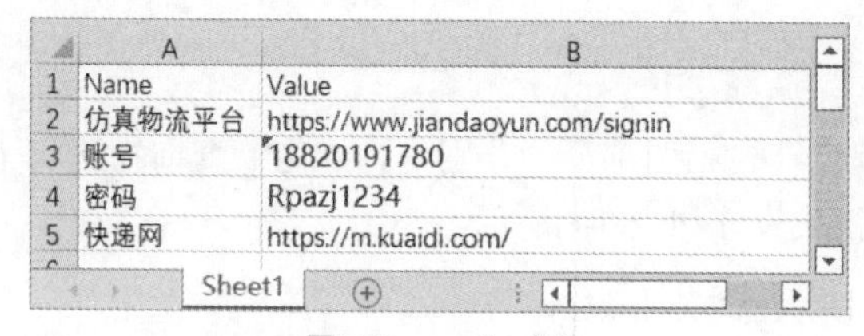

	A	B
1	Name	Value
2	仿真物流平台	https://www.jiandaoyun.com/signin
3	账号	18820191780
4	密码	Rpazj1234
5	快递网	https://m.kuaidi.com/

图 7-2　config 文件

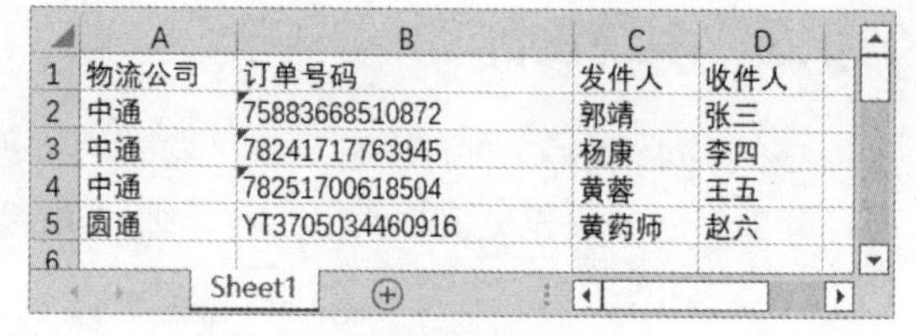

	A	B	C	D
1	物流公司	订单号码	发件人	收件人
2	中通	75883668510872	郭靖	张三
3	中通	78241717763945	杨康	李四
4	中通	78251700618504	黄蓉	王五
5	圆通	YT3705034460916	黄药师	赵六

图 7-3　货物发运列表文件

需要注意的是，本例中提供的订单号码超过时限后将无法查出物流信息，读者可以在本文件中补充有效的订单号码，保证此表中至少有两个订单号码能够查到物流信息。

7.1.4　自动化流程开发

1. 创建项目

（1）单击“开始”，在“新建项目”中单击“流程”，如图 7-4 所示。

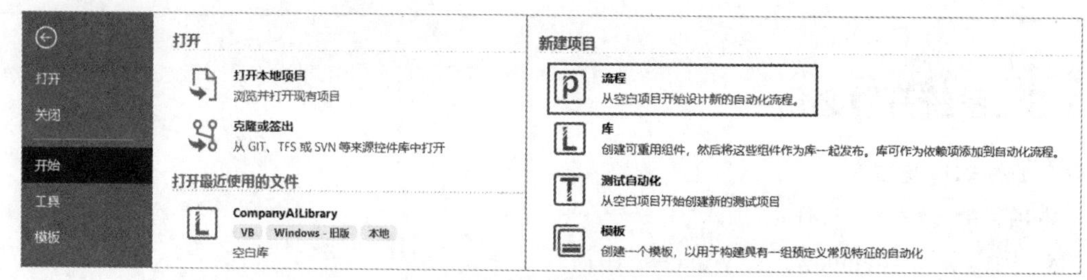

图 7-4　新建流程

（2）在“新建空白流程”对话框中，输入项目名称“物流状态更新机器人”，并输入项目位置，单击“创建”按钮，如图 7-5 所示。

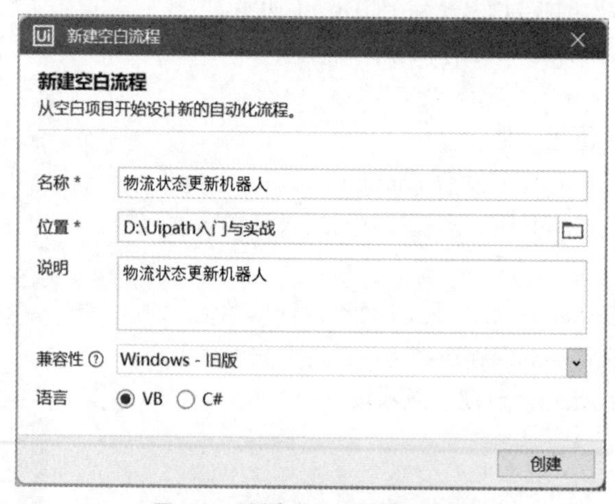

图 7-5　“新建空白流程”对话框

（3）在项目的根目录文件中新建一个文件夹，命名为“Data”，并将提前准备的“config.xlsx”和“货物发运列表.xlsx”文件放至该文件夹中，同时在“Data”中新建一个文件夹“物流详情”，用于存放查询物流状态生成的文件，如图 7-6 所示。

（4）在“设计”面板单击“新建→序列”，如图 7-7 所示。

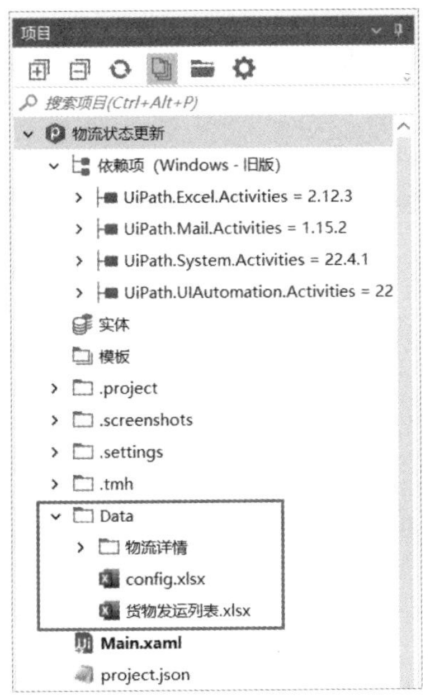

图 7-6　项目面板

图 7-7　单击“新建→序列”

在“新建序列”对话框中，输入名称“初始化”，单击“创建”按钮，如图 7-8 所示。

用同样的方法再新建三个序列，分别为“更新物流信息”，“查询物流状态”“登录物流平台”流程文件创建完成后如图 7-9 所示。

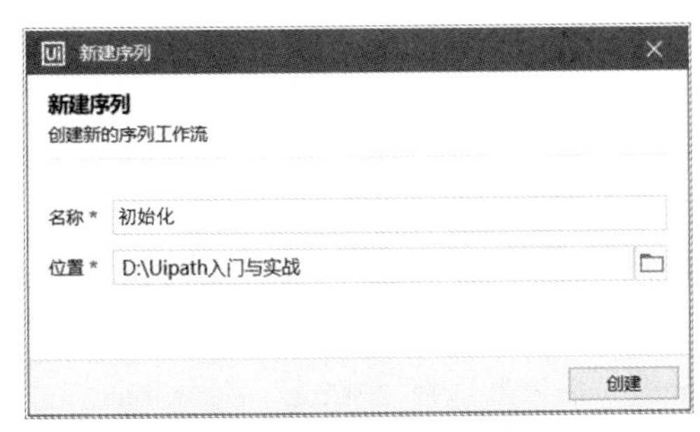

图 7-8　“新建序列”对话框

图 7-9　项目面板中的工作流文件

至此，流程需要的所有文件已经准备完成了。接下来，便开始自动化流程的开发工作。

2.“初始化”模块的实现

“初始化”模块的主要功能是读取 config 文件，将要查询的快递网址、仿真物流平台网址和账号、密码等配置信息存到字典中。

“初始化”模块的流程设计如图 7-10 所示，具体实现步骤如下。

1）在“初始化”工作流中添加一个“分配”活动，如图 7-11 所示。

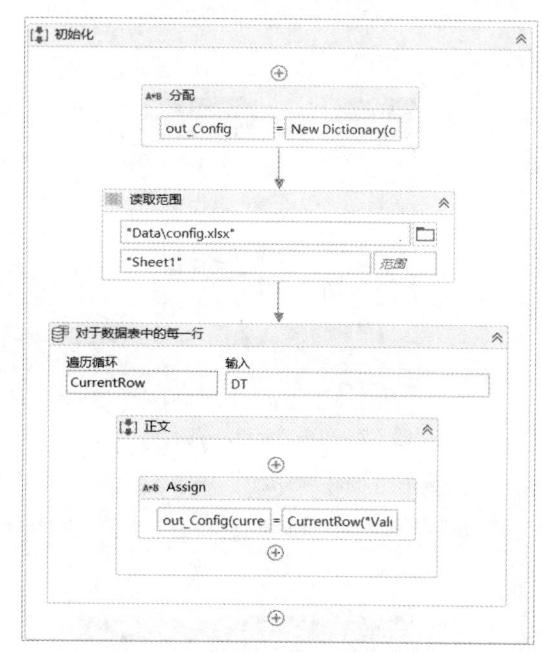

图 7-10 “初始化”模块的流程设计

图 7-11 “分配”活动

在其属性面板的“杂项→受让人”中单击鼠标右键，在弹出的菜单中选择“创建输出参数”，输入参数名“out_Config”。

在参数面板，按下列步骤更改 out_Config 的参数类型。

（1）在“参数类型”的下拉框后单击“浏览类型”，如图 7-12 所示。

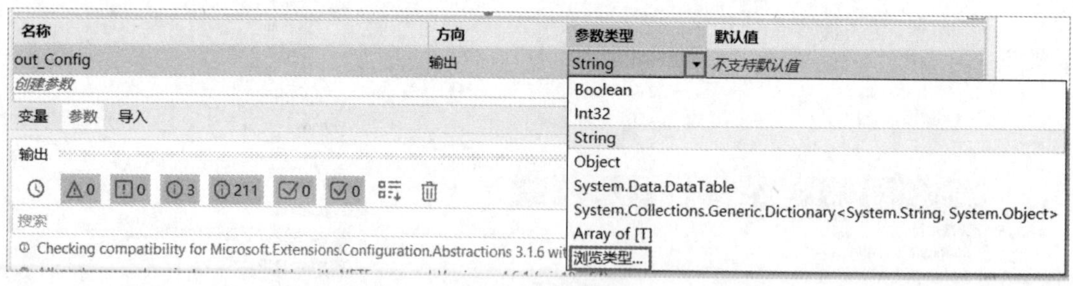

图 7-12 参数面板

（2）在“浏览并选择 .NET 类型”对话框中，输入“dictionary”后选择“Dictionary<TKey, TValue>”，如图 7-13 所示。

（3）在“System.Collections.Generic.Dictionary”后依次选择“String”和“Object”，表示将字典类型变量 out_Config 的键设置为 String 类型，值设置为 Object 类型，然后单击“确定”按钮，如图 7-14 所示。

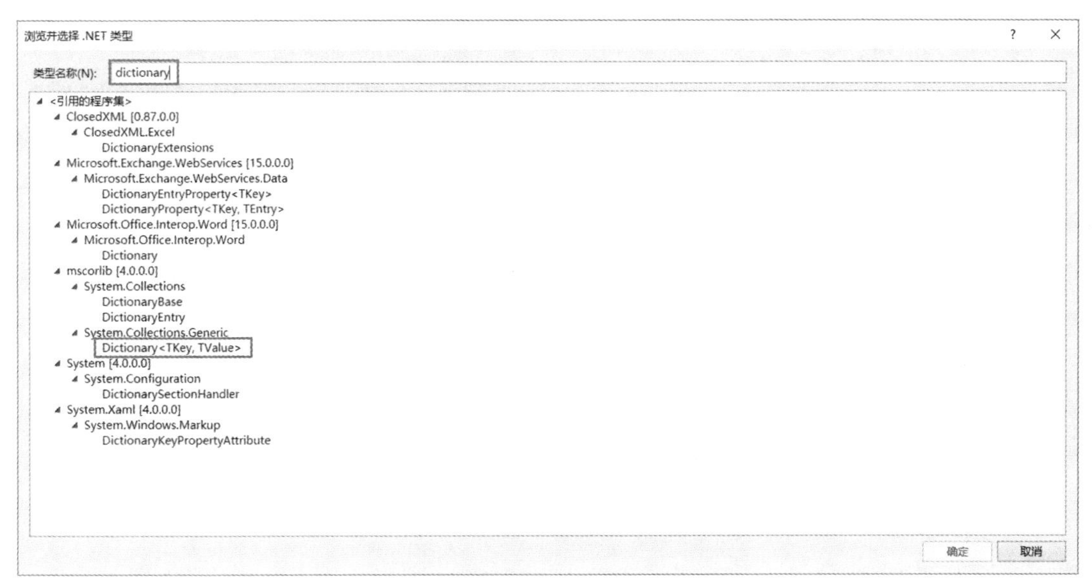

图 7-13 “浏览并选择 .Net 类型”对话框

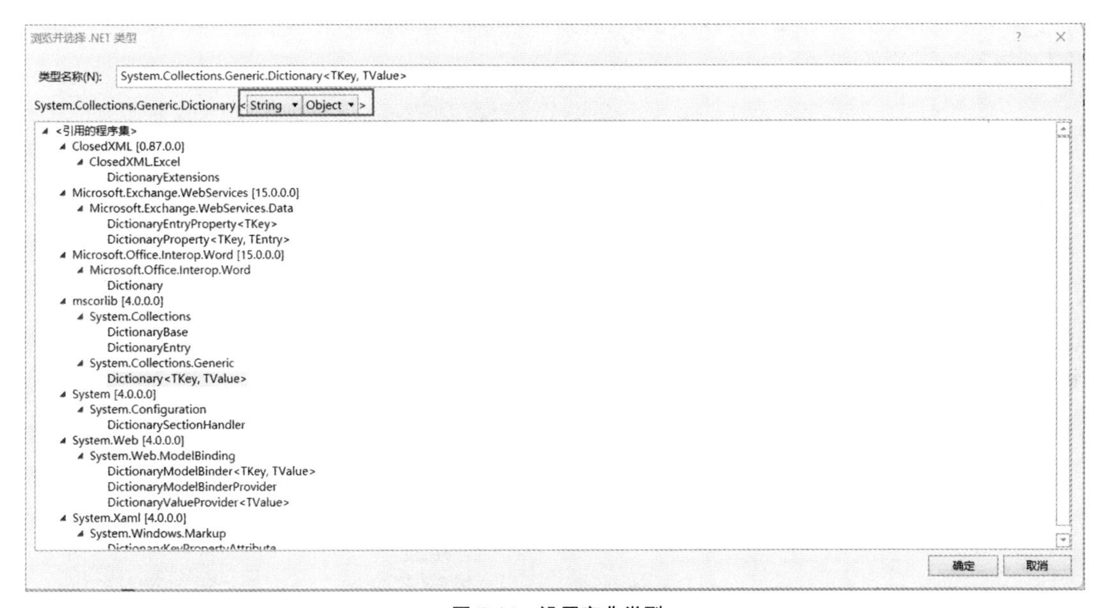

图 7-14 设置字典类型

回到其属性面板，在“杂项→值”中输入“New Dictionary(of String, Object)”，用于初始化 out_Config 字典，如图 7-15 所示。

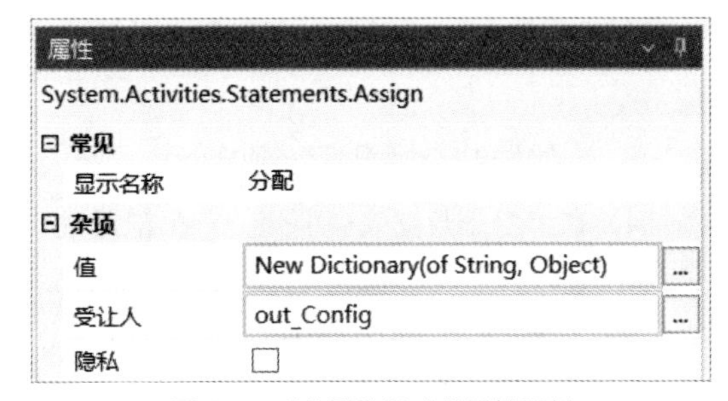

图 7-15 “分配”活动的属性面板

2）在“分配”活动的下方添加“读取范围”活动，在“工作簿路径”中输入“"Data\config.xlsx"”，在“工作表名称”输入框中输入“"Sheet1"”，表示读取 config.xlsx 文件的 Sheet1 工作表，如图 7-16 所示。

在其属性面板的“输出→数据表”中使用

快捷键 Ctrl+K 创建 DataTable 类型的变量“DT”，勾选“添加标头”复选框，如图 7-17 所示。

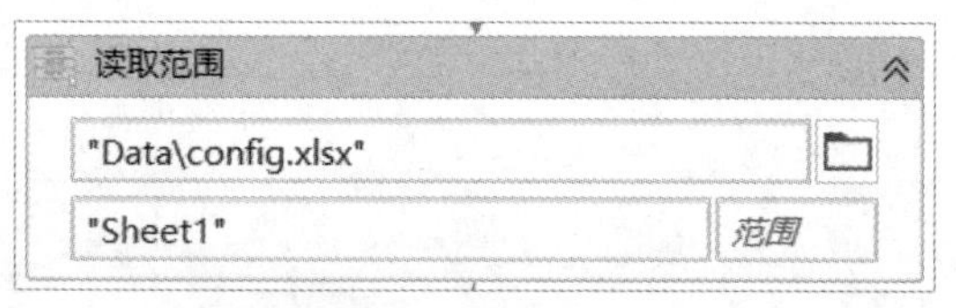

图 7-16 “读取范围”活动

图 7-17 “读取范围”活的属性面板

打开变量面板，查看变量“DT”的变量类型为 DataTable，在范围下拉列表中选择“初始化”，如图 7-18 所示。

图 7-18 DT 的变量面板

3）在“读取范围”活动下方添加“对于数据表中的每一行”活动，在“输入”输入框中输入“DT”，用于遍历上一步活动中读取到的数据表，如图 7-19 所示。该活动的属性面板如图 7-20 所示。

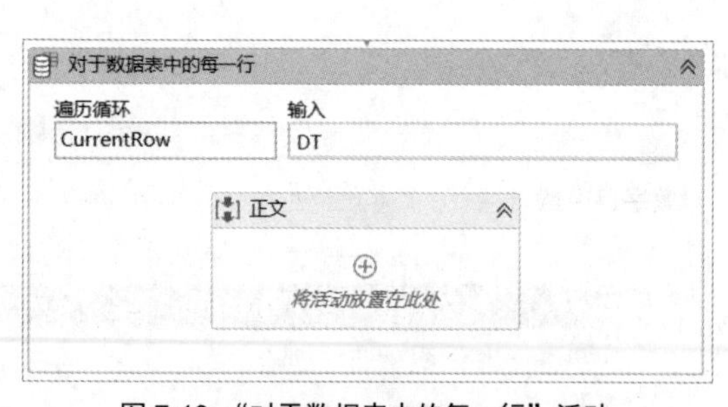

图 7-19 “对于数据表中的每一行”活动

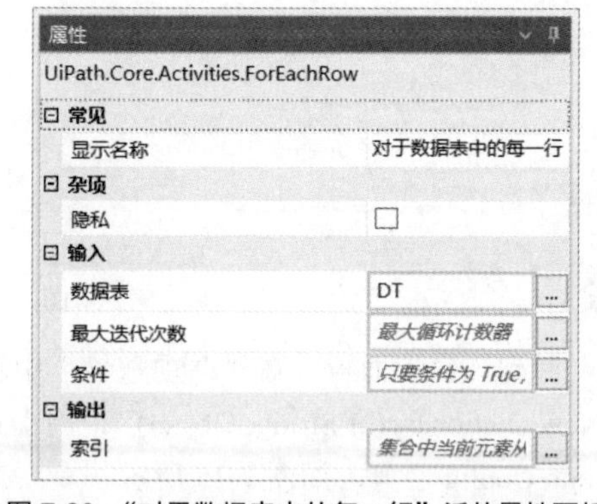

图 7-20 “对于数据表中的每一行”活的属性面板

4）在“对于数据表中的每一行”活动的“正文”中添加“分配”活动，如图 7-21 所示。

在其属性面板的“杂项→受让人”中输入“out_Config(currentrow("Name").ToString)”，在“杂项→值”中输入“CurrentRow("Value")”，通过该活动将遍历的数据表的每一行记录生成键值对，存入 out_Config 中，如图 7-22 所示。

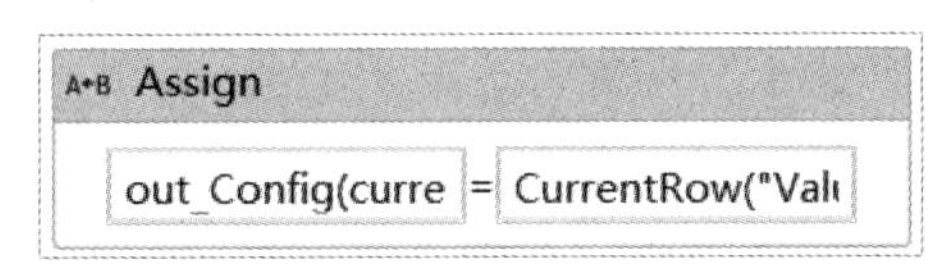

图 7-21　“分配”活动

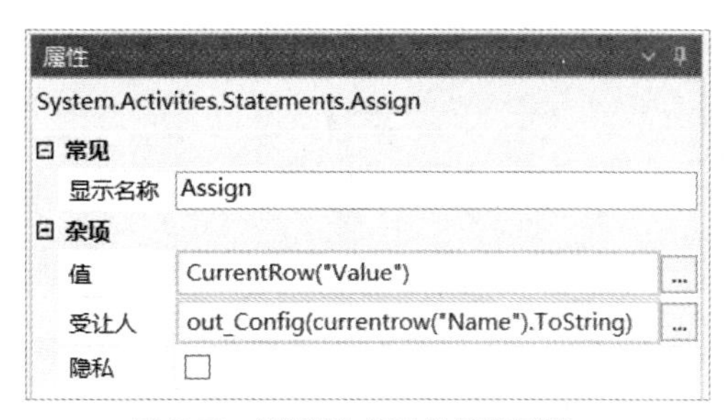

图 7-22　“分配”活动的属性面板

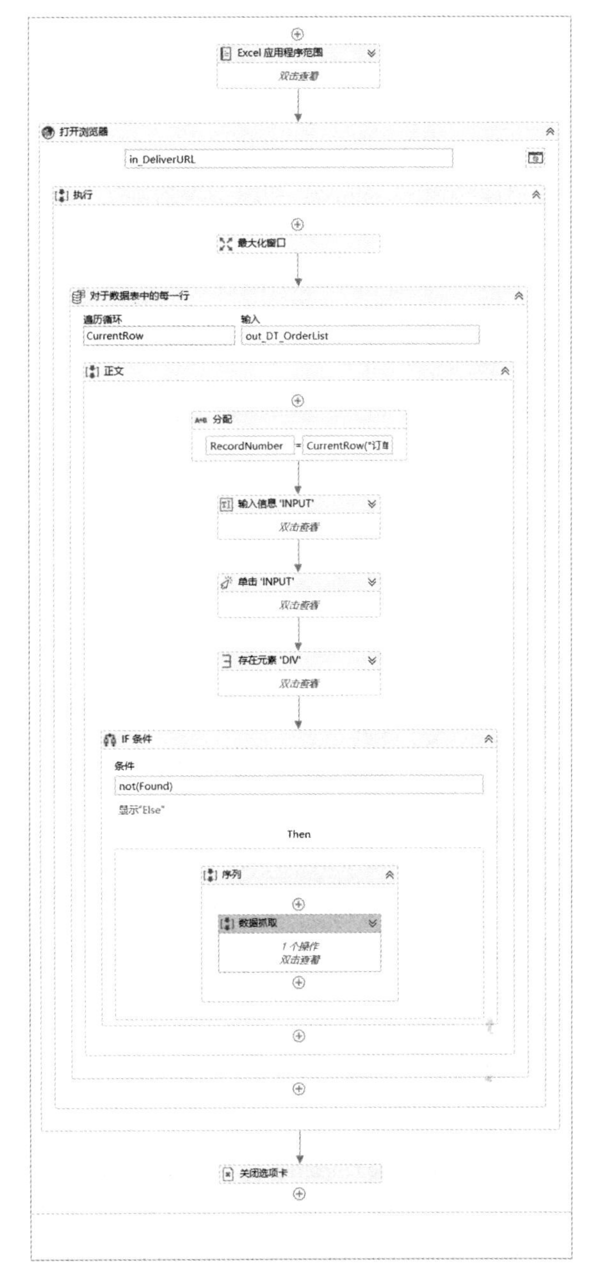

图 7-23　“查询物流状态”模块的流程

至此，第一个“初始化”模块便完成了，运行程序，查看流程执行是否有异常。

3.“查询物流状态”模块的实现

“查询物流状态”模块的功能是读取“货物发运列表 .xlsx”表格中的订单号码，并在快递网中查询，如果能查到信息，则抓取物流轨迹写入用订单号码命名的 Excel 文档，如果查不到信息，则继续查找下一个。

该模块的流程设计如图 7-23 所示，具体实现步骤如下。

1）通过 Excel 应用程序范围活动，来实现“货物发运列表 .xlsx”的数据读取。

（1）双击“查询物流状态 .xaml”工作流文件，在设计面板添加一个“Excel 应用程序范围”活动，在“工作簿路径”中输入“"Data\ 货物发运列表 .xlsx"”，如图 7-24 所示。

图 7-24　“Excel 应用程序范围”活动

（2）在“Excel 应用程序范围”活动的“执行”中添加“读取范围”活动，在“工作表名称”中输入“"Sheet1"”，在“范围”中输入“""”，表示读取 Sheet1 工作表中的所有数据，如图 7-25 所示。

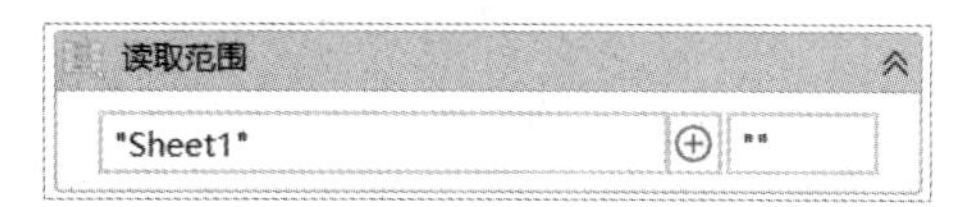

图 7-25　“读取范围”活动

图 7-26 “读取范围”活动的属性面板

在其属性面板的“输出→数据表”输入框中单击鼠标右键，在弹出的菜单中选择“创建输出参数”，输入参数名“out_DT_OrderList”后按 Enter 键进行提交，将读取到的 Sheet1 的数据赋值给了参数 out_DT_OrderList，并勾选“添加标头”复选框，如图 7-26 所示。

在参数面板，查看参数 out_DT_OrderList“方向”为“输出”，参数类型为 DataTable，如图 7-27 所示。

“Excel 应用程序范围”活动中的完整实现如图 7-28 所示。

2）在“Excel 应用程序范围”活动的下方添加“打开浏览器”活动，如图 7-29 所示。

名称	方向	参数类型	默认值
out_DT_OrderList	输出	DataTable	不支持默认值

图 7-27 out_DT_OrderList 的参数面板

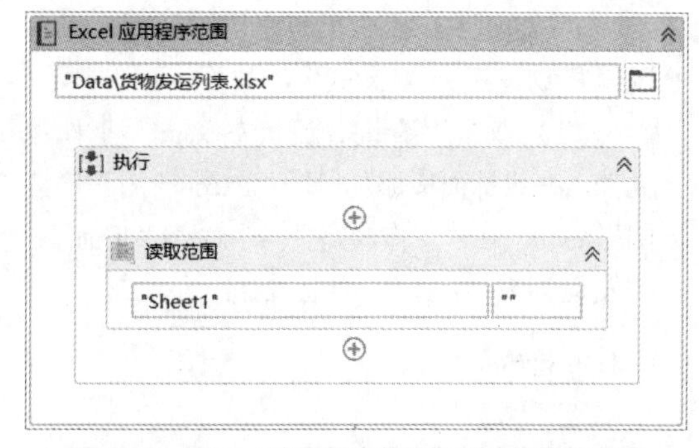

图 7-28 “Excel 应用程序范围”活动的完整实现

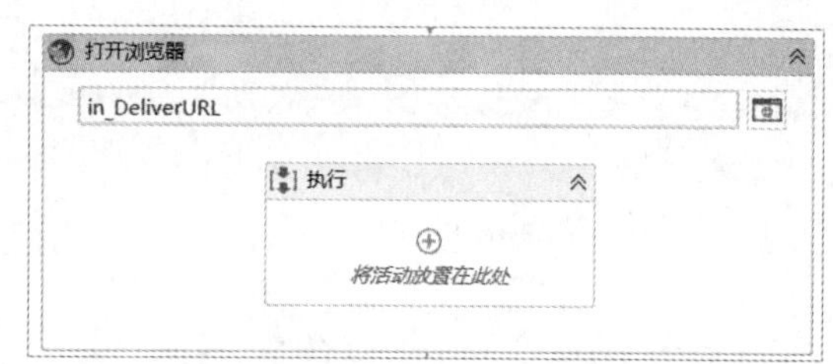

图 7-29 “打开浏览器”活动

在“打开浏览器”的 URL 输入框中单击鼠标右键，在弹出的菜单中选择“创建输入参数”，输入参数名为“in_DeliverURL”后按 Enter 键确认提交。在参数面板，将参数 in_DeliverURL 的默认值设置为“"https://m.kuaidi.com/"”，将快递网的网址赋值给参数 in_DeliverURL，如图 7-30 所示。

名称	方向	参数类型	默认值
in_DeliverURL	输入	String	"https://m.kuaidi.com/"

图 7-30 in_DeliverURL 的参数面板

在其属性面板的“输入→浏览器类型”中选择“BrowserType.Chrome”，在“输出→用户界面浏览器”中使用快捷键 Ctrl+K 创建变量“Br_deliver”，此变量在快递网完成查询操作后，后续的关闭此浏览器选项卡活动中会被使用到，如图 7-31 所示。

图 7-31　“打开浏览器”活动的属性面板

在变量面板，查看变量 Br_deliver 的“变量类型”为“Browser”，“范围”为“查询物流状态”，如图 7-32 所示。

图 7-32　Br_deliver 的变量面板

3）在“打开浏览器”活动的“执行”中添加一个“最大化窗口”活动，如图 7-33 所示。属性使用默认设置，用于将浏览器窗口最大化，以保障流程运行的稳定性。

4）在“最大化窗口”活动的下方添加一个“对于数据表中的每一行”活动，在“输入”输入框中输入参数“out_DT_OrderList”，用于遍历读取“货物发运列表”数据表，如图 7-34 所示，其属性面板如图 7-35 所示。

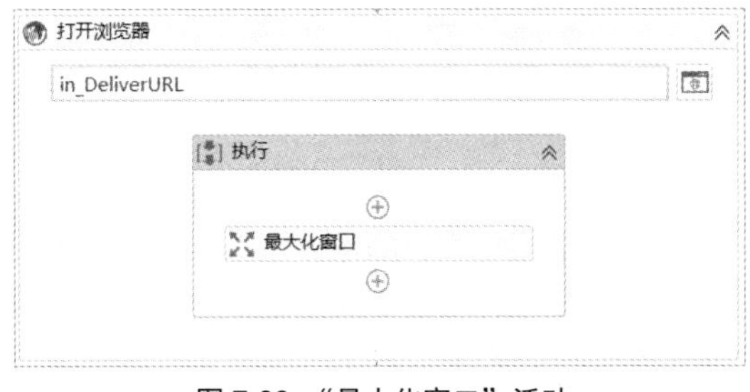

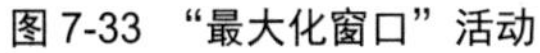
图 7-33　“最大化窗口”活动

图 7-34　“对于数据表中的每一行”活动

5）在“对于数据表中的每一行”活动的“正文”中，我们将实现订单号码的查询及查询结果的数据抓取。

首先我们需要读取每条记录的“订单号码”，将其输入快递网“查快递”的输入框中，并单击“查询”按钮触发查询操作，如图 7-36 所示。

属性	
UiPath.Core.Activities.ForEachRow	
⊟ 常见	
显示名称	对于数据表中的每一行
⊟ 杂项	
隐私	☐
⊟ 输入	
数据表	out_DT_OrderList
最大迭代次数	最大循环计数器
条件	只要条件为 True，I
⊟ 输出	
索引	集合中当前元素从零

图 7-35 “对于数据表中的每一行”活动的属性面板

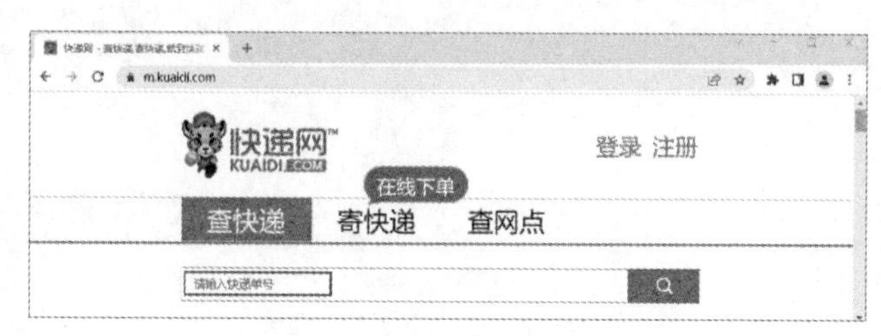

图 7-36 快递网

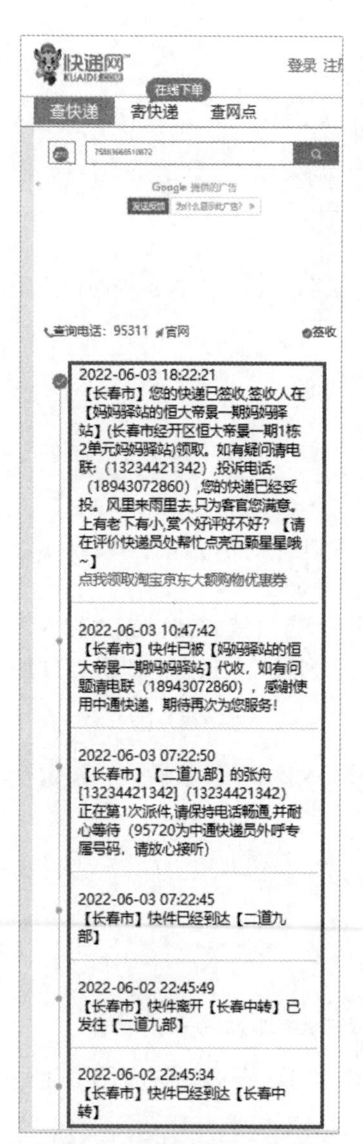

图 7-37 抓取订单查询结果

接着，我们要判断该快递单号是否有查询到结果，若有返回结果，则进行数据抓取，如图 7-37 所示。

具体实现步骤如下。

（1）添加“分配”活动，在其属性面板的“杂项→受让人”中使用快捷键 Ctrl+K 创建变量“RecordNumber”，在“杂项→值”中输入表达式“CurrentRow(" 订单号码 ").ToString”，将读取到的订单号码赋值给变量 RecordNumber，如图 7-38 所示。

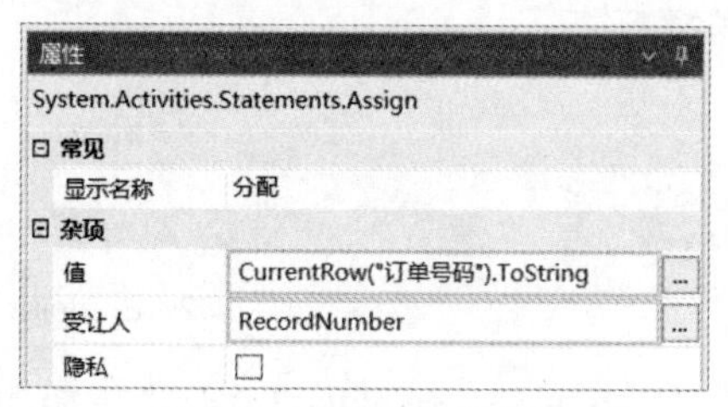

图 7-38 “分配”属性面板

（2）在“分配”活动的下方添加“输入信息”活动，如图 7-39 所示。

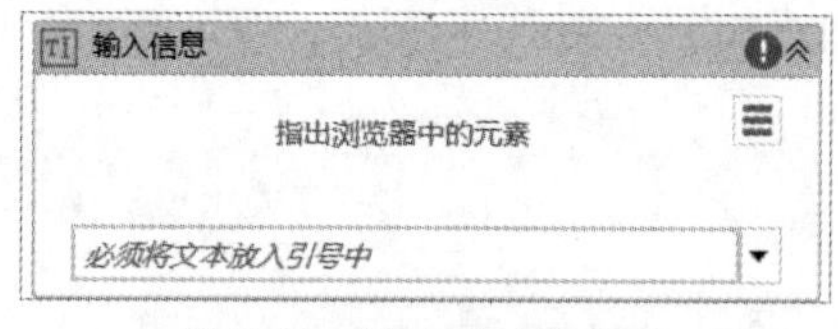

图 7-39 “输入信息”活动

（3）提前在 Chrome 浏览器打开 https://m.kuaidi.com/ 网页后，单击“输入信息”活动中的“指出浏览器中的元素”，将鼠标指针移动至如图 7-40 所示的搜索栏。

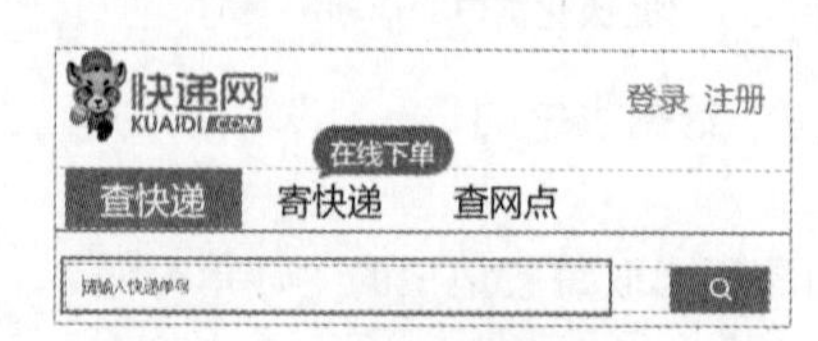

图 7-40 快递网搜索栏

图 7-41　“输入信息”活协的属性面板

当搜索栏被标记为蓝底黄框后单击鼠标，完成查询输入框元素的选择。在“输入信息”活动的属性面板，在“输入→文本”中输入“RecordNumber”，在“选项”中勾选“模拟键入”“激活”“空字段”，如图 7-41 所示。

“输入信息”活动支持默认、窗口消息和模拟输入三种输入方法，具体区别见表 7-2。模拟键入是通过使用目标应用程序的技术模拟类型。这种输入方法在三种方法中速度最快，且可在后台工作。默认方法速度最慢，且不能在后台工作，但可兼容所有桌面应用程序。

设置完成后，该“输入信息”活动的设计如图 7-42 所示。

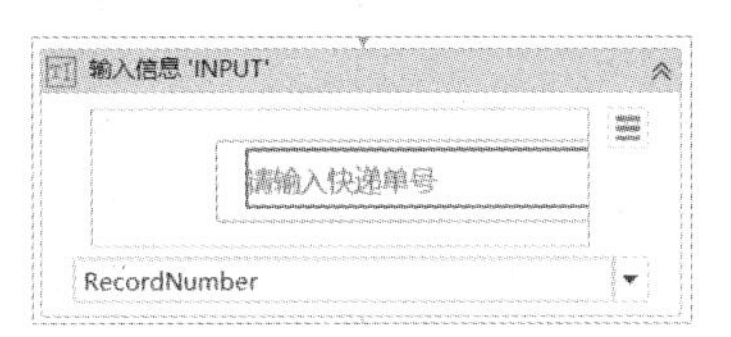

图 7-42　“输入信息”活动的设计

表 7-2　“输入信息”活动的输入方法比较

方　法	兼　容　性	后台执行	速　度	热　键	自动反馈
Default 默认	100%	否	50%	是	否
Window Messages 窗口消息	80%	是	50%	是	否
Simulate Type 模拟输入	99% - web apps 60% - desktop apps	是	100%	否	是

（4）在“输入信息”活动的下方添加“单击”活动，单击“单击”活动中的“指出浏览器中的元素”后选择网页上的查询按钮，如图 7-43 所示。

（5）判断该订单号是否有查询到结果。观察页面可发现，当没有查询结果时页面的显示如图 7-44 所示，我们可以通过页面是否显示豹头图案来判断是否有查询结果。

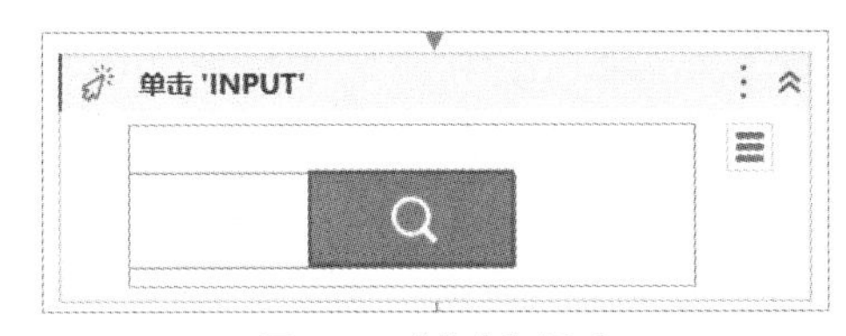

图 7-43　“单击”活动

图 7-44　无查询结果的页面

提前在快递网的搜索栏中输入任意一个不存在的订单号码，如“123456”，单击搜索，得到无查询结果的页面。然后在设计面板添加“存在元素”活动，单击“指出浏览器中的元素”后，选择网页上的豹头图案区域，如图 7-45 所示。

在其属性面板的“输出→存在”中使用快捷键 Ctrl+K 创建 Boolean 类型的变量“Found”，如图 7-46 所示。如果豹头图案出现，则 Found 值为 True，表示没有查询到结果；如果豹头图案没有出现，则 Found 值为 False。

图 7-45 “存在元素”活动

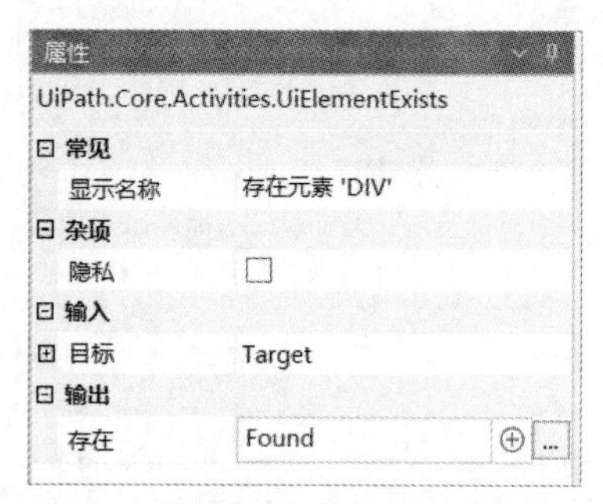

图 7-46 “存在元素”活动的属性面板

6）在“存在元素”活动的下方添加“IF 条件”活动，在“条件”输入框中输入“not(Found)”，如图 7-47 所示，表示当豹头图案没有出现时，执行序列中的活动。

至此，“对于数据表中的每一行”中输入订单号触发查询及存在元素判断的实现如图 7-48 所示。

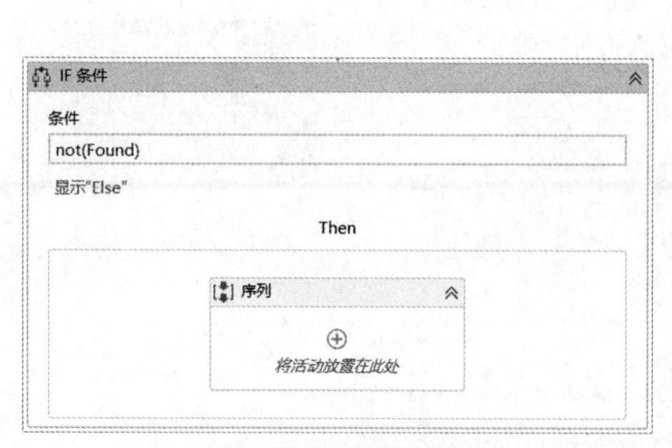

图 7-47 “IF 条件”活动

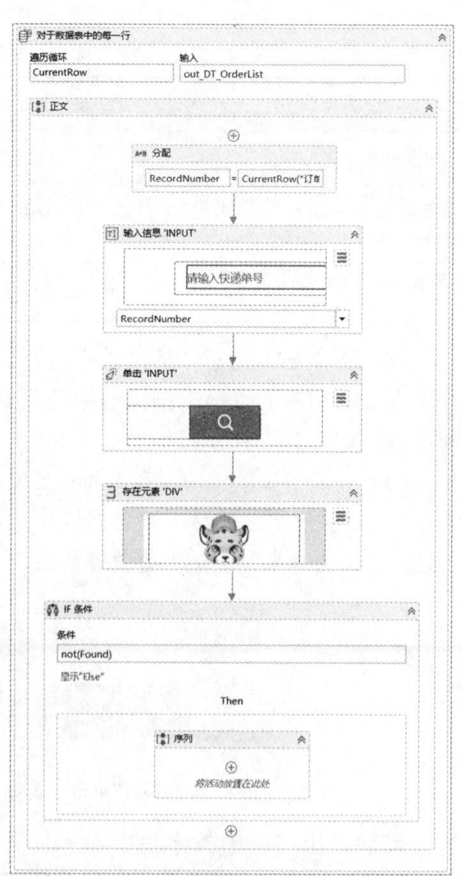

图 7-48 “对于数据表中的每一行”查询及存在元素判断的实现

7）实现满足 IF 条件时，查询结果的数据抓取及保存。

（1）切换到浏览器，在快递网的搜索栏中输入一个有记录的订单号码，如“YT3705034460916”，单击搜索，得到搜索结果的页面，如图 7-49 所示。

（2）选中“IF 条件”活动中的“序列”，然后单击设计工具栏中的“数据抓取”按钮，如图 7-50 所示。

（3）在弹出的“提取向导”对话框中击“下一步”按钮，如图 7-51 所示。

（4）将鼠标指针移到查询结果页的第一条记录的时间区域，该元素会被加上蓝底黄框，如图 7-52 所示。

图 7-49　搜索结果页面

图 7-50　单击“数据抓取”按钮

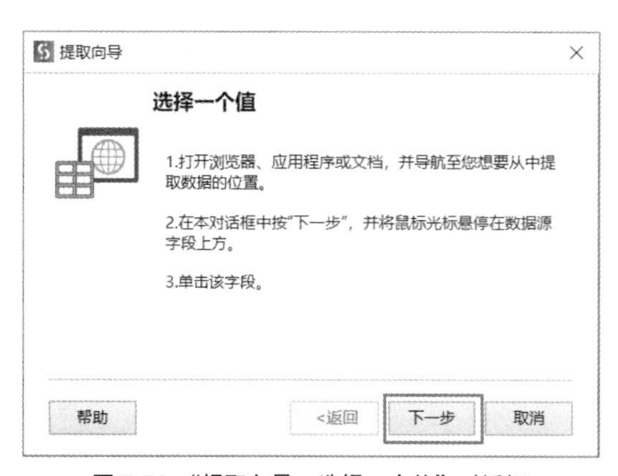

图 7-51　“提取向导→选择一个值”对话框

图 7-52　搜索结果选择

（5）鼠标单击选择后，显示“提取向导→选择第二个元素”对话框，单击“下一步”按钮，如图 7-53 所示。

（6）将鼠标指针移到第二条记录的时间区域上，单击该目标元素后，页面上所有记录的时间处于黄底的选中状态，同时显示“提取向导→配置列”对话框，在提取文本的“文本列名称”中输入“时间”，然后单击“下一步”按钮，如图 7-54 所示。

（7）在“提取向导→预览数据”中显示已抓取的数据，如图 7-55 所示，单击“提取相关数据”按钮继续抓取“物流状态”的信息。

图 7-53　“提取向导→选择第二个元素”对话框

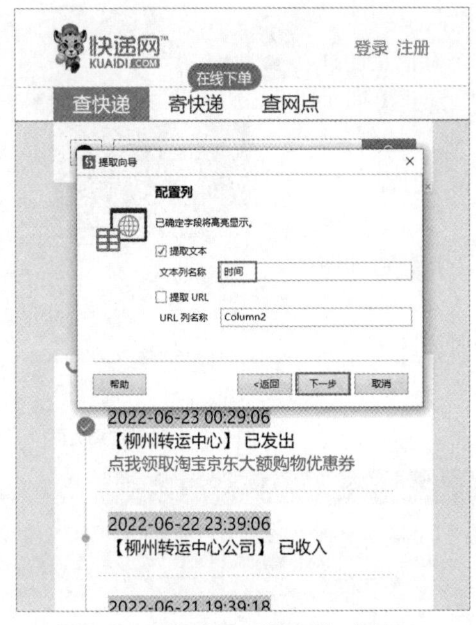

图 7-54 “提取向导→配置列”对话框 1

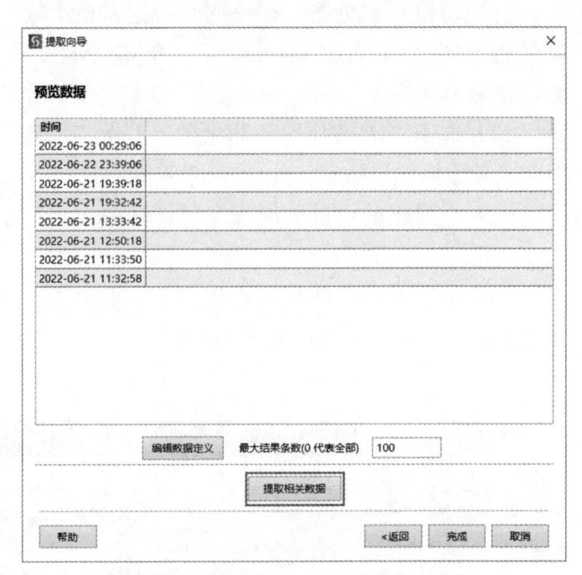

图 7-55 “提取向导→预览数据”对话框

（8）将鼠标指针移到第一条记录“时间”下方的“物流状态”区域，单击选中，然后在显示的“提取向导→选择第二个元素”对话框中，单击“下一步”按钮。

（9）将鼠标指针移到第二条记录的“物流状态”区域，单击选中后页面上的所有物流状态记录都会处于黄底的选中状态，同时显示“提取向导→配置列”对话框，在提取文本的“文本列名称”中输入“状态”，再单击“下一步”按钮，如图 7-56 所示。

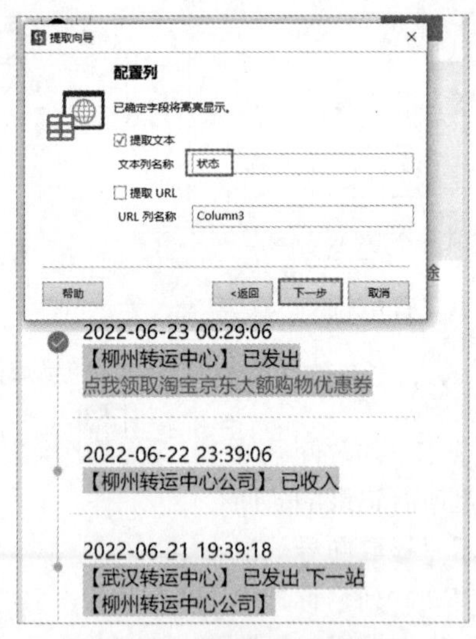

图 7-56 “提取向导→配置列”

（10）在“提取向导→预览数据”对话框中，显示已抓取的两列数据，单击“完成”按钮，如图 7-57 所示。

（11）单击“完成”按钮后显示“指出下一个链接”窗，由于本案例中搜索结果页面只有一页，不需要翻页，因此单击“否”按钮，如图 7-58 所示。

图 7-57　提取向导 - 完成

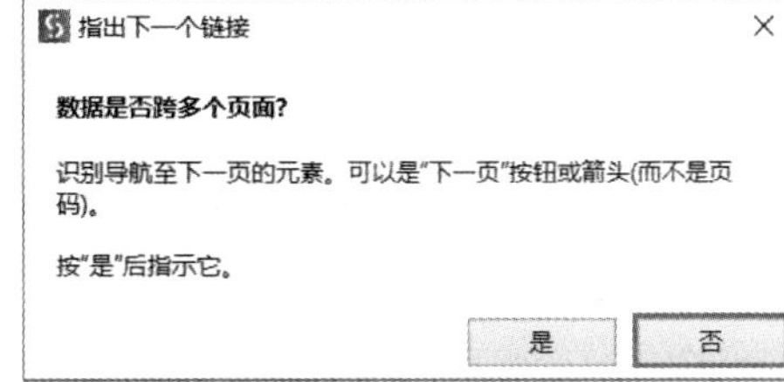

图 7-58　“指出下一个链接”对话框

数据抓取完成后，在“IF 条件”的“序列”中生成了一个“数据抓取”序列，如图 7-59 所示。

图 7-59　“数据抓取”序列

（12）单击“附加浏览器”活动的选项菜单，选择“编辑选取器”，如图 7-60 所示。

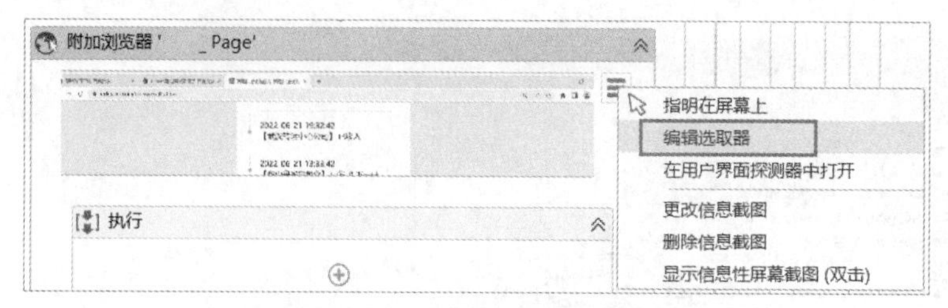

图 7-60 选择“编辑选取器”

在“选取器编辑器”窗口，我们发现在 title 属性中包含了具体快递公司“圆通”的名称，如图 7-61 所示。

由于我们需要查询的订单号码属于任意的快递公司，因此将 title 值中的“圆通”都用通配符“*”代替，如图 7-62 所示，修改完成后单击“确定”按钮。

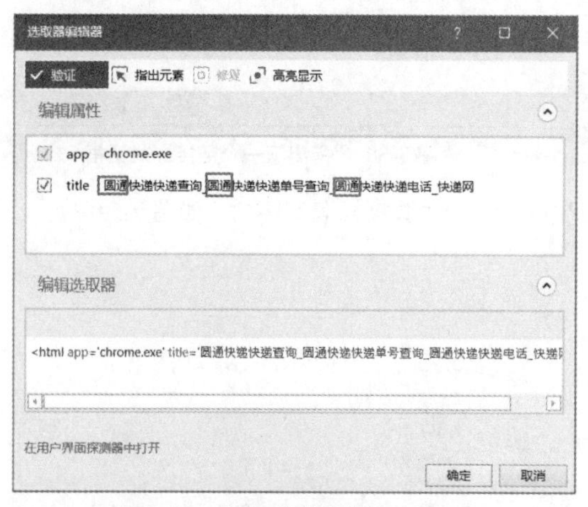

图 7-61 “选取器编辑器”对话框

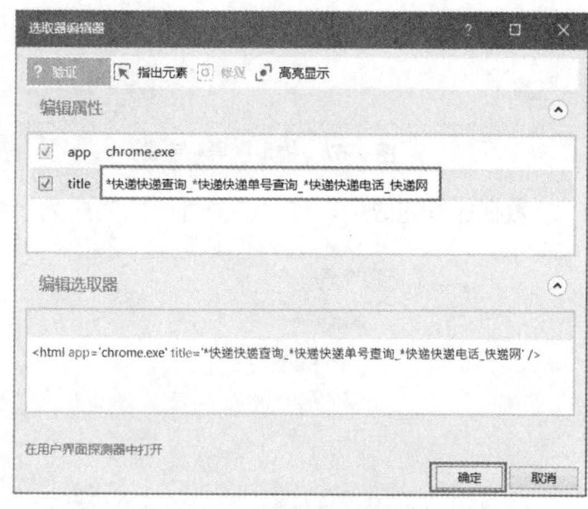

图 7-62 修改 title 通配符

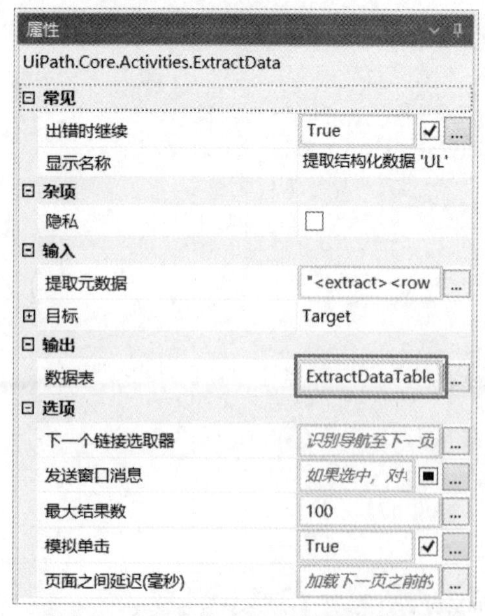

图 7-63 “提取结构化数据”活动的属性面板

（13）选中“提取结构化数据”活动，在其属性面板的“输出→数据表”中看到自动生成了 ExtractDataTable 变量，即将抓取的数据赋值给了变量 ExtractDataTable，如图 7-63 所示。

（14）在“提取结构化数据”活动的下方添加“写入范围”活动，在其属性面板的“目标→工作表名称”中输入“"Sheet1"”，在“目标→起始单元格”中输入“"A1"”，在“输入→工作簿路径”中输入“"Data\ 物流详情 \"+RecordNumber+".xlsx"”，在“输入→数据表”中输入变量“ExtractDataTable”，勾选“添加标头”复选框，将提取到的数据保存到以订单号命名的 Excel 文件中，如图 7-64 所示。

（15）为保障流程运行的稳定性，在“写入范围”活动的下方添加“延迟”活动，在“杂项→持续时间”中输入“00:00:02”，如图 7-65 所示。

属性	
UiPath.Excel.Activities.WriteRange	
常见	
显示名称	写入范围
杂项	
隐私	☐
目标	
工作表名称	"sheet1"
起始单元格	"A1"
输入	
工作簿路径	"Data\物流详情\"+RecordNumber+".xlsx"
数据表	ExtractDataTable
选项	
密码	*工作簿的密码，如果需要*
添加标头	☑

图 7-64　“写入范围”活动的属性面板

属性	
System.Activities.Statements.Delay	
常见	
显示名称	延迟
杂项	
持续时间	00:00:02
隐私	☐

图 7-65　“延迟”活动的属性面板

“数据抓取”活动的完整实现如图 7-66 所示。

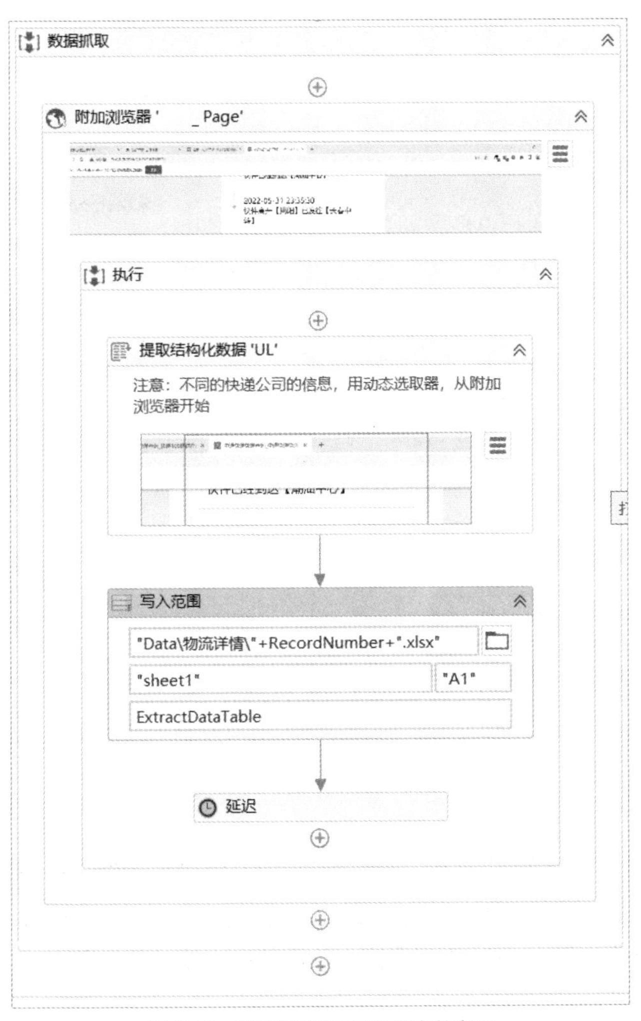

图 7-66　“数据抓取”活动的完整实现

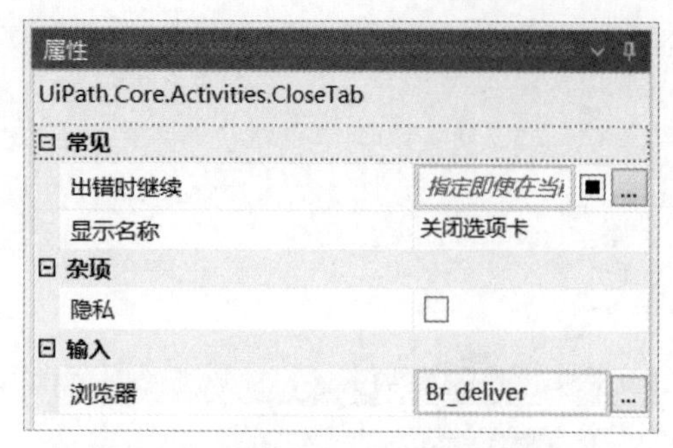

图 7-67 “关闭选项卡”活动的属性面板

8）单击“打开浏览器”活动右上角的折叠按钮折叠该活动，在“打开浏览器”活动的下方添加“关闭选项卡”活动，在其属性面板的“输入→浏览器”中输入变量“Br_deliver”，如图 7-67 所示。

至此，“查询物流状态”模块便完成了，运行程序，查看流程执行是否有异常。

4.“登录物流平台”模块的实现

“登录物流平台”模块的功能是打开如图 7-68 所示的网站后，自动输入手机号和密码，单击“登录”按钮，实现 RPA 之家云实验室模拟的物流平台的自动登录操作。

该模块我们主要通过网页录制的方式来实现，模块的流程设计如图 7-69 所示，具体实现步骤如下。

图 7-68 物流平台的登录页面

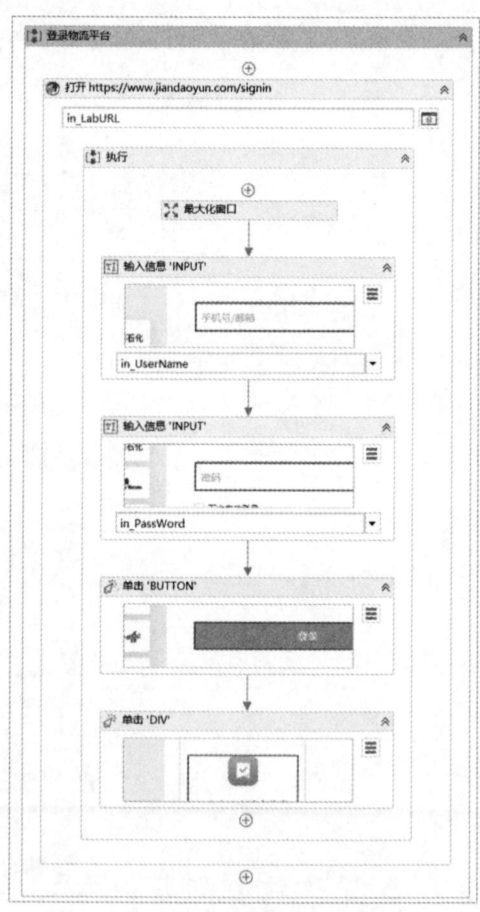

图 7-69 “登录物流平台”模块的流程设计

1）用 Chrome 浏览器打开 RPA 之家云实验室网页 https://www.jiandaoyun.com/signin。

2）打开“登录物流平台 .xaml”工作流文件，单击设计工具栏中的“录制”按钮，在下拉菜单中选择“网页”，如图 7-70 所示。

3）在显示的“网页录制”对话框中单击“打开浏览器”按钮，如图 7-71 所示。

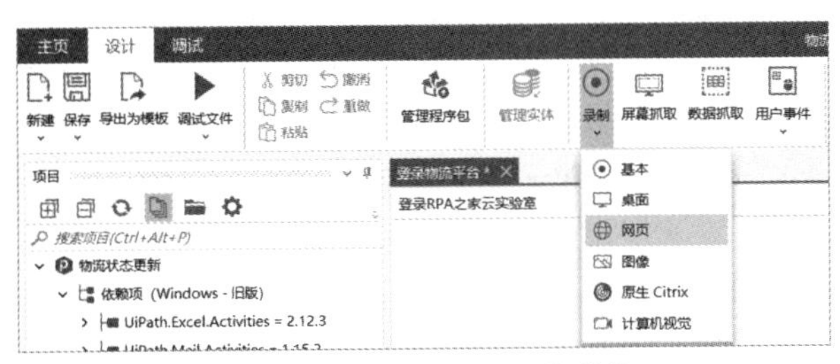

图 7-70　单击“录制→网页”菜单

图 7-71　单击“打开浏览器”按钮

单击已打开网页的任意位置，弹出如图 7-72 所示的 URL 确认对话框，确认输入框中自动填入的网页地址是否为 https://www.jiandaoyun.com/signin，确认没问题后单击“确定”按钮。

4）回到“网页录制”对话框，单击“录制”按钮，进入录制状态，如图 7-73 所示。

图 7-72　URL 确认对话框

图 7-73　单击“录制”按钮

5）将鼠标指针移动到“手机号 / 邮箱”输入框，选中该元素后弹出“输入所需值”对话框，在输入框中输入手机号“18820191780”，按 Enter 键完成账号输入，如图 7-74 所示。

6）将鼠标指针移动到“密码”输入框，选中该元素后显示“输入所需值”对话框，在输入框中输入密码“Rpazj1234”，按 Enter 键完成账号输入，如图 7-75 所示。

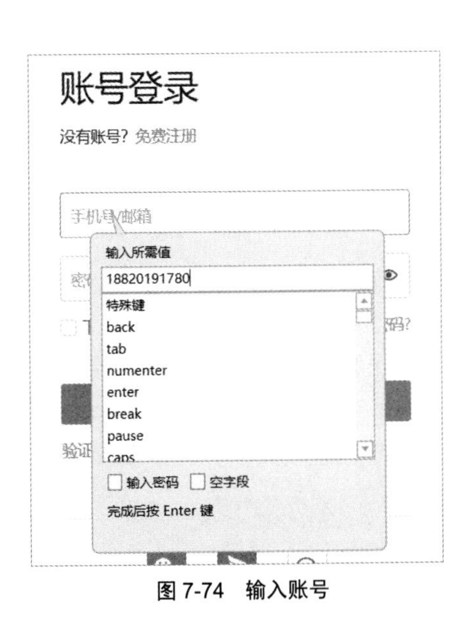

图 7-74　输入账号

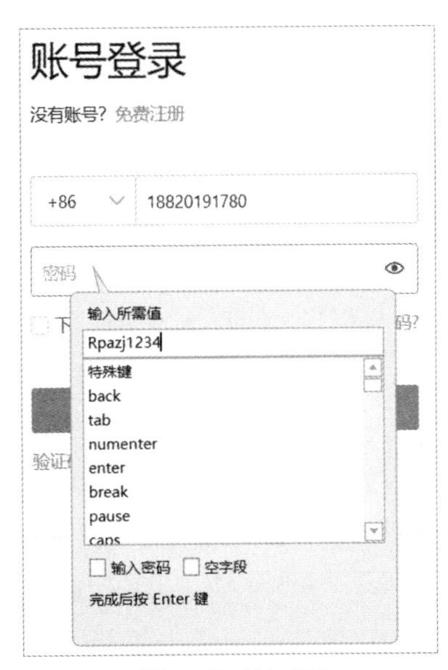

图 7-75　输入密码

7）将鼠标指针移动到“登录”按钮，选中该元素后登录成功，进入到“工作台”页面，如图 7-76 所示。

8）将鼠标指针移动到“我的应用”下方的“RPA 之家云实验室仿真环境”，单击选中该元素后进入 RPA 之家云实验室仿真环境，如图 7-77 所示。

9）至此，录制工作完成，按 Esc 键退出录制后，在“网页录制”窗口单击“保存并退出”按钮，保存刚才的录制活动，如图 7-78 所示。

10）完成录制活动的保存后，在设计面板可看到刚才录制的操作均已生成了对应的活动，如图 7-79 所示。

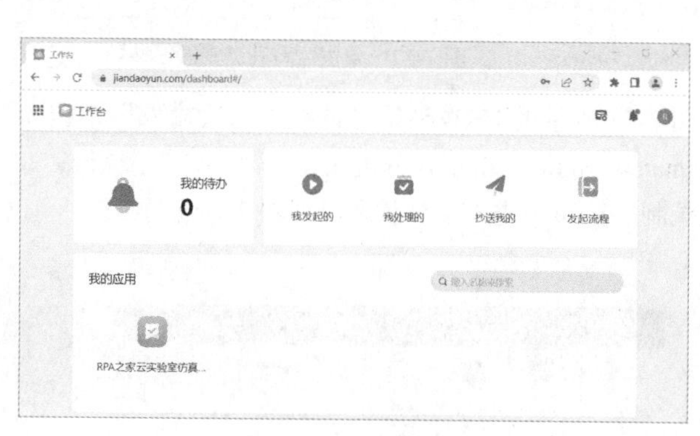

图 7-76　工作台页面

图 7-77　RPA 之家云实验室仿真环境

图 7-78　网页录制

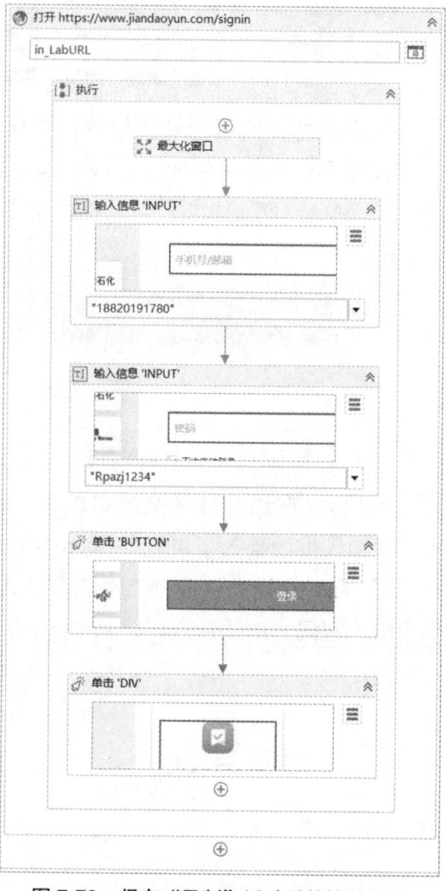

图 7-79　保存“录制”活动后的设计面板

11）我们将流程中的 URL、手机号和密码这三个固定值修改为参数形式，以便在主流程调用时可动态传参，从而使流程设计更灵活，具体步骤如下。

（1）选中“打开浏览器”活动，将 URL 输入框中录制时自动填入的网址删除，单击鼠标右键后在弹出的菜单中选择“创建输入参数”，输入参数名“in_LabURL”，按 Enter 键完成设置，如图 7-80 所示。

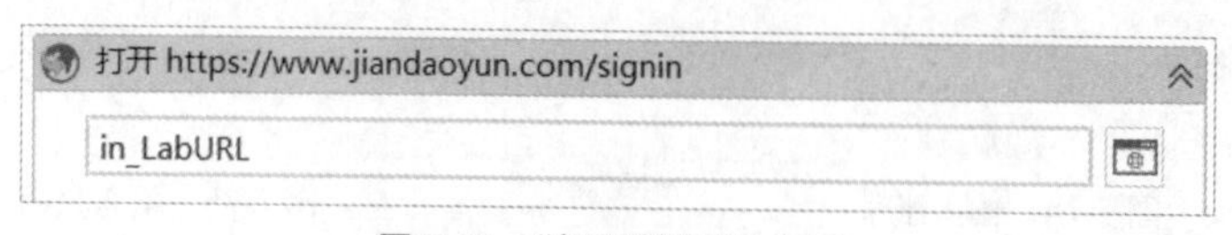

图 7-80　“打开浏览器”活动

（2）选中第一个“输入信息”活动，将录制时填入的手机号删除，单击鼠标右键后在弹出的菜单中选择“创建输入参数”，输入参数名“in_UserName”，按 Enter 键完成设置，如图 7-81 所示。

（3）选中第二个“输入信息”活动，将录制时填入的密码删除，单击鼠标右键后在弹出的菜单中选择“创建输入参数”，输入“in_PassWord”，按 Enter 键完成设置，如图 7-82 所示。

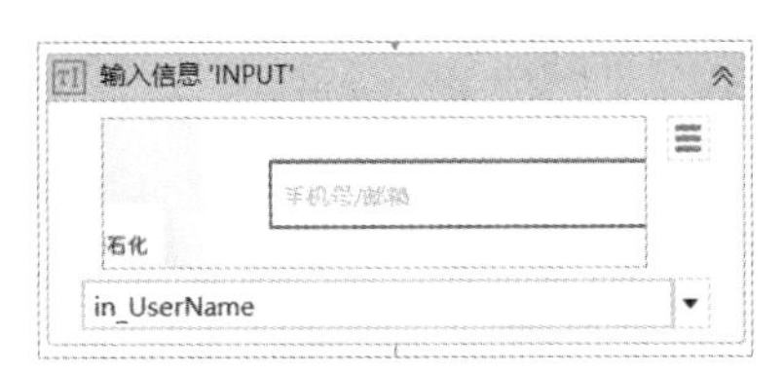

图 7-81　输入“in_UserName”

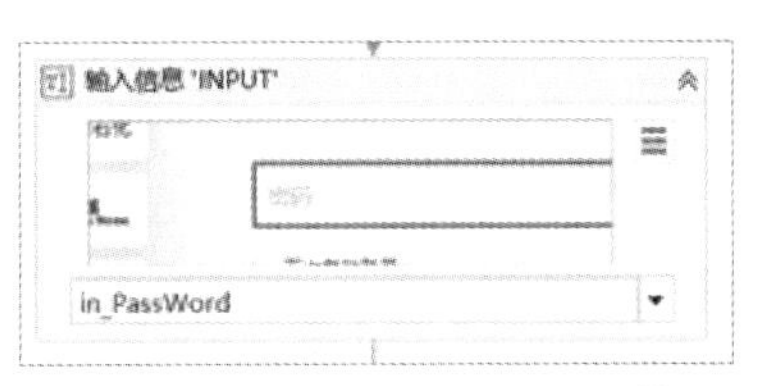

图 7-82　输入“in_PassWord”

（4）打开参数面板，分别为这三个参数设置默认值，以便单独调试本工作流时给参数赋值，如图 7-83 所示。

名称	方向	参数类型	默认值
in_UserName	输入	String	"18820191780"
in_PassWord	输入	String	"Rpazj1234"
in_LabURL	输入	String	"https://www.jiandaoyun.com/signin"

变量　参数　导入　100%

图 7-83　参数面板

至此，“登录物流平台”模块便完成了，运行程序，查看流程执行是否有异常。

5.“更新物流信息”模块的实现

“更新物流信息”模块的主要功能是将“查询物流状态”模块抓取到的快递订单的物流轨迹状态详情，以及该快递订单相关的发件人、收件人和订单号信息，录入如图 7-84 所示的 RPA 之家实验室仿真环境的快递列表页面后，单击“提交”按钮进行保存。

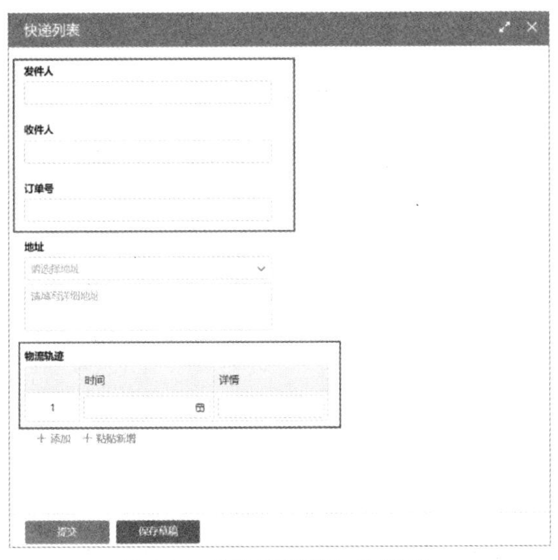

图 7-84　快递列表页面 - 信息录入

“更新物流信息”模块的流程设计如图 7-85 所示，具体实现步骤如下。

1）打开“更新物流信息.xaml”工作流文件，在其设计面板添加一个“分配”活动，在“值”输入框中输入“"Data\ 物流详情 "”，在“受让人”输入框中使用快捷键 Ctrl+K 创建 String 类型的变量 FilePath，将需要读取物流状态文件的文件夹路径赋值给变量 FilePath，该活动如图 7-86 所示。

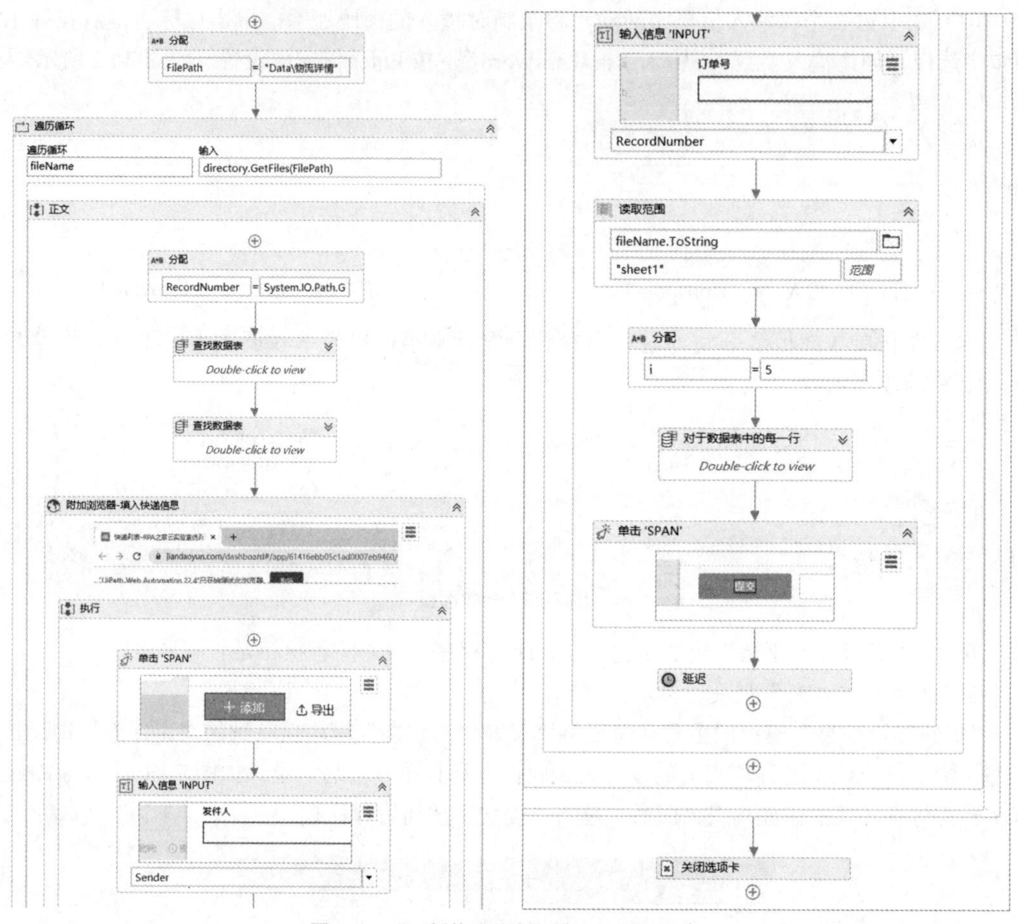

图 7-85 “更新物流信息”模块的流程设计

2）在“分配”活动的下方添加“遍历循环”活动，在“输入”输入框中输入表达式“directory.GetFiles(FilePath)”，表示遍历 FilePath 中的所有文件，将“遍历循环”输入框中的“item”改为“fileName”，作为遍历体中的变量代表每一个文件对象，如图 7-87 所示。

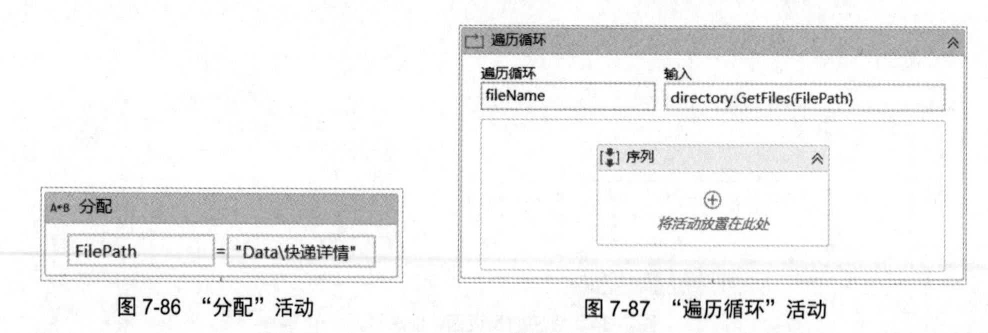

图 7-86 “分配”活动

图 7-87 “遍历循环”活动

该活动的属性面如图 7-88 所示。其中，“杂项→ TypeArgument”选择 String，其余属性不用修改。

在“遍历循环”活动中，我们将实现具体物流信息的获取和录入。

3）我们需要获取待录入物流信息的订单号、发件人和收件人信息，订单号通过获取“物流详情”文件夹下的文件名来获得，发件人和收件人信息通过读取“货物发运列表 .xlsx”中指定“订单号码”所在行的“发件人”和“收件人”列的值来获得，具体步骤如下。

（1）在“遍历循环”活动的“正文”中添加“分配”活动，在“值”输入框中输入表达式“System.IO.Path.GetFileNameWithoutExtension(filename).ToString”，在“受让人”输入框中使用快捷键 Ctrl+K 创建 String 类型的变量 RecordNumber，表示获取遍历对象的不含扩展名的文件名，即物流单号，将其赋值给变量 RecordNumber，如图 7-89 所示。

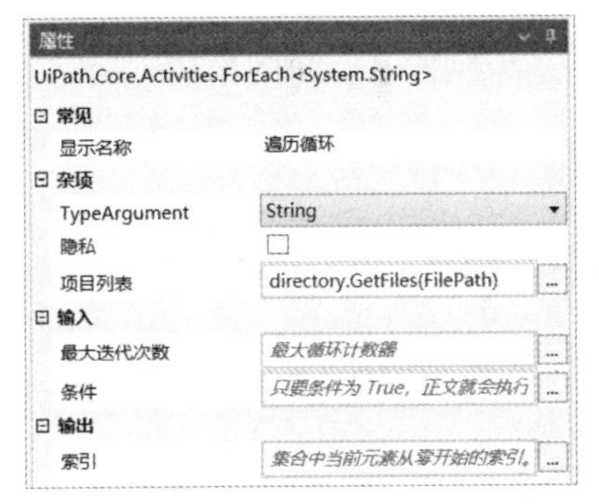

图 7-88 “遍历循环”活动的属性面板

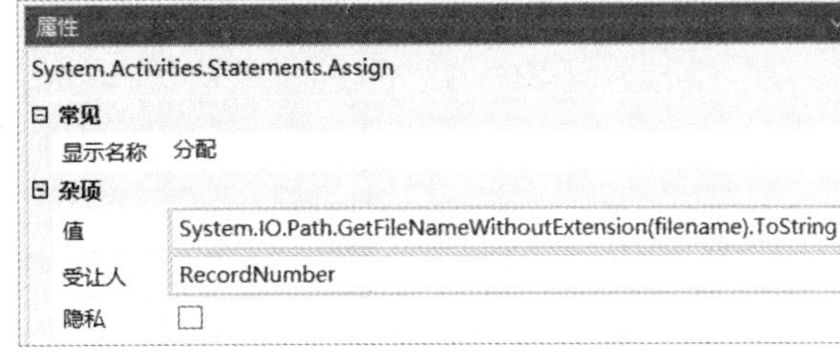

图 7-89 “分配”属性设置

（2）在“分配”活动的下方添加“查找数据表”活动，在其属性面板的“查找列→列名称”中输入“"订单号码"”，在“目标列→列名称”中输入“"收件人"”，在“输入→数据表”中单击鼠标右键，在弹出的菜单中选择“创建输入参数”，输入“in_DT_OrderList”后按 Enter 键确认，在“输入→查找值”中输入变量“RecordNumber”，在“输出→单元格值”中使用快捷键 Ctrl+K 创建 String 类型的变量“Receiver”，表示查找数据表 in_DT_OrderList 中“订单号码”为 RecordNumber 所在行的“收件人”的数据，赋值给变量 Receiver。其属性面板如图 7-90 所示。

（3）继续添加“查找数据表”活动，在其属性面板的“查找列→列名称”中输入“"订单号码"”，在“目标列→列名称”中输入“"发件人"”，在“输入→数据表”中输入“in_DT_OrderList”，在“输入→查找值”中输入变量“RecordNumber”，在“输出→单元格值”中使用快捷键 Ctrl+K 创建 String 类型的变量“Sender”，表示查找数据表 in_DT_OrderList 中“订单号码”为 RecordNumber 所在行的“发件人”的数据，赋值给变量 Sender。其属性面板如图 7-91 所示。

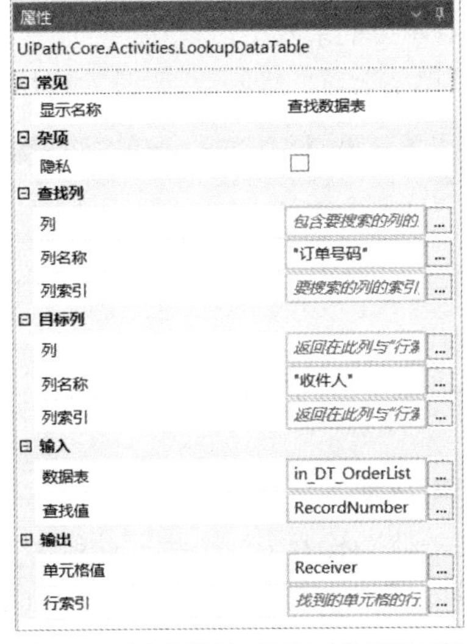

图 7-90 “查找数据表”活动的属性面板

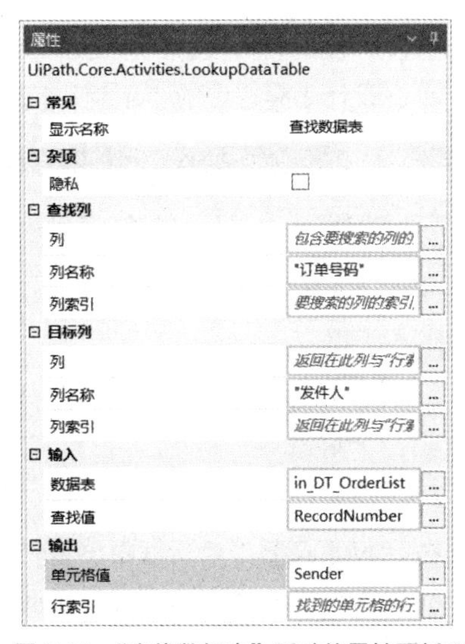

图 7-91 “查找数据表”活动的属性面板 2

这部分功能的流程设计如图 7-92 所示。

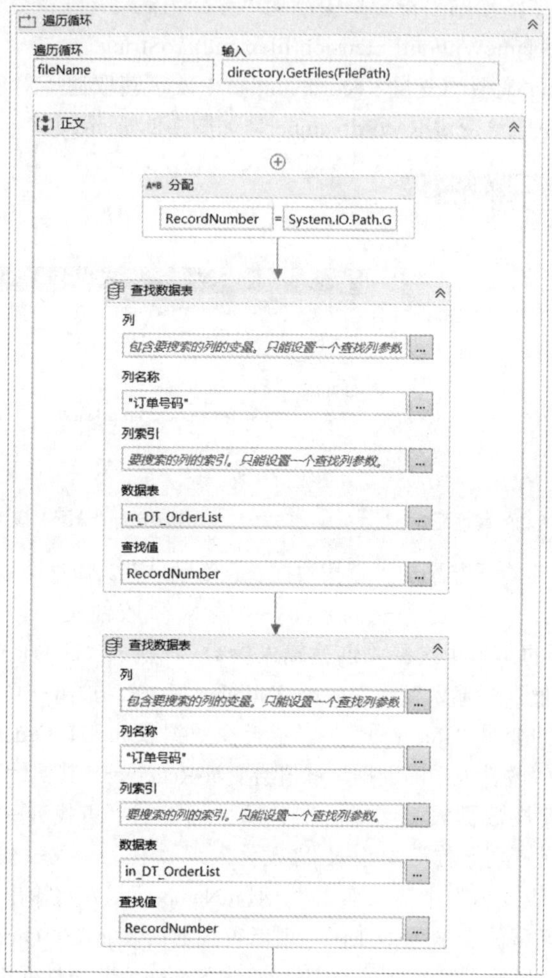

图 7-92　获取 RecordNumber、Receiver 和 Sender

4）通过网页录制的方法来实现发件人、收件人和订单号的录入。

（1）单击设计工具栏中的“录制”按钮，在下拉菜单中选择“网页”，如图 7-93 所示。

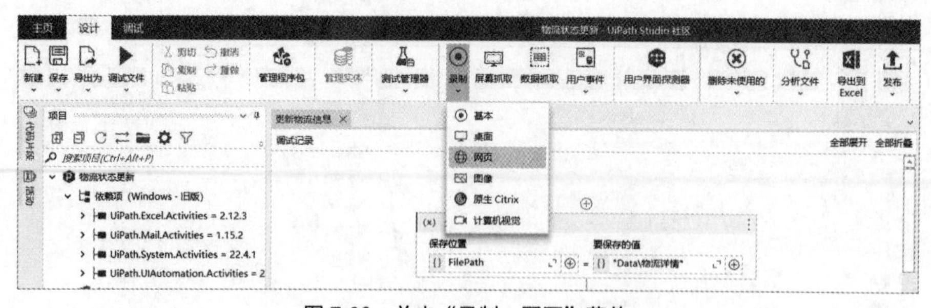

图 7-93　单击“录制→网页”菜单

（2）在“网页录制”对话框中单击“录制”按钮，进入录制状态，如图 7-94 所示。

（3）在仿真环境的“快递列表”页面，将鼠标指针移至“添加”按钮，单击选中该元素，如图 7-95 所示。

图 7-94　单击“录制”按钮

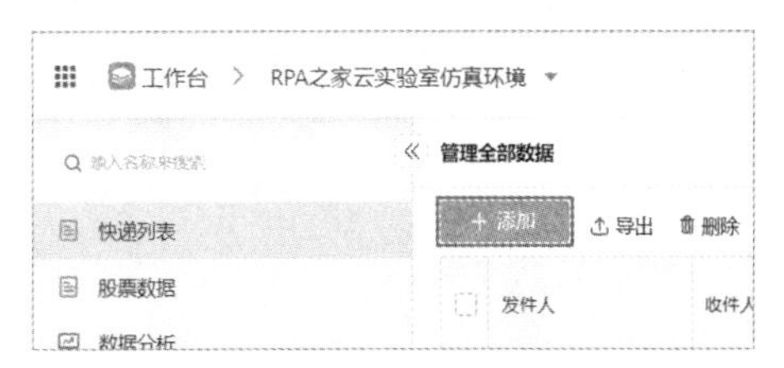

图 7-95　单击“添加”按钮

（4）在显示的“快递列表”页面，将鼠标指针移至“发件人输入框”，单击选中该元素后，在弹出的对话框中输入任意值如“张三”，按 Enter 键完成发件人的输入。

（5）将鼠标指针移至“收件人输入框”，单击选中该元素后，在弹出的对话框中输入任意值如“李四”，按 Enter 键完成收件人的输入。

（6）将鼠标指针移至“订单号输入框”，单击选中该元素后，在弹出的对话框中输入任意值如“1001”，按 Enter 键完成订单号的输入。

（7）按 Esc 键退出录制，回到“网页录制”对话框，单击“保存并退出”按钮完成活动的录制，如图 7-96 所示。

（8）保存完成后，在设计面板自动生成了刚才录制的所有活动，如图 7-97 所示。

图 7-96　单击“保存并退出”按钮

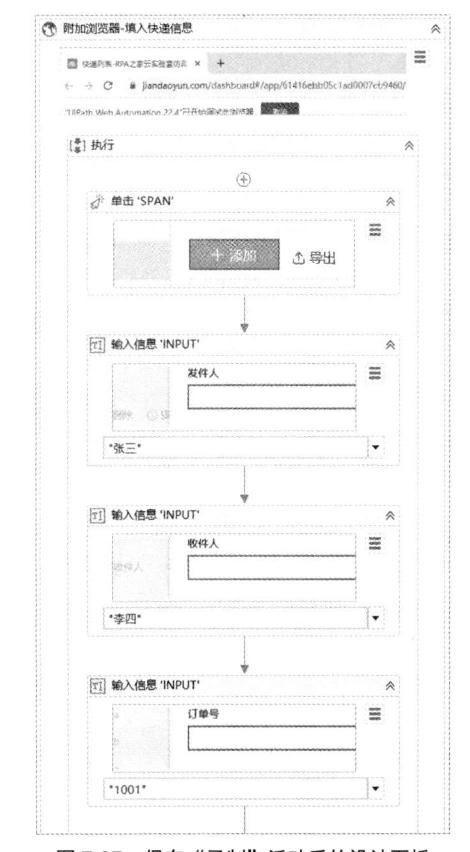

图 7-97　保存“录制”活动后的设计面板

（9）选中“附加浏览器”活动，在其属性面板的“输出→用户界面浏览器”中使用快捷键 Ctrl+K 创建 Browser 类型的变量“Br_record”，如图 7-98 所示。

（10）分别将发件人、收件人和订单号的“输入信息”活动的输入文本更新为对应的变量

Sender、Receiver 和 RecordNumber，更改完成后最终的设计如图 7-99 所示。

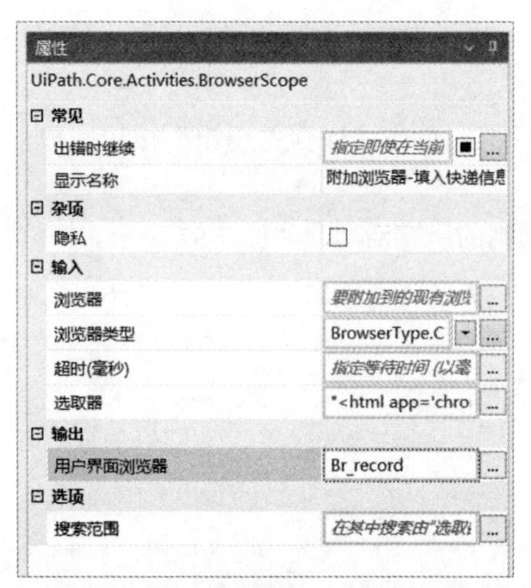

图 7-98 “附加浏览器”活动的属性面板

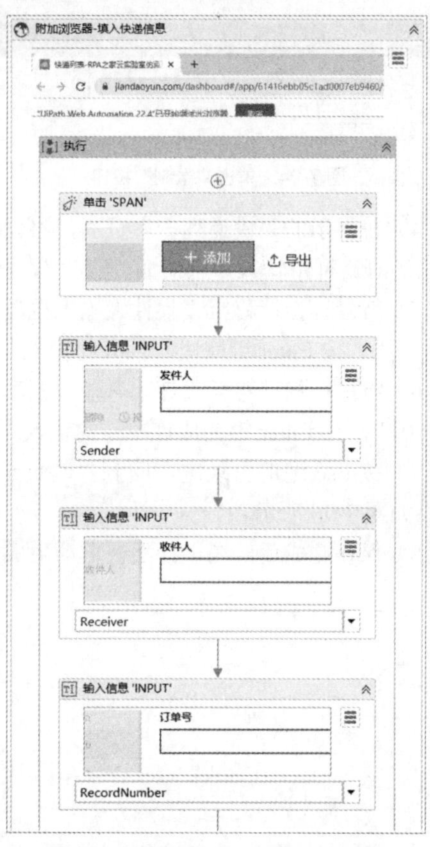

图 7-99 填入 Sender、Receiver 和 RecordNumber

5）通过“读取范围”活动来读取循环体变量 fileName 所指代的物流状态详情 excel 文件的数据，并赋值给变量 dt_detail。

（1）在“输入信息”活动的下方添加“读取范围”活动，在“工作簿路径”中输入“fileName.ToString”，在“工作表名称”中输入“"sheet1"”，如图 7-100 所示。

（2）在其属性面板的“输出→数据表”中使用快捷键 Ctrl+K 创建 DataTable 类型的变量“dt_detail”，勾选“添加标头”复选框，如图 7-101 所示。

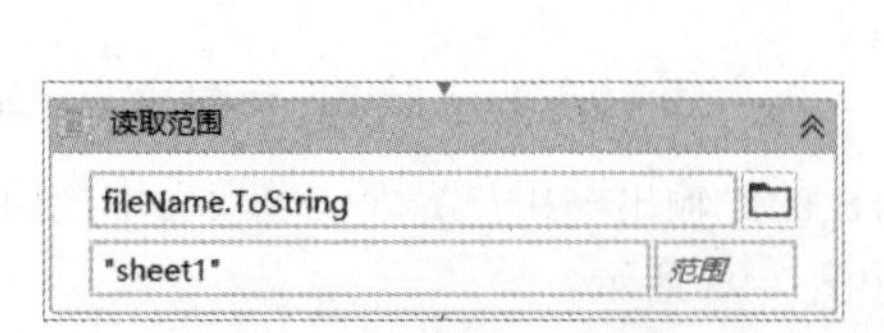

图 7-100 “读取范围”活动

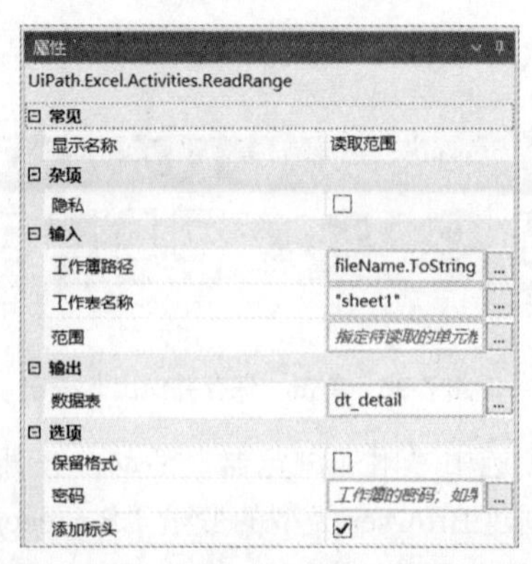

图 7-101 “读取范围”活动的属性面板

6）使用“对于数据表中的每一行”活动，将 dt_detail 的每行记录录入如图 7-102 所示的物流轨迹中。由于这部分内容是根据查询到的物流详情逐行逐项填写的，填完一行后单击“+ 添加”按钮后再动态新增一行，因此，我们先要查找这些输入框的规律，看能否用循环来完成。

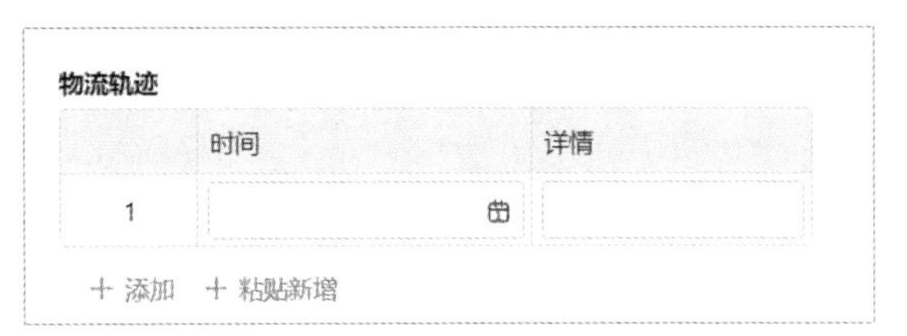

图 7-102　填写“物流轨迹”页面

（1）单击“设计”工具栏中的“用户界面探测器”按钮，如图 7-103 所示。

图 7-103　单击“用户界面探测器”按钮

（2）在“用户界面探测器”对话框中，单击“指出元素”，进入元素选择状态，如图 7-104 所示。

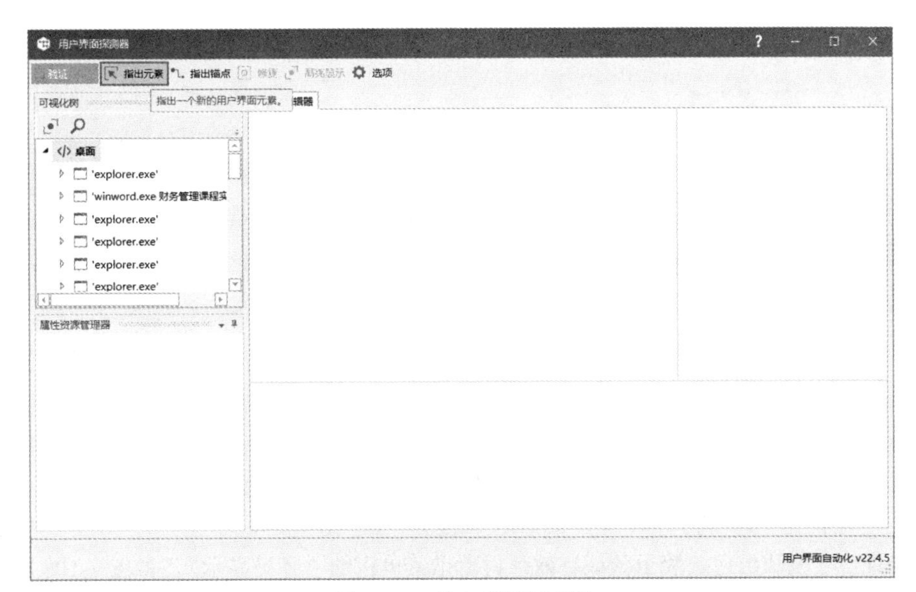

图 7-104　单击“指出元素”

（3）将鼠标指针移到物流轨迹第一行的时间输入框，单击鼠标完成选择，如图 7-105 所示。

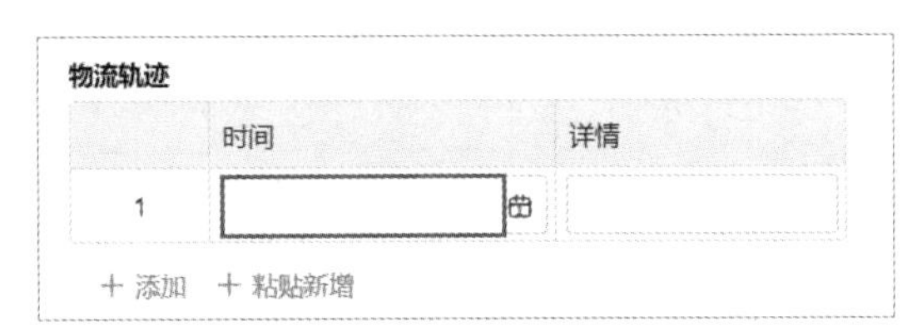

图 7-105　单击“时间输入框”

（4）在“用户界面探测器”对话框中查看选择结果，并将图 7-106 中框住选项的 √ 去掉。

（5）如图 7-107 所示，可观察到选取器里包含“idx='5'”，猜测物流轨迹输入框的 idx 是从 5 开始递增的。

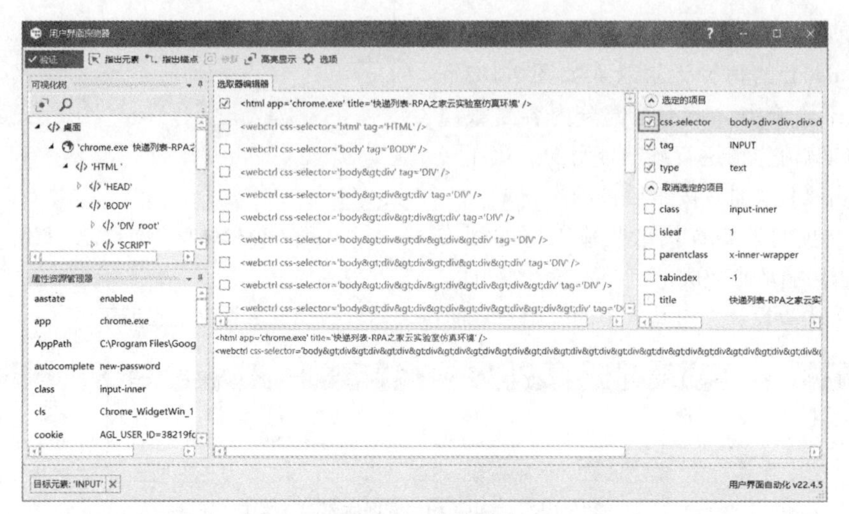

图 7-106　选择结果

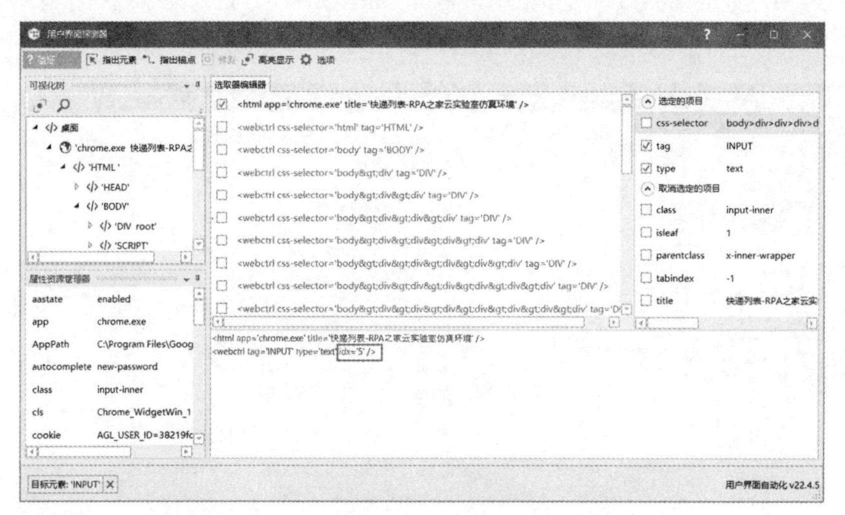

图 7-107　idx='5'

（6）为验证上一步的猜测，将“idx='5'”改为“idx='6'”后，单击左上角菜单栏的“验证”，“验证”会变成绿色，表示验证有效，再单击菜单栏的“高亮显示”，如图 7-108 所示。

（7）回到浏览器，发现物流轨迹第一行的“详情输入框”被红框高亮显示，如图 7-109 所示。

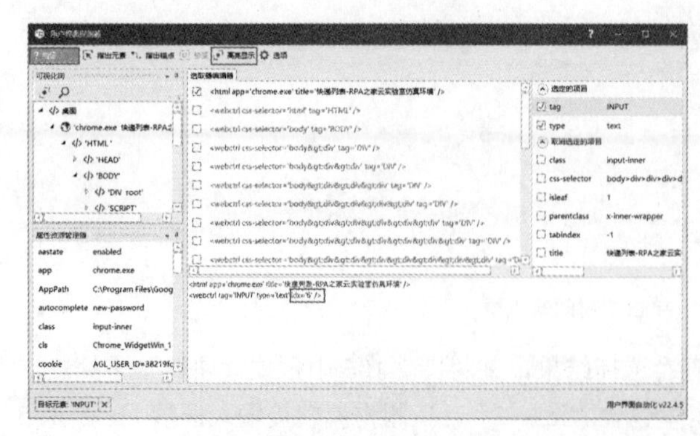

图 7-108　idx='6'

图 7-109　“详情输入框”高亮显示

（8）单击下方“+ 添加”按钮增加一行记录，按照第（6）步的方法依次将 idx 更改为“idx='7'”和“idx='8'”后，验证对应第 2 行的时间输入框和详情输入框的选中，如图 7-110 所示。

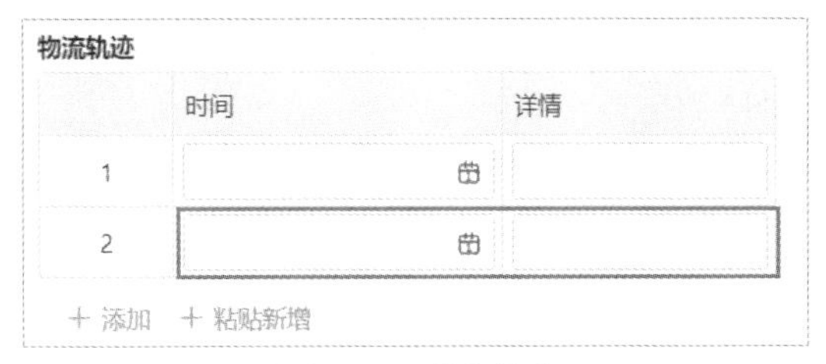

图 7-110　物流轨迹

（9）由此找出了规律，物流轨迹从“idx='5'”开始，依次增加。因此考虑创建一个变量 i，初始赋值为 5，每完成一项输入便将变量 i 增 1。

7）找到规律后，我们便来完成物流轨迹详情的录入。

（1）在“读取范围”活动的下方添加“分配”活动，在“杂项→值”中输入“5”，在“杂项→受让人”中使用快捷键 Ctrl+K 创建 Int32 类型的变量“i”，其属性面板如图 7-111 所示。

（2）在“分配”活动的下方添加“对于数据表中的每一行”活动，在输入框中输入“dt_detail”，如图 7-112 所示。

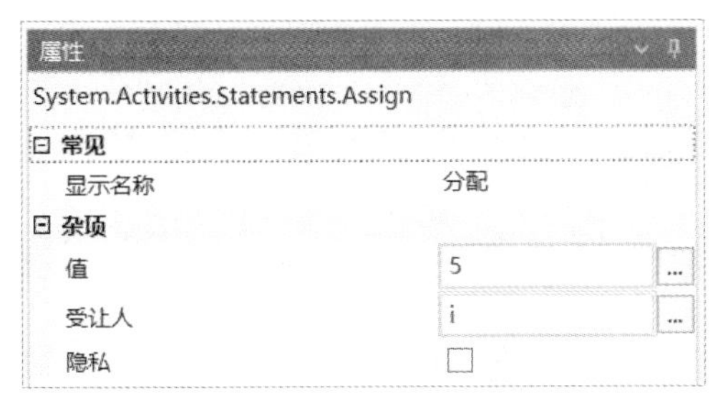

图 7-111　“分配”活动的属性面板

图 7-112　“对于数据表中的每一行”活动

（3）在“对于数据表中的每一行”活动的“正文”中添加“单击”活动，单击“指出浏览器中的元素”后将鼠标指针移至网页“+ 添加”位置，单击选中该元素，如图 7-113 所示。

（4）在“单击”活动下方添加“输入信息”活动，单击“输入信息”活动中的“指出浏览器中的元素”后，将鼠标指针移至“时间输入框”的位置，单击选中该元素，如图 7-114 所示。

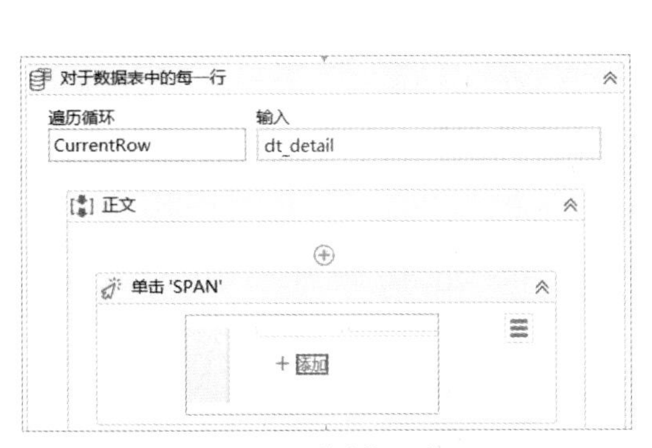

图 7-113　“单击”活动

图 7-114　选中“时间输入框”

（5）单击“输入信息”活动右上角的菜单按钮，在弹出菜单中选择“编辑选取器”，如图 7-115 所示。

（6）在弹出的“选取器编辑器”对话框中单击左下角的“在用户界面探测器中打开”，如图 7-116 所示。

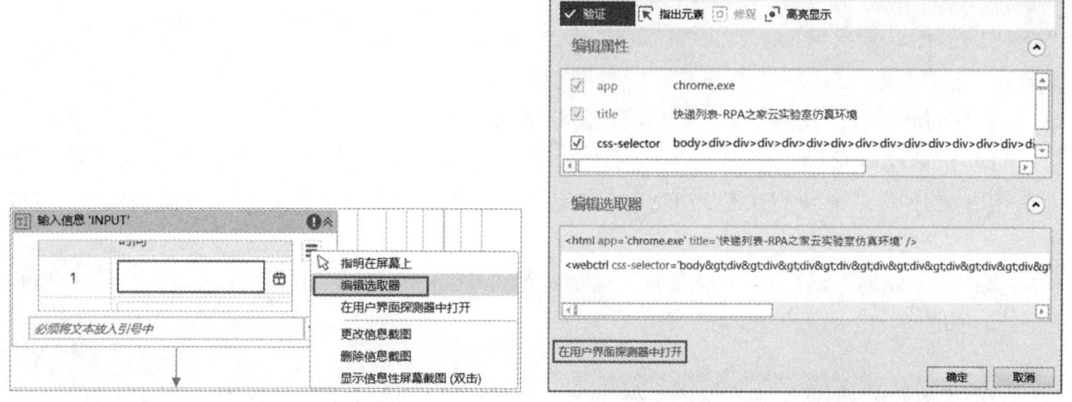

图 7-115　选择“编辑选取器”　　图 7-116　“选取器编辑器”对话框

（7）与之前分析页面元素时相同，将图 7-117 中框选的选项的“√”去掉。

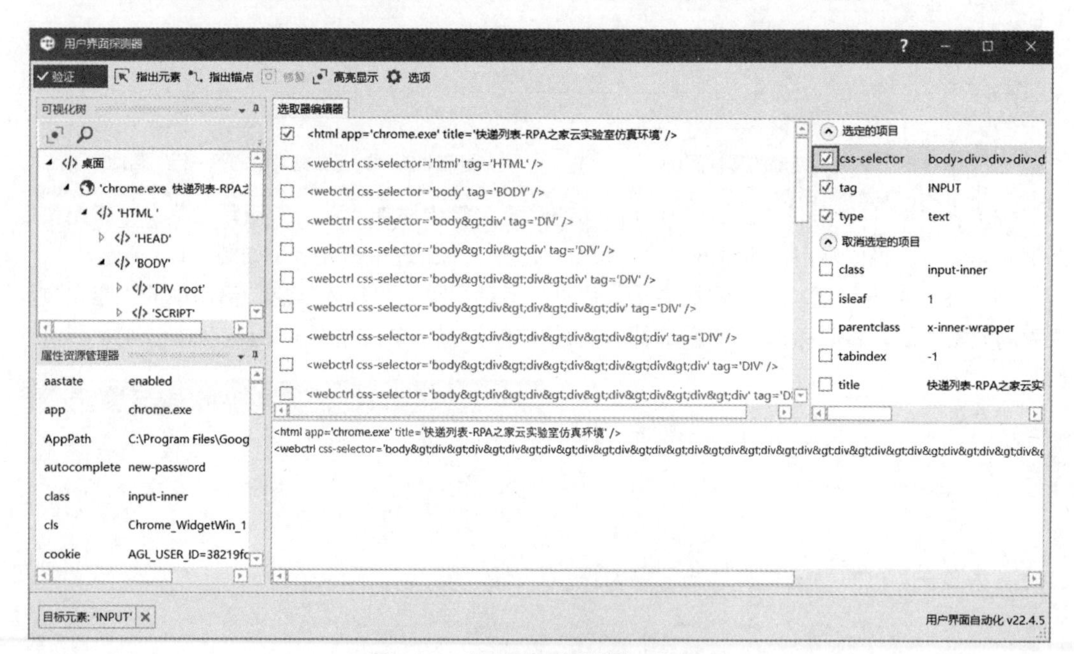

图 7-117　“用户界面探测器”对话框

（8）选中“idx='5'”中的“5”，单击鼠标右键后，在弹出的菜单中选择“选择变量”，如图 7-118 所示。

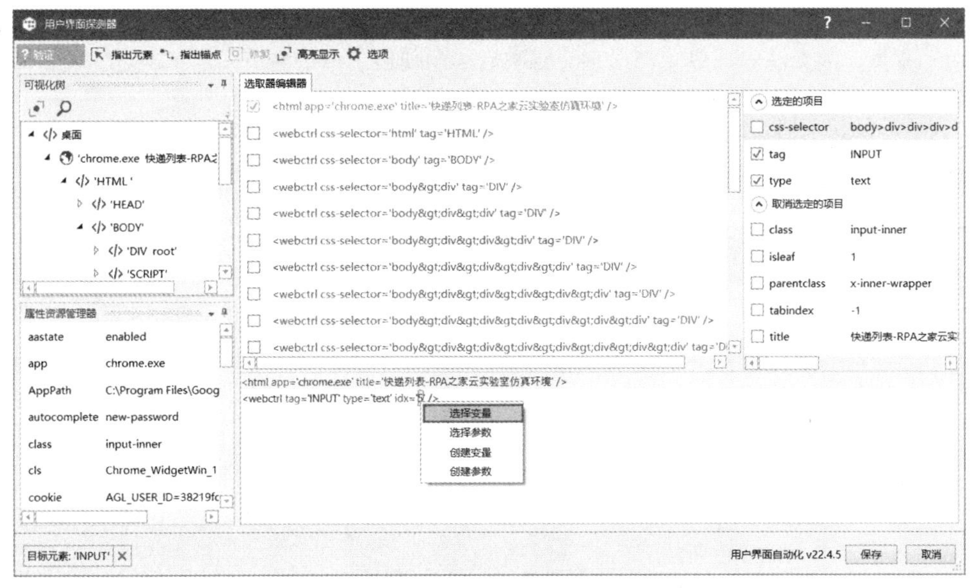

图 7-118　选择“选择变量”

（9）在显示的“选择变量”对话框中，选择“i”，然后单击“确定”按钮，如图 7-119 所示。

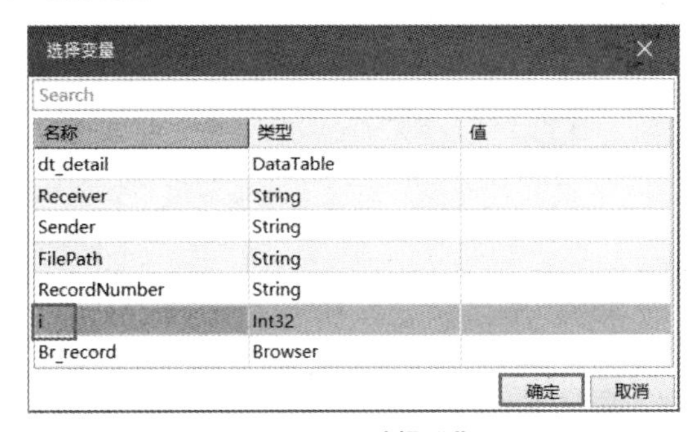

图 7-119　选择“i”

（10）将 idx 值设定为变量 i 后的结果页面如图 7-120 所示，单击右下角的“保存”按钮，关闭“用户界面探测器”对话框。

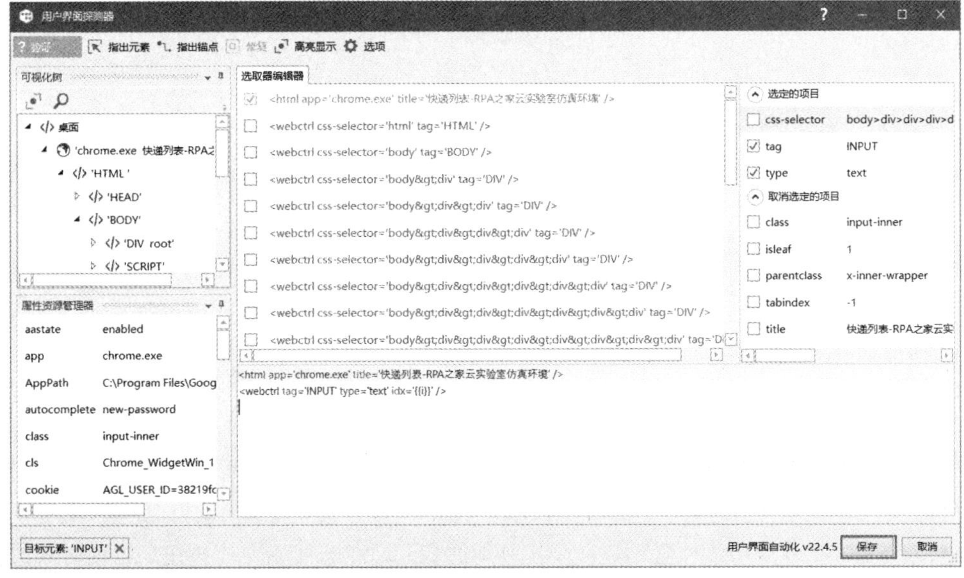

图 7-120　设置完成的“用户界面探测器”对话框

（11）回到“选取器编辑器”对话框，此时左上角的“验证”会变成红色，这是由于选取器中使用了变量，故无法验证成功，这不会影响后续的使用。单击右下角的“确定”按钮，关闭“选取器编辑器”对话框，如图 7-121 所示。

（12）在“输入信息”活动的输入框中输入表达式“CurrentRow(“时间").ToString”，填入该行记录的“时间”值，如图 7-122 所示。

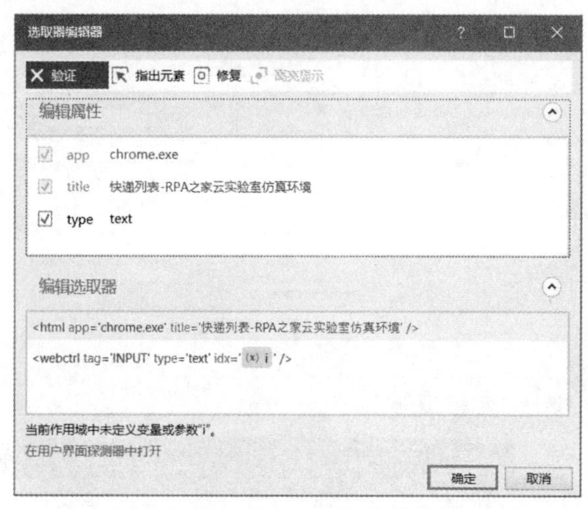

图 7-121　设置完成的“选取器编辑器”的对话框

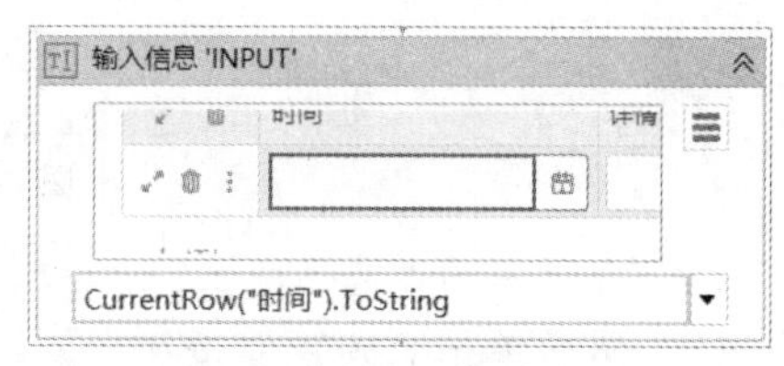

图 7-122　“输入信息”活动

在其属性面板，勾选“选项→模拟键入”，如图 7-123 所示。

（13）再次调出“输入信息”的“选取器编辑器”，复制图 7-124 所示的这段代码。

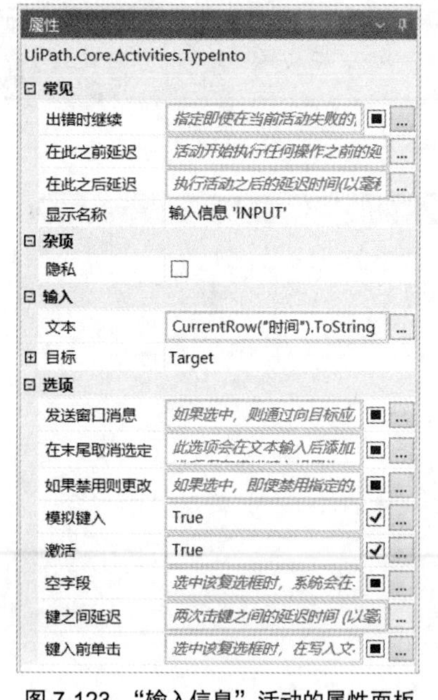

图 7-123　“输入信息”活动的属性面板

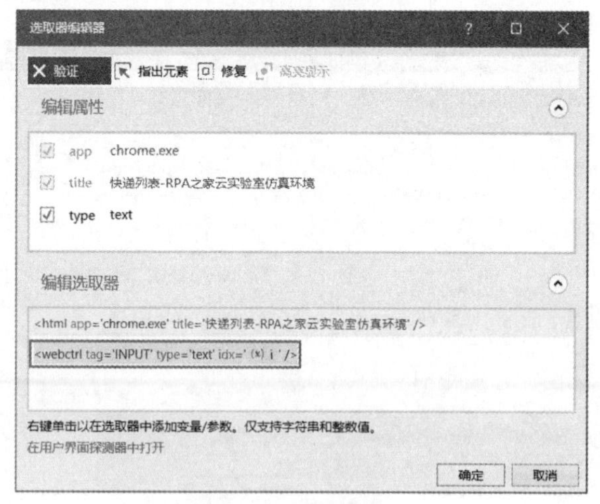

图 7-124　复制代码

（14）在“输入信息”活动下方添加“单击”活动，打开“选取器编辑器”，如图 7-125 所示。

（15）在图 7-126 所示的位置粘贴前一步复制的代码，单击“确定”按钮，以使时间值能被成功录入。

图 7-125　单击“编辑选取器”　　　　图 7-126　粘贴代码

（16）在“单击”活动下方添加“分配”活动，在右侧“值”输入框中输入“i+1”，在左侧“受让人”输入框中输入变量“i”，如图 7-127 所示。

（17）复制输入时间的“输入信息”活动，粘贴至上一步的“分配”活动的下方，将输入框中的内容修改为表达式“CurrentRow(" 状态 ").ToString”，如图 7-128 所示。

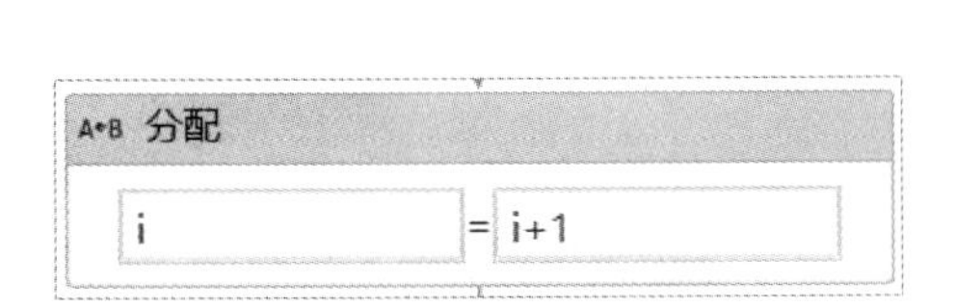

图 7-127　“分配”活动

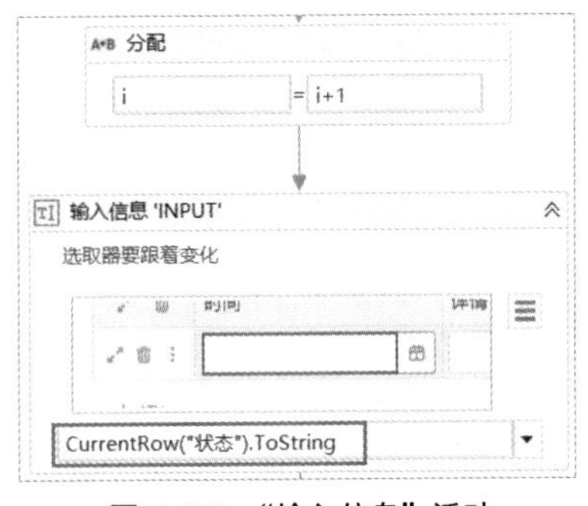

图 7-128　“输入信息”活动

在属性面板中，在原有基础上勾选“选项→在末尾取消选定”，如图 7-129 所示。

（18）继续添加“分配”活动，将变量 i 增 1。

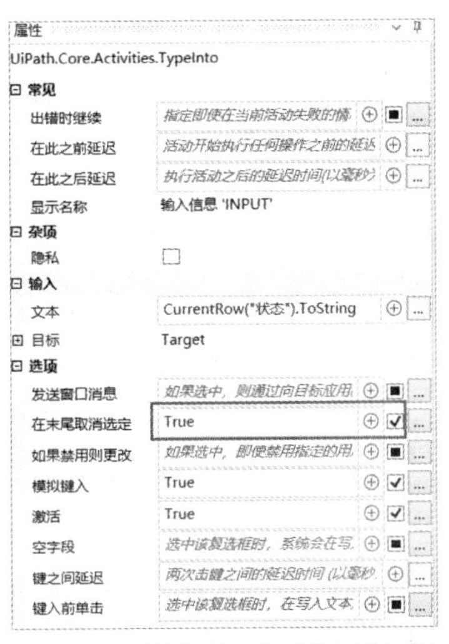

图 7-129　“输入信息”活的属性面板

至此，物流轨迹详情录入的流程设计已实现，如图 7-130 所示。

8）物流轨迹详情录入完成后，我们需要单击“提交”按钮完成提交操作。在“对于数据表中的每一行”活动下方添加“单击”活动，单击“指出浏览器中的元素”后，鼠标指针移至“提交”按钮处，单击选择该元素，如图 7-131 所示。

9）在“单击”活动下方添加“延迟”活动，在“杂项→持续时间”中输入“00:00:02”，其属性面板如图 7-132 所示。

10）在“遍历循环”活动的下方添加“关闭选项卡”活动，在其属性面板“输入→浏览器”中输入“Br_record”，如图 7-133 所示，以关闭该页面。

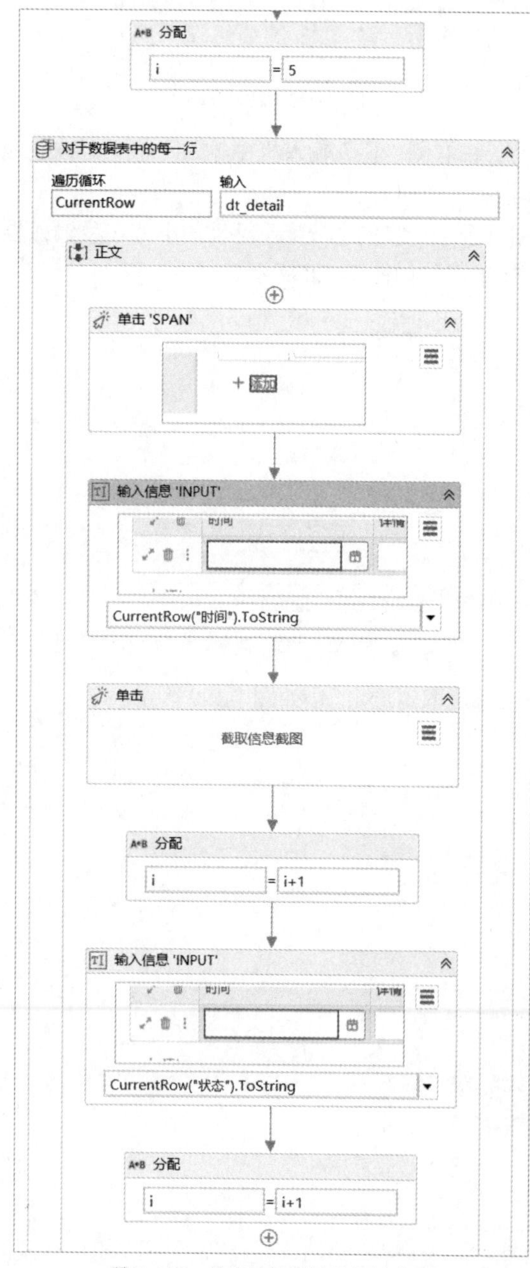

图 7-130　物流轨迹详情录入的实现

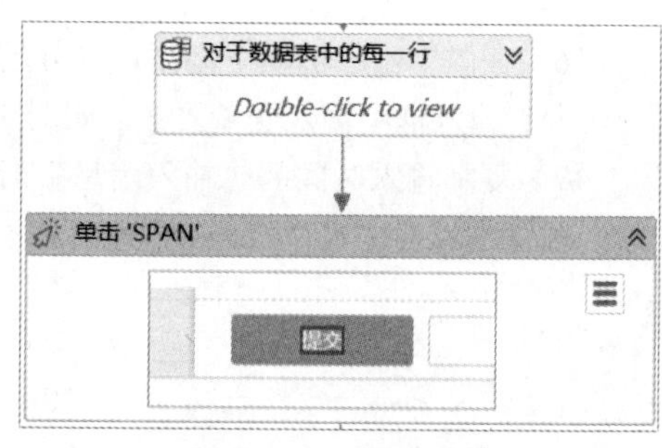

图 7-131　“单击”活动

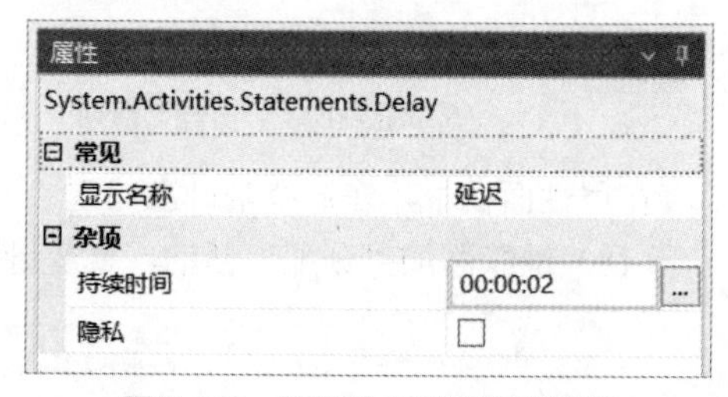

图 7-132　“延迟”活动的属性面板

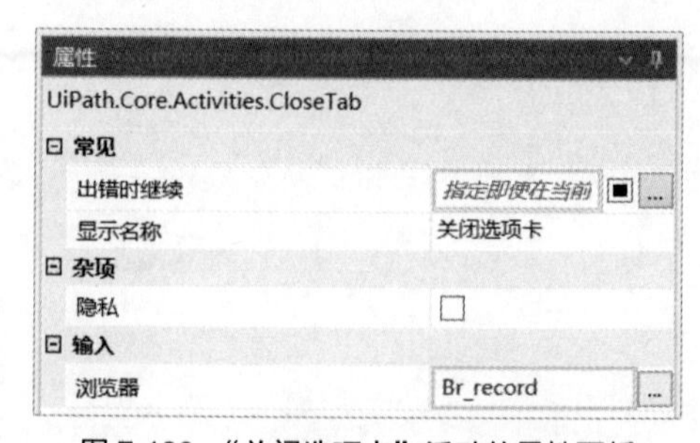

图 7-133　“关闭选项卡”活动的属性面板

至此，“更新物流信息”模块设计完成，运行程序，查看流程执行是否有异常。

6. “主流程 Main”的封装

在 Main.xaml 主流程文件中，完成各工作流文件的调用和参数的配置。

（1）打开“Main.xaml”工作流文件，将项目面板中的“初始化 .xaml”文件拖曳到设计面板的序列中，如图 7-134 所示。

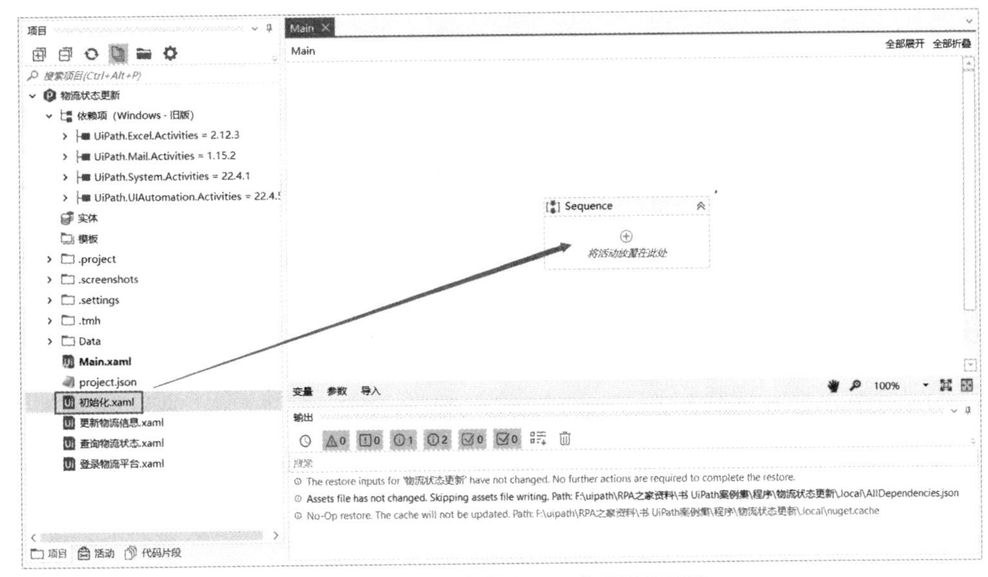

图 7-134 拖曳“初始化 .xaml”至设计面板

添加后的调用工作流活动如图 7-135 所示，单击“导入参数”按钮。

在“调用的工作流的参数”对话框的参数 out_Config 的“值”输入框中，使用快捷键 Ctrl+K 创建变量“Config”，如图 7-136 所示。

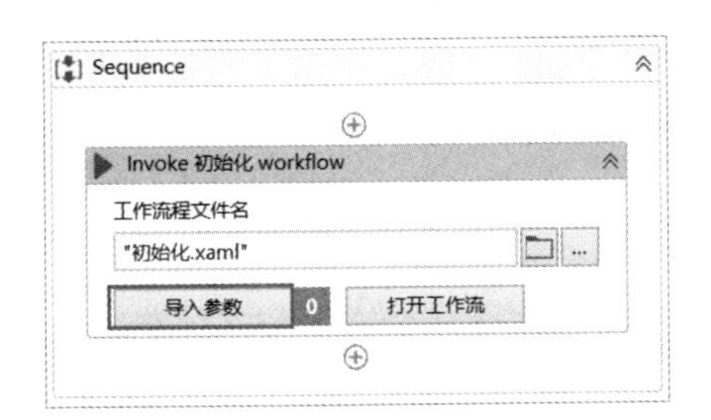

图 7-135 单击“导入参数”按钮

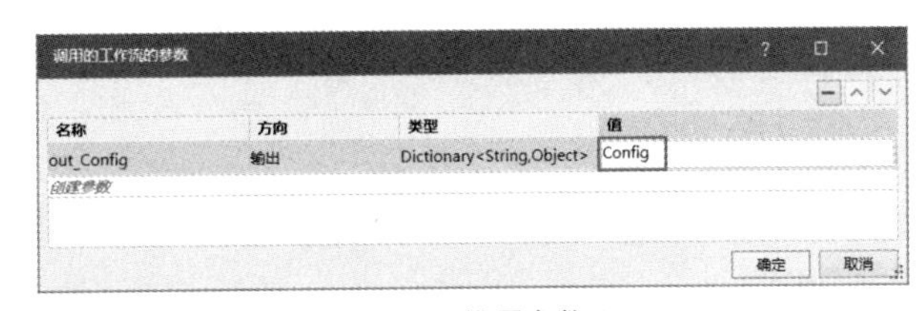

图 7-136 设置参数 1

在变量面板，查看 Config 变量的变量类型为 Dictionary<String,Object>，范围为 Sequence，如图 7-137 所示。

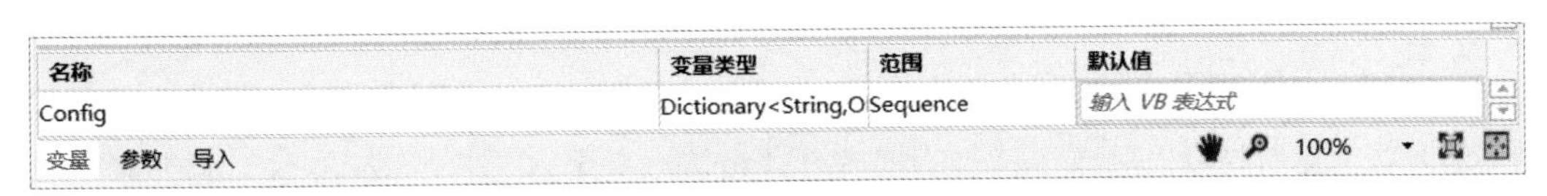

图 7-137 变量面板 1

（2）将“查询物流状态 .xaml”文件拖曳至“Invoke 初始化 workflow”活动的下方，如图 7-138 所示。

单击“导入参数”按钮，在“调用的工作流的参数”对话框中，在 out_DT_OrderList 的“值”输入框中使用快捷键 Ctrl+K 创建变量“DT_OrderList”，在 in_DeliverURL 的“值”输入框中输入表达式“Config(" 快递网 ").ToString”，如图 7-139 所示。

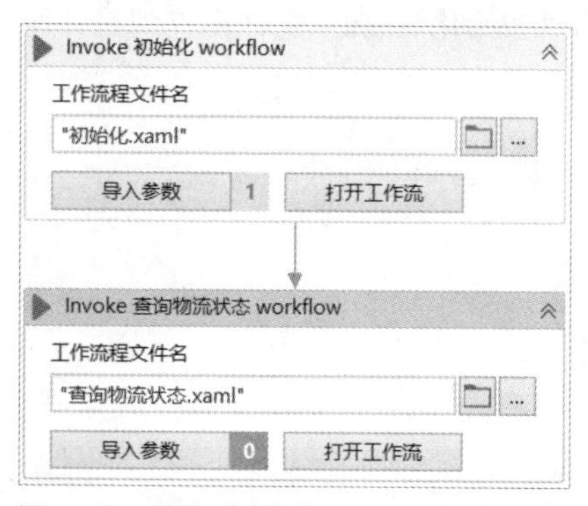

图 7-138　拖曳“查询物流状态 .xaml”文件

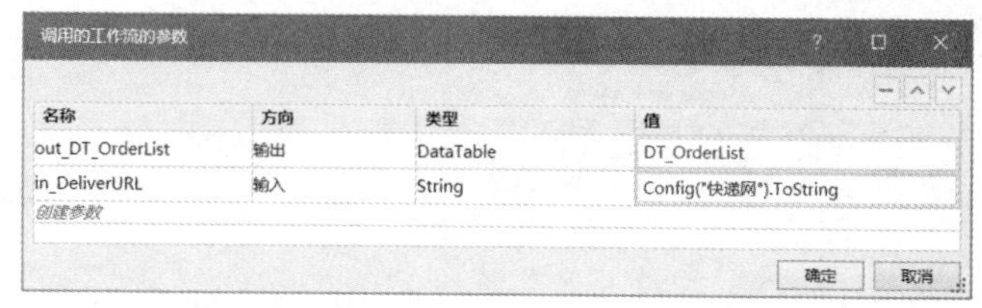

图 7-139　设置参数 2

在变量面板，查看 DT_OrderList 变量的变量类型为 DataTable，范围为 Sequence，如图 7-140 所示。

图 7-140　变量面板 2

（3）将“登录物流平台 .xaml”文件拖曳至“Invoke 查询物流状态 workflow”活动的下方，如图 7-141 所示。

单击“导入参数”按钮，在“调用的工作流的参数”窗口中，在 in_UserName 的值输入框中输入“Config(“账号”).ToString”，在 in_PassWord 的值输入框中输入“Config(“密码”).ToString”，在 in_LabURL 的值输入框中输入“Config(“仿真物流平台”).ToString”，如图 7-142 所示。

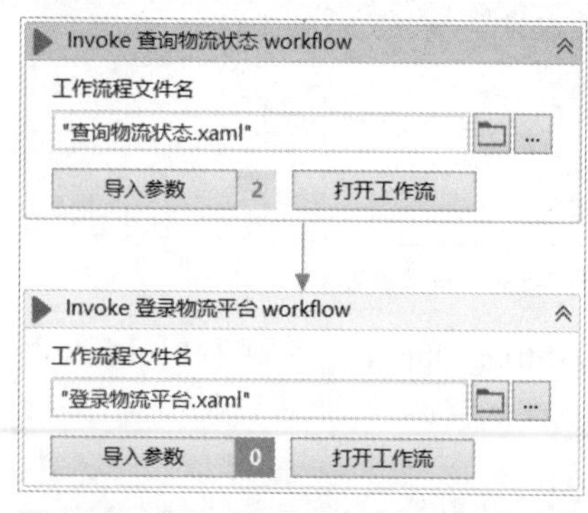

图 7-141　拖曳“登录物流平台 .xaml”文件

调用的工作流的参数

名称	方向	类型	值
in_UserName	输入	String	Config("账号").ToString
in_PassWord	输入	String	Config("密码").ToString
in_LabURL	输入	String	Config("仿真物流平台").ToString

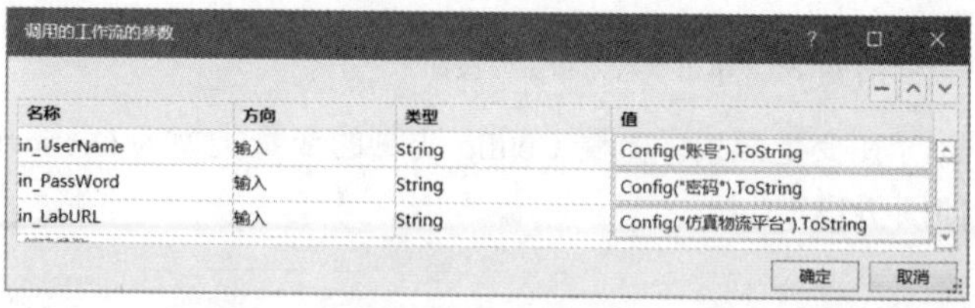

图 7-142　设置参数 3

（4）将“更新物流信息 .xaml”文件拖曳至“Invoke 登录物流平台 workflow”活动的下方，如图 7-143 所示。

单击“导入参数”按钮，在 in_DT_OrderList 的“值”输入框中输入“DT_OrderList”，如图 7-144 所示。

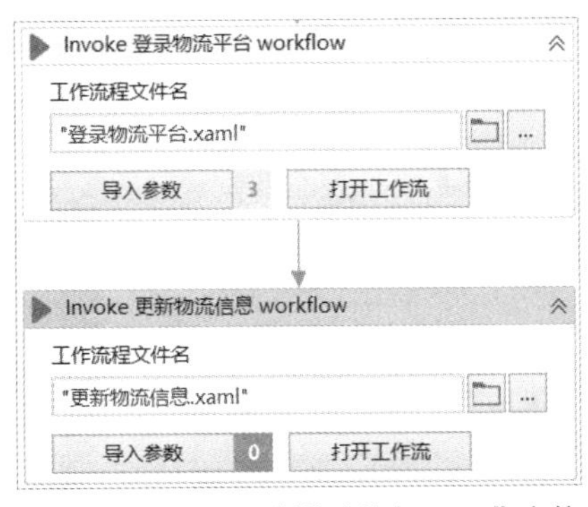

图 7-143 拖曳“更新物流信息 .xaml”文件

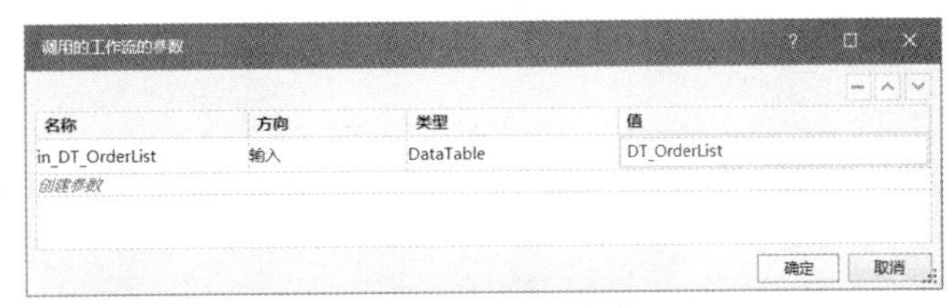

图 7-144 设置参数 4

至此，主流程文件“Main.xaml”开发完成，如图 7-145 所示。

7. 调试运行结果

打开主流程文件 Main.xaml，运行整个流程并查看流程执行结果。

流程执行完成后，在项目面板“Data\ 物流详情”文件夹下生成了若干个文件，文件名为订单号码，文件个数为货运发运列表中能查到有记录的订单的个数，如图 7-146 所示。

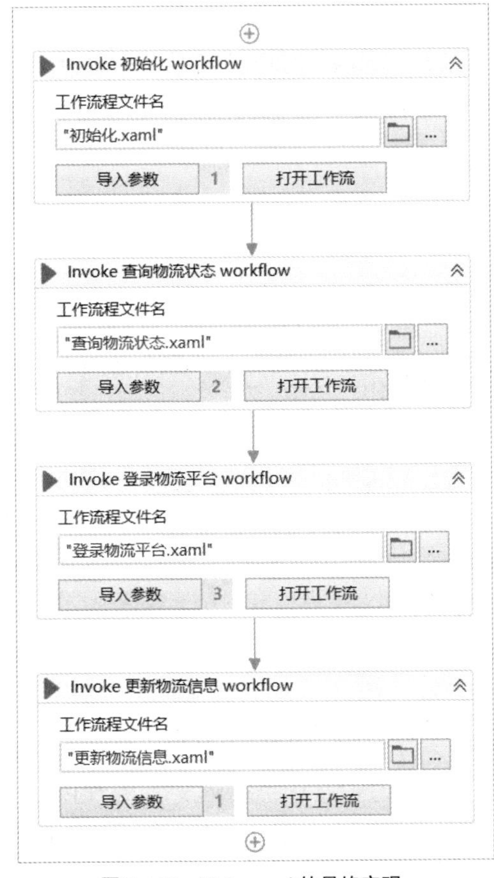

图 7-145 Main.xaml 的最终实现

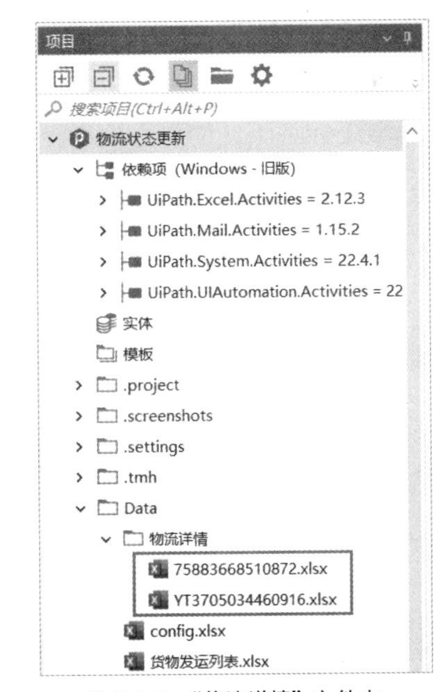

图 7-146 “物流详情”文件夹

同时在物流平台上更新了查询到的物流信息，如图 7-147 所示。

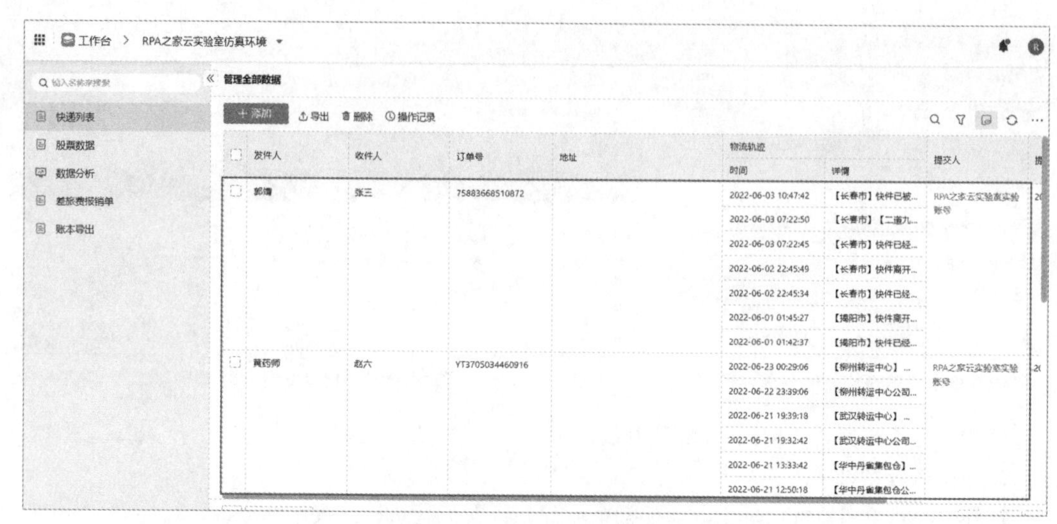

图 7-147　物流平台更新信息

7.1.5　案例总结

在本 RPA 流程设计中，我们学习了用户界面自动化，包括通过录制网页的方法进行单击、输入信息等活动的实现，练习了用户界面探测器的使用和动态选取器的设置，并且实现了工作流文件的调用及参数的设置。

7.2　案例拓展

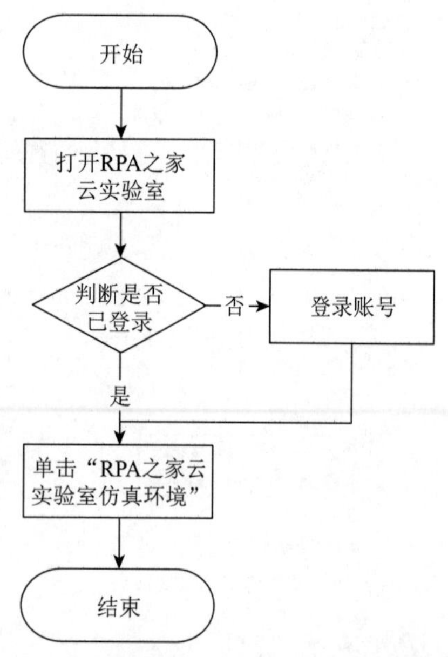

图 7-148　判断是否存在元素的应用流程设计图

7.2.1　判断是否存在元素的应用

打开 RPA 之家云实验室网页 https://www.jiandaoyun.com/signin，判断是否已登录账号，若未登录则先登录，若已登录，则单击“我的应用”下方的“RPA 之家云实验室仿真环境”。请参照图 7-148 所示的流程设计图，完成判断指定元素是否存在的流程设计。

7.2.2　动态选取器的应用

在 7.2.1 练习的基础上，登录进入“RPA 之家云实验室仿真环境”后，设置一个变量 functionMenu，根据需要给其赋值，所赋值应为“快递列表”“股票数据”“数据分析”“差旅费报销单”“账本导出”其中之一，再设置一个动态选取器，可以根据 functionMenu 的取值定位如图 7-149 所示对应的菜单。

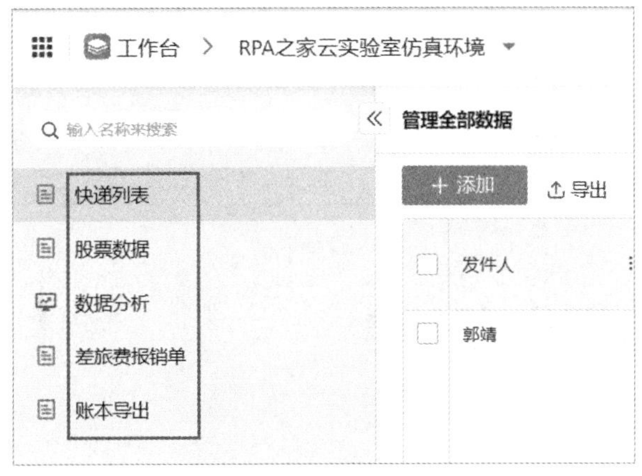

图 7-149　动态选择菜单

7.2.3　机动车违章查询

随着物流公司业务的增长、运量的增多，经常会面临机动车违章查询工作。大量重复操作耗费公司的人力与时间，一旦操作不及时，错过缴费时间，还会产生滞纳金，给公司造成损失。机动车违章查询机器人可自动登录违章网站，查询机动车违章情况并汇总违章结果，同时将结果发送至邮箱，通知相关人员。请参照图 7-150 所示的流程设计图，完成机动车违章查询流程。

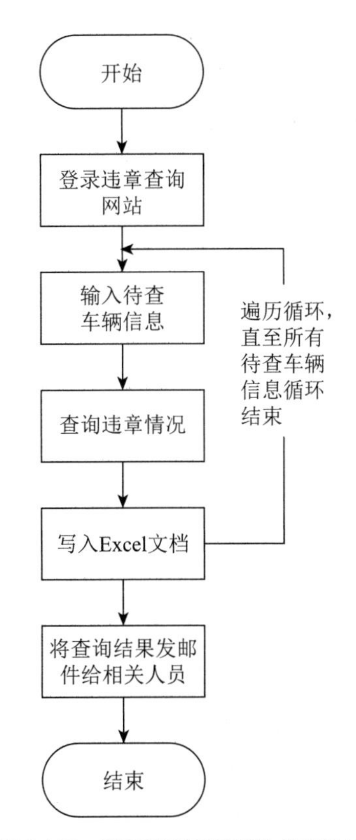

图 7-150　“机动车违章查询”流程设计图

第 8 章

RPA 在电商行业的应用

8.1 竞品对比分析

近年来，我国电商行业蓬勃发展，市场瞬息万变，竞争日趋激烈。商家为了提升自身竞争力，需要快速了解市场同类竞品有哪些？市场表现如何？自己的商品与竞品的区别与差距在哪？为商家调整经营策略提供参考依据。竞品对比分析需要监控、采集与分析竞争对手的经营数据和竞品的相关数据，人工操作非常费时费力，难以保证时效并且容易出错。

本章通过具体案例介绍如何通过 RPA 构建竞品对比分析机器人，实现自动登录电商平台、搜索下载竞品数据，并进行数据分析。通过本章案例您将学到：

- 条件循环的使用。
- 调用代码的使用。
- 提取结构化数据。
- 用户界面自动化。
- Credentials 组件的使用。
- Excel 组件的使用。
- 调用 Python 方法的使用。
- 调用工作流文件。

8.1.1 需求分析

B 企业是一家电商企业，需要从各大电商平台搜索相关竞品数据，并进行分析。运营人员需登录相关平台，人工进行商品的搜索，将搜索结果复制粘贴到 Excel 文件，再进行数据分析。人工操作耗时效率低，经常容易出错。为解决这一痛点，现开发一个竞品对比分析机器人，全程模拟人工操作，来替代运营人员在京东网站采集竞品数据，记录到 Excel 表中，并进行数据分析，高效快速地完成日常的竞品对比分析工作。

8.1.2 流程详细设计

根据需求分析和流程设计，竞品对比分析机器人的流程设计主要包括两部分：登录网站查询信息和数据分析。详细的功能模块设计如表 8-1 所示。

表 8-1 竞品对比分析机器人的功能模块设计

序号	功能模块	步 骤	备注
1	登录网站查询信息	①输入账号和密码，登录京东网站； ②查询指定关键词，抓取信息并抓存入 Excel 文件	
2	数据分析	分析所抓取商品信息的最大值、最小值、平均值和总额	

其中，在登录京东网站时，有时会出现图片滑块的拼图验证。此功能相对独立，所以将单独创建一个工作流文件来解决拼图验证问题，再在主工作流中进行调用。

8.1.3 流程开发必备

1. 开发环境及工具

本项目的开发及运行环境如下。

- 操作系统：Windows 7、Windows 10、Windows 11。
- 开发工具：UiPath Studio 2022.4.1。

2. 项目文件结构

竞品对比分析机器人的项目文件结构如图 8-1 所示。

（1）img 文件夹：存放滑块图片验证过程中保存的图片。

（2）distance.py：Python 代码，用于计算拼图验证缺口 X 坐标的距离。

（3）Main.xaml：主流程文件，是流程启动的入口。

（4）Slider.xaml：用于图片滑块验证的实现。

（5）商品信息 .xlsx：保存网页抓取的结构化数据。

3. 开发前准备

1）在 Windows 凭据管理中设置“京东登录”的凭证

我们在工作中往往会遇到这种情况，频繁登录某服务器时每次都需要输入用户名和密码，这种重复的操作显然会影响我们的工作效率。凭据管理器是 Windows 系统的一个系统组件，能够存储用户凭据，协助用户提供本地访问相关系统时的凭据信息。本案例我们通过读取 Windows 凭据管理器中“登录京东网站”的用户名和密码信息，来完成京东网页的登录，因此我们需要提前在 Windows 凭据管理器中设置“京东登录”的凭据。设置方法如下。

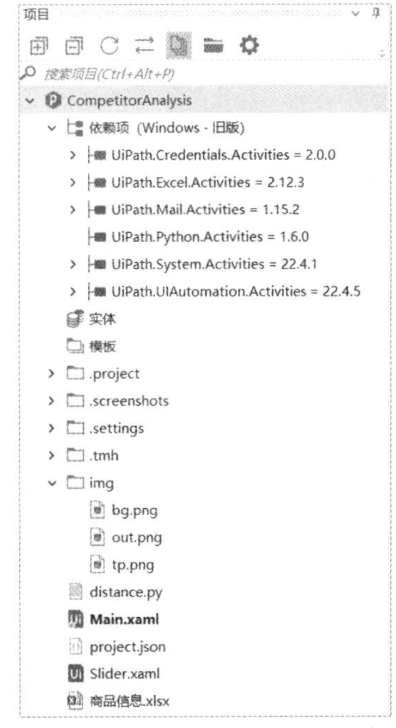

图 8-1 项目文件结构

（1）在搜索框中输入“凭据管理器”，单击搜索结果中的“凭据管理器”，如图 8-2 所示，打开“凭证管理器”对话框。

（2）在“凭证管理器”对话框中选择“Windows 凭据”，如图 8-3 所示。

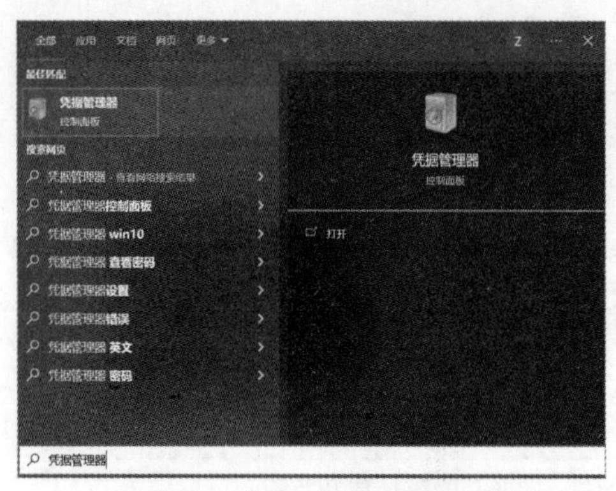

图 8-2　搜索“凭证管理器”

图 8-3　单击“Windows 凭证”

（3）在“管理你的凭据”对话框中单击“添加普通凭据”，如图 8-4 所示。

（4）在“键入网站地址和凭据信息”对话框的“Internet 地址或网络地址”中输入凭据名称“京东登录”，在“用户名”和“密码”输入框中输入登录京东的用户名和密码，然后单击“确定”按钮，如图 8-5 所示。

图 8-4　单击“添加普通凭据”

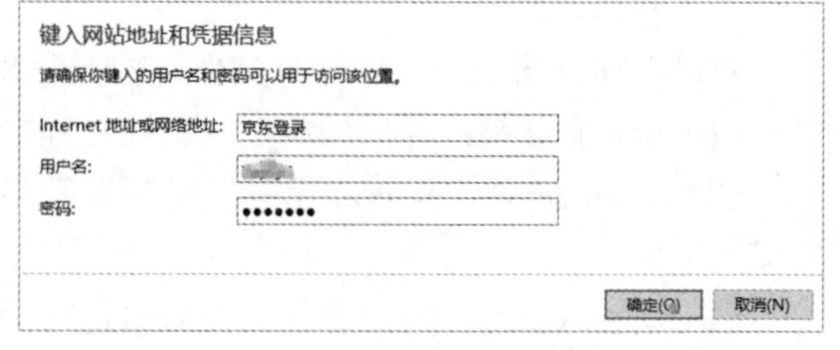

图 8-5　“键入网站地址和凭据信息”对话框

（5）添加完成后，在“管理你的凭据”的普通凭据中显示了名为“京东登录”的凭据，如图 8-6 所示。

图 8-6　普通凭据“京东登录”添加完成

2）在 Chrome 浏览器上安装并启用 UiPath Web Automation 插件

本案例使用的是 Chrome 浏览器，因此需要提前在 Chrome 浏览器上安装 UiPath 扩展程序 UiPath Web Automation，可按如下步骤安装该扩展程序并检查是否启用。

（1）在 UiPath Studio 中切换到主页，单击“工具”菜单，在“UiPath 扩展程序”中选择“Chrome”，如图 8-7 所示。

（2）在“设置扩展程序”提示框中，按照提示信息关闭 Chrome 进程后，单击“确定”按钮进行安装，如图 8-8 所示。

图 8-7 单击“Chrome”扩展程序

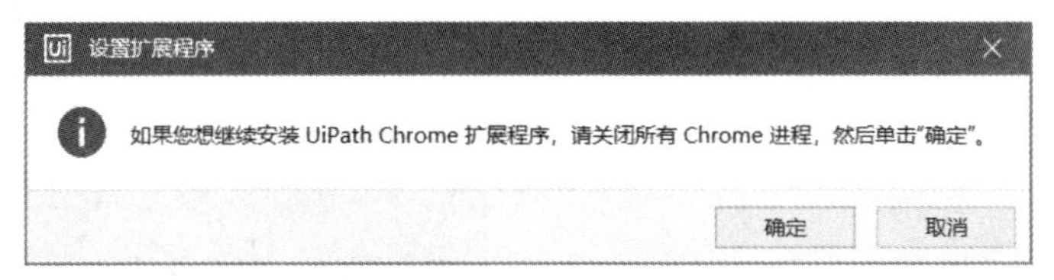

图 8-8 “设置扩展程序”对话框

（3）安装完成后，打开 Chrome 浏览器，单击右上角的 ⋮ 按钮，选择“更多工具→扩展程序”，如图 8-9 所示，打开“扩展程序”对话框。

图 8-9 单击“扩展程序”

（4）在“扩展程序”对话框中将 UiPath Web Automation 设置为“开启”，然后重新启动浏览器，如图 8-10 所示。

图 8-10 设置 UiPath Web Automation 为“开启”状态

3）查找默认 Python 解释器的路径和安装 OpenCV 库

本案例要在 UiPath 中调用 Python，需要将 Python 作用域链接到解释器，所以需要查找默认 Python 解释器的路径。同时本案例需要在 Python 中调用 OpenCV 库分析图片，所以需要先安装 OpenCV 库。具体步骤如下。

（1）通过 win+R 键打开“运行”窗口，如图 8-11 所示，输入“cmd”后单击“确定”按钮，打开命令提示符窗口。

（2）在默认的命令提示符下输入“where python”，按 Enter 键执行命令，如图 8-12 所示。

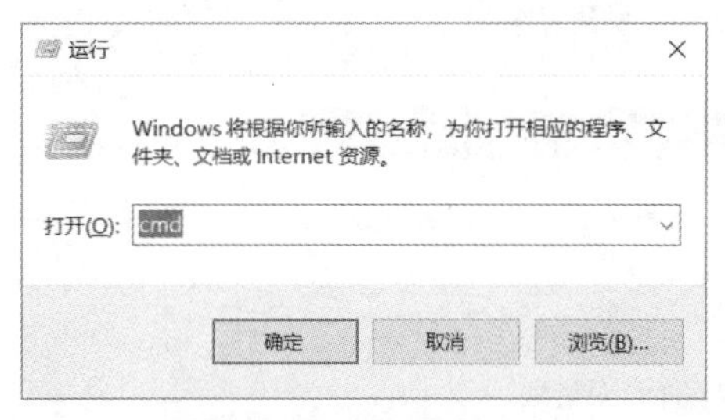

图 8-11 “运行”窗口

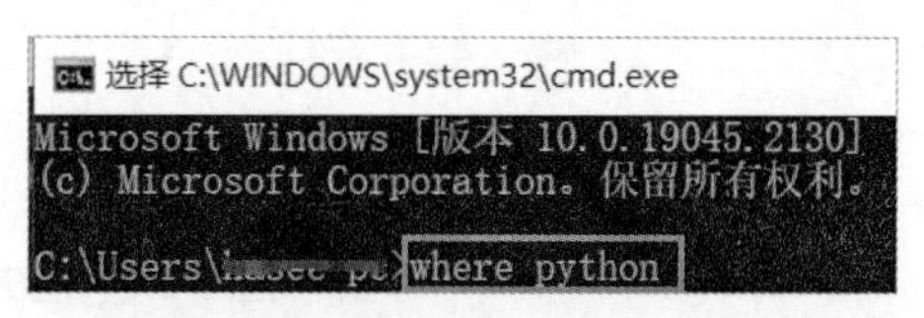

图 8-12 输入“where python”

（3）如图 8-13 所示，显示 Python 解释器的所在路径，将其复制下来以便后续使用。

（4）安装 OpenCV 库。在命令提示符下输入“pip install opencv-python”，再按 Enter 键执行安装，如图 8-14 所示。OpenCV 是一个图片处理的开源库，实现了图像处理和计算机视觉方面的很多通用算法，我们在后续的图像滑块验证时会用到。

图 8-13 获取 Python 解释器的所在路径

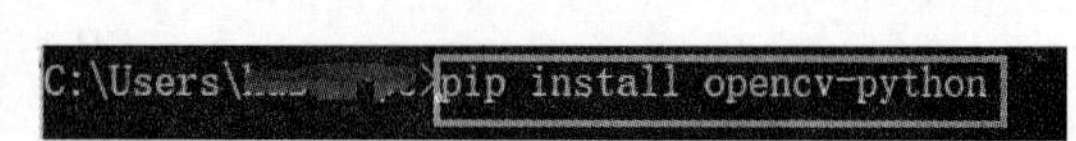

图 8-14 安装 OpenCV 库

8.1.4 机器人实现

1. 创建项目

1）新建流程

（1）单击“开始”，在“新建项目”中单击“流程”，如图 8-15 所示。

图 8-15 新建流程

（2）在弹出的“新建空白流程”对话框中输入项目名称和位置，如图 8-16 所示，单击“创建”按钮。需注意，由于 OpenCV 库对中文路径的应用可能会存在问题，因此创建项目时建议使用英文路径。

2）安装 UiPath.Credentials.Activities 活动包

本案例需从 Windows 凭据管理中获取用户名和密码，因此需要安装 UiPath.Credentials. Activities 活动包。具体步骤如下。

（1）单击工具栏中的"管理程序包"，如图 8-17 所示。

图 8-16　"新建空白流程"对话框

图 8-17　单击"管理程序包"

（2）在"管理包"对话框中单击"所有包"，在搜索栏中输入关键词"credentials"，然后在结果页中选择"UiPath.Credentials.Activities"活动包，单击右侧的"安装"后，单击"保存"按钮，如图 8-18 所示。

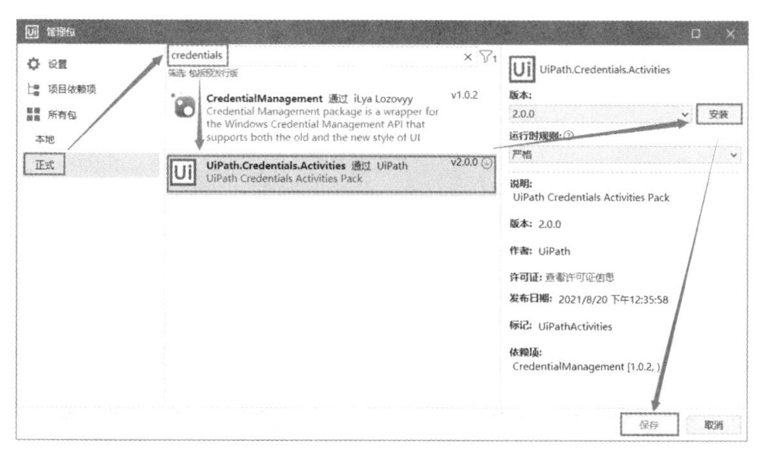

图 8-18　安装"UiPath.Credentials.Activities"活动包

（3）安装完成后对话框自动关闭，在"项目→依赖项"中可看到 UiPath.Credentials.Activities 已被添加进项目，如图 8-19 所示。

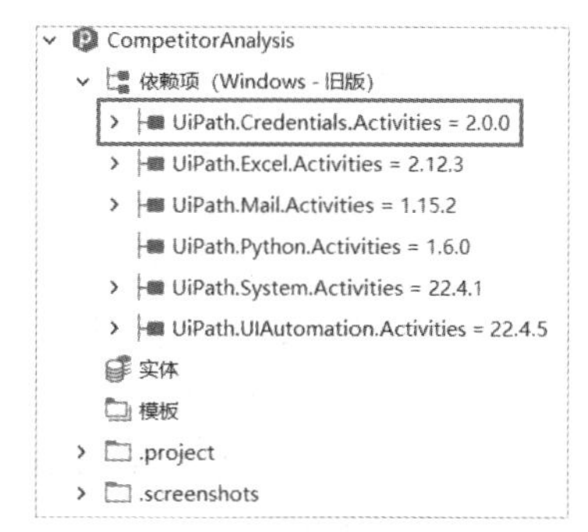

图 8-19　项目面板依赖项 UiPath. Credentials.Activities

3）安装 UiPath.Python.Activities 活动包

参考上述添加 UiPath.Credentials.Activities 依赖项的方法，安装 UiPath.Python.Activities 活动包，添加完成后的项目面板如图 8-20 所示。

2. 搭建主框架

完成项目创建，并添加完各依赖项后，我们先来搭建流程主框架。

打开 Main.xaml 主工作流文件，在活动面板中搜索“序列”，如图 8-21 所示。

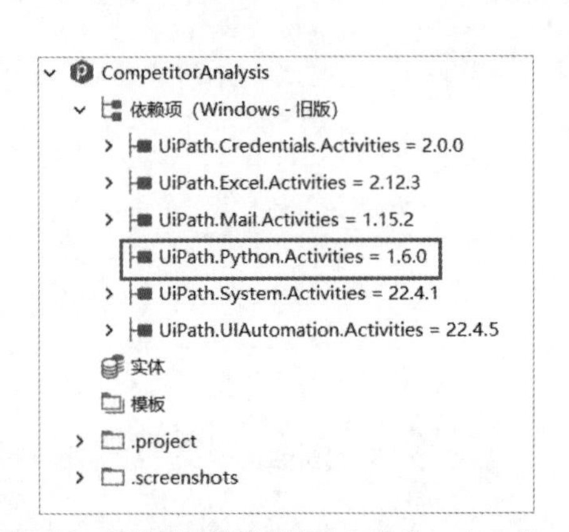

图 8-20　项目面板依赖项 UiPath.Python.Activities

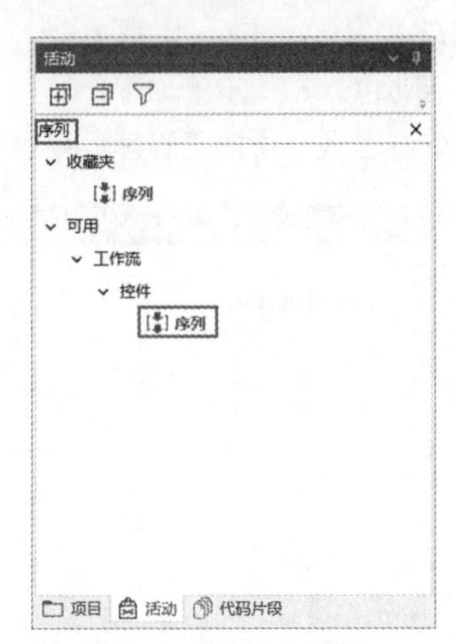

图 8-21　搜索“序列”

依次将两个“序列”活动拖曳至设计面板中。选中第一个“序列”活动，在属性面板中设置“显示名称”为“登录网站查询信息”，如图 8-22 所示。选择第二个“序列”活动，在属性面板中设置“显示名称”为“数据分析”。

主流程文件 Main.xaml 的整体框架设计如图 8-23 所示。

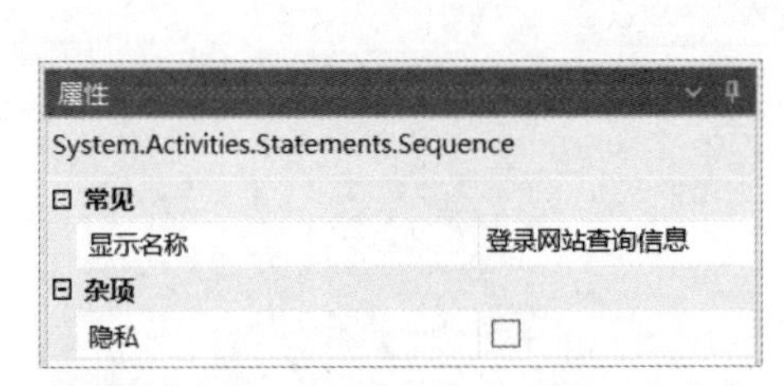

图 8-22　序列“登录网站查询信息”属性面板

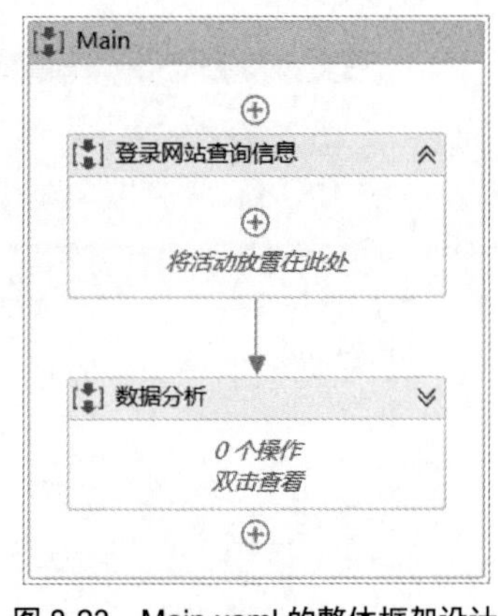

图 8-23　Main.xaml 的整体框架设计

3.“登录网站查询信息”模块的实现

“登录网站查询信息”模块的功能是，首先从 Windows 凭据管理器中获取“登录京东”的账号和密码，接着在浏览器中打开京东网站，输入账号和密码完成登录后，输入关键词“华为笔记本”搜索商品，并抓取 200 条数据存入 Excel 文档。

“登录网站查询信息”模块的流程设计如图 8-24 所示，具体步骤如下。

1）在活动面板中搜索“Get Secure Credentials”活动，将其拖曳到 Main 的“登录网站查询信息”序列中，如图 8-25 所示。

在属性面板的“输入→目标”输入框中输入“" 京东登录 "”，在“输出→密码”输入框中使用快捷键 Ctrl+K 创建 SecureString 类型的变量“password”，在“输出→用户名”输入框中使用快捷键 Ctrl+K 创建 String 类型的变量“username”，如图 8-26 所示。

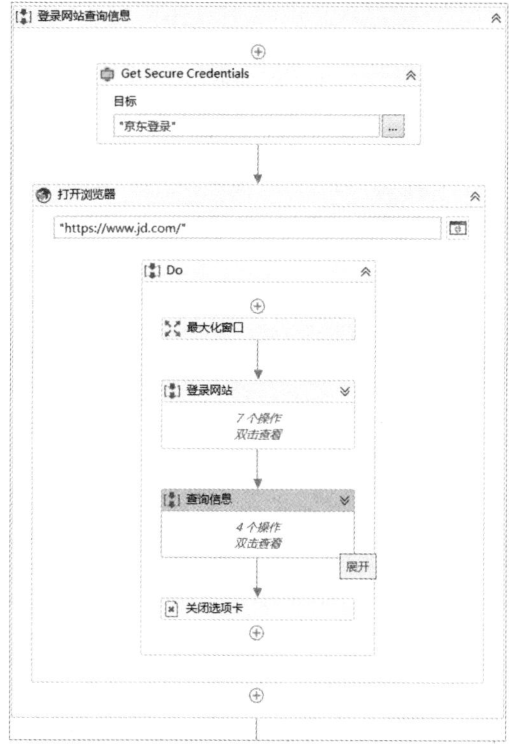

图 8-24 “登录网站查询信息”模块的流程设计

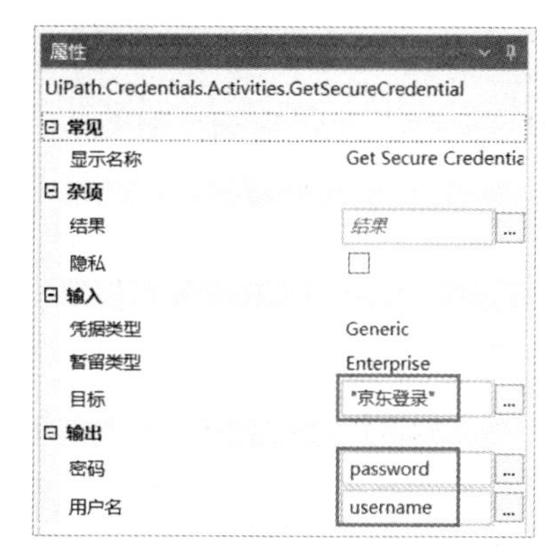

图 8-25 添加“Get Secure Credentials”活动

图 8-26 “Get Secure Credentials”活动的属性面板

单击变量面板，将变量 password 和 username 的“范围”扩大到“Main”，如图 8-27 所示。

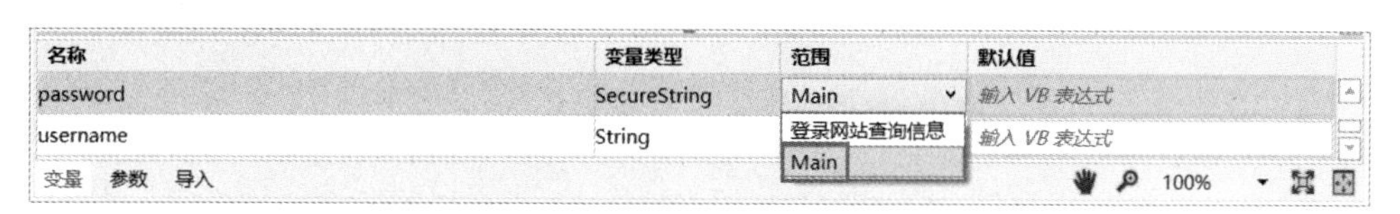

图 8-27 更改 password 和 username 的范围到“Main”

2）在活动面板中搜索“打开浏览器”，将其拖曳至“Get Secure Credentials”活动的下方，如图 8-28 所示。

图 8-28 添加“打开浏览器”活动

如图 8-29 所示，在其属性面板的“输入→ URL”输入框中输入网站地址“"https://www.jd.com/"”，在“输入→浏览器类型”中选择“BrowserType. Chrome”，在“输出→用户界面浏览器”中使用快捷键 Ctrl+K 创建 Browser 类型的变量“myBrowser”，并在变量面板中将变量 myBrowser 的范围扩大为“Main”，此变量将被用于后续关闭选项卡。

设置完成后，单击“打开浏览器”活动右上角的按钮测试，检查浏览器和网站是否打开正确，确认没有问题后再切换回 Studio。

3）在“打开浏览器”活动的“执行”区域添加一个“最大化窗口”活动，将浏览器最大化，如图 8-30 所示。

图 8-29 “打开浏览器”活动的属性面板

图 8-30 添加“最大化窗口”活动

4）在“最大化窗口”活动的下方添加一个“序列”活动，更改该活动的显示名称为“登录网站”，如图 8-31 所示。

5）在活动面板中搜索“单击”活动，如图 8-32 所示，将其拖曳至“登录网站”序列中，我们需要单击页面上的“你好，请登录”元素，使页面跳转到登录页面。

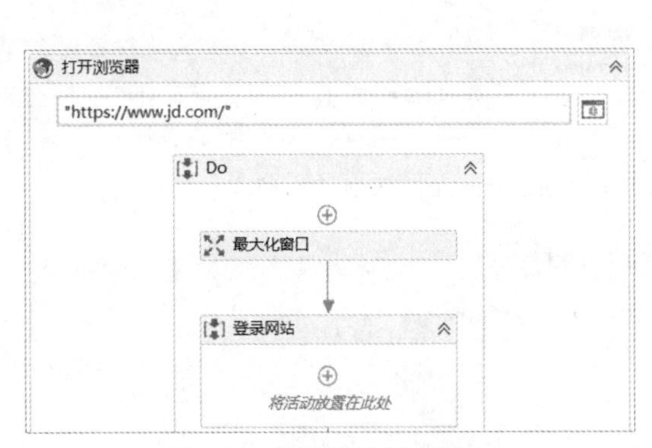

图 8-31 添加“序列”活动

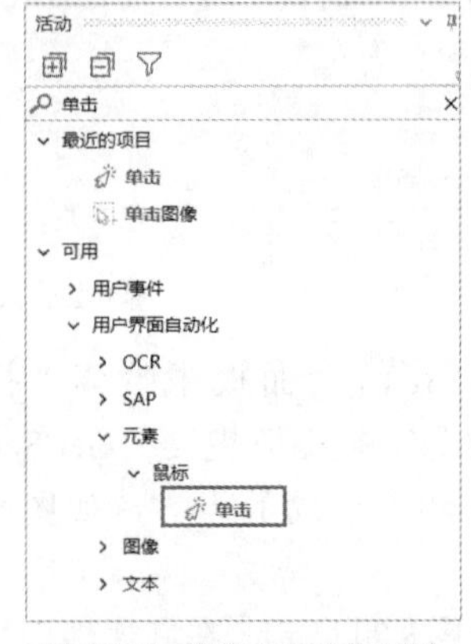

图 8-32 搜索“单击”活动

6）单击“单击”活动中的“指出浏览器中的元素”，如图 8-33 所示。

鼠标变成蓝色的手形标志进入选择状态，同时屏幕左上角会出现如图 8-34 所示的操作提示。移动鼠标时，会自动捕捉网页上的元素，并标记为蓝底黄框，此时鼠标的任何单击都会被记录。

将鼠标指针移动至“你好，请登录”位置，单击进行选中，如图 8-35 所示。

图 8-33 单击“指出浏览器中的元素”

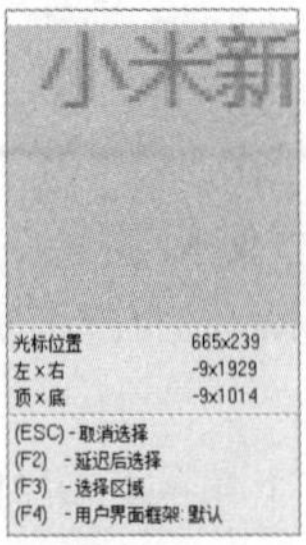

图 8-34 “指出浏览器中的元素”操作提示

图 8-35 选中“你好，请登录”元素

完成元素的选中后，系统会自动切换回 Studio，并在“单击”活动中显示捕捉的元素画面，如图 8-36 所示。

7）跳转到登录界面后，我们需要单击“账户登录”使其显示账户登录页面，如图 8-37 所示。

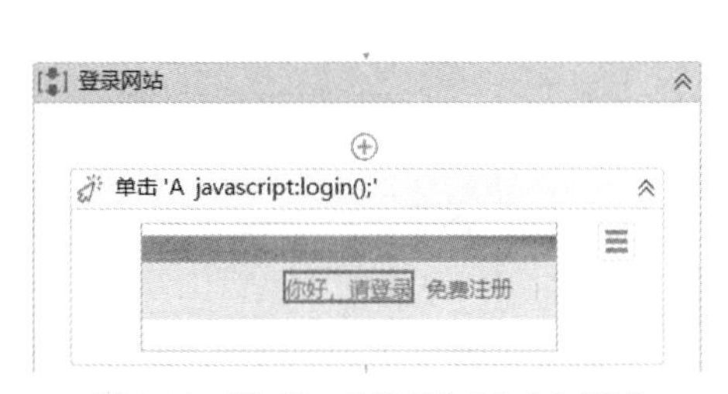

图 8-36 “你好，请登录”“单击”活动

图 8-37 单击“账户登录”

添加一个“单击”活动，单击“指明在屏幕上”后选择“账户登录”，如图 8-38 所示。

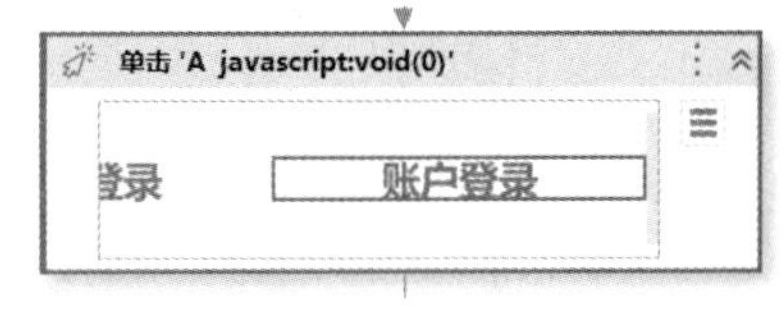

图 8-38 “账户登录”“单击”活动

8）在“账户登录”页面输入用户名和密码，并单击“登录”按钮。

（1）在活动面板搜索“输入信息”，将其拖曳至设计面板中。单击图 8-39 所示的“指出浏览器中的元素”后，在浏览器中选择“邮箱 / 账户名 / 登录手机”输入框，如图 8-40 所示。

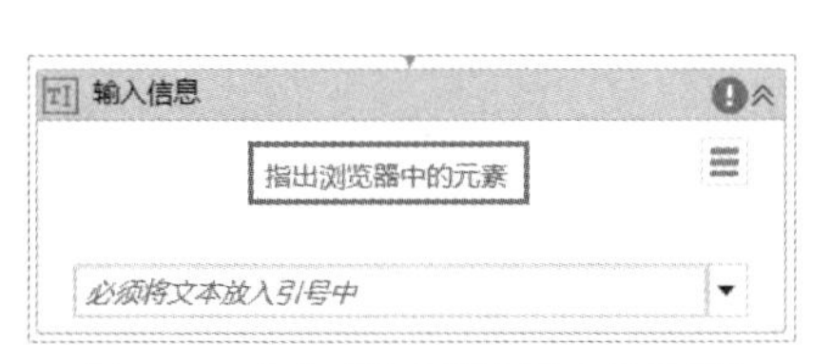

图 8-39 单击“指出浏览器中的元素”

图 8-40 选择“邮箱 / 账户名 / 登录手机”输入框

（2）在该活动的属性面板中，在“输入→文本”输入框中输入“username”，勾选“选项→模拟键入”和“选项→空字段”，此处的 username 是 Get Secure Credentials 活动中获取到的用户名，如图 8-41 所示。

（3）在活动面板搜索“输入安全文本”活动，如图 8-42 所示，将其拖曳至“输入信息”活动的下方，用于输入登录密码。

（4）单击“指出浏览器中的元素”后，选择网页上的“密码”输入框，如图 8-43 所示。

图 8-41　“输入信息”活动的属性面板

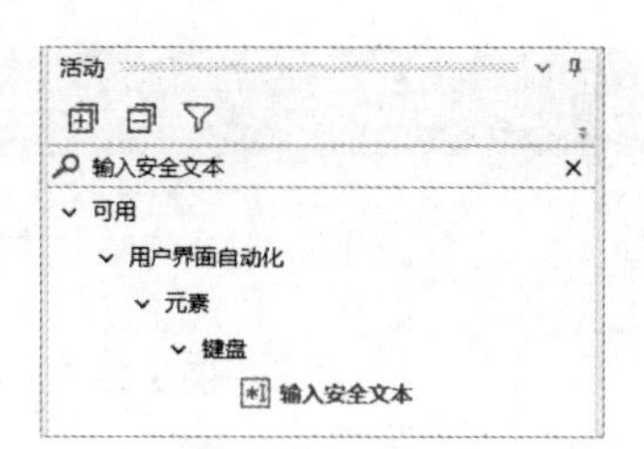

图 8-42　搜索“输入安全文本”活动

图 8-43　选择“密码”输入框

（5）在属性面板的“输入→安全文本”输入框中输入“password”，勾选“选项→模拟键入”和“选项→空字段”，此处的 password 是 Get Secure Credentials 活动中获取到的密码，如图 8-44 所示。

（6）添加一个“单击”活动，单击“指出浏览器中的元素”后选择网页上的“登录”按钮，如图 8-45 所示，进行“登录”按钮的单击操作。

图 8-44　“输入安全文本”活动的属性面板

图 8-45　单击“登录”按钮

输入用户名和密码，并单击“登录”按钮的流程设计如图 8-46 所示。

9）单击“登录”按钮后，网站有时会出现图片滑块验证窗口，需要将图片滑动到正确位置完成验证后才能登录成功。图片滑块验证的功能将在后续实现中创建一个流程文件 Slider.xaml 来实现，在此我们先通过“存在元素”活动，来判断页面是否出现图片滑块验证，如果存在，则在后续会调用 Slider.xaml。

（1）在活动面板搜索“存在元素”，将其拖曳至设计面板中，如图 8-47 所示。

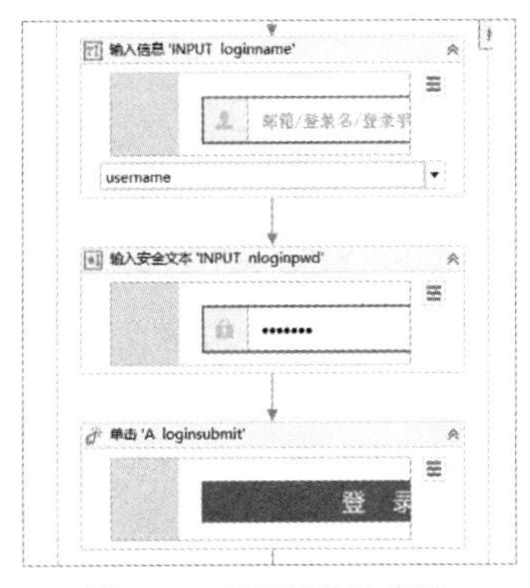

图 8-46　登录操作的实现

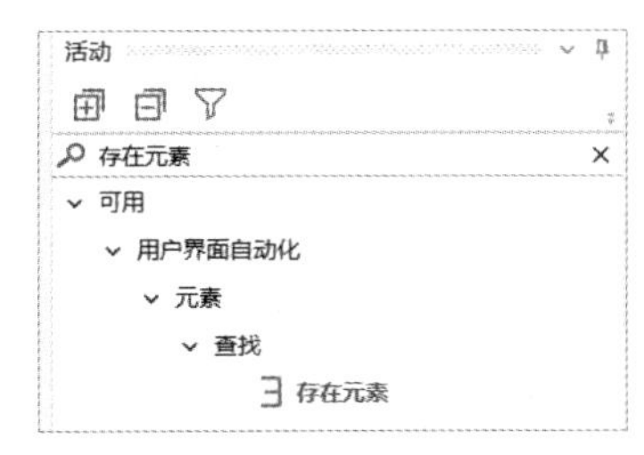

图 8-47　搜索“存在元素”

（2）单击“指出浏览器中的元素”，如图 8-48 所示。

（3）单击网页上的“完成拼图验证”，如图 8-49 所示。单击完成后该活动如图 8-50 所示。

图 8-48　在“存在元素”中单击“指出浏览器中的元素”

图 8-49　单击“完成拼图验证”

（4）在属性面板的“输出→存在”中使用快捷键 Ctrl+K 创建 bool 类型的变量“sliderExist”，在变量面板中将该变量的范围扩大到“Main”，如图 8-51 所示。

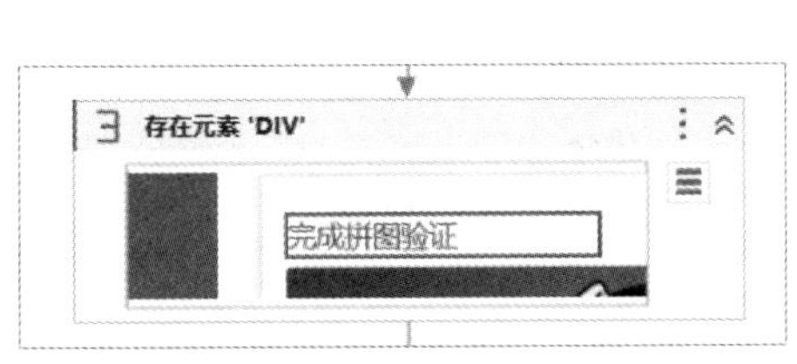

图 8-50　完成拼图验证

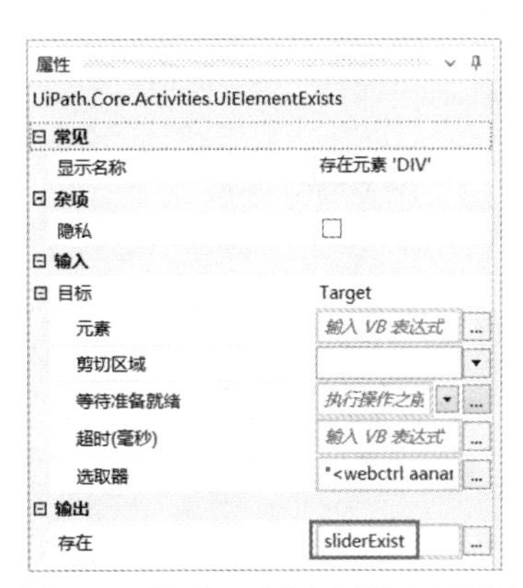

图 8-51　“存在元素”活动的属性面板

（5）在“存在元素”活动的下方添加“IF 条件”活动，在“条件”输入框中输入“sliderExist”，如图 8-52 所示，其属性面板如图 8-53 所示。

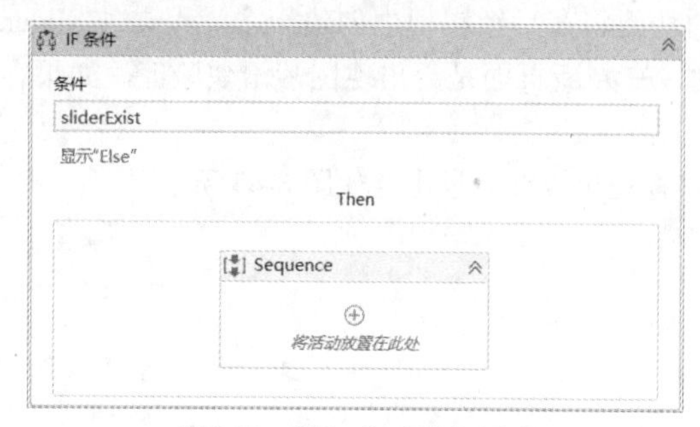

图 8-52　添加“If 条件”活动

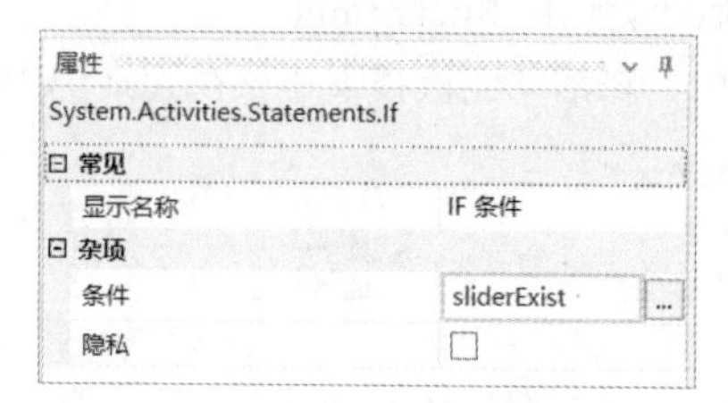

图 8-53　“IF 条件”活动的属性面板

至此，“登录网站”序列中的功能已基本开发完成，完整实现如图 8-54 所示。

10）实现竞品关键词的输入和搜索。

（1）在“登录网站”序列的下方添加一个“序列”活动，更改其显示名称为“查询信息”。

（2）在“查询信息”序列中添加“输入信息”活动，单击“指明在屏幕上”后选择网页上的“搜索输入框”元素，如图 8-55 所示。

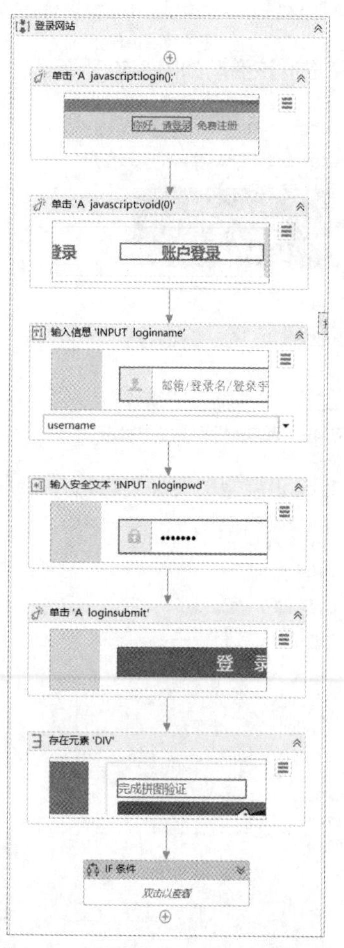

图 8-54　“登录网站”序列的完整实现

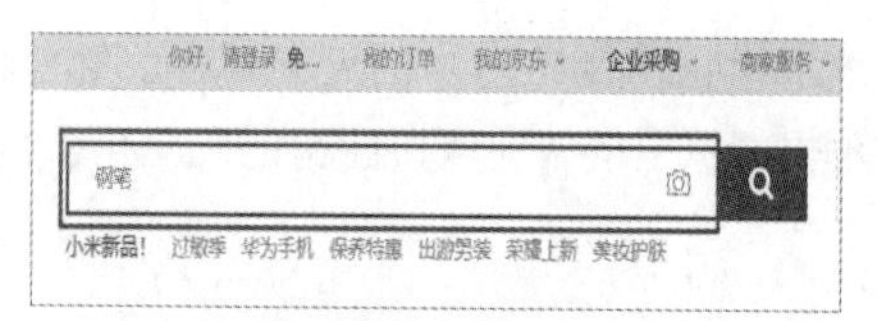

图 8-55　选择“搜索输入框”

（3）在其属性面板的“输入→文本”中输入“"华为笔记本"”，勾选“选项→模拟键入”和“选项→空字段”，如图 8-56 所示。在此案例中我们使用“华为笔记

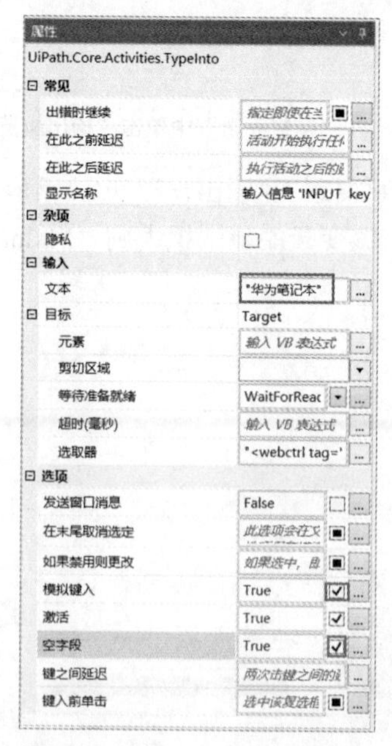

图 8-56　输入“"华为笔记本"”

本”为搜索关键词，在实际应用中可以将该输入项定义为一个变量。

（4）在“输入信息”活动的下方添加“单击”活动，单击“指明在屏幕上”后选择网页上的“搜索”按钮，如图 8-57 所示。

“输入信息”及“单击”活动的设计如图 8-58 所示。

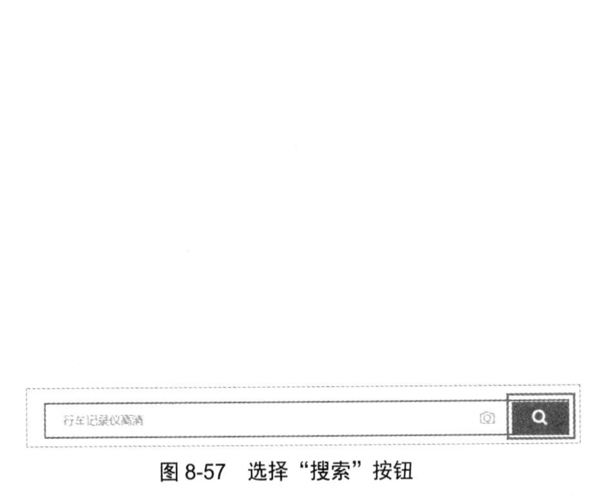

图 8-57 选择“搜索”按钮

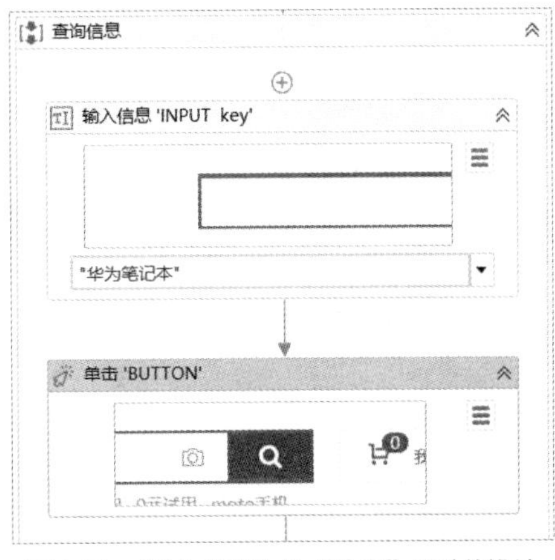

图 8-58 “输入信息”及“单击”活动的设计

11）单击“搜索”按钮后，在网页上会显示查询结果，下一步我们便要将查询结果抓取下来。

（1）单击工具栏中的“数据抓取”按钮，如图 8-59 所示。

图 8-59 单击“数据抓取”按钮

（2）在弹出的“提取向导→选择一个值”对话框中，单击“下一步”按钮，如图 8-60 所示。

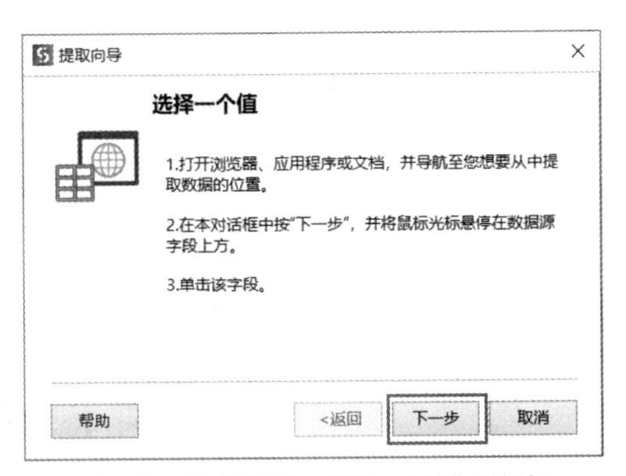

图 8-60 “提取向导→选择一个值”对话框

（3）界面回到搜索结果页面，将鼠标指针移到第一件商品的名称上面，该元素会被加上蓝底黄框，如图 8-61 所示，然后单击鼠标进行选中操作。

（4）第一件商品选中完成后，“提取向导”界面显示 “选择第二个元素”，单击“下一步”按钮，如图 8-62 所示。

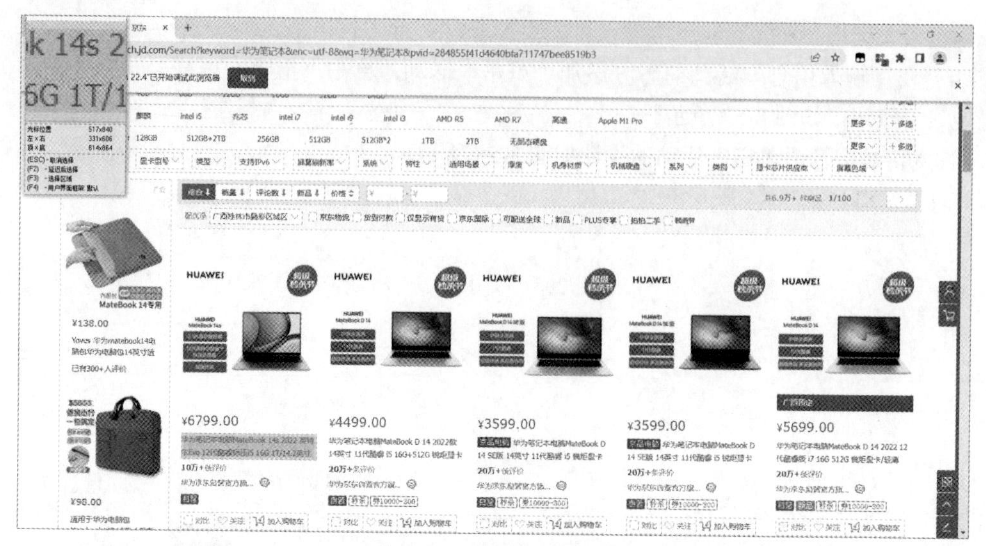

图 8-61　抓取第一件商品

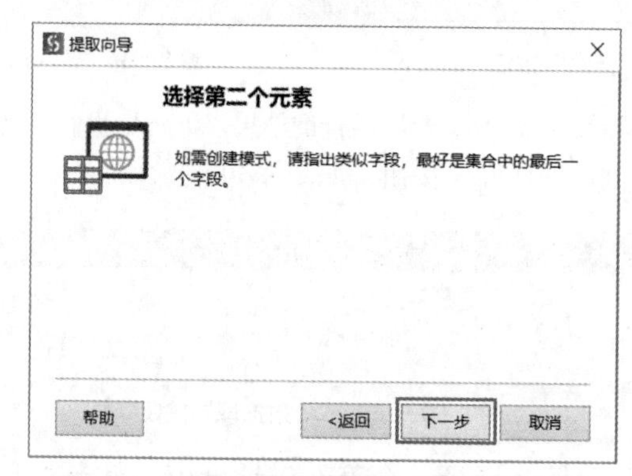

图 8-62　“提取向导→选择第二个元素”对话框

（5）将鼠标指针移到第二件商品的名称上面，该元素会被加上蓝底黄框，单击该目标元素，页面上所有商品的名称都会处于黄底的选中状态，同时会弹出“提取向导→配置列”对话框。在“文本列名称”输入框中输入“商品名称”，再单击“下一步”按钮，如图 8-63 所示。

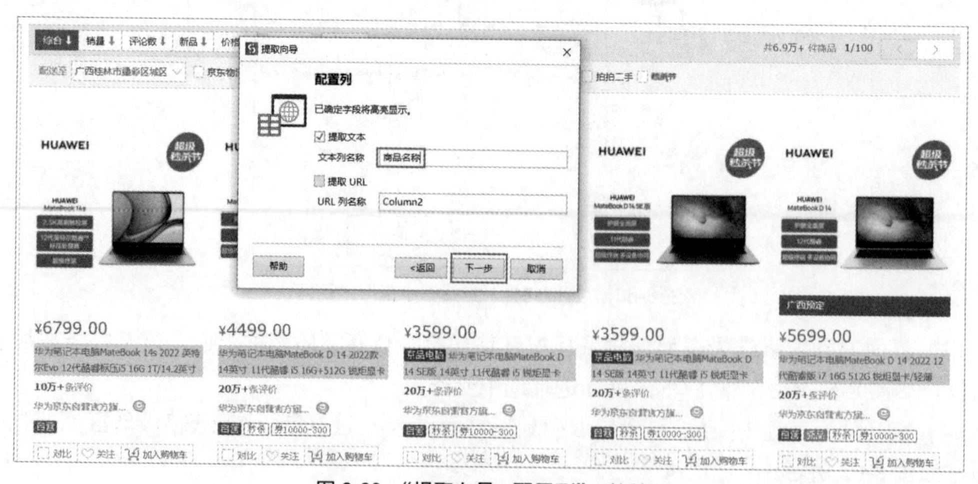

图 8-63　“提取向导 - 配置列”对话框

（6）弹出“提取向导”对话框，在“预览数据”中可以看到该网页的商品名称都被抓取了下来。单击“提取相关数据”继续抓取字段的数据，如图 8-64 所示。

（7）界面回到了目标页面，用抓取商品名称的相同方法继续抓取商品价格信息。将鼠标移到第一件商品的价格上面，单击选择，然后在“提取向导→选择第二个元素”对话框中单击“下一步”按钮。

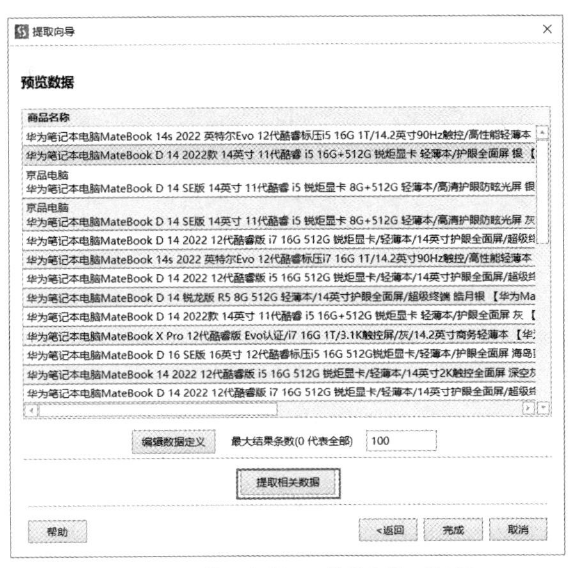

图 8-64　“提取向导→预览数据”对话框

（8）将鼠标指针移到第二件商品价格上面，单击选择，页面上所有商品的价格都会处于黄底的选中状态，同时会弹出“提取向导→配置列”对话框，在“文本列名称”输入框中输入“商品价格”，再单击“下一步”按钮，如图 8-65 所示。

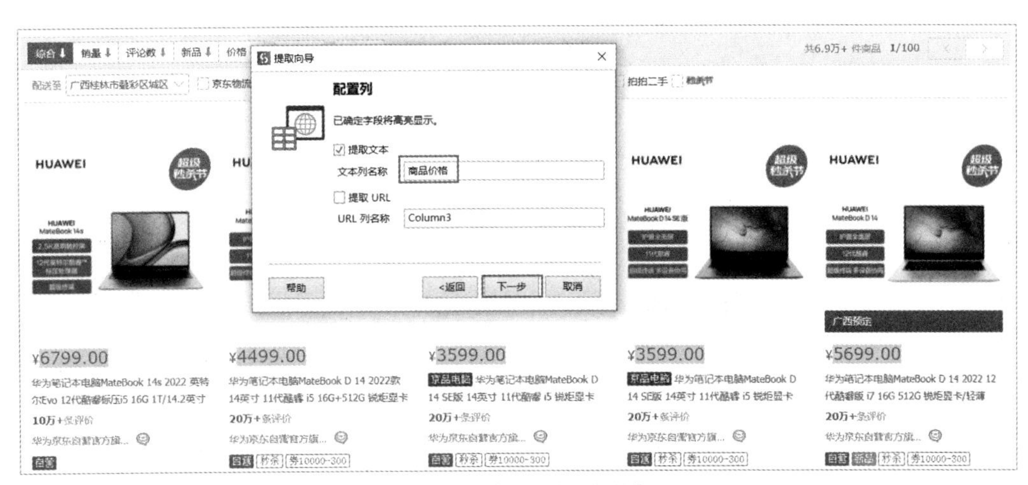

图 8-65　输入“商品价格”

（9）在弹出的“提取向导→预览数据”中可以看到已抓取的两列数据，如图 8-66 所示。我们继续单击“提取相关数据”按钮提取第三个字段的信息。

（10）界面回到目标页面，再用鼠标指针移到第一件商品的店铺名上面，单击选择，在弹出的“提取向导→选择第二个元素”对话框中单击“下一步”按钮。

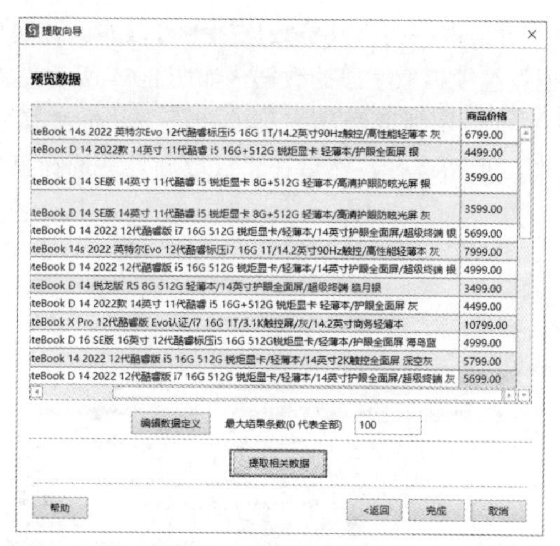

图 8-66　已抓取两列数据

（11）将鼠标指针移到第二件商品的店铺名上面，单击选中，页面上所有商品的店铺名都会处于黄底的选中状态，在弹出的“提取向导→配置列”对话框的“文本列名称”输入框中输入“店铺名称”，单击“下一步”按钮，如图 8-67 所示。

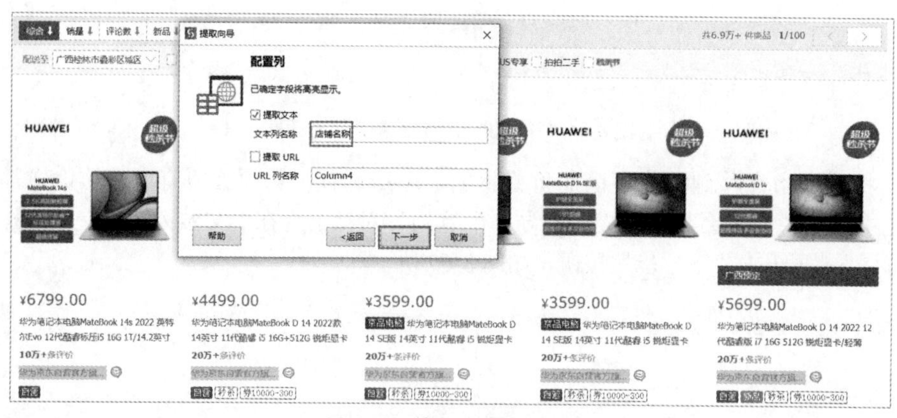

图 8-67　输入“店铺名称”

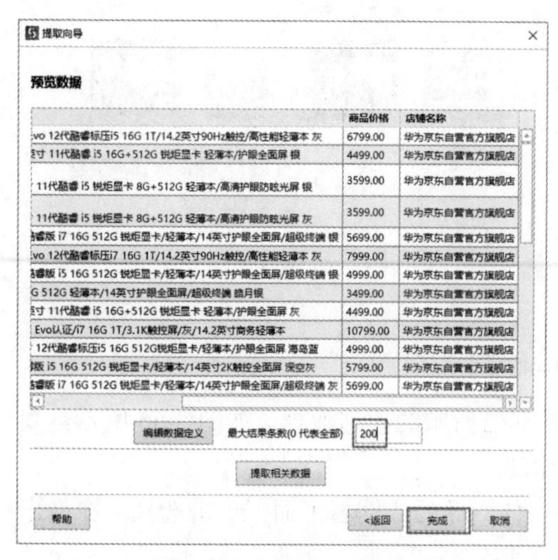

图 8-68　已抓取三列数据

（12）在“提取向导→预览数据”中可看到已抓取的三列数据，如图 8-68 所示。在“最大结果条数”输入框中输入“200”，表示抓取 200 条数据，然后单击“完成”按钮。

（13）在“指出下一个链接”对话框中，单击“是”按钮，如图 8-69 所示。

（14）向下滚动鼠标，将页面下移到翻页处，在元素选择状态下单击“下一页”按钮，数据抓取完成后自动返回到 Studio 设计窗口。在“提取结构化数据”属性面板的“输出→数据表”输入框中可以看到自动生成了 DataTable 类型的 ExtractDataTable 变量，该变量存储了抓取的商品名称、商品价格和店铺名称的数据，如图 8-70 所示。

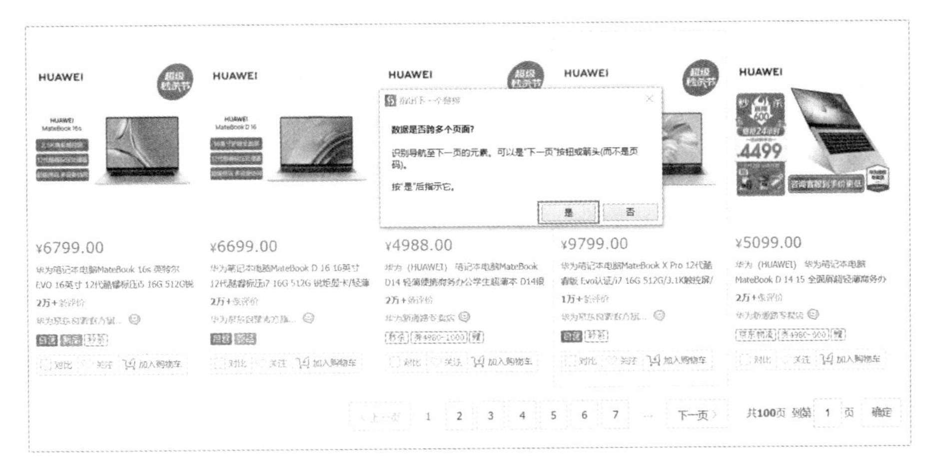

图 8-69 “指出下一个链接”对话框

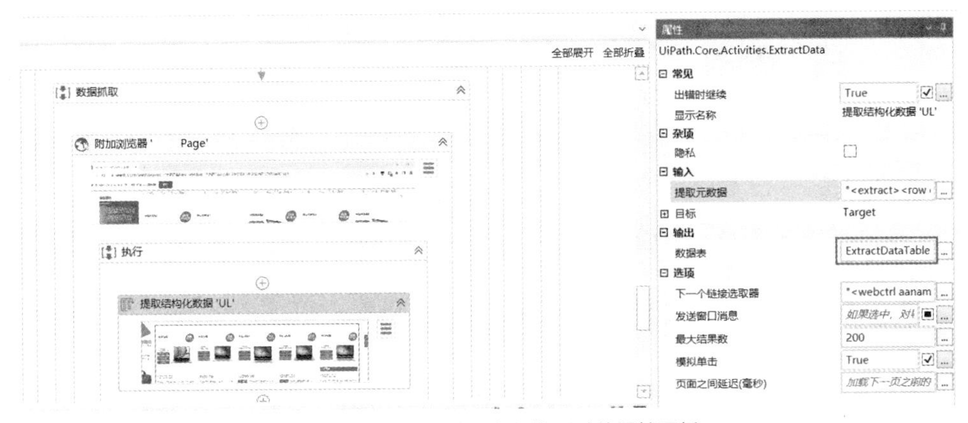

图 8-70 “提取结构化数据”活动的属性面板

12）把抓取到的数据保存到 Excel 中。在活动面板中搜索“写入范围”，拖曳至“提取结构化数据”活动的下方，如图 8-71 所示。

在其属性面板的“目标→工作表名称”中输入“"商品信息"”，在“输入→工作簿路径”中输入“"商品信息.xlsx"”，在“输入→数据表”中输入变量“ExtractDataTable”，勾选“选项→添加标头”复选框，表示将 ExtractDataTable 的数据保存到“商品信息.xlsx”的“商品信息”工作表中，如图 8-72 所示。

图 8-71 搜索“写入范围”活动

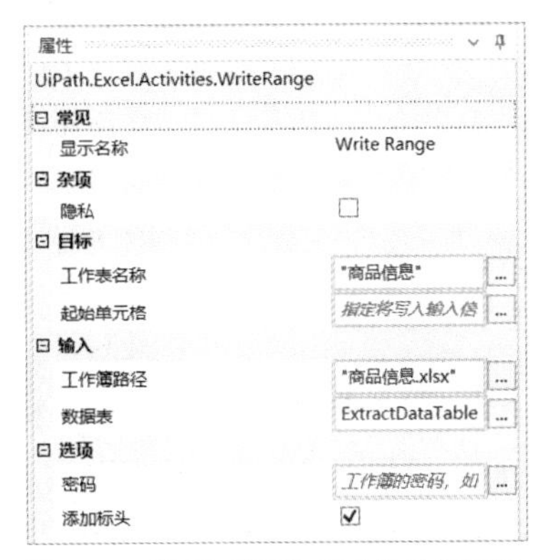

图 8-72 “写入范围”活动的属性面板

“查询信息”模块的完整实现如图 8-73 所示。

13）在活动面板搜索“关闭选项卡”，将其拖曳至“查询信息”序列活动的下方，如图 8-74 所示。

在其属性面板的“输入→浏览器”中输入“myBrowser”，表示关闭该页面，如图 8-75 所示。

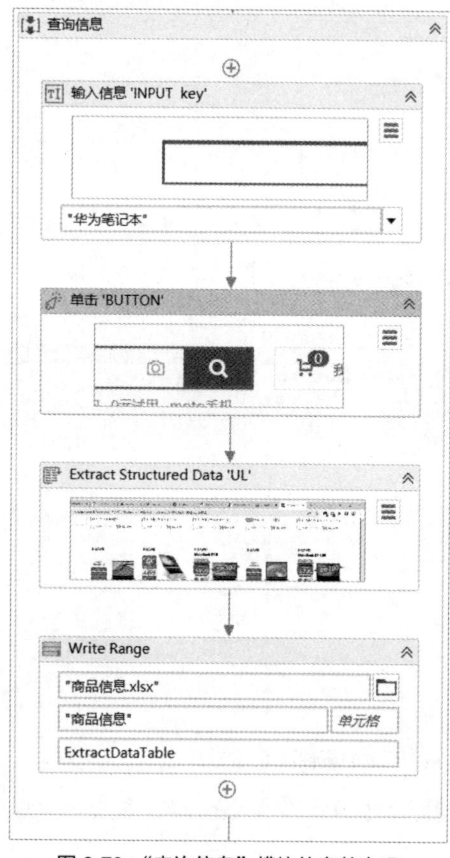

图 8-73 “查询信息”模块的完整实现

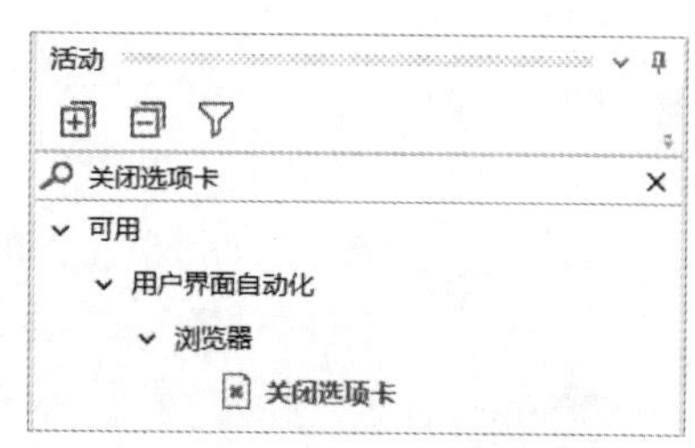

图 8-74 搜索“关闭选项卡”

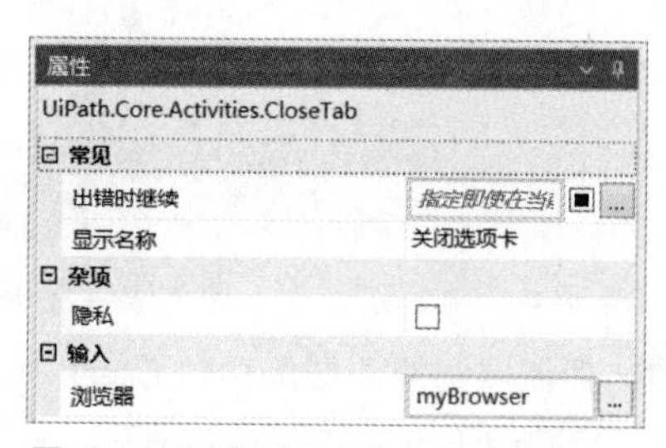

图 8-75 “关闭选项卡”活动的属性面板

4.“数据分析”模块的实现

“数据分析”模块的功能主要是读取从网页抓取到的数据，并对抓取到的商品的价格进行分析，计算出最高价、最低价和平均价，具体实现步骤如下。

1）在活动面板搜索“读取单元格”，如图 8-76 所示，将其拖曳至“数据分析”序列中。

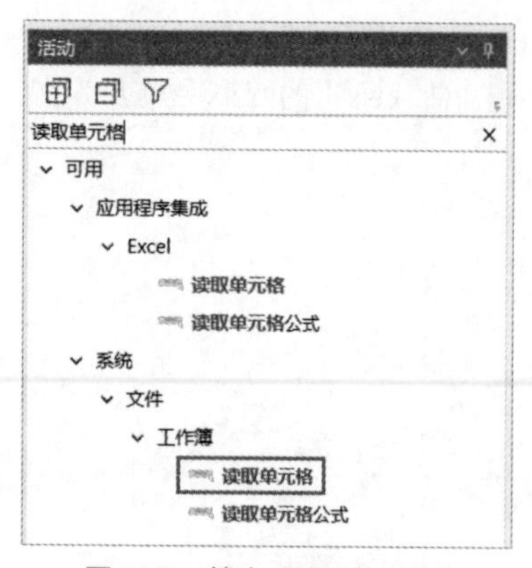

图 8-76 搜索“读取单元格”

2）在其属性面板的“输入→单元格”中输入“"C2"”，在“输入→工作簿路径”中输入“"商品信息.xlsx"”，在“输入→工作表名称”中输入“"商品信息"”，在“输出→结果”中使用快捷键 Ctrl+K 创建变量“str_Price”，在变量面板中将该变量的范围扩大到“Main”，表示读取“商品信息.xlsx”文件中工作表名称为“商品信息”的 C2 单元格的数据，并赋值给变量 str_Price。该活动如图 8-77 所示，其属性面板如图 8-78 所示。

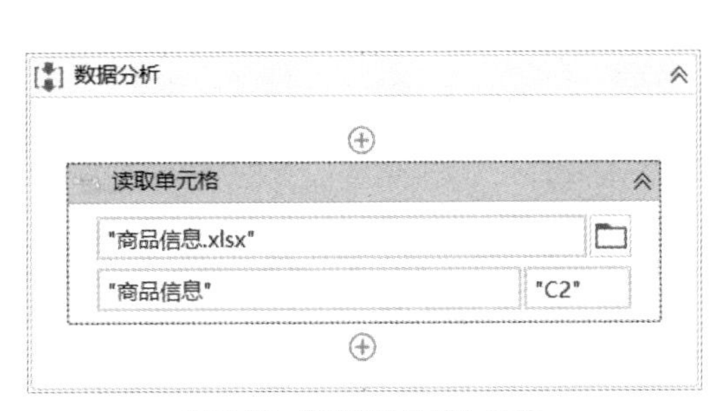

图 8-77　“读取单元格”活动

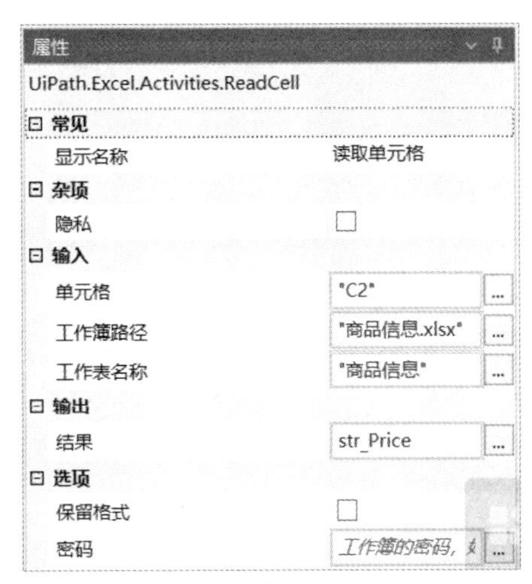

图 8-78　“读取单元格”活动的属性面板

3）在变量面板中，依次创建 6 个变量，如图 8-79 所示。其中 max 和 min 用于存储商品价格的最大值和最小值，Price 用于存储商品价格，total 用于存储所有抓取商品的总价格，average 用于存储所有抓取商品的平均价格，数据类型均为 Double，n 用作遍历抓取记录的计数器，类型为 Int32，默认值为 2，所有变量的应用范围都设为“Main”。

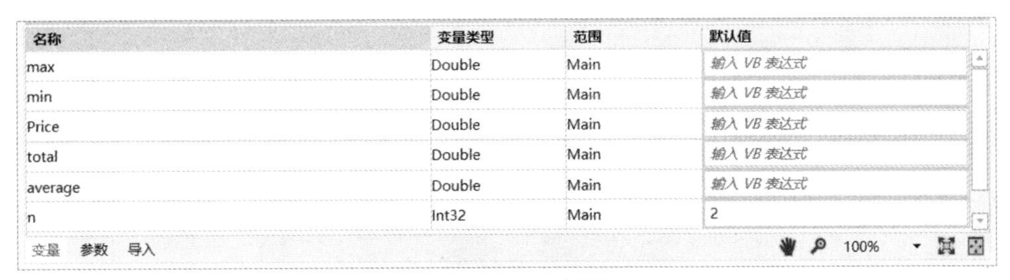

名称	变量类型	范围	默认值
max	Double	Main	输入 VB 表达式
min	Double	Main	输入 VB 表达式
Price	Double	Main	输入 VB 表达式
total	Double	Main	输入 VB 表达式
average	Double	Main	输入 VB 表达式
n	Int32	Main	2

图 8-79　变量面板中的设置

4）在“读取单元格”后添加“多重分配”活动，将读取到的 C2 列的价格 str_Price 作为初始值赋值给 max 和 min，如图 8-80 所示，此处使用表达式 Double.Parse(str_Price) 将 string 类型的变量值转换成 Double 类型。

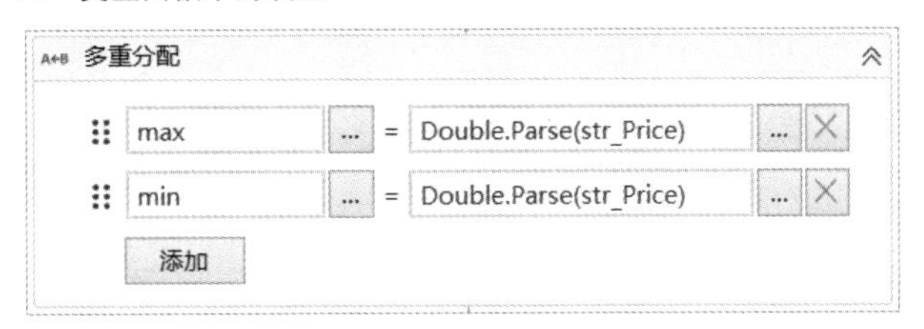

图 8-80　“多重分配”活动

5）通过遍历 Excel 文件中 C 列的商品价格单元格，来找到商品价格的最小值、最大值，并求得商品价格的总和，用于商品均价的计算。

（1）在“多重分配”活动后添加“先条件循环”活动。在“条件”中输入“n<=201”，如图 8-81 所示。因为本案例一共抓取了 200 条商品记录，加上标题所占的第一行，所以最后一条记录在 Excel 中的第 201 行。

（2）在“先条件循环”的“正文”中添加 “读取单元格”活动。在其属性面板的“输入→单元格”中输入“"C"+n.ToString”，在“输入→工作簿路径”中输入“" 商品信息 .xlsx"”，在“输入→工作表名称”中输入“" 商品信息 "”，在“输出→结果”中输入“str_Price”，如图 8-82 所示。

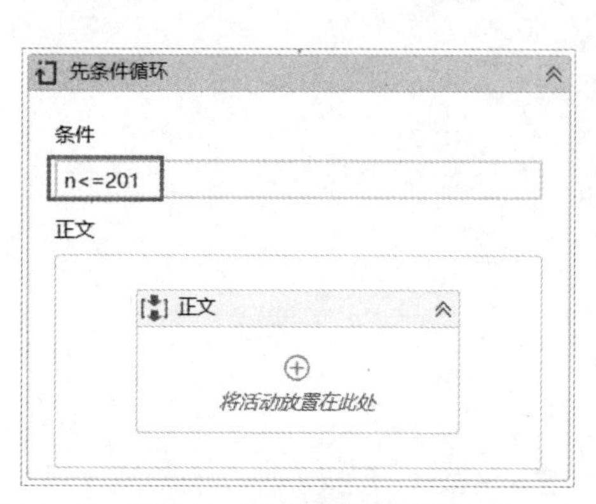

图 8-81 “先条件循环”活动

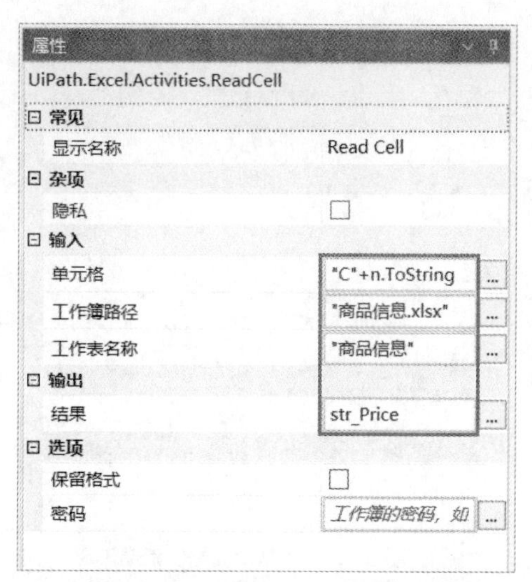

图 8-82 “读取单元格”活动的属性面板

（3）在“读取单元格”后添加“多重分配”活动，将读取到的 str_Price 转成 Double 类型后赋值给变量 Price，并与价格累加值求和后赋值给变量 Total。该活动如图 8-83 所示。

（4）在“多重分配”后添加“IF 条件”活动，在“条件”中输入表达式“Price<min”，如图 8-84 所示。

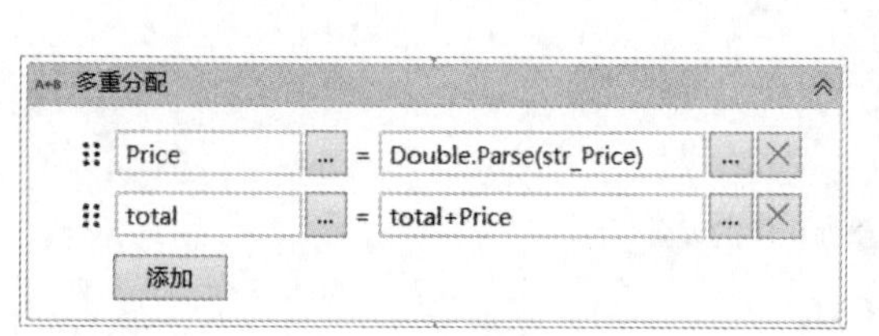

图 8-83 “多重分配”活动

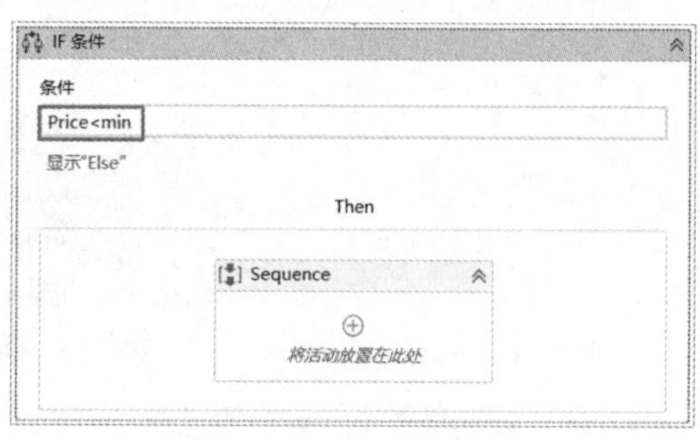

图 8-84 “IF 条件”活动

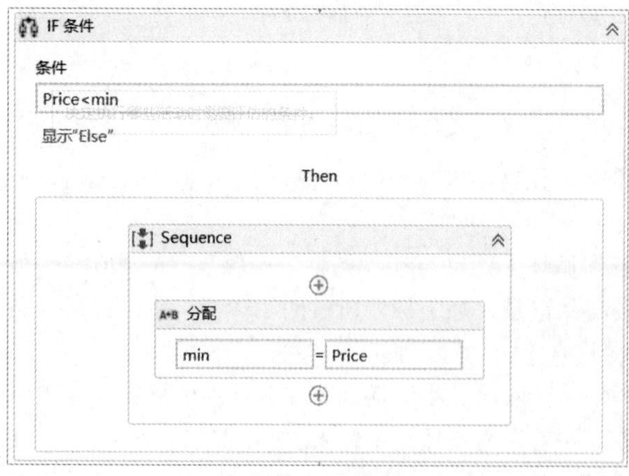

图 8-85 分配 min

（5）在“IF 条件”活动的“Sequence”中添加“分配”活动，在“至变量”输入框中输入变量“min”，在“设置值”输入框中输入变量“Price”，表示若当前单元格读取到的价格小于 min 时，便将当前值赋值给 min。该活动如图 8-85 所示。

（6）与上一步类似，在“IF 条件”后添加“IF 条件”活动，在“条件”中输入“Price>max”，然后在“IF 条件”活动的“Sequence”中添加“分配”活动，在“至变量”输入框中输入变量“max”，在“设置值”输入框中输入变量“Price”，表示若当前单元格读取到的价格大于 max 时。便将当前值赋值给 max，该活动如图 8-86 所示。

（7）在“IF 条件”活动下方添加“分配”活动，在“至变量”输入框中输入变量“n”，在“设置值”输入框中输入表达式“n+1”，表示将 n 增 1，如图 8-87 所示。

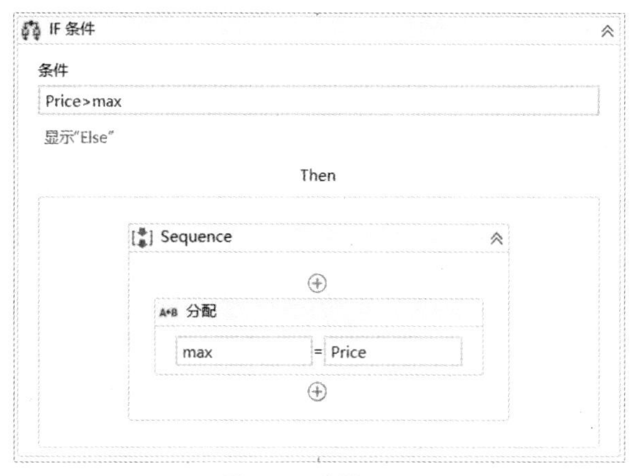

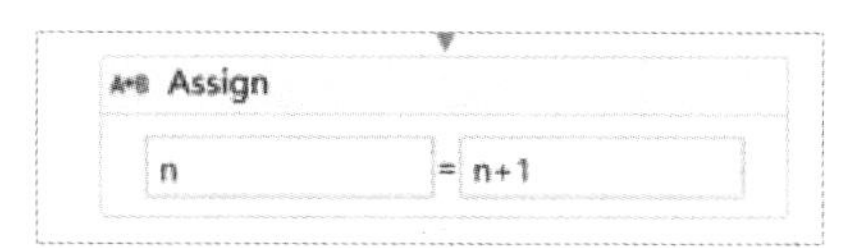

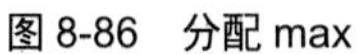
图 8-86　分配 max　　图 8-87　分配 n

“先条件循环”活动的完整实现如图 8-88 所示。

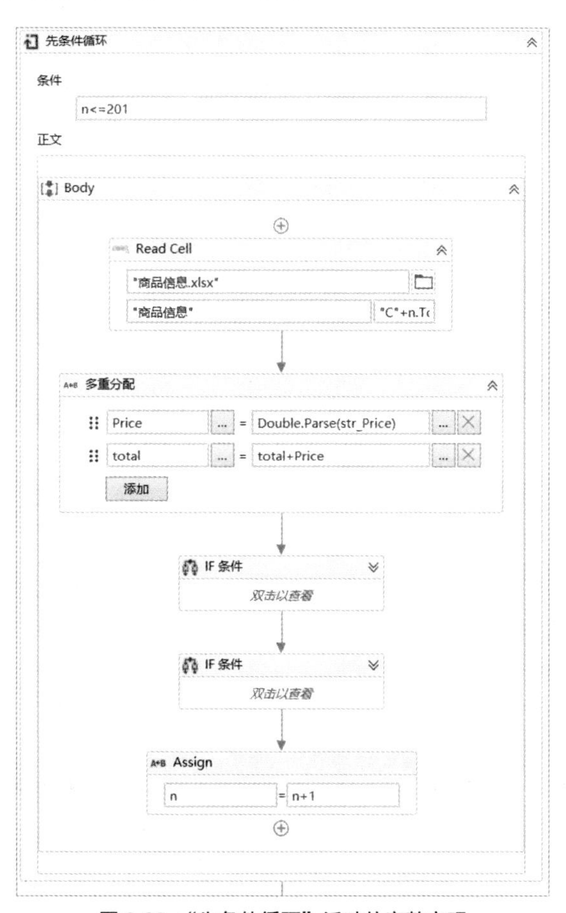

图 8-88　“先条件循环”活动的完整实现

6）在“先条件循环”活动的下方添加“分配”活动，在“至变量”输入框中输入变量“average”，在“设置值”输入框中输入表达式“total/200”，表示计算出商品均价后赋值给变量 average，如图 8-89 所示。

7）在活动面板中搜索“写入行”，如图 8-90 所示，将其拖曳至设计面板中。

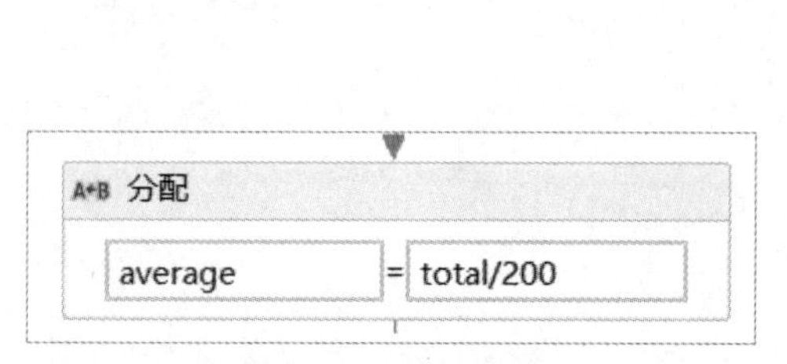

图 8-89　计算商品均价

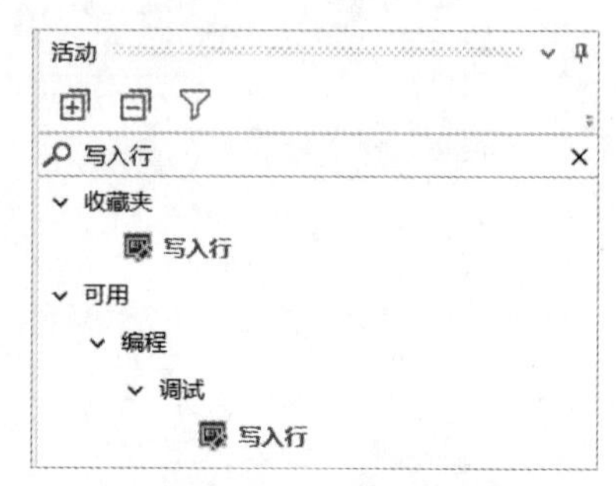

图 8-90　搜索“写入行”活动

在“文本”输入框中输入表达式“"最大值"+max.ToString+vbCr+"最小值"+min.ToString+vbCr+"总额"+total.ToString+vbCr+"平均值"+average.ToString”，以在流程运行过程中输出最大值、最小值、总额和平均值，其中“vbCr”表示回车，如图 8-91 所示。

至此，“数据分析”模块完成，其完整实现如图 8-92 所示。

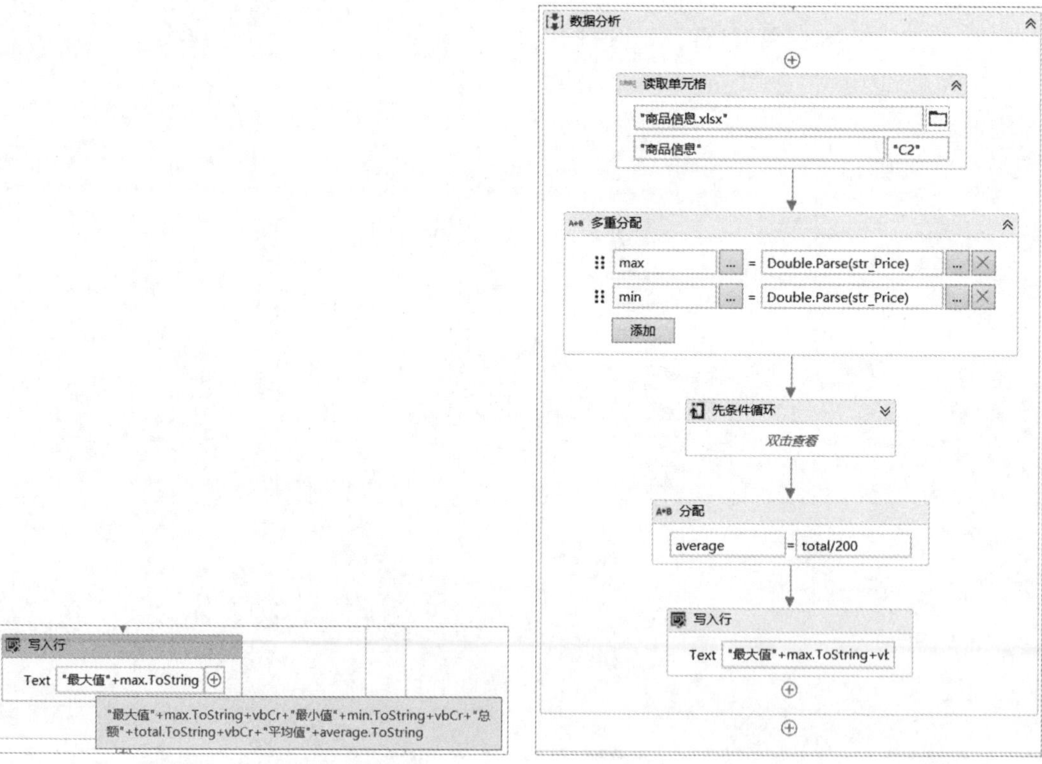

图 8-91　“写入行”活动

图 8-92　“数据分析”模块的完整实现

5.“图片滑块验证”的实现

“图片滑块验证”的实现思路是要模拟人工单击图片，将图片正确拖放到背景图缺口的位置，难点是如何计算出图片应该被拖动的距离。在此，我们使用 Python 的 OpenCV 库来解决该技术难点。

流程实现的设计思路如下。

（1）获取图片滑块验证的背景图和缺口图。

（2）在背景图上找到缺口的位置。

（3）模拟人工拖拉的方式，将图片拖放至缺口处。

具体实现步骤如下。

1）新建一个工作流文件“Slider.xaml”，如图 8-93 所示，双击该文件后打开其设计面板。

2）在活动面板中搜索“附加浏览器”，如图 8-94 所示，将其拖曳至设计面板中。

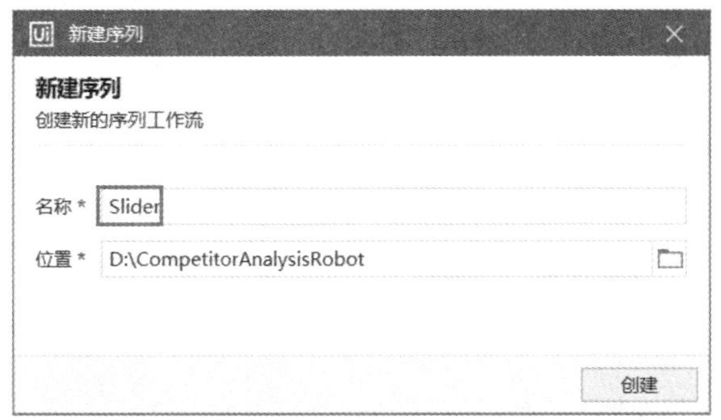

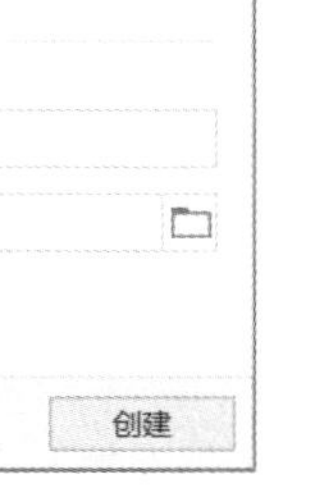

图 8-93　新建工作流文件“Slider.xaml”

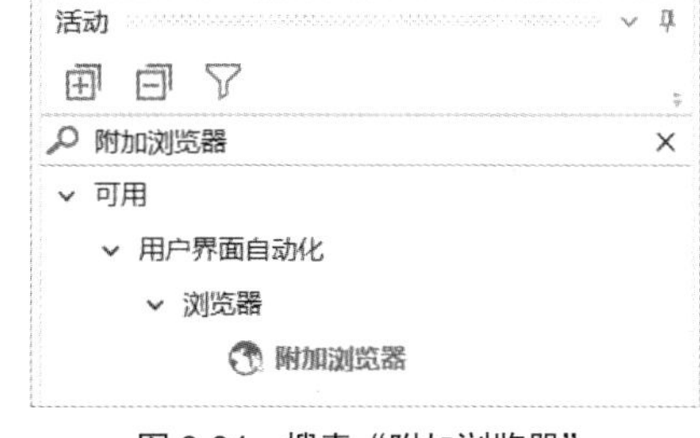

图 8-94　搜索“附加浏览器”

3）提前在 Chrome 浏览器中打开京东登录的图片滑块验证页面，如图 8-95 所示。然后切换回 Studio，单击“附加浏览器”活动中的“指出屏幕上的浏览器”，如图 8-96 所示，然后单击图片滑块验证页面，完成浏览器的指定。

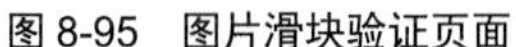

图 8-95　图片滑块验证页面

图 8-96　“附加浏览器”活动

4）想办法获取到背景图和滑块图片。在浏览器中通过 Ctrl+F12 打开开发者工具，用选择工具在页面上选择背景图后，我们观察到背景图片的属性 src 的值是一段 base64 的编码，如图 8-97 所示。我们可以获取该属性值后将其转成图片保存下来。

```
<img src="data:image/png;base64,iVBOR…mf0rAMz+SAAAAAE1FTkSuQmCCa3U="> == $0
```

图 8-97　背景图 src 属性值

（1）在活动面板中搜索“获取属性”，如图 8-98 所示，将其拖曳至“附加浏览器”活动的“执行”中，如图 8-99 所示。

（2）在“获取属性”活动中，单击“指出屏幕上的浏览器”，然后单击网页上图片滑块验证的背景图，完成指定，如图 8-100 所示。

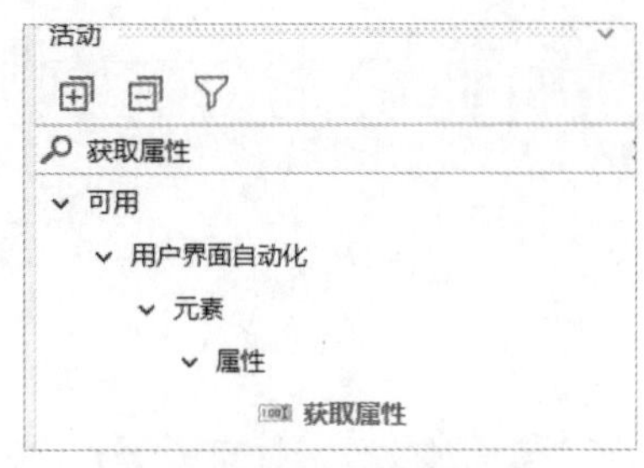

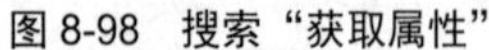
图 8-98　搜索“获取属性”

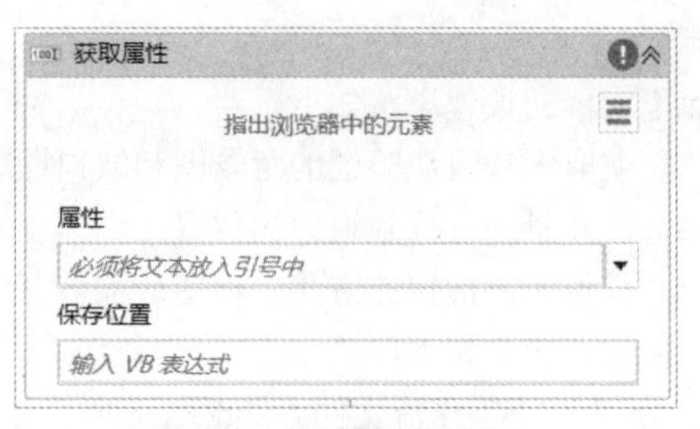

图 8-99　“获取属性”活动

（3）在属性面板的“输入→属性”中输入“"src"”，在“输出→结果”中，使用快捷键 Ctrl+K 创建 String 类型变量“bgimg”，表示获取 src 属性的值，将其赋值给 bgimg 变量，如图 8-101 所示。

图 8-100　获取图片滑块的背景图

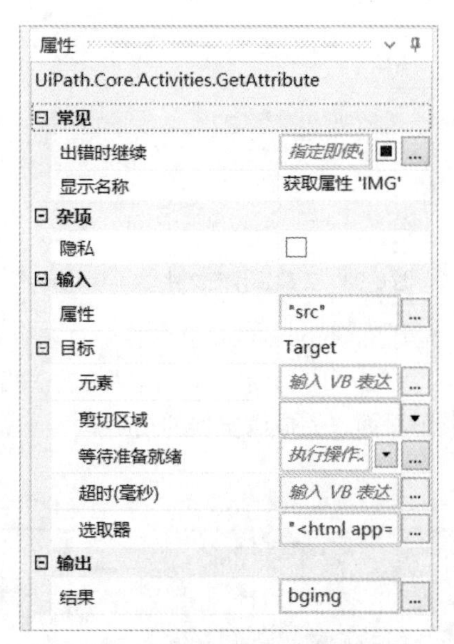

图 8-101　“获取属性”活动的属性面板

（4）在“获取属性”活动的下方添加一个“分配”活动，在“至变量”输入框中创建 String 类型的变量 inputStr，在“设置值”输入框中输入表达式“bgimg.Split(new Char(){","c})(1)”，表示将获取到的 src 值按“，”进行分割，即将“，”前的“data:image/png;base64”去掉，将后面的值赋值给 inputStr，如图 8-102 所示。

（5）在活动面板中搜索“调用代码”活动，如图 8-103 所示，将其拖曳至“分配”活动的下方。

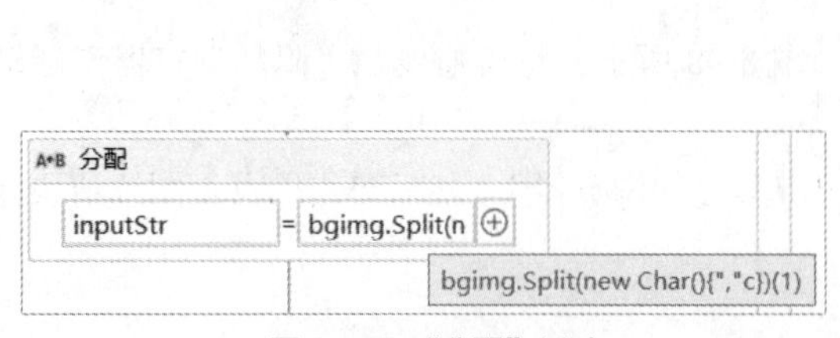

图 8-102　“分配”活动

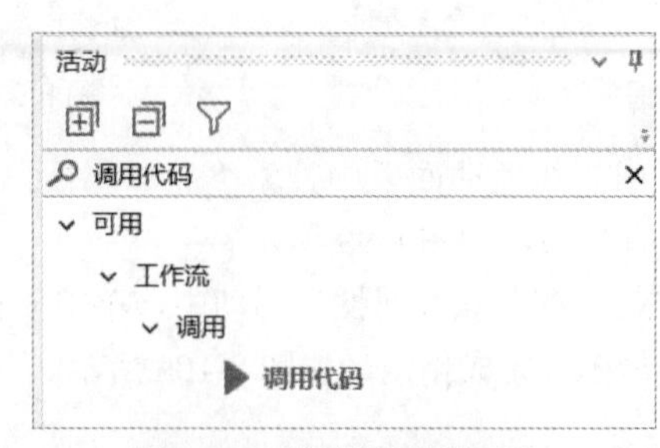

图 8-103　搜索“调用代码”

（6）在“调用代码”活动中，单击“编辑代码”按钮，并在“代码编辑器”对话框中输入如图 8-104 所示的代码，并单击“确定”按钮。该段代码表示将读取到的 base64 图片保存为 bg.png。

（7）在“调用代码”活动中，单击“编辑参数”按钮，在“调用的代码参数”对话框中，“名称”下输入“inputStr”，表示传到该代码中的参数名为“inputStr”，“方向”为“输入”，在“值”输入框中输入“inputStr”，表示该参数的值是我们在上述“分配”活动中获取的 base64 编码的背景图片的值，如图 8-105 所示。

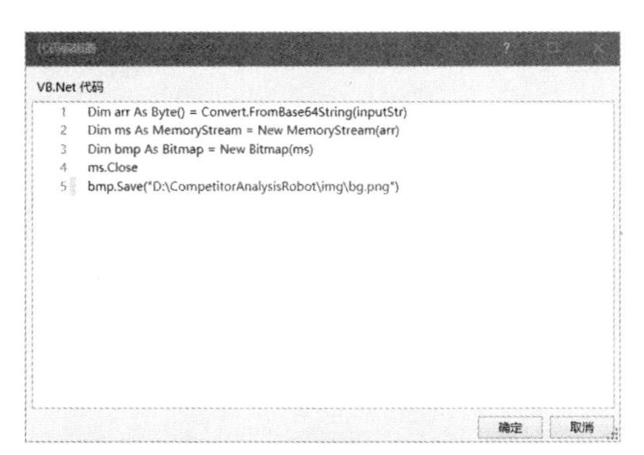

图 8-104 “代码编辑器”对话框

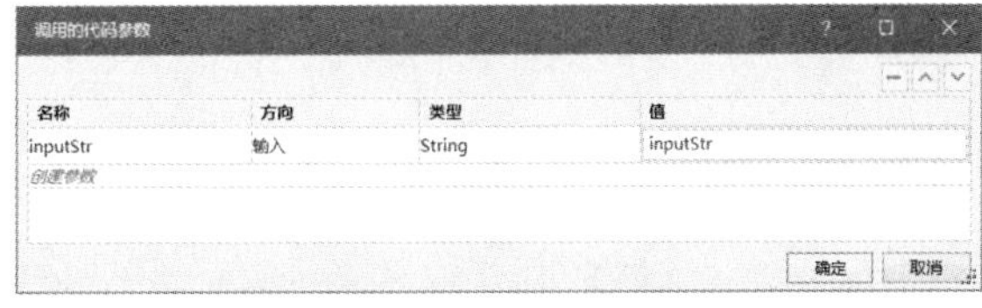

图 8-105 “调用的代码参数”对话框

将背景图保存下来的完整实现如图 8-106 所示。

执行流程后，双击查看保存下来的背景图 bg.png，如图 8-107 所示，是含缺口的背景图。

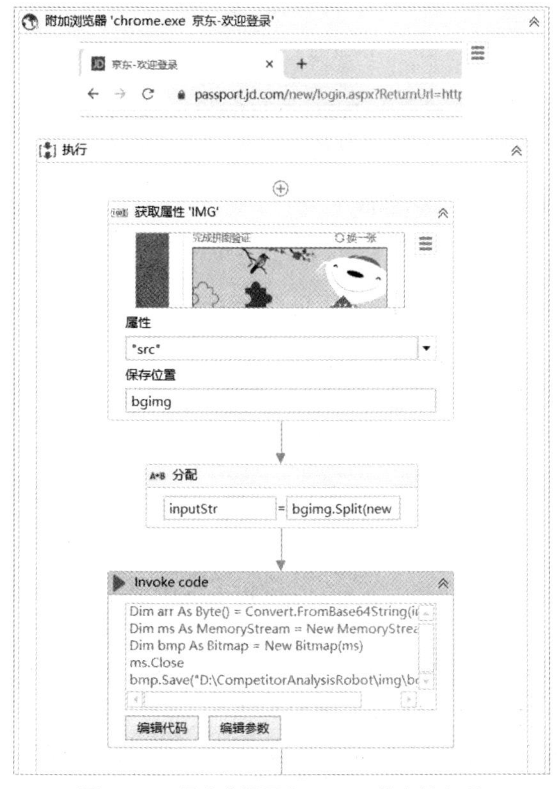

图 8-106 保存背景图为 bg.png 的完整实现

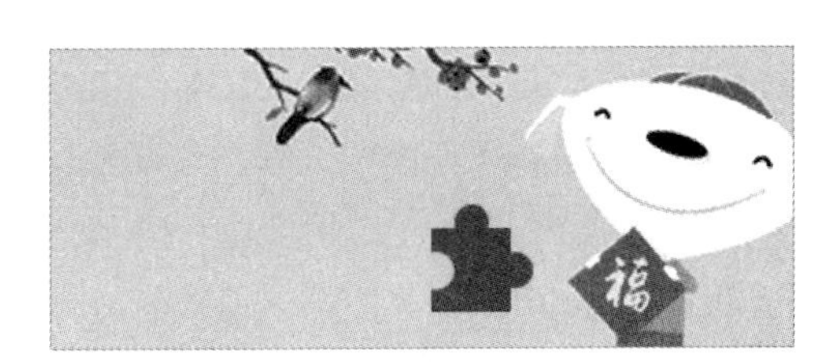

图 8-107 保存的 bg.png

5）用相同的方法，使用“获取属性”活动获得滑块图片的 src 属性值，将其赋值给变量“tpimg”，然后截取其 64 位编码值后赋值给 iputStr，并通过“调用代码”将滑块图片保存为“tp.png”。其完整实现如图 8-108 所示。

执行流程后，双击查看保存下来的滑块图片 tp.png，如图 8-109 所示，是待滑动的拼图块。

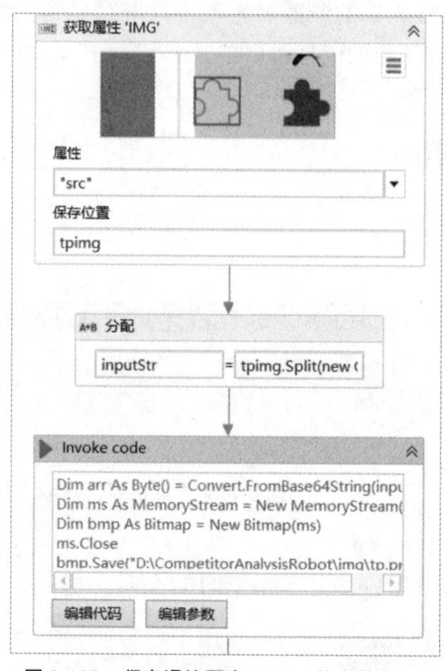

图 8-108　保存滑块图为 tp.png 的完整实现

图 8-109　保存的 tp.png

6）继续添加一个“多重分配”活动，分别创建三个变量 bgPath、tpPath 和 outPath，并按表 8-2 所示对变量进行赋值。

表 8-2　“多重分配”活动的目标和值

目　标	值	作　用
bgPath（使用快捷键 Ctrl+K 创建此变量）	“D:\CompetitorAnalysisRobot\img\bg.png”	背景图路径
tpPath（使用快捷键 Ctrl+K 创建此变量）	“D:\CompetitorAnalysisRobot\img\tp.png”	滑块图路径
outPath（使用快捷键 Ctrl+K 创建此变量）	“D:\CompetitorAnalysisRobot\img\out.png”	Python 程序画出的缺口图片

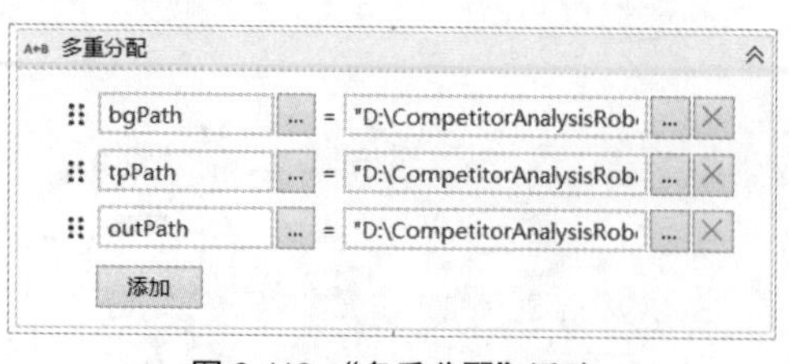

图 8-110　“多重分配”活动

该多重分配活动如图 8-110 所示。

7）调用 Python 代码实现拖动距离的计算。

（1）在活动面板搜索“Python 作用域”，如图 8-111 所示，将其拖曳至设计面板中。

（2）在“Python 作用域”活动的属性面板的“输入→路径”中输入解释器的路径，该路径可通过命令行“where python”进行获取，具体请参见“开发前准备”中相关内容的描述。其属性面板如图 8-112 所示。

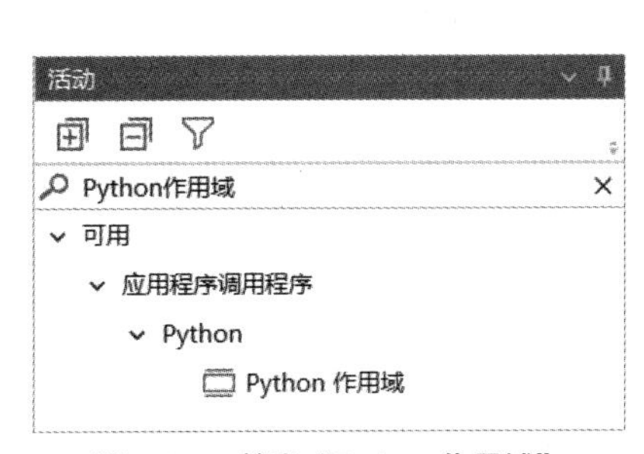

图 8-111　搜索“Python 作用域”

图 8-112　“Python 作用域”活动的属性面板

（3）在活动面板搜索“加载 Python 脚本”，如图 8-113 所示，将其拖曳至“Python 作用域”活动的“执行”区域。

（4）在“加载 Python 脚本”活动的“输入→文件”输入框中输入需加载的 Python 文件的路径“"D:\CompetitorAnalysisRobot\distance.py"”，在“输出→结果”输入框中使用快捷键 Ctrl+K 创建变量“pyfile”，如图 8-114 所示，表示读取 distance.py 后赋值给变量 pyfile。

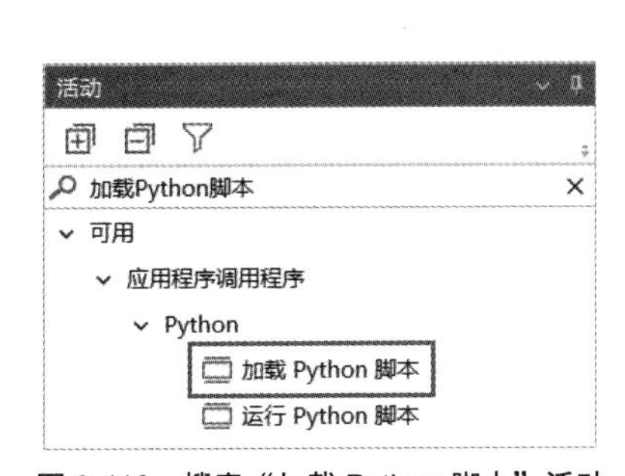

图 8-113　搜索“加载 Python 脚本”活动

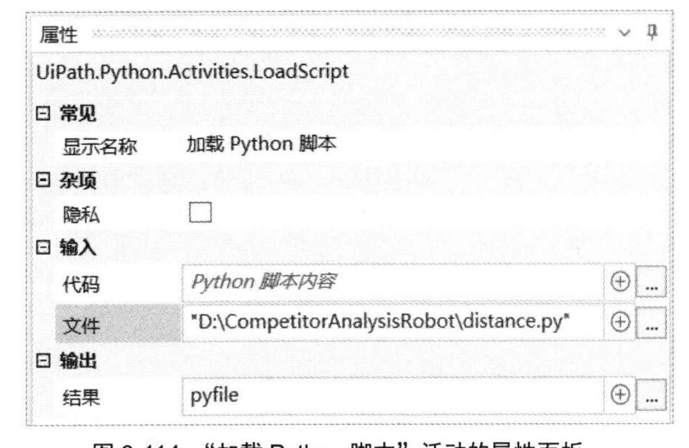

图 8-114　“加载 Python 脚本”活动的属性面板

distance.py 的作用是计算并返回拼图中的缺口位置，具体代码如图 8-115 所示。该段代码中定义了一个 distance 方法，并传入三个参数 bg，tp 和 out，其中 bg 表示背景图片的位置，tp 表示滑块图片的位置，out 是 distance 方法执行过程中为背景图用红框画出缺口矩形后保存的图片的位置。distance 方法执行完成后，输出缺口的 X 坐标，感兴趣的读者可自行深入学习研究下 OpenCV 库。

我们将该文件放入项目文件夹的根目录下，如图 8-116 所示。

（5）在活动面板搜索“调用 Python 方法”，如图 8-117 所示，将其拖曳至设计面板中。

（6）在“调用 Python 方法”活动的属性面板的“输入→名称”中输入“"distance"”，在“输入→实例”中输入“pyfile”，在“输入→参数”中输入“{bgPath, tpPath, outPath}”，在“输出→结果”中使用快捷键 Ctrl+K 创建变量“pyobj”，如图 8-118 所示。

```
# encoding:utf-8
import cv2

def distance(bg, tp, out):
    bg_img = cv2.imread(bg) # 背景图片
    tp_img = cv2.imread(tp) # 滑块图片

    # 识别图片边缘
    bg_edge = cv2.Canny(bg_img, 100, 200)
    tp_edge = cv2.Canny(tp_img, 100, 200)

    # 转换图片格式
    bg_pic = cv2.cvtColor(bg_edge, cv2.COLOR_GRAY2RGB)
    tp_pic = cv2.cvtColor(tp_edge, cv2.COLOR_GRAY2RGB)

    # 滑块匹配
    res = cv2.matchTemplate(bg_pic, tp_pic, cv2.TM_CCOEFF_NORMED)
    min_val, max_val, min_loc, max_loc = cv2.minMaxLoc(res) # 寻找最优匹配

    # 绘制方框
    th, tw = tp_pic.shape[:2]
    t1= max_loc  #左上角点的坐标
    br = (t1[0] + tw, t1[1] + th) # 右下角点的坐标
    cv2.rectangle(bg_img, t1,  br, (0, 0, 255), 2) # 绘制矩形
    cv2.imwrite(out, bg_img) # 保存在本地
    # 返回缺口的 x 坐标
return t1[0]
```

图 8-115　distance.py 具体代码

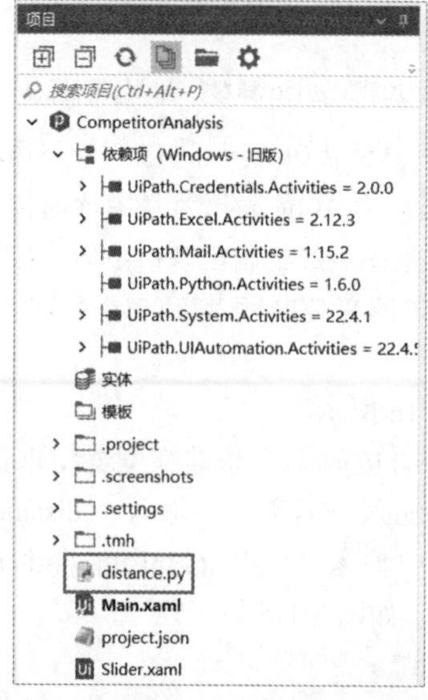

图 8-116　项目面板中添加了 distance.py 文件

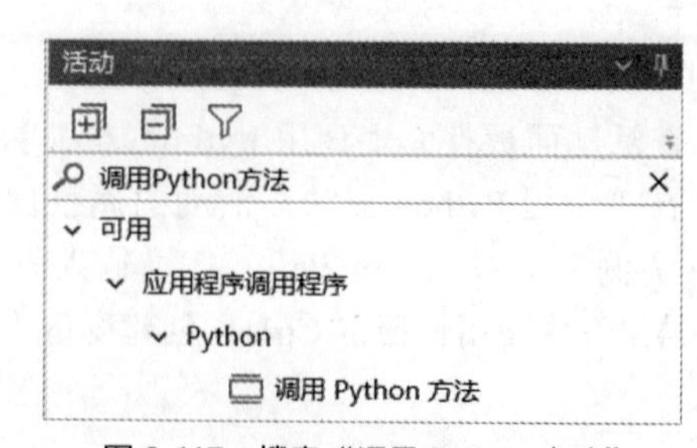

图 8-117　搜索“调用 Python 方法”

（7）在活动面板搜索“获取 Python 对象”，如图 8-119 所示，将其拖曳至设计面板中。

图 8-118　“调用 Python 方法”活动的属性面板

图 8-119　搜索“获取 Python 对象”

（8）在“获取 Python 对象”属性面板的“杂项→TypeArgument”中选择“Int32”，在“输入→Python 对象”中输入“pyobj”，在“输出→结果”中使用快捷键 Ctrl+K 创建变量“offsetX”，将 Python 方法返回的取得缺口 X 坐标的距离赋值给变量 offsetX，如图 8-120 所示。

Python 作用域中的完整实现如图 8-121 所示。

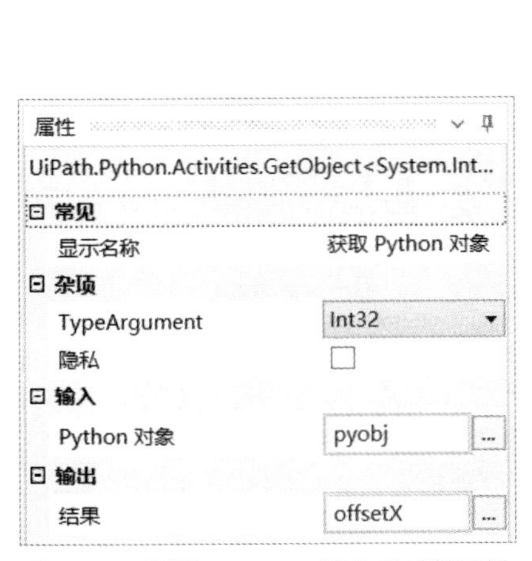

图 8-120　“获取 Python 对象”的属性面板

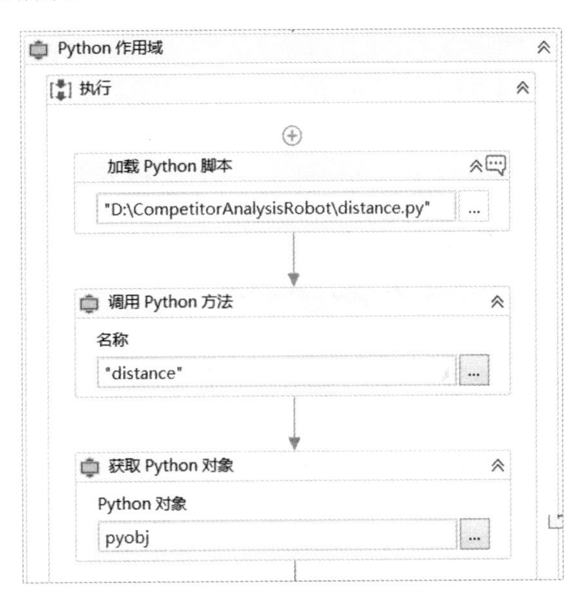

图 8-121　Python 作用域中的完整实现

该段 Python 代码成功调用后，在 img 文件夹下生成了 out.png，打开查看该图片，如图 8-122 所示。

8）由于保存下来的背景图大小是 360px×140px，而京东网页上的实际大小是 278px×108px，因此还需要将 offsetX 的值进行比例转换。在“Python 作用域”活动的下方添加“分配”活动，在“至变量”输入框中输入变量“offsetX”，在“设置值”输入框中输入表达式“CInt(offsetX*279/360)”，如图 8-123 所示。

图 8-122　输出的 out.png

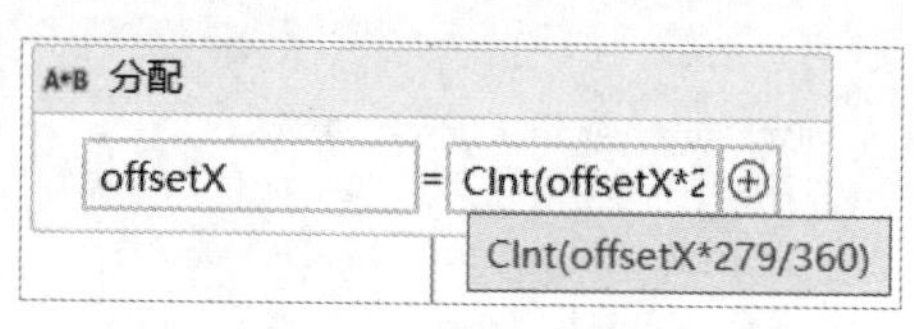

图 8-123　分配 offsetX

9）获得最终需拖曳的距离值后，我们便来实现拖曳的动作。

（1）添加“单击”活动，单击“指明在屏幕上”后选择滑块验证的拖曳按钮，如图 8-124 所示。

（2）在该“单击”活动的属性面板的“输入→单机类型”中选择“ClickType.CLICK_DOWN”，其余使用默认配置，如图 8-125 所示。

图 8-124　选择滑块验证的拖曳按钮

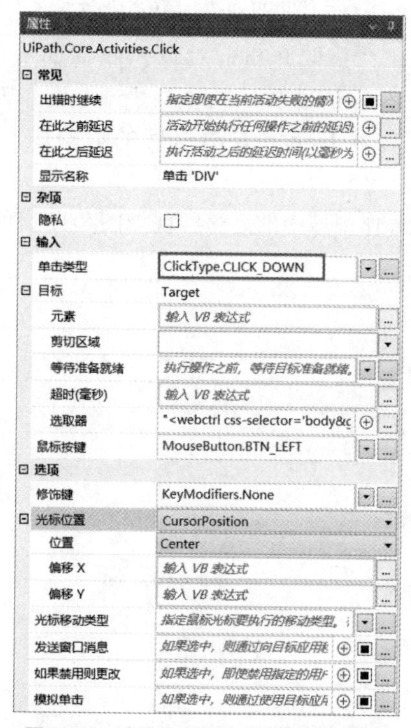

图 8-125　“单击”拖曳按钮的属性面板

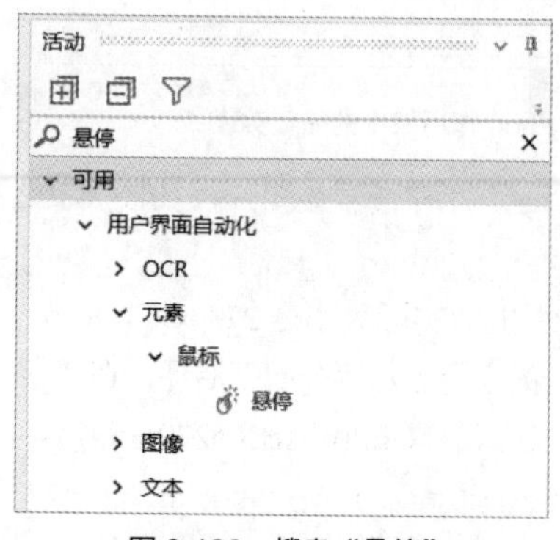

图 8-126　搜索“悬停”

（3）在活动面板搜索“悬停”活动，如图 8-126 所示，将其拖曳至“单击”活动的下方。

（4）在“悬停”活动中，单击“指明在屏幕上”后选择滑块验证的拖曳按钮。在属性面板的“光标位置→偏移 X”中输入变量“offsetX”，在“光标移动类型”中选择“CursorMotionType.Smooth”，该活动实现了按照拖曳按钮，将其横向移动 offsetX 的距离。其属性面板如图 8-127 所示。

（5）在“悬停”活动的下方添加“单击”活动，单击“指明在屏幕上”后选择滑块验证的拖曳按钮，在其属性面板的“输入→单击类型”中选择“ClickType.CLICK_UP”，表示放开鼠标按键，其余使用默认属性。其属性面板如图 8-128 所示。

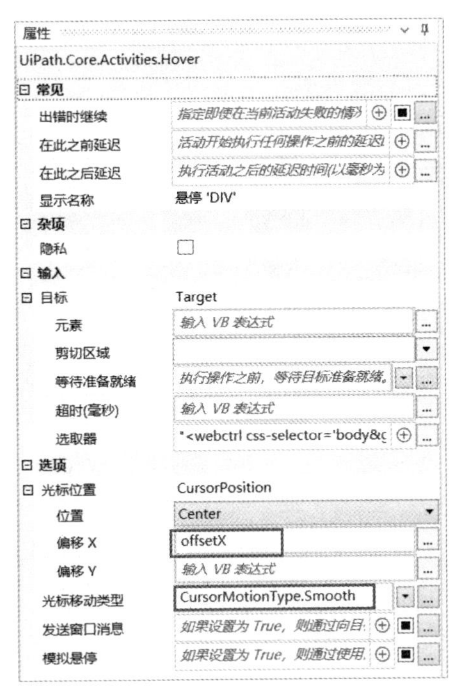

图 8-127 “悬停”活动的属性面板

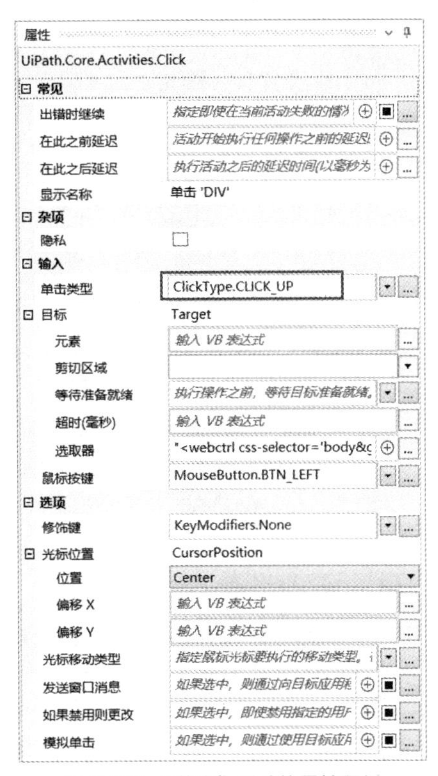

图 8-128 “单击”活动的属性面板

（6）在“单击”活动的下方添加“延迟”活动，在“持续时间”输入框中输入“00:00:03”，表示延迟 3 秒钟，如图 8-129 所示。

以上便完成了滑块按钮的单击及滑动，完整实现如图 8-130 所示。

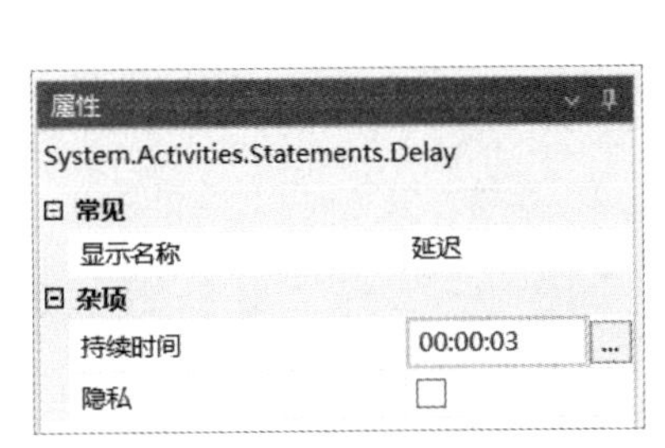

图 8-129 “延迟”活动的属性面板

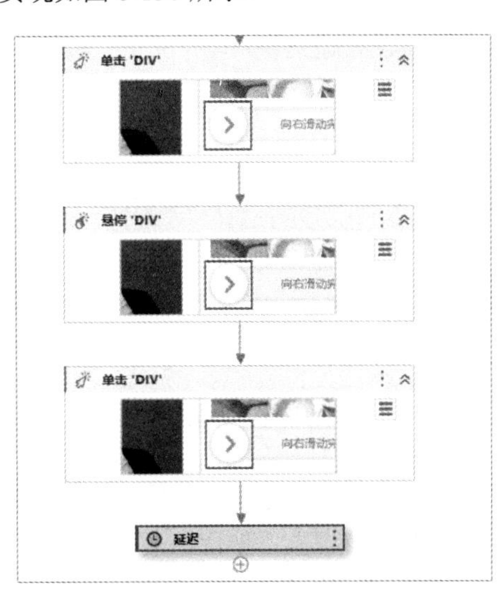

图 8-130 滑块按钮的单击及滑动的完整实现

10）Slider.xaml 的完整实现如图 8-131 及图 8-132 所示。

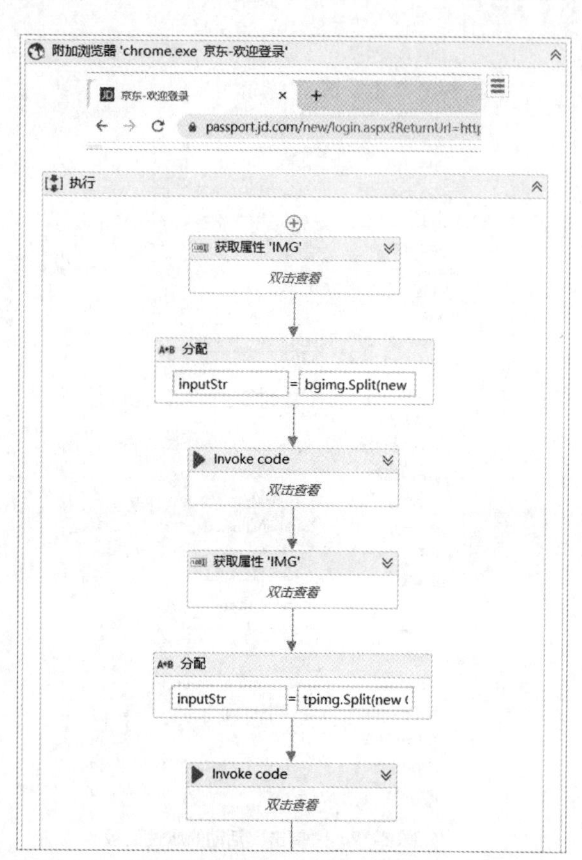

图 8-131　Slider.xaml 的完整实现

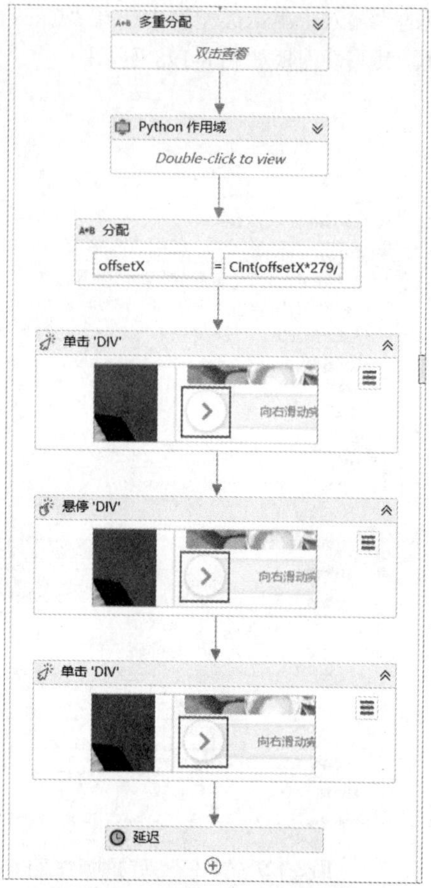

图 8-132　Slider.xaml 的完整实现

11）Main.xaml 中调用 Slider.xaml。打开 Main.xaml，找到“登录网站”中的“IF 条件”，将 Slider.xaml 拖曳到“IF 条件”中，如图 8-133 所示。

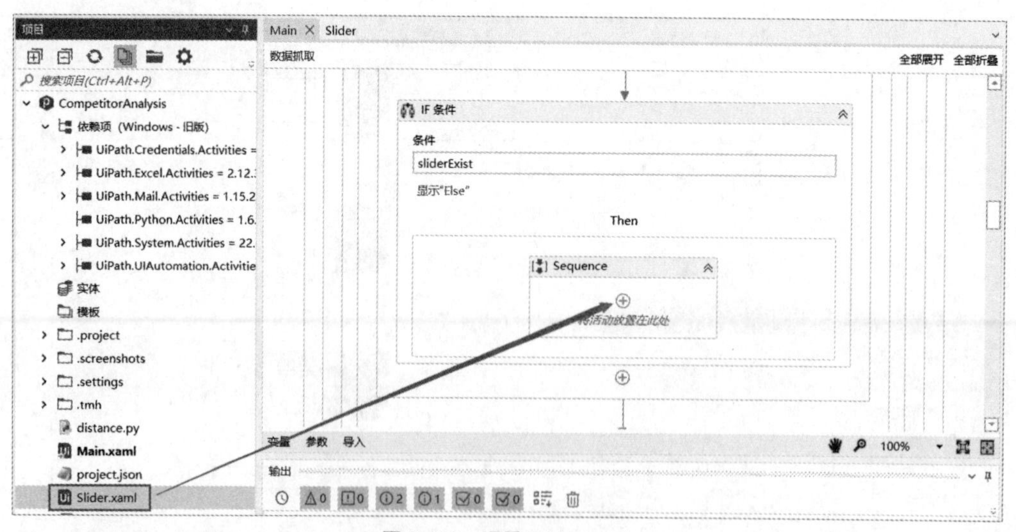

图 8-133　调用 Slider.xaml

完成调用的流程设计如图 8-134 所示。

6. 调试运行结果

我们回到主流程文件 Main.xaml，运行整个流程并查看流程执行结果。

系统自动打开浏览器进入京东网站，单击进入登录页面，自动输入账户和密码后完成了滑块拼图的验证，自动输入查询关键词后抓取了页面信息。流程执行完成后，在输出列表中查看流程执行日志，竞品分析的数据如图 8-135 所示。

图 8-134　调用流程文件 Slider.xaml

图 8-135　数据分析日志

在项目文件夹中生成了“商品信息 .xlsx”文件，打开查看抓取的 200 条竞品数数据，如图 8-136 所示。

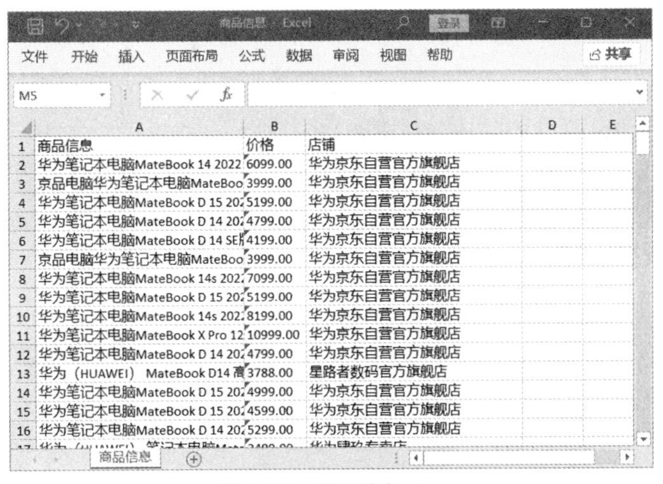

	A	B	C
1	商品信息	价格	店铺
2	华为笔记本电脑MateBook 14 2022	6099.00	华为京东自营官方旗舰店
3	京品电脑华为笔记本电脑MateBoo	3999.00	华为京东自营官方旗舰店
4	华为笔记本电脑MateBook D 15 20	5199.00	华为京东自营官方旗舰店
5	华为笔记本电脑MateBook D 14 20	4799.00	华为京东自营官方旗舰店
6	华为笔记本电脑MateBook D 14 SE	4199.00	华为京东自营官方旗舰店
7	京品电脑华为笔记本电脑MateBoo	3999.00	华为京东自营官方旗舰店
8	华为笔记本电脑MateBook 14s 202	7099.00	华为京东自营官方旗舰店
9	华为笔记本电脑MateBook D 15 20	5199.00	华为京东自营官方旗舰店
10	华为笔记本电脑MateBook 14s 202	8199.00	华为京东自营官方旗舰店
11	华为笔记本电脑MateBook X Pro 12	10999.00	华为京东自营官方旗舰店
12	华为笔记本电脑MateBook D 14 20	4799.00	华为京东自营官方旗舰店
13	华为（HUAWEI） MateBook D14 青	3788.00	星路者数码官方旗舰店
14	华为笔记本电脑MateBook D 15 20	4999.00	华为京东自营官方旗舰店
15	华为笔记本电脑MateBook D 15 20	4599.00	华为京东自营官方旗舰店
16	华为笔记本电脑MateBook D 14 20	5299.00	华为京东自营官方旗舰店

图 8-136　商品信息 .xlsx

8.1.5　案例总结

本 RPA 流程通过获取凭证管理器中的用户名和密码，完成了滑块拼图验证，实现了京东网站的自动登录，并输入关键词搜索商品信息，抓取页面结果并存入 Excel 文件，再对抓取结果进行数据分析，在输出面板打印分析结果。

8.2 案例拓展

8.2.1 苏宁易购滑块拼图验证

很多网站包括电商平台在登录时，都需要进行验证，而其中应用较多的是滑块拼图验证。请打开苏宁易购网站（https://www.suning.com/），在登录界面输入账号和密码，如图 8-137 所示，单击“登录”按钮后完成滑块拼图验证，如图 8-138 所示。

图 8-137 苏宁易购的登录页面

图 8-138 苏宁易购的滑块拼图验证

8.2.2 孔夫子书籍信息抓取

打开孔夫子网站，输入关键词“RPA”搜索书籍，抓取书籍数据并写入 Excel 文档。请参照图 8-139 所示的流程设计图，完成孔夫子书籍信息抓取。

8.2.3 商品数据分析

请根据 8.2.2 练习中抓取到的数据进行分析，统计每一本书的最高价格、最低价格、平均价格等，并生成分析报告。请参照图 8-140 所示的流程图，完成商品数据分析。

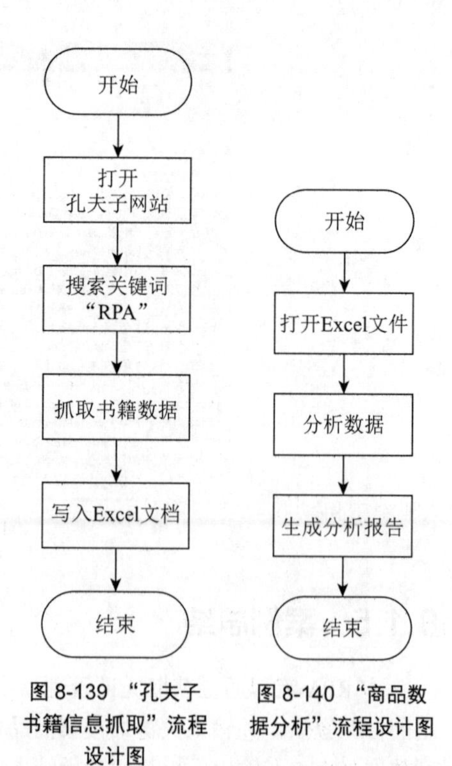

图 8-139 “孔夫子书籍信息抓取”流程设计图

图 8-140 “商品数据分析”流程设计图

第 9 章 RPA 在教育行业的应用

9.1 自动阅卷评分

随着信息技术的快速发展和教育改革的逐步深化，教育信息化已经进入 3.0 时代。电子书包、VR 实验室、智慧教室、虚拟教师等新技术在促进教育普惠、优化教育结构、提高教育质量等方面起到了积极的作用，加快了教育现代化。但教育行业仍然存在大量基于规则、重复且耗时的工作任务，特别是到了考试季，试卷的批改、登分和分析对于教师们来说都是一个不小的挑战，整个过程耗时且容易出错。

本章将为大家介绍自动阅卷评分机器人的实现。通过本章案例您将学到：

- 遍历循环的使用
- PDF 组件的使用
- IF 条件判断分支
- 邮件组件的使用
- Excel 组件的使用

9.1.1 需求分析

每到考试季，教师的试卷批改、登分和分析工作量都很大。为解决这一痛点，开发一个“自动阅卷评分机器人”来协助教师完成试卷的批改和评分工作。该机器人需要首先帮助教师从邮箱中自动收取学生的答卷，下载并存入指定的文件夹，然后将所有学生的答卷汇总到试卷统计表，再将学生答案与参考答案进行对比来判断对错，最后计算学生的总分。

9.1.2 系统设计

根据需求分析，自动阅卷评分机器人的流程设计包括三部分，分别是收取学生试卷、汇总学生试卷和统计评分。详细的功能模块设计如表 9-1 所示。

表 9-1　自动阅卷评分机器人的功能模块设计

序　号	功 能 模 块	步　　骤	备　注
1	收取学生试卷	通过 IMAP 活动收取学生邮件，下载附件	
2	汇总学生试卷	将所有学生的试卷汇总到试卷统计表	
3	统计评分	阅卷并统计学生得分	

9.1.3　系统开发必备

1. 开发环境及工具

本项目的开发及运行环境如下。

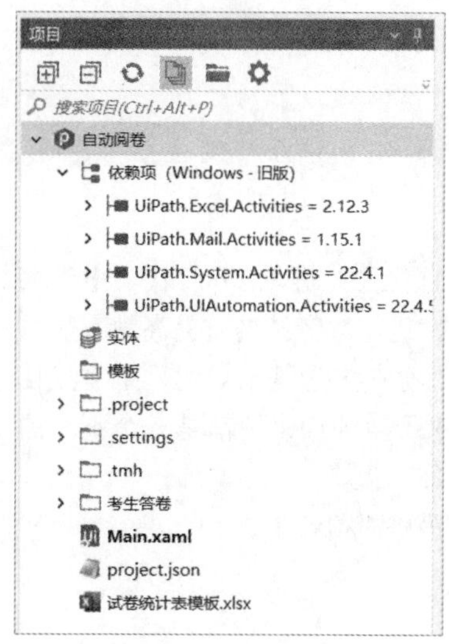

图 9-1　项目文件结构

- 操作系统：Windows 7、Windows 10。
- 开发工具：UiPath 2022.4.3。
- Office 版本： Office 2019。

2. 项目文件结构

自动阅卷评分机器人的项目文件结构如图 9-1 所示。

（1）考生答卷文件夹：用于存放从邮件收取的学生答卷。

（2）Main.xaml：主流程文件，是流程启动的入口。

（3）试卷统计表模板 .xlsx：用于生成试卷统计表 .xlsx。

3. 开发前准备

1）学生“答卷模板”的设计

根据试卷的题型和题目数量，需提前设计好答卷模板，学生按此模板填写试卷答案后，将该模板以附件形式发送邮件给教师。本项目以“RPA 财务机器人考试”为例，该考卷有 10 道单选题、10 道多选题和 10 道判断题，设计的答卷模板如图 9-2 所示。读者可根据实际情况自行调整答卷模板的题型、题目数和分值。

	A	B	C	D	E	F	G	H	I	J
1	RPA财务机器人考试									
2		班级		学号		姓名				
3										
4	第一题	单选题（每小题3分，共30分）								
5	1	2	3	4	5	6	7	8	9	10
6										
7										
8	第二题	多选题（每小题4分，共40分，多选、错选、漏选均不得分）								
9	11	12	13	14	15	16	17	18	19	20
10										
11										
12	第三题	判断题（每小题3分，共30分）								
13	21	22	23	24	25	26	27	28	29	30
14										

图 9-2　答卷模板

2）“试卷统计表”模板的设计

“试卷统计表”用于机器人将学生的答卷进行汇总、评分和得分统计，具体由“答卷汇总”“参考答案”“分数统计”三个工作表组成。在实际应用中，读者也可根据实际情况进行设计修改。

“答卷汇总”工作表的设计如图 9-3 所示，其中“试卷文件名”“班级”“学号”“姓名”字段用于记录通过邮件下载得到的附件的名称和学生的个人信息，E 列至 AH 列用于记录该学生对应题目序号的答案。

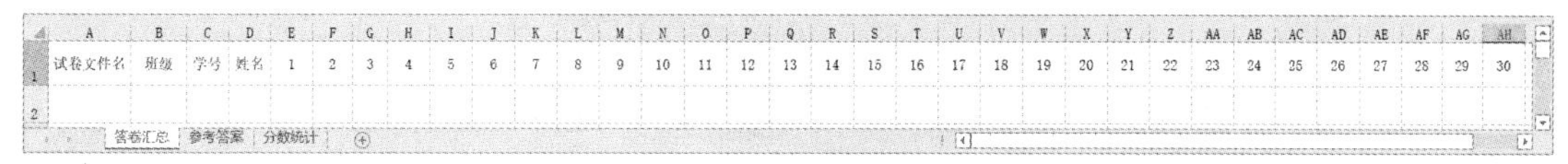

	A	B	C	D	E	F	G	H	I	J	K	L	M	N	O	P	Q	R	S	T	U	V	W	X	Y	Z	AA	AB	AC	AD	AE	AF	AG	AH
1	试卷文件名	班级	学号	姓名	1	2	3	4	5	6	7	8	9	10	11	12	13	14	15	16	17	18	19	20	21	22	23	24	25	26	27	28	29	30
2																																		

答卷汇总 参考答案 分数统计

图 9-3 “答卷汇总”工作表

“参考答案”工作表的设计如图 9-4 所示，用于存储该试卷的正确答案，作为自动阅卷的判断依据。

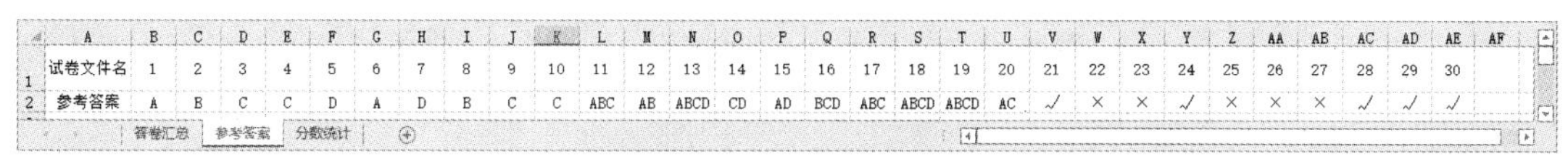

	A	B	C	D	E	F	G	H	I	J	K	L	M	N	O	P	Q	R	S	T	U	V	W	X	Y	Z	AA	AB	AC	AD	AE	AF
1	试卷文件名	1	2	3	4	5	6	7	8	9	10	11	12	13	14	15	16	17	18	19	20	21	22	23	24	25	26	27	28	29	30	
2	参考答案	A	B	C	C	D	A	D	B	C	C	ABC	AB	ABCD	CD	AD	BCD	ABC	ABCD	ABCD	AC	√	×	×	√	×	×	×	√	√	√	

答卷汇总 参考答案 分数统计

图 9-4 “参考答案”工作表

“分数统计”工作表的设计如图 9-5 所示，其中 E 至 AH 列用于记录该学生各题的答题对错，AI 列至 AL 列分别记录该学生单选题、多选题和判断题三类题型的累计得分和总分。

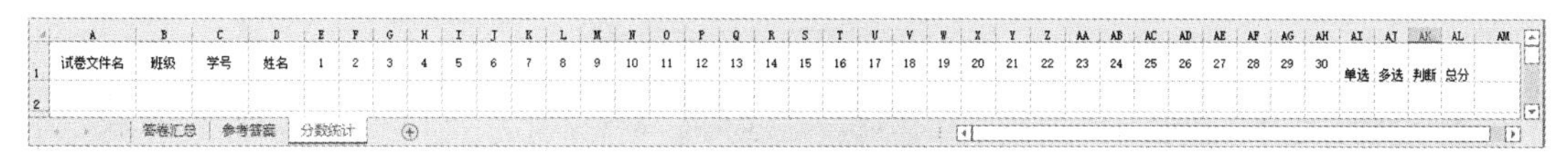

	A	B	C	D	E	F	G	H	I	J	K	L	M	N	O	P	Q	R	S	T	U	V	W	X	Y	Z	AA	AB	AC	AD	AE	AF	AG	AH	AI	AJ	AK	AL	AM
1	试卷文件名	班级	学号	姓名	1	2	3	4	5	6	7	8	9	10	11	12	13	14	15	16	17	18	19	20	21	22	23	24	25	26	27	28	29	30	单选	多选	判断	总分	
2																																							

答卷汇总 参考答案 分数统计

图 9-5 “分数统计”工作表

3）邮箱设置

本案例使用 IMAP 邮件服务器来接收邮件，因此要先为接收邮件的账户开通 IMAP 服务。下面是 QQ 邮箱开通 IMAP 服务的方法。

（1）登录 QQ 邮箱后，单击“设置”，在邮箱设置页面单击“账户”，如图 9-6 所示。

（2）在“POP3/IMAP/SMTP/Exchange/CardDAV/calDAV 服务”下，单击“IMAP/SMTP 服务”右侧的“开启”，如图 9-7 所示。

（3）弹出“验证密保”对话框，如图 9-8 所示。按照提示，通过密保手机编辑短信“配置邮件客户端”发送到“1069070069”后，单击“我已发送”按钮。

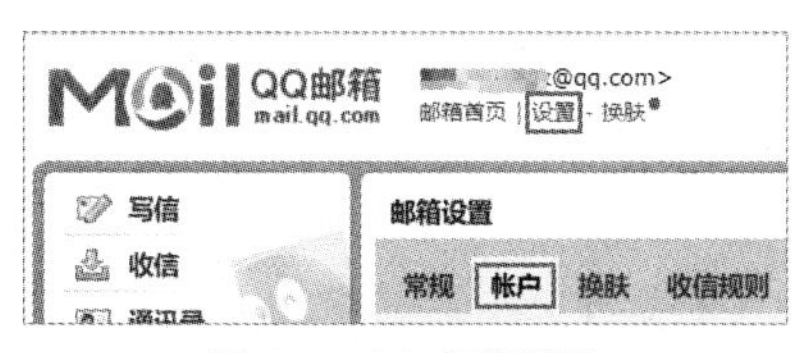

图 9-6 QQ 邮箱设置

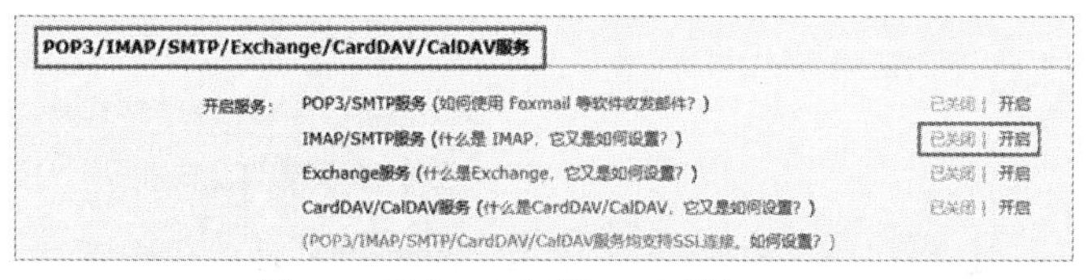

图 9-7 开启 QQ 邮箱 IMAP 服务

（4）在“开启 POP3/SMTP”对话框中，会显示 16 位授权码，如图 9-9 所示。及时记录该授权码，后续在流程开发过程中使用 IMAP 活动时需要使用此授权码代替邮箱登录密码使用。

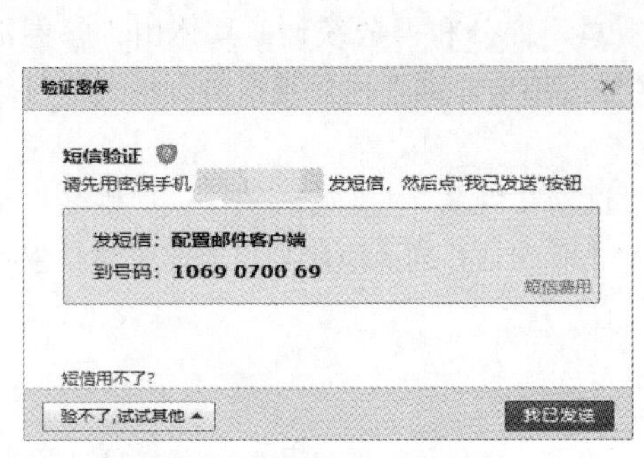

图 9-8 “验证密保”对话框

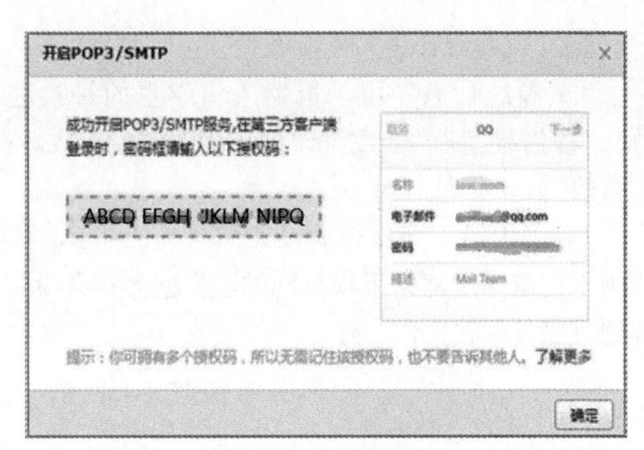

图 9-9 开启授权码

9.1.4 自动化流程开发

1. 创建项目

（1）单击“开始”，在“新建项目”中单击“流程”，如图 9-10 所示。

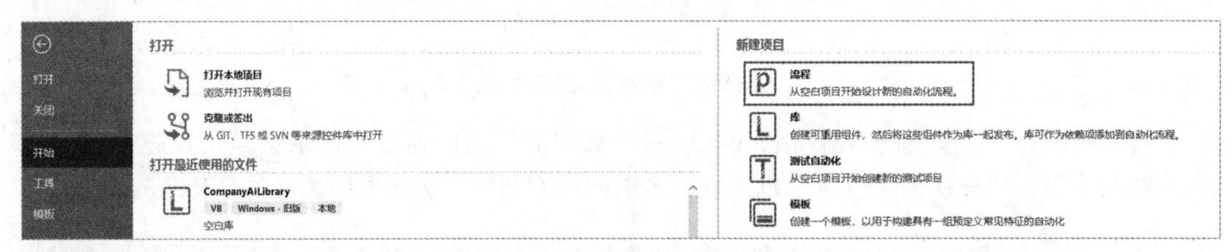

图 9-10 新建项目 - 流程

（2）在“新建空白流程”对话框中，输入项目名称“自动阅卷评分机器人序列”，并输入项目位置，单击“创建”按钮，如图 9-11 所示。

图 9-11 “新建空白项目”对话框

（3）在项目的根目录文件中创建一个文件夹，命名为“考生答卷”，并将提前准备的“试卷统计表模板 .xlsx”文件放至项目的根目录下，如图 9-12 所示。

至此，流程需要的所有文件已经准备完成了。接下来，便开始自动化流程的开发工作。

2. 搭建主框架

由于本案例各节点的决策点较少，故采用序列（Sequence）作为主要布局，使表达上更为简洁直观。流程整体框架的搭建步骤如下。

（1）打开 Main.xaml 主工作流，在活动面板搜索框中搜索“序列”，如图 9-13 所示，将其拖曳至流程设计区域。依次添加三个“序列”活动。

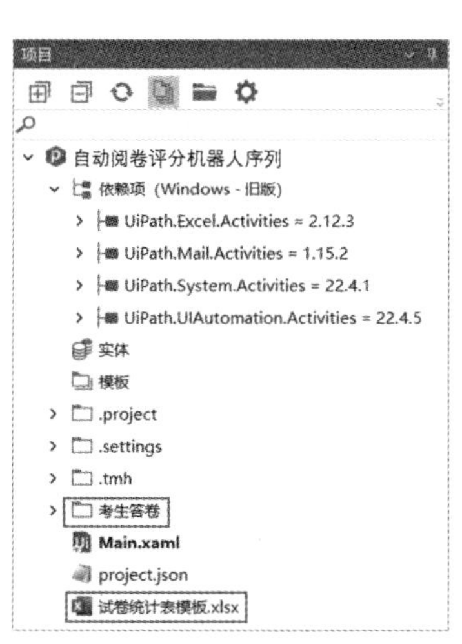

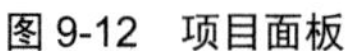
图 9-12　项目面板

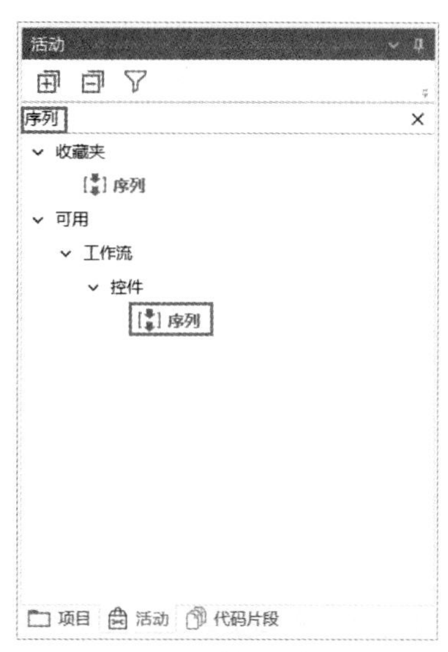

图 9-13　搜索“序列”

（2）选中第一个“序列”活动，在属性面板中设置“显示名称”为“收取学生试卷”，如图 9-14 所示。

（3）用同样的方法依次设置剩余的两个“序列”活动的显示名称为“汇总学生试卷”和“统计评分”。

主流程文件 Main.xaml 的整体框架设计便完成了，如图 9-15 所示。

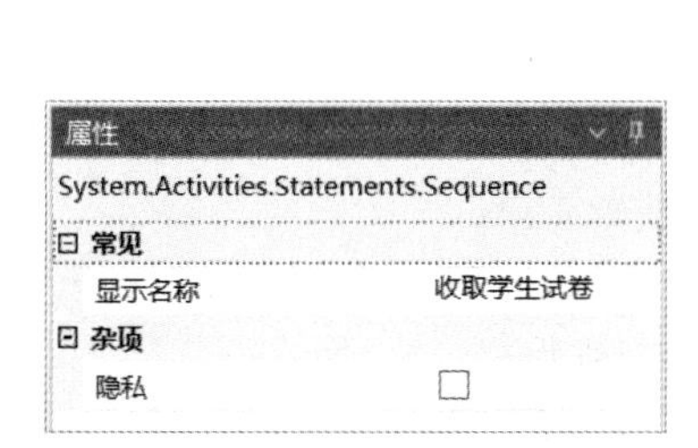

图 9-14　第一个“序列”活动属性面板

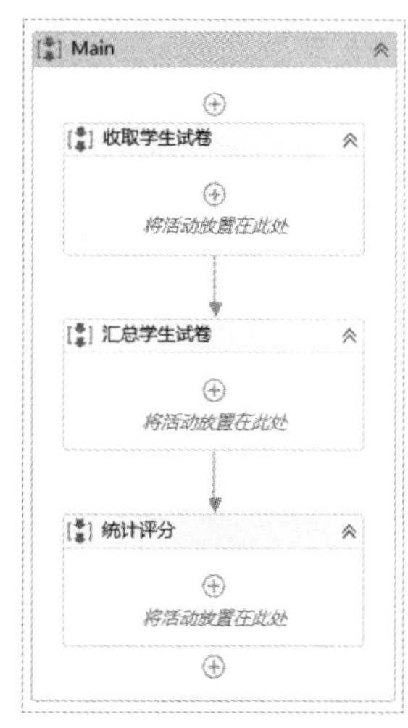

图 9-15　主流程文件 Main.xaml 的整体框架

3.“收取学生试卷”模块的实现

“收取学生试卷”模块主要的功能是收取指定邮箱地址的邮件后，遍历这些邮件，通过标题筛选出标题中含特定关键字的邮件，并将这些邮件的附件下载保存至“考试答卷”路径下。

“收取学生试卷”模块的流程设计如图 9-16 所示，具体实现步骤如下。

1）在活动面板搜索“获取 IMAP 邮件消息”，将其拖曳至 Main 的“收取学生试卷”序列中，如图 9-17 所示。

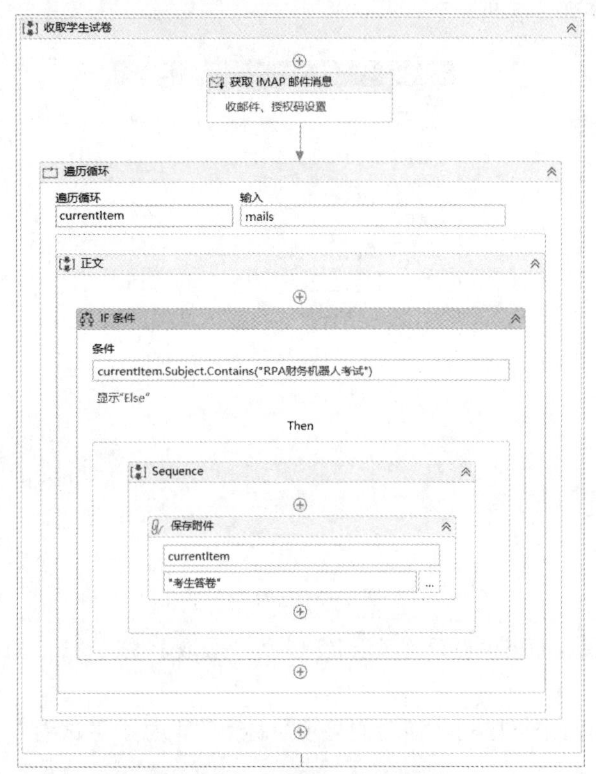

图 9-16 “收取学生试卷”模块的流程设计

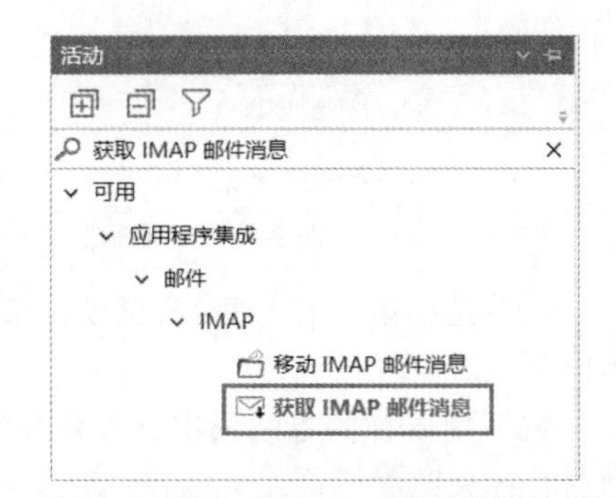

图 9-17 搜索“获取 IMAP 邮件消息”活动

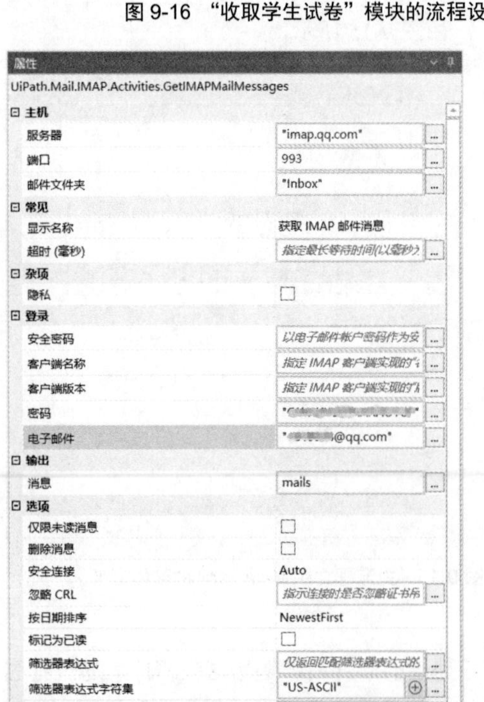

图 9-18 “获取 IMAP 邮件消息”活动的属性面板

设置“获取 IMAP 邮件消息”的属性面板，本案例以获取 QQ 邮箱的邮件为例，各配置项的值如图 9-18 所示。

（1）主机→服务器："imap.qq.com"。

（2）“主机→端口”：993。

（3）“登录→密码”：输入邮箱的授权码。

（4）“登录→电子邮件”：输入待获取邮件的邮箱的地址。

（5）“输出→消息”：使用快捷键 Ctrl+K 创建一个变量 mails。

（6）“选项→顶部”：30，表示收取邮箱中的前 30 封邮件。

其余属性保留默认值。

2）在“获取 IMAP 邮件消息”的下方添加“遍历循环”活动，在“输入”输入框中输入“mails”，如图 9-19 所示。

查看“循环遍历”活动的属性面板，若您使用的是 UiPath Studio 最新版本，属性面板中的“杂项→ TypeArgument”对应的值会自动识别成变量 mails 对应的类型 System.Net.Mail. MailMessage，如图 9-20 所示。

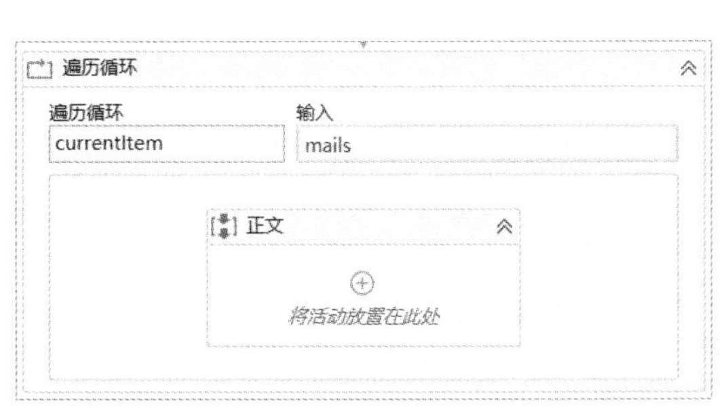

图 9-19 “遍历循环”活动

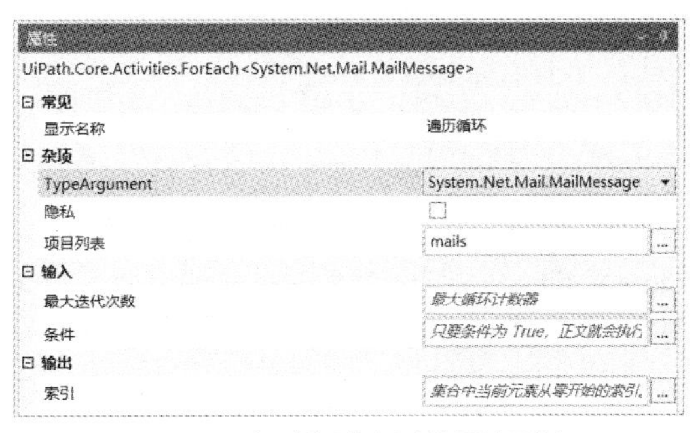

图 9-20 “遍历循环”活动的属性面板

若您使用的是旧版本的 UiPath Studio，可能不会自动识别出该变量类型，此时需要手动设置“遍历循环”的类型属性。单击属性面板中“杂项→ TypeArgument”右侧的箭头，选择最后一项“浏览类型”，如图 9-21 所示。

弹出“浏览并选择 .NET 类型”对话框，在“类型名称”中输入“System.Net.Mail.MailMessage”，在搜索结果中选择 System.Net.Mail 程序集下的 MailMessage，单击“确定”按钮，完成变量 mails 的手动设置，如图 9-22 所示。

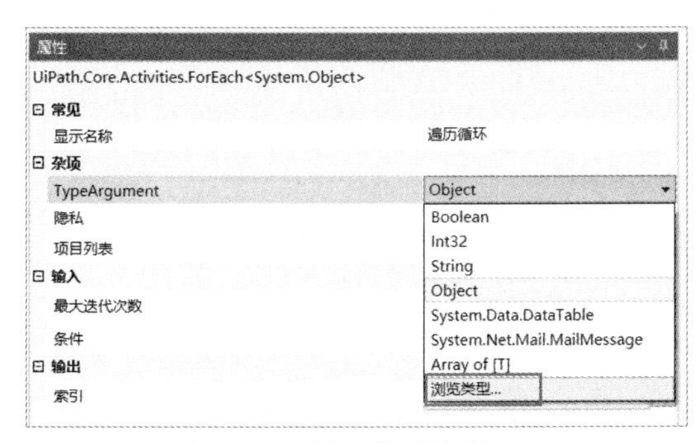

图 9-21 选择“浏览类型”

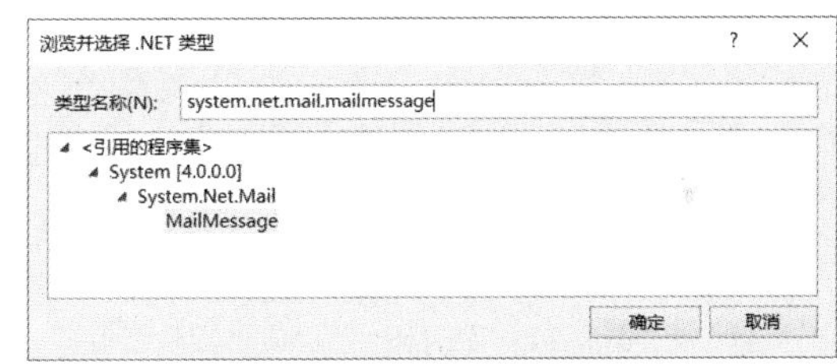

图 9-22 选择 MailMessage

3）在“遍历循环”活动的“正文”中添加“IF 条件”活动。在“条件”框中输入“currentItem.Subject.Contains("RPA 财务机器人考试")”，如图 9-23 所示。设置此条件的原因在于该邮箱中除了邮件主题为“RPA 财务机器人考试”的学生答卷邮件以外，可能还有其他邮件，通过设置此条件，可以把 RPA 财务机器人考试答卷筛选出来。

4）在“IF 条件”活动的“Sequence”中添加“保存附件”活动。在属性面板的“输入→文件夹路径”中填入“"考生答卷"”，在“输入→消息”中输入“currentItem”，实现将邮件附件下载至

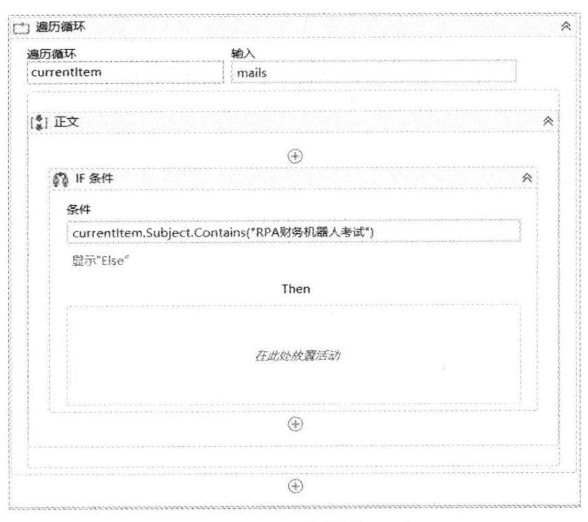

图 9-23 “IF 条件”活动

“考试答卷”的文件夹下，如图 9-24 所示。

至此，“收取学生试卷”模块便完成了，运行程序，查看流程执行是否有异常。流程执行完毕后，打开项目根目录的“学生答卷”文件夹，查看邮箱中的附件是否都正确下载到了该文件夹下。

4.“汇总学生试卷”模块的实现

“汇总学生试卷”模块的功能是先将“试卷统计表模板 .xlsx”复制并命名为“试卷统计表 .xlsx”，作为流程执行结果的输出文件，接着初始化文件路径集合 FilesPath 变量和答卷总数 PaperNumbers 变量，然后通过“遍历循环”活动逐个读取“学生答卷”文件夹中的文件，将每份答卷的文件名、班级、学号、姓名和答案分别按行填入试卷统计表的“答卷汇总”工作表中。

该模块的流程设计如图 9-25 所示，具体实现步骤如下。

图 9-24 “保存附件”活动的属性面板

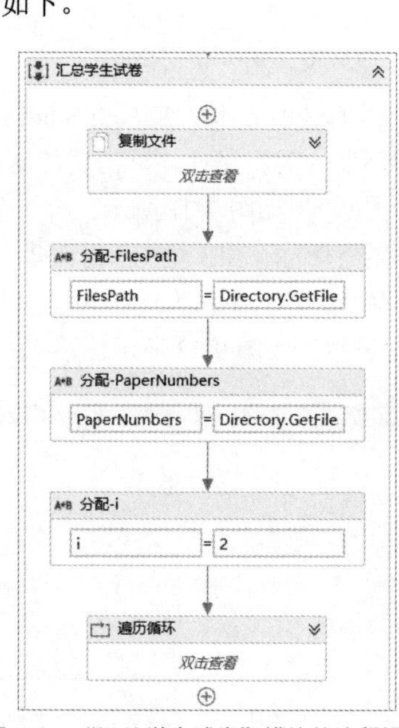

图 9-25 “汇总学生试卷”模块的流程设计

1）在“汇总学生试卷”序列中添加一个“复制文件”活动，在“来源文件夹”中输入“" 试卷统计表模板 .xlsx"”，在“目标文件夹”中输入“" 试卷统计表 .xlsx"”，勾选“覆盖”，勾选的作用是若目标文件夹下有同名文件时将会被覆盖。“复制文件”活动如图 9-26 所示，其属性面板如图 9-27 所示。

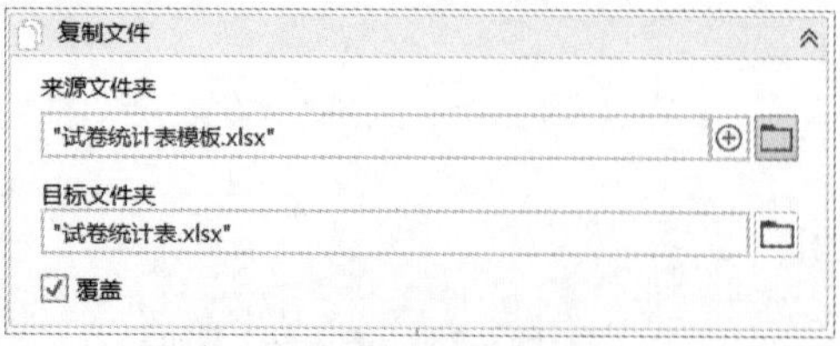

图 9-26 “复制文件”活动

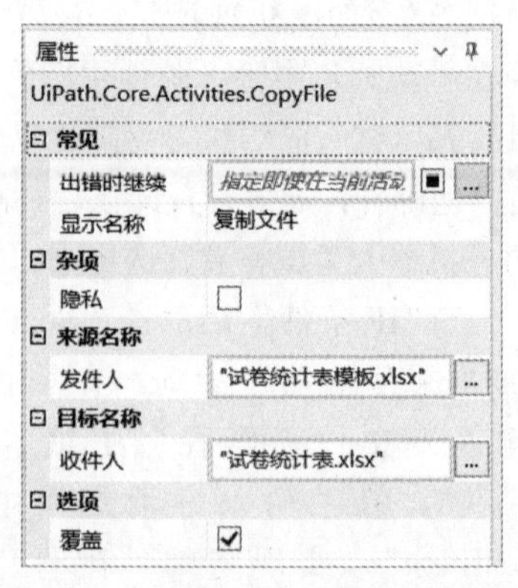

图 9-27 “复制文件”活动的属性面板

2）在“复制文件”活动下方添加三个“分配”活动，用于变量的创建和初始化。这三个分配活动如图 9-28 所示，其中，变量 FilesPath 用于获取“考生答卷”文件夹下文件名以“2022 会计 2”开头的 Excel 文件的完整路径；变量 PaperNumbers 用于获取“考生答卷”文件夹下文件名以“2022 会计 2”开头的 Excel 文件的数量；变量 i 是计数器，用于将学生作答情况写入“试卷统计表”时指定写入的行号，后文会对该变量的应用做详细描述。

以“分配 -FilesPath”活动为例，其属性面板如图 9-29 所示。其中，填写“杂项→受让人”时，可使用快捷键 Ctrl+K 创建该变量。“分配 -PaperNumbers”和“分配 -i”活动的属性面板配置与之类似，这三个活动的属性面板设置如表 9-2 所示。

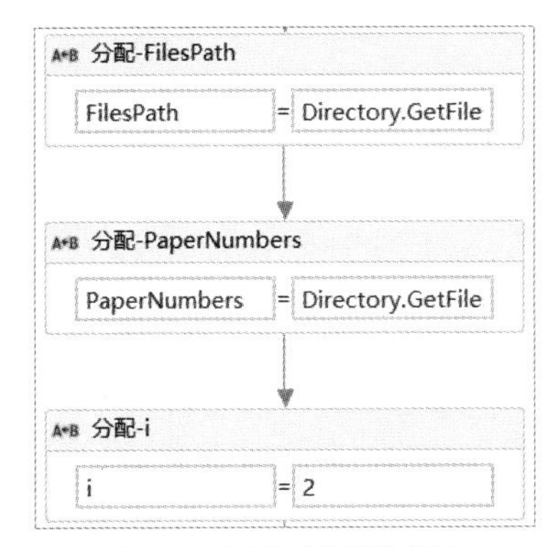

图 9-28　三个“分配”活动

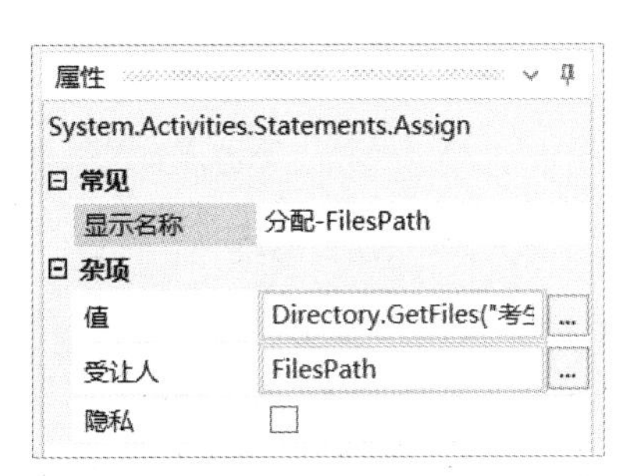

图 9-29　“分配 FilesPath”活动的属性

表 9-2　三个“分配”活动的属性面板

显 示 名 称	杂项 - 值	杂项 - 受让人
分配 -FilesPath	Directory.GetFiles(" 考生答卷 ","2022 会计 2*.xlsx")	FilesPath
分配 -PaperNumbers	Directory.GetFiles(" 考生答卷 ","2022 会计 2*.xlsx").Length	PaperNumbers
分配 -i	2	i

3）在“分配”活动下方添加一个“遍历循环”活动，在“输入”输入框中输入“FilesPath”，用于遍历“考生答卷”文件夹下文件名以“2022 会计 2”开头的每一个 Excel 文件的完整路径，在“循环遍历”输入框中输入“item”，表示单个循环对象为变量 item。该活动如图 9-30 所示，其属性面板如图 9-31 所示。

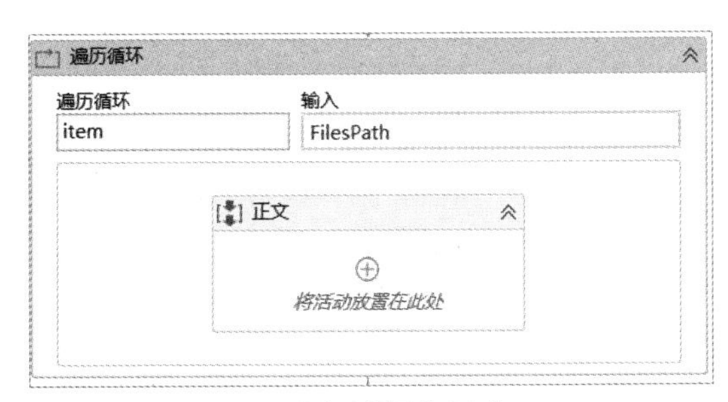

图 9-30　“遍历循环”活动

图 9-31　“遍历循环”活动的属性面板

4）进行“遍历循环”活动的“正文”中活动的实现。

（1）在正文中，添加一个“分配”活动。在左侧输入框中定义一个 String 类型的变量 PaperName，在右侧输入框中输入“IO.Path.GetFileNameWithoutExtension(item)”，用于获取 item 变量指代的不含扩展名的文件名。该活动如图 9-32 所示。

（2）在“分配”活动下面添加一个“Excel 应用程序范围”活动，在“工作簿路径”中输入循环体的变量“item”，用于读取变量 item 所代表的“学生答卷”Excel 文件中的数据，如图 9-33 所示。

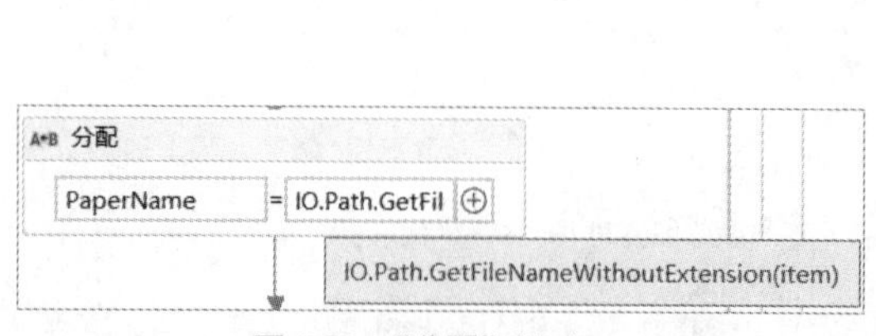

图 9-32 “分配”活动

图 9-33 “Excel 应用程序范围”活动 1

（3）在“Excel 应用程序范围”活动的“执行”中依次添加四个“读取范围”活动，用于分类读取并存储考生答卷数据，如图 9-34 所示。其中，“读取范围 -AS”活动用于读取整个 Sheet1 工作表，并将结果存入变量 AnswerSheet；“读取范围 -SS”活动用于读取 A6 列至 J6 列的数据，即所有单选题的答题情况，并将结果存入变量 SingleSelection；“读取范围 -MS”活动用于读取 A10 列至 J10 列的数据，即所有多选题的答题情况，并将结果存入变量 MultipleSelection；“读取范围 -TF”活动用于读取 A14 列至 J14 列的数据，即所有判断题的答题情况，并将结果存入变量 TrueFalse。

以“读取范围 -AS”活动为例，其属性面板如图 9-35 所示。其中，“输出→数据表”的变量“AnswerSheet”可使用快捷键 Ctrl+K 来创建，该变量的数据类型为 DataTable。其他三个读取范围活动的属性面板与之类似，具体配置项及对应的值按表 9-3 进行配置。

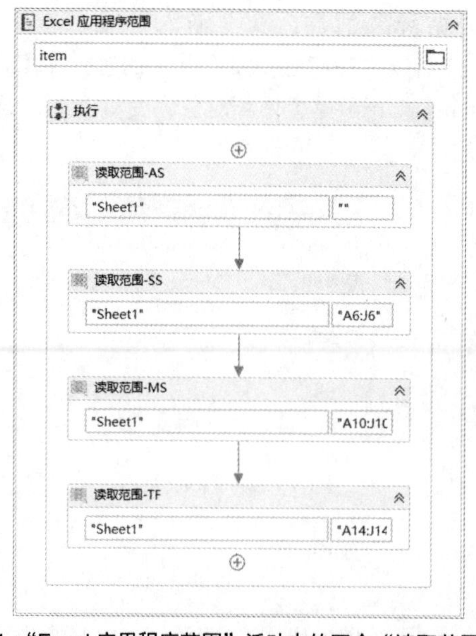

图 9-34 “Excel 应用程序范围”活动中的四个“读取范围”活动

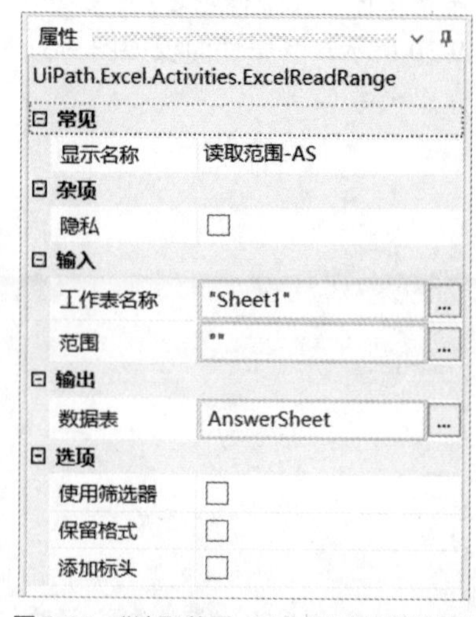

图 9-35 “读取范围 -AS”活动的属性面板

表 9-3 四个“读取范围”活动的属性面板

显示名称	输入 - 工作表名称	输入 - 范围	输出 - 数据表
读取范围 -AS	"Sheet1"	""	AnswerSheet
读取范围 -SS	"Sheet1"	"A6:J6"	SingleSelection
读取范围 -MS	"Sheet1"	"A10:J10"	MultipleSelection
读取范围 -TF	"Sheet1"	"A14:J14"	TrueFalse

（4）在“Excel 应用程序范围”活动下面再添加一个“Excel 应用程序范围”活动，在“工作簿路径”中输入“" 试卷统计表 .xlsx"”，用于将读取到的学生答案写入“试卷统计表”工作表中，如图 9-36 所示。

（5）在该“Excel 应用程序范围”活动的执行中，添加四个“写入单元格”活动，这四个活动分别将试卷文件名、班级、学号和姓名写入“答卷汇总”数据表对应的单元格内，如图 9-37 所示。

图 9-36 “Excel 应用程序范围”活动 2

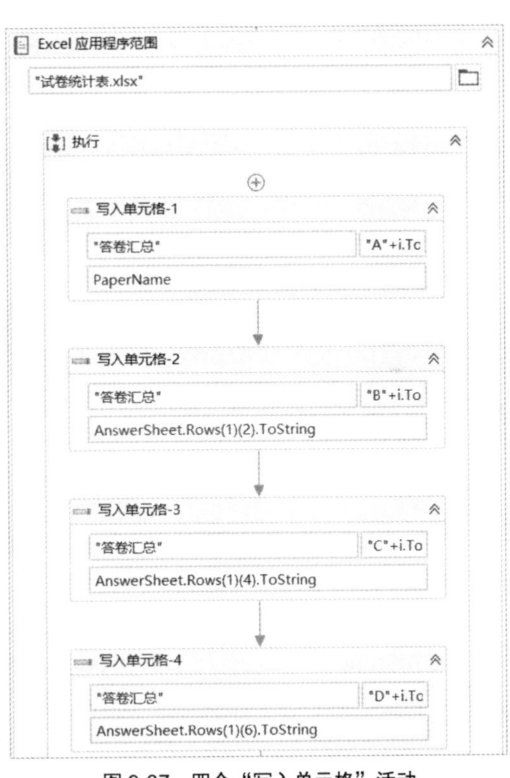

图 9-37 四个“写入单元格”活动

以“写入单元格 -1”活动为例，其属性面板如图 9-38 所示。其中“目标→范围”中的“"A"+i.ToString”表示将值写入 A 列第 i 行单元格。i 在前文步骤 2 中被初始赋值为 2，故流程会将读取到的第一份学生答卷写入“答卷汇总”工作表的第 2 行，如图 9-39 所示。后续将变量 i 在循环体内加 1，以实现下一个循环体的“学生答卷”数据被写入到“答案汇总”工作表的下一行中。第一份学生答卷的试卷文件名会写入 A2 单元格，第二份学生答卷的试卷文件名将会写入 A3 单元格，依此类推。

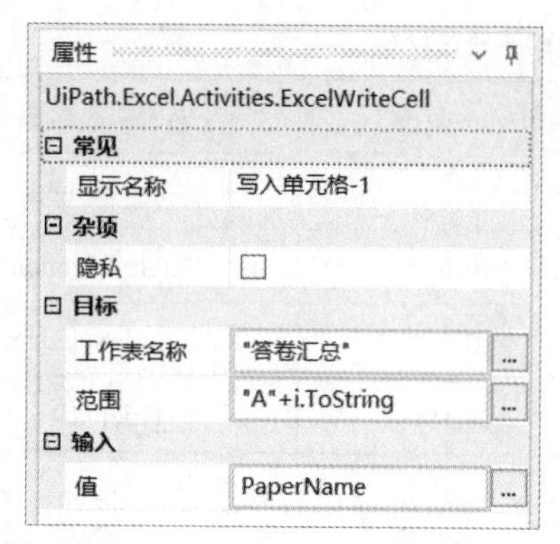

图 9-38 “写入单元格 -1”活动的属性面板

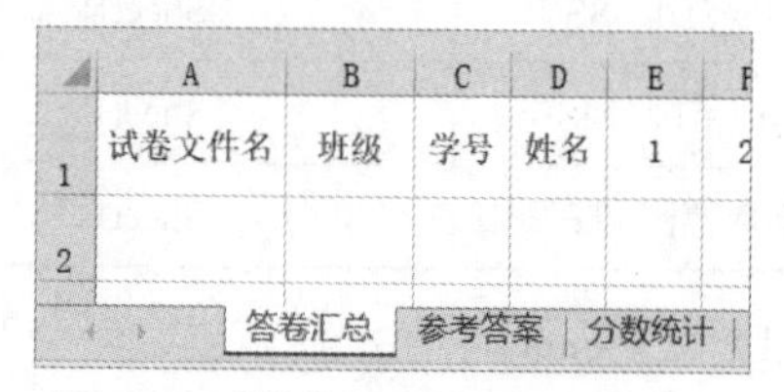

图 9-39 “答卷汇总”工作表表结构

其他三个写入单元格活动的属性面板与之类似，这四个活动的属性面板如表 9-4 所示。

表 9-4 四个“写入单元格”活动的属性面板

显 示 名 称	目标 - 工作表名称	目标 - 范围	输入 - 值
写入单元格 -1	" 答卷汇总 "	"A"+i.ToString	PaperName
写入单元格 -2	" 答卷汇总 "	"B"+i.ToString	AnswerSheet.Rows(1)(2).ToString
写入单元格 -3	" 答卷汇总 "	"C"+i.ToString	AnswerSheet.Rows(1)(4).ToString
写入单元格 -4	" 答卷汇总 "	"D"+i.ToString	AnswerSheet.Rows(1)(6).ToString

图 9-40 DataTable 数据表类型的数据取值

除“写入单元格 -1”活动外，其他三个写入范围活动的“输入→值”中用到了 DataTable 数据表类型的数据取值方法，如图 9-40 所示，表达式 AnswerSheet.Rows(1)(2).ToString 表示获取 Excel 中第 2 行第 3 列单元格的数据，即 C2 单元格的数据。

（6）在“写入单元格”的下方再添加三个“写入范围”活动，将单选题、多选题和对错题的数据写入“答卷汇总”工作表对应的单元格内，如图 9-41 所示。

以“写入范围 -1”活动为例，其属性面板如图 9-42 所示。其中“目标→起始单元格”中的“"E"+i.ToString”，表示会从第 E 列第 i 行单元格开始写入数据表 SingleSelection 数据，本案例的单选题有 10 题，因此会从 Ei 列写入到 Ni 列。

其他两个写入范围活动的属性面板与之类似，多选题会从 Oi 列写入到 Xi 列，对错题会从 Yi 列写入到 AHi 列。这三个写入范围活动的属性面板如表 9-5 所示。

表 9-5 三个“写入范围”活动的属性面板

显 示 名 称	工作表名称	起始单元格	数 据 表
写入范围 -1	" 答卷汇总 "	"E"+i.ToString	SingleSelection
写入范围 -2	" 答卷汇总 "	"O"+i.ToString	MultipleSelection
写入范围 -3	" 答卷汇总 "	"Y"+i.ToString	TrueFalse

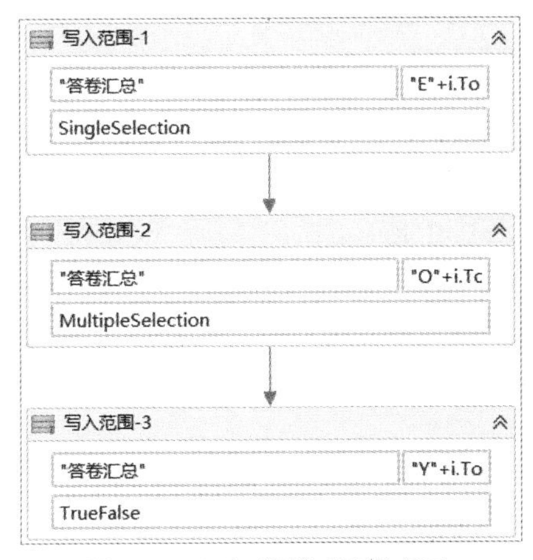

图 9-41　三个“写入范围”活动

图 9-42　“写入范围 -1”活动的属性面板设置

（7）在循环体内的最下方添加一个“分配”活动，对行号进行递增，用于在下一个考试答卷的数据写入“答卷汇总”数据表时能写入下一个单元行，如图 9-43 所示。

“遍历循环”活动的最终实现如图 9-44 所示。

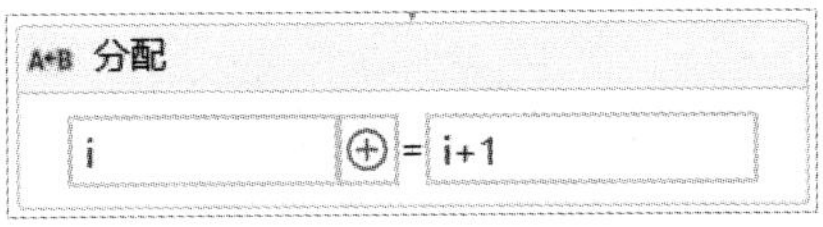

图 9-43　单元行增 1

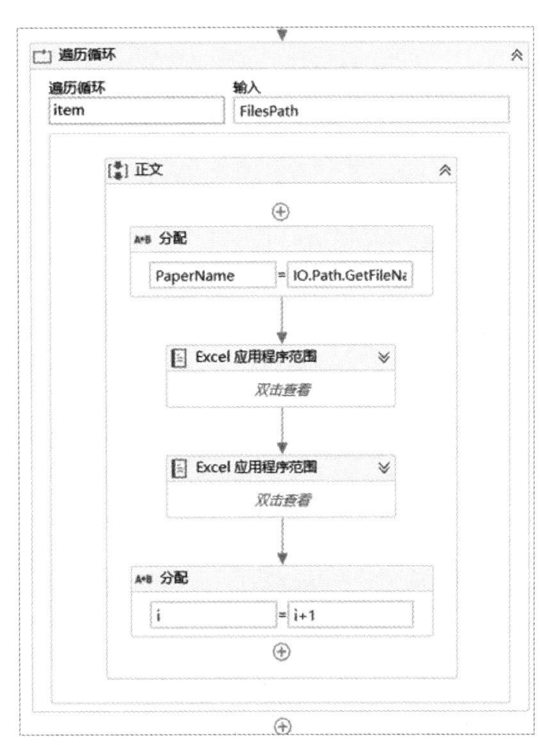

图 9-44　“遍历循环”活动的最终实现

至此，“汇总学生试卷”模块已完成，运行程序，查看流程执行是否有异常。流程执行完毕后，查看根目录下“试卷统计表 .xlsx”是否正确创建。打开该文件，查看“答卷汇总”工作表中学生的试卷文件名、班级、学号、姓名及各题答案是否都汇总正确。

5.“统计评分”模块的实现

“统计评分”模块的功能是读取上个模块中生成的学生“答卷汇总”数据，按行遍历该数据，将每行记录与参考答案进行对比实现自动阅卷，最后计算出每位学生各题的得分和总分情况，将结果写入“分数统计”工作表中。

该模块的流程设计如图 9-45 所示，具体实现步骤如下。

1）在“统计评分”序列中添加三个“读取范围”活动，用于读取“试卷统计表 .xlsx”中的“答卷汇总”“参考答案”“分数统计”这三个工作表的数据，并分别赋值给 DataTable 类型的变量 StudentAnswer、ReferenceAnswer 和 Score 中，如图 9-46 所示。

以“读取范围 -1”活动为例，其属性面板如图 9-47 所示，其中“输入→范围”的值为“""”，表示读取整个数据表数据，勾选“选项→添加标头”复选框，表示使工作表的第一行记录能被作为数据表的标头进行读取。其他两个活动的属性面板与之类似。

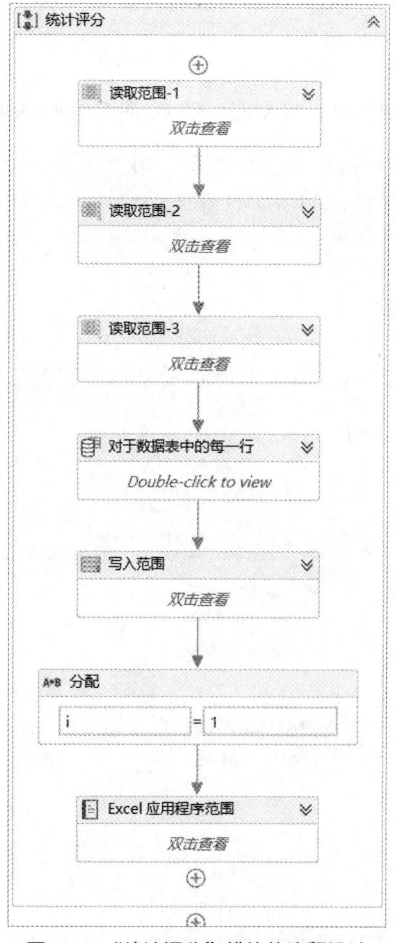

图 9-45 “统计评分”模块的流程设计

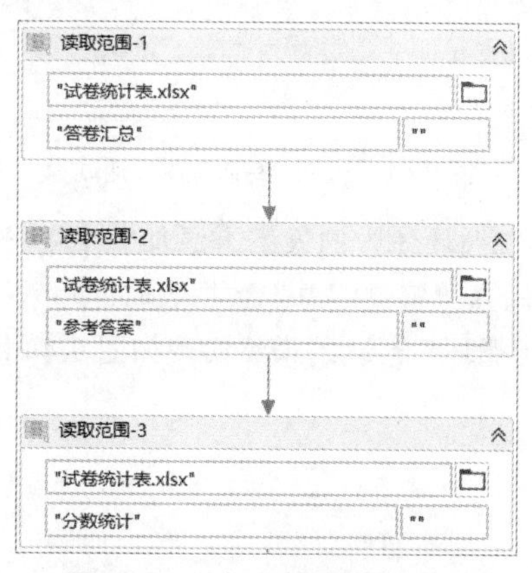

图 9-46 三个“读取范围”活动

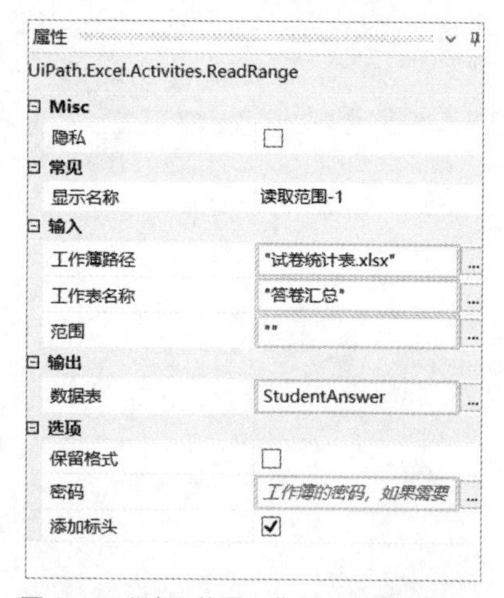

图 9-47 “读取范围 -1”活动的属性面板

这三个“读取范围”活动的属性面板如表 9-6 所示。

表 9-6 三个“读取范围”活动的属性面板

显示名称	输入 - 工作簿路径	输入 - 工作表名称	输入 - 范围	输出 - 数据表	选项 - 添加标头
读取范围 -1	" 试卷统计表 .xlsx"	" 答卷汇总 "	""	StudentAnswer	勾选
读取范围 -2	" 试卷统计表 .xlsx"	" 参考答案 "	""	ReferenceAnswer	勾选
读取范围 -3	" 试卷统计表 .xlsx"	" 分数统计 "	""	Score	勾选

2）在“读取范围”的下方添加“对于数据表中的每一行”活动，在“输入”输入框中输入“StudentAnswer”，表示遍历“答案汇总”数据，CurrentRow 为遍历体中的变量，表示单行的学生答案，如图 9-48 所示。

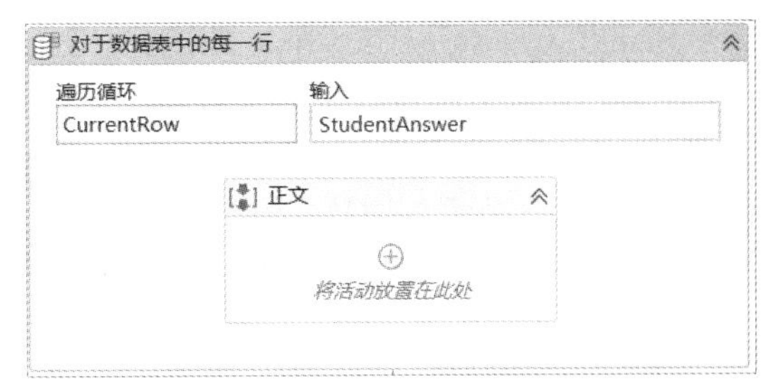

图 9-48　“对于数据表中的每一行”活动

3）在“对于数据表中的每一行”活动的“正文”中添加“添加数据行”活动。在“数据行”中输入“{currentrow(" 试卷文件名 "),currentrow(" 班级 "),currentrow(" 学号 "),currentrow(" 姓名 ")}”，表示构建了一条记录，值为变量 currentrow 的试卷文件名、班级、学号、姓名这四列的值；在“数据表”中输入数据表变量 Score，表示在变量 Score 中添加一行构建的该条记录。其活动及属性面板如图 9-49 和图 9-50 所示。

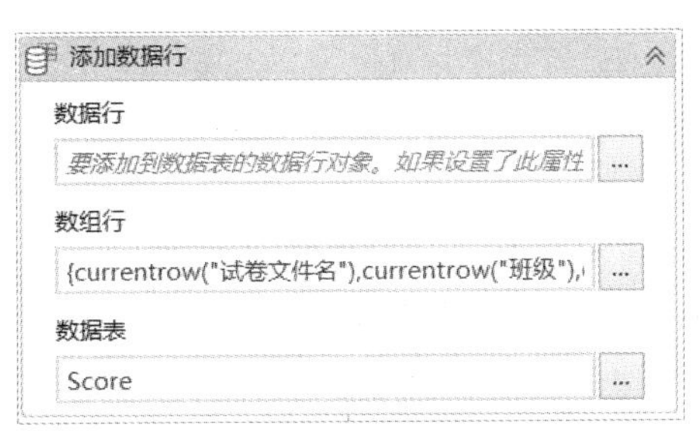

图 9-49　“添加数据行”活动

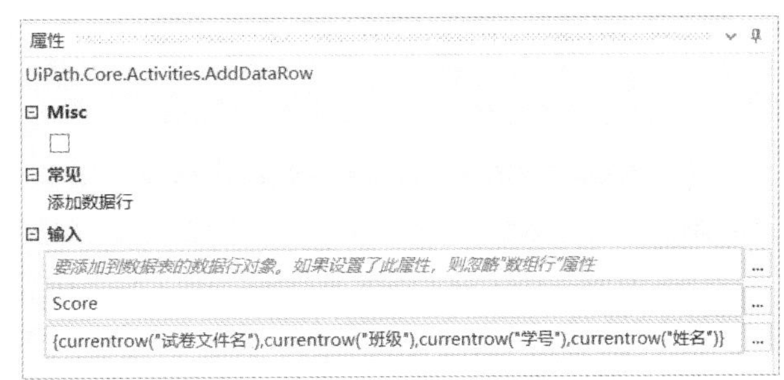

图 9-50　添加数据行活动的“属性”面板

4）在“添加数据行”活动下方添加一个“分配”活动，定义整型类型的变量 i，将其初始化赋值为 1，此处的 i 将被用于表示变量 StudentAnswer 中考题序号 E 列至 AH 列的遍历，具体后文引用处会做详细描述。该活动如图 9-51 所示。

5）在“分配”活动下方添加“先条件循环”活动，在“条件”输入框中输入“i<=30”，如图 9-52 所示。该活动表示当 i 小于等于 30 时执行该循环体内的语句，当 i>30 时则跳出该循环体。在循环体正文中将实现把学生答卷中的每一题答案与参考答案进行比较，因为本案例模板中题目总数为 30 题，所以需要循环 30 次，故此处条件设为“i<=30”。在实际应用中，此条件可按实际题目数量进行调整，如出题数量为 50 题，则此处可设为“i<=50”。

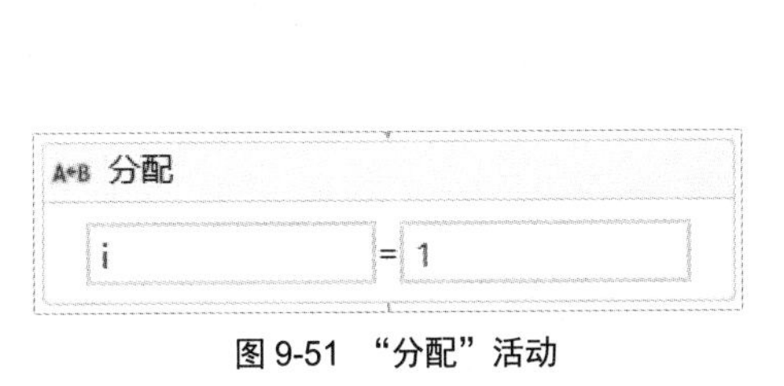

图 9-51　“分配”活动

图 9-52　“先条件循环”活动

“先条件循环”的正文中将实现学生答案与参考答案进行对比，若一致，则数据表 Score 中将该题的阅卷结果更新为“1”，若不一致，则将该题的阅卷结果更新为“0”。具体实现步骤如下。

（1）在“先条件循环”活动的“正文”中添加“IF 条件”活动，在“条件”输入框中输入

“CurrentRow(i.tostring).ToString=ReferenceAnswer.Rows(0)(i).ToString”，判断学生第 i 题的答案与第 i 题的参考答案是否相同，如图 9-53 所示。

其中，等号左侧的表达式“CurrentRow(i.tostring).ToString”中的 i 指代的是数据表 StudentAnswer 中的标头名，即题目的序号，如图 9-54 所示。本表达式先用 i.tostring 将整型变量 i 转换成 string 类型，然后通过 CurrentRow(i.tostring).ToString 来取得当前数据行且标头是第 i 题的答案。

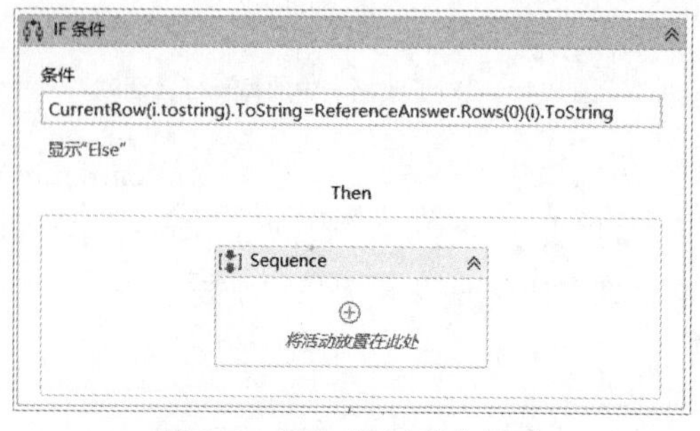

图 9-53　添加“IF 条件”活动

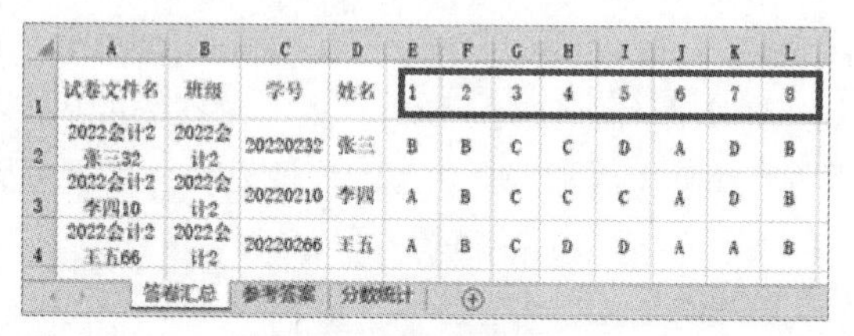

图 9-54　题目序号的标头

等号右侧的表达式 ReferenceAnswer.Rows(0)(i).ToString 表示获取 ReferenceAnswer 中第 0 行第 i 列单元格的数据，此处的 i 表示的是 ReferenceAnswer 中的列序号，如图 9-55 所示。

（2）如果相同，则说明学生该题作答正确，在“IF 条件”活动的“Then”中添加“分配”活动，接着定义一个 Int32 类型的变量 m，然后在左侧输入框中输入“Score.Rows(m)(i+3)”，右侧输入框中输入 1，将该题的阅卷结果赋值为 1，如图 9-56 所示。

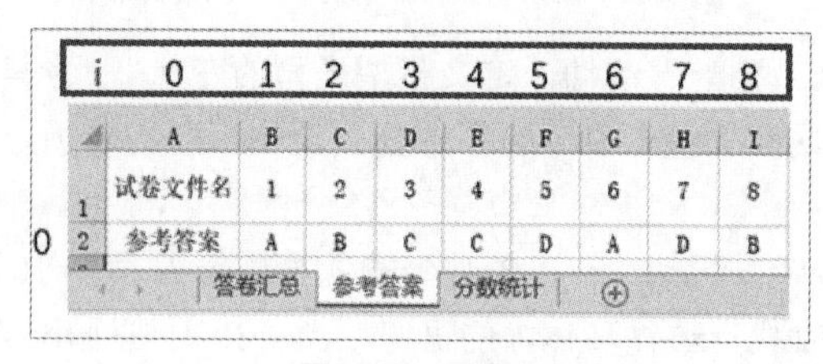

图 9-55　列序号

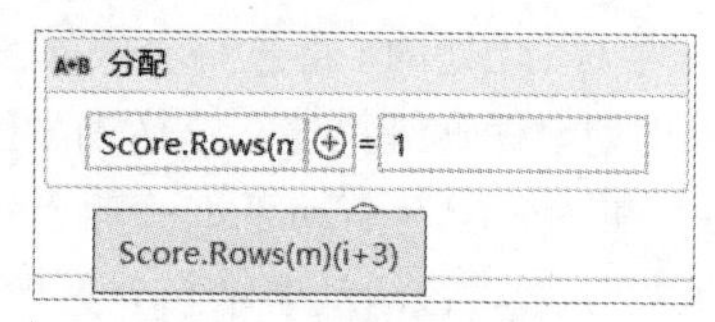

图 9-56　将阅卷结果赋值为 1

如果不相等，说明学生该题作答错误。在“IF 条件”活动中单击“显示 Else”，在“Else”中添加“分配”活动，左侧输入框中输入“Score.Rows(m)(i+3)”，在右侧输入框中输入 0，将该题的阅卷结果赋值为 0，如图 9-57 所示。

表达式“Score.Rows(m)(i+3)”指向的是数据表 Score 中第 m 行第 i+3 列单元格的值，m 作为整型变量，其默认初始值为 0，i 在前文中被初始化为 1，因此 i+3 首次指向的是第 0 行第 4 列单元格的数据，如图 9-58 所示。然后，在“先条件循环”活动中，执行完循环体内的正文后使 i 加 1，直至 i>30 后跳出循环体，从而实现了对单行考试答卷的每一题进行自动阅卷。

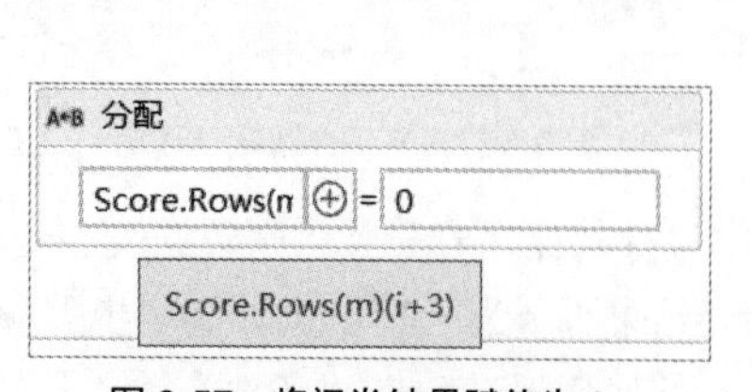

图 9-57　将阅卷结果赋值为 0

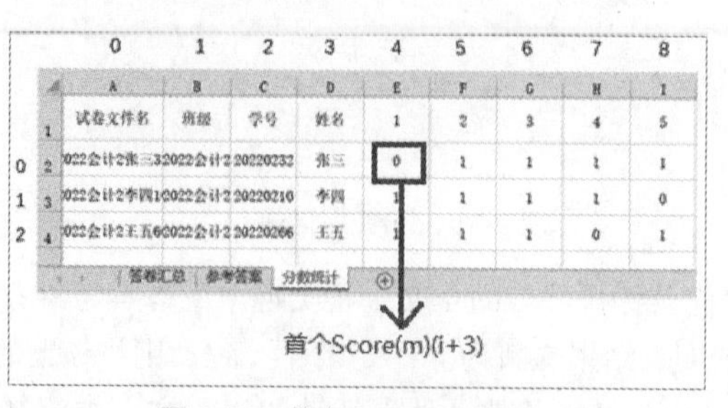

图 9-58　首个 Score(m)(i+3)

（3）在“IF 条件”活动的下方添加一个“分配”活动，左侧输入框中输入变量 i，右侧输入框中输入“i+1”。最终的“先条件循环”活动的实现如图 9-59 所示。

6）在“先条件循环”活动下方添加一个“分配”活动，左侧输入框中输入变量“m”，右侧输入框中输入“m+1”，使 m 增 1，如图 9-60 所示，从而实现了遍历 StudentAnswer 的每一行学生作答记录，并通过“先条件循环”活动将每题的阅卷结果写入 Score 对应行的单元格内。

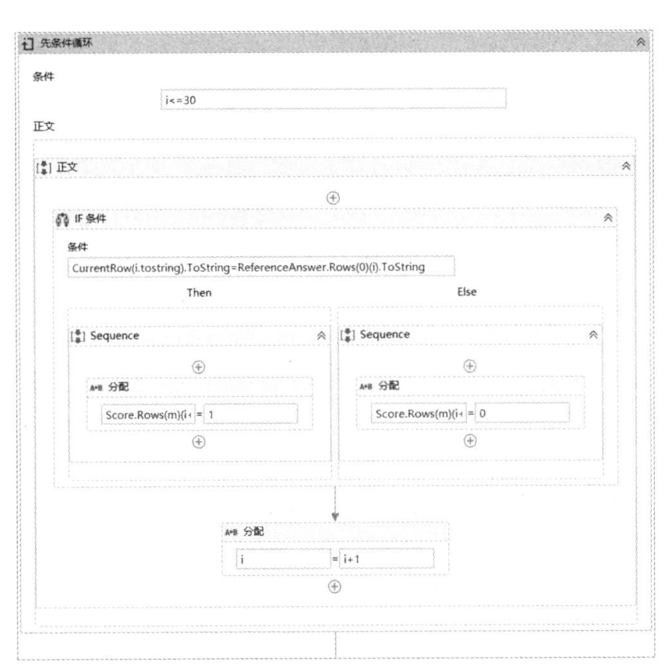

图 9-59 “先条件循环”活动的实现

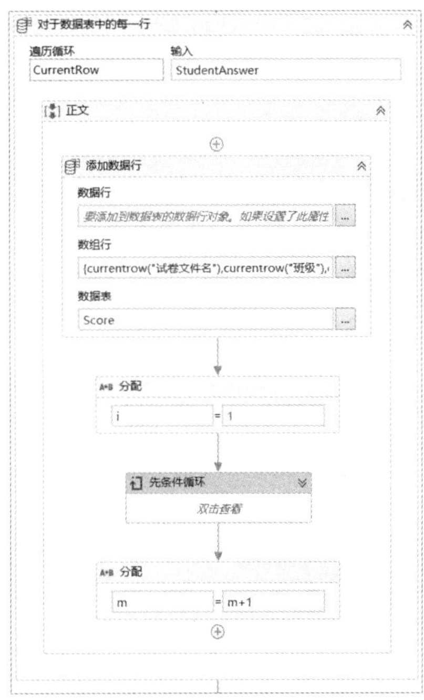

图 9-60 “对于数据表中的每一行”活动的实现

7）在“对于数据表中的每一行”活动的下方添加“写入范围”活动，将表变量 Score 统计好的数据写入“试卷统计表”中的“分数统计”工作表，具体实现如图 9-61 所示，其属性面板如图 9-62 所示。

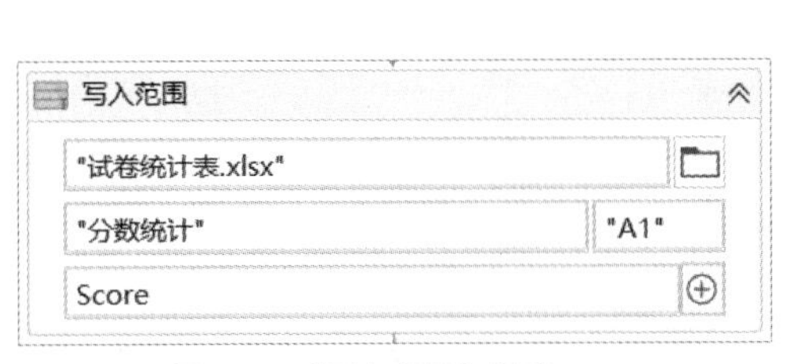

图 9-61 “写入范围”活动

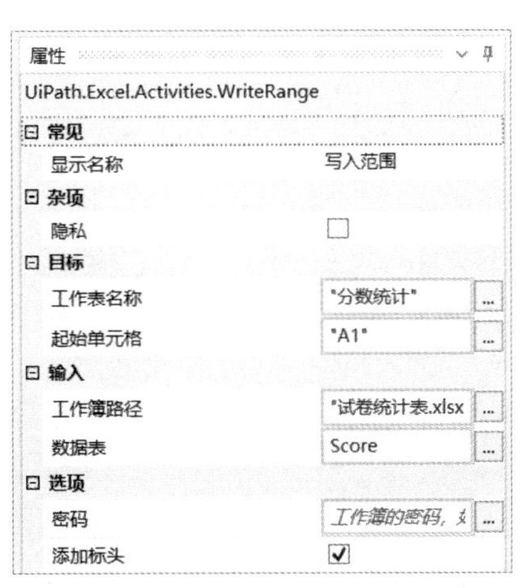

图 9-62 写入范围活动的“属性”面板

在“写入范围”活动的下方添加一个“分配”活动，如图 9-63 所示。

在“分配”活动的下方添加“Excel 应用程序范围”活动，输入框中输入“试卷统计表 .xlsx”，如图 9-64 所示。在该活动中，将实现对单选题、多选题和判断题这三类题型各自的得分统计及考试最终得分的统计，具体实现步骤如下。

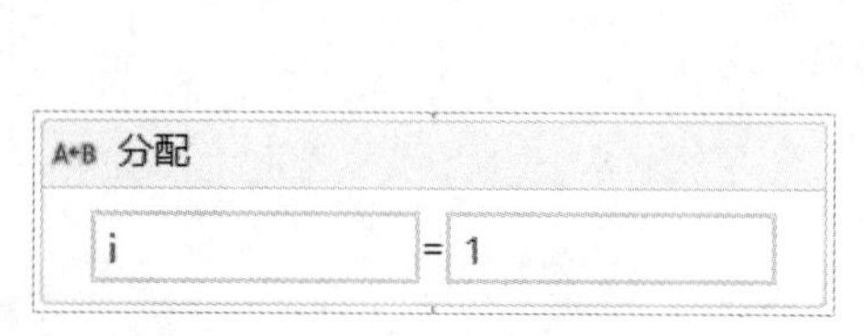

图 9-63　分配 i=1

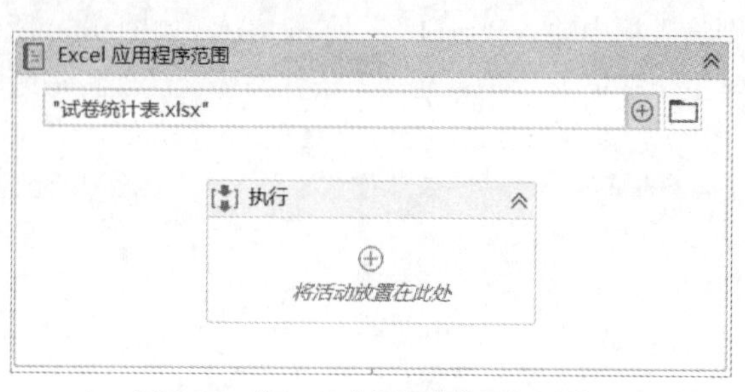

图 9-64 “Excel 应用程序范围”活动

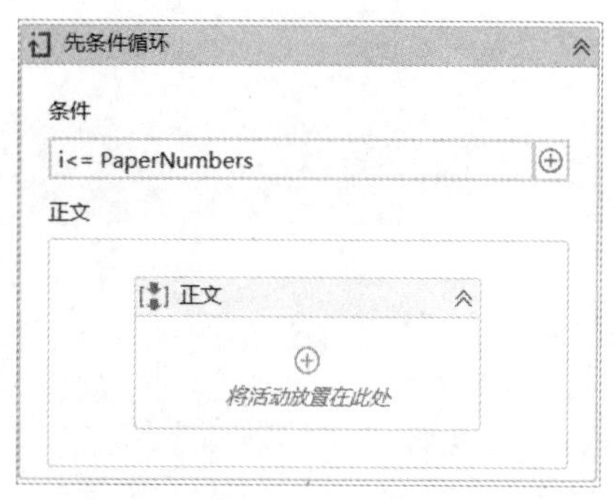

图 9-65　输入“i<=PaperNumbers”

（1）在“执行”中添加“先条件循环”活动，输入条件“i<=PaperNumbers”，其中 PaperNumbers 在“汇总学生试卷”模块中已初始化，表示考生答卷总数，如图 9-65 所示。

（2）在“先条件循环”活动的“正文”中添加四个“写入单元格”活动，实现将学生的答题结果按题型分别统计单选题、多选题和判断题的得分以及最终的考试得分，如图 9-66 所示。

以“写入单元格 -1”活动为例，其属性面板如图 9-67 所示。

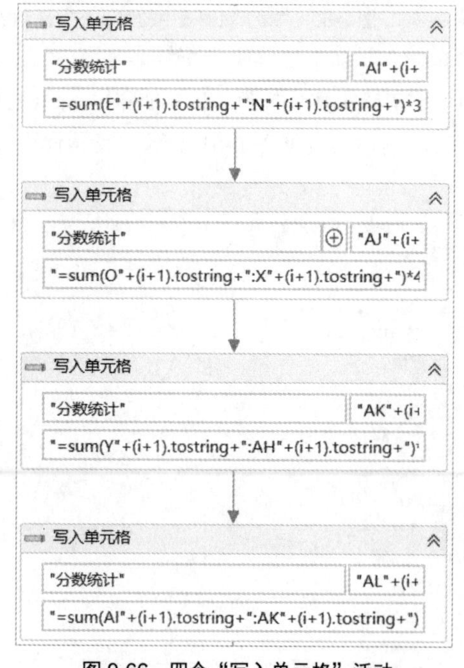

图 9-66　四个“写入单元格”活动

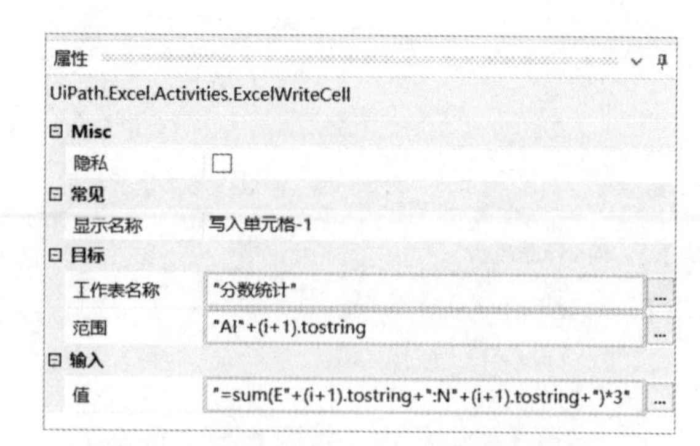

图 9-67 “写入单元格 -1”活动的属性面板

其中，“目标→范围”配置项的表达式“"AI"+(i+1).tostring”表示将值写入 AI 列的 i+1 行单元格，“输入→值”配置项的表达式“"=sum(E"+(i+1).tostring+":N"+(i+1).tostring+")*3"”表示对第 i 行的 E 列至 N 列的单元格数据求和，再乘以单选题单题的分值 3 分，从而求得单选题的总分。以“分数统计”中的第一行学生分数为例，流程执行后，AI2 单元格的值将被赋值为公式“=sum(E2:N2)*3”，从而实现 AI2 单元格自动计算所有单选题型的总分，如图 9-68 所示。

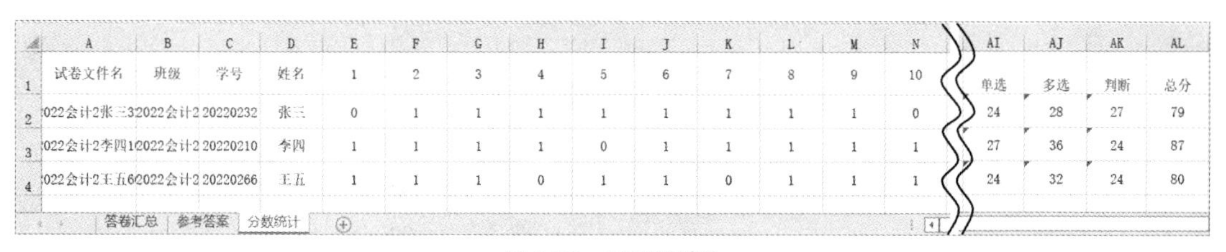

图 9-68　AI 列的统计

其他三个写入单元格的配置与之类似，这四个活动的属性面板如表 9-7 所示。其中，多选题为 O 列至 X 列，每题 4 分；判断题为 Y 列至 AH 列，每题 3 分，故用 sum 函数对相应题型的列进行求和后，再乘以对应题型的得分，从而计算每类题型的总分，“写入单元格 -4”活动最后总分的统计将 AI 列、AJ 列和 AK 列进行求和后求得。

表 9-7　四个“写入单元格”活动的属性面板

显 示 名 称	工作表名称	范　围	值
写入单元格 -1	" 分数统计 "	"AI"+(i+1).tostring	"=sum(E"+(i+1).tostring+":N"+(i+1).tostring+")*3"
写入单元格 -2	" 分数统计 "	"AJ"+(i+1).tostring	"=sum(O"+(i+1).tostring+":X"+(i+1).tostring+")*4"
写入单元格 -3	" 分数统计 "	"AK"+(i+1).tostring	"=sum(Y"+(i+1).tostring+":AH”+(i+1).tostring+")*3"
写入单元格 -4	" 分数统计 "	"AL"+(i+1).tostring	"=sum(AI"+(i+1).tostring+":AK"+(i+1).tostring+")"

（3）在“写入单元格 -4”活动的下方添加“分配”活动，将变量 i 增 1，以对下一行记录进行处理，如图 9-69 所示。

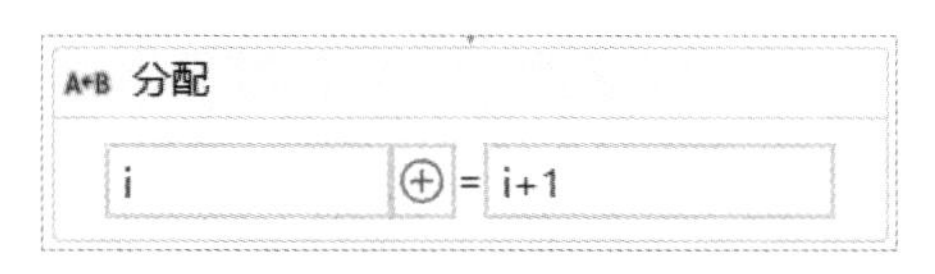

图 9-69　分配 i

最终，该“Excel 应用程序范围”活动的完整实现如图 9-70 所示。

至此，便完成了自动阅卷评分机器人流程的设计工作。

6. 调试运行结果

打开主流程文件 Main.xaml，运行整个流程并查看流程执行结果。

流程执行完成后，在项目面板“考生答卷”目录下生成了三个文件，这是从教师邮箱中下载下来的考生答卷，同时在项目文件夹的根目录下生成了“试卷统计表 .xlsx”文件，如图 9-71 所示。

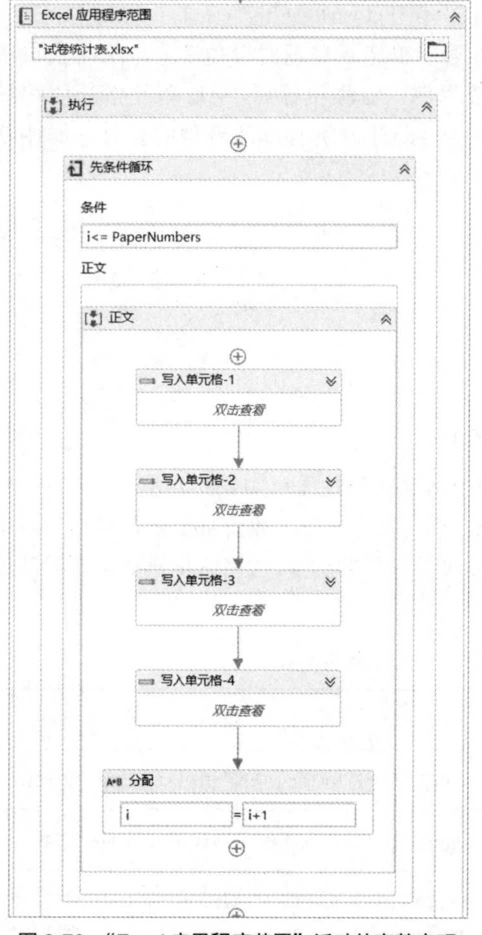

图 9-70 “Excel 应用程序范围”活动的完整实现

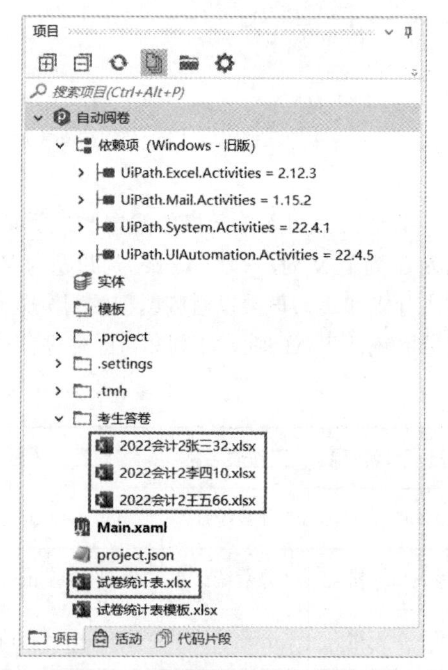

图 9-71 流程执行完成后的结果文件

打开“试卷统计表 .xlsx”文件，查看所有学生的答案汇总在了“答卷汇总”工作表中，如图 9-72 所示。

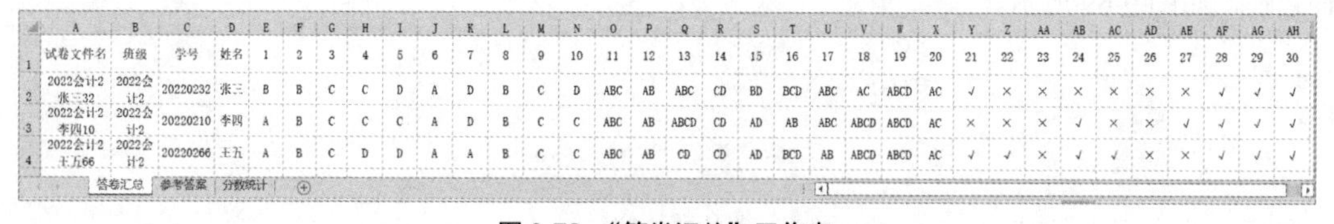

	A	B	C	D	E	F	G	H	I	J	K	L	M	N	O	P	Q	R	S	T	U	V	W	X	Y	Z	AA	AB	AC	AD	AE	AF	AG	AH
1	试卷文件名	班级	学号	姓名	1	2	3	4	5	6	7	8	9	10	11	12	13	14	15	16	17	18	19	20	21	22	23	24	25	26	27	28	29	30
2	2022会计2张三32	2022会计2	20220232	张三	B	B	C	C	D	A	D	B	C	D	ABC	AB	ABC	CD	BD	BCD	ABC	AC	ABCD	AC	√	×	×	×	×	×	×	√	√	√
3	2022会计2李四10	2022会计2	20220210	李四	A	B	C	C	C	A	D	B	C	C	ABC	AB	ABCD	CD	AD	AB	ABC	ABCD	ABCD	AC	×	×	×	√	×	×	√	√	√	√
4	2022会计2王五66	2022会计2	20220266	王五	A	B	C	D	D	A	A	B	C	C	ABC	AB	CD	CD	AD	BCD	AB	ABCD	ABCD	AC	√	√	×	√	√	×	×	√	√	√

答卷汇总 | 参考答案 | 分数统计

图 9-72 “答卷汇总”工作表

单击“分数统计”工作表，查看学生信息、各题阅卷结果，以及单选题、多选题、判断题的得分和总分，如图 9-73 所示。

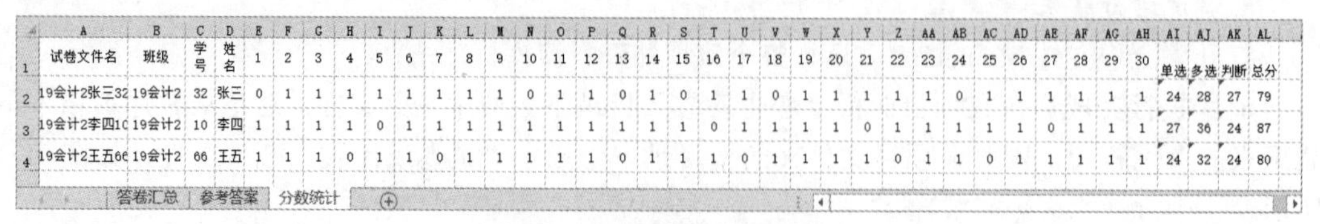

	A	B	C	D	E	F	G	H	I	J	K	L	M	N	O	P	Q	R	S	T	U	V	W	X	Y	Z	AA	AB	AC	AD	AE	AF	AG	AH	AI	AJ	AK	AL
1	试卷文件名	班级	学号	姓名	1	2	3	4	5	6	7	8	9	10	11	12	13	14	15	16	17	18	19	20	21	22	23	24	25	26	27	28	29	30	单选	多选	判断	总分
2	19会计2张三32	19会计2	32	张三	0	1	1	1	1	1	1	1	1	0	1	1	0	1	0	1	1	0	1	1	1	1	1	0	1	1	1	1	1	1	24	28	27	79
3	19会计2李四10	19会计2	10	李四	1	1	1	1	0	1	1	1	1	1	1	1	1	1	1	0	1	1	1	1	0	1	1	1	1	1	0	1	1	1	27	36	24	87
4	19会计2王五66	19会计2	66	王五	1	1	1	0	1	1	0	1	1	1	1	1	0	1	1	1	0	1	1	1	1	0	1	1	0	1	1	1	1	1	24	32	24	80

答卷汇总 | 参考答案 | 分数统计

图 9-73 “分数统计”工作表

9.1.5 案例总结

本 RPA 流程应用 IMAP 活动收取邮件，通过筛选邮件主题关键词的方法把学生答卷的邮件筛选出来，然后利用遍历循环、读取范围、写入范围、IF 条件判断等活动将学生的答卷汇总在一起，逐条将学生答案与参考答案比对判断答题对错，最后计算和存储每位学生各题得分和总分情况。

9.2 案例拓展

9.2.1 自动收取学生作业

教师在布置作业以后，需要收取学生作业并存入指定文件夹。请参照图 9-74 所示的流程设计图，自动收取学生作业。

9.2.2 学生出勤管理

日常教学管理中，通过自动化工作，可以自动管理学生出勤情况，向家长发送出勤报告。以学习通平台为例导出学生考勤情况，参照图 9-75 所示的流程设计图，完成学生出勤管理流程。

9.2.3 文献自动下载

教师除了日常教学管理之外，还需要做科研写论文，下载大量文献。参照图 9-76 所示的流程设计图，完成自动下载知网上的文献。

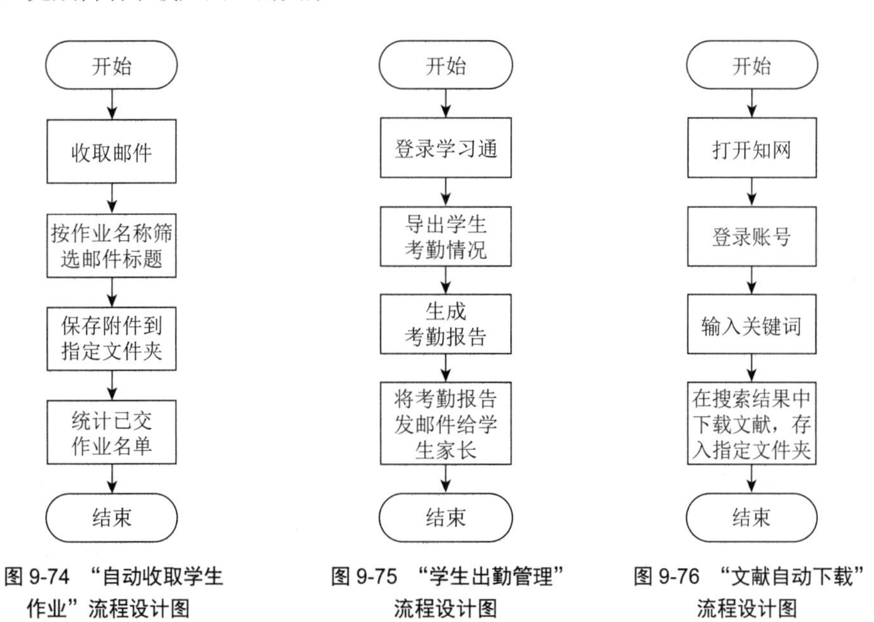

图 9-74 “自动收取学生作业”流程设计图

图 9-75 “学生出勤管理”流程设计图

图 9-76 “文献自动下载”流程设计图

第 10 章

RPA 在医疗行业的应用

10.1 出库单发票核验

在医疗领域，为符合相关法律法规的规定，生产企业需对其经销商的销售真实性进行管理，管理的主要手段有定期获取、复核经销商的产品期末库存情况，或将经销商的销售出库产品与经销商向采购单位开具的增值税发票进行对比，来确保交易的真实性。针对发票对比这一场景，若每次都采用人工的方式进行对比，工作量庞大且效率低下，而通过机器人使用 OCR 技术对发票上的信息进行识别，按照预先设定的规则与数据库中的出库单数据进行自动对比，不仅处理速度快且能保证零失误，能在很大程度上帮助企业降低人力资源上投放的成本，有助于实现企业的数字化转型。

本章通过具体的实例介绍如何从数据库获取需要核验发票的数据，对发票图片进行元素识别并按规则进行对比，最终将比对结果更新回数据库。通过本章案例您将学到：

- HttpClient 组件的使用。
- 数据库组件的使用。
- 参数的传递。
- Json 反序列化的应用。
- 数据表的遍历和更新。
- 工作流调用。

10.1.1 需求分析

A 集团是一家医疗领域的产品研发、生产厂商，需对其经销商的销售真实性进行管理。所有经销商的出入库订单会在次日零点将当日数据以增量方式同步到 A 集团的内部管理系统中，包括每笔出库订单的发票信息。A 集团的销售人员需登录该系统，查询未核验发票的订单数据，将相关发票图片下载到本地，然后人工查看发票上的信息，依次与订单数据进行对比，以核验其所负责的经销商的销售订单的真实性。但因工作量庞大，销售人员实际工作中仅会对经销商的出库订单和发票数据进行抽查核验，效率低下且覆盖率低，无法满足行业审计需求。

为解决这一痛点，现提出开发一个发票核验机器人，来协助销售人员完成日常的发票核验工作。对于供应商上传的发票图片，若机器人能正确识别，则自动完成核验并在系统中更新核验结果；若机器人无法正确识别，则再交由销售人员进行人工核验。这样可以做到对出库订单发票核验工作的百分百全覆盖，保障发票核验的时效性，减轻销售人员在该任务上的时间投入。

发票核验机器人可在系统每日完成出入库订单数据同步后开始执行核验工作，每日运行一次。具体核验需求如下。

1）对需核验的出库订单的发票图片进行识别，需要识别的发票要素具体有：购买方的名称、销售方的名称、发票号、开票日期、货物及应税劳务名称、数量和价税合计，具体请参见图 10-1。

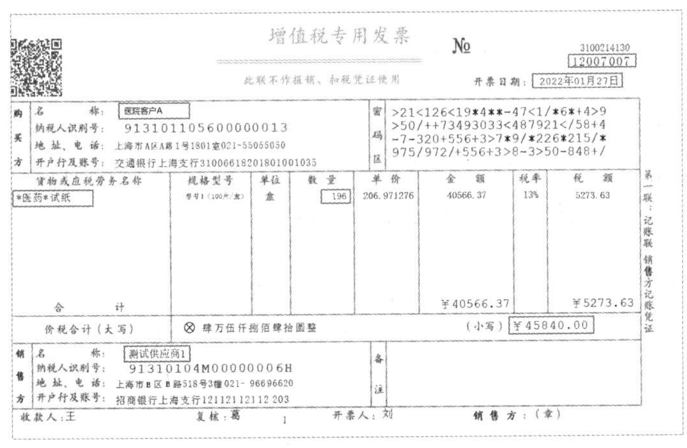

增值税专用发票　No　3100214130　12007007

此联不作报销、扣税凭证使用　开票日期：2022年01月27日

购买方　名称：医院客户A
纳税人识别号：913101105600000013
地址、电话：上海市A区A路1号1801室021-55055050
开户行及账号：交通银行上海支行310066182018010010 35

密码区　>21<126<19*4**-47<1/*6*+4>9
>50/++73493033<487921</58+4
-7-320+556+3>7*9/*226*215/*
975/972/+556+3>8-3>50-848+/

货物或应税劳务名称	规格型号	单位	数量	单价	金额	税率	税额
*医药*试纸	型号1（100片/盒）	盒	196	206.971276	40566.37	13%	5273.63
合计					¥40566.37		¥5273.63
价税合计（大写）	⊗ 肆万伍仟捌佰肆拾圆整				（小写）¥45840.00		

第一联：记账联　销售方记账凭证

销售方　名称：测试供应商1
纳税人识别号：91310104M00000006H
地址、电话：上海市B区B路518号3幢021- 96696620
开户行及账号：招商银行上海支行121121 12112 203

备注

收款人：王　复核：葛　开票人：刘　销售方：（章）

图 10-1　发票样张

2）将发票图片中识别到的要素与供应商上报的出库订单信息进行比对，并将比对结果更新到系统中。

（1）若比对结果都一致，则记录“核验通过”；

（2）若比对结果存在不一致，则记录“出库信息与上传的发票不一致”；

（3）若发票图片没能正确识别，则记录“发票识别失败，等待人工核验”。

10.1.2　流程详细设计

根据需求分析和技术调研，本流程的开发决定直接对数据库“出库单明细表”的数据进行操作，以后端机器人的方式来执行该流程，这样可以比模拟用户在前台通过登录网页系统—查找记录—下载发票—核对信息—更新结果的方式稳定性更高，流程开发速度也更快。

“出库单明细表”位于数据库 MedicalDB 中，该表字段设计如图 10-2 所示，各字段含义和数据更新逻辑说明如下。

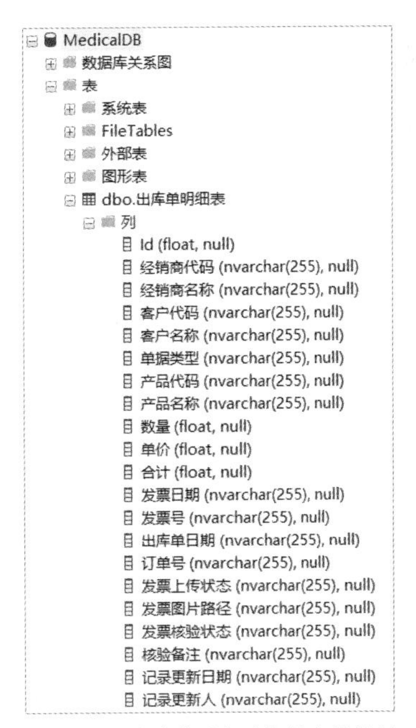

图 10-2　“出库单明细表”的字段设计

1）经销商代码、经销商名称、客户代码、客户名称、单据类型、产品代码、产品名称、数量、单价、合计、出库单日

期、订单号：经销商上报的该销售订单的出库单数据。

2）发票日期、发票号、发票上传状态、发票图片路径：经销商上传发票图片时更新的数据，其中“发票日期”和“发票号”由经销商在上传发票时在系统对应字段上手动填写，“发票图片路径”为发票上传成功后在服务器上保存的物理路径。

3）“发票上传状态”：表示该出库订单的发票是否已上传，默认值为“未上传”，当经销商完成发票上传操作后，该字段的值会更新为“已上传”。

4）“发票核验状态”：表示该出库订单的发票是否已完成核验，默认值为“未核验”。

（1）当机器人比对发票和出库单信息一致时，将该字段的值更新为“核验通过”；

（2）当机器人比对发票和出库单信息不一致时，将该字段的值更新为“核验未通过”；

（3）当机器人未能成功识别到发票上的要素时，将该字段的值更新为“等待人工核验”。

5）“核验备注”：表示该出库订单的发票核验完成后的备注信息，该字段的默认值为“NULL”。

（1）当机器人比对发票和出库单信息一致时，将该字段的值更新为“核验通过”；

（2）当机器人比对发票和出库单信息不一致时，将该字段的值更新为“核验未通过”；

（3）当机器人未能成功识别到发票上的要素时，将该字段的值更新为“发票识别失败，等待人工核验”。

6）记录更新日期、记录更新人：当机器人完成对比更新该条记录时，需将“记录更新人”更新为“Robot1”，“记录更新日期”为“执行更新操作的当前时间”。

根据需求分析，本出库单发票核验机器人的流程设计如图 10-3 所示。

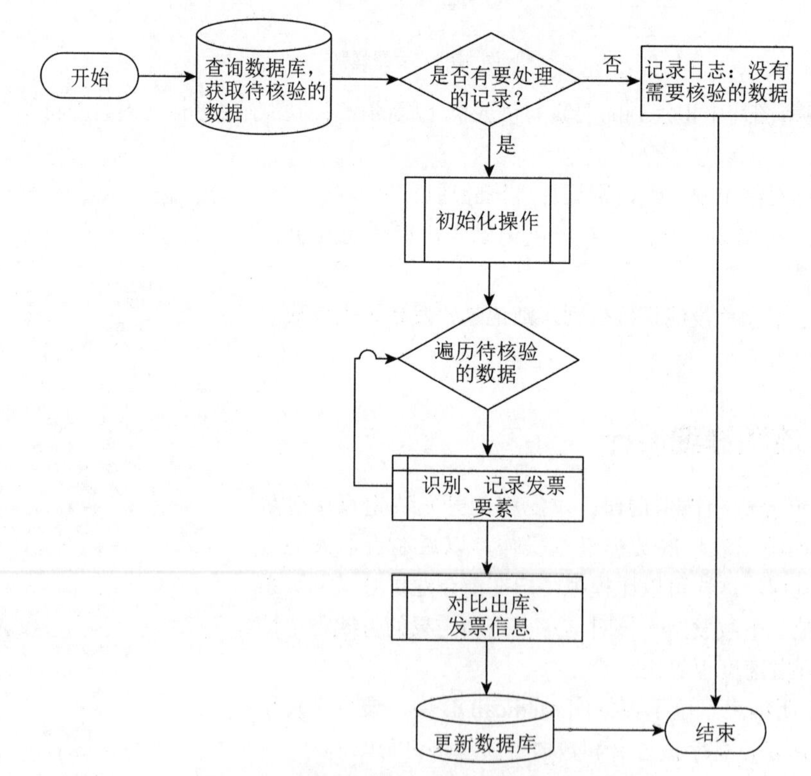

图 10-3　出库单发票核验机器人的流程设计图

出库单发票核验机器人各功能模块的详细设计如下。

1）查询数据库，获取待核验的数据：查询“出库单明细表”中“发票上传状态”为“已上传”，且“发票核验状态”为“未核验”的所有记录，赋值给表变量 dt_NeedCheckInvoice。

2）初始化操作：主要实现以下两个功能。

（1）为表变量 dt_NeedCheckInvoice 添加字段 InvoiceNum、InvoiceDate、SellerName、PurchaserName、CommodityName、CommodityType、CommodityNum、Amount、CheckComments，用于存储后续识别到的发票要素和比对结果。

发票的待识别要素、变量 dt_NeedCheckInvoice 中存储识别到的发票要素字段名和“出库单明细表”中需核验的字段间映射，如表 10-1 所示。

表 10-1　三者字段映射表

发票的待识别要素	存储识别到的发票要素的字段名	出库单明细表要核验的字段名
发票号	InvoiceNum	发票号
开票日期	InvoiceDate	发票日期
销售方的名称	SellerName	经销商名称
购买方的名称	PurchaserName	客户名称
货物及应税劳务名称	CommodityName	产品名称
规格	CommodityType	无
数量	CommodityNum	数量
价税合计	Amount	合计

（2）调用百度 AI 开放平台“鉴权认证机制”接口，获取 Access Token 的值，并赋值给变量 str_AccessToken。

百度 AI 开放平台使用 OAuth 2.0 授权调用开放 API，调用 API 时必须在 URL 中带上 access_token 参数，因此，我们将获取 access-token 的值放在初始化阶段，这样可以避免后续 API 调用时重复调用“鉴权认证机制”接口来获取该值。

3）遍历并识别、更新发票要素。

遍历表变量 dt_NeedCheckInvoice 中的记录，将“发票图片路径”的值传递给百度 AI 开放平台的“增值税发票识别”接口来识别发票内容，提取返回字符串中的发票要素后存储到表变量 dt_NeedCheckInvoice 对应的字段中。

若接口调用过程中返回任何异常，则将 CheckComments 更新为“发票识别失败，等待人工核验”。

最后将表变量 dt_NeedCheckInvoice 的内容输出到“项目所在路径 \Result\”的 Excel 日志文件中，作为流程运行日志，便于流程运行监控与问题排查。

4）对比出库、发票信息。

遍历表变量 dt_NeedCheckInvoice 中的记录，按表 10-1 分别比对识别到的发票要素与出库单明细表中的“发票号、发票日期、经销商名称、客户名称、产品名称、数量、合计”是否一致，同时更新字段 CheckComments 的值。

- 若一致，CheckComments 更新为“核验通过”
- 若不一致，CheckComments 更新为“出库信息与上传的发票不一致”。

最后将表变量 dt_NeedCheckInvoice 再次输出到“项目所在路径 \Result\”的 Excel 日志文件中。

5）更新数据库中的发票核验状态。

遍历表变量 dt_NeedCheckInvoice，根据字段 CheckComments 的值，更新数据表中对应的每条记录的“发票核验状态、核验备注、记录更新人、记录更新时间”。

- 若 CheckComments 值为“核验通过”，则将“发票核验状态”的值更新为“核验通过”。
- 若 CheckComments 值为“出库信息与上传的发票不一致”，则将“发票核验状态”的值更新为“核验未通过”。
- 若 CheckComments 值为“发票识别失败，等待人工核验”，则将“发票核验状态”的值更新为“等待人工核验”。

此外，在流程实现上将百度 AI 开放平台的接口调用以组件库的方式进行封装实现，这样一方面便于提供给其他有类似需求的流程直接调用，避免该功能的重复开发；另一方面也便于日后对除发票识别外的其他 AI 应用进行拓展和统一管理。

以上是出库单发票核验机器人的详细设计，后续的流程开发将按照本节思想进行设计实现。

10.1.3 系统开发必备

1. 开发环境及工具

本项目的开发及运行环境如下。

- 操作系统：Windows 7、Windows 10、Windows 11。
- 开发工具：UiPath 2022.4.1。
- 数据库：Microsoft SQL Server 2016。

2. 项目文件结构

出库单发票核验机器人的项目文件结构如图 10-4 所示。

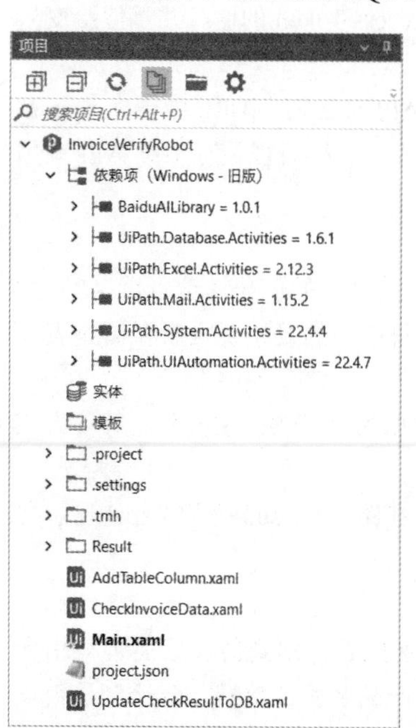

图 10-4 项目文件结构

（1）Result 文件夹：用于存放流程执行过程中识别到的实际发票数据及核对结果的日志文件。

（2）AddTableColumn.xaml：用于在初始化阶段为表变量添加更多列，以存放流程执行过程中识别到的实际发票数据及核对结果。

（3）CheckInvoiceData.xaml：用于将“出库单明细表”中的数据与识别到的实际发票数据进行核验，并更新核验结果。

（4）Main.xaml：主流程文件，是流程启动的入口。

（5）UpdateCheckResultToDB.xaml：用于将核验结果更新到“出库单明细表”中。

3. 开发前准备

1）在百度智能云上创建应用，获取 API Key 和 Secret Key

本流程发票识别的实现借助了百度 AI 开放平台的“增值

税发票识别”接口的调用，该接口位于“文字识别 OCR 产品→财务票据文字识别”下，详细描述可见官网：https://cloud.baidu.com/doc/OCR/s/nk3h7xy2t 。

在实现该接口调用前，需要先完成账号的注册、认证以及应用的创建。具体步骤如下。

（1）浏览器打开百度智能云的文字识别 OCR 产品页面 https://cloud.baidu.com/doc/OCR/index.html ，注册账号并登录，完成个人认证或企业认证。

（2）在页面中单击“立即使用”，进入“控制台总览”页面，如图 10-5 所示。

图 10-5　百度智能云的控制台总览页面

（3）在左侧菜单中选择“应用列表”，在右侧页面中单击“创建应用”按钮。如图 10-6 所示，在“创建新应用”页面中输入“应用名称“和”应用描述”，在“接口选择”中确认“财务票据 OCR →增值税发票识别”已开通，最后单击“立即创建”。

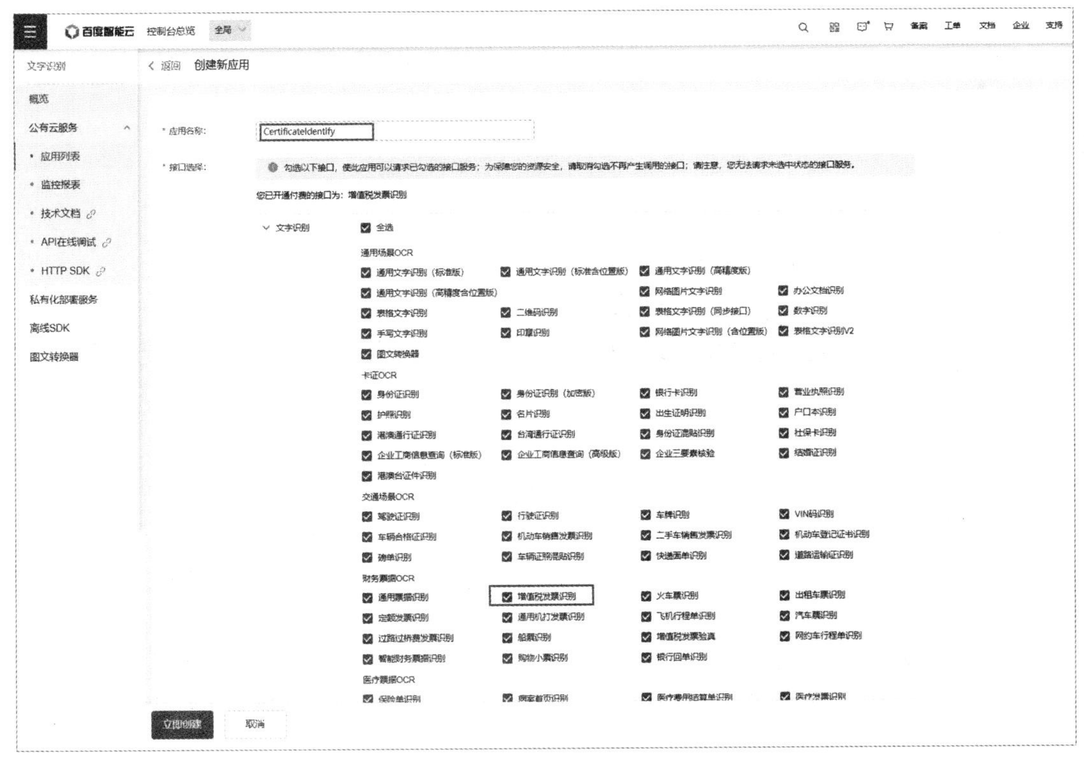

图 10-6 “创建新应用”页面

（4）完成创建后，可看到应用列表中显示了我们创建的应用，如图 10-7 所示，记录下此处的 API Key 和 Secret Key，在后续的接口调用中需要被使用。

2）数据库和测试数据

本流程需连接数据库，实现表数据的查询和更新，因此需先准备数据库环境和相关数据。本案例使用的数据库是 Microsoft SQL Server，需先完成数据库的安装，然后按下列步骤完成测试数据的导入。

（1）新建数据库，名为 MedicalDB。

（2）将“DB 出库单明细 .xlsx”导入到表“出库单明细表”中。

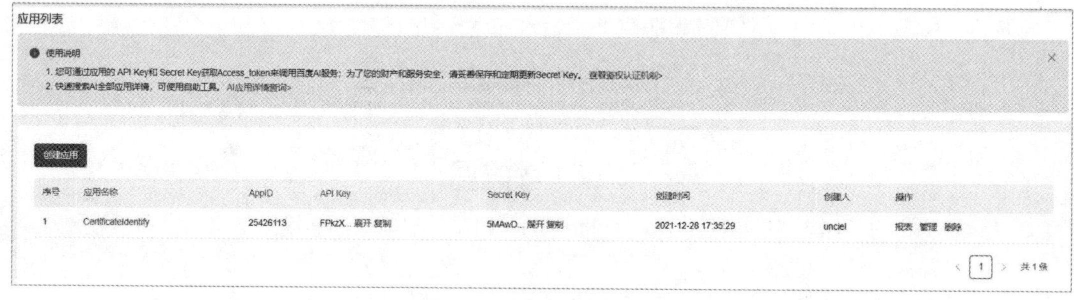

图 10-7 “应用列表”页面

（3）可从“案例集”中获取“DB 出库单明细 .xlsx”文件，并提前将“发票图片路径”列中的数据手动更新为实际发票的存储路径。

①右击“MedicalDB”，在弹出的菜单中选择“任务→导入数据”，在“SQL Server 导入和导出向导”对话框中单击“Next”按钮，如图 10-8 所示。

②在“选择数据源”页面，“数据源”选择“Microsoft Excel”，“Excel 文件路径”选择“DB 出库单明细 .xlsx”文件所在路径，勾选“首行包含列名称”复选框，单击“Next”按钮，如图 10-9 所示。

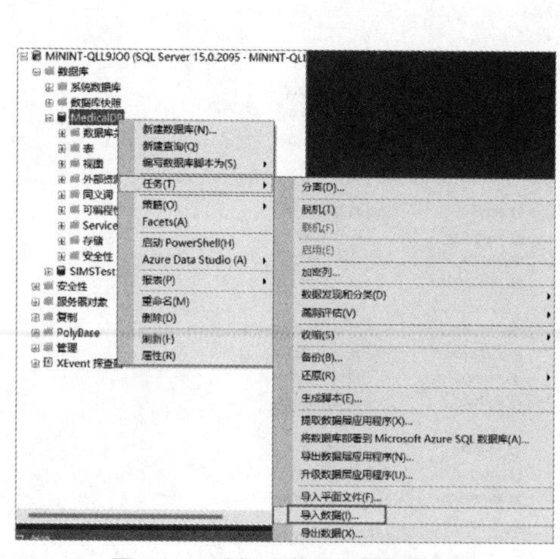

图 10-8 选择“任务→导入数据”

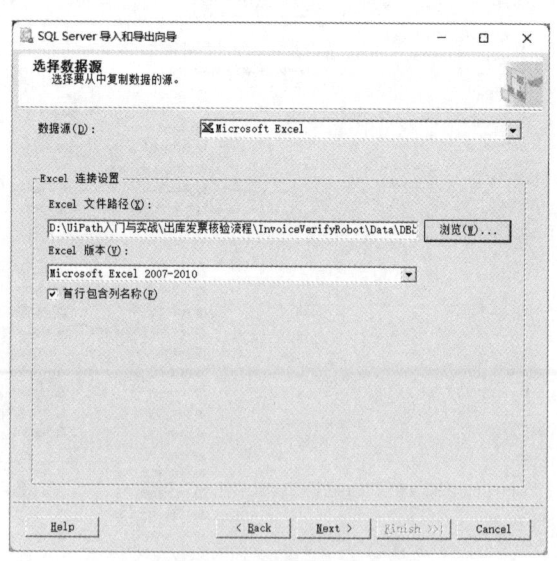

图 10-9 “选择数据源”页面

③在“选择目标”页面，“目标”选择“SQL Server Native Client 11.0”，“服务器名称”设置为实际的数据库服务器名称，“数据库”为“MedicalDB”，设置相应的身份验证使其能成功连接该数据库，如图 10-10 所示，单击“Next”。

④在“指定表复制或查询”页面中，选中“复制一个或多个表或视图的数据”单选钮，如图 10-11 所示，单击“Next”按钮。

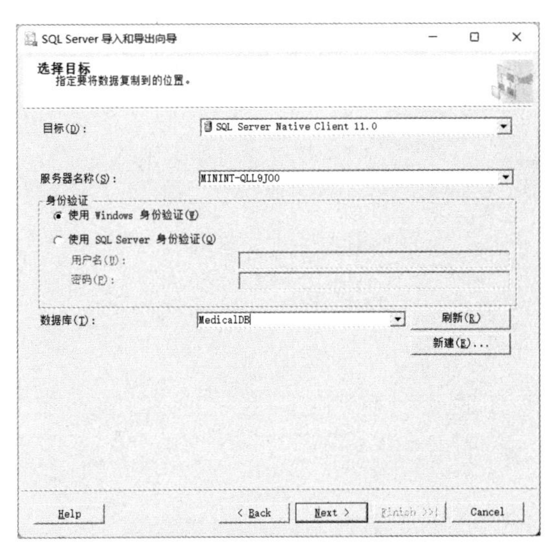

图 10-10　“选择目标”页面

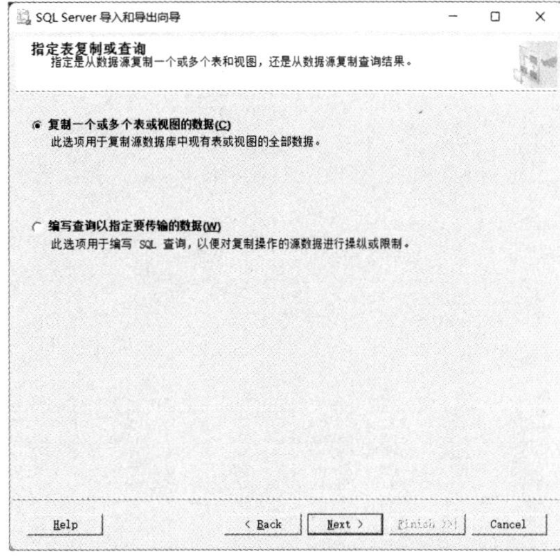

图 10-11　“指定表复制或查询”页面

⑤在“选择源表和源视图”弹框中，将“目标”设置为“[dbo].[出库单明细表]”，如图 10-12 所示，单击“Finish”按钮。

⑥在“Complete the Wizard”页面中单击“Finish”按钮，如图 10-13 所示。

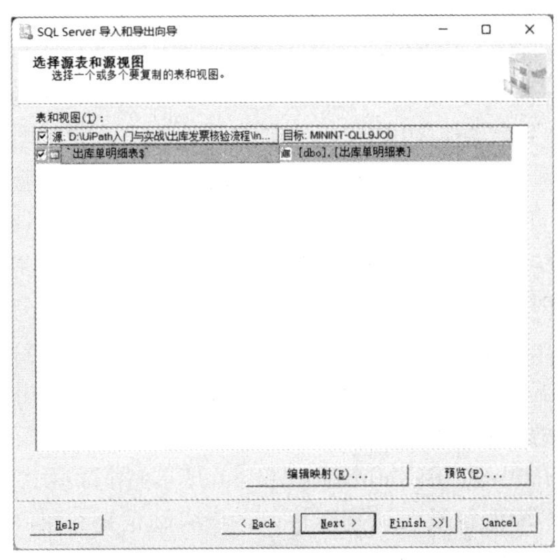

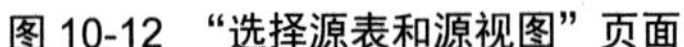

图 10-12　“选择源表和源视图”页面

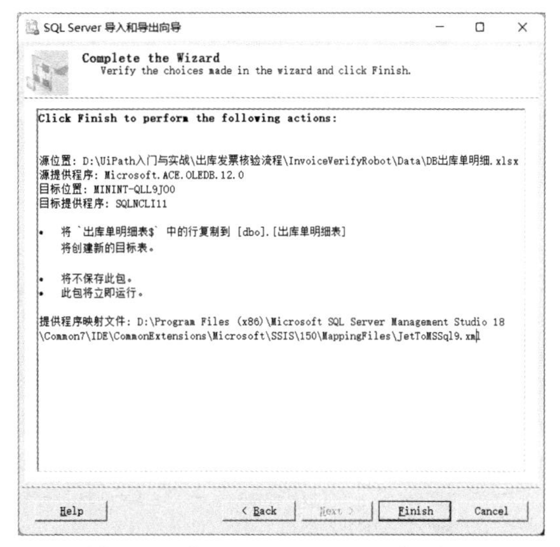

图 10-13　“Complete the Wizard”页面

⑦查看是否执行成功，执行成功后单击“Close”按钮，如图 10-14 所示。

3）查询“出库单明细表”，查看测试数据均已导入数据库中，如图 10-15 所示。

图 10-14 “执行成功”页面

	Id	经..	经销商名称	客.	客户名称	单据类型	产品代码	产品名称	数量	单价	合计	发票日期	发票号	出库单日期	订单号	发票上传状态	发票图片路径	发票核验状态	核验备注	记录更新日期	记录更新人
1	10001	M..	测试供应商1	C..	医院客户A	销售出库单	P000001	试纸	196	20...	45840	2022-01-17	12007007	2022-01-15	A0...	已上传	D:\UiPath入门与实战\...	未核验	NULL	2022-04-24	User1
2	10002	M..	测试供应商2	C..	医院客户B	销售出库单	P000002	试剂	72	15...	12240	2022-04-18	12007008	2022-04-15	A0...	已上传	D:\UiPath入门与实战\...	未核验	NULL	2022-04-24	User1
3	10003	M..	测试供应商1	C..	医院客户B	销售出库单	P000002	试剂	100	16...	19200	2022-04-25	12007009	2022-04-25	A0...	已上传	D:\UiPath入门与实战\...	未核验	NULL	2022-04-25	User1
4	10004	M..	测试供应商1	C..	医院客户A	销售出库单	P000001	试纸	300	23...	79920	2022-04-07	12007010	2022-04-07	A0...	已上传	D:\UiPath入门与实战\...	未核验	NULL	2022-04-25	User1
5	10005	M..	测试供应商1	C..	医院客户A	销售出库单	P000001	试纸	30	21...	7199.76	NULL	NULL	2022-04-24	A0...	未上传	NULL	未核验	NULL	2022-04-25	User1
6	10006	M..	测试供应商1	C..	医院客户A	销售出库单	P000001	试纸	100	25...	28799.04	NULL	NULL	2022-04-11	A0...	未上传	NULL	未核验	NULL	2022-04-25	User1
7	10007	M..	测试供应商1	C..	医院客户A	销售出库单	P000001	试纸	200	15...	35548.815	2022-04-14	02276589	2022-04-14	A0...	未上传	NULL	未核验	NULL	2022-04-25	User1
8	10008	M..	测试供应商1	C..	医院客户A	销售出库单	P000001	试纸	400	23...	107996.4	2022-04-02	02276547	2022-04-02	A0...	未上传	NULL	未核验	NULL	2022-07-25	User1
9	10009	M..	测试供应商1	C..	医院客户A	销售出库单	P000001	试纸	5	15...	899.97	2022-04-13	02276578	2022-04-13	A0...	已上传	D:\UiPath入门与实战\...	核验通过	机器人核验通过	2022-07-25	Robot1

图 10-15 成功导入“出库单明细表”的数据

完成上述各项准备工作后，下面我们便开始出库单发票核验机器人的流程开发工作。

10.1.4 企业 AI 库的实现

通过创建库（Library），来创建可重用的组件，然后将这些组件发布为一个包（Package），之后，将该包作为依赖项添加到自动化流程中，供其他自动化流程调用。

本案例中，我们将 OCR 实现发票识别的功能进行封装，创建“企业 AI 库（CompanyAILibrary）”，该 Library 开发完成后的项目文件结构如图 10-16 所示，主要任务是完成下列两个工作流的开发工作。

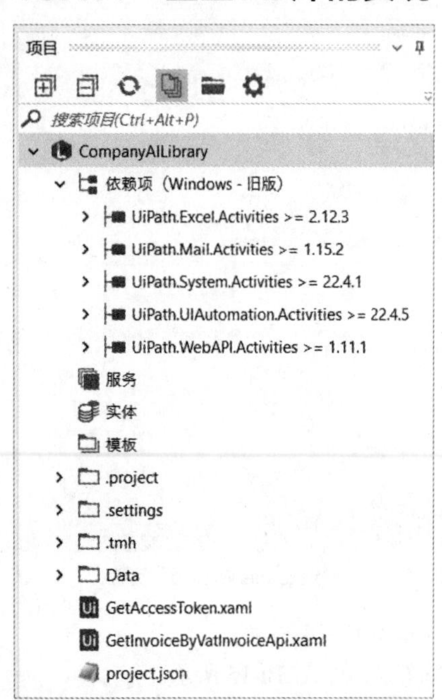

图 10-16 企业 AI 库（CompanyAILibrary）-项目文件结构

（1）GetAcessToken.xaml：调用百度 AI 开放平台“鉴权认证机制”接口，获取到 Access Token 的值，并通过输出参数传出该值。

（2）GetInvoiceByVatInvoiceApi.xaml：调用百度 AI 开放平台“增值税发票识别”接口，获取到识别结果，并通过输出参数传出该值。

1. 创建库

首先，我们需要创建一个“库 (Library)”，具体步骤如下。

1）打开 UiPath Studio，在“新建项目”中单击“库”，如图 10-17 所示。

2）在“新建空白库”对话框中，填写“名称”“位置”“说明”“语言”，单击“创建”按钮。本案例设置如图 10-18 所示。创建完成后，空白库的项目文件结构如图 10-19 所示。

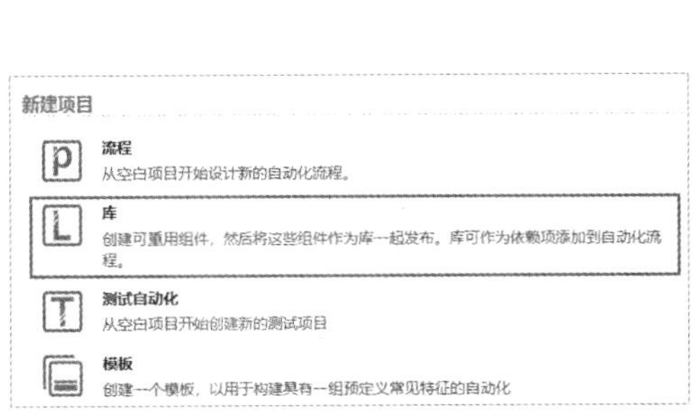

图 10-17　新建库

图 10-18　“新建空白库”对话框

3）添加依赖项 UiPath.WebAPI.Activities。

（1）单击工具栏中的“管理程序包”，如图 10-20 所示。

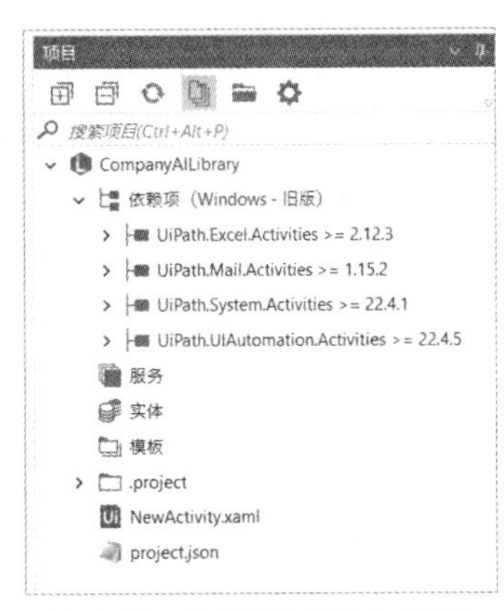

图 10-19　空白库的项目文件结构

图 10-25　单击“管理程序包”

（2）在“管理包”对话框中，单击“正式”选项卡，在查询栏中输入“UiPath.WebAPI.Activities”，查询获得该组件后在右侧面板中单击“安装”按钮，如图 10-21 所示，最后单击“保存”按钮，系统将进行组件的安装。

（3）安装完成后对话框会自动关闭，回到项目面板，在“项目→依赖项”中可看到 UiPath.WebAPI.Activities 已被添加进项目，如图 10-22 所示。

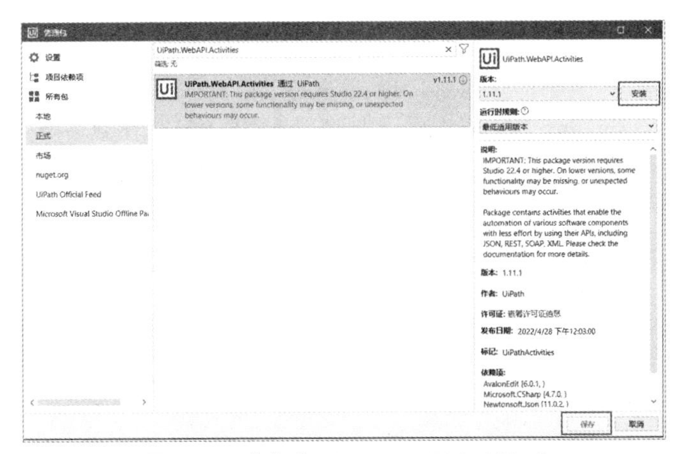

图 10-21　安装“UiPath.WebAPI.Activities”

下面我们进行两个组件的实现。

2. GetAccessToken.xaml 的实现

GetAccessToken.xaml 的设计如图 10-23 所示，实现步骤如下。

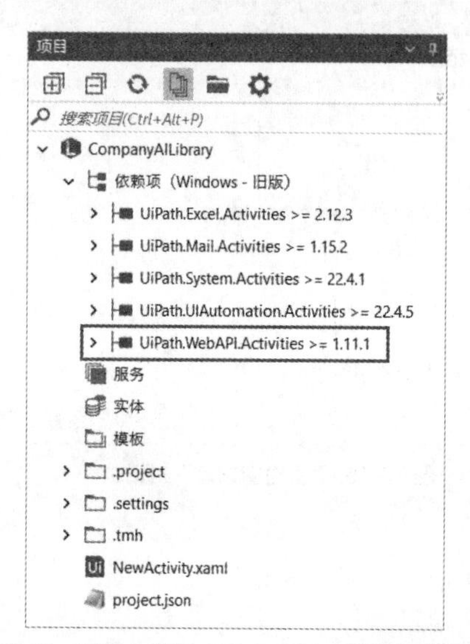

图 10-22　UiPath.WebAPI.Activities 被添加进项目

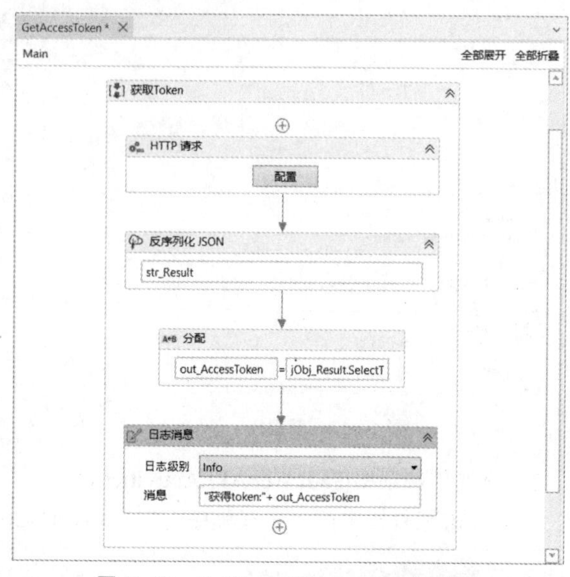

图 10-23　GetAccessToken.xaml 的设计

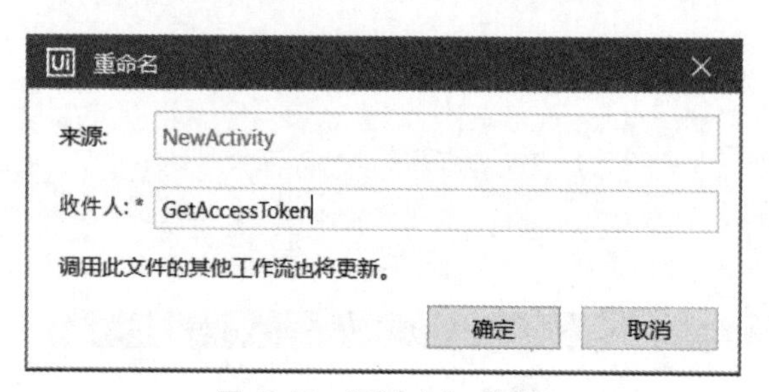

图 10-24 “重命名”对话框

1）将项目创建时自建的“NewActivity.xaml”重命名为“GetAccessToken.xaml”。右击“NewActivity.xaml”文件，在弹出的菜单中选择“重命名”，在弹出的“重命名”对话框的“收件人”中输入“GetAccessToken”，单击“确定”按钮，如图 10-24 所示。

2）双击打开 GetAccessToken.xaml 文件。在设计面板的“参数”区域分别添加两个入参和一个出参，这三个参数的作用说明如下，设置如图 10-25 所示。

- in_ClientId：接口调用时需要传入的参数，请根据所建应用的实际值来设置，获取方式请见“10.1.3.3 开发前准备”章节的描述。
- in_ClientSecret：接口调用时需要传入的参数，请根据所建应用的实际值来设置，获取方式请见“10.1.3.3 开发前准备”章节的描述。
- out_AccessToken：用于传出调用 API 后返回的 Token 值。

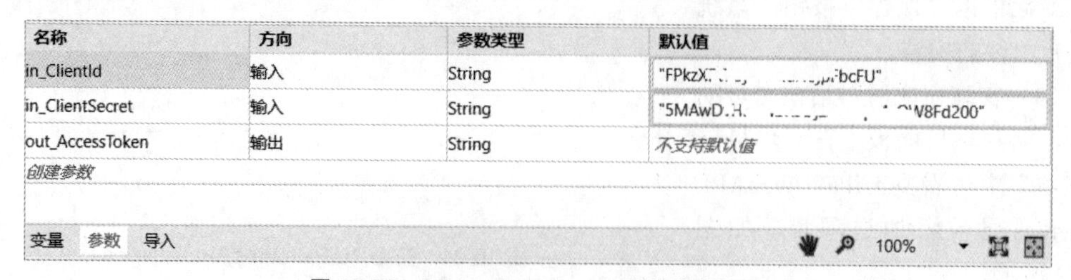

图 10-25　GetAccessToken.xaml 的参数设置

此外，本流程会用到两个变量，如图 10-26 所示，具体的创建步骤将在后续的实现过程中描述。

名称	变量类型	范围	默认值
str_Result	String	获取Token	输入 VB 表达式
jObj_Result	JObject	获取Token	输入 VB 表达式
创建变量			

图 10-26 GetAccessToken.xaml 的变量设置

3）添加和配置“HTTP 请求”活动。

（1）在活动面板中搜索“HTTP 请求”，将其拖曳至设计面板中，如图 10-27 所示。

（2）单击“HTTP 请求”活动，在右侧属性面板中完成相关设置，如图 10-28 所示。

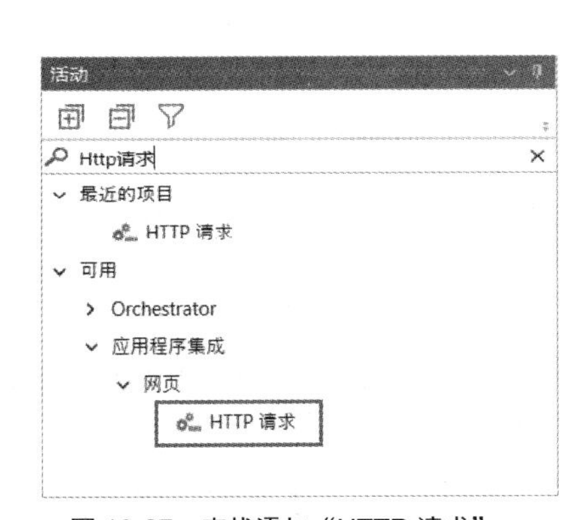

图 10-27 查找添加“HTTP 请求”

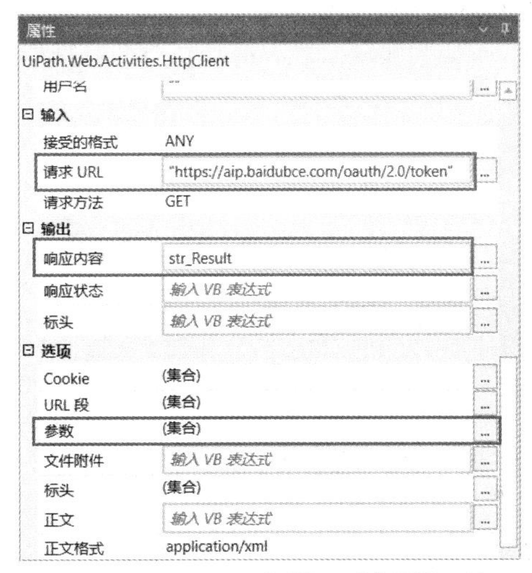

图 10-28 “HTTP 请求”活动的属性面板

①“输入→请求 URL”：”https://aip.baidubce.com/oauth/2.0/token”。

②“输出→响应内容”：创建 String 类型的变量 str_Result，用于存储 API 返回的数据。

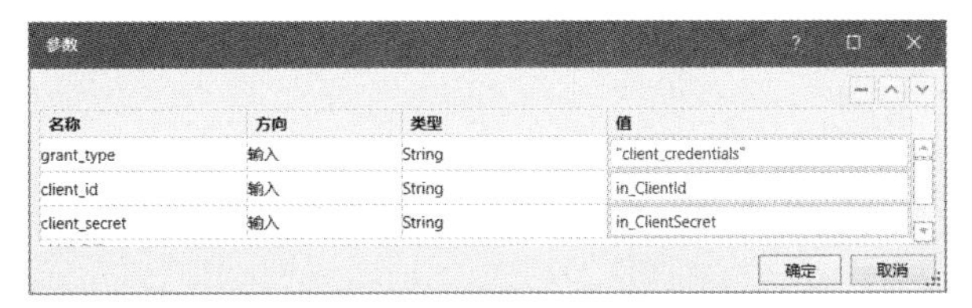

名称	方向	类型	值
grant_type	输入	String	"client_credentials"
client_id	输入	String	in_ClientId
client_secret	输入	String	in_ClientSecret

图 10-29 “HTTP 请求”的参数配置

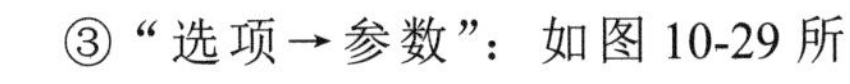

③“选项→参数”：如图 10-29 所示，设置三个请求参数，其中参数 grant_type 的值是字符串常量“"client_credentials"”，参数 client_id 和 client_secret 的值分别是参数 in_ClientId 和参数 in_ClientSecret。

4）添加和配置“反序列化 JSON”活动。

（1）在活动面板中搜索“反序列化 JSON”，将其拖曳至“HTTP 请求”组件的下方，如图 10-30 所示。

（2）在右侧属性面板中，完成下列设置，如图 10-31 所示。

①“输入→ JSON 字符串”：输入变量 str_Result。

②“输出→ JSON 对象”：创建 JOjbect 类型的变量 jObj_Result。

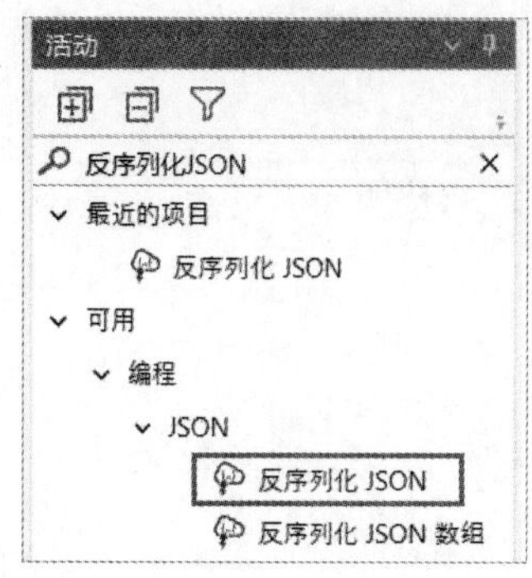

图 10-30　查找添加“反序列化 JSON”

图 10-31　“反序列化 JSON”活动的属性面板

5）在“反序列化 JSON”下方添加和配置“分配”活动，属性面板如图 10-32 所示，通过 jObj_Result.SelectToken("access_token").ToString 来获得 jObj_Result 中 access_token 的值，将其赋值给参数 out_AccessToken。

6）添加和配置“日志消息”活动，输出获取到的 access_token 日志信息，其属性面板如图 10-33 所示。

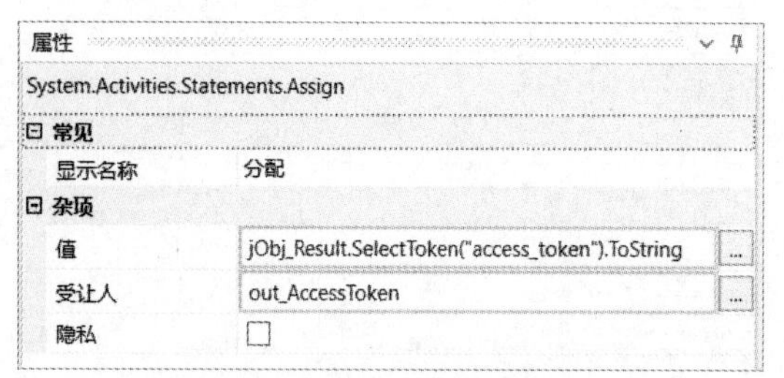

图 10-32　“分配”活动的属性面板

图 10-33　GetAccessToken.xaml “日志消息”活动的属性面板

完成上述步骤后运行流程，在输出面板中查看结果，如图 10-34 所示 token 值被成功输出。

3. GetInvoiceByVatInvoiceApi.xaml 流程的实现

GetInvoiceByVatInvoiceApi.xaml 的设计如图 10-35 所示，实现步骤如下文所述。

图 10-34　GetAccessToken.xaml 流程执行的输出信息

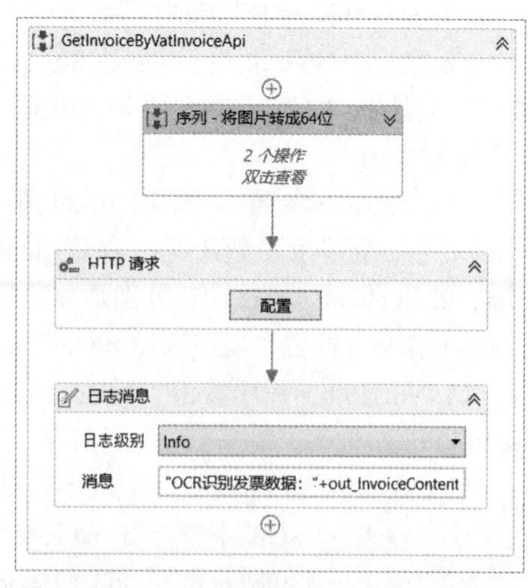

图 10-35　GetInvoiceByVatInvoiceApi.xaml 的设计

1）项目面板的项目名称上右击，在弹出的菜单中选择“添加→工作流”，新建一个工作流文件，将其命名为“GetInvoiceByVatInvoiceApi.xaml”，如图 10-36 和图 10-37 所示。

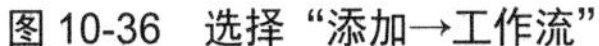

图 10-36　选择“添加→工作流”

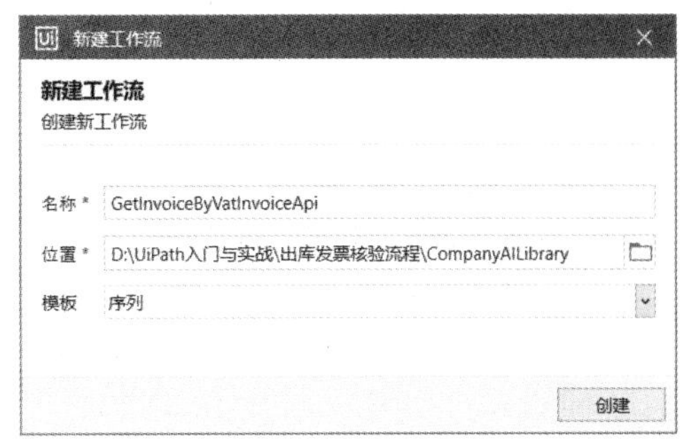

图 10-37　新建工作流 GetInvoiceByVatInvoiceApi.xaml

2）双击打开 GetInvoiceByVatInvoiceApi.xaml 文件，在设计面板的“参数”区域分别添加两个入参和一个出参。这三个参数的作用如下，设置如图 10-38 所示。

名称	方向	参数类型	默认值
in_AccessToken	输入	String	"24.1146f644be0241cc5603cfaafa625a00.2592000.1662620977.282335-25426113"
in_InvoiceImgPath	输入	String	"D:\UiPath入门与实战\出库发票核验流程\CompanyAlLibrary\Data\testImg.jpg"
out_InvoiceContent	输出	String	不支持默认值

变量　参数　导入　100%

图 10-38　GetInvoiceByVatInvoiceApi.xaml 的参数配置

- in_AccessToken：接口调用时需要传入的参数，是通过 API Key 和 Secret Key 获取的 access_token，即通过 GetAccessToken.xaml 获取到的 token 值。为方便测试，此处先将默认值手动设置为执行 GetAccessToken.xaml 后得到的 token 值。
- in_InvoiceImgPath：需要识别的发票图片的路径。在此，我们先将默认值设置为测试图片路径，在实际发票核验流程的执行过程中，将会传入从数据库中获取到的发票图片物理路径的值。
- out_InvoiceContent：用于传递调用 API 后返回的识别到的结果字符串。

3）添加一个“序列”控件，将其重命名为“序列 - 将图片转成 64 位”。

调用“增值税发票识别”API 时，Body 中放置的请求参数可以是 image/url/pdf file 三选一，用于传递需识别的发票图片。本案例我们选用 image，故在调用 API 前需先将图片转成图像数据，即将图片进行 base64 编码后进行 urlencode 来传递图像数据，实现如图 10-39 所示。

（1）在序列中添加一个“分配”活动，创建一个 Byte[] 类型的变量 byte_InvoiceImg，将 System.IO.File.ReadAllBytes(in_InvoiceImgPath) 赋值给该变量，实现读取图片并赋值给字节数组类型的变量 byte_InvoiceImg。该“分配”活动的属性面板如图 10-40 所示。

（2）再加入一个“分配”活动，创建一个 String 类型的变量 str_InvoiceImg64，将 Convert.ToBase64String(byte_InvoiceImg) 赋值给该变量，实现将字节数组转换为用 Base64 数字编码的等效字符串。该“分配”活动的属性配置如图 10-41 所示。

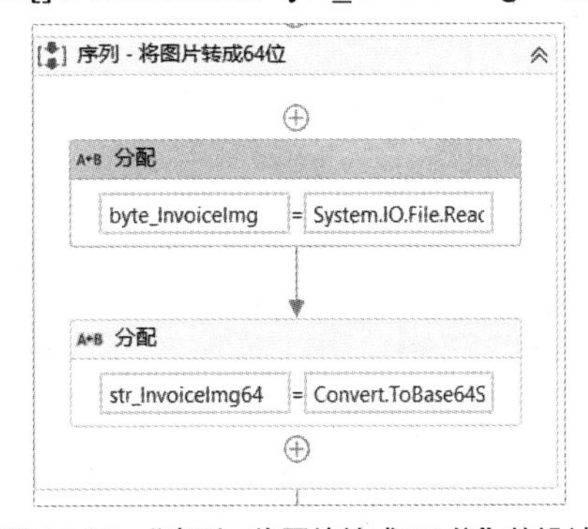

图 10-39　“序列 - 将图片转成 64 位”的设计

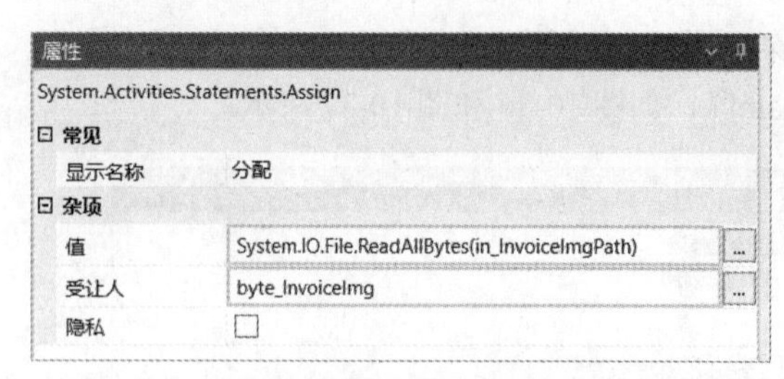

图 10-40 “分配”活动的属性面板 - 读取图片赋给变量 byte_InvoiceImg

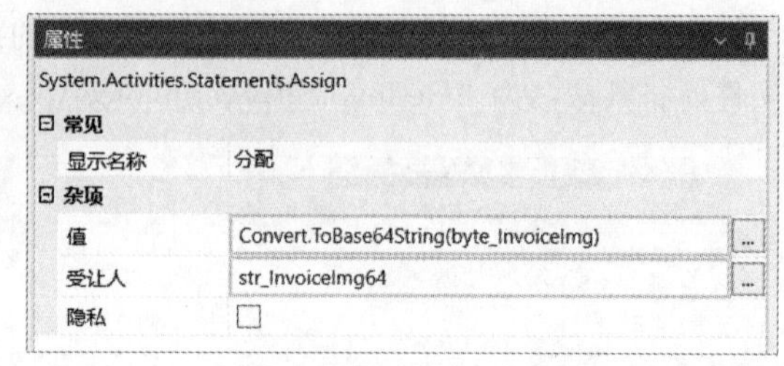

图 10-41 “分配”活动的属性面板 - Base64 编码转换

（3）单击“变量”，将变量 str_InvoiceImg64 的范围放大到整个流程，以便该流程文件中的后续活动能够调用到该变量，如图 10-42 所示。

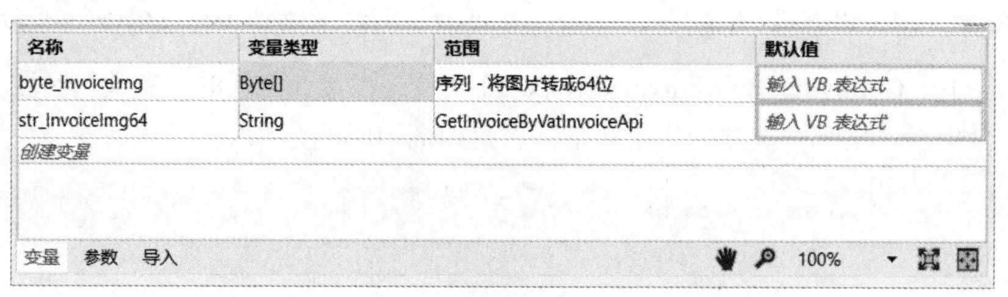

图 10-42 “序列 - 将图片转成 64 位”的变量配置

4）在“序列 - 将图片转成 64 位”下方加入“HTTP 请求”活动，并完成下列设置，如图 10-43 所示。

（1）“输入→请求 URL”："https://aip.baidubce.com/rest/2.0/ocr/v1/vat_invoice"。

（2）“输出→响应内容”：创建一个字符串变量 out_InvoiceContent。

（3）“选项→参数”：在“参数”对话框中，添加两个请求 API 时需传入的参数，并分别赋值，具体配置如图 10-44 所示。

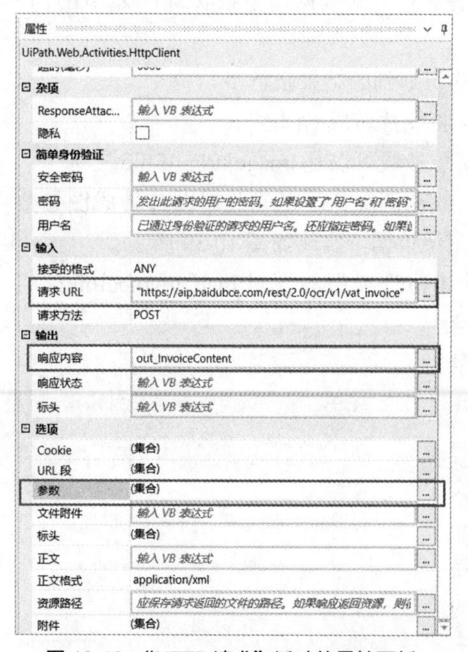

图 10-43 “HTTP 请求”活动的属性面板

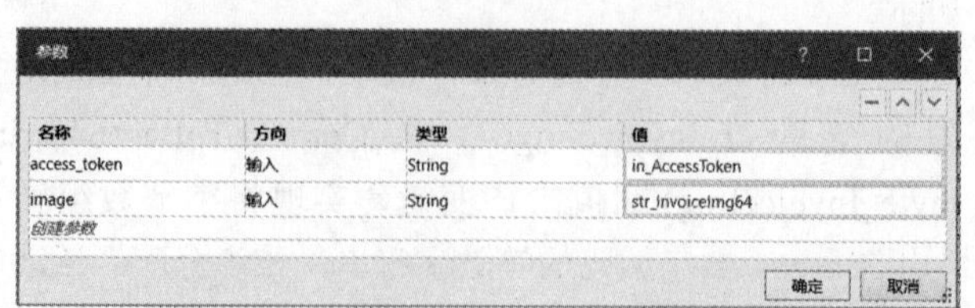

图 10-44 “HTTP 请求”中的参数配置

- access_token：赋值为变量 in_AccessToken。
- image：赋值为变量 str_InvoiceImg64。

5）加入一个“日志消息”活动，打印接口调用成功后返回的结果数据，其属性面板如图 10-45 所示。

6）完成上述步骤后单击工具栏中的“调试文件→运行文件”，运行 GetInvoiceByVatInvoiceApi.xaml，在输出面板中查看结果，如图 10-46 所示，可看到发票图片上的数据被成功识别并输出，核对相关字段的值是否正确。

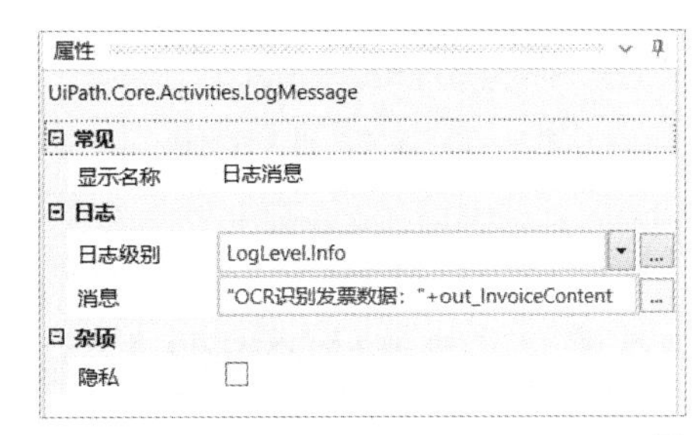

图 10-45　GetInvoiceByVatInvoiceApi.xaml 日志消息的属性配置

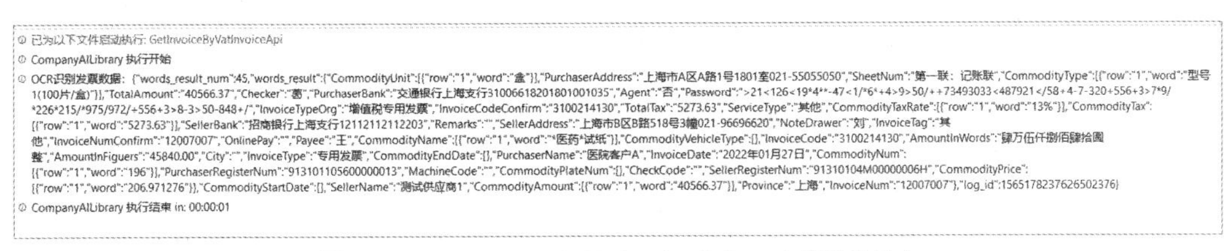

图 10-46　GetInvoiceByVatInvoiceApi.xaml 的输出日志

4. 打包库

组件库开发完成后，需要对其进行发布操作，生成后缀为 .nupkg 的文件，才能供其他流程安装调用，具体步骤如下。

（1）在工具栏中单击“发布”按钮，如图 10-47 所示。

图 10-47　单击“发布”按钮

（2）在“发布库”对话框的“发布选项”中，将“发布至”选择为“自定义”，“自定义 URL”设置为“< 自定义的路径 >”，单击“发布”按钮，如图 10-48 所示。

（3）发布成功后，在“信息”对话框中单击“确定”按钮，如图 10-49 所示。

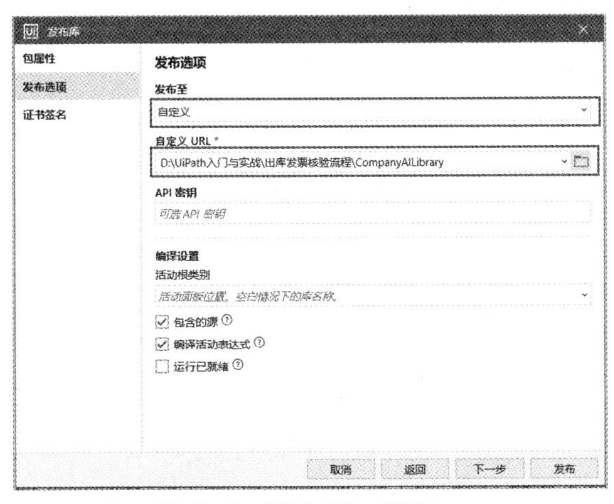

图 10-48　“发布库”对话框

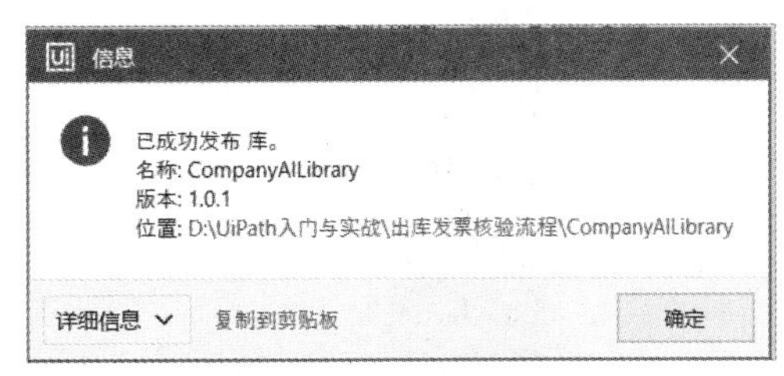

图 10-49　“信息”对话框

CompanyAILibrary.1.0.1.nupkg

图 10-50　发布的组件库文件

（4）进入发布库时设置的自定义 URL 路径，查看最终发布的组件库文件 CompanyAILibrary.1.0.1.nupkg，如图 10-50 所示。组件库发布完成后，这个组件库就可以被其他项目安装和调用了。

10.1.5　发票核验机器人的实现

发票核验机器人的实现遵循了 10.1.2 节的设计思想，首先通过查询数据库获取待核验的数据，接着判断是否有需核验的数据，若有则执行初始化操作、遍历并识别更新发票要素、对比出库与发票信息和更新数据库的一系列操作，若无则直接结束流程。项目文件结构见 10.1.3 节的介绍，最终的流程实现如图 10-51 所示。

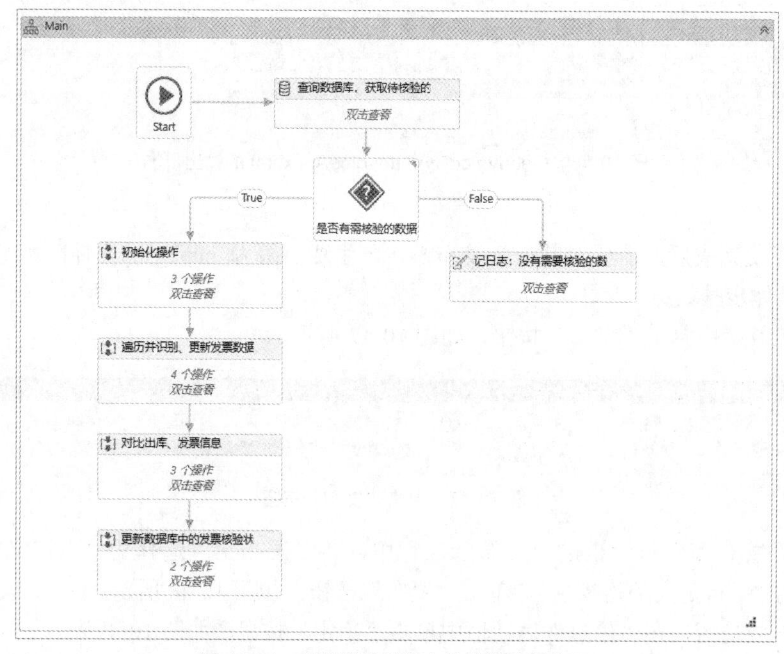

图 10-51　发票核验机器人最终的流程实现

下面将详细介绍发票核验机器人的实现步骤。

1. 创建项目、添加依赖项、搭建主框架

1）创建项目

（1）单击“开始”菜单，在新建项目中单击“流程”，如图 10-52 所示。

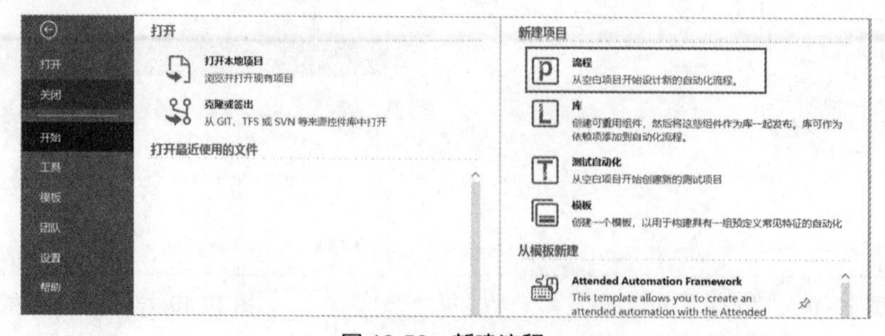

图 10-52　新建流程

（2）在弹出的“新建空白流程”对话框中输入项目名称和位置，单击“创建”按钮，如图 10-53 所示。

- 名称：InvoiceVerifyRobot。
- 位置：D:\UiPath 入门与实战\出库发票核验流程。

2）添加、安装依赖项

我们需要在项目中安装 10.1.4 小节开发并发布的组件库 CompanyAILibrary.1.0.1.nupkg，以及数据库相关操作需要用到的组件 UIPath.Database.Activities。

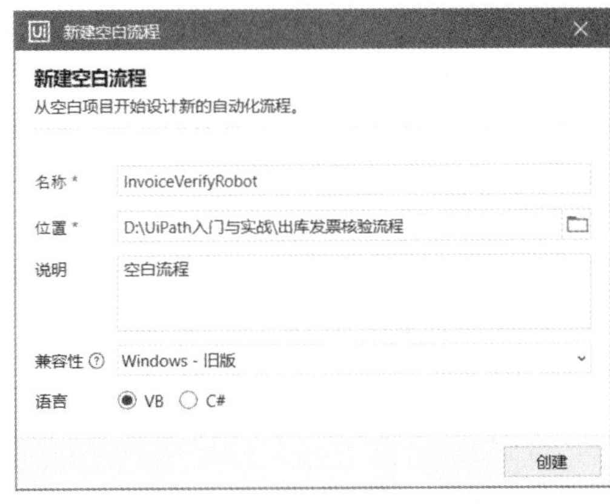

图 10-53　新建空白项目 - 创建

（1）单击工具栏中的“管理程序包”，如图 10-54 所示。

图 10-54　单击“管理程序包”

（2）在“管理包”对话框的“设置”选项卡中，查看并获取“本地”默认包来源的路径，如图 10-55 所示，本案例计算机上的路径是“C:\Users\Administrator\AppData\Local\Programs\UiPath\Studio\Packages”。

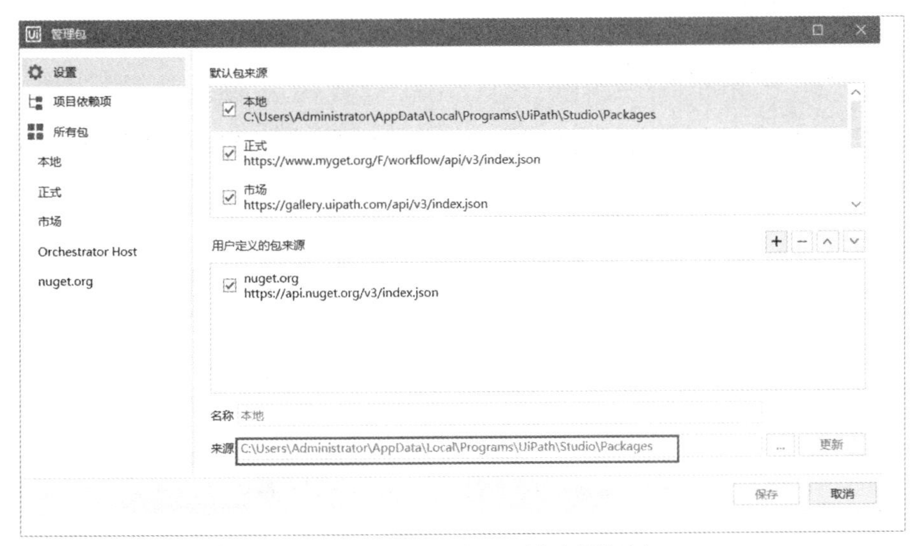

图 10-55　获取“本地”默认包来源的路径

（3）将 10.1.4 小节发布的组件 CompanyAILibrary.1.0.1.nupkg 文件复制、粘贴至“本地”默认包来源的路径下，这样便可在下一步搜索到并安装该组件了。

（4）在“本地”选项卡中查询“CompanyAILibrary”，单击查询到的组件后，再单击右侧的“安装”按钮，最后单击“保存”，如图 10-56 所示。

（5）安装完成后，回到活动面板，搜索“CompanyAILibrary”，可看到我们自定义的 GetAccessToken 和 GetInvoiceByVatInvoiceApi 已显示在了活动面板中，如图 10-57 所示。

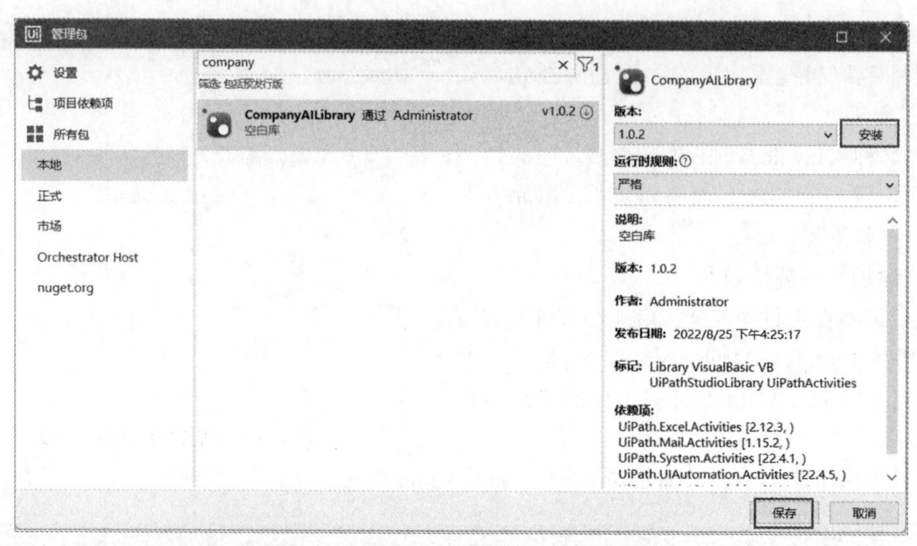

图 10-56　安装 CompanyAILibrary 组件库

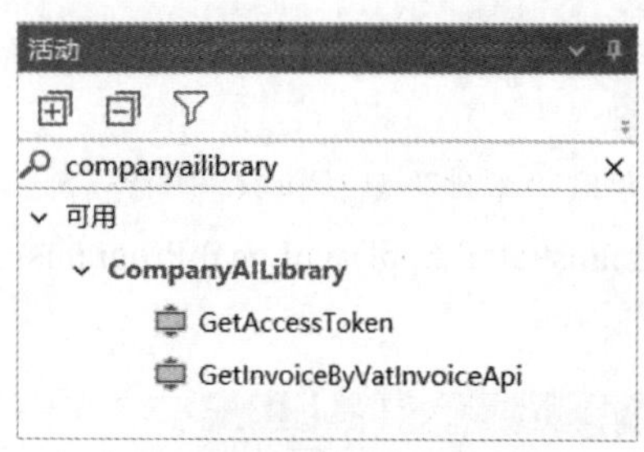

图 10-57　查询 CompanyAILibrary 组件

（6）单击工具栏中的“管理程序包”，在“管理包”对话框中选择“所有包”，查询栏中输入“UIPath.Database.Activities”，在查询结果中选中该活动，单击右侧的“安装”按钮后再单击“保存”按钮，如图 10-58 所示。

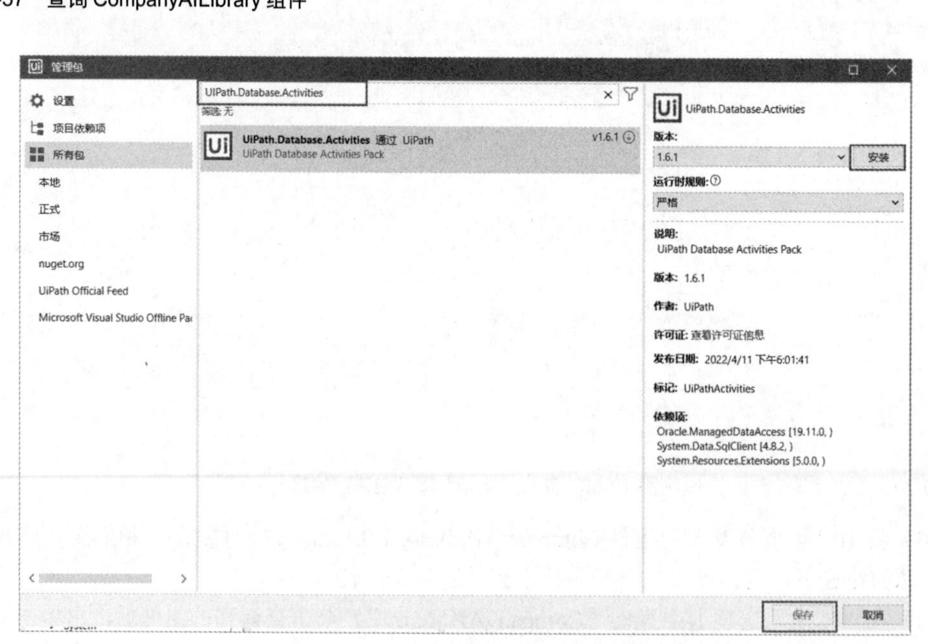

图 10-58　安装 UIPath.Database.Activities

（7）安装完成后，在活动面板中搜索“数据库”，在可用的应用程序集成中可看到数据库操作相关的活动组件，如图 10-59 所示。

3）搭建主框架

本案例我们使用流程图（FlowChart）作为主流程框架，流程整体框架的搭建步骤如下。

（1）打开主工作流 Main.xaml，在活动面板搜索“流程图”，如图 10-60 所示。将其拖曳至 Main 中，并将其“显示名称”更新为“Main”，如图 10-61 所示，它有一个 Start 节点。

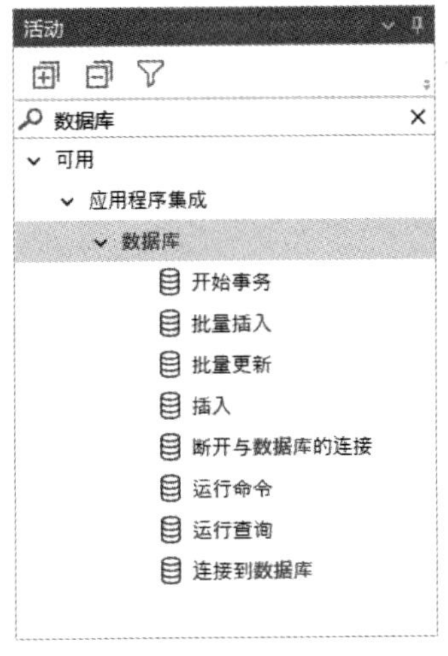

图 10-59　查询“数据库”组件

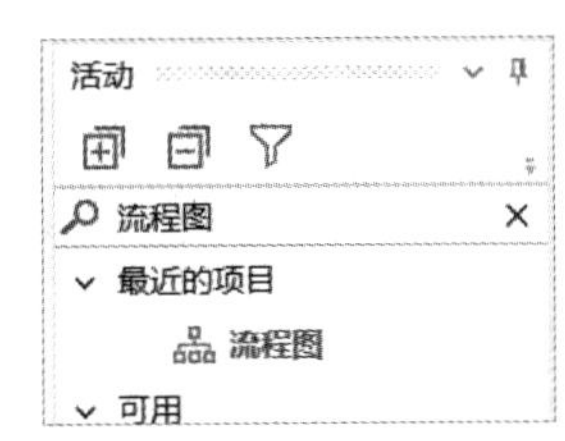

图 10-60　搜索“流程图”活动

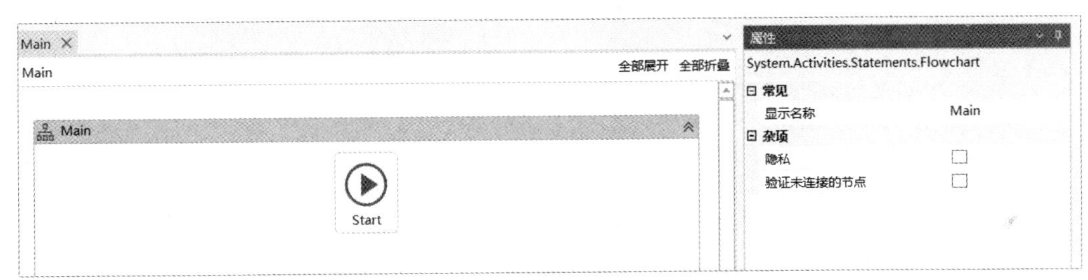

图 10-61　更新“显示名称”

（2）在活动面板查询“运行查询”，如图 10-62 所示，将其拖曳至设计面板中，将其“显示名称”更新为“查询数据库，获取待核验的数据”，并将 Start 连接到该活动。

（3）在活动面板中查询“流程决策”，如图 10-63 所示，将其拖曳至设计面板中，将其“显示名称”更新为“是否有需核验的数据”，用于判断数据库中是否有需要核验的记录。

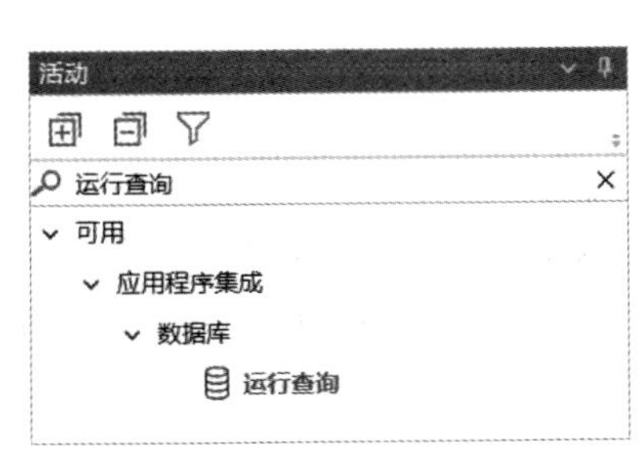

图 10-62　搜索“运行查询”

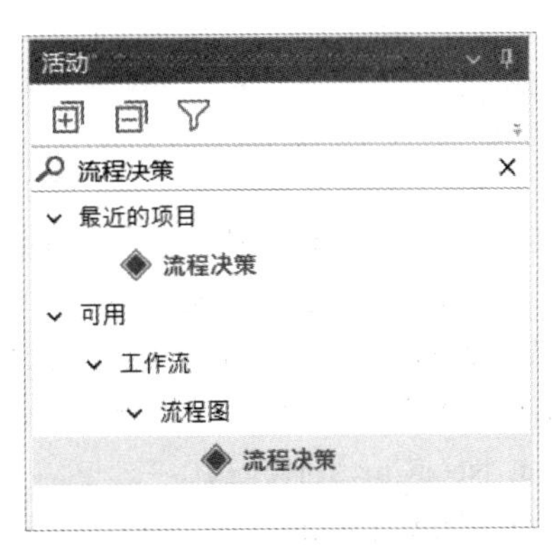

图 10-63　搜索“流程决策”

（4）分别添加四个序列（Sequence），依次更改显示名为“初始化操作”“遍历并识别、更新发票数据”“对比出库、发票信息”“更新数据库中的发票核验状态”，将流程决策为 True 的分支顺序指向这四个活动。

（5）添加一个“日志消息”活动，将显示名更新为“记日志：没有需要核验的数据”，将流程决策为 False 的分支指向该活动。

至此，主流程的总体框架便搭建完成了，如图 10-64 所示。

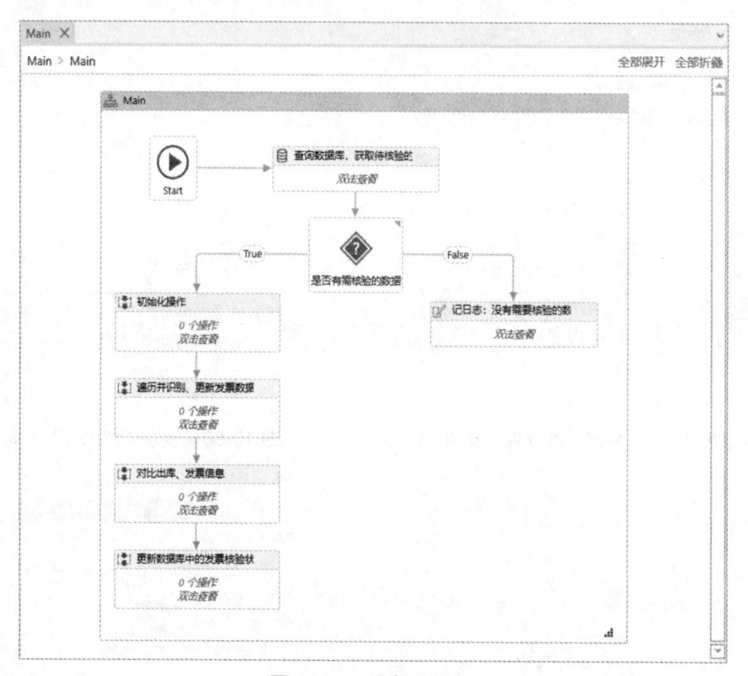

图 10-64　流程主框架

（6）单击变量面板，如图 10-65 所示添加三个作用范围为 Main 的变量，具体意义如下。

- dt_NeedCheckInvoice：用于存储待核验的发票记录及流程执行过程中产生的数据。
- str_AccessToken：用于存储调用 Api 后获取到的 Token 值。
- str_LogPath：用于存储流程执行过程中产生的日志文件的存放路径。

名称	变量类型	范围	默认值
dt_NeedCheckInvoice	DataTable	Main	输入 VB 表达式
str_AccessToken	String	Main	输入 VB 表达式
str_LogPath	String	Main	"D:\UiPath入门与实战\出库发票核验流程\InvoiceVerifyRobot\Result\"
创建变量			

图 10-65　流程的变量设置

下面详细介绍流程各功能模块的具体实现。

2. 查询数据库模块的实现

“查询数据库，获取待核验的数据”的功能是要查询数据库 MedicalDB 的出库单明细表，获取所有满足“发票上传状态”为“已上传”，“发票核验状态”为“未核验”的记录，将其赋值给变量 dt_NeedCheckInvoice。

配置数据库连接如下：

（1）双击“查询数据库，获取待核验的数据”活动，单击“配置连接”按钮，如图 10-66 所示。

（2）在弹出的“编辑连接设置”对话框中，单击“连接向导”按钮，如图 10-67 所示。

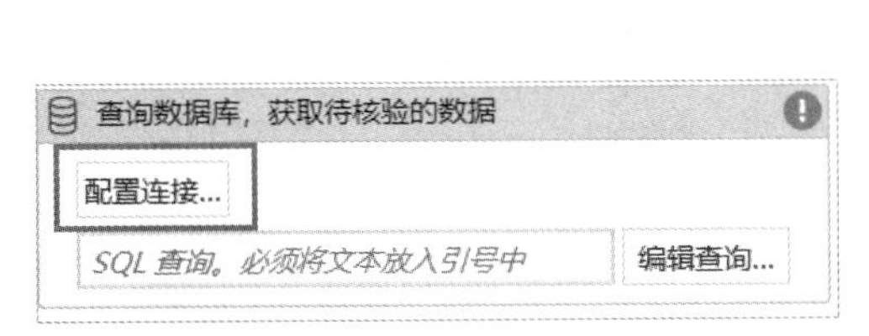

图 10-66　单击“配置连接”

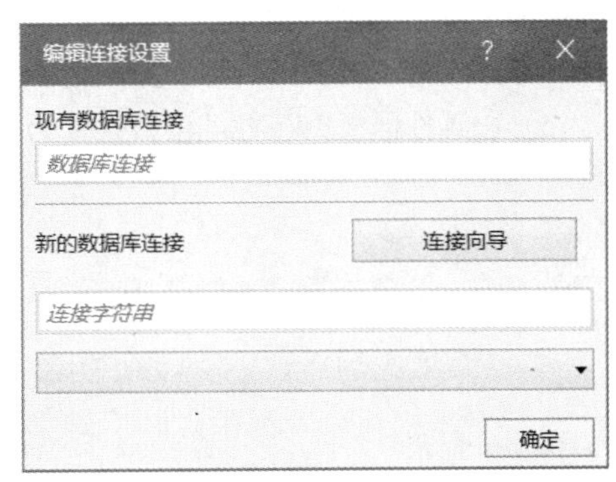

图 10-67　单击“连接向导”

（3）在“Choose Data Source”对话框中，“Data source”选择“Microsoft SQL Server”，如图 10-68 所示。

在“Details”下，设置数据库所在的服务器名称、配置有数据库读写操作权限的用户名、密码和待操作的数据库名。本案例的数据库安装在本地电脑（Local），因此“Server name”设置为“.”，使用“Windows authentication”方式进行连接，数据库名为“MedicalDB”，如图 10-69 所示。用户可根据初始化数据库的实际情况进行连接的设置。设置完成后，单击“Test Connection”以确认数据库是否能连接成功。

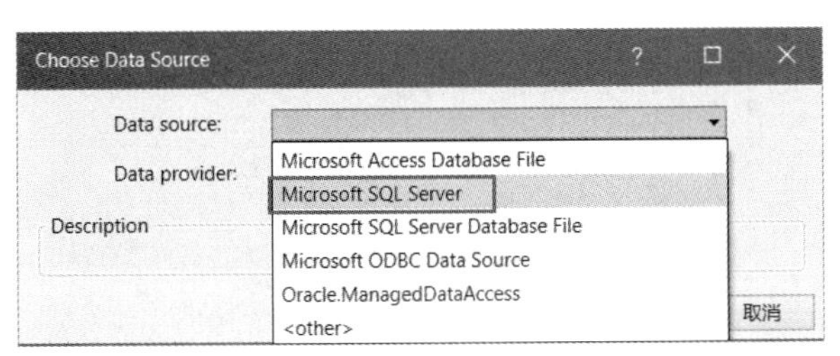

图 10-68　“Data source”配置“Microsoft SQL Server”

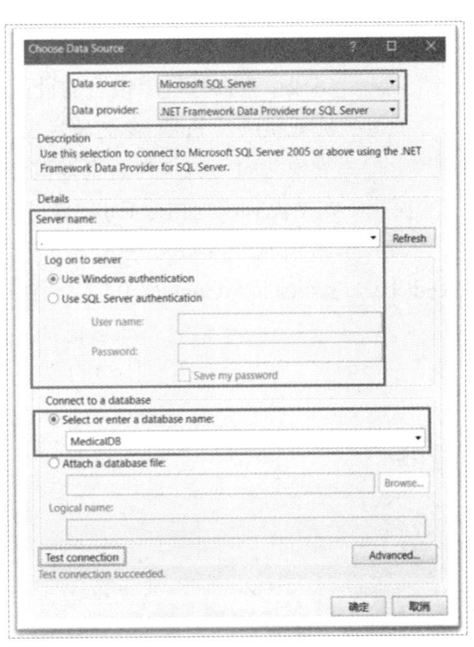

图 10-69　Data source 服务器连接配置

（4）单击“编辑查询”按钮，如图 10-70 所示，在“编辑 SQL”对话框中输入下列查询语句：

"select [Id], [经销商名称],[客户名称],[产品名称],[数量],convert(decimal(18,2), [合计]) as 合计 ,[发票日期],[发票号],[发票图片路径]

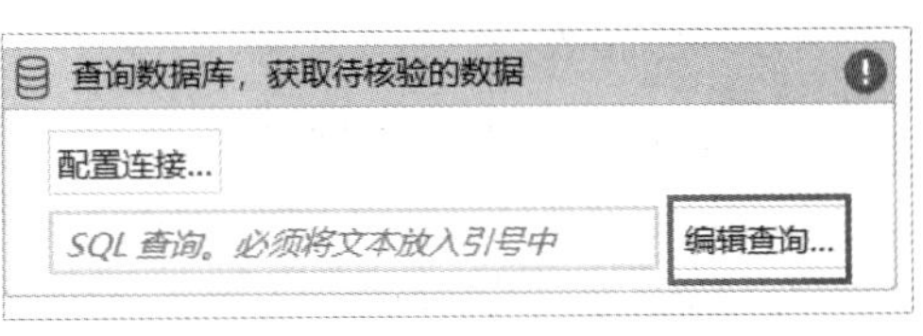

图 10-70　单击“编辑查询”

from [dbo].[出库单明细表]

where [发票上传状态]=' 已上传 ' and [发票核验状态]=' 未核验 '"，其中使用 convert(decimal(18,2) 的目的是使“合计”的值能够保留 2 位小数，如图 10-71 所示。

（5）在属性面板中，将“输出→数据表”配置为表变量 dt_NeedCheckInvoice，如图 10-72 所示。

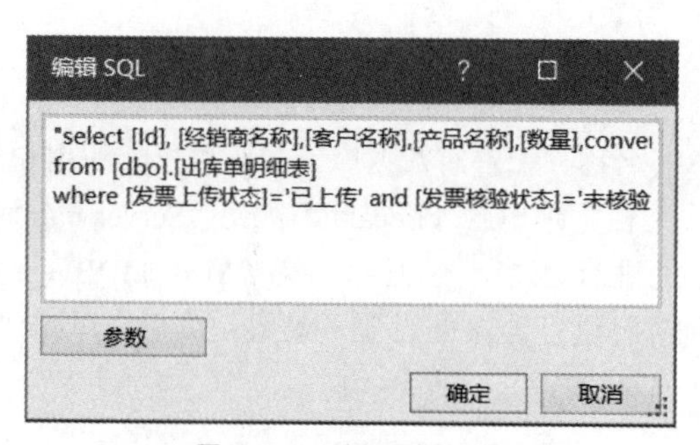

图 10-71 编辑 SQL

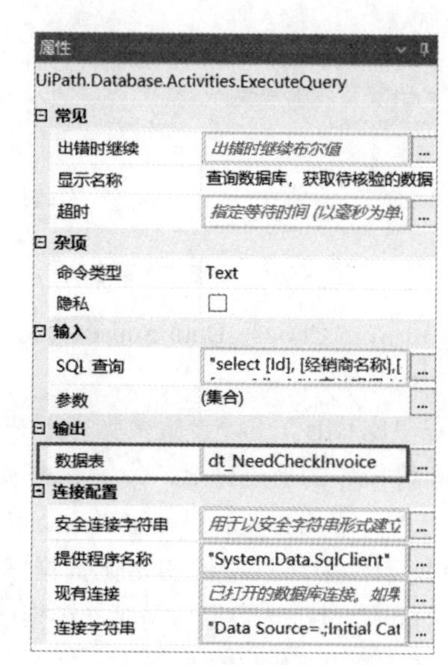

图 10-72 查询数据库模块的属性面板

至此，完成了查询数据库模块的设计。

3. 流程决策模块及 False 分支的实现

流程决策模块的功能是判断查询数据库返回的结果集是否有记录，如果有，则执行 True 分支的流程，如果没有，则执行 False 分支的流程。

（1）单击流程决策“是否有需核验的数据”，在其属性面板中将“条件”更新为“dt_NeedCheckInvoice.RowCount()>0”，如图 10-73 所示，来判断数据库查询是否有返回数据。

（2）单击 False 分支的“日志记录”活动，在属性面板中设置“日志级别”为“LogLevel.Info”，“消息”为“没有需要核验的数据。”，如图 10-74 所示。

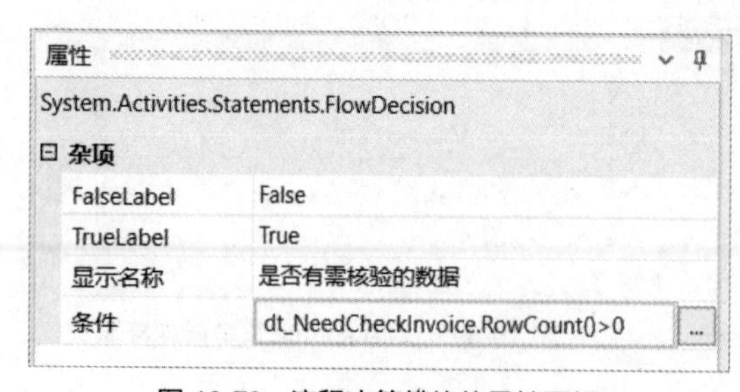

图 10-73 流程决策模块的属性面板

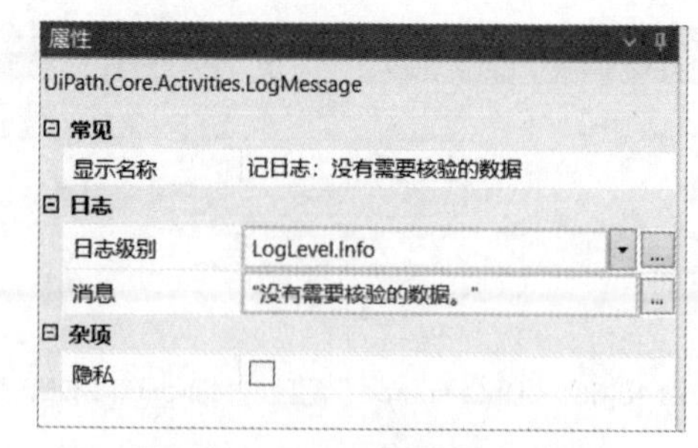

图 10-74 False 分支的日志记录

（3）我们更新数据库的数据，来测试查询无记录时日志消息的输出。执行流程，查看运行结果，当没有需要核验的数据时，False 分支的日志输出如图 10-75 所示。

4. 初始化模块的实现

如 10.1.2 节所述，在初始化模块需要完成下列三个任务。

（1）为变量 dt_NeedCheckInvoice 创建更多的列，用于存储后续通过 OCR 识别发票得到的各字段数据。该功能通过创建一个子流程文件 AddTableColumn.xaml 来实现。

（2）获取百度云 AI 接口的 Access Token 值，存给变量 str_AccessToken。

（3）记录日志信息“初始化成功”。

图 10-76 为初始化模块的设计，下面详细介绍实现步骤。

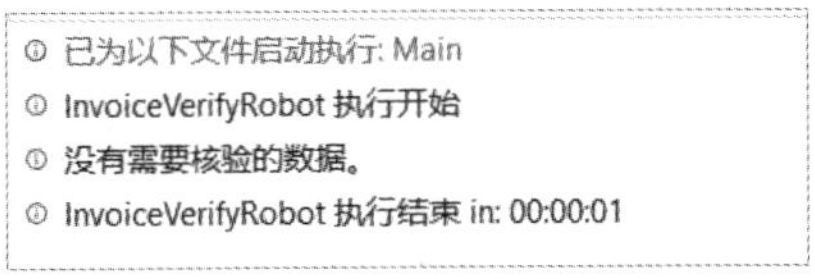

已为以下文件启动执行: Main
InvoiceVerifyRobot 执行开始
没有需要核验的数据。
InvoiceVerifyRobot 执行结束 in: 00:00:01

图 10-75　False 分支的日志消息

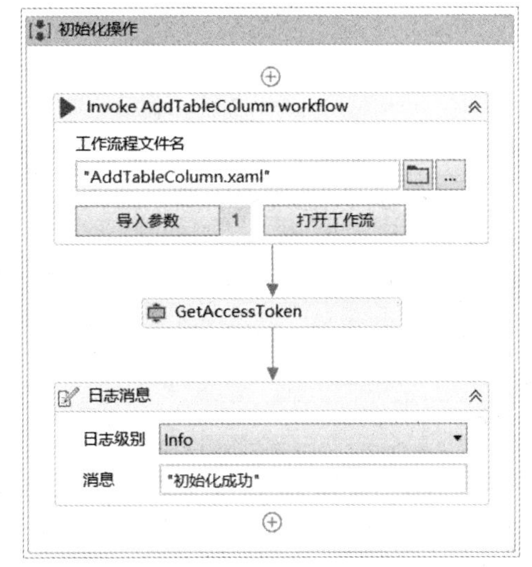

图 10-76　初始化模块的设计

1）创建并实现 AddTableColumn.xaml

（1）右击项目，在弹出的菜单中选择“添加→序列”命令，如图 10-77 所示。在“新建序列”对话框中输入名称“AddTableColumn”，单击“创建”按钮，如图 10-78 所示。

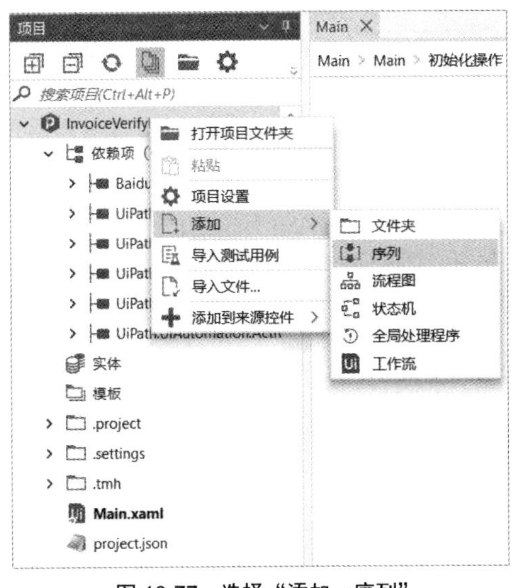

图 10-77　选择“添加→序列”

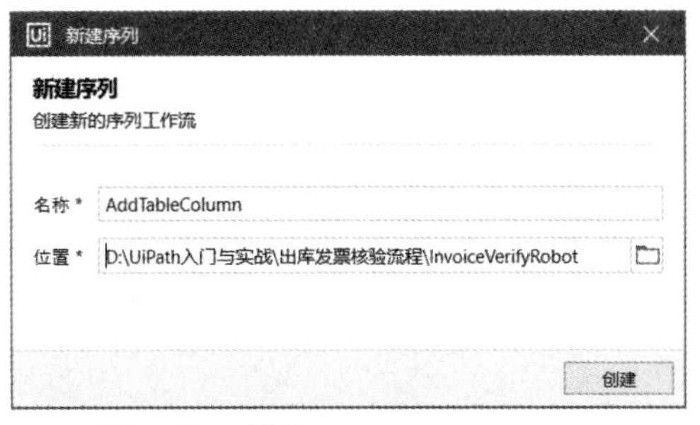

图 10-78　新建 AddTableColumn.xaml

（2）双击 AddTableColumn.xaml，在参数面板中创建一个类型为 System.Data.DataTable、方向为“输入 / 输出”的参数，参数名为“tempNeedCheckInvoiceDataTable”，如图 10-79 所示。

（3）在活动面板查询“添加数据列”，如图 10-80 所示，并在设计区域依次加入九个“添加数据列”活动，在属性面板中分别更新“活动显示名称”“列名称”“数据表”的值，具体如表 10-2 所示。

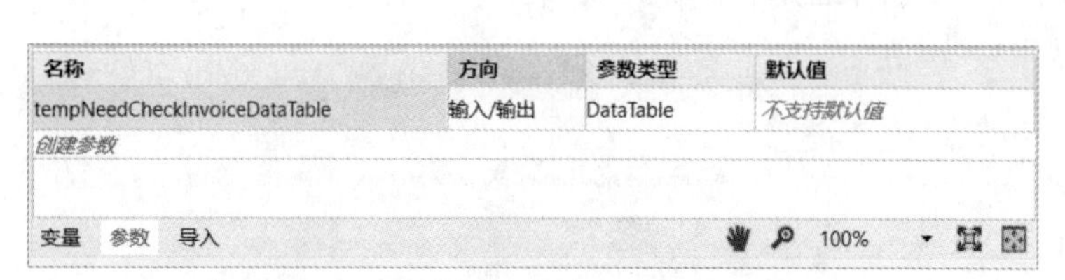

图 10-79　AddTableColumn.xaml 参数配置

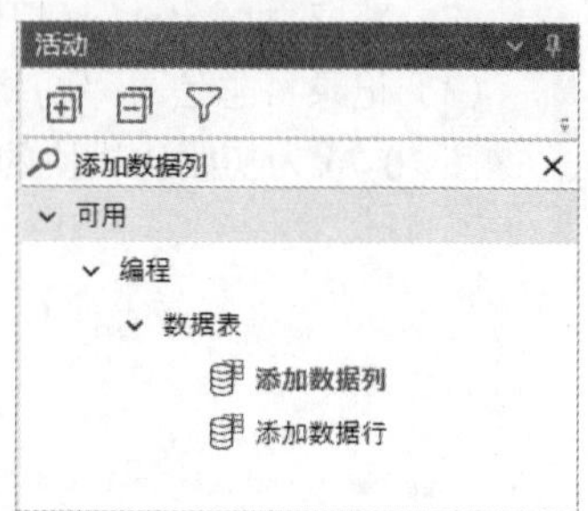

图 10-80　查找“添加数据列”活动

表 10-2　AddTableColumn.xaml 中九个“添加数据列”活动的属性面板

活动显示名称	列　名　称	数　据　表
添加数据列 - InvoiceNum	"InvoiceNum"	tempNeedCheckInvoiceDataTable
添加数据列 - InvoiceDate	"InvoiceDate"	tempNeedCheckInvoiceDataTable
添加数据列 - SellerName	"SellerName"	tempNeedCheckInvoiceDataTable
添加数据列 - PurchaserName	"PurchaserName"	tempNeedCheckInvoiceDataTable
添加数据列 - CommodityName	"CommodityName"	tempNeedCheckInvoiceDataTable
添加数据列 - CommodityType	"CommodityType"	tempNeedCheckInvoiceDataTable
添加数据列 - CommodityNum	"CommodityNum"	tempNeedCheckInvoiceDataTable
添加数据列 - Amount	"Amount"	tempNeedCheckInvoiceDataTable
添加数据列 - CheckComments	"CheckComments"	tempNeedCheckInvoiceDataTable

例如，“添加数据列 - InvoiceNum”的属性面板如图 10-81 所示，其他八个活动的属性面板与之类似。

图 10-81　“添加数据列 - InvoiceNum”的属性面板

2）打开 Main.xaml，双击“初始化操作”序列，将 AddTableColumn.xaml 拖至该序列中，如图 10-82 所示。

单击“导入参数”按钮，在“调用的工作流的参数”对话框中，将“值”设置为变量 dt_NeedCheckInvoice，单击“确定”按钮，如图 10-83 所示。

图 10-82　调用 AddTableColumn.xaml 流程

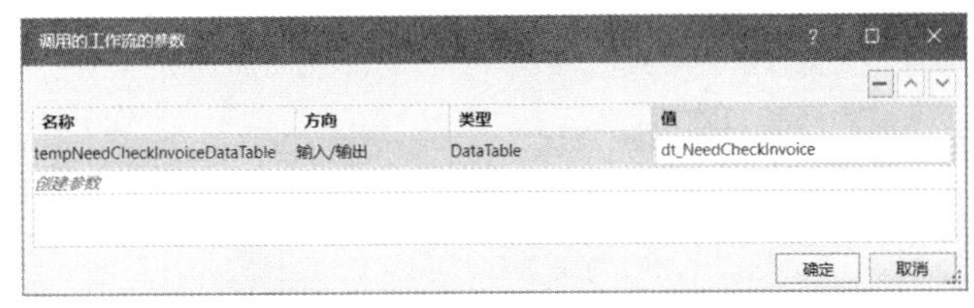

图 10-83　调用 AddTableColumn.xaml 流程的参数配置

3）添加 GetAccessToken 活动来获取 Token 值，赋值给变量 str_AccessToken。

（1）查找自定义组件“GetAccessToken”活动，将其拖入设计面板中，如图 10-84 所示。

（2）在属性面板中，设置“Output →outAccessToken”的值为变量“str_AccessToken”，如图 10-85 所示。

图 10-84　添加“GetAccessToken”活动

图 10-85　“GetAccessToken”活动的属性面板

4）添加一个“日志消息”活动，日志级别设置为“info”，消息设置为“" 初始化成功 "”，如图 10-86 所示。

5）确保数据库中有待核验的发票数据，然后执行流程，使流程能进入到左侧的初始化活动，查看初始化活动的执行结果，如图 10-87 所示，日志消息中打印了获得的 token 值，并输出“初始化成功”。

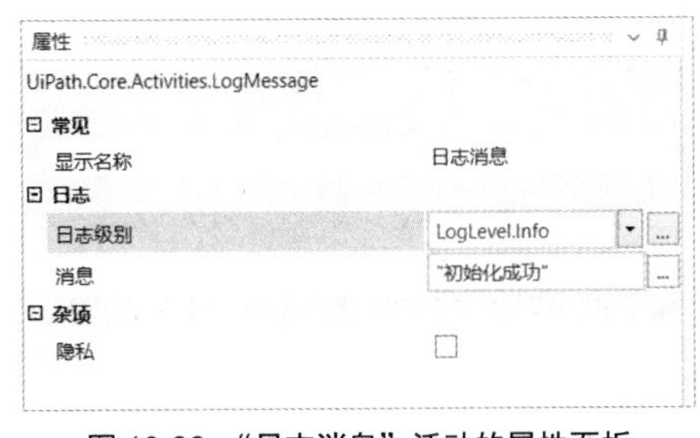

图 10-86　“日志消息”活动的属性面板

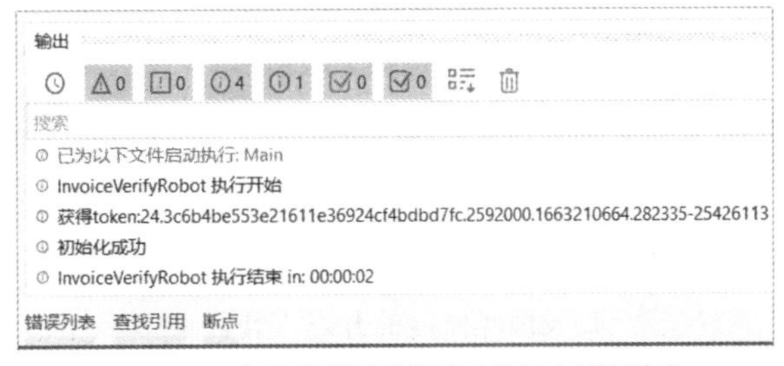

图 10-87　初始化模块执行成功的日志消息输出

5. 遍历并识别、更新发票数据

“遍历并识别、更新发票数据”模块的功能是循环读取每条记录的发票图片路径，调用自定义的发票识别组件进行发票数据的识别，并进行数据清洗，然后将识别到的数据保存到 Excel 中，最后作为日志文件进行输出。

“遍历并识别、更新发票数据”模块的总体设计如图 10-88 所示。

本模块的变量面板如图 10-89 所示。

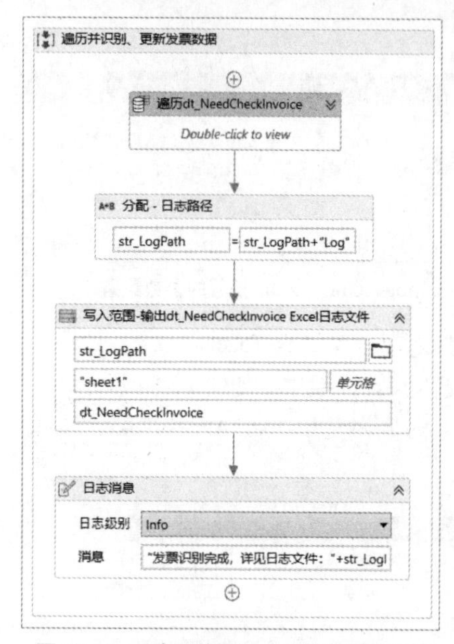

图 10-88 “遍历并识别、更新发票数据”模块的总体设计

名称	变量类型	范围	默认值
str_InvoiceImgPath	String	正文	输入 VB 表达式
str_SellerName	String	正文	输入 VB 表达式
str_PurchaserName	String	正文	输入 VB 表达式
str_InvoiceNum	String	正文	输入 VB 表达式
str_InvoiceDate	String	正文	输入 VB 表达式
str_Amount	String	正文	输入 VB 表达式
str_CommodityType	String	正文	输入 VB 表达式
str_CommodityName	String	正文	输入 VB 表达式
str_CommodityNum	String	正文	输入 VB 表达式
dt_NeedCheckInvoice	DataTable	Main	输入 VB 表达式
str_AccessToken	String	Main	输入 VB 表达式
创建变量			

变量　参数　导入　100%

图 10-89 “遍历并识别、更新发票数据”模块的变量面板

1）双击“遍历并识别、更新发票数据”序列，进入其设计页面。

2）查找“对于数据库中的每一行”活动，如图 10-90 所示，将其拖入设计面板中。将该活动的显示名更新为“遍历 dt_NeedCheckInvoice”，在该活动的“输入”中输入我们需要遍历的数据表“dt_NeedCheckInvoice”。该活动的属性面板如图 10-91 所示。

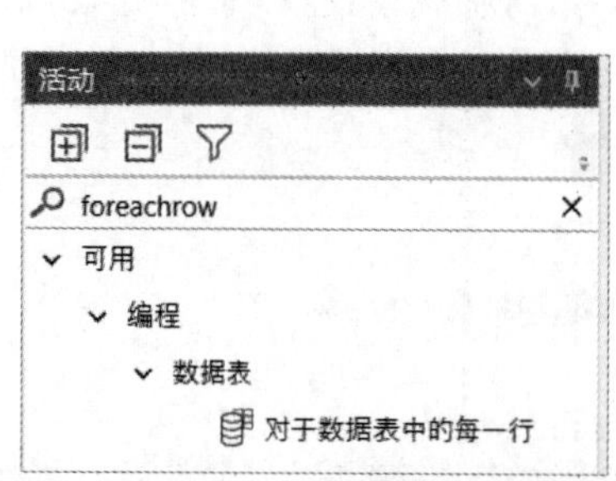

图 10-90 查找“对于数据库中的每一行”活动

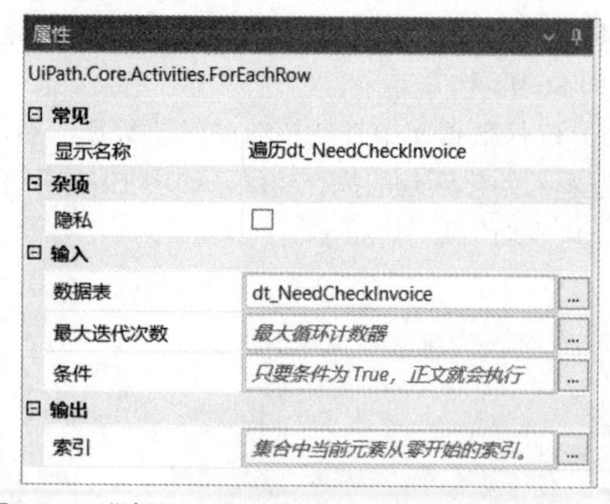

图 10-91 “遍历 dt_NeedCheckInvoice”活动的属性面板

接着，完成循环体内的开发工作。

（1）在“正文”中，加入一个“分配”活动，将每条记录的发票图片路径赋值给字符串变量 str_InvoiceImgPath。在该活动左侧输入框中，通过右击，在弹出的菜单中选择“创建变量”，来创建一个字符串类型的变量“str_InvoiceImgPath”；在该活动右侧输入框中，输入表达式“CurrentRow(" 发票图片路径 ").ToString”，其中，“发票图片路径”就是变量 dt_NeedCheckInvoice 中存放发票图片路径的列名。该活动的属性面板如图 10-92 所示。

（2）查找并在“分配”活动下方拖入一个“Try Catch 异常处理”活动，如图 10-93 所示。

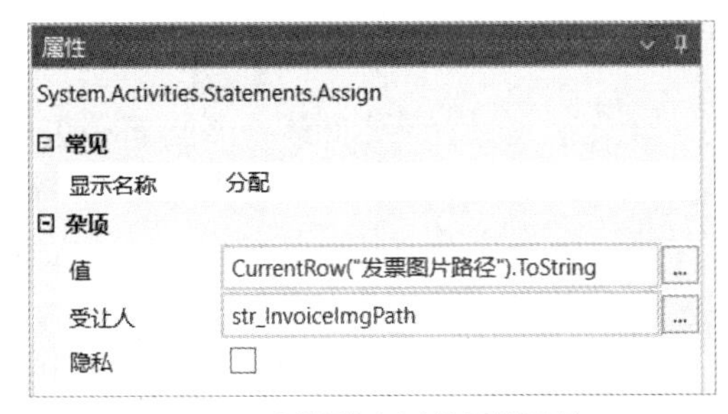

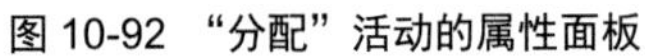

图 10-92　“分配”活动的属性面板

图 10-93　“Try Catch 异常处理”活动

（3）在 Try 区域，查找 BaiduAILibrary 库下的 GetInvoiceByVatInvoiceApi 活动，如图 10-94 所示，将其拖入，用于调用百度开放 AI 平台实现发票图片的数据识别。

在“GetInvoiceByVatInvoiceApi”活动的属性面板中，将“Input>in_AccessToken”设置为“str_AccessToken”，将“Input>in_InvoiceImgPath”设置为“str_InvoiceImgPath”，在“Output>out_InvoiceContent”输入框中，通过右击，在弹出的菜单中选择“创建变量”创建一个字符串类型的变量 str_InvoiceContent，用于接收接口的返回数据，如图 10-95 所示。

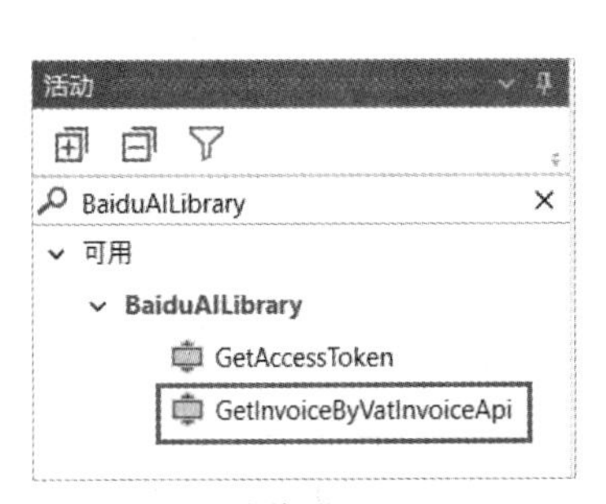

图 10-94　查找“GetInvoiceByVatInvoiceApi”活动

图 10-95　“GetInvoiceByVatInvoiceApi”活动的属性面板

（4）在“GetInvoiceByVatInvoiceApi 活动”下方查找并加入“调用代码”活动，如图 10-96 所示，将该活动的“显示名称”更新为“Invoke code - 提取发票数据”，如图 10-97 所示。

图 10-96　查找“调用代码”活动

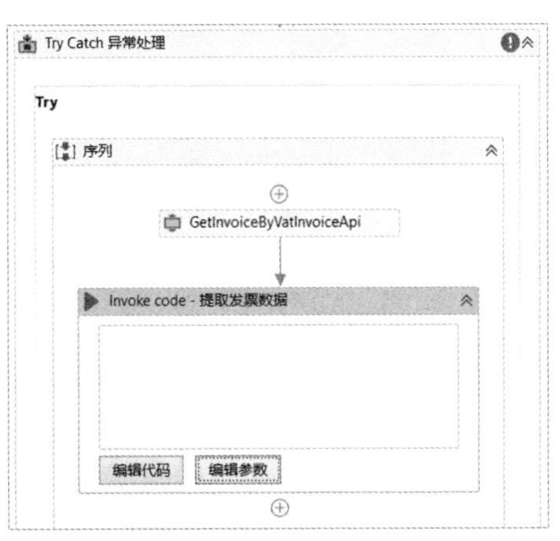

图 10-97　添加“调用代码”活动

调用的代码参数

名称	方向	类型	值
In_InvoiceContent	输入	String	str_InvoiceContent
out_SellerName	输出	String	str_SellerName
out_PurchaserName	输出	String	str_PurchaserName
out_InvoiceNum	输出	String	str_InvoiceNum
out_InvoiceDate	输出	String	str_InvoiceDate
out_Amount	输出	String	str_Amount
out_CommodityType	输出	String	str_CommodityType
out_CommodityName	输出	String	str_CommodityName
out_CommodityNum	输出	String	str_CommodityNum
创建参数			

确定　取消

图 10-98 “调用的代码参数”对话框

在此，我们通过 VB 代码将返回字符串中的发票要素进行提取。

单击“编辑参数”，在“调用的代码参数”对话框中，创建一个输入参数和八个输出参数。其中，输入参数 In_InvoiceContent 的值是我们上一步操作中存储接口返回数据的变量 str_InvoiceContent，八个输出参数分别是通过方法解析到的发票中的各要素，其值分别创建字符串变量来存储，如图 10-98 所示。

单击“编辑代码”，在“代码编辑器”对话框中输入下列代码后单击“确定”按钮，关闭“代码编辑器”，如图 10-99 所示。

```
Dim InvoiceJson As JObject = JObject.Parse(In_InvoiceContent)
 Dim words_result = InvoiceJson("words_result")
 out_SellerName = words_result("SellerName").ToString()
 out_PurchaserName = words_result("PurchaserName").ToString()
 out_InvoiceNum = words_result("InvoiceNum").ToString()
 out_InvoiceDate = words_result("InvoiceDate").ToString()
 out_Amount = words_result("AmountInFiguers").ToString()
 Dim CommodityUnitJToken As JToken = words_result("CommodityType")(0)
 out_CommodityType = CommodityUnitJToken("word").ToString()
 Dim CommodityNameJToken As JToken = words_result("CommodityName")(0)
 out_CommodityName = CommodityNameJToken("word").ToString()
 Dim CommodityNumJToken As JToken = words_result("CommodityNum")(0)
 out_CommodityNum = CommodityNumJToken("word").ToString()
```

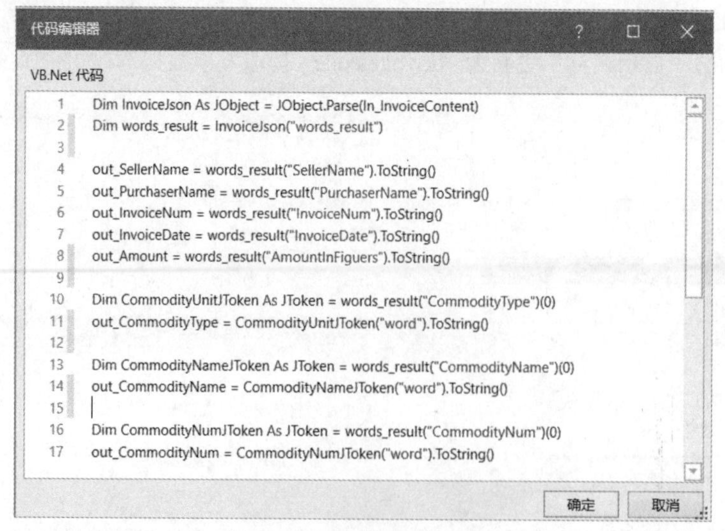
代码编辑器
VB.Net 代码
1 Dim InvoiceJson As JObject = JObject.Parse(In_InvoiceContent)
2 Dim words_result = InvoiceJson("words_result")
3
4 out_SellerName = words_result("SellerName").ToString()
5 out_PurchaserName = words_result("PurchaserName").ToString()
6 out_InvoiceNum = words_result("InvoiceNum").ToString()
7 out_InvoiceDate = words_result("InvoiceDate").ToString()
8 out_Amount = words_result("AmountInFiguers").ToString()
9
10 Dim CommodityUnitJToken As JToken = words_result("CommodityType")(0)
11 out_CommodityType = CommodityUnitJToken("word").ToString()
12
13 Dim CommodityNameJToken As JToken = words_result("CommodityName")(0)
14 out_CommodityName = CommodityNameJToken("word").ToString()
15
16 Dim CommodityNumJToken As JToken = words_result("CommodityNum")(0)
17 out_CommodityNum = CommodityNumJToken("word").ToString()
确定
取消

图 10-99 “代码编辑器”对话框

（5）单击 Try Catch 异常处理中的“Catches”，将异常类型设置为“System Exception”，然后在“Exception”区域查找并加入一个“更新行项目”活动，如图 10-100 所示。

图 10-100　添加“更新行项目”

其属性面板如图 10-101 所示。

①在“行”输入框中输入“CurrentRow”，表示这一行数据对象。

②在“列”中选中“名称”单选钮，并在下方的输入行中输入“"CheckComments"”。

③在“值”输入框中输入“"发票识别失败，等待人工核验"”。

图 10-101　“更新行项目”活动的属性面板

（6）在 Try Catch 异常处理活动下方加入一个 Sequence，将“显示名称”更新为“序列 - 更新识别到的发票数据到 dt_NeedCheckInvoice”。然后，依次加入 11 个“更新行项目”活动。这八个活动属性面板中的设置如表 10-3 所示。

表 10-3　八个“更新行项目”活动的属性面板

显　示　名	输入 -> 值	输入 - 列名称	输入 - 行
更新行项目 -SellerName	str_SellerName	"SellerName"	CurrentRow
更新行项目 - PurchaserName	str_PurchaserName	"PurchaserName"	CurrentRow
更新行项目 - InvoiceNum	str_InvoiceNum	"InvoiceNum"	CurrentRow
更新行项目 - InvoiceDate	str_InvoiceDate	"InvoiceDate"	CurrentRow
更新行项目 - Amount	str_Amount	"Amount"	CurrentRow
更新行项目 - CommodityType	str_CommodityType	"CommodityType"	CurrentRow
更新行项目 -CommodityName	str_CommodityName	"CommodityName"	CurrentRow
更新行项目 - CommodityNum	str_CommodityNum	"CommodityNum"	CurrentRow

例如“更新行项目 -SellerName”活动的属性面板如图 10-102 所示，表示将解析获取的 str_SellerName 的值更新到 dt_NeedCheckInvoice 的“SellerName”列中。其他七个与之配置类似。

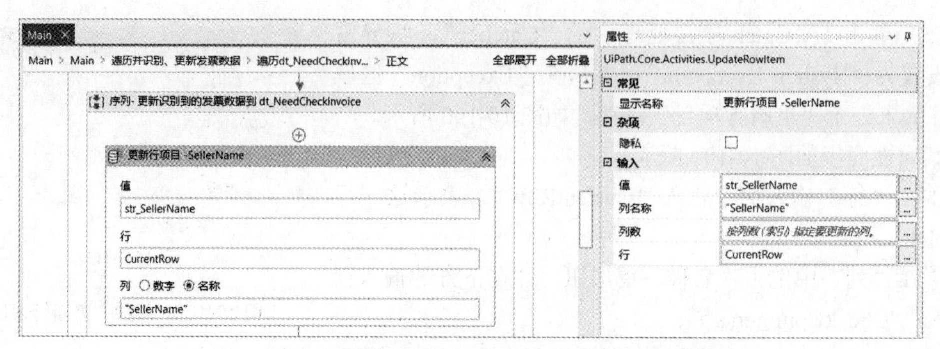

图 10-102 “更新行项目 -SellerName”活动的属性面板

最终，“遍历 dt_NeedCheckInvoice”循环体内的实现如图 10-103 所示。

3）在项目面板中添加一个 Result 文件夹，用于存放日志文件。右击项目，在弹出的菜单中选择“添加→文件夹”，在“添加新文件夹”对话框中，输入“Result”，单击“确定”按钮，如图 10-104 和图 10-105 所示。

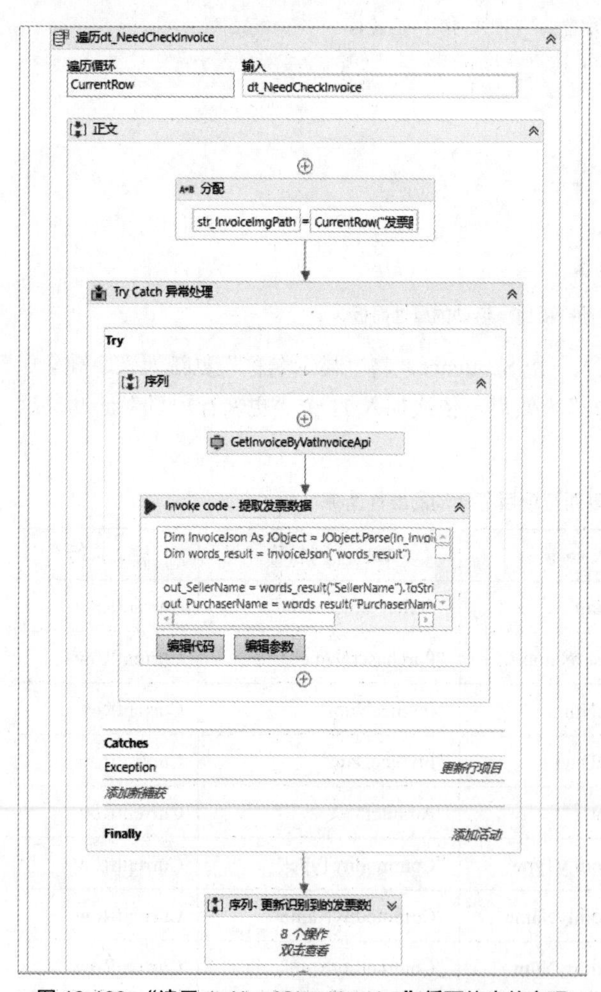

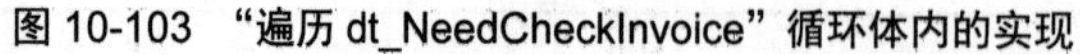

图 10-103 “遍历 dt_NeedCheckInvoice”循环体内的实现

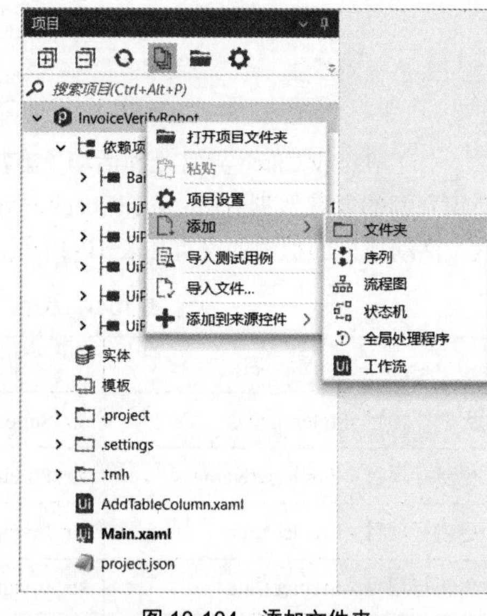

图 10-104 添加文件夹

图 10-105 添加 Result 文件夹

4）在变量面板中，添加一个字符串变量“str_LogPath”，如图 10-106 所示，“默认值”中设置期望存储日期文件的路径，这里我们希望把日期文件存储在 Result 文件夹下。

名称	变量类型	范围	默认值
str_LogPath	String	遍历并识别、更新发票数据	"D:\UiPath入门与实战\出库发票核验流程\InvoiceVerifyRobot\Result\"
dt_NeedCheckInvoice	DataTable	Main	输入 VB 表达式
str_AccessToken	String	Main	输入 VB 表达式
创建变量			

变量 参数 导入 100%

图 10-106 添加"str_LogPath"

5）在"遍历 dt_NeedCheckInvoice"序列下方加入一个"分配"活动，将活动"显示名称"更新为"分配 - 日志路径"，在左侧的"值"输入框中输入"str_LogPath"，右侧输入框中输入表达式"str_LogPath+"Log"+string.Format("{0:yyyyMMdd}", DateTime.Now)+".xlsx""，使日志文件的名称可以根据当前日期自动命名，如图 10-107 所示。

6）在"分配 - 日志路径"活动下方添加一个"写入范围"活动，如图 10-108 所示。

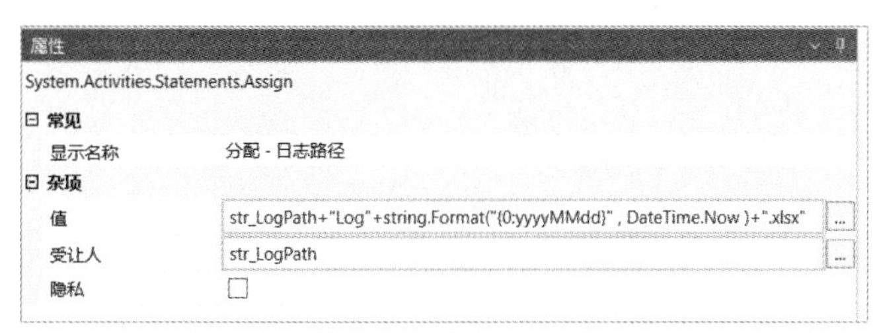

图 10-107 "分配 - 日志路径"活动的属性面板

图 10-108 添加"写入范围"活动

在配置面板中，将"显示名称"更改为"写入范围 - 输出 dt_NeedCheckInvoice Excel 日志文件"。在"输入→工作簿路径"中输入"str_LogPath"，"输入→数据表"中输入"dt_NeedCheckInvoice"，在"目标→工作表名称"中输入""sheet1""，勾选"添加标头"复选框，如图 10-109 所示。

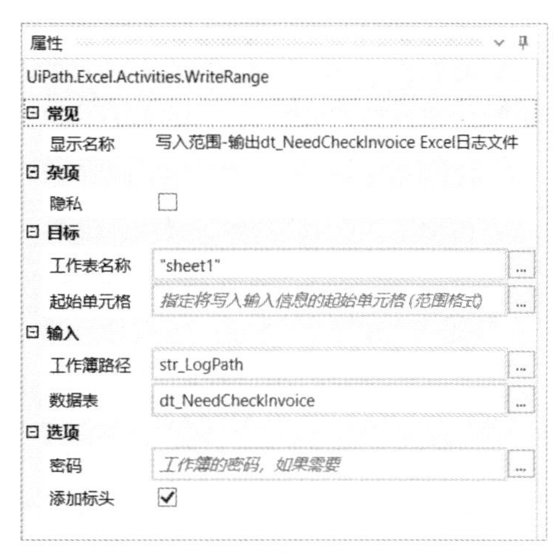

图 10-109 "写入范围 - 输出 dt_NeedCheckInvoice Excel 日志文件"活动的属性面板

7）加入一个日志消息，日记级别设置为"info"，消息输入框中输入""发票识别完成，详见日志文件："+str_LogPath"。

8）运行流程后查看结果，如图 10-110 所示，在输出面板中，输出了包含"发票识别完成"的日志内容，还包括日志文件的完整路径信息。

打开 Result 文件夹下的 Excel 日志文件，可见 A 到 I 列是数据库中查询得到的待核验记录，J 到 Q 列为识别发票图片后解析而得的发票要素，当发票识别或解析抛出异常时，R 列的 CheckComments 会记录为"发票识别失败，等待人工核验"，如图 10-111 所示。

输出

发票识别完成，详见日志文件：D:\UiPath入门与实战\出库发票核验流程\InvoiceVerifyRobot\Result\Log20220816.xlsx

InvoiceVerifyRobot 执行结束 in: 00:00:12

错误列表 查找引用 断点

图 10-110 "发票识别完成"的日志输出

J	K	L	M	N	O	P	Q	R
InvoiceNum	InvoiceDate	SellerName	PurchaserName	CommodityName	CommodityType	CommodityNum	Amount	CheckComments
49696421	2022年01月17日	供应商1	医院客户A	*医疗仪器器械*血糖试纸	产品A片/盒	7200	12240.00	
								发票识别失败，等待人工核验
36303304	2022年01月20日	供应商2	医院客户B	*医药*血糖试纸	产品A(100片/盒)	72	79920.00	
12007886	2022年01月27日	供应商2	医院客户C	*医药*血糖试纸	产品B(100片/盒)	96	45840.00	

图 10-111　Result 文件夹下的 Excel 日志文件 J 至 R 列的内容

至此，我们已实现了发票要素的识别、清洗和记录，并当识别发生异常时能记录下异常日志。下面我们需要完成最终的核验和数据库的更新操作。

6. 对比出库、发票信息

在“对比出库、发票信息”模块中，将分别实现三个功能，首先是完成出库单中的数据与发票识别获得的数据进行对比，然后将对比结果写入日志文件，最后输出该模块执行完毕的消息日志。该模块的完整设计如图 10-112 所示，其中，数据对比的功能通过新建并调用一个工作流文件 CheckInvoiceData.xaml 来实现。具体步骤如下。

1）新建一个工作流文件 CheckInvoiceData.xaml 来完成对比的工作，该文件的设计如图 10-113 所示。

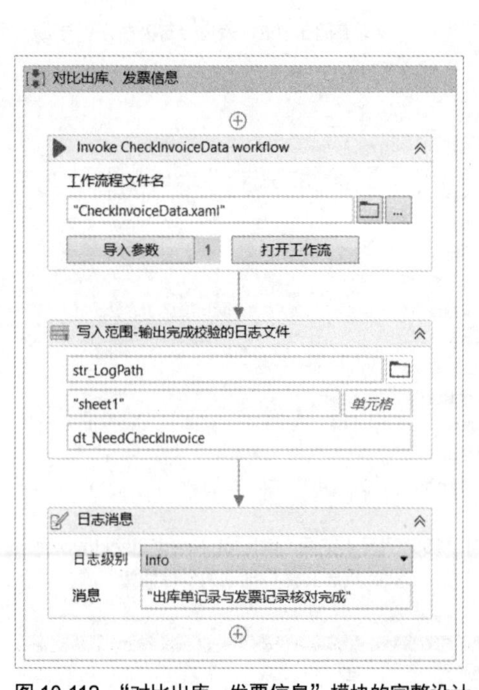

图 10-112　“对比出库、发票信息”模块的完整设计

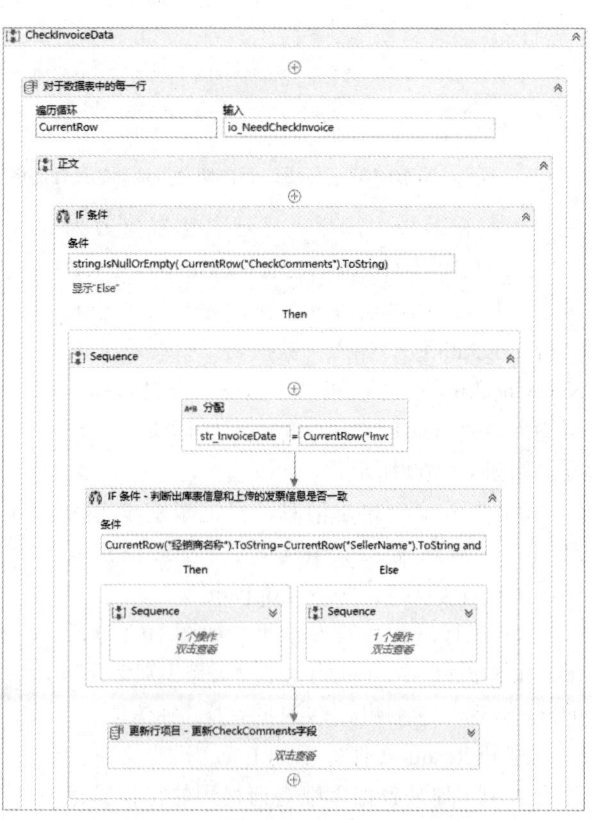

图 10-113　CheckInvoiceData.xaml 的设计

具体实现步骤如下。

1）右击项目名，在弹出的快捷菜单中选择“添加→工作流”，如图 10-114 所示。在“新建工作流”对话框的“名称”输入框中输入“CheckInvoiceData”，单击“创建”按钮，如图 10-115 所示。

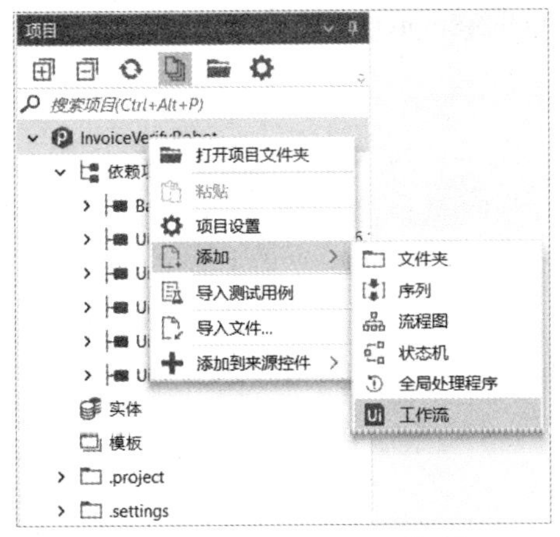

图 10-114　选择“添加→工作流”

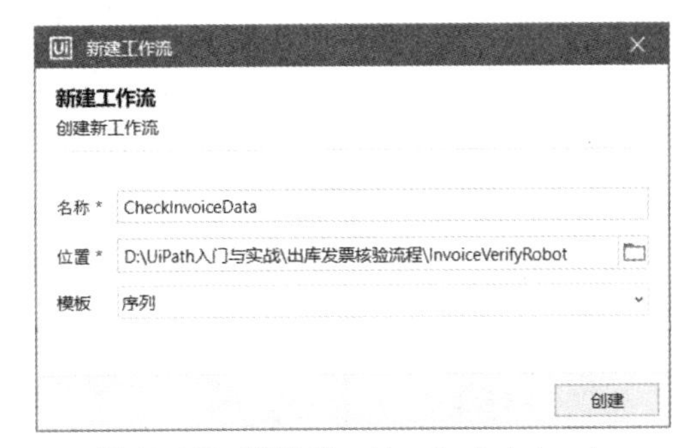

图 10-115　新建 CheckInvoiceData.xaml

（2）双击打开 CheckInvoiceData.xaml，在参数面板中，创建一个类型为 System.Data.DataTable 的参数“io_NeedCheckInvoice”，“方向”为“输入 / 输出”，如图 10-116 所示。我们使用这个参数来传入全流程变量“dt_NeedCheckInvoice”，流程执行过程中更新校验结果后将其作为结果进行输出。

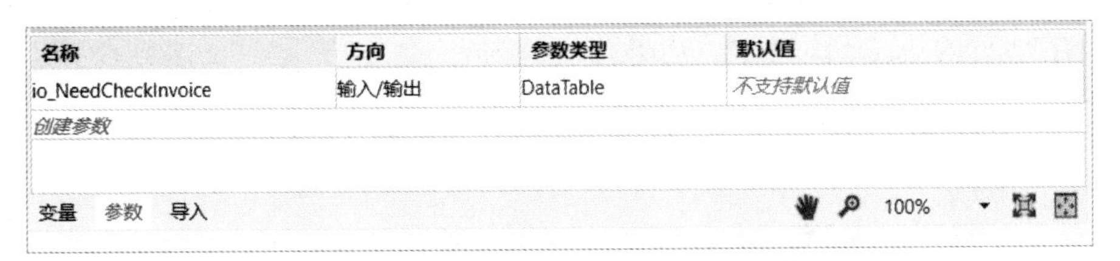

图 10-116　CheckInvoiceData.xaml 的参数配置

（3）在设计区域，加入一个“对于数据表的每一行”活动，在“输入”输入框中输入“io_NeedCheckInvoice”，如图 10-117 所示。

图 10-117　添加并配置“对于数据表的每一行”活动

（4）在循环体的“正文”中，加入一个“IF 条件”活动，如图 10-118 所示。在“条件”输入框中输入表达式“string.IsNullOrEmpty(CurrentRow("CheckComments").ToString)”，目的是将那些在识别发票图片时抛出异常的记录进行滤掉，这些记录的 CheckComments 列的值为“发票识别失败，等待人工核验”，在此我们使用 string.IsNullOrEmpty 方法来判断 CheckComments 列是否为 Null 或空，如图 10-119 所示。

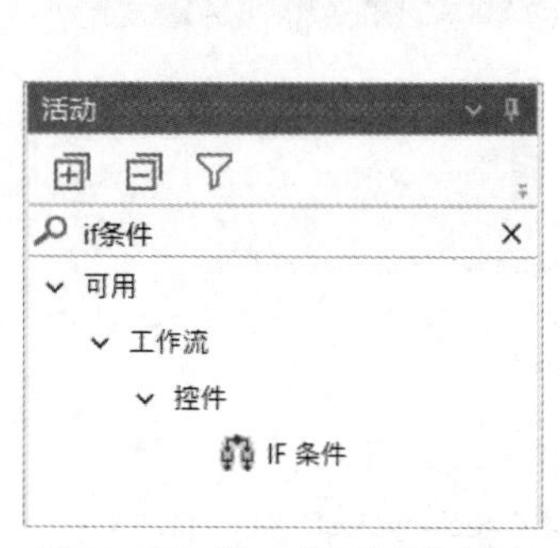

图 10-118 添加“IF 条件”活动

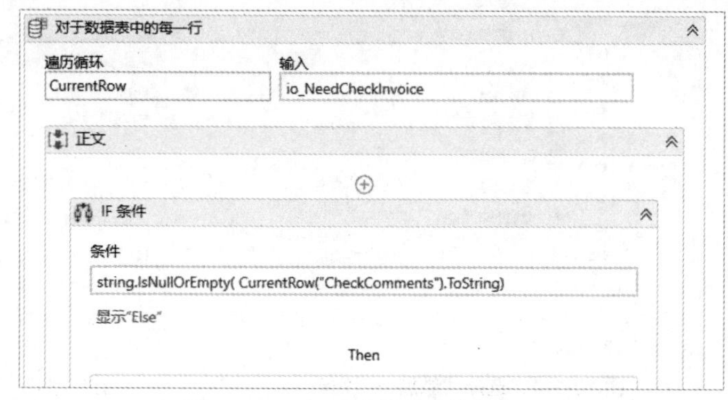

图 10-119 “IF 条件”的条件表达式

（5）由于发票图片的日期识别出来的格式是“xxxx 年 xx 月 xx 日”，而在数据库中的发票日期的格式是“xxxx-xx-xx”，因此需事先做一些数据清洗工作，将识别出的日期进行转换。加入一个“分配”活动，在左侧的“值”输入框中创建一个 string 类型的变量“str_InvoiceDate”，在右侧“受让方”输入框中输入表达式“CurrentRow("InvoiceDate").ToString.Replace(" 年 ","-").Replace(" 月 ","-").Replace(" 日 ","")”，如图 10-120 所示。

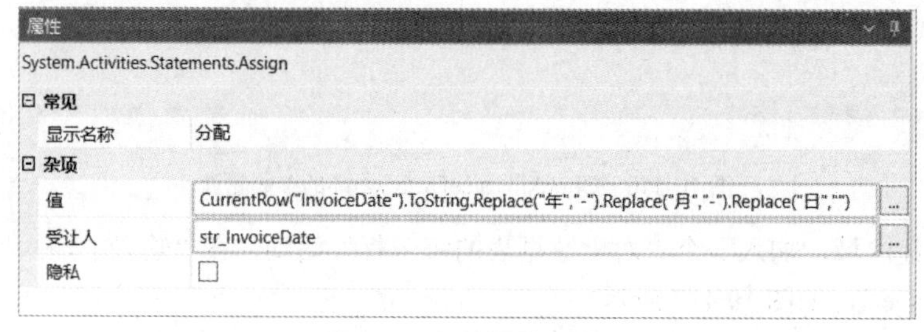

图 10-120 “分配”活动

（6）在“分配”活动下再加入一个“IF 活动”，用于判断出库表信息和上传的发票信息是否一致，在“条件”输入框中输入表达式“CurrentRow(" 经销商名称 ").ToString=CurrentRow("SellerName").ToString and CurrentRow(" 客户名称 ").ToString=CurrentRow("PurchaserName").ToString and CurrentRow(" 数量 ").ToString=CurrentRow("CommodityNum").ToString and CurrentRow(" 合计 ").ToString=CurrentRow("Amount").ToString and CurrentRow("CommodityName").ToString.Contains(CurrentRow(" 产品名称 ").ToString) and CurrentRow(" 发票日期 ").ToString=str_InvoiceDate”其中，关于对“产品名称”的校验按出库单中的产品名称包含在开票的产品名称中即可，因此使用 Contains 方法来判断。

IF 条件中的实现如图 10-121 所示：

- 若满足条件，则在 Then 序列中使用一个“分配”活动，左侧“受让方”中创建一个字符串变量 str_Comments，在右侧的“值”中输入“" 核验通过 "”；
- 若不满足条件，则单击“显示 Else”后，在 Else 序列中使用一个“分配”活动，将“" 出库信息与上传的发票不一致 "”赋值给变量 str_Comments。

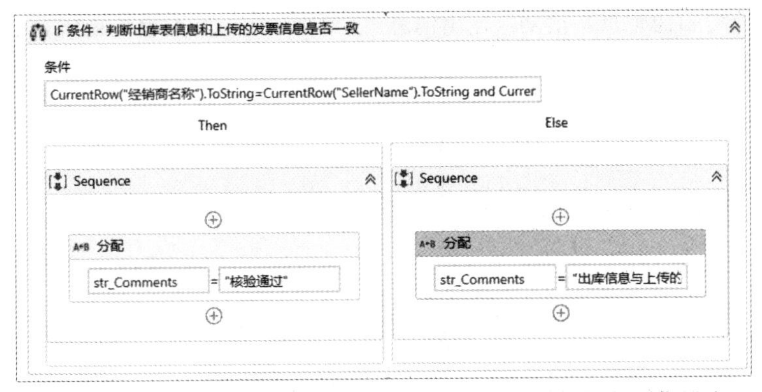

图 10-121 “IF 条件 – 判断出库表信息和上传的发票信息是否一致”活动

（7）在“IF 活动 - 判断出库表信息和上传的发票信息是否一致”活动下方加入一个“更新行项目”活动，将 str_Comments 变量值更新到该行记录的“"CheckComments"”字段。其属性面板如图 10-122 所示。

至此，CheckInvoiceData.xaml 便开发完成，单击“保存”按钮保存该文件。

2）打开 Main.xaml，双击“对比出库、发票信息”序列进入其设计页面，将 CheckInvoiceData.xaml 拖入设计面板中，调用 CheckInvoiceData.xaml，如图 10-123 所示。

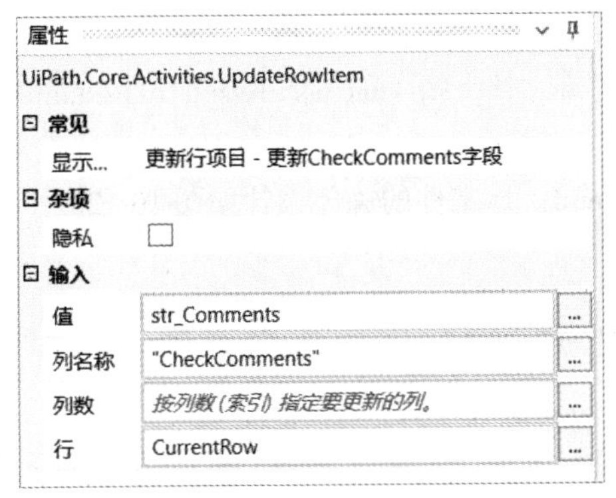

图 10-122 “更新行项目 - 更新 CheckComments 字段”的属性面板

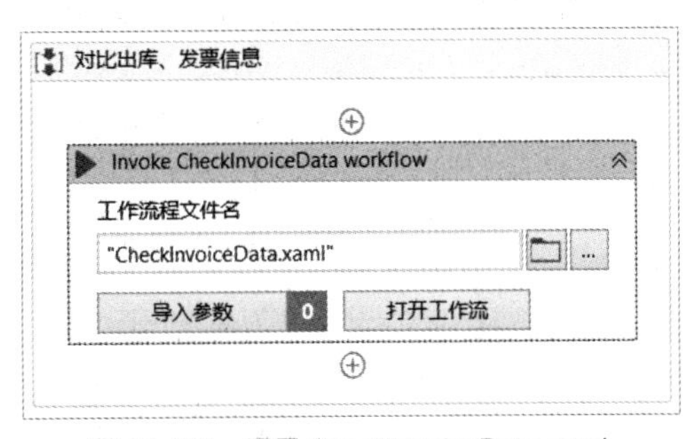

图 10-123 调用 CheckInvoiceData.xaml

单击“导入参数”，在“值”列的输入框中输入“dt_NeedCheckInvoice”，如图 10-124 所示，单击“确定”按钮完成参数配置。

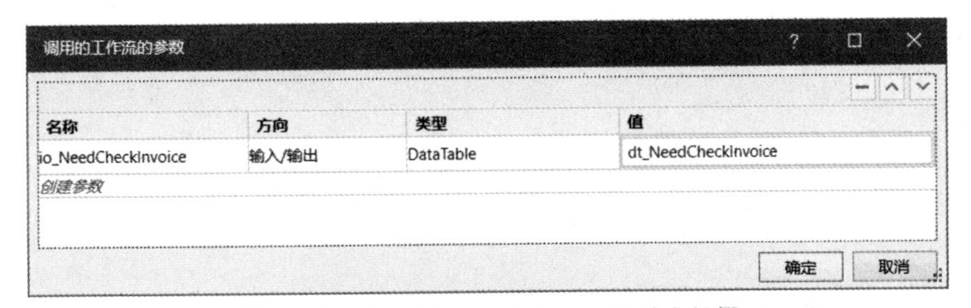

图 10-124 CheckInvoiceData.xaml 的参数设置

3）在 Invoke CheckInvoiceData workflow 下方加入一个“写入范围”活动，其属性面板如图 10-125 所示，将更新了校验信息的 dt_NeedCheckInvoice 重新写入日志文件。

4）添加一个“日志消息”活动，输出消息“"出库单记录与发票记录核对完成"”，其属性面板如图 10-126 所示。

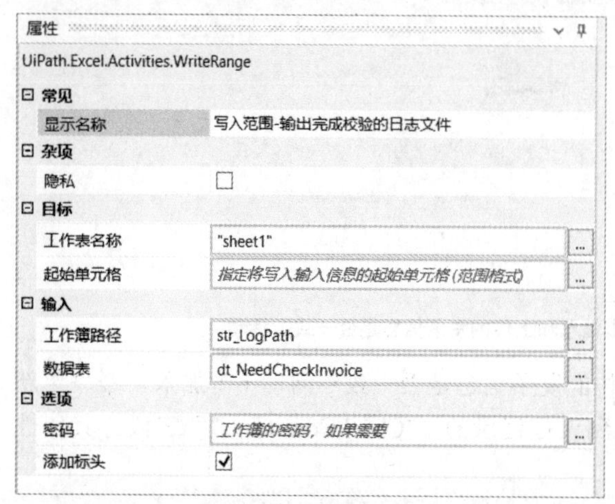

图 10-125 “写入范围 - 输出完成校验的日志文件”的属性面板

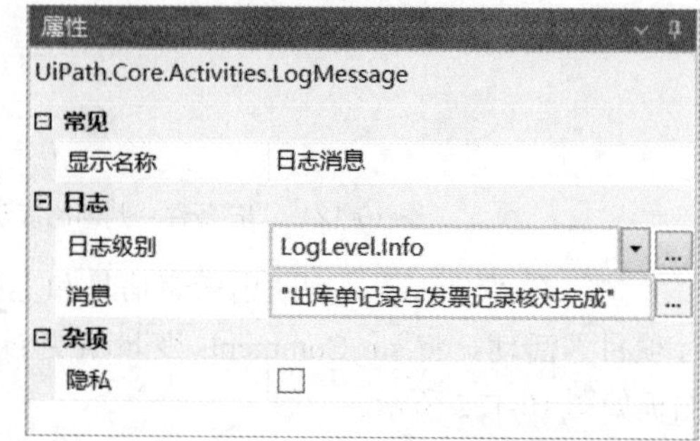

图 10-126 “日志消息”的属性面板

7. 更新数据库中的发票核验状态

“更新数据库中的发票核验状态”模块的实现主要包含两部分，一部分是将对比结果更新到数据库中，另一部分是输出该模块执行完毕的消息日志，该模块的完整设计如图 10-127 所示。其中更新数据库的功能我们通过新建并调用一个工作流文件“UpdateCheckResultToDB.xaml”来实现。

新建一个工作流文件 UpdateCheckResultToDB.xaml，该文件的总体设计如图 10-128 所示，具体实现步骤如下。

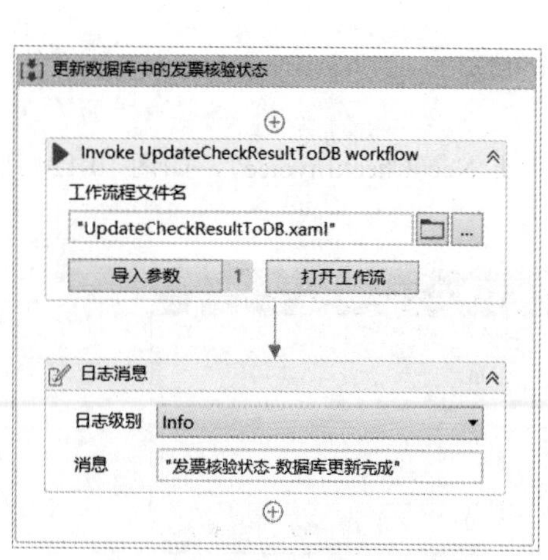

图 10-127 “更新数据库中的发票核验状态”的设计实现

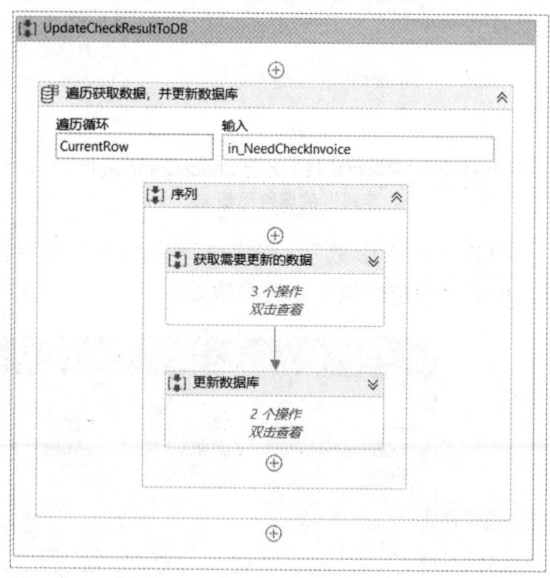

图 10-128 “UpdateCheckResultToDB.xaml”的整体实现

1）右击项目名，在弹出的菜单中选择“添加→工作流”，在“新建工作流”对话框的“名称”中输入“UpdateCheckResultToDB”，如图 10-129 所示，单击“创建”按钮。

2）进入 UpdateCheckResultToDB.xaml，在参数面板中创建一个类型为 System.Data.DataTable 的参数“in_NeedCheckInvoice”，“方向”为“输入”，使用这个参数来传入全流程变量“dt_NeedCheckInvoice”，如图 10-130 所示。

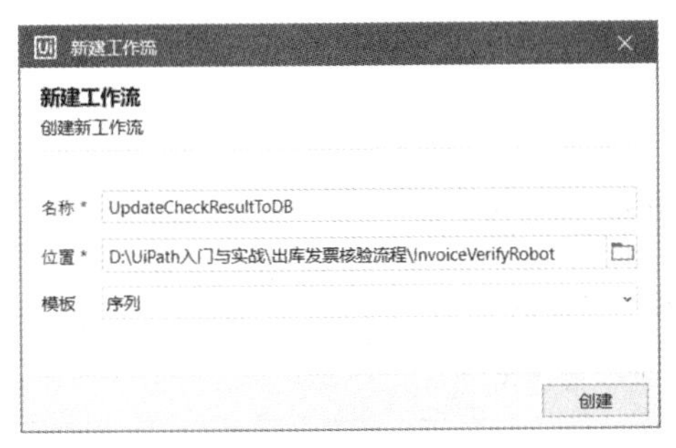

图 10-129　新建 UpdateCheckResultToDB.xaml

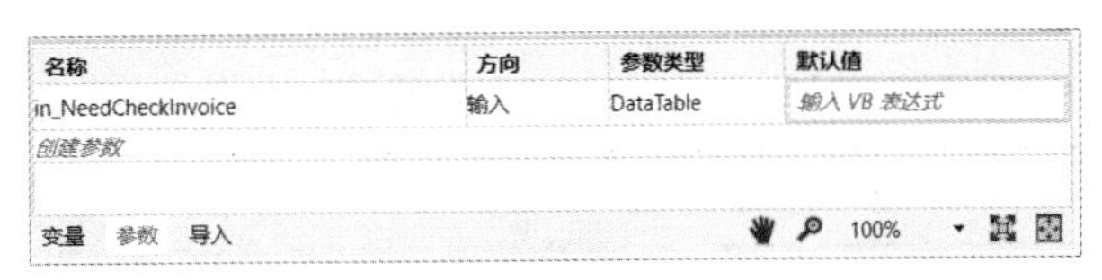

图 10-130　UpdateCheckResultToDB.xaml 的参数配置

（3）在设计面板添加一个“对于数据表的每一行”活动，将其“显示名称”更新为“遍历获取数据，并更新数据库”，在“输入”中填入参数“in_NeedCheckInvoice”，如图 10-131 所示。

图 10-131　“对于数据表的每一行”活动及其属性面板

4）将循环体“正文”的“显示名称”更新为“获取需要更新的数据”，该模块的设计如图 10-132 所示。

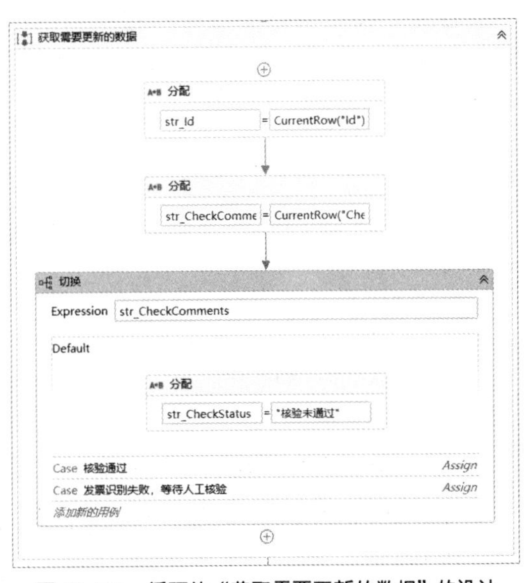

图 10-132　循环体“获取需要更新的数据”的设计

具体实现步骤如下。

（1）在变量面板中，创建三个字符串变量：str_Id、str_CheckComments 和 str_CheckStatus，用于存储记录的 Id、核验备注和发票核验状态的值，如图 10-133 所示。

（2）更新数据库时，我们需要找到记录的 id，将该记录字段“CheckComments”和“核验结果”的值更新到数据库的“发票核验状态”和“核验备注”中。因此，在循环体“获取需要更新的数”内，先添加两个“分配”活动，用于读取记录对象的 Id 和 CheckComments 的值，将其赋值给变量 str_Id

和 str_CheckComments，这两个分配活动属性面板中的“受让人”和“值”设置如表 10-5 所示，设计如图 10-134 所示。

名称	变量类型	范围	默认值
str_Id	String	UpdateCheckResultToDB	输入 VB 表达式
str_CheckStatus	String	UpdateCheckResultToDB	输入 VB 表达式
str_CheckComments	String	UpdateCheckResultToDB	输入 VB 表达式
创建变量			

图 10-133　UpdateCheckResultToDB.xaml 的变量配置

表 10-5　两个“分配”活动的属性配置

受　让　人	值（表达式）
str_Id	CurrentRow("Id").ToString
str_CheckComments	CurrentRow("CheckComments").ToString

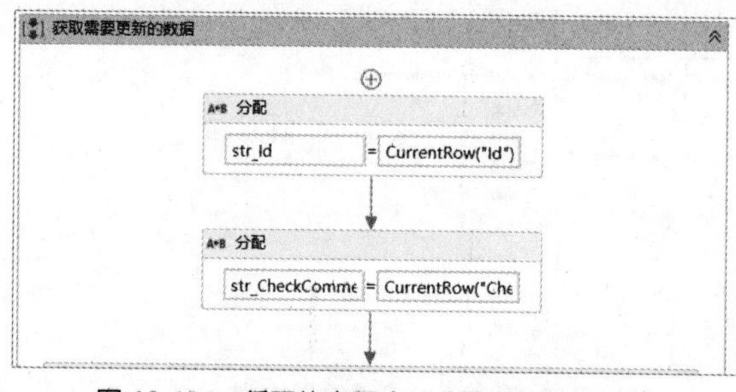

图 10-134　循环体内两个“分配”活动的设计

（3）数据库中的“发票核验状态”字段的值需根据 CheckComents 的值判断后进行更新，在此使用“切换（Switch）”活动来进行判断并给“发票核验状态”进行赋值。具体逻辑是：

- 如果 CheckComents 的值为“核验通过”，则对应“发票核验状态”的值为“核验通过”；
- 如果 CheckComents 的值为“发票识别失败，等待人工核验”，则对应“发票核验状态”的值为“等待人工核验”；
- 若 CheckComents 的值都不满足，则“发票核验状态”的值为“" 核验未通过 "”。

首先，查找并添加一个“切换 (Switch)”活动，如图 10-135 所示。将属性面板中的“TypeArgument”更新为“String”，在“表达式”输入框中输入变量“str_CheckComments”，如图 10-136 所示。

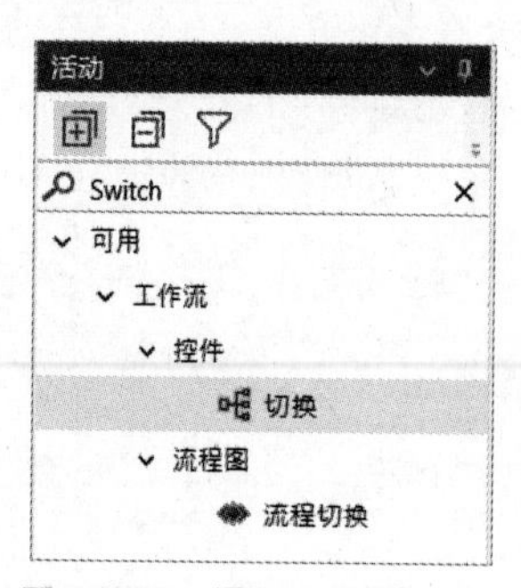

图 10-135　添加“切换”活动

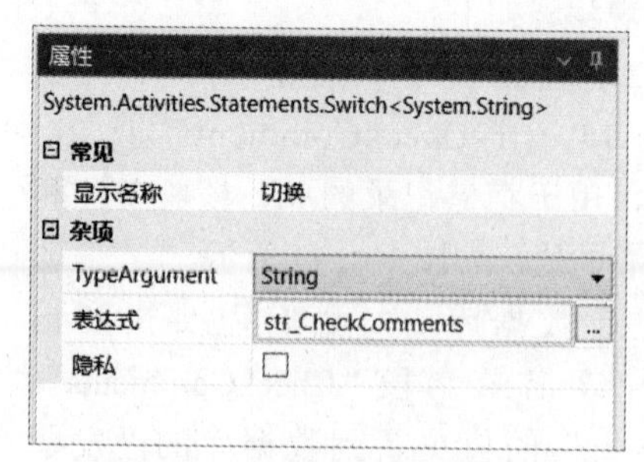

图 10-136　“切换”活动的属性面板

接着，单击“Default”，加入一个“分配”活动，将 str_CheckStatus 赋值为“" 核验未通过 "”，如图 10-137 所示。

然后，单击“添加新的用例”，Case 值输入“核验通过”，并在此处放置一个“分配”活动，将 str_CheckStatus 赋值为“" 核验通过 "”，如图 10-138 所示。

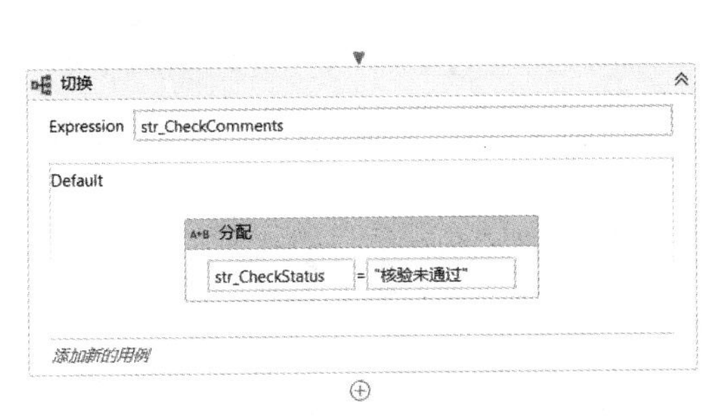

图 10-137　“切换”活动的 Default 配置

图 10-138　“切换”活动 -Case" 核验通过 "

最后，继续单击“添加新的用例”，Case 值输入“发票识别失败，等待人工核验”，并在此处放置一个“分配”活动，将 str_CheckStatus 赋值为“" 等待人工核验 "”，如图 10-139 所示。

“获得需要更新的数据”功能模块便完成了，然后实现循环体内的更新数据库操作。

5）在“获取需要更新的数据”下方添加一个空序列，“显示名称”更新为“更新数据库”。“更新数据库”模块的设计如图 10-140 所示。

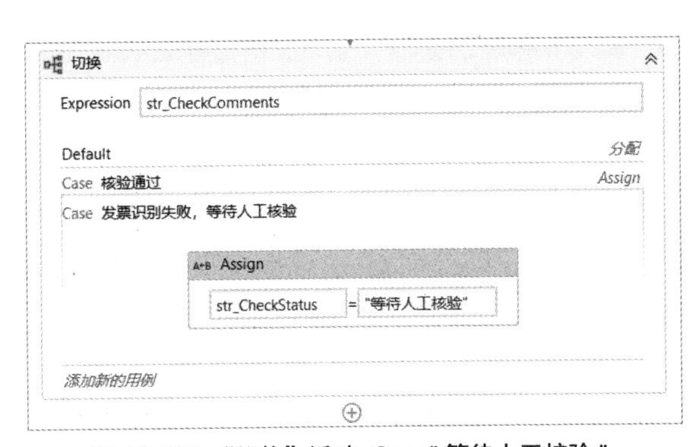

图 10-139　“切换”活动 -Case" 等待人工核验 "

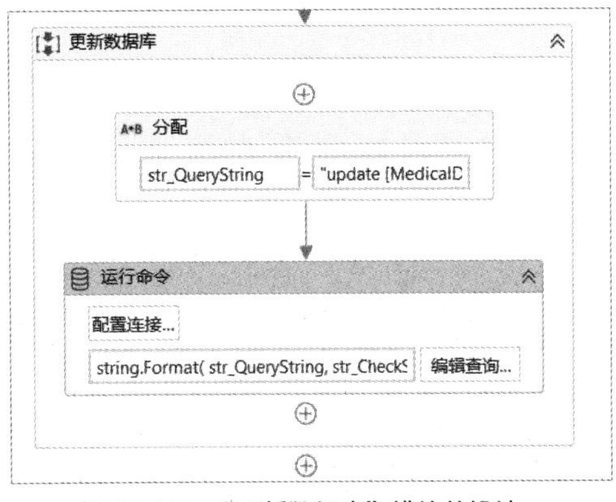

图 10-140　“更新数据库”模块的设计

具体实现步骤如下。

（1）查找并添加一个“分配”活动，在左侧“受让方”中创建一个字符串变量“str_QueryString”，在右侧“值”中输入 SQL 更新脚本“"update [MedicalDB].[dbo].[出库单明细表] set 发票核验状态 ='{0}' , 核验备注 ='{1}',[记录更新人]='robot',[记录更新日期]=CONVERT(varchar(100), GETDATE(), 20) where [Id]='{2}'"”。该脚本实现了更新“出库单明细表”中指定 Id 的“发票核验状态”“核验备注”“记录更新人”“记录更新日期”的值。其中，Id、发票核验状态和核验备注的值将作为变量传入，记录更新人的值将统一更新为“robot”，记录更新日期的值使用 Convert 函数进行了日期格式的转换，统一更新为“系统当前时间”。

（2）查找并添加一个“运行命令”活动，如图 10-141 所示，将该活动拖入设计面板中。

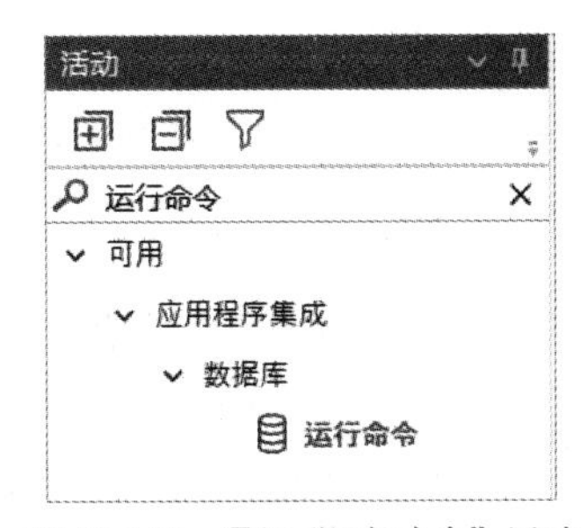

图 10-141　添加“运行命令”活动

（3）单击“配置连接”按钮，参照上文“查询数据库模块”的配置连接的步骤完成数据库服务器的配置，如图 10-142 所示。

（4）单击“编辑查询”按钮，在“编辑 SQL”对话框中输入“string.Format(str_QueryString, str_CheckStatus, str_CheckComments, str_Id)”，单击“确定”按钮，如图 10-143 所示。

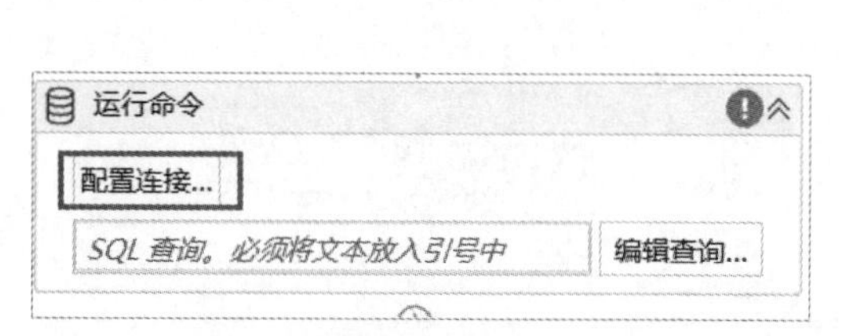

图 10-142　单击“配置连接”

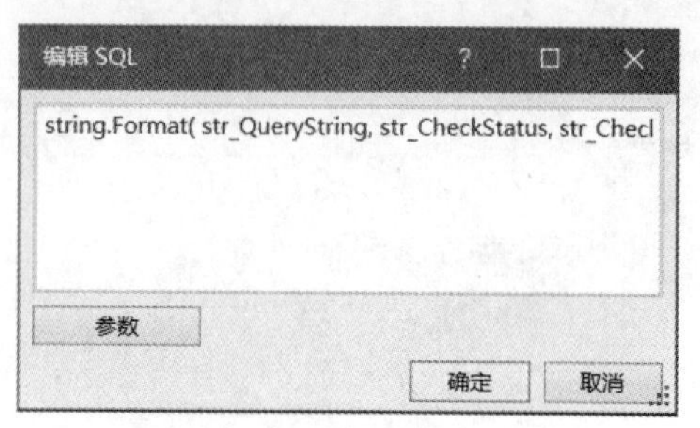

图 10-143　“编辑 SQL”对话框

至此，UpdateCheckResultToDB.xaml 流程文件便设计完成。

6）打开主流程 Main.xaml，双击“更新数据库中的发票核验状态”序列，进入设计页面。将 UpdateCheckResultToDB.xaml 拖入设计面板中，如图 10-144 所示。

7）单击“导入参数”，在“值”列的输入框中输入“dt_NeedCheckInvoice”，如图 10-145 所示，单击“确定”按钮。

图 10-144　UpdateCheckResultToDB.xaml 拖入设计面板

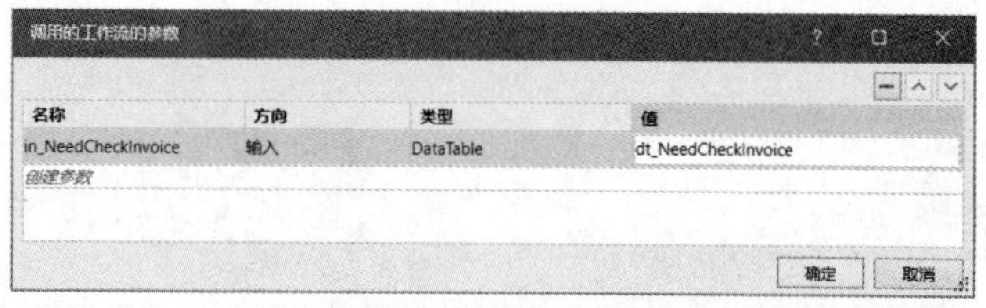

图 10-145　Invoke UpdateCheckResultToDB.xaml 的参数配置

8）在 Invoke UpdateCheckResultToDB workflow 下方加入一个“日志消息”活动，将“日志级别”设置为“Info”，消息设置为“" 发票核验状态 - 数据库更新完成 "”，其属性面板如图 10-146 所示。

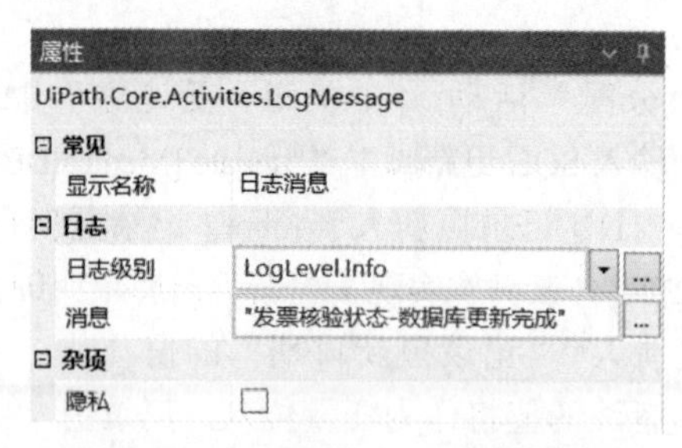

图 10-146　“日志消息”活动的属性面板

至此，便完成了“更新数据库中的发票核验状态”模块的设计工作。

8. 查看流程执行结果

最后，我们执行流程来查看流程的执行结果。

（1）回到主流程文件 Main.xaml，运行整个流程。待流程执行完成后，在输出列表中查看流程执行日志，如图 10-147 所示。

（2）到项目面板的“Result 文件夹”下，查看生成的日志文件，如图 10-148 所示。

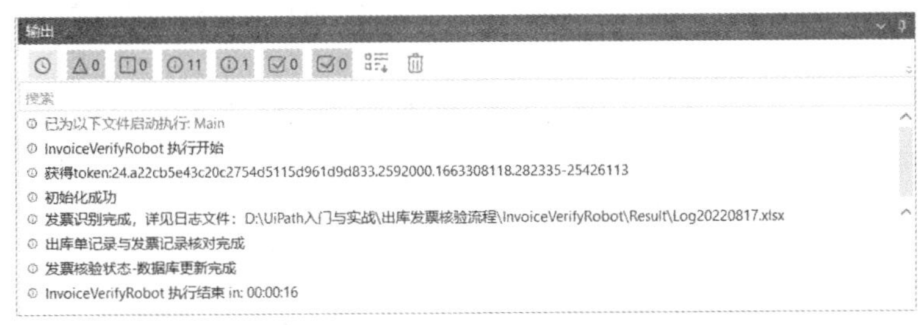

图 10-147　流程执行的日志输出

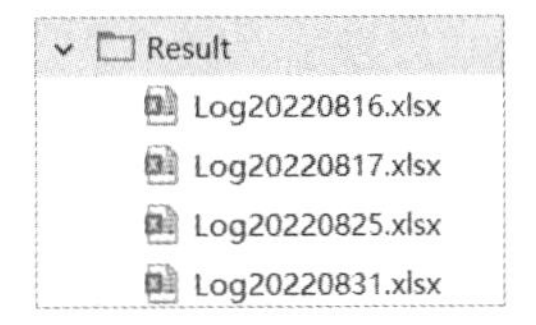

图 10-148　Result 文件夹下的日志文件

（3）打开最新生成的日志文件，查看 A 至 J 列为数据库“出库单明细表”表中满足条件的需待核验的记录，J 至 Q 列为实际发票图片识别解析得到的数据，R 列 CheckComments 为识别结果，其中核验通过的记录该值为“核验通过”，不一致时该值为“出库信息与上传的发票不一致”，如图 10-149 所示。

A	B	C	D	E	F	G	H	I	J	K	L	M	N	O	P	Q	R
Id	经销商名称	客户名称	产品名称	数量	合计	发票日期	发票号	发票图片路径	InvoiceNum	InvoiceDate	SellerName	PurchaserName	CommodityName	Commo	Commodity	Amount	CheckComments
10001	测试供应商1	医院客户A	试纸	196	45840	2022-01-17	12007007	D:\UiPath入门	12007007	2022年01月27日	测试供应商1	医院客户A	*医药*试纸	型号1(1	196	45840.00	出库信息与上传的发票不一致
10002	测试供应商2	医院客户B	试剂	72	12240	2022-04-18	12007008	D:\UiPath入门	12007008	2022年04月18日	测试供应商2	医院客户B	*医药*试剂	型号2(1	72	12240.00	核验通过
10003	测试供应商1	医院客户B	试剂	100	19200	2022-04-25	12007009	D:\UiPath入门	12007009	2022年04月25日	测试供应商1	医院客户B	*医药*试剂	型号2(1	100	19200.00	核验通过
10004	测试供应商1	医院客户A	试纸	300	79920	2022-04-07	12007010	D:\UiPath入门	12007001	2022年04月07日	测试供应商1	医院客户A	*医药*试纸	型号1(1	300	79920.00	核验通过

图 10-149　日志文件的数据

（4）查看数据库中的“出库单明细表”，验证数据库中之前所有“已上传 + 未核验”的记录是否都有被自动处理，且发票核验状态、核验备注，以及记录更新日期和记录更新人是否都有正确更新，如图 10-150 所示。

结果　消息

	Id	经	经销商名称	客	客户名称	单	产.	产品名称	数量	单价	合计	发票日期	发票号	出...	订...	发...	发票图片...	发票核验状态	核验备注	记录更新日期	记录更新人
1	10001	M.	测试供应商1	C	医院客户A	锘	P.	试纸	196	206.9...	45840	2022-01-17	12007007	2...	A...	已上传	D:\UiPa...	核验未通过	出库信息与...	2022-08-3...	robot
2	10002	M.	测试供应商2	C	医院客户B	锘	P.	试剂	72	150.4...	12240	2022-04-18	12007008	2...	A...	已上传	D:\UiPa...	核验通过	核验通过	2022-08-3...	robot
3	10003	M.	测试供应商1	C	医院客户B	锘	P.	试剂	100	169.9...	19200	2022-04-25	12007009	2...	A...	已上传	D:\UiPa...	核验通过	核验通过	2022-08-3...	robot
4	10004	M.	测试供应商1	C	医院客户A	锘	P.	试纸	300	235.7...	79920	2022-04-07	12007010	2...	A...	已上传	D:\UiPa...	核验通过	核验通过	2022-08-3...	robot
5	10005	M.	测试供应商1	C	医院客户A	锘	P.	试纸	30	212.3...	7199.76	NULL	NULL	2...	A...	未上传	NULL	未核验	NULL	2022-04-25	User1
6	10006	M.	测试供应商1	C	医院客户A	锘	P.	试纸	100	254.8...	28799.04	NULL	NULL	2...	A...	未上传	NULL	未核验	NULL	2022-04-25	User1
7	10007	M.	测试供应商1	C	医院客户A	锘	P.	试纸	200	157.2...	35548.815	2022-04-14	02276589	2...	A...	未上传	NULL	未核验	NULL	2022-04-25	User1
8	10008	M.	测试供应商1	C	医院客户A	锘	P.	试纸	400	238.9...	107996.4	2022-04-02	02276547	2...	A...	未上传	NULL	未核验	NULL	2022-07-25	User1
9	10009	M.	测试供应商1	C	医院客户A	锘	P.	试纸	5	159.2...	899.97	2022-04-13	02276578	2...	A...	已上传	D:\UiPa...	核验通过	机器人核验...	2022-07-25	Robot1

图 10-150　数据库中的数据更新

10.1.6　案例总结

本 RPA 流程应用 OCR 技术对发票进行了识别，实现了发票的核验和数据库操作。本流程涉及组件库的创建、安装和调用，数据库的连接、查询与更新，HTTP 请求与返回报文的解析，以及 Excel 处理、日志记录等相关组件的应用。

10.2　案例拓展

10.2.1　医疗器械注册证自动识别的实现

在之前的案例中，我们使用了“HTTP 请求”活动调用百度 AI 开放平台“增值税发票识别”接口，实现了发票信息的获取，读者可以借用其他 OCR 开放平台，多练习“HTTP 请求”活动的使用及对返回报文的解析处理。

图 10-151 是一张医疗器械注册证扫描件，保存格式为 PDF，请调用任意 OCR 开放平台的 API，对该 PDF 文件进行读取，识别该注册证上所有字段的信息后，将结果保存在 Excel 文件中，并对比各 OCR 开放平台识别的准确度。

中华人民共和国医疗器械注册证

注册证编号：国械注进20145300001

注册人名称	ABC有限公司 ABC, Inc.
注册人住所	
生产地址	见附页
代理人名称	ABC代理（上海）有限公司
代理人住所	中国（上海）自由贸易试验区A路B号厂房第二层B部位
产品名称	螺钉 Screws
型号、规格	见附页
结构及组成	该产品材料为Ti6A14V钛合金；灭菌包装。
适用范围	适用于术中韧带的固定
附件	产品技术要求
其他内容	/
备注	原注册证编号：国械注进20103465111

审批部门：国家药品监督管理局

批准日期：二〇一九年二月十一日

有效期至：二〇二四年二月十日

图 10-151　医疗器械注册证

10.2.2　经销商备案时间到期自动提醒的实现

在医疗领域，厂商与经销商之间需要签署代理协议，经销商才可以销售其产品。代理协议中约定了代理的开始时间、结束时间、进货价、进院价等，这些信息维护在该厂商的内部管理系统中，该系统数据库中代理商协议的数据表字段设计如图 10-152 所示。

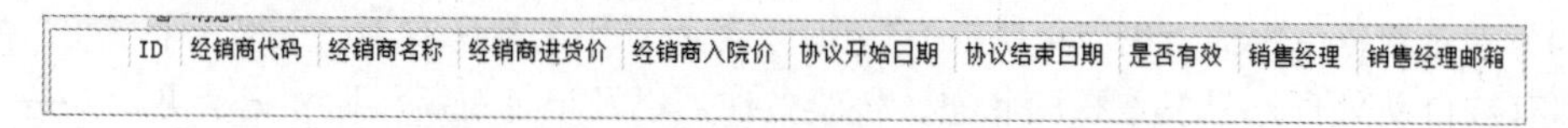

ID	经销商代码	经销商名称	经销商进货价	经销商入院价	协议开始日期	协议结束日期	是否有效	销售经理	销售经理邮箱

图 10-152　数据表“代理商协议”设计

现开发一个自动化流程，定期查询数据库代理商协议表中满足“代理结束时间”减去“当前日期”小于等于 10 天的记录，将该信息通过邮件的方式发送给代理商的销售负责人，以协助销售及时跟进新一轮代理商协议的签署。

请自行设计邮件模板，按图 10-153 所示的流程设计图实现该自动化流程。

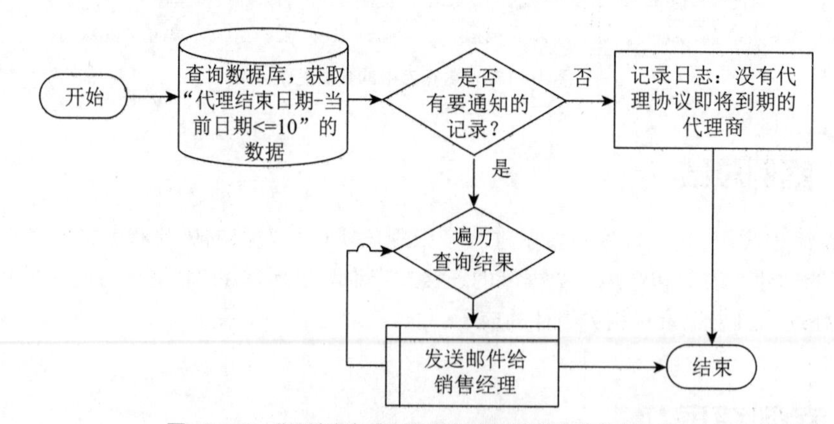

图 10-153　“经销商备案时间到期自动提醒”流程设计图

10.2.3　医院门诊日志自动存档与核查的实现

根据国家卫生健康委员会《突发公共卫生事件与传染病疫情监测信息报告管理办法》的要

求，要求医院严格门诊工作日志制度以及突发公共卫生事件和疫情报告制度，建立各科门诊日志，详细登记所有就诊人员资料，门诊护士长要做好日志的保管和抽查工作。

门诊日志登记工作是医院传染病管理工作的重要内容之一，也可以帮助管理人员了解医生的工作状况和工作效率。可以开发自动化流程帮助门诊医师每日导出系统数据，并按“医院门诊工作日志 .xlsx”的格式逐条登记，然后发送到指定邮箱。因该场景依赖系统环境，故有条件的读者可以尝试对此场景进行自动化的实现。

本案例假设各医生门诊日志已发送至指定邮箱，现需开发一个自动化流程，完成门诊日志的存档及门诊日志内容的自动核查工作，具体需求如下。

1）读取邮箱中邮件标题含“医院门诊工作日志”的邮件，下载附件“门诊医生工作日志 .xlsx”并保存至文件夹名称为“医生姓名 _ 月份”的文件夹下。附件字段信息如图 10-154 所示。

门诊医生工作日志													
	就诊日期	患者姓名	性别	年龄	家庭住址	联系电话	发病日期	主要症状或体征	诊断	初诊	复诊	疫情报告	备注
1													
2													

图 10-154　门诊医生工作日志 .xlsx

2）遍历所有文件夹下的文件，核查有没有哪位医生的门诊日志尚未提交，若存在则以日志形式输出。

3）读取每份工作日志文件，日志文件的字段信息如图 10-154 所示。按下列逻辑判断日志登记是否符合要求，对于不符合要求的记录，以红色字体将该记录行标识后保存，并以日志形式输出。

（1）对已发热病人，要在“主要症状或体征”上标明体温和相关流行病学史。

（2）对于 14 岁以下儿童，要在“备注”栏填写家长姓名。

（3）对诊断为传染病的患者要详细填写家庭住址和联系方法。

（4）对于首诊的病例，如确诊、疑似传染病，应有填写传染病报告卡的记录，“备注栏”应有“疫情已报”的信息。